海洋遥感资料处理技术

潘德炉　毛志华　主编

海洋出版社

2016 年·北京

图书在版编目（CIP）数据

海洋遥感资料处理技术/潘德炉，毛志华主编. —北京：海洋出版社，2016.12
ISBN 978 - 7 - 5027 - 9349 - 4

Ⅰ.①海…　　Ⅱ.①潘…　②毛…　　Ⅲ.①海洋遥感 – 资料处理　　Ⅳ.①P715.7

中国版本图书馆 CIP 数据核字（2016）第 275122 号

责任编辑：杨传霞　任　玲
责任印制：赵麟苏

海洋出版社　出版发行

http://www.oceanpress.com.cn
北京市海淀区大慧寺路 8 号　邮编：100081
北京朝阳印刷厂有限责任公司印刷　新华书店北京发行所经销
2016 年 12 月第 1 版　2016 年 12 月第 1 次印刷
开本：889mm×1194mm　1/16　印张：30
字数：750 千字　定价：186.00 元
发行部：62132549　邮购部：68038093　总编室：62114335

海洋版图书印、装错误可随时退换

前　　言

　　20 多年前，我们出海做试验，吃住在位于浙江嵊泗岛的渔民家，淳朴的渔民总是把各种海鲜让我们品尝和享用。用餐间，出于好奇和对知识的追求，我们向船老大请教了一个问题："你们怎么知道在茫茫大海哪里有鱼，何时撒网?"他不假思索地告诉我们"听其音，观其色"。中国传统渔民就是靠他们敏锐的耳朵听潮流声、明亮的眼睛看海面水色，在海上捕鱼，养育了一代又一代的渔家子孙。随着科技的发展，当今，人们已用声呐"测其音"，用遥感卫星"观其色"。利用人造卫星"观其色"捕鱼，仅仅是海洋遥感应用的冰山一角。其实，水色可以帮助研究和认知许许多多变化无穷的海洋现象和奥秘。

　　人眼所看到的海洋水色主要由海水的光学特性所决定，卫星水色遥感是通过卫星遥感器测量来自水体的光谱信号来反演海洋水色因子，如叶绿素、悬浮泥沙和其他带色物质，所以海洋水色遥感也称为海洋可见光遥感。但卫星遥感器接收到的总能量不仅仅来自水体，更多的来自大气，其中来自水体的辐射量仅占 5% ~15%。因此，海洋水色遥感的首要任务是去掉大气辐射的干扰，即大气校正；其二，从去掉大气辐射后微小的海洋辐射量中反演海洋水体的固有光学量和海洋水色因子；其三，将反演得到的水色因子产品，应用到海洋环境监测、海洋资源的利用与保护、海洋灾害监测和海洋权益维护中。于是，大气校正、水色因子反演和遥感产品应用成为了卫星海洋水色遥感科学技术的三部曲。茫茫大海水色变化与风浪流密切相关，要想认知一望无际的海面水色多彩变化的过程和成因，就要结合探测海洋风、浪和流等动力特征的微波遥感技术；水色与微波遥感的互融应用，构成了观察海洋的"千里眼"。近 10 年来，我团队培养的水色和微波遥感博士研究生们克服晕船等重重困难，活跃在我国近海，开展星地同步的遥感实验，不畏艰苦挖掘遥感信息之源，同时又敢想敢做，打开了遥感产品服务之门。他们通过辛勤的劳动，以深奥的科技音符谱写了优美动听的水色遥感三部曲和微波遥感曲——博士论文。现将它们连同少数几篇优秀硕士论文汇集成书，希望为我国海洋水色和微波遥感科学的发展推波助澜。

　　《海洋遥感资料处理技术》一书包括 4 篇博士论文和 1 篇硕士论文，反映了卫星遥感千里眼探测到的海洋复杂水体信息（资料）的神妙处理技术。

丁又专博士论文《卫星遥感海表温度与悬浮泥沙浓度的资料重构及数据同化试验》（2009 年）瞄准由于云覆盖水色水温遥感卫星资料缺损难题，基于 EMD - EOF 方法对叶绿素浓度和透明度等卫星遥感产品进行资料重构，并实现了叶绿素与颗粒有机碳遥感资料同化，该技术对以上要素的短期预测预报，提高海洋生态模拟精度很有应用价值。

李宁博士论文《近岸水质的遥感监测和数值模拟研究》（2009 年）利用数值模拟结果，对叶绿素与温度的遥感资料进行补缺，并把遥感与数值模拟密切结合技术认知近岸水体水质变化过程，为突发性的海洋富营养化藻体、赤潮、浒苔等发生过程研究提供重要手段。

周狄波博士论文《便携式高性能海洋遥感计算环境实现方法研究》（2010 年）把新兴的 CUDA 高性能计算和内存储技术引入海洋遥感图像处理，并将其与便携式计算环境结合，基于 LINUX 操作系统底层开发，实现了包含操作系统、CUDA 的运行环境，使海洋遥感软件能在 USB 闪存盘上承载和运行，为海洋遥感软件的即插即用提供了非常简便实用的技术。

康燕博士论文《基于 Web 的海洋卫星数据服务研究》（2012 年）针对海洋卫星多源、海量、高动态特点，建立了海洋卫星数据空间数据模型，设计了统一的数据访问接口，开发了海洋卫星数据管理与服务系统原型以及实现了基于 Google Earth API 和 KML 技术的网络三维可视化及在线分析服务功能，对多源、海量和高动态的海洋卫星资料分析处理很有实用价值。

官文江硕士论文《利用海洋水色水温遥感数据反演海洋初级生产力的研究》（2003 年），论文以光合作用为楔子，在研究了海洋初级生产力形成的生化过程基础上，尝试了利用可见光和热红外卫星遥感资料定量反演我国海区初级生产力的遥感模型，并运用与区域性初级生产力时空估算与分析，为海洋遥感应用于海洋碳循环和生态评价等方面尝试了新方法新技术，为定量化的新遥感领域做出了贡献。

本书是一本海洋遥感资料处理技术的选编论文集。在导师们的苦心指导下，各论文作者将点滴辛勤汗水洒在海洋遥感资料处理技术的研究中，结出了累累硕果。我们欣喜地看到他们正在苗壮成长，青出于蓝而胜于蓝。同时也要指出，他们的成长过程难免有不足，也自然反映在论文中，敬请读者指正。

编者

2016 年 10 月

目 次

海洋遥感资料处理技术

论文一：卫星遥感海表温度与悬浮泥沙 浓度的资料重构及数据同化试验

论文二：近岸水质的遥感监测和数值模拟研究

论文三：便携式高性能海洋遥感计算环境实现方法研究

论文四：基于 Web 的海洋卫星数据服务研究

论文五：利用海洋水色水温遥感数据反演海洋初级生产力的研究

论文一：卫星遥感海表温度与悬浮泥沙浓度的资料重构及数据同化试验

作　　者：丁又专

指导教师：潘德炉　韦志辉

作者简介：丁又专，男，1981 年 2 月出生，湖南醴陵人，博士，讲师。2004 年毕业于南京理工大学信息与计算科学专业，获学士学位；2010 年 1 月获南京理工大学和国家海洋局第二海洋研究所联合培养博士学位，研究方向为海洋水色遥感数据的资料重构与数据处理；2010 年至今，工作于广东海洋大学，从事计算机教学及海洋遥感资料处理等工作。

摘　要： 目前，卫星遥感和数值模拟已经成为我们理解海洋过程的两大主要手段。卫星遥感具有周期性、宏观性、实时性和费用低等特点，被广泛应用于海洋的水体监测；数值模拟能够从整体上把握海洋现象的时空变化规律，在海洋预报中发挥着重要作用。首先，由于海洋上空的云层覆盖、传感器扫描轨道变化等原因，使用可见光和红外波段反演的遥感数据往往存在较大比例的数据缺失区域；其次，难以准确检测的薄云会造成反演数据异常。数值模拟中控制方程是对现实世界的简化，模型、初始条件、边界条件的误差会导致预报时效的降低。结合卫星遥感和数值模拟两者的优势，利用数据同化方法，融合遥感观测和数值模拟数据，构建海洋数据同化系统，可以有效地提高数值预报的精度。

针对以上问题，本文提出了结合经验模态分解（EMD）与经验正交函数（EOF）的自适应 EMD - EOF 资料重构方法，并应用该方法对 2003 年长江口海域 5 天平均的海表温度（SST）与表层悬浮泥沙浓度（SSC）遥感产品进行了资料重构。

结果表明：①SST 重构的均方根误差为 0.9℃，SSC 重构的对数（以 10 为底）均方根误差为 0.137 mg/L；②相对于 Alvera 提出的 DINEOF 方法，EMD - EOF 方法的计算时间不到 DINEOF 方法的 50%，同时重构精度也有一定的提高；③EMD - EOF 方法可以有效地剔除遥感反演中薄云未准确检测导致的噪声点，提高原始遥感图像的准确度；④EMD - EOF 方法可以有效地重构数据量极少的遥感图像，得到高空间分辨率、全覆盖的遥感再分析产品。

海温与悬浮泥沙是影响中国近海浮游植物生长的主要因素之一，也是进行海洋生态模拟与预报的基础。本文使用减秩卡尔曼滤波（SEEK）方法，结合 COHERENS 数值模型与遥感观测数据，初步建立了杭州湾三维海温与悬浮泥沙的数据同化系统，利用 2003 年春季的遥感 SST 与 SSC 数据对同化系统进行了后报同化实验。

结果表明：①相对于遥感 SST，模拟数据、预报数据、分析数据的均方根误差分别为 2.13℃、1.65℃ 和 0.75℃，而相对于遥感 SSC，三者的对数（以 10 为底）均方根误差分别为 0.62 mg/L、0.53 mg/L 和 0.26 mg/L；②对分析数据与遥感数据、分析数据与预报数据的差异进行分析表明，分析数据在分布趋势上接近预报数据，在数值上接近观测数据，观测对同化的影响效果显著；③数据同化方法可以有效地结合遥感观测与数值模拟两者的优势，改进数值预报的精度。

为了更好地利用遥感数据，提高海洋数值预报的精度，还需要在以下两个方面开展工作：①使用 EMD - EOF 方法对其他遥感数据产品（如 Chl a，透明度等）进行资料重构，同时通过对 EOF 分解后的时间模态系数进行预测，构建一个基于统计方法的短期海洋遥感预测系统；②利用数据同化方法，同化 Chl a、颗粒有机碳等遥感数据，提高海洋生态模拟与预报的精度。

关键词： 卫星遥感；资料重构；数据同化；经验正交分解；减秩卡尔曼滤波；SST；SSC；COHERENS 模型

Abstract：At present, satellite remote sensing and numerical simulation are the two major means by which we learn more about ocean processes. Satellite remote sensing is characterized by periodicity, macroscopy, real – time and low cost, which is the reason why it is widely used in ocean monitoring. Numerical simulation can grasp the rules of ocean spatial – temporal variations as a whole, playing an important role in ocean forecasting. Because of the clouds coverage over the ocean and changes in scanning orbit of sensors, the satellite remote sensing data obtained by the visible and infrared bands often show missing data in a large proportion. Besides, thin clouds which are difficult to be detected precisely could result in abnormal data retrieval. The control functions in numerical simulation predigest the real world. And errors of model, initial conditions and boundary conditions will reduce the forecast abilities. Combining the advantages of satellite remote sensing and numerical simulation, we can make use of the data assimilation method, merge the remote data and simulated data, construct the ocean data assimilation system and improve the accuracy of ocean forecast.

In response to the above problems, we advance an EMD – EOF data reconstruction method, which combines empirical mode decomposition (EMD) and Empirical Orthogonal Function (EOF). By applying the new method, we reconstruct the five – day – average sea surface temperature (SST) and suspended sediment concentration (SSC) data of Changjiang estuary sea area in 2003.

The conclusions are as follows. Firstly, the root mean squared error (RMSE) of SST reconstruction is 0.9℃ and lg RMSE of SSC reconstruction is 0.137 (lg mg/L). Secondly, the calculating time of EMD – EOF method is less than half of that of the DINEOF method raised by Alvera, and the reconstruction precision is comparatively improved. Thirdly, the EMD – EOF method can effectively eliminate the abnormal data which result from undetected thin clouds in remote sensing retrieve, improving the precision of original remote sensing images. Lastly, the EMD – EOF method can effectively reconstruct remote sensing images of little data, which leads to reanalysis remote sensing products of high spatial – resolution and full coverage.

Sea temperature and suspended sediment affect the growth of phytoplankton in China Adjacent Seas and they are also the basis of ocean ecological simulation and forecast. Using singular evolutive extended kalman filter (SEEK), combined with the simulation result of COHERENS model and remote sensing observation data, we initially build the three – dimensional data assimilation system of sea surface temperature and suspended sediment in Hangzhou Bay. This system is further tested via hindcast validation experiment by using the remote sensing data of SST and SSC of Spring in 2003.

Our research results are as follows. Firstly, compared with the remote sensing SST, the RMSEs of simulated data, forecast data and analyzed data are 2.13℃, 1.65℃ and 0.75℃ respectively, and compared with the remote sensing SSC, the lg RMSEs of simulated data, forecast data and analyzed data are 0.62 mg/L, 0.53 mg/L and 0.26 mg/L respectively. Secondly, as the difference between the analyzed data and remote sensing data and the difference between the analyzed data and forecast data show, the analyzed data are identical to the forecast data in terms of distributing trend and the analyzed data are close to the observed data in terms of numerical value. Therefore, observation has obvious effect on assimilation. Lastly, the data assimilation method can effectively combine the advantages of both remote sensing observation and numerical simulation, improving the precision of numerical forecast.

In order to better utilize the remote sensing data and improve the precision of ocean numerical forecasting, further research work is to be complemented from two perspectives. On the one hand, other remote sensing data (Chl a, SDD eg.) was reconstructed by using the EMD – EOF method. Meanwhile, by forecasting the time – coefficients of EOF decomposition, we can build a short ocean remote sensing forecasting system. On the other hand, to enhance the precision of ocean ecological simulation and forecast, the data assimilation method is to be used to assimilate such remote sensing data as Chl a and Particulate Organic Carbon (POC).

Key words：Remote Sensing；Data Reconstruction；Data Assimilation；EOF；SEEK；SST；SSC；COHERENS model

1 绪论

1.1 研究背景和意义

遥感技术是 20 世纪 60 年代迅速发展起来的一门综合性对地探测技术，通过从不同高度平台，收集地物的电磁波信息，并加以处理，从而达到对地物的识别与监测的目的[1]。20 世纪 80 年代以来，随着遥感技术的发展，卫星遥感技术在资源、环境、水利、林业、农业等部门得到了广泛的应用。

对于占地球面积达 71% 的海洋来说，卫星遥感发挥着越来越重要的作用。传统的常规监测，如船舶、浮标，虽然可以对某一点进行高精度测量，但总的来说，数据稀疏、重复周期长、花费巨大。遥感监测具有大面积同步观测、动态与长期观测、实时或者准实时等特点，而且费用相对较低，同时可以涉及船舶、浮标不易到达的海区，极大地提高了对偏远海区的监测能力[2]。

卫星海洋遥感始于 1960 年美国宇航局（NASA）发射的第二颗电视与红外观测卫星 TI-ROS – II，开始涉及海温观测[2]。1978 年 NASA 成功发射世界上第一颗星载水色扫描仪 CZCS（Coastal Zone Color Scanner），标志着海洋水色遥感正式进入应用阶段。其后许多国家都陆续发射了多台肩负不同使命的海洋水色卫星传感器，其中我国 HY – 1A（2002）、HY – 1B（2007）、FY – 3A（2008）等卫星的成功发射及在轨运行，极大地丰富了我国自主的海洋水色遥感资料源[3]。

目前用于海洋观测的卫星传感器，采用的波段包括可见光（0.4 ~ 0.7 μm）、红外（1 ~ 100 μm）、微波（0.3 ~ 100 GHz），如表 1.1 所示。

表 1.1 在轨和即将发射的水色与温度传感器[4]

传感器	国家（地区）	卫星	发射日期（日/月/年）	幅宽（km）	分辨率（m）	波段数	波谱范围（nm）
SeaWiFS	美国	SeaStar	01/08/1997	2 806	1100	8	402 ~ 885
OCM	印度	IRS – P4	26/05/1999	1 420	350	8	402 ~ 885
MODIS	美国	Terra	18/12/1999	800	250/500/1 000	6	400 ~ 900
OSMI	韩国	KOMPSAT	20/12/1999	800	850	6	400 ~ 900
MMRS	阿根廷	SAC – C	21/11/2000	360	175	5	480 ~ 1 700
MERIS	欧盟	ENVISAT	01/03/2002	1 150	300/1 200	15	412 ~ 1 050
MODIS	美国	Aqua	04/05/2002	2 330	250/500/1 000	36	405 ~ 14 385
PARASOL	法国	Myriade Series	18/12/2004	2 100	6 000	9	443 ~ 1 020

传感器	国家（地区）	卫星	发射日期 （日/月/年）	幅宽（km）	分辨率（m）	波段数	波谱范围 （nm）
COCTS	中国	HY－1B	11/04/2007	1 400	1 100	10	402～12 500
CZI	中国	HY－1B	11/04/2007	500	250	4	433～695
MERSI	中国	FY－3A	27/05/2008	1 400	250	20	445～2 155
OCM－II	印度	OCEANSAT－2	2009	1 400	1 000～4 000	8	400～900
GOCI	韩国	OCMS－1	2009	2 500	500	8	400～865
VIIRS	NOAA/IPO	NPP	2009	3 000	370/740	22	402～11 800
OLCI	欧盟	GMES－Sentinel 3	2012	1 120	<300	15	400～900
S－GLI	日本	GCOM－C	2012	1 150	250/1 000	19	375～12 500
VIIRS	美国 NOAA/IPO	NPOESS	2012	3 000	370/740	22	402～11 800
海温							
AVHRR	美国	NOAA－15	15/05/1998	2 500	1 100	5	600～12 000
AVHRR	美国	NOAA－16	21/09/2000	2 500	1 100	5	600～12 000
AVHRR	美国	NOAA－17	24/06/2002	2 500	1 100	5	600～12 000
AVHRR	美国	NOAA－18	20/05/2005	2 500	1 100	5	600～12 000
AVHRR	美国	NOAA－19	06/02/2009	2 500	1 100	5	600～12 000

目前海洋遥感反演数据还有一定的局限性，其中有以下两个问题需要考虑。

（1）对于使用可见光与红外波段反演的遥感参数，由于可见光与红外波段的波长较短，不能穿透云层，在进行遥感参数反演前需要进行云检测并进行云剔除，不能得到云区下面的遥感数据。

（2）现有的遥感参数，绝大部分为海表参数，仅有少部分参数，如海洋内波，反映了水体内部的信息。而通过海洋数值模拟，可以得到海洋过程的四维时空变化，但在预报过程中如果不加入观测数据，长时间的预报后往往存在计算发散的问题。

本博士论文主要针对海洋遥感数据在这两个方面存在的问题开展相关的工作，目的在于解决遥感数据的空间覆盖与遥感表层数据向下延伸的关键技术，其中包括遥感数据的缺失点重构；利用数据同化方法，结合遥感与数值模拟两者的优势，初步构建一个海温与悬浮泥沙的海洋数据同化系统，拓展遥感数据的应用潜力。本论文对于提高海洋生态动力模拟精度、发展我国业务化的数据同化系统具有一定的参考价值。

1.1.1 遥感资料重构的研究意义

现在广泛使用的卫星遥感数据，如 AVHRR Pathfinder SST v5（http：//podaac.jpl.nasa.gov/DATA_CATALOG/avhrr.html），提供了 1985 年以来不同时间分辨率（日、5 天、7 天、月、年平均），较高空间分辨率（约 4 km）的全球海表温度数据；约 4.6 km 空间分辨率的全球海表叶绿素 a 数据（Chl a）、总悬浮物数据（Total Suspended Matter，TSM）也可以在网站（http：//www.globcolour.info/products_description.html）上免费下载。国内的科研机构，如国家海洋局第二海洋研究所，从 20 世纪 80 年代开始接收卫星遥感数据，至今已积累了 20 余年的长时间序列。如何更有效地利用已有的数据，从中发现海洋现象背后的规律，是海洋工作者必须面对的科学问题。

海洋水色遥感使用可见光波段反演水体参数，海表温度遥感（SST）主要使用热红外波段反演。统计表明，5 天平均的多源融合 SST 数据的缺失率在 40% 左右[5]（中国海区，10°—50°N，105°—130°E）。而且在进行遥感反演的过程中，薄云的检测也比较困难，未检测的薄云会造成图像数据的异常，对于 SST 数据，未检测的薄云像元反演值可比晴空低 6℃ 以上，而异常天气，如台风，在半个月时间内 SST 的下降一般在 5℃ 以内[6]。

数据缺失给遥感产品的使用带来了很大的限制，如利用 EOF 方法分析 SST 的年际变化，利用遥感数据进行海洋水质分类，在数值模拟中，利用遥感数据作为模拟的边界条件等[7]，都要求使用完整的遥感数据。虽然有些应用可以容忍部分数据缺失，但是对完整的遥感数据集的需求越来越大。而且，对遥感数据进行再分析，剔除反演过程中未检测薄云造成的虚假数据，提供一个合理的再分析数据集，对增强遥感数据的应用范围也很有帮助。

本文主要在分析遥感反演数据（SST 与 SSC）特性的基础上，提出了结合 EMD 与 EOF 方法的 EMD – EOF 遥感资料重构方法。该方法可以有效地剔除遥感数据中不合理的反演值，重构出具有空间全覆盖的遥感再分析数据集，为以后遥感数据的应用提供服务。

1.1.2　海洋数据同化的研究意义

数值模拟与现场观测是研究海洋现象的两种基本手段，它们有着各自的优势，模型模拟的优势在于依靠其内在的物理过程和动力学机制，可以给出所模拟对象在时间和空间上的连续演进；而观测的优势在于能得到所测量对象在观测时刻和所代表的空间上的"真值"[8]。

海洋学家在对海洋进行现场观测的同时，也在不断地改进数值模拟方法。通过实测数据对模型参数进行率定，随着认识的加深不断提出改进的过程参数化方法，进而改进模型的模拟、预报效果。

遥感数据作为覆盖范围大、重复周期短的海洋观测数据，如何在海洋预报中发挥更大的作用？海洋数据同化方法的出现和实用化，为我们达到这一目标提供了一条可行的途径。

本文主要利用 COHERENS 数值模型，使用减秩卡尔曼滤波（SEEK）数据同化方法，初步构建了杭州湾海温与悬浮泥沙浓度的三维数据同化系统；同时，基于此系统将 2003 年春季的遥感 SST 与 SSC 同化到数值模型，为建立业务化的数据同化系统打下基础。

1.2　国内外研究现状

卫星海洋遥感（Ocean Remote Sensing），是利用电磁波与大气和海洋的相互作用原理，从卫星平台观测和研究海洋的分支学科。海洋水色遥感是利用可见光、近红外辐射计在航天和航空平台上接收海面上行的光谱辐射，经大气校正和水色信息反演，获得水体中浮游植物色素浓度、悬浮体浓度、溶解有机物浓度等要素信息，在海洋初级生产力、海洋生态环境、海洋通量、渔业资源监测等方面具有重要意义[9]。

在水色遥感领域，目前主要使用的遥感产品为海洋环境要素 SST[10]、水色三要素叶绿素 a（Chl a）[11]、表层悬浮泥沙浓度（SSC）[12]、有色物质[13]。另外再分析产品有水体透明度（SDD）[14]、海洋初级生产力[15]，水质参数如颗粒态总磷[16]、总无机氮[17]、颗粒有机碳与溶解有机碳[18]。目前在轨运行或者即将发射的水色传感器与温度传感器如表1.1所示。

从表1.1可以看出,随着在轨的传感器越来越多,在认识海洋过程中遥感数据必将发挥越来越重要的作用。

1.2.1 资料重构

对于使用可见光与红外波段反演的遥感数据,数据缺失及数据异常现象主要有以下3个特点:①大面积缺失(图1.1);②反演过程中的漏检薄云造成反演数据异常(图1.2);③云的特性决定了数据缺失的无规律性(图1.1)。

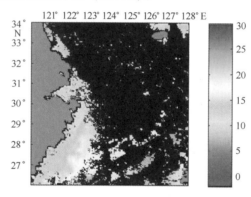

图1.1 2003年1月1—5日的5天平均的东海SST数据(单位:℃)

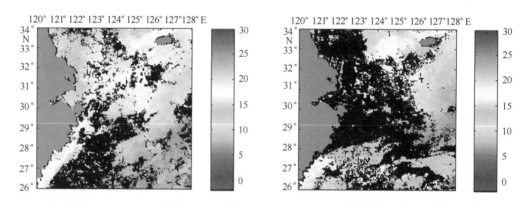

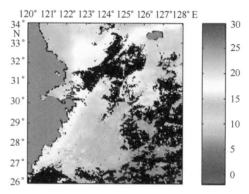

图1.2 2003年11月12—16日、11月17—21日、
11月22—26日 连续3个时次5天平均的东海SST数据(单位:℃)

为了更好地利用已有的遥感数据，特别是使用可见光与红外波段反演的遥感数据，克服云层覆盖对遥感数据的影响，在图像处理领域，有很多方法处理数据缺失问题，缺失点资料重构相当于图像重构或图像恢复，主要是使用数据的时间相关或者空间相关来实现。

在国内，朱江等[19]提出了客观分析中的最优插值方法对 SST 数据进行插值补缺。马寨璞等[20]在 SST 数据补缺中提出动态最优插值的方法。谈建国等[21]对于检测出的云区，采用同周期相近时相 AVHRR 资料的相对变化率来反演替代云区，保证替补后资料的客观性和图像的连续性，从而大幅度地提高了 NOAA 遥感资料的可用性，该方法简单易行，但增加了遥感资料的要求，而且误差达到了 1.48℃，有云区域可能在一定的时间里还是有云，要找到好的替补图像也比较困难。毛志华等[22]对云覆盖区域综合采用了资料插值、平滑、匹配修正等方法，以及数值内插、曲面拟合和动力方程的数值替补方法，利用历史同期标准温度图进行时间域的替补。

在国外，Everson 等[23]使用最优插值方法重构 SST 缺失点数据。Emery 和 Thomson[24]提出利用样条插值的方法。Kondrashov 等[25]使用奇异谱分析对 50 年的月平均 IRI 数据集的 SSTa 缺失点进行了重构。H. Gunes 等[26]比较了本征模态分解（Proper Orthogonal Decomposition，POD）和克里格插值（Kriging Interpolation）方法重构非平稳流场的时空缺失点，结果显示，在时间分辨率足够高的情况下，POD 方法重构精度高于 Kriging 方法；在时间分辨率不够的情况下，Kriging 插值的效果更好一些。Beckers 和 Rixen[7]提出了一种无参数（必要的参数从数据本身获得），基于经验正交函数（EOF）方法来重构时间序列数据中缺失点，并且使用人工构造的时间序列和实际的遥感数据序列进行了缺失点重构。Alvera 等[27,28]提出了基于 EOF 分解的数据插值方法（DINEOF），对 1995 年 5 月 9 日到 10 月 22 日的 6 个月的 AVHRR 遥感数据 135 幅（去掉了其中数据比例小于 5% 的图幅）进行了缺失点重构，并且与最优插值方法进行了比较，DINEOF 方法与最优插值法有相似的重构精度，但是后者的时间花费比前者高了一个数量级，达到 30 倍之多。

值得一提的是，由于云是随时间与空间变化的不稳定因子，造成遥感数据集中缺失区域具有随机性，现有的云检测算法并不能很有效地检测薄云，所以大片区域数据缺失与薄云未被准确检测造成的异常数据同时存在。如何有效地剔除异常数据、重构缺失区域数据，需要充分利用卫星遥感数据的时间与空间相关。在重构遥感数据缺失值的方法当中，Alvera 等[27,28]提出的 DINEOF 方法具有重构精度高、运算速度快等优点。

1.2.2　数据同化

卫星遥感观测、现场观测和海洋环境的数值模拟三者的有机结合，是研究全球海洋和环境问题的基本方法。一方面，随着遥感技术的应用，观测已经由过去的少量传统的常规观测发展到如今大量的非常规观测，观测精度也日益提高；另一方面，由最初的大气环流模型发展到现在的海－陆－气耦合模型，并向着把包括人类圈在内的地球各系统耦合的"气候系统模型"发展，而且各模型的模拟能力也日益提高。观测作为一个对"真实"状态的相对"忠实"的记录，有着其"真实性"的优点，但由于其空间和时间的离散性和独立性，就其整体来讲是很粗糙的。而模型所给出的"模型"状态，有着其物理上内在的动力过程及时空的完整性，但由于"模型"状态仅仅是"真实"状态的近似，所以也就无法代替观测所扮演的角色。为了把观测和模型所带来的两种不同但又"互补"的信息融合在一起，从而给我们产生一幅既逼近真实状态又包括内在物理过程的四维"运动的物理图像",数据同化方法应运而生[29,30]。数据同化可以结合模拟与观测的各自优势,在过程模型的动力框架内,融合不同来源和不同分辨率的直接与间接观测数据,得到具有时空连续和物理一致性的数据[8,31-33]。

一个数据同化系统包括三个部分:观测系统、数值模型与数据同化方法。

1.2.2.1 观测系统

对海洋进行直接的观测一直是海洋研究最重要的组成部分。人类对于海洋内部的认识和了解,最初主要来自科学调查船的观测和由商船投放的抛弃式温深计(XBT)的探测。这样的观测是相当稀少的,特别是对全球气候影响巨大且遥远的南大洋,其观测资料则更少。而所有这些观测的持续时间都很短,以至于无法用来监测海洋的变化[34]。

随着卫星遥感技术的发展,卫星遥感已成为对全球中大尺度表层海洋现象进行长时序观测的主要手段。卫星遥感获得的全球影像改变和加深了人们对海洋的认识。要研究全球和区域的海洋环境问题,必须观测和研究海水温度、盐度、密度、海面风、波浪、潮汐、海流、海冰等基本动力环境要素和海洋化学、海洋生物学等相关环境要素的全球性变化。这些要素是海气交换、海洋内部的物质和能量交换的驱动力,也是全球环境变化的驱动力。目前用于海洋的传感器类型与反演参数如表 1.2 所示。

表 1.2 海洋传感器类型及其反演参数[2]

传感器	波段	主要反演参数和遥感产品
水色传感器	可见光	表层叶绿素浓度、悬浮泥沙浓度、初级生产力、漫衰减系数以及其他海洋光学参数
红外传感器	红外波段	海表温度
微波高度计	微波	平均海平面高度、大地水准面、有效波高、海面风速、表层流、重力异常、降雨指数
微波散射计	微波	海面 10 m 风场
合成孔径雷达	微波	波浪方向谱、中尺度涡旋、海洋内波、浅海地形、海面污染、海表特征信息
微波辐射计	微波	海面温度、海面风速、海冰水汽含量、降雨等

随着对海洋观测的深入,国际间的合作逐渐增加,全球海洋观测系统(GOOS)包括从空间、空中、岸基平台、水面、水下等多平台对海洋进行立体观测[35]。

卫星遥感观测的时空分辨率已能满足中大尺度全球环境变化研究的要求,但卫星遥感需要地面现场观测的配合和现场数据检验。而全球 Argo 实时海洋观测网的建设为我们认识海洋内部、进行卫星数据检验提供了宝贵的数据源。由 3 000 个浮标组成的观测网在 24 h 内可向研究人员和从事海洋、气象预报的相关业务中心快速提供海洋观测资料。世界上已经有 23 个国家参与国际 Argo 计划,并有很多国家参与了浮标布放等工作。Argo 计划的实施,使得人们从海洋内部获取信息的手段产生了突破性进展[34]。

1.2.2.2 数值模型

从 20 世纪开始,河口、海岸数值模型发展非常迅速,在短短几十年的时间中,随着计算机计算容量的飞速发展和数学方法上的不断改进,运用数值模拟的手段研究河口地区的水动力问题已经相当成熟,从运用一维、二维的简单数值模型研究探讨河口地区垂向混合、水平平流、正压和斜压效应等对河口的动力作用，发展到了如今利用三维数值模型解决实际的生产生活中的问题。随着计算机技术和数值方法上的不断进步，三维的数值模拟逐渐发展成为成熟的研究方法[36]。

目前国际上先进的和使用较广泛的河口海岸水动力数值模型有许多，如美国的普林斯顿大学研制的 POM 模型和 ECOM 模型[37]；德国汉堡大学海洋研究所开发的三维斜压陆架海洋模型 HAMSOM 模型[38]；德国发展的等密面模型 MICOM，以及后来的杂交坐标模型 HYCOM[39]。而耦合多种过程的模型也有很多，如本文使用的欧空局开发的三维水动力生态模型 COHERENS[40]，美国麻省理工学院陈长胜研究小组开发的非结构有限体积的 FVCOM 模型[41]。上述模型已经被广泛地应用于科学研究和工程实践当中。

1.2.2.3 数据同化方法

数据同化方法最早用于气象科学，一般把 Charney 等[42]在 1969 年发表的论文《Use of Incomplete Historical Data to Infer the Present State of Atmosphere》作为数据同化的开山之作，文中展示了他们用模拟方法研究数据同化的结果，其目的是确定一个问题：使用卫星遥感系统提供的不完善数据能否得到正确的大气变量值[30]。

数据同化经过了几个发展阶段。最早的数据同化是比较机械简单的插值方法，比如多项式插值、线性插值、逐步订正法等。但这些方法都没有充分利用资料和模型结果的误差信息，同时也缺乏理论基础，直到最优插值法的出现[43]，数据同化方法才有了基于统计估计理论的基础。最优插值（OI）[44-46]主要假设背景场的误差协方差矩阵是定常的，对于每个模型变量，只有在其附近的少数观测才能决定分析的增量。当能够适当地选取观测点时，最优插值可以节省计算的成本。从 20 世纪 70 年代到 80 年代，这种方法在数值预报业务中得到了广泛的应用，许多业务化的部门采用这一方法。

由于最优插值不是全局分析，其解是局地最优的，因此在将各个不同小区域分析综合时，各个解之间会产生不连续，并且最优插值不能使用复杂观测算子的观测（包括非线性算子），不能同化非常规资料，无法确保大尺度和小尺度分析之间的一致性，其权重系数是独立于模型方程的时间变化。为了克服最优插值在实际应用中的"资料选择"问题，同时同化非线性观测，在业务化系统中，变分数据同化方法[47,48]逐渐替换了最优插值。三维变分（Three Dimensional Variational，3D-VAR）是最优插值方法的一般化，可以用来处理观测矩阵是非线性的情况，其计算量要比最优插值大，可以在三维空间中进行全局分析。目前国际上主要数值预报中心都已经采用三维变分方法来进行资料同化。四维变分方法（Four Dimensional Variational，简称 4D-VAR）是三维变分方法的简单推广，只是它需要积分伴随模型。强约束 4D-AVR[49]是目前少数先进业务化的单位使用的最先进的方法，例如欧洲中期天气预报中心就于 1996 年底最先采用了这个方法[50]，其结果要比 3D-VAR 方法好，但是这一方法的工作量要比 3D-VAR 方法大很多。弱约束 4D-VAR[47,51]方法是针对强约束 4D-VAR 方法的模型无误差的假设而提出来的，它考虑了模型误差。

变分数据同化的优点是不需要计算模型预报误差的协方差矩阵，同时也适合处理非线性问题。不利之处在于要构造伴随方程，同时不具有对观测资料进行序列同化的特性。

基于序列极小方差估计，最优插值向时间维的自然推广，由此便产生了滤波方法。卡尔曼滤波（Kalmna Filter，简称 KF）[52]假设背景场的误差协方差矩阵是非定常的，利用协方差矩阵预报方程来计算，其基本原理是先进的。但是在实际应用中却因为计算量和存储量太大（因为需要存储 Hessian 矩阵，而这类矩阵的元素总量即使在一个简单的海洋模型中也可以达到 10^{10} 个以上），所以在可预见的将来还无法应用到像最优插值方法现在应用到那种大规模的数值模型和观测系统中，同时卡尔曼滤波只适应于线性问题，对于非线性问题，需要推导出与非线性方程相对应的切线性方程，即扩展卡尔曼滤波（Extended Kalman Filter，简称 EKF），对于强非线性系统，由于抛弃了误差方差演化方程中可能反映强非线性作用的三阶及三阶以上导数项，可能导致误差方差的无限制增长[53]。

由于大气、海洋运动的高度非线性以及包含许多阈值，要把扩展卡尔曼滤波直接应用到大气、海洋的数据同化中仍然有很多缺陷。人们又发展出各种简化的卡尔曼滤波形式，其中包括减秩卡尔曼滤波（SEEK）、集合卡尔曼滤波（Ensemble Kalman Filter，简称 EnKF）等，使得卡尔曼滤波可以在实际或业务化中得到应用。

集合卡尔曼滤波（EnKF）[53]是针对卡尔曼滤波中的协方差矩阵预报模型中有时出现的计算不稳定等问题而提出来的，其主要思想是抛弃协方差矩阵预报模型，直接利用 Monet – Carol 方法来对此模型积分，从而得到背景场的误差协方差矩阵。这个方法的存储量比卡尔曼滤波小很多，但是其计算量却增加了，较适用于比较复杂的非线性模型。自从 Evensen[53]于 1994 年提出集合卡尔曼滤波之后，许多研究人员从不同角度对卡尔曼滤波方法性能进行了仔细研究，并提出许多改进办法，Burges 等[54]回顾并阐述了在集合卡尔曼滤波分析方案中与观测扰动有关的几点问题，同时证明了集合均值可作为模型变量的最好估计。Houtekamer 和 Mitchell[55]提出双集合卡尔曼滤波方法，用其中一个集合的统计特性去修正另外一个集合中每个成员的预报值以防止滤波过程中会出现的"杂交"现象。Anderson[56]提出不用对观测值进行扰动的集合调整卡尔曼滤波（EAKF），对小集合数（集合数为 10~20 个）比集合卡尔曼滤波表现好。Whitaker 和 Hamill[57]也提出了一种不需对观测扰动的方法，称为集合平方根滤波（EnSRF），其优点是可以防止非线性系统中由于引入观测误差扰动而产生的取样误差。Blaas 等使用集合卡尔曼滤波方法构建了悬浮泥沙数据同化系统[58-60]。在全球海洋数据同化试验（GODAE）的指导下建立了数个全球或区域的海洋数据同化系统，使用的同化方法包括最优插值[61]、集合最优插值[62]、扩展卡尔曼滤波[63]、集合卡尔曼滤波[64]。随着计算机计算速度的提高，集合卡尔曼滤波方法正成为数值模型中所使用的主要同化方法[41,65,66]。

在国内，海洋资料同化技术也取得了长足的进展。李培良等[67]利用卫星高度计资料在中国近海进行了同化试验；张人禾等[68]建立了包含观测资料在内的海洋观测同化系统，并在国家气候中心"全球海洋资料四维同化系统"中得到初步应用，同时利用 ARGO 资料对海洋模型的次表层参数化方案进行改进；曹艳华[69]利用四维变分方法对热带太平洋地区 T/P 进行了模拟实验；朱江等[70]设计并实现了一个海洋资料同化系统，利用三维变分方法同化 XBT、ARGO、卫星高度计资料等，为 ENSO 预报系统提供初始场，目前已在热带太平洋海洋资料同化中得到成功应用；卢风顺[71]实现了中国科学院大气物理研究所开发的 OVALS 数据同化系统的并行化。

海洋数据同化可以概括为：在数值模型的动力框架内，融合不同来源和不同分辨率的遥感与实测数据，不断地依靠观测而自动调整模型结果，获得更高分辨率、具有物理一致性和时空一致性的数据，以便更好地表达各种时空尺度上的研究要素的状态分布。

1.3 研究内容

1.3.1 拟解决的关键科学问题

基于以上的研究背景，本论文以海洋遥感数据 SST 与 SSC 的资料重构以及结合遥感数据与数值模拟，构建海洋数据同化系统为目标，围绕以下 3 个科学问题进行阐述和分析。

（1）遥感数据。使用可见光与红外波段反演的遥感数据，其数据缺失具有什么特点？薄云未检测会怎样体现到反演结果上？

（2）资料重构方法。如何快速地重构缺失位置的数据？资料重构的误差有多大？不同遥感数据的重构方法有什么差别？与已有的重构方法相比有什么优缺点？

（3）数据同化。怎样选择一种合适的同化方法？同化系统的性能怎样？

1.3.2 技术路线及章节安排

本论文包括 6 个章节，主要分为两个部分：第一部分是研究并解决遥感数据的缺失点重构问题（第 2 章）；第二部分是构建杭州湾水温与悬浮泥沙的数据同化系统（第 3 章、第 4 章、第 5 章）。本文的技术路线如图 1.3 所示。

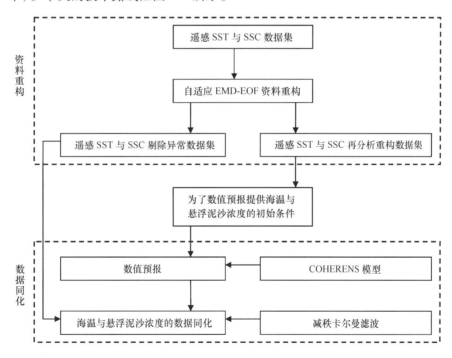

图 1.3 论文研究的技术路线

第 1 章绪论，说明研究的意义和目的，介绍国内外相关研究现状，在此基础上提出拟解决的关键科学问题，阐述本文主要的研究内容和技术路线，对论文研究中研究区域和使用的遥感数据进行了说明。

第 2 章遥感数据的资料重构。介绍了遥感数据缺失特点，提出了遥感数据的重构方法

EMD – EOF 方法，针对 SST 与 SSC 进行了重构实验，并对 SST 与 SSC 进行了分析。

　　第 3 章 COHERENS 模型。介绍了数据同化系统中使用的海洋数值模型 COHERENS 的主要控制方程与初、边界条件。

　　第 4 章序列数据同化方法。从最小二乘法引出卡尔曼滤波、扩展卡尔曼滤波、集合卡尔曼滤波，最后介绍了本文数据同化系统中使用的减秩卡尔曼滤波数据同化方法。

　　第 5 章杭州湾水温与悬浮泥沙数据同化系统。介绍了同化系统的组成，并使用 2003 年春季的遥感数据进行同化试验，分析了同化系统的性能。

　　第 6 章为总结与展望。阐述工作的创新性，并在分析论文工作不足的基础上，说明了进一步研究的内容和方向。

1.4　研究区域和数据

1.4.1　研究区域及特征

　　本文的研究区域为长江口及其邻近区域，包括东海的大部分海域，资料重构区域（图 1.4 区域 A）位于 26°—34°N，120°—128°E 之间，数据同化则选择杭州湾海区（图 1.4 区域 B），位于 29.5°—32.5°N，120°—124°E 之间。

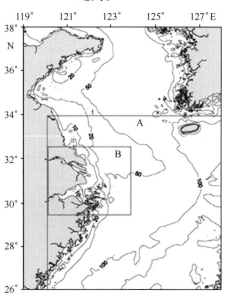

图 1.4　研究区域水深分布（单位：m）

　　东海位于我国的东部，是西太平洋的一个边缘海，是我国海洋生产力最高的海域，西邻我国高速发展的"长三角"经济圈，在国民经济发展中有着重要的地位和作用。东海幅员辽阔，水体性质变化幅度很大，由最西部受陆地和人为因素影响严重的长江口、杭州湾，逐渐向东过渡到大洋性质的外海区[72-74]。

　　东海表层水团，又称东海陆架混合水或者东海暖水，是东海陆架区表层的主要水团之一，分布在台湾暖流至对马暖流区的广阔海域内，是台湾暖流水、对马暖流水携带而来的。其西南部主要是台湾暖流水，东北主要是对马暖流源地水，中部主要是长江冲淡水和黄、东海混合水，因此，东海表层水团的性质和形成过程比较复杂。其温度、盐度冬季分别为 13.0 ~ 19.0℃和 33.75 ~ 34.40；夏季分别为 26.0 ~ 29.5℃和 33.0 ~ 34.0[72-75]。

东海的流系结构如图 1.5 所示，主要包括苏北沿岸流、长江冲淡水、东海沿岸流和台湾暖流。

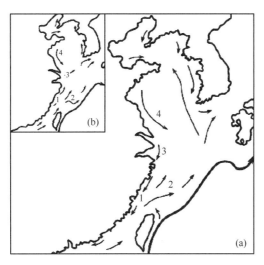

图 1.5　中国近海季节性环流路径[76]

（a）冬季；（b）夏季（1 为东海沿岸流；2 为台湾暖流；3 为长江口羽状锋或冲淡水；4 为苏北沿岸流）

东海沿岸流主要分布在长江口以南的浙、闽沿岸，其来源为近岸径流经过河口混合后的冲淡水，具有明显的季节变化：冬季，冲淡水在偏北风的作用下，沿浙江沿岸南下达福建沿岸，与外侧的台湾暖流方向相反；入春后，该沿岸流向北退缩，至夏季改为沿岸边北上，与台湾暖流同向[76]，但是在长江口附近由于较强的浮力作用，仍有向南的余流[77]。

台湾暖流位于东海沿岸流和黑潮之间的陆架上，大致沿 50 ~ 150 m 等深线北上，终年存在，是东海陆架上最主要的海流，结构和起源较为复杂，动力因子主要为黑潮和台湾岛相互作用形成的压力场，同时风场也对其有重要影响，流幅夏宽冬窄，具有暖水的性质。其与东海沿岸流之间的界面构成浙闽沿岸锋[76]。

注入东海河流年径流量约 11 699.32 × 10⁴ m³，输沙量为 63 059.63 × 10⁴ t，对沿海许多方面影响巨大[78]。有资料显示，长江平均年径流量为 9 240 × 10⁸ m³，约占我国河川入海径流量的 57%，占流入东海总水量的 80.5%，巨大的淡水入海，成为沪浙闽沿岸水团的重要来源，也是沪浙闽沿岸流的重要组成部分。长江径流有明显季节变化，5—10 月为洪水期，7 月最大，11 月至翌年 4 月为枯水期，2 月最小。

长江年平均输沙量 41 400 × 10⁴ t，高峰期集中在汛期，长江中下游最大含沙量大多出现在 5—7 月，这 3 个月的输沙量占全年输沙量的 2/3。入海输沙约有一半沉积在口门附近，另一半则扩散在口门以外地区。发育了巨大的长江水下三角洲，也是东海西北部细粒泥沙的主要来源[76]。

长江径流入海后与海水混合，形成东海最显著水文特征之一的长江冲淡水[2,72,79]。长江冲淡水的界线划分，最先是由毛汉礼等[80]确定：东海西北部海域的表层盐度分布图上，从长江口、杭州湾附近开始，以 31.0 等盐线所包络的海域面积，看作长江冲淡水的范围；也有人以 32.0 等盐线来作为长江冲淡水的外围边界，并以 26.0 等盐线包络面积作为长江冲淡水的核心水体[81]。

1.4.2 遥感数据来源

本文采用由国家海洋局第二海洋研究所卫星海洋环境动力学国家重点实验室提供的2003年的 AVHRR 5 天平均的海洋表层温度 SST 和 2003 年 SeaWiFS 5 天平均表层悬浮泥沙浓度 SSC。

SST 采用等经纬度投影，空间分辨率为 1′。SST 的反演模型是基于分裂窗技术，算法为非线性算法（NLSST）。影响遥感海表温度精度的因素很多，如传感器本身的精度、反演模型、大气条件、海况、实测温度精度等，特别是云覆盖，云覆盖减少了红外遥感资料的利用率，严重影响卫星遥感系统业务化应用，同时也是降低海表温度反演精度的主要原因[82,22,83]。最后将 5 天内的所有单轨 SST 数据产品进行融合，生成 5 天平均的 SST 产品。

SSC 采用等经纬度投影，空间分辨率为 1′。因美国 NASA 提供的 SeaWiFS 资料处理软件（SeaDAS）的标准大气校正模块在处理我国海区存在大气过校正问题，为此国家海洋局第二海洋研究所开发出适用于我国近海二类水体的大气校正算法[84-90]。在对 SeaWiFS 资料进行大气校正处理后，获得各波段的归一化离水辐亮度（或遥感反射率），采用悬浮泥沙反演算法获得单轨悬浮泥沙数据，将 5 天内的所有单轨悬浮泥沙浓度数据产品进行融合，生成 5 天平均的悬浮泥沙浓度产品。

图 1.6 和图 1.7 分别为 5 天平均的遥感 SST 与 SSC 数据。

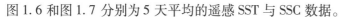

图 1.6　2003 年 3 月 17—21 日的 5 天平均 SST 数据（单位：℃）

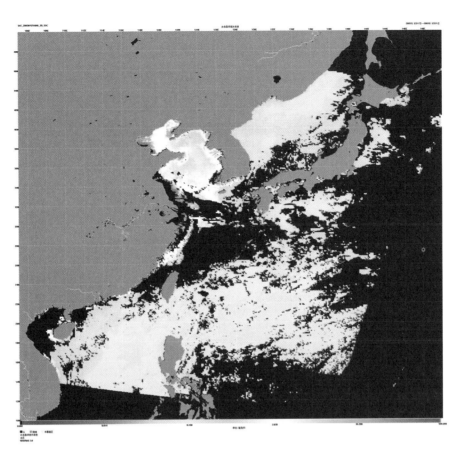

图 1.7　2003 年 3 月 17—21 日的 5 天平均 SSC 数据（单位：mg/L）

从图 1.6 和图 1.7 可以看出，5 天平均的遥感数据的空间覆盖很不均匀，存在大面积的数据缺失区域。

遥感数据的精度评价是通过与船测或者浮标测量进行比较计算得出。图 1.8（a）是 2003年 4 月船测表层 SSC 数据，而图 1.8（b）为 2003 年 4 月的月平均遥感 SSC 数据，比较两者

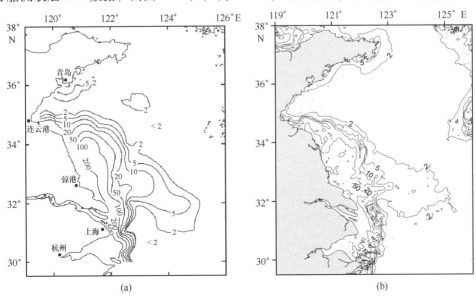

图 1.8　2003 年 4 月表层 SSC 数据[91] 与 4 月的月平均遥感 SSC 数据（单位：mg/L）

可以看出，遥感 SSC 与实测 SSC 在整体形态上非常相似，在数值上遥感 SSC 比实测 SSC 整体偏小，其对数（以 10 为底）均方根误差约为 0.25 mg/L，与遥感反演误差相当。由于无 2003 年实测的站位数据，在下文中遥感反演 SSC 的对数（以 10 为底）均方根误差设为 0.25 mg/L。

遥感 SST 的反演均方根误差为 0.7℃[83]。

2 基于遥感数据的资料重构

2.1 引言

长江口及其邻近海区（图 2.1）（26°—34°N，120°—128°E）位于江苏、上海、浙江三个经济高度发达地区的河口或近海，地理位置十分重要，长江流域和河口地区日益加剧的人类活动及其资源开发，使河口海岸环境产生了显著的变异[92]，长江河口地区生态环境正面临着严峻挑战。

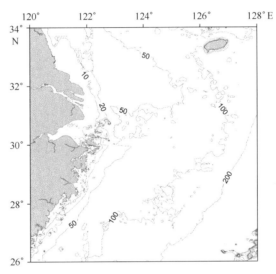

图 2.1　研究区域水深分布（单位：m）

本章使用的数据源为 5 天平均的 L3B 海表温度（SST）网格数据和悬浮泥沙浓度（SSC）网格数据，成图时间为 2003 年，共 73 幅。每幅数据有 479×479（像素），陆地点不参加运算，空间运算有效点数为 196 423（总点数 229 441）。SST 的数据覆盖率为 67%，近岸数据覆盖率低于外海。SSC 的数据覆盖率较低，为 45%，同样近岸数据覆盖率低于外海，无一定规则性。

原始数据的命名方式为 SAT_ 2003311TO315_ 3B_ SST. DAT，对应的日期为 2003 年 11 月 7 日到 11 月 11 日 5 天平均 SST 数据，所有数据都是 2003 年，为说明方便，取 5 天平均的中间日期 11 月 9 日，记为 SST－1109，周期为 5 天，下一时次数据记为 SST－1114，依此为例。

2.2　DINEOF 重构方法

Beckers 和 Rixen[93]在 2003 年提出了一种无参数（必要的参数从数据本身获得），基于经

19

验正交分解（EOF）方法来重构时间序列数据中缺失点，并且使用人工构造的时间序列和实际的卫星遥感数据集进行了缺失点重构。Alvera – Azcarate 等[27] 提出了基于 EOF 分解的数据插值方法 DINEOF（Data Interpolating Empirical Orthogonal Functions），对 1995 年 5 月 9 日至 10 月 22 日 6 个月的 AVHRR 卫星数据 135 幅（去掉了其中数据比例小于 5% 的图幅）进行了缺失点重构，并且与最优插值方法（Optimal Interpolation，OI）进行了比较，DINEOF 方法与 OI 法有相似的重构精度，但是后者的时间花费比前者高了一个数量级，达到 30 倍之多。

DINEOF 方法[27,28] 的工作原理如下。

假定 X^o 为 $m \times n$ 维的二维数据矩阵，其中 $m > n$，每一行代表某一空间位置点的时间序列值，每一列代表某一时刻所有空间点的值，X^o 中包括一些缺测点（无数据，如卫星轨道未覆盖区、数据不可靠点等），使用 NaN 表示。

步骤 1：数据去均值。计算 X^o 中有效数据的均值 $\overline{X^o}$，然后令 $X = X^o - \overline{X^o}$；随机挑选部分有效数据点集 $X_{cross-validation}$（一般为数据总量的 1%），作为判断最佳重构模态数的交叉校正集，对 X 中的处于交叉校正集的位置同样赋值为 NaN。

步骤 2：对 X 中赋值为 NaN 的点用 0 替换，使缺失点的初始值为数据集的无偏估计值。令 $k = 1$。

步骤 3：对 X 使用式（2.1）进行奇异值分解 SVD，得到最主要的 k 个特征模态，使用式（2.2）计算缺失点的重构值。

$$X = USV^T \tag{2.1}$$

其中，U，S，V 分别为 SVD 分解后对应空间特征模态、奇异值矩阵和时间特征模态，T 表示矩阵转置。

$$X_{i,j} = \sum_{p=1}^{k} \rho_p (u_p)_i (v'_p)_j \tag{2.2}$$

其中，i,j 为矩阵 X 的空间与时间下标，u_p 和 v_p 分别是空间特征模态 U 和时间特征模态 V 的第 p^{th} 列，ρ_p 为相应的奇异值，$p = 1$，2，$\cdots$，k。步骤 3 迭代 $NITEMAX$ 次（$NITEMAX$ 为程序预先设定的最大迭代次数），计算交叉验证点集 $X_{cross-validation}$ 的重构值与原始值的均方根误差 R^k，迭代主要是为了得到较低的均方根误差。

步骤 4：令 $k = 2$，3，$\cdots$，k_{max}，重复步骤 3，计算出对应的均方根误差 R^k，比较得出 R^k 值最小时对应的主要特征模态数 $\overline{P}$，其中 k_{max} 根据观测数据的时间维数确定。

步骤 5：缺失点集的值用 $\overline{P}$ 模态时计算的重构值替换，点集 $X_{cross-validation}$ 处的值使用原始值替换，令 $k = \overline{P}$，重复步骤 3，使用式（2.2）计算出所有点的重构值，仍记为 X。令 $X = X + X_{mean}$，得到重构数据集。

更详细的步骤可以参考 Alvera – Azcarate 等[93,27,28] 的文章。DINEOF 方法是一种时空平滑方法，使用数量较少的几个最重要的特征模态来表征原始数据集，特征模态的重要程度由其解释原始数据中的总方差数决定，认为如果某个特征模态解释原始数据中的总方差比较小，则为小尺度信息，可能为原始数据中的噪声部分，本质上是一种低通滤波器。DINEOF 方法重构结果的精度较高，但资料重构后对原始数据集中的中小尺度信息，特别是小尺度信息有一定的平滑效果。

2.3 EMD – EOF 方法

Alvera – Azcarate 等[27,28,93] 提出的 DINEOF 重构缺失点方法存在以下不足之处。

问题 1：在遥感反演产品中，难以检测到的薄云会使反演产品中数据表现异常，虽然 DINEOF 方法能够部分地去掉这种噪声成分（通过只选择最主要的 $\overline{P}$ 个特征模态进行重构）。由于交叉验证数据集是随机选择的，如果有一片较大区域的薄云未被准确检测而导致该区域的数据异常，其中的部分数据会被选择到交叉验证数据集里面。在进行最优重构模态的选取过程中，为了使总的重构误差最小，将会使选择的空间特征模态 U 保留异常数据区域的特性，并且该模态相应的时间模态曲线在噪声时刻点有明显偏离曲线的变化趋势特性，并且由于是自动选择最优重构模态数，最后受到这种数据污染的空间模态去重构全部数据时会把该污染扩散到其他时刻点。

问题 2：程序计算时使用一个固定的迭代次数 $NITEMAX$，即认为迭代次数达到 $NITEMAX$ 程序就收敛，主要是为了限制程序陷入死循环，但迭代次数的选取是一个比较大的问题，$NITEMAX$ 越大，程序计算花费的时间越大；$NITEMAX$ 很小，就很难保证计算达到收敛的程度，并且不是 $NITEMAX$ 越大，效果越好。

问题 3：在进行资料重构前，需要给定最大的特征模态数 k_{max}。往往需要根据重构数据的特性，选择一个比理论上最优重构模态数 $\overline{P}$ 稍大的值。但 $\overline{P}$ 值的大小与数据的空间差异、数据集的时间维数有关，很难预先确定一个比较准确的$\overline{P}$，从而使选择的最大特征模态数 k_{max} 一般较大，导致计算时间的快速增加。

问题 4：Alvera – Azcarate 等[27,28,93] 的 DINEOF 方法需要预先剔除缺失率达到 95% 以上的图像，否则该图像重构值为原始数据集的平均值。

针对 DINEOF 重构方法存在重构精度易受薄云污染数据影响、重构时间相对较长、不能重构缺失率特别高的数据等问题，本文提出了结合经验模态分解方法（EMD）与 EOF 的缺失点重构算法 EMD – EOF 方法。EMD 方法由黄鄂博士于 1998 年首先提出，具体的介绍请参考附录 A。

对于问题 1，本文在重构前先使用 EOF 分解方法检测受到薄云污染的图像，去掉该图像薄云漏检区域数据，然后对去掉薄云污染的数据集再次进行 EOF 重构。薄云漏检图像的检测方法如下：对原始数据集进行 EOF 分解，得到 $\overline{P}$ 个最主要的特征模态；对时间特征模态 V，如果某个时次的遥感数据覆盖率低于某一阈值（程序中选择 0.05），则该时次的时间模态系数的值使用邻近点的线性插值替换；对替换后的每一条时间模态曲线 v_p（ $p = 1,2,\cdots,\overline{P}$ ），进行 EMD 分解，计算 EMD 分解后的第一固有模态与时间模态数据的差值，当差值中某一点偏离其均值 ± 3 倍标准差范围时，认为此时刻为异常时刻，利用邻近数据线性插值法插值出异常时刻位置的值，得到滤波后的时间模态曲线 v_p^{new}，利用式（2.2）重构全部数据，计算原始数据与重构数据之差，如果某区域大于一个给定的阈值，则认为该区域为薄云漏检区域，剔除这部分数据。对于 SST 数据集，由于受到薄云漏检的数据值会明显偏低，一般达到 5℃ 以上，而 EOF 方法重构的均方根误差在 1℃ 左右。

对于问题 2，使用自适应方法确定迭代次数，计算过程如下：定义最大迭代次数 $NITEMAX$，针对模数等于 P 的情况下，应用 EOF 分解方法得到原始数据矩阵 X 的 P 个主要特征模态，使用式（2.2）计算缺失点数据，然后计算重构的交叉校正误差，假设第 $k-1$ 次迭代后的误差为 R_{k-1}^P，第 k 次迭代的误差为 R_k^P，定义误差降低比 RD_k^P [式（2.3）]，如果 RD_k^P 小于一个给定的阈值（本文中阈值为 0.001），这时可以认为在该模态数 P 下，误差已经收敛，则可以停止该模态下的迭代计算，进行下一个模态数的计算。自适应迭代次数不大于 $NITEMAX$。

$$RD_k^P = (R_{k-1}^P - R_k^P)/R_{k-1}^P \qquad (2.3)$$

其中，RD_k^P 表示模态数为 P，迭代次数为 k 时的误差降低比，其中 $k = 2$，3，$\cdots$，$k_{\max}$，R_k^P 表示模态数为 P，迭代次数为 k 时重构的交叉验证误差。

对于问题 3，解决方法与问题 2 类似，若模态数 P、$P+1$ 时的交叉验证误差分别为 R^P、R^{P+1}，当满足关系 $R^P < R^{P+1}$ 时，则最优重构模态数已经确定，即 $\bar{P} = P$，不需要再计算模态数为 $P+2$ 时的交叉验证误差，节省计算时间。

对于问题 4，由于剔除了问题 1 数据集的异常数据，计算原始数据的图像覆盖率，由于海洋表面要素的数据场大部分是平缓变化，对时间模态系数 V，使用线性插值法插值出数据覆盖率低于某一阈值的时刻点，得到滤波后的时间模态曲线 v_p^{new}，利用式（2.2）计算最终的重构数据。

EMD - EOF 方法，主要利用 EMD 方法来剔除异常时刻数据，同时利用 EOF 分解过程中存在最佳重构模态数和迭代过程中有最小值的特性，构造自适应的迭代算法，通过 2 次使用 EOF 分解达到更好的重构效果。EMD - EOF 方法的计算流程如图 2.2 所示。

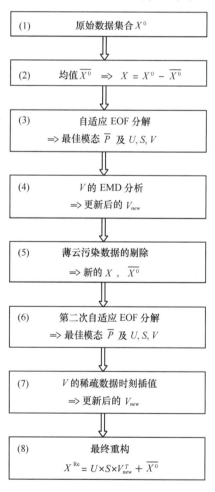

图 2.2　EMD - EOF 遥感资料重构流程

流程图中步骤 3 和步骤 6 中的自适应 EOF 分解对应问题 1、问题 2、问题 3 的解决方案；步骤 7 中 V 的更新对应问题 4 的解决方案。

2.4　资料重构

由于 EMD – EOF 方法是使用几个最主要的特征模态来重构所有时刻的图像，得到空间全覆盖、无云的再分析数据集。数据集相似性越高，重构时最佳模态数 $\bar{P}$ 越大，最终的重构误差越小。根据 2003 年《中国河流泥沙公报——长江版》[94]，其长江月径流量与月输沙量如图 2.3 所示，输水输沙主要集中在 5—10 月，可以划分为干湿两季。同时，2003 年长江为平水少沙年。

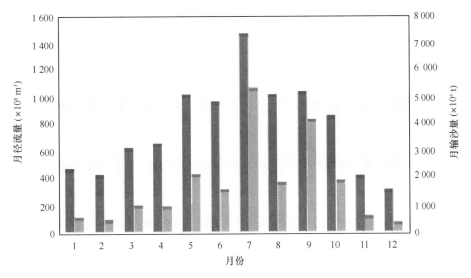

图 2.3　2003 年长江大通站月径流量与月输沙量[94]

根据 2003 年长江流域干湿两季的特征，设置如下 4 个资料重构试验。

试验 1：使用 EMD – EOF 方法对 2003 年 11 月、12 月，1—4 月共 6 个月的 5 天平均 SST 进行资料重构。

试验 2：使用 EMD – EOF 方法对 2003 年 5—10 月共 6 个月的 5 天平均 SST 进行资料重构。

试验 3：使用 DINEOF 方法对 2003 年 11 月、12 月，1—4 月共 6 个月的 5 天平均 SST 进行资料重构。

试验 4：使用 EMD – EOF 方法对 2003 年全年 5 天平均的 SSC 进行资料重构。

2.4.1　SST 资料重构

EMD – EOF 资料重构方法使用了 2 次 EOF 分解，最终的重构结果如表 2.1 所示。

表 2.1　3 种试验的模态结果比较①

试验	1	2	3	4	最优 $\bar{P}$	最终重构误差（℃）	耗时（s）
试验 1 的 RMSE	2.97	1.27	1.01	1.00	3	0.89	304
试验 2 的 RMSE	2.12	1.16	1.08	1.06	3	0.91	278
试验 3 的 RMSE	2.97	1.38	1.20	1.25	3	0.97	1732

最后的重构误差与数据本身误差相当，都在 1℃ 以内。由于试验 1、试验 2 类似，主要对试验 1 的结果进行分析，试验 3 的结果在后面的章节中加以分析。

2.4.1.1　模态分析

对时间序列数据集进行 EOF 分解后，可以得到其空间特征模态 U、奇异值矩阵 S 和时间特征模态 V，其空间特征模态相当于傅立叶变换或小波变换下的正交基，而时间特征模态相当于对应正交基下的权重系数。为了以后表述方便，在没有特别说明的情况下作如下假定：在成图显示中，空间特征模态图像均为该空间模态与相应奇异值相乘的结果，单位为该序列数据集本身的单位，如温度数据集中空间模态的单位为℃；时间特征模态为无单位的序列数据。

试验 1 的最佳模态数 $\bar{P}=3$，各模态对原始数据中总方差的解释比例如表 2.2 所示。前 3 个模态已经解释了原始数据中总方差的 84.96%。

表 2.2　试验 1 中各模态解释原始数据的总方差比例

	1	2	3	4	最优 $\bar{P}$
解释总方差数（%）	58.99	23.77	1.80	0.22	3

最主要的 3 个特征模态，其空间模态与时间模态如图 2.4 所示，其中时间模态中蓝点代表的时刻数据量小于 10%，偏离正常的时间模态曲线的变化趋势，根据 EMD - EOF 方法（图 2.2）中第 7 步进行更新。

第 1 空间模态的 SST 变化趋势在空间上大致呈现东南海域与西北海域反相，相应的时间模态系数为正，正好表现了研究区域内温度分布从西北到东南海域依次递增的状态，同时台湾暖流与黄海冷水团在 30°N 水平方向上交错楔入，在东海陆架上形成温度锋区的表现[95]；同时从 11 月、12 月到翌年 1—2 月，西北部海域逐渐由冷水团控制，温度持续降低，到 2 月中下旬达到最低温，西北海域为负，同时第一时间模态整体为正，在 2 月达到最大值，从 11 月、12 月到翌年 1—2 月，西北海域存在一个持续的降温过程，到 2 月中下旬达到最低温，这种情况与该海域的气温变化相一致。

图 2.5 为该海域 4 个空间点的温度变化过程，蓝色点表示的是西北海域的海温变化情况，整体来看海温是先降低、后升高的过程，在 2 月下旬降到最低点，与上文分析一致，而且温度的变化范围大，点 32°N，124°E 从 21.0℃ 降到 6.9℃，点 33°N，123°E 从 18.4℃ 降到 5.7℃，降幅在 12~14℃ 之间。

---

① 计算平台：编译器为 Compaq Visual Fortran 6.6，操作系统为 Windows XP SP2，Pentium 4，cpu 3.0GHz，内存 1.5GB。

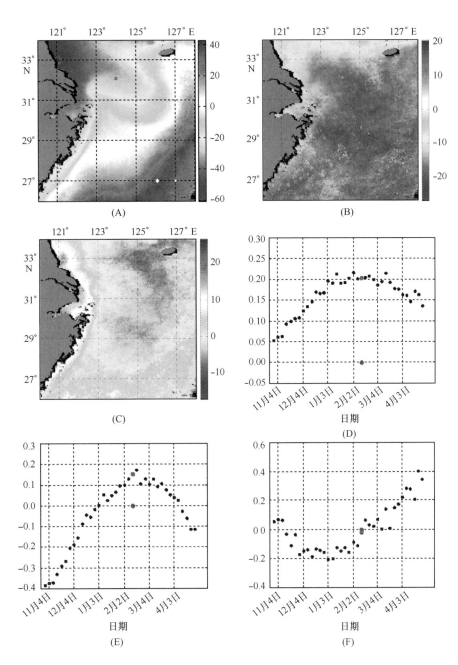

图 2.4　试验 1 的 SST 的 3 个最主要特征模态，（A）、（B）、（C）依次为空间
第 1、第 2、第 3 模态（单位：℃），（D）、（E）、（F）分别为时间模态系数
（A）中两个红色点的坐标分别为 33°N，123°E 和 32°N，124°E
白色点的坐标为 27°N，126°E 和 27°N，127°E

　　而东南海域的海温（图 2.5 中红色点表示）变化范围较小，变化趋势也是先降低后升高，在 2 月底达到温度最低值，但不是很明显，点 27°N，126°E 和 27°N，127°E 的变化范围分别在 18.6～26.7℃和 19.41～26.7℃之间，幅度为 7～8℃左右。东南海域的海温变化需要结合主要三个特征模态一起分析，总体看与上述分析一致。

　　第 3 空间模态还刻画了苏北沿岸流、长江径流与黑潮对该海域海温的影响。冬季陆地温度比海洋温度低，沿岸水温受大陆影响，温度比邻近海域偏低（沿岸空间模态数据为正，11

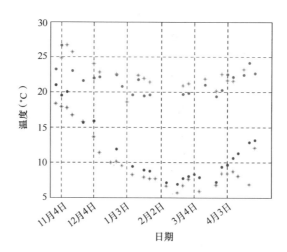

图 2.5　图 2.4A 中 4 点 33°N, 123°E（蓝色星号），32°N, 124°E（蓝色点号），
27°N, 126°E（红色星号），27°N, 127°E（红色点号）
对应的原始数据的温度变化时间序列（单位：℃）

月到翌年 2 月初时间模态系数为负），到 3—4 月沿岸水体温度慢慢升高，比邻近海域偏高。

通过 EOF 的特征模态分解，可以很清楚地分离出时间序列中的主要控制变量，有利于我们对研究区域有更清晰的认识。

2.4.1.2　数据处理中间过程的影响

使用可见光和红外波段进行遥感产品的反演，大气校正与云检测是其关键技术，在这里我们主要关注云检测部分。由于云区存在的不确定性，精确地检测云区及其边界是相当困难的。网络上公开发布的遥感产品，一般都对每个格点的要素可靠性进行评价，如 AVHRR Pathfinder SST v5（http：//podaac. jpl. nasa. gov/DATA_ CATALOG/avhrr. html），提供如表 2.3 所示的参数。而国家海洋局第二海洋研究所的 L3B 产品暂时还没有提供类似的数据质量估计，需要在数据分析的时候由研究者自己判断。

表 2.3　**AVHRR Pathfinder SST v5** 的参数说明

参数编号	参数名称	说明
1	"All – pixel" SST	栅格化 SST，区域内每点都赋值
2	First – guess SST	初始估计的 SST
3	Number of Observations	每个格点的观测数据个数
4	Standard Deviation	每个格点数据的标准偏差
5	Overall Quality Flag	数据质量控制标识，有 1~7 个等级，其中等级 7 质量最可靠，等级 1 质量最不可靠，一般使用等级 4~7 的数据

直接使用 Alvarez 等[96] 提出的 DINEOF 方法进行缺失点重构，试验 3 重构所需时间比试验 1 的时间多，而最后的重构精度比试验 1 低。由于试验 3 的主要模态与试验 1 第一次自适应 EOF 分解后的主要模态类似，这里不单独显示。图 2.6 为试验 3 中不同模态数与相应的重构误差，可以看出重构误差随着重构模态数的增加先递减后递增，存在一个最优的重构模态数 $\bar{P}$。

图 2.7 为试验 3 中给定重构模态数后，交叉验证误差与迭代次数的关系。从中可以看出，

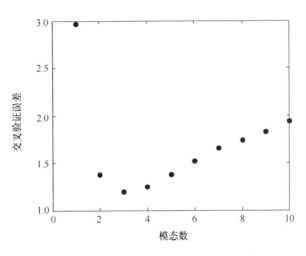

图 2.6　试验 3 中重构误差与模态数的关系（单位：℃）

随着迭代次数的增加，重构误差一般先迅速降低，存在一个最小值，然后再缓慢增大［图 2.7（A、C、D）］；而且，即使不存在一个最小值，在迭代一定次数后，迭代误差基本不变（图 2.7B）。使用不同的数据集进行 EOF 分解也都存在上述现象。根据以上分析，我们可以得到如下结论：对于任意给定的重构模态，随着迭代次数的增加，重构误差一般先降低，后

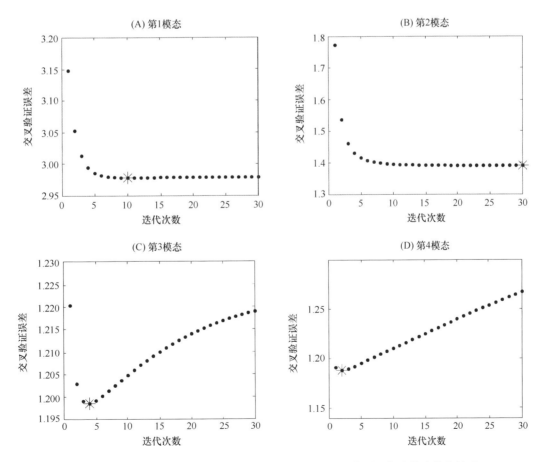

图 2.7　试验 3 中重构模态数分别为 1～4 时，相应的重构误差与迭代次数的关系
其中星号表示该迭代次数时误差最小（单位：℃）

增加，存在最优的迭代次数；如果模态数等于 $\overline{P}$ 的情况下，第 $k-1$ 次迭代后的误差为 R_{k-1}^P，第 k 次迭代的误差为 R_k^P，定义误差降低比 RD_k^P [式（2.3）]，如果 RD_k^P 小于一个给定的阈值（本文中阈值为 0.001），这时可以认为在该模态数 $\overline{P}$ 下，误差已经收敛，则可以停止该模态下的迭代计算，进行下一个模态数的计算（图2.8）。这是我们进行自适应 EOF 分解的基础。

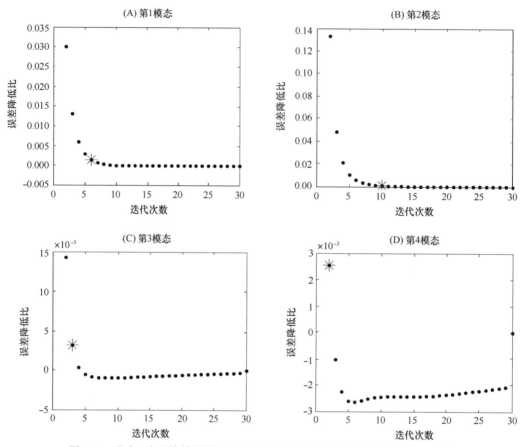

图 2.8　试验 3 中重构模态数分别为 1~4 时，误差降低比与迭代次数的关系
其中星号表示该迭代次数之后误差降低比小于给定的阈值（阈值为 0.001）

试验 1 使用 EMD–EOF 方法进行第一次自适应 EOF 分解后，其最优重构模态 $\overline{P}=4$，空间模态与时间模态系数如图 2.9 所示。可以看出，其特征模态与试验 1 的最终分解结果（图2.4）类似，但还是有较大的差别。

首先时间模态系数 [图 2.9（E、F）] 中除了 SST–0212 时刻的值严重偏离其邻近点外，在 SST–1119 时刻中的第 1、第 2、第 3、第 4 模态 [图 2.9（E、F、G、H）]，以及 SST–1109 时刻的第 3、第 4 模态 [图 2.9（G、H）] 都存在严重偏离现象，其中蓝色实心圆点表示偏离邻近值的点，红色实心圆点表示异常点应用邻近点线性插值后的数值。SST–0212、SST–1109、SST–1119 三个时刻在试验 1 第一次自适应分解后进行资料重构，重构结果如图2.10（D、E、F）所示，相应的其原始图像为 图 2.10（A、B、C）。从图 2.10（C、F）可以看出，原始图像（图 2.10 F）中南部海域中一片被薄云污染的区域，重构后的图像（图2.10 C）仍然可以看出其影响，而且其空间模态（图 2.9 D）完全捕捉了这个污染现象，SST–1109 同样如此。同时第 4 时间模态系数（图 2.9 H）大部分数据都在 0 附近，能够作为重构特征模态，主要是为了使重构值能够拟合这些被污染的数据。

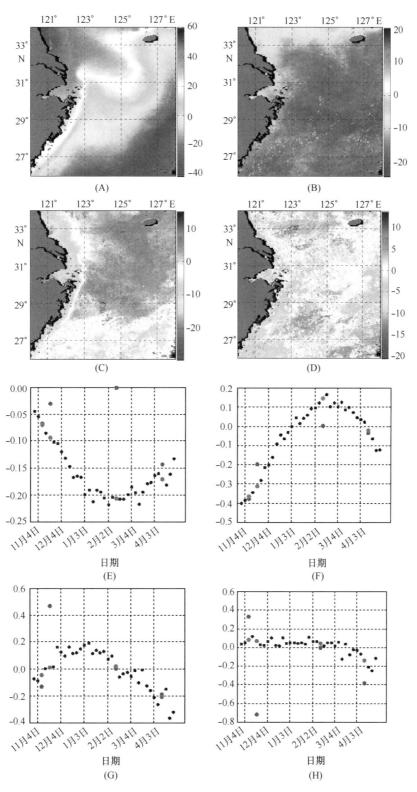

图 2.9　试验 1 第一次自适应 EOF 分解后的主要模态，（A）～（D）分别为第 1~4 空间模态

（单位：℃），（E）～（H）分别为其时间模态系数，其中时间模态系数

中蓝色的圆点表示异常时刻点，红色圆点为其线性插值后的点

从图2.10（A、D）可以看出，原始图像（图2.10 A）中无数据，则重构后（图2.10 D）为序列数据的平均值。

为了准确地分离这些被薄云污染的数据（如图2.10 C），首先需要找到污染数据所在的时刻点，本文使用EMD方法，以下仅分析第3时间模态（图2.9 G）的异常时刻点，其他模态类似，在程序的实现过程中，检测顺序依次为第1模态至第4模态，然后把所有异常时刻点汇总，最后每一模态的异常时刻点数值通过其邻近点线性插值得到。

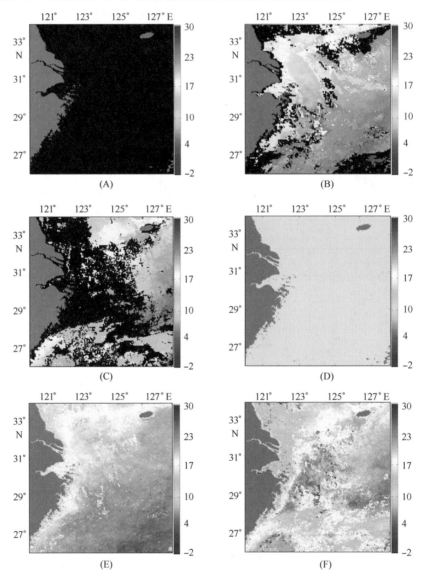

图2.10　A、B、C对应试验3重构前SST－0212、SST－1109和SST－1119的原始图像，
D、E、F为其第一次自适应EOF分解后的重构图像（单位：℃）

EMD方法[97]由Huang N E于1998年提出，后来在很多方面得到了广泛的应用。EMD分解完全基于数据本身的特征，而不像其他分解方法需要提前假定正交基函数，具有广泛的实用性。

原始数据在SST－0212时刻（图2.10 A）无数据，故其时间模态严重偏离邻近值，第1、第2模态［图2.9（E、F）］中SST－0212时刻使用邻近点插值替代，EMD分析后无其他异常时刻点，开始分析第3时间模态，步骤如下。

（1）使用邻近点线性插值替代 SST－0212 时刻的值，如图 2.11 B。

（2）对模态进行 EMD 分解，其分解的模态如图 2.11 C 所示。

（3）比较其时间模态（图 2.11 B）与 EMD 分解后的第 1IMF，计算差值向量、均值和标准差。

（4）求满足差值向量偏离均值的 3 倍标准差的点，SST－1119 时刻满足要求，标记为异常时刻（图 2.11 E）。

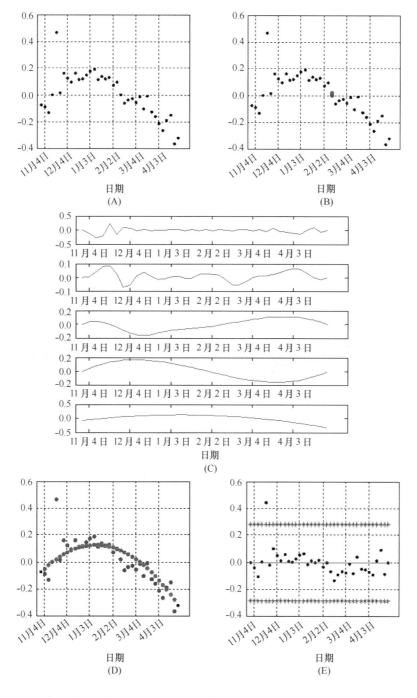

图 2.11　试验 1 第一次 EOF 分解后的第 3 时间模态系数（A）；插值数据比例小于 10% 时刻点后的模态（B），蓝点与红点分别为插值前后的值；模态的 EMD 分解（C），从下到上分别为第 1～5 IMF；第 5 IMF 与时间模态的比较（D）；差值比较图（E），黑色实心黑点为（D）的差，蓝细线为其均值，蓝粗线为其 3 倍标准差上下限，可以看出 SST－1119 为异常时刻

第 4 时间模态的处理过程同上，标记 SST - 1109 与 SST - 0413 为异常时刻。

（5）汇总异常时刻，包括 SST - 1109、SST - 1119、SST - 0212 与 SST - 0413，对原始的时间模态系数中相应时刻点的值使用邻近时刻点的线性插值替换，得到 EMD 分析后 V_{new}（图 2.9 中的时间模态系数，异常时刻点值已经使用邻近点的插值替换，为红色实心圆点）。

（6）利用 V_{new}，应用式（2.2）计算重构值，对原始数据中每个有值点，比较其与相应位置的重构值，如果差异大于某一阈值（试验 1 与试验 2 中阈值 =5℃），认为原始数据此处的值有误，标记为无效数据（NaN），此无效数据大部分为薄云未准确检测而造成的温度偏低数据，图 2.12（A、B）为去掉薄云污染后的图像。

（7）对更新后的数据矩阵，运行流程图（图2.2）中的第（6）步。

流程图（图2.2）第 5 步剔除污染后的数据，图 2.12（A、B）分别为 SST - 1109 与 SST - 1119 两个时刻的图像，与原始数据［图 2.10（B、C）］比较，可以看出，通过 EMD - EOF 流程（图2.2）中第3、第4两步，去掉了绝大部分受到污染的数据。通过此处理，被剔除的数据比例为 0.75%，各个时刻数据剔除比例如图 2.13 所示。SST - 1109 与 SST - 1119 的试验 1 的最后重构结果分别为图 2.12（C、D）所示。

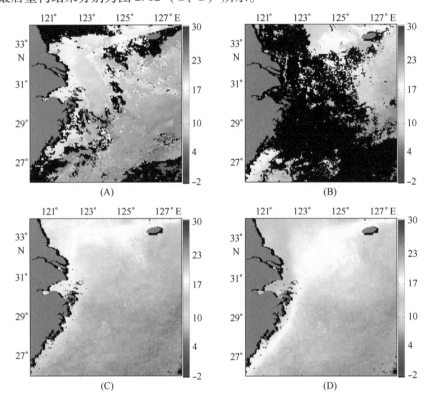

图 2.12　试验 1 中剔除异常数据后 SST - 1109（A）与 SST - 1119（B）两个时刻的图像
及其最后的重构图像（C）（D）（单位：℃）

2.4.1.3　结果验证

为了验证 EMD - EOF 方法对遥感图像序列中缺失点的重构效果，本文使用真实的云掩模，对原始数据集中随机挑选 3 幅云覆盖率较低的图像，分别为 SST - 1224（图 2.14D）、SST - 0227（图 2.14E）和 SST - 0329（图 2.14F），其中云覆盖率分别为 4.3%、15.8%

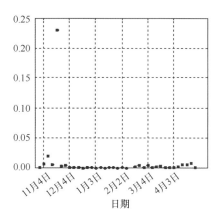

图 2.13　试验 1 中第一次 EOF 分解后污染数据剔除比例

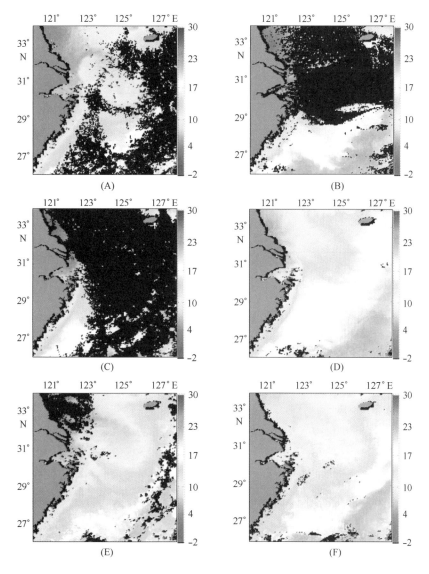

图 2.14　用于方法验证的云掩模图像 SST－0309（A）、SST－0113（B）、SST－0103（C）
和掩模前的原始图像 SST－1224（D）、SST－0227（E）、SST－0329（F）（单位:℃）

和 5.5%，然后进行三次验证试验，如表 2.4 所示，云掩模图像分别为 SST - 0309（图 2.14A）、SST - 0113（图 2.14B）和 SST - 0103（图 2.14C），其中云覆盖率分别为 41%、52% 和 75%。

三种验证试验的重构结果见表 2.4，从表中可以看出，对单幅图像添加不同比例的云，数据集的总重构误差基本不变。添加云掩模后的图像随着掩模比例的增加，重构误差增大。添加 52% 的云掩模后的掩模区域的重构误差相对最小，主要原因是因为研究区域中图像变化大的区域主要集中在东南部海域，这个与试验 1 的空间重构误差分布（图 2.17B）相一致，而掩模 SST - 0113 的云区主要集中在研究海域的中北部。

表 2.4　EMD - EOF 方法使用现实的云掩模后的重构结果

验证试验	原始图像	云掩模图像	云覆盖比例（%）	总重构误差（℃）	原始图像重构误差（℃）	掩模区重构误差（℃）
1	SST - 0329	SST - 0309	42.6	0.90	0.763	1.037
	SST - 1224		41.8		0.568	0.760
	SST - 0227		49.3		0.782	1.152
2	SST - 0329	SST - 0113	54.8	0.89	0.942	0.743
	SST - 1224		54.0		0.586	0.734
	SST - 0227		59.4		0.937	0.935
3	SST - 0329	SST - 0103	76.4	0.90	0.973	0.898
	SST - 1224		75.8		0.607	0.809
	SST - 0227		77.3		0.919	0.990

图 2.15 为 SST - 0329 添加云掩模后的图像以及相应的重构图像，可以看出重构结果大致相同，与试验 1 的重构图像（图 2.16）相比较，重构精度与试验 1 相当。

2.4.1.4　误差分析

对原始数据，统计其空间每一点的空间覆盖率和各时刻的时间覆盖率，以及重构数据的空间重构误差和各时刻的时间重构误差，其中空间覆盖率分为 5 个等级：(0, 0.2]、(0.2, 0.4]、(0.4, 0.6]、(0.6, 0.8] 和 (0.8, 1.0]，空间重构误差也分为 5 个等级，分别为 (0, 0.3]、(0.3, 0.6]、(0.6, 0.9]、(0.9, 1.2] 和 (1.2, 3.7]。

试验 1 中原始数据的空间覆盖率（图 2.17A）与时间覆盖率（图 2.17D）如图 2.17 所示，抽取 1% 的空间点集作空间覆盖率与重构误差的散点图（图 2.17F）。从图中可以看出，误差分布具有如下特征：从整体来看，空间某一点的重构误差与其空间覆盖率关系不大，图 2.17E 为黄东海海区的春季主要水团与海洋锋的位置，对比图 2.17B 与图 2.17C，可以看出重构误差较大的地方主要集中在台湾暖流（TSW）与黑潮（KSW）所在的位置，由于该区域空间变异较大，主要是使用几种空间模态来重构，对空间变异大的地方解释能力不强所致；误差的时间分布与数据的时间覆盖率关系也不大，SST - 1119 的重构误差较大主要是因为原

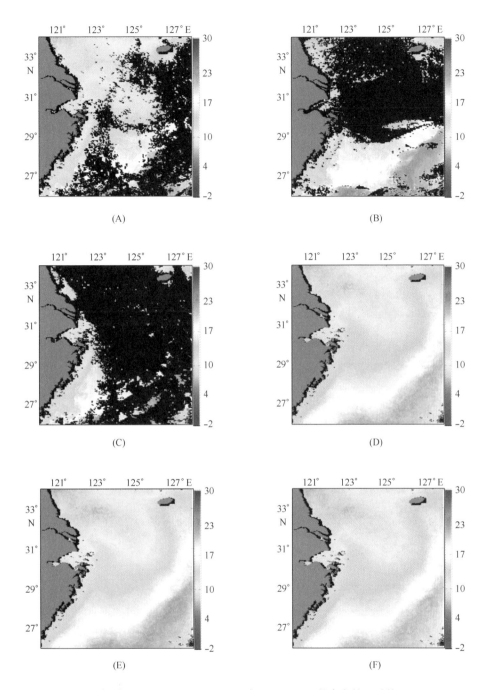

图 2.15　分别添加 41%（A）、52%（B）与 75%（C）的真实的云后的 SST - 0329，
以及相应的重构图像（D）~（F）（单位：℃）

始数据的质量受到多方面的干扰，质量较差所致。

　　试验 1 的第一次 EOF 重构后的误差为 1.10℃，最后重构误差为 0.89℃，而试验 3 的最后重构误差为 0.97℃。

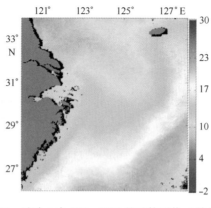

图 2.16　试验 1 中 SST - 0329 的重构图像（单位：℃）

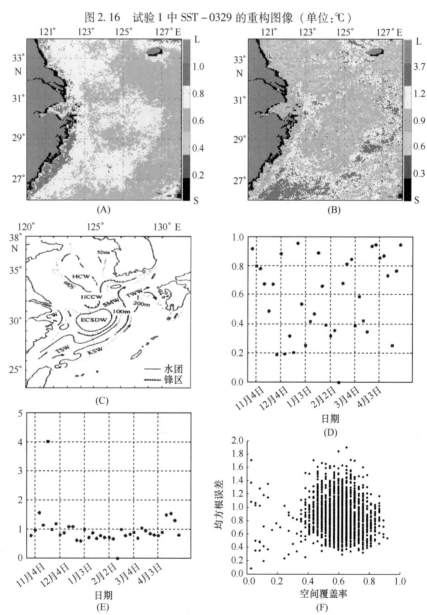

图 2.17　试验 1 原始数据的空间分布（A）、相应的时间覆盖率（D）及其统计空间
均方根误差（B）（单位：℃），X 和统计时间均方根误差（E）（单位：℃）；黄东海海区春季主要
水团与锋区位置[65]（C）；空间均方根误差分布与所在点位置的覆盖率的关系（F）

2.4.2　SSC 资料重构

2.4.2.1　研究区域和数据

遥感悬浮泥沙（Suspended Sand Concentration，简称 SSC）是一种重要的遥感数据源，悬浮泥沙影响真光层深度，从而影响浮游植物的光合作用；同时悬浮泥沙附着大量的营养盐，为浮游植物的生长提供营养补给。SSC 的遥感反演主要是使用可见光波段，国家海洋局第二海洋研究所反演的遥感产品主要是使用搭载在 SeaSTAR 卫星上的 SeaWiFS，以及 Aqua 与 Terra 卫星上的 MODIS 传感器，由于海洋上空大面积云的存在，日平均的 SSC 产品数据覆盖率非常低。

本节使用的遥感数据为 2003 年 5 天平均的 SSC 合成产品，区域分布与 2.1 节一致，为 26°—34°N、120°—128°E，其数据平均覆盖率为 45%。

2.4.2.2　数据处理方法

SSC 数据集的重构方法是用 EMD – EOF 方法。

在进行重构前，需要把数据进行以 10 为底的对数化，使数据的分布较为均匀。原始 SSC 数据的分布范围为 ［0.1～500］ mg/L，对数化后对应的分布为 ［−1～2.7］ 之间，计算完毕后重新指数化。

与 SST 数据类似，SSC 数据集也有很多噪声点，主要是单点存在一个突变的尖峰，由于对数化后的 SSC 数据的重构误差为 0.3 左右，在第一次自适应 EOF 分解后去掉噪声点使用的阈值为 0.6，即比较第一次 EOF 重构数据与重构前数据，差值大于 0.6 的认为是噪声点，去掉此噪声点得到第二次 EOF 重构计算的数据集。

2.4.2.3　结果分析

SSC 重构试验的数据集为 2003 年的 5 天平均 SSC 数据，共 73 幅。重构结果如表 2.5 所示，各模态解释的原始数据的总方差如表 2.6 所示。

表 2.5　SSC 重构结果

模态	1	2	3	4	5	6	最优 $\overline{P}$	最终对数化重构均方根误差	耗时（s）
误差	0.268	0.186	0.174	0.168	0.164	0.165	5	0.137	823

表 2.6　SSC 重构各模态解释的原始数据的总方差比例

模态	1	2	3	4	5
解释方差（%）	84.86	10.01	1.43	0.81	0.50

SSC 重构的 5 个主要特征模态如图 2.18 所示。第 1 空间模态中，研究区域中沿岸与外海数值相反，沿岸数值在 −15 左右，而第 1 时间模态均为负，数值在 −0.12 左右，两者相乘为 1.8，取以 10 为底的指数，数值在 60 mg/L 左右，所以沿岸水域始终覆盖着高浓度悬浮泥沙；

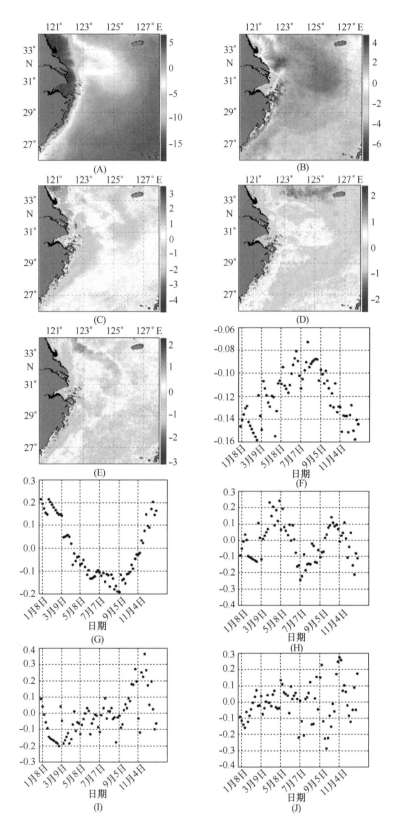

图 2.18　SSC 重构的 5 个主要特征模态，其中（A）~（E）
依次为第 1 ~ 5 空间模态（单位：mg/L，对数以 10 为底），（F）~（J）为相应的时间模态

而外海的悬浮泥沙浓度大概在 0.3 mg/L 左右；第 1 时间模态系数在夏季 8 月期间存在最大值，在冬季存在最小值，图 2.19 为 2003 年研究区域的夏季（图 2.19A）与冬季（图 2.19B）的 SSC 的分布，可以看出，长江口的悬浮泥沙浓度冬季的高浓度区域范围比夏季大，故第 1 模态反映了研究区域 SSC 的整体分布特征及时间变化特征。

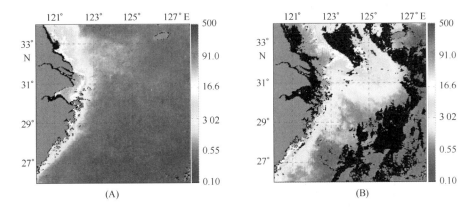

图 2.19　研究区域 SSC 在 2003 年夏季 8 月（A）与冬季 2 月（B）的月平均分布（单位：mg/L）

试验中原始数据的空间覆盖率如图 2.20A 所示，而空间重构相对误差如图 2.20B 所示，相对误差大的区域主要集中在 SSC 的锋面位置，平均 SSC 重构的相对误差为 27%。

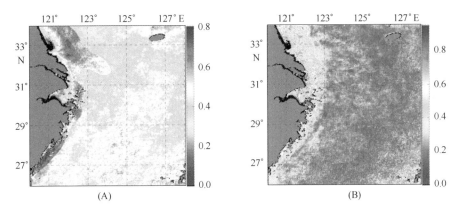

图 2.20　SSC 重构试验中数据的空间覆盖率（A）与空间重构相对误差（B）

2003 年遥感 SSC 重构结果如图 2.21、图 2.22 所示，分别代表了冬季、春季、夏季与秋季的东海表层悬浮泥沙分布趋势。从图 2.21、图 2.22 中 B、D 可以看出，冬、春两季高浓度悬浮泥沙的分布范围较大，夏、秋两季分布范围较小。

东海悬浮泥沙的季节分布特征主要受到东海环流、风暴、潮流等影响，其中东海环流是最重要的影响因素，风暴和潮流主要影响浅海陆架底质细颗粒沉积物的再悬浮作用。此外，悬浮泥沙的分布还受到悬浮颗粒本身的重力、絮凝作用以及温度、盐度结构的影响[98]。

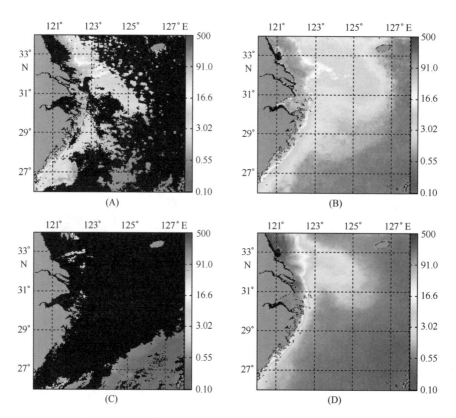

图 2.21　SSC 重构图 1（A、B 分别为 SSC–0128 重构前、后；
C、D 分别为 SSC–0418 重构前、后）（单位：mg/L）

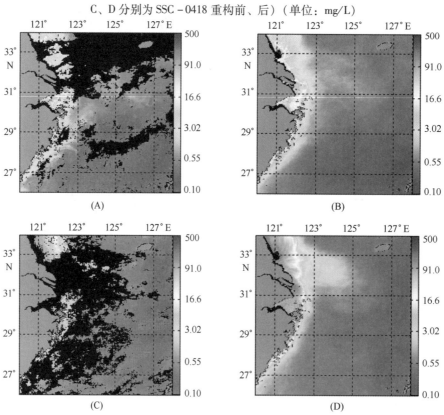

图 2.22　SSC 重构图 2（A、B 分别为 SSC–0722 重构前、后；
C、D 分别为 SSC–1005 重构前、后）（单位：mg/L）

2.5 小结

本文基于 Alvera 等[27] 的 DINEOF 方法，提出了改进的遥感图像数据缺失点重构算法：EMD – EOF 方法。对长江口及其邻近海域 2003 年的 5 天平均 SST 与 SSC 遥感数据集进行了缺失点重构。

（1）相对于 DINEOF 方法，EMD – EOF 方法的计算时间不到前者的 50%，重构精度有一定的提高。

（2）EMD – EOF 方法可以有效地去掉遥感图像中的噪声点，提高原始遥感图像的准确度。

（3）EMD – EOF 方法可以有效地重构数据量极少的遥感图像，得到高空间分辨率、全覆盖的遥感再分析产品。

（4）EMD – EOF 方法对 SST 的重构的均方根误差在 0.9℃ 左右，对 SSC 的重构的对数（以 10 为底）均方根误差为 0.137 mg/L。

EMD – EOF 方法本质上是一种空间数据的时空平滑方法，其重构结果对原始数据有一定的平滑作用，小尺度的细节信息在重构过程中作为高频信息被过滤。为了在剔除噪声数据与保留图像的中小尺度信息中取得平衡，可以在重构后使用如下方法：比较重构结果与原始数据，如果两者的差小于一个给定的阈值（阈值的设定需要根据数据的类型决定），则在最后的重构结果中保留原始数据，否则保留重构数据。

同时，EMD – EOF 方法可以得到数据集中最主要的特征模态，在较短的时间内，遥感要素的主要特征不会发生明显的变化，可以通过对时间模态系数进行预测，再结合空间特征模态，从而实现对遥感要素的短期预测功能[99]。

3　数值模型

　　一个完整的海洋数据同化系统由三部分组成：海洋数值模型、观测系统和数据同化方法。海洋数值模型，依靠其内在的物理过程和动力学机制，可以给出所模拟对象在时间和空间上的连续演进，但由于初始条件、边界条件的误差，数值计算方法的精度以及控制方程本身的不完善，数值模拟存在一定的误差。观测系统，或者叫观测网络，主要包括船舶观测、卫星遥感观测、海洋浮标等，其获取的观测数据是进行海洋数值模型验证与对海洋过程参数化的重要依据。随着观测资料的日益丰富，如何更加有效地利用观测资料来改进我们对海洋的认识，海洋数据同化应运而生。利用观测数据同化到海洋数值模型，优化数值模型的参数，改进模型模拟的初始场，从而大幅提高海洋数值预报的精度，数据同化方法发挥着重要的作用。

　　本章主要介绍海洋数据同化系统中使用的海洋数值模型——COHERENS 模型；接下来的第 4 章介绍了数据同化方法中一个主要分支——序列数据同化方法，以及本文选择减秩卡尔曼滤波同化方法的依据；第 5 章初步构建了杭州湾水温与悬浮泥沙数据同化系统，并利用 2003 年春季的遥感 SST 与 SSC 数据进行了同化后报试验。

3.1　数值模型简介

　　COHERENS 数值模型[100]于 1990 年至 1998 年，由欧盟资助，联合欧洲多个国家的海洋学家，为了研究欧洲北海的生态动力而联合开发的三维水动力和生态模型。其目的是通过水动力和生态模型来了解人类活动行为对海洋生态环境的影响，并作为模拟、分析物理及生物地球化学过程和预报、监测沿海地区及大陆架海域中污染物质传输的工具。自从 1999 年对外公布源码及详细的使用手册以后，COHERENS 模型被广泛应用于潮汐模拟、物质输运、生态动力等方面[101-107]。

　　COHERENS 模型耦合了水动力、泥沙、污染物和生态模块，各模块之间的关系如图 3.1 所示。水动力模块是模型最基本的部分，其他模块都是建立在水动力模块的基础之上。水动力模块计算水体的传输、对流以及湍流，然后使用其结果来计算盐度、温度和生态部分；泥沙模块在计算过程中不考虑粗颗粒泥沙的作用，仅计算保守型的细颗粒泥沙在水体中的沉降和再悬浮作用；生态模块中，对于真实情况下，海洋生态之间的关系与机制非常复杂，因此其生态模块是根据 Tett[108]的假设，将海洋生态系统分为三大部分：一是浮游生物部分；二是碎屑物质部分；三是溶解性物质部分。在浮游生物部分，影响浮游生物生长的营养盐很多，COHERENS 模型仅针对一般的河口陆架区域，将影响最重要的营养盐－氮作为营养盐的限制因子，其他的营养盐，则假定处于充足的情形，进而计算浮游植物、浮游动物、营养盐、碎屑之间的相互作用。

　　概括起来，COHERENS 模型主要有以下特点。

　　（1）考虑波流相互作用对床面剪切的影响。

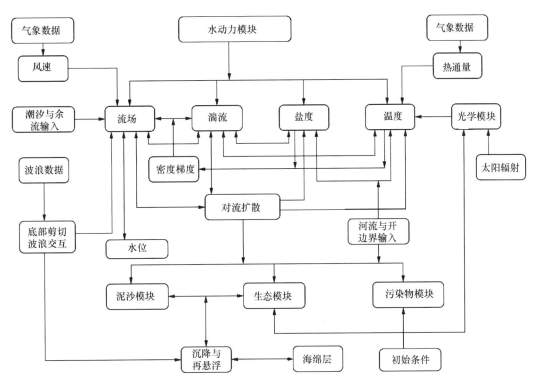

图 3.1　COHERENS 模型中水动力、泥沙、污染物与生态模块关系[100]

（2）对流项和扩散项都有 4 种不同的离散计算格式可以选择。

（3）包含了调和分析模块，可对指定的变量进行调和分析。

（4）包含了物质输运和拉格朗日质子追踪模块。

（5）包含完整的热力学方程组。

（6）水平采用交错"C"网格（图 3.2）。

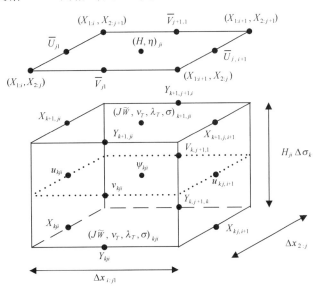

图 3.2　COHERENS 二维和三维网格划分[100]

（7）应用单参数代数式、单方程以及两方程湍流封闭模型提供垂向黏滞和扩散系数。

（8）耦合了多目的模型，如污染物、生态以及简化了的悬浮泥沙模型。

（9）采用模型分裂技术，将快过程的表面重力波（外模态，external mode）与慢过程的内重力波（内模态，internal mode）进行分开求解，前者采用小步长积分，后者采用大步长积分，并且在积分过程中始终保持两者的相互作用。

（10）采用了垂向 σ 坐标系（图 3.3）。

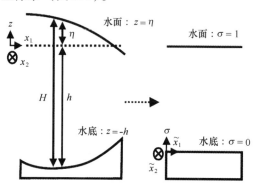

图 3.3 垂向 σ 坐标变换[100]

3.2 主要控制方程

3.2.1 σ 坐标系下水动力模型的主控方程

数值模型的垂向坐标主要有笛卡尔坐标、σ 坐标和混合坐标，COHERENS 模型中采用 σ 坐标，笛卡尔坐标到 σ 坐标的变换如图 3.3 所示，有利于模型的计算机编程实现，增强模型在浅水区域的垂向分辨率。垂向 σ 坐标变换在海洋数值模型中被广泛使用，但 σ 坐标在水深变化剧烈的地方计算不稳定。结合笛卡尔坐标与 σ 坐标两者的优点是海洋学家的期望，最近发展或改进的海洋模型中有部分已经提供了分层的思路。

坐标变换示意图见图 3.3。

变换代数式如下：

$$\sigma = \frac{x_3 + h}{\eta + h} = \frac{x_3 + h}{H} \tag{3.1}$$

$$(\tilde{t}, \tilde{x_1}, \tilde{x_2}, \tilde{x_3}) = (t, x_1, x_2, Lf(\sigma)) \tag{3.2}$$

$$J = \frac{\partial x_3}{\partial \tilde{x_3}} = H / \left(L \frac{\mathrm{d}f}{\mathrm{d}\sigma} \right) \tag{3.3}$$

$$\tilde{w} = \frac{\partial \tilde{x_3}}{\partial t} + u \frac{\partial \tilde{x_3}}{\partial x_1} + v \frac{\partial \tilde{x_3}}{\partial x_2} + w \frac{\partial \tilde{x_3}}{\partial x_3} \tag{3.4}$$

COHERENS 海洋数值模型主要基于三个假定：①静力平衡近似；②Boussinesq 近似；③湍流黏性假定。其主要的控制方程如下。

（1）连续性方程

$$\frac{1}{J}\frac{\partial J}{\partial \tilde{t}} + \frac{1}{J}\frac{\partial}{\partial \tilde{x_1}}(Ju) + \frac{1}{J}\frac{\partial}{\partial \tilde{x_2}}(Jv) + \frac{1}{J}\frac{\partial}{\partial \tilde{x_3}}(J\widetilde{w}) = 0 \tag{3.5}$$

（2）动量方程

$$\frac{1}{J}\frac{\partial}{\partial \tilde{t}}(Ju) + \frac{1}{J}\frac{\partial}{\partial \tilde{x_1}}(Ju^2) + \frac{1}{J}\frac{\partial}{\partial \tilde{x_2}}(Jvu) + \frac{1}{J}\frac{\partial}{\partial \tilde{x_3}}(J\widetilde{w}u) - fv$$

$$= -g\frac{\partial \zeta}{\partial \tilde{x_1}} - \frac{1}{\rho_0}\frac{\partial P_a}{\partial \tilde{x_1}} + Q_1 + \frac{1}{J}\frac{\partial}{\partial \tilde{x_3}}(\frac{v_T}{J}\frac{\partial u}{\partial \tilde{x_3}}) + \frac{1}{J}\frac{\partial}{\partial \tilde{x_1}}(J\tau_{11}) + \frac{1}{J}\frac{\partial}{\partial \tilde{x_2}}(J\tau_{21}) \tag{3.6}$$

$$\frac{1}{J}\frac{\partial}{\partial \tilde{t}}(Jv) + \frac{1}{J}\frac{\partial}{\partial \tilde{x_1}}(Juv) + \frac{1}{J}\frac{\partial}{\partial \tilde{x_2}}(Jv^2) + \frac{1}{J}\frac{\partial}{\partial \tilde{x_3}}(J\widetilde{w}v) + fu$$

$$= -g\frac{\partial \zeta}{\partial \tilde{x_2}} - \frac{1}{\rho_0}\frac{\partial P_a}{\partial \tilde{x_2}} + Q_2 + \frac{1}{J}\frac{\partial}{\partial \tilde{x_3}}(\frac{v_T}{J}\frac{\partial v}{\partial \tilde{x_3}}) + \frac{1}{J}\frac{\partial}{\partial \tilde{x_1}}(J\tau_{12}) + \frac{1}{J}\frac{\partial}{\partial \tilde{x_2}}(J\tau_{22}) \tag{3.7}$$

（3）压力平衡方程

$$\frac{1}{J}\frac{\partial q_d}{\partial \tilde{x_3}} = b \tag{3.8}$$

（4）温盐扩散方程

$$\frac{1}{J}\frac{\partial}{\partial \tilde{t}}(JT) + \frac{1}{J}\frac{\partial}{\partial \tilde{x_1}}(JuT) + \frac{1}{J}\frac{\partial}{\partial \tilde{x_2}}(JvT) + \frac{1}{J}\frac{\partial}{\partial \tilde{x_3}}(J\widetilde{w}T)$$

$$= \frac{1}{J\rho_0 c_p}\frac{\partial I}{\partial \tilde{x_3}} + \frac{1}{J}\frac{\partial}{\partial \tilde{x_3}}(\frac{\lambda_T}{J}\frac{\partial T}{\partial \tilde{x_3}}) + \frac{1}{J}\frac{\partial}{\partial \tilde{x_1}}(J\lambda_H\frac{\partial T}{\partial \tilde{x_1}}) + \frac{1}{J}\frac{\partial}{\partial \tilde{x_2}}(J\lambda_H\frac{\partial T}{\partial \tilde{x_2}}) \tag{3.9}$$

$$\frac{1}{J}\frac{\partial}{\partial \tilde{t}}(JS) + \frac{1}{J}\frac{\partial}{\partial \tilde{x_1}}(JuS) + \frac{1}{J}\frac{\partial}{\partial \tilde{x_2}}(JvS) + \frac{1}{J}\frac{\partial}{\partial \tilde{x_3}}(J\widetilde{w}S)$$

$$= \frac{1}{J}\frac{\partial}{\partial \tilde{x_3}}(\frac{\lambda_T}{J}\frac{\partial S}{\partial \tilde{x_3}}) + \frac{1}{J}\frac{\partial}{\partial \tilde{x_1}}(J\lambda_H\frac{\partial S}{\partial \tilde{x_1}}) + \frac{1}{J}\frac{\partial}{\partial \tilde{x_2}}(J\lambda_H\frac{\partial S}{\partial \tilde{x_2}}) \tag{3.10}$$

（5）密度方程

$$\rho = \rho_0[1 + \beta_s(S - S_0) - \beta_T(T - T_0)] \tag{3.11}$$

其中：(x_1, x_2, x_3) 分别为 X, Y, Z 方向，$(\tilde{x_1}, \tilde{x_2}, \tilde{x_3})$ 为 σ 变换后的对应坐标；(u, v, w) 分别为 X，Y, Z 方向的流速，$\tilde{w}$ 为变换后的垂向流速；h, ζ, H 分别为水深、自由表面高度和总水深；方程 $f(0) = 0$，$f(1) = 1$，L 为计算区域离散后的垂向分层数目，J 为 Jacobin 变换。

$f = 2\Omega\sin\varphi$ 是科氏力系数；

$\Omega = 2\pi/86164$ rad/s 是地球旋转频率；

g 是重力加速度；

T、T_0 为水体温度和参考温度；

S、S_0 为盐度和参考盐度；

β_s、β_T 分别为盐度和温度膨胀系数，分别取 7.6×10^4、1.8×10^4；

λ_H、λ_T 分别是盐度和温度的水平和垂直扩散系数；

ρ、ρ_0 分别是水体密度和参考密度；

c_p 为常压下海水比热；

v_H 和 v_T 分别为动量的水平和垂直扩散系数；

q_d 为水平压强梯度的斜压部分；

$b = -g\left(\dfrac{\rho - \rho_0}{\rho_0}\right)$ 为浮力项；

Q_i 为压力梯度项，其中 i 分别表示 $\tilde{x}_1$、$\tilde{x}_2$ 两个方向，表达式为：

$$
\begin{aligned}
Q_i &= -\frac{1}{J}\frac{\partial}{\partial \tilde{x}_i}(J q_d) + \frac{1}{J}\frac{\partial}{\partial \tilde{x}_3}\left(q_d \frac{\partial x_3}{\partial \tilde{x}_i}\right) \\
&= -\frac{1}{J}\frac{\partial}{\partial \tilde{x}_i}(J q_d) + \frac{1}{J}\frac{\partial}{\partial \tilde{x}_3}\left(q_d\left(\sigma\frac{\partial H}{\partial \tilde{x}_i} - \frac{\partial h}{\partial \tilde{x}_i}\right)\right)
\end{aligned}
\tag{3.12}
$$

τ_{11}、τ_{12}、τ_{21}、τ_{22} 为水平应力，其表达式分别为：

$$
\tau_{11} = 2\nu_H \frac{\partial u}{\partial \tilde{x}_1}
\tag{3.13}
$$

$$
\tau_{21} = \tau_{12} = \nu_H\left(\frac{\partial u}{\partial \tilde{x}_2} + \frac{\partial v}{\partial \tilde{x}_1}\right)
\tag{3.14}
$$

$$
\tau_{22} = 2\nu_H \frac{\partial v}{\partial \tilde{x}_2}
\tag{3.15}
$$

3.2.2 湍流黏性系数的参数化

黏性是流体的一个重要性质，流体的内摩擦以及对边界的附着都是黏性的体现。特别是内摩擦作用，是运动传递的重要驱动力。从能量角度看，黏性耗散流体的机械能，并使一部分机械能不可逆转的转变为热量。由于分子黏性在距边界几毫米以内才是重要的，对海洋内部的海流和示踪物的扩散没有直接影响，故在数值模拟中，一般不考虑分子黏性，而考虑湍流黏性[109]。

水平黏滞扩散系数 v_H、λ_H 使用 Smagorinsky 扩散式来对其进行参数化：

$$
(\nu_H, \lambda_H) = (C_{m0}, C_{s0})\Delta x_1 \Delta x_2 \sqrt{\left(\frac{\partial u}{\partial x_1}\right)^2 + \left(\frac{\partial v}{\partial x_2}\right)^2 + \frac{1}{2}\left(\frac{\partial u}{\partial x_2} + \frac{\partial v}{\partial x_1}\right)^2}
\tag{3.16}
$$

其中，C_{m0}、C_{s0} 是两个常数；Δx_1、Δx_2 是水平方向上的网格间距。

垂直混合系数 v_T、λ_T 可由湍流闭合模型 $k-l$ 获得，在二阶 $k-l$ 湍流闭合模型中，用湍流动能 k 和湍流混合长度 l 来表征湍流，其控制方程如下：

$$
\begin{aligned}
&\frac{1}{J}\frac{\partial k}{\partial \tilde{t}} + \frac{1}{J}\frac{\partial Juk}{\partial \tilde{x}_1} + \frac{1}{J}\frac{\partial Jvk}{\partial \tilde{x}_2} + \frac{1}{J}\frac{\partial J\widetilde{w}k}{\partial \tilde{x}_3} - \frac{1}{J}\frac{\partial}{\partial \tilde{x}_1}\left(J\lambda_H\frac{\partial k}{\partial \tilde{x}_1}\right) - \frac{1}{J}\frac{\partial}{\partial \tilde{x}_2}\left(J\lambda_H\frac{\partial k}{\partial \tilde{x}_2}\right) - \\
&\frac{1}{J}\frac{\partial}{\partial \tilde{x}_3}\left[\left(\frac{\nu_T}{\sigma_k} + \nu_b\right)\frac{1}{J}\frac{\partial k}{\partial \tilde{x}_3}\right] = \nu_T\frac{1}{J^2}\left[\left(\frac{\partial u}{\partial \tilde{x}_3}\right)^2 + \left(\frac{\partial v}{\partial \tilde{x}_3}\right)^2\right] - \varepsilon
\end{aligned}
\tag{3.17}
$$

$$
\begin{aligned}
&\frac{1}{J}\frac{\partial kl}{\partial \tilde{t}} + \frac{1}{J}\frac{\partial Jukl}{\partial \tilde{x}_1} + \frac{1}{J}\frac{\partial Jvkl}{\partial \tilde{x}_2} + \frac{1}{J}\frac{\partial J\widetilde{w}kl}{\partial \tilde{x}_3} - \frac{1}{J}\frac{\partial}{\partial \tilde{x}_1}\left(J\lambda_H\frac{\partial kl}{\partial \tilde{x}_1}\right) - \frac{1}{J}\frac{\partial}{\partial \tilde{x}_2}\left(J\lambda_H\frac{\partial kl}{\partial \tilde{x}_2}\right) - \\
&\frac{1}{J}\frac{\partial}{\partial \tilde{x}_3}\left[\left(\frac{\nu_T}{\sigma_k} + \nu_b\right)\frac{1}{J}\frac{\partial kl}{\partial \tilde{x}_3}\right] = \frac{1}{2}E_1 l\nu_T\frac{1}{J^2}\left[\left(\frac{\partial u}{\partial \tilde{x}_3}\right)^2 + \left(\frac{\partial v}{\partial \tilde{x}_3}\right)^2\right] - \frac{1}{2}\varepsilon_0 k^{\frac{3}{2}}\widetilde{W}
\end{aligned}
\tag{3.18}
$$

其中，$\widetilde{W}$ 为壁面近似函数，表达式为：

$$\widetilde{W} = 1 + E_2 \left[\frac{1}{\kappa} \left(\frac{1}{\eta - x_3 + z_0} + \frac{1}{h + x_3 + z_{0b}} \right) \right]^2 \tag{3.19}$$

$$\nu_T = 0.5556 k^{\frac{1}{2}} l + \nu_b \tag{3.20}$$

$$\varepsilon = \varepsilon_0 k^{\frac{3}{2}} l \tag{3.21}$$

式中，κ 为卡门常数，取值 0.4；z_{0b} 和 z_{0s} 为底部和表面粗糙长度都取值 0；E_1、E_2、ε_0 都是常数，分别取值 1.8、1.33、0.172。

3.2.3 σ 坐标系下泥沙模型的控制方程

$$\frac{1}{J} \frac{\partial}{\partial t}(JA) + \frac{1}{J} \frac{\partial}{\partial x_1}(JuA) + \frac{1}{J} \frac{\partial}{\partial x_2}(JvA) + \frac{1}{J} \frac{\partial}{\partial \widetilde{x_3}}(J\widetilde{w}A) + \frac{w_s^A}{J} \frac{\partial A}{\partial \widetilde{x_3}} -$$

$$\frac{1}{J} \frac{\partial}{\partial \widetilde{x_3}} \left(\frac{\lambda_T}{J} \frac{\partial A}{\partial \widetilde{x_3}} \right) - \frac{1}{J} \frac{\partial}{\partial x_1} \left(J\lambda_H \frac{\partial A}{\partial x_1} \right) - \frac{1}{J} \frac{\partial}{\partial x_2} \left(J\lambda_H \frac{\partial A}{\partial x_2} \right) = 0 \tag{3.22}$$

式中，A 表示水体中悬浮泥沙含量；w_s^A 表示悬浮泥沙的沉降速度。

3.3 边界条件

3.3.1 自由表面边界条件

1）水流边界

（1）动力学边界条件

$$\rho_0 \frac{\nu_T}{J} \left(\frac{\partial u}{\partial \widetilde{x_3}}, \frac{\partial v}{\partial \widetilde{x_3}} \right) = (\tau_{s1}, \tau_{s2}) = \rho_a C_D^s (U_{10}^2 + V_{10}^2)^{1/2} (U_{10}, V_{10}) \tag{3.23}$$

式中，τ_{s1}，τ_{s2} 为表面切应力；U_{10}，V_{10} 是海面以上 10 m 处风速；ρ_a 为空气密度，取 1.2 kg/m³；C_D^s 为表面拖曳力系数，取为 0.001 3。

（2）运动学边界条件

$$J\widetilde{w} = 0 \tag{3.24}$$

2）物质输运

$$\frac{\lambda_T}{J} \frac{\partial C}{\partial \widetilde{x_3}} = Q_c \tag{3.25}$$

式中，C 代表温度、盐度或其他参数；Q_c 表示表面处向下的通量。

3.3.2 底部边界条件

1）水流边界

（1）动力学边界条件

$$\frac{\rho_0 \nu_T}{J} \left(\frac{\partial u}{\partial \widetilde{x_3}}, \frac{\partial v}{\partial \widetilde{x_3}} \right) = (\tau_{b1}, \tau_{b2}) \tag{3.26}$$

$$(\tau_{b1}, \tau_{b2}) = \rho_0 C_D^b (u_b^2 + v_b^2)^{1/2} (u_b, v_b) \tag{3.27}$$

$$C_D^b = [k/\ln(z_r/z_0)]^2 \tag{3.28}$$

式中，τ_{b1}，τ_{b2} 为底部切应力；u_b，v_b 为距底部流速；C_D^b 为底部拖曳力系数；z_r 为参考高度；z_0 为底面粗糙长度。

（2）运动学边界条件

$$J\widetilde{w}(0) = 0 \tag{3.29}$$

2）物质输运

$$\frac{\lambda_T}{J} \frac{\partial C}{\partial \widetilde{x}_3} = Q_b \tag{3.30}$$

Q_b 为水体向底部传输的物质通量。

在泥沙模型中，Q_b 为泥沙的冲刷率，表达式为

$$Q_b = \alpha_s \left| \frac{\tau_{100}}{\tau_{b,ref}} \right|^{ns} \tag{3.31}$$

式中，α_s、n_s 分别为常数，取 $0.002\,5\ \mathrm{gm^{-2}s^{-1}}$、$3.0$；$\tau_{100}$ 为距床面 $1\ \mathrm{m}$ 处的切应力；$\tau_{b,ref}$ 为临界冲刷应力，取为 $0.1\ \mathrm{N/m^2}$。

3.3.3 固边界条件

1）水流边界

$$\overline{U} = 0, u = 0 \tag{3.32}$$

$$\overline{V} = 0, v = 0 \tag{3.33}$$

式中，$\overline{U}$，$\overline{V}$ 为边界处沿水深平均的流速；u，v 为边界处的流速。

2）物质输运

$$JuC = 0, \lambda_H \frac{\partial C}{\partial \widetilde{x}_1} = 0 \tag{3.34}$$

$$JvC = 0, \lambda_H \frac{\partial C}{\partial \widetilde{x}_2} = 0 \tag{3.35}$$

3.3.4 开边界条件

1）二维开边界条件

$$\overline{U} = \frac{1}{2}(R_+^u + R_-^u) \tag{3.36}$$

$$\overline{V} = \frac{1}{2}(R_+^v + R_-^v) \tag{3.37}$$

式中，$(R_\pm^u, R_\pm^v)$ 为黎曼变量，其表达式为 $(R_\pm^u, R_\pm^v) = (\overline{U} \pm c\eta, \overline{V} \pm c\eta)$。

$c = \sqrt{gH}$ 为正压模型下的波速。

2）三维开边界条件

（1）水流边界

①海洋开边界处

$$\frac{\partial}{\partial \tilde{x}_1}(Ju') = 0 \tag{3.38}$$

$$\frac{\partial}{\partial \tilde{x}_2}(Jv') = 0 \tag{3.39}$$

式中，u'，v' 为垂向各点流速与二维平均流速的偏移量，表达式为

$$(u',v') = (u - \overline{U}/H, v - \overline{V}/H) \tag{3.40}$$

②河流开边界处

$$u' = u'_0(\tilde{x}_1, \tilde{x}_2, \tilde{x}_3) \tag{3.41}$$

$$v' = v'_0(\tilde{x}_1, \tilde{x}_2, \tilde{x}_3) \tag{3.42}$$

式中，$u'_0(\tilde{x}_1, \tilde{x}_2, \tilde{x}_3)$，$v'_0(\tilde{x}_1, \tilde{x}_2, \tilde{x}_3)$ 为河流开边界处实际的流速与二维平均流速的偏移量。

（2）物质输运

①采用法向法时

$$Ju_n C = Ju_n C_{int} \tag{3.43}$$

$$\lambda_H \frac{\partial C}{\partial n} = 0 \tag{3.44}$$

②采用标量法时

$$Ju_n C = \frac{1}{2}Ju_n\left[(1 + p)C_{ext} + (1 - p)C_{int}\right] \tag{3.45}$$

$$\lambda_H \frac{\partial C}{\partial n} = \lambda_H \frac{C_{int} - C_{ext}}{\Delta n} \tag{3.46}$$

式中，n 为法线方向；Δn 为法线方向水平网格间距；u_n 为法线方向的流速；p 表示流速是否为正方向，其表达式为 $p = \pm sign(u_n)$；C_{int} 为边界处向着计算区域方向半个网格点上的物质浓度；C_{ext} 为用户给定的边界处远离计算区域方向半个网格点上的物质浓度。

4 序列数据同化理论

4.1 引言

海洋数值模型是对实际海洋物理过程的简化，存在模型误差，初始条件、边界条件同样存在误差。随着数值模型的向前积分，模拟值与真实值之间的差距会越来越大。卫星遥感、遥感观测（如亮温）和海洋要素（如温度、叶绿素浓度）之间的关系是隐含的，是间接观测；并且遥感一般只能反演海洋表层要素的空间分布。因此，模型的模拟与遥感观测的相互结合十分重要，一方面利用海洋数值模型来约束遥感反演模型，另一方面利用遥感数据来调整模型的运行轨迹，使积累的误差得到"释放"，最大限度地利用不同来源、不同空间与时间分辨率数据，并将它们有机地融合，我们就可以获得高分辨率、具有物理异质性和时空一致性的数据，更好地表达各种时空尺度上的海洋过程。海洋数据同化方法的出现和渐趋实用化，为我们达到这一目标提供了一条可行的途径。

目前发展的数据同化技术有很多种[110]。从定义的角度来讲，海洋上的数据同化是一个关于海洋状态、模型参数或者兼顾两者的估值问题。解决这些问题的方法都具有不同的应用背景，它们常常或者和估值理论相联系，或者和控制理论相联系。也有一些方法如直接最小化算法、随机算法、杂交算法则可适用于上述两种理论框架内。

本文使用的数据同化方法为基于估值理论的减秩卡尔曼滤波方法（SEEK）。

基于估值理论的同化方法，应用最后的主要有两大类：最优插值（OI）与卡尔曼滤波（KF）。当获得一部分观测数据后，数据同化的主要问题是模型变量，特别是非观测数据位置的变量以及其他非观测的变量怎样得到校正。

数据同化方法按照序列性与连续性可以分为4类（图4.1）。序列同化只使用到同化时刻为止的观测数据，一般为实时数据同化；而非序列同化则可以使用同化时刻点之后的观测数据，一般用在数据的再分析方面。而对于间歇与连续同化而言，前者的分析数据在同化时刻前后出现跳变，后者的分析数据较平滑，但计算时间一般较前者长。图4.2为序列、间歇数据同化（如本文使用的减秩卡尔曼滤波方法）的示意图。

按照复杂性与实时性的分类如图4.3所示。从最简单的nudging同化，到后来的最优插值（OI），以及3维变分、4维变分。

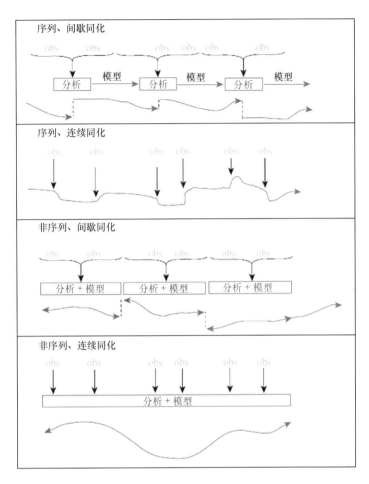

图 4.1　按照序列性与连续性对数据同化方法进行分类[111]

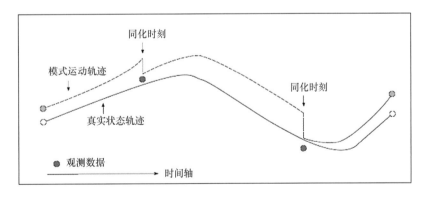

图 4.2　序列、间歇数据同化示意图

绿色圆点与黄色圆点分别表示模型与真实世界中的初始状态和最终状态，蓝色圆点为观测数据[112]

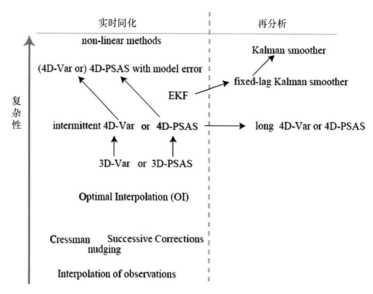

图 4.3　数据同化按照复杂性与实时性分类[111]

4.2　基本概念

虽然有很多种数据同化方法，但存在很多共同的概念，特别是序列数据同化方法，简单介绍如下。

状态向量 x_i：i 时刻系统中我们关注的变量的组合，x_i 的维数为 n。如进行海洋数值模拟的过程中，温度、流场、悬浮物浓度等的集合，假设数值模拟时研究区域水平方向划分为 80×100 个网格，垂向分为 10 层，总格点数为 8 000 个，其中海洋格点数为 6 000 个，考虑的状态向量有水平方向的流场 u，v、垂向流场 w、温度 T、悬浮泥沙浓度，则状态向量的总维数 $n = 5 \times 6\ 000 = 30\ 000$。进行数据同化时，并不需要把数值模拟中的所有变量都加到状态向量中，主要是考虑与观察变量之间的内在关系。

预报场 x_i^f：i 时刻通过数值模拟计算得到的状态向量，预报场也叫背景场。

观测场 y_i^o：i 时刻所有观测点数据的集合，y_i^o 的维数为 m。通常在数据同化时，把一段时间的所有观测数据当作同一时间的观测数据进行处理，如同化时间步长为 5 天，则 5 天之内所有的数据作为同一时刻的数据进行同化。假设观测数据为海表温度 SST、海表悬浮物浓度 SSC，均为遥感数据，前者数据个数为 1 000 个，后者数据为 800 个，则 $m = 1\ 800$。

分析场 x_i^a：经过数据同化后，融合预报场与观测场数据而得到的分析数据，一般来说，分析场综合了预报场与观测场两方面的信息。

真实场 x_i^t：i 时刻状态向量的真实状态，真实状态一般情况下无法得知。

动力学模型 $M_i(\cdot)$：进行数值模拟而使用的数值模型，如本文使用的 COHERENS 数值模型。

观测算子 H_i：状态向量到观测向量的插值算子，一般使用双线性插值，H_i 的维数为 $m \times n$。

预报场误差协方差 P_i^f：预报场与真实场的误差 $\varepsilon_i^f = x_i^f - x_i^t$，其平均值为 $\overline{\varepsilon_i^f}$，协方差为 $P_i^f = \overline{(\varepsilon_i^f - \overline{\varepsilon_i^f})(\varepsilon_i^f - \overline{\varepsilon_i^f})^{\mathrm{T}}}$。

观测误差协方差 R_i：观测场与真实场的误差 $\varepsilon_i^o = y_i^o - H\ (x_i^t)$，其平均值为 $\overline{\varepsilon_i^o}$，协方差为 $R_i = \overline{(\varepsilon_i^o - \overline{\varepsilon_i^o})\ (\varepsilon_i^o - \overline{\varepsilon_i^o})^{\mathrm{T}}}$，包括设备误差与表示误差等。

分析误差协方差 P_i^a：分析场与真实场的误差 $\varepsilon_i^a = x_i^a - x_i^t$，其平均值为 $\overline{\varepsilon_i^a}$，协方差为 $P_i^a = \overline{(\varepsilon_i^a - \overline{\varepsilon_i^a})\ (\varepsilon_i^a - \overline{\varepsilon_i^a})^{\mathrm{T}}}$。

均方根误差协方差 S_i^f：由于协方差矩阵维数很大，特别是预报误差协方差矩阵，直接存储占用大量的存储空间，有时甚至无法存储，所以使用协方差的均方根来表示，即 $P_i^f = S_i^f (S_i^f)^{\mathrm{T}}$。

4.3 序列数据同化方法

基于最优线性无偏估计理论，从最优插值，发展到卡尔曼滤波，再到解决弱非线性问题的扩展卡尔曼滤波，以及强非线性问题的集合卡尔曼滤波。为了降低集合卡尔曼滤波的计算量大的问题，发展了观测不加扰动的确定性卡尔曼滤波方法，如减秩卡尔曼滤波等[111]。

下面就最优插值、卡尔曼滤波、扩展卡尔曼滤波、集合卡尔曼滤波和减秩卡尔曼滤波分别展开介绍。同时针对本论文的具体问题——同化杭州湾的卫星遥感 SST 与 SSC 数据到 CO-HERENS 模型，提高 COHERENS 模型的预报能力——比较不同同化方法的可适应性。

4.3.1 最优插值

最优插值理论是由 Eliassen[113] 于 1954 年提出来的，在 20 世纪 60 年代初期，由前苏联的科学家 Gandin[114-116] 引入气象学里的一种数值处理方法。Lorenc[116] 在 1981 年将其推广为观测资料和预报偏差的三维多变量插值。由 Mashkovich[117] 将三维的最优插值发展到四维，他将不同时间内的观测同化到了客观分析场之中，使用这样的分析场做预报，也就是将不同时间内的观测同化到了模型中。由于最优插值方法具有综合不同类型观测资料的能力，适合于对不同类型不同时次观测资料进行四维同化分析，该方法得到了世界气象组织的推荐使用。因此，最优插值方法成为业务上用得最多的一种同化方法，欧洲中期天气预报中心（ECMWF）和美国国家气象中心都采用最优插值方法进行客观分析[118]。

最优插值的原理是假定观测变量域是二维随机过程的实现，通过对观测场误差协方差和计算误差协方差进行处理，得到分析值，使得分析值具有最小的误差协方差。最优插值方法可以被认为是一种简化的卡尔曼滤波方法。

假设模型预测变量 x^f 和观测变量 y^o（下面省略时间下标 i），以及相应的误差协方差矩阵为 P^f 和 R，线性观测算子为 H，则最优插值的计算公式为：

$$x^a = x^f + K(y^o - Hx^f) \tag{4.1}$$

$$K = P^f H^{\mathrm{T}}(HP^f H^{\mathrm{T}} + R)^{-1} \tag{4.2}$$

分析误差为：

$$P^a = (I - KH)P^f \tag{4.3}$$

具体的证明过程参见文献［111］和文献［119］。

P^a 是分析场 x^a 的后验估计，最优插值的难点主要是给定背景场 x^f 的先验误差估计 P^f。假如不需要计算后验误差估计的话，只需要知道矩阵 $P^f H^{\mathrm{T}}$ 即可，定义如下：

$$HP^f = E[(Hx^f - Hx^t)(x^f - x^t)] \tag{4.4}$$

在对预测场及观测的误差性质充分了解的条件下，最优插值法充分利用了预测场及观测的信息，给出了一个方差最小意义的最优线性估计，在误差为高斯分布时，它同时是系统的极大似然估计。同时最优插值法一个很大的优点就是算法简单，易于实现，计算过程内存需求不大。在利用复杂的海洋、大气模型进行同化时，这一点往往非常重要。最优插值的缺点[30]是不能完整地考虑模型的动力约束，另外，分析时实际使用的相关函数也是人为模拟的解析表达式。

杭州湾水动力条件复杂，海洋要素的空间异质性较大，最优插值方法一般假定变量具有空间各向同性，并以此构造相关函数；同时最优插值方法较少考虑模型的动力约束，不同性质的变量之间的相关性很难考虑。

4.3.2 卡尔曼滤波

卡尔曼滤波（KF，又称标准卡尔曼滤波）最早于 1960 年由卡尔曼[120]针对随机信号过程的状态估计问题而提出，随即在信号处理、最优控制、航空航天等领域得到了广泛应用。它是以分析误差的最小方差为最优标准，在假设系统是线性的，噪声是白色、高斯型的条件下的一种递归资料处理方法。所谓递归就是它无需一次性地把所有的资料储存起来再处理，而是一个不断的更新过程，而且这个过程中始终保持最优[119]。

假设系统（包括预报模型和观测算子）是线性，误差是白色高斯型噪声，定义第 i 个时刻的真实的状态变量 x_i^t，预报模型为 M，从第 $i-1$ 时刻到第 i 时刻的模型误差为 ε_i^m，那么第 i 时刻的真实状态变量为：

$$x_i^t = Mx_{i-1}^t + \varepsilon_{i-1}^m \tag{4.5}$$

观测变量（后验信息）y_i^o，观测算子 H，观测误差为 ε_i^o，则有：

$$y_i^o = Hx_i^t + \varepsilon_i^o \tag{4.6}$$

背景场（先验信息）x_i^f 可以从前一次估计的状态变量通过模型预报得到：

$$x_i^f = Mx_{i-1}^a \tag{4.7}$$

第 i 时刻的背景场误差为 ε_i^f，则有：

$$x_i^f = x_i^t + \varepsilon_i^f \tag{4.8}$$

那么：

$$\begin{aligned}
\varepsilon_i^f &= x_i^f - x_i^t \\
&= Mx_{i-1}^a - Mx_{i-1}^t - \varepsilon_{i-1}^m \\
&= M(x_{i-1}^a - x_{i-1}^t) - \varepsilon_{i-1}^m \\
&= M\varepsilon_{i-1}^a - \varepsilon_{i-1}^m
\end{aligned} \tag{4.9}$$

利用观测信息对背景场进行线性订正，那么第 i 时刻的分析变量为 x_i^a：

$$x_i^a = x_i^f + K(y_i^o - Hx_i^f) \tag{4.10}$$

其中，K 为增益矩阵，分析变量的误差 ε_i^a：

$$
\begin{aligned}
\varepsilon_i^a &= x_i^a - x_i^t \\
&= x_i^f + K(y_i^o - Hx_i^f) - x_i^t \\
&= x_i^f - x_i^t + K(Hx_i^t + \varepsilon_i^o - Hx_i^t - H\varepsilon_i^f) \\
&= \varepsilon_i^f + K(\varepsilon_i^o - H\varepsilon_i^f)
\end{aligned} \tag{4.11}
$$

第 i 时刻的背景场误差协方差、观测误差协方差、分析误差协方差和模型误差协方差记为 P_i^f，R_i，P_i^a，Q_i，并假设背景场误差与模型误差不相关，则第 i 时刻的预报状态变量的误差协方差为：

$$
\begin{aligned}
P_i^f &= <\varepsilon_i^f \varepsilon_i^{fT}> \\
&= <(M\varepsilon_{i-1}^a - \varepsilon_{i-1}^m)(M\varepsilon_{i-1}^a - \varepsilon_{i-1}^m)^T> \\
&= MP_{i-1}^a M + Q_{i-1}
\end{aligned} \tag{4.12}
$$

假设背景场误差与观测误差不相关，则第 i 时刻的分析状态变量的误差协方差为：

$$
\begin{aligned}
P_i^a &= <\varepsilon_i^a \varepsilon_i^{aT}> \\
&= <(\varepsilon_i^f + K(\varepsilon_i^o - H\varepsilon_i^f))(\varepsilon_i^f + K(\varepsilon_i^o - H\varepsilon_i^f))^T> \\
&= <\varepsilon_i^f \varepsilon_i^{fT} + K(\varepsilon_i^o - H\varepsilon_i^f)(\varepsilon_i^o - H\varepsilon_i^f)^T K^T + \varepsilon_i^f(\varepsilon_i^o - H\varepsilon_i^f)^T K^T + K(\varepsilon_i^o - H\varepsilon_i^f)\varepsilon_i^{fT}> \\
&= P_i^f + K(R_i - HP_i^f H^T)K^T + P_i^f H^T K^T + KHP_i^f \\
&= (I - KH)P_i^f(I - KH)^T + KR_i K^T
\end{aligned}
$$
$$ \tag{4.13} $$

由于卡尔曼滤波是以分析误差的最小方差为最优标准，所以，可以通过寻找使得 P_i^a 方差最小的增益矩阵 K，从而得到卡尔曼滤波的分析公式。协方差矩阵的对角线元素即为方差元素，记协方差矩阵 P_i^a 的方差为 $tr(P_i^a)$，则：

$$
tr(P_i^a) = tr(P_i^f) + tr(KHP_i^f H^T K^T) - 2tr(P_i^f H^T K^T) + tr(KR_i K^T) \tag{4.14}
$$

式（4.14）可以看做一个关于 K 的函数，而且这里的协方差矩阵都是正定矩阵，所以要使 $tr(P_i^a)$ 最小，则要求等式右端的一阶导数为 0，则有：

$$
2KHP_i^f H^T - 2P_i^f H^T + 2KR_i = 0 \tag{4.15}
$$

所以：

$$
K = P_i^f H^T(HP_i^f H^T + R_i)^{-1} \tag{4.16}
$$

故分析误差协方差可以记为：

$$
P_i^a = (I - KH)P_i^f \tag{4.17}
$$

这样根据第 i 时刻的分析值和分析误差后，又可以进行下一个时刻的估计，构成一种递归资料处理方法。总结起来，整个卡尔曼滤波过程是预报和分析两部分的循环进行，如图 4.4 所示。

标准卡尔曼滤波作为一种线性系统最优估计方法具有非常广泛的用途，它与最优插值法一样，都是以最小方差为标准的最优估计，其不同之处是可以求出预报误差协方差 P_i^f 随时间的演变。从这种意义上来说，OI 是 KF 的简化版。简化是 OI 的最大的优点也是它最大的缺点。与 KF 相比，最优插值法有以下几个方面的特点。

（1）在误差的计算方面，KF 的误差是发展的，即 flow – dependence 的，这是 KF 最吸引人的地方，这个步骤体现在式（4.12）和式（4.17），这两步一直是制约 KF 应用的致命之处，因

55

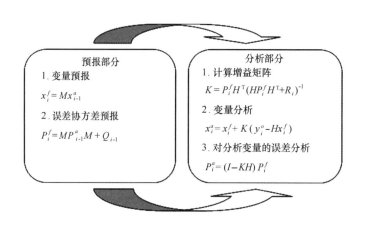

图4.4　卡尔曼滤波的计算流程[30]

为它的计算量很大。OI方法在这两步是完全省略的，从而减少了很大的计算量，但同时造成了误差协方差矩阵在整个计算过程中保持不变，不能很好地刻画模型误差随时间的变化情况。

（2）在OI的资料选择里面，它通常只是选分析点附近的资料来进行分析。这样，确实也大大减少了计算量，但会造成分析值不是全场最优的。这样会造成空间不协调。

（3）一般的OI通常是单变量分析，这会造成物理量的不协调。

（4）与经典的KF一样，OI是针对线性系统发展出来的，对于卫星资料等非常规资料，由于其观测算子非线性，OI将无能为力，而KF则要使用扩展KF来处理。

在海洋数据同化中，由于本文使用的海洋数值模型COHERENS是非线性的，卡尔曼滤波不能直接使用，必须使用其扩展形式，即扩展卡尔曼滤波。

4.3.3　扩展卡尔曼滤波

标准卡尔曼滤波针对的是线性系统，为了将线性模型扩展到非线性模型，取其切线性模型近似作为线性模型，则得到标准卡尔曼滤波的扩展形式，称为扩展卡尔曼滤波（EKF）。

把非线性模型记为M，切线性模型记为M，把非线性观测算子记为H，切线性观测算子记为H，并做如下的切线性近似：

$$y_i^o - Hx_i^f = Hx_i^t + \varepsilon_i^o - H(x_i^t + \varepsilon_i^f)$$
$$\approx H(x_i^t + \varepsilon_i^f) - H\varepsilon_i^f + \varepsilon_i^o - H(x_i^t + \varepsilon_i^f) \tag{4.18}$$
$$= \varepsilon_i^o - H\varepsilon_i^f$$

$$Mx_i^a - Mx_i^t \approx M(x_i^a - x_i^t) \tag{4.19}$$

重复上一节的公式推导过程，就得到了EKF的计算过程，如图4.5所示（其中非线性算子为正体，其他为斜体）。

比较图4.5与图4.4，扩展卡尔曼滤波的计算步骤与卡尔曼滤波相同，但是在预报误差协方差、增益矩阵和分析误差协方差的时候对观测算子和模型作了切线性近似，这是两者的主要区别。

EKF同化在弱非线性模型条件下，相比OI法其效果有明显改善。但是，预报误差协方差矩阵P_i^f的维数是模型状态变量的维数的平方，在实际的海洋、大气模型中要计算P_i^f的演化非常困难，有时甚至是完全不可能的。

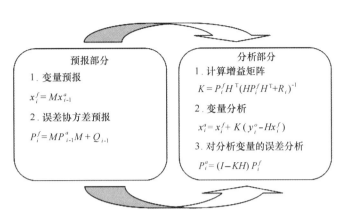

图 4.5　扩展卡尔曼滤波计算流程[30]

4.3.4　集合卡尔曼滤波

大气、海洋模型通常是高维的非线性系统，要把扩展卡尔曼滤波直接应用到大气、海洋的资料同化中仍然很困难。主要困难集中在误差协方差预报中，不仅需要切线性模型，而且计算量也非常大，无法在实际的资料同化中应用。人们又发展出各种简化的卡尔曼滤波形式包括减秩卡尔曼滤波（Singular Evolutive Extended Kalman，简称 SEEK）、集合卡尔曼滤波（EnKF）等，使得卡尔曼滤波能应用到实际的业务化系统中。

集合卡尔曼滤波的计算流程和卡尔曼滤波相似，主要区别是使用集合成员的统计来计算误差协方差：

$$P_i^f H^{\mathrm{T}} = <(x_i^f - Hx_i^t)(x_i^f - Hx_i^t)^{\mathrm{T}}>$$
$$\approx <(x_{i,j}^f - \overline{Hx_i^f})(x_{i,j}^f - \overline{Hx_i^f})^{\mathrm{T}}> \tag{4.20}$$

$$HP_i^f H^{\mathrm{T}} = <(Hx_i^f - Hx_i^t)(Hx_i^f - Hx_i^t)^{\mathrm{T}}>$$
$$\approx <(Hx_{i,j}^f - \overline{Hx_i^f})(Hx_{i,j}^f - \overline{Hx_i^f})^{\mathrm{T}}> \tag{4.21}$$

其中，$j(j = 1,2\cdots)$ 为集合数序号，当集合足够大，并且有足够的代表性时，式（4.20）、式（4.21）的近似式可以看做等价式，对于线性系统，则此时集合卡尔曼滤波等价于卡尔曼滤波；对于非线性系统，集合卡尔曼滤波相当于没有作切线性近似的扩展卡尔曼滤波（为什么说是扩展的？因为不是使用切线性，而是使用集合预报的方法）。利用近似式〔式（4.20）、式（4.21）〕把扩展卡尔曼滤波的计算公式改为集合卡尔曼滤波的计算公式，如图4.6所示。

比较图4.6与图4.5，可以看出，集合卡尔曼滤波省去了扩展卡尔曼滤波中对误差协方差的显式计算，而是通过集合预报隐式发展，对其集合成员进行统计得到。这样就解决了卡尔曼滤波中协方差预报的巨大计算量以及需要伴随矩阵的问题。同时，集合卡尔曼滤波也不需要向扩展卡尔曼滤波那样对观测算子与预报模型进行切线性近似。

EnKF 应用于同化领域已有十几年时间，仍然存在一些尚待解决的问题。EnKF 基本假设的适用范围至今没有一个定论[121]，而有限集合数是其本质性问题[29]。受计算机计算能力的限制，在实际应用中，集合数不仅不可能无限增加，而是希望它尽可能的小，这样就会产生两个问题：一个是在不断同化循环中滤波发散；另一个是求解过程中背景场误差协方差矩阵不满秩。在实际应用中，EnKF 还存在变量平衡、复杂非线性观测算子的应用等其他问题[29]。

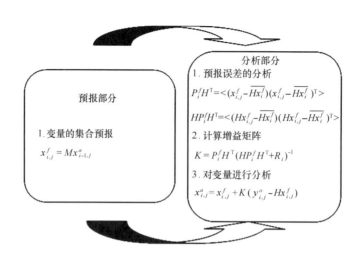

图 4.6 集合卡尔曼滤波的计算流程[30]

（1）滤波发散

由于有限的集合数导致无法正确地估计分析点和远处观测相关，使得本应接近零的相关不为零，从而高估了远离分析点观测的相关，使得分析误差偏小，从而在集合预报过程中，发散偏少，导致统计的背景误差协方差偏小，从而分析过程中给予背景场的权重偏大，从而排斥观测。滤波发散会使得分析场越来越向背景场靠近，最终完全排斥观测资料。此外，在观测上加扰动也会使滤波发散。

（2）不满秩问题

在 EnKF 求增益矩阵时，需要对矩阵 $HP_i^f H^T + R_i$ 求逆，但是 $HP_i^f H^T$ 和 R_i 都是从集合样本中统计出来的，这就意味着 $HP_i^f H^T + R_i$ 的秩小于或等于样本数。但是，一般的集合成员数远远小于背景场维数，从而使得 $HP_i^f H^T + R_i$ 是个不满秩矩阵。而对于不满秩矩阵，数学上是不存在逆矩阵的。

4.3.5 减秩卡尔曼滤波

进行 EnKF 同化时，需要对观测数据进行扰动，进而计算得到观测误差协方差 R_i^c。对观测进行扰动，则分析结果不是针对真实的观测，并且容易导致滤波发散等问题。故后来提出了观测不加扰动的确定性卡尔曼滤波方法，如减秩卡尔曼滤波（SEEK），主要区别就是观测是否添加扰动。

在基于卡尔曼滤波的海洋数据同化过程中，主要考虑的两个方面是时间耗费与空间耗费。时间耗费主要是数值模型的前向积分，而空间耗费主要是预测误差协方差的保存与计算。NERGER[122]指出，EnKF 由于使用给观测数据加上扰动的方法来计算分析场，一般需要的集合数较大（在 100 以上）；如果在较小的集合数情况下（小于 100），SEEK 等的同化效果更好。本文使用 SEEK 滤波。

在卡尔曼滤波中，如果 P^f 可以表示成均方根形式：

$$P^f = S^f S^{fT} \tag{4.22}$$

其中，S^f 是 $n \times r$ 维矩阵，$r = n$。

则分析误差协方差矩阵可以表示为：

$$P^a = S^a (S^a)^{\mathrm{T}}$$
$$= S^f (I - (HS^f)^{\mathrm{T}} ((HS^f)^{\mathrm{T}} (HS^f) + R)^{-1} HS^f)(S^f)^{\mathrm{T}} \qquad (4.23)$$

如果观测误差协方差矩阵 R 为对角矩阵，利用特征值分解：

$$(HS^f)^{\mathrm{T}} R^{-1} HS^f = U \Lambda U^{\mathrm{T}} \qquad (4.24)$$

其中，$U^{\mathrm{T}} U = I$，并且 Λ 为对角阵。则增益矩阵 K 计算如下：

$$K = S^f (HS^f)^{\mathrm{T}} ((HS^f)^{\mathrm{T}} (HS^f) + R)^{-1}$$
$$= S^f (I + (HS^f)^{\mathrm{T}} R^{-1} (HS^f))^{-1} (HS^f)^{\mathrm{T}} R^{-1} \qquad (4.25)$$
$$= S^f U (1 + \Lambda)^{-1} U^{\mathrm{T}} (HS^f)^{\mathrm{T}} R^{-1}$$

则后验状态估计为：

$$x^a = x^f + S^f U (I + \Lambda)^{-1} U^{\mathrm{T}} (HS^f)^{\mathrm{T}} R^{-1} (y^0 - Hx^f) \qquad (4.26)$$

而分析误差协方差矩阵及其均方根矩阵分别为：

$$P^a = S^a S^{a\,\mathrm{T}} = S^f U (I + \Lambda)^{-1} U^{\mathrm{T}} (S^f)^{\mathrm{T}} \qquad (4.27)$$
$$S^a = S^f U (1 + \Lambda)^{-1/2} U^{\mathrm{T}} \qquad (4.28)$$

这就是减秩卡尔曼滤波，其中状态更新为方程（4.26），分析误差协方差为方程（4.27）。

SEEK 滤波方法虽然在较小集合数情况下效果优于 EnKF，但如果 N 太小，有可能低估预测误差协方差，使得分析值靠近预测值，这也是基于误差子空间的卡尔曼滤波方法的通病。

4.4 小结

本章介绍了最主要的几种序列数据同化方法，在最优线性无偏估计的理论下，发展出来的最优插值、卡尔曼滤波类数据同化方法。小结如下。

（1）最优插值方法算法结构简单，计算速度较快，但需要预先估计预报误差协方差，而且在整个同化过程中预报误差协方差不变；同时不能完整地考虑模型的动力约束。

（2）卡尔曼滤波方法在 OI 方法的基础上，使用 flow-dependence 的误差协方差，但只能应用于线性系统，由于需要显式更新误差协方差，计算量与存储量都较大。

（3）扩展卡尔曼滤波方法主要是对标准 KF 的扩展，应用于弱非线性系统。同样存在计算量大、存储量大的问题。

（4）集合卡尔曼滤波方法把标准的 KF 推广到非线性系统，对于大气、海洋模型来说非常重要。由于 EnKF 结合了集合预报与卡尔曼滤波两者的优点，使用集合预报的方式计算误差协方差，再利用卡尔曼滤波更新状态向量，解决了卡尔曼滤波中协方差预报的巨大工作量以及需要伴随矩阵的问题，也不需要对观测算子与预报模型进行切线性近似，应用前景广阔。同样存在一些问题，而且需要的集合数较大，计算量很大，但由于不同集合之间可以并行计算，所以非常适合于并行系统，随着计算机计算能力的提高，EnKF 是数据同化的发展方向。

（5）减秩卡尔曼滤波方法针对 EnKF 在集合数较小状态下效果不佳的情况，使用观测不加扰动的方法进行状态向量的分析，在集合数较小的情况下效果优于 EnKF，在计算容量有限的情况下是 EnKF 的替代方法。

本文在综合考虑计算时间、数据保存空间和同化效果等因素下，选择减秩卡尔曼滤波方法作为海洋数据同化系统的同化方法。

5 杭州湾水温与悬浮泥沙数据同化系统

5.1 引言

杭州湾位于我国东部海岸，处于浙江省和上海市之间（图5.1）。杭州湾是典型的喇叭形强潮河口湾，湾口自上海市芦潮港至宁波市镇海外游山连线宽98.5 km，湾顶自北岸海盐乍浦长山闸至南岸余姚、慈溪交界处的西三闸，连线宽19.4 km。杭州湾东西走向全长约85 km，海域面积4 800 km²。湾内乍浦以东地形平坦，平均水深约8~10 m[123, 124]。

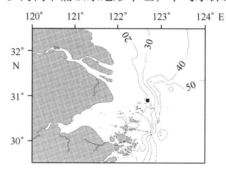

图5.1 数据同化区域水深分布与验潮站位置（绿华山30.82°N，122.6°E）（单位：m）

5.2 同化系统

同化系统由数值模型、观测系统（或观测数据）和同化方法三部分组成。

5.2.1 模型设置

5.2.1.1 网格剖分

同化研究区域见图5.1，大小为29.5°—32.5°N，120°—124°E，采用矩形网格，经向空间分辨率经向为0.04°，纬向为0.03°，共100×100个水平网格。垂向为10层。海底地形数据采用ETOPO1提供的1′×1′的网格化地形数据[125]。

模拟的要素包括三维流场、水位高度、水温、悬浮泥沙浓度。

5.2.1.2 计算过程

模型预运行（Free-run）5天，从2003年2月22日6时到2月27日6时，利用开边界潮汐、气象条件与余流驱动，得到计算开始时刻的流速与水位高度。

自2003年2月27日6时起，利用已经计算好的当前时刻水位与流速，加入水温与悬浮泥沙的初始条件，利用开边界潮汐、气象条件与余流驱动，模拟流场、水位、水温与悬浮泥沙浓度，计算到第一个同化时刻2003年3月4日6时。

使用减秩卡尔曼滤波方法同化遥感SST、SSC与模型模拟的水温与悬沙浓度，得到同化后的水温与悬浮泥沙分析数据，更新模型预报向量，继续模拟到下一个同化时刻2003年3月9日6时。迭代计算，直到同化完2003年5月28日6时的遥感观测数据，然后结束。

同化总步数为18步，模拟运算总时间为90天，包括2003年春季的3月、4月、5月。

5.2.1.3 初始条件

水温与悬浮泥沙浓度使用2003年2月的月平均遥感SST与SSC插值得到初始场，2月垂向混合较强烈，故垂向采用深度一致。流速、水位初始条件为预运行结束时刻的值作为初始值。模型初始表层温度场（图5.2）与表层悬浮泥沙浓度（图5.3）如图所示。

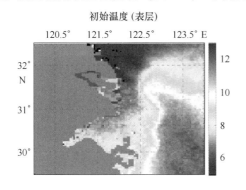

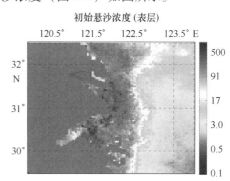

图5.2　2003年2月27日6时初始温度场（表层）（单位:℃）

图5.3　2003年2月27日6时初始悬浮泥沙浓度（表层）（单位：mg/L）

5.2.1.4 边界条件

模型强迫场资料包括太阳辐射、河流输入、风场、潮汐条件等。太阳辐射资料为1°×1°的全球客观分析海气通量资料[126]。长江2003年日平均的径流量[127]和钱塘江月平均的径流量[94, 128]作为河流径流输入条件。长江与钱塘江2003年月平均的泥沙通量作为河流泥沙通量输入数据[128]。QSCAT/NCEP混合风场作为实际风场。北边界、东边界与南边界同时考虑余流与潮流，余流由NOPP提供的2003年1/8度月平均数据插值得到[129]，潮流由4个潮汐分量（K1、O1、M2、S2）的调和常数计算得到。外海开边界的温度与悬浮泥沙浓度为经过插值平滑的遥感数据（深度一致）。

5.2.2　观测数据

卫星观测数据来自国家海洋局第二海洋研究所提供的多源融合5天平均SST与SSC。空间分辨率为1′。图5.4分别为2003年3月17—21日的5天平均遥感SST与SSC数据。

从图5.4可以看出，由于云层和天气变化的影响，某些海域没有观测数据或者观测数据稀少，不能确切地反映它的温度与悬浮泥沙浓度的分布特征。在数据同化的过程中通过预报误差协方差矩阵来更新模型格点的数据。

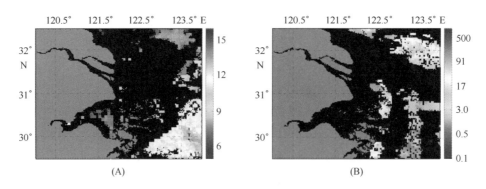

图 5.4　2003 年 3 月 19 日遥感 SST（单位：℃）与 SSC 数据（单位：mg/L）

遥感数据的预处理，使用本文第 2 章的方法对异常值进行剔除。

5.2.3　数据同化方法

本文选用的数据同化方法为减秩卡尔曼滤波方法（SEEK）。状态向量的更新使用式（4.26），如式（5.1）所示：

$$x^a = x^f + S^f U(I + \Lambda)^{-1} U^{\mathrm{T}}(HS^f)^{\mathrm{T}} R^{-1}(y^0 - Hx^f) \tag{5.1}$$

为了进行数据同化，需要准备如下内容：观测数据 y^0、观测算子 H、观测误差协方差矩阵 R、预报误差协方差矩阵的均方根表示 S^f、预报数据 x^f。

5.2.3.1　观测相关向量与矩阵

同化的要素为水温与悬浮泥沙浓度，观测向量的排列方式如式（5.2）所示，$SSC1$ 为取对数后的遥感海表悬沙浓度 ［式（5.3）］。主要是由于研究区域悬沙浓度的分布范围很大，从 0.5 mg/L 到 1 000 mg/L 都有，对数化后的数据比较趋近于高斯分布。

$$y^0 = \begin{bmatrix} SST \\ SSC1 \end{bmatrix} \tag{5.2}$$

其中，

$$SSC1 = \lg(SSC) \tag{5.3}$$

观测误差协方差矩阵 R 取对角形式，对于遥感 SST，其反演精度 $\sigma = 0.7$℃，故对角线元素为 $\sigma^2 = 0.7^2 \approx 0.5$；对于遥感 SSC，对数化后的反演标准差约为 0.3，故对角线元素取为 $0.3^2 \approx 0.1$。

遥感数据与模拟数据的分辨率不一致，本文采用模型网格双线性插值到遥感观测数据网格，计算得到观测算子 H。

5.2.3.2　预报误差协方差矩阵的均方根表示

在数据同化系统中，关键的过程就是怎样确定预报误差协方差矩阵 P^f，它决定了最终模拟数据与观测数据之间的权重分配，以及无观测数据区域怎样进行更新。

SEEK 法使用集合预报的方法计算预报误差协方差矩阵。初始条件、大气边界条件与开边界条件的误差是影响模型预报效果的主要因素。

各种数据的标准差如表 5.1 所示。

表 5.1 扰动场相关量的标准差[130,132]

变量	标准差	单位	噪声类型	备注
温度	0.7	℃	加性噪声	
悬浮泥沙浓度	0.3	mg/L	加性噪声	对悬浮泥沙取以 10 为底的对数后的标准差
10 m 风速	5	m/s	加性噪声	
太阳短波辐射通量	0.2	W/m^2	乘性噪声	
非短波辐射	0.2	W/m^2	乘性噪声	
河流径流输入	0.2	m^3/s	乘性噪声	
河流泥沙输入	0.3	mg/L	乘性噪声	对悬浮泥沙取以 10 为底的对数后的标准差
边界调和常数 – 振幅	0.1	m	乘性噪声	
边界调和常数 – 迟角	0.1	(°)	乘性噪声	

加性噪声的产生方法如下：

$$x = x_0 + \sigma \times randValue, x \in [x_{min}, x_{max}] \tag{5.4}$$

乘性噪声的产生方式如下：

$$x = x_0(1 + \sigma \times randValue), x \in [x_{min}, x_{max}] \tag{5.5}$$

其中，x、x_0 为添加噪声前后的某要素场数据，σ 为标准差，$randValue$ 为均值为 0，方差为 1 的正态分布随机数据，添加扰动后的数据必须需要在某要素的取值范围之内。

为了在计算时间与计算效果之间取得平衡，本文使用静态预报误差协方差，但不同的月份使用不同的协方差矩阵。

扰动集合的产生方式如下。

对 2003 年春季 3 月、4 月、5 月，先使用 Free – run 方式模拟 5 天，得到流场与水位；然后使用相关月份的月平均遥感数据构造初始水温与悬浮泥沙浓度场，按照表 5.1 给定的扰动方法对相关变量添加噪声，模型继续运行 10 天；得到添加扰动后的模拟集合；集合数 $N = 100$。

对于扰动后的状态向量 $x^{(k)}$，$k = 1, 2, \cdots, N$，$x^{(k)}$ 如下：

$$x^{(k)} = \begin{bmatrix} Temp \\ Sedc1 \end{bmatrix} \tag{5.6}$$

其中，$Temp$ 为 10 天模拟结束后的水温，$Sedc1$ 为模拟的悬浮泥沙浓度（已经取以 10 为底的对数），$x^{(k)}$ 的维数为 n 的列向量。构造扰动集合 X：

$$X = (x^{(1)}, x^{(2)}, \cdots, x^{(N)}) \tag{5.7}$$

以及矩阵算子 B：

$$B = I_{N \times N} - \frac{1}{N} 1_{N \times N} \tag{5.8}$$

其中，$I_{N \times N}$ 为 $N \times N$ 维的单位阵，$1_{N \times N}$ 为 $N \times N$ 维的所有元素等于 1 的矩阵。

则预报误差协方差矩阵的均方根表示 S^f：

$$S^f = \frac{1}{\sqrt{N-1}} XB \tag{5.9}$$

随机扰动的产生方式根据 Evensen[133] 提供的方法，图 5.5 为两个随机扰动的实例。

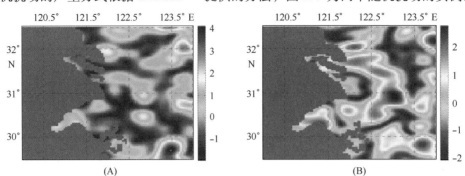

图 5.5　使用 Evensen[133] 产生的空间相关随机扰动场（均值为 0，方差为 1，相关长度为 1°）

5.2.3.3　预报向量

预报向量 x^f 的构造方法与观测向量类似，对同化时刻的模拟数据中的悬沙浓度取对数后，构造预报向量 x^f：

$$x^f = \begin{bmatrix} Temp \\ Sedc1 \end{bmatrix} \tag{5.10}$$

5.2.4　集合分析

使用集合预报的方法计算得到月平均的预报误差协方差矩阵（本文中使用其均方根表示 S^f），协方差矩阵的主要作用有两个：其一为当某一点有观测数据时，使用预报误差协方差矩阵与观测误差协方差矩阵中的方差来决定观测与预报融合在一起时的权重系数；其二就是对模型中无观测数据的网格，利用模型网格的变量的空间相关性来更新无观测数据的网格变量。

对于第一个作用，集合预报的方法计算出来的预报误差协方差偏低，通过对模拟结果进行分析，调整预报误差协方差（S^f 乘以一个放大因子），使之与预报误差相当。对于第二个作用，我们主要来分析一下海表水温与悬沙浓度不同月份的相关性。

为了过滤远处的虚假相关，本文定义了截断半径，对于距离大于截断半径的相关设为 0。在本文中，截断半径为 1°。

图 5.6 为 2003 年 3 月与 4 月空间两点表层水温的空间相关关系。从中可以看出，随着水温的升高，温度的水平差异降低，相关范围扩大，同时，长江出海口的水流存在两个分支，分别为东北与东南。

图 5.7 为 2003 年 3 月与 5 月空间两点表层悬浮泥沙浓度的空间相关关系。从图 5.7（A、B）可以看出，杭州湾高悬浮泥沙浓度主要有两个原因：其一，长江径流携带大量泥沙；其二，杭州湾水浅、流急使得泥沙处于悬浮状态。同时 5 月杭州湾高浓度的悬浮泥沙有向湾内移动的趋势，高浓度的悬浮泥沙分布范围变小；而较清洁水体的分布范围扩大。

5.2.5　数据同化系统

本文构建的 SEEK 滤波同化系统是一个水平面上为交错 C 网格的经纬度网格、垂直方向上为 σ 坐标的分析系统，水平和垂直方向上的维数均可调。系统是 Fortran90、Fortran77 与

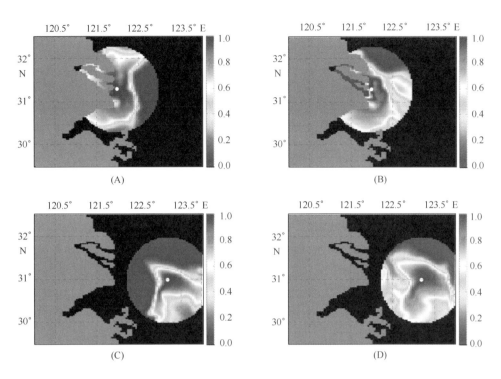

图 5.6　2003 年 3 月与 4 月表层水温的相关系数 A、B

（31.3°N，122°E）与 C、D（31°N，123.2°E）

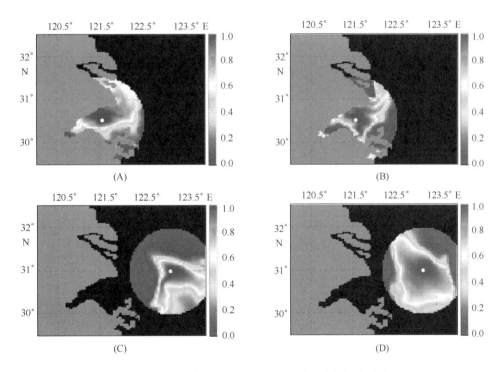

图 5.7　2003 年 3 月与 5 月表层悬浮泥沙的相关系数

A、B（30.5°N，121.6°E）与 C、D（31°N，123.2°E）

Matlab 软件联合编写的软件系统，采用模块化的编程结构，充分利用 Fortran 语言的计算能力与 Matlab 的显示成图能力。

SEEK 滤波数据同化系统采用顺序同化方法，主要包括数值模拟、数据同化、数据显示三个模块，其数据流程如图 5.8 所示。目前同化的变量为水温与悬浮泥沙浓度，同化的观测变量为遥感表层 SST 与 SSC。同化采用的预报误差协方差矩阵为随月份而变化的预先计算好的结果，在及时反映变量场结构变化与计算量之间取得平衡。

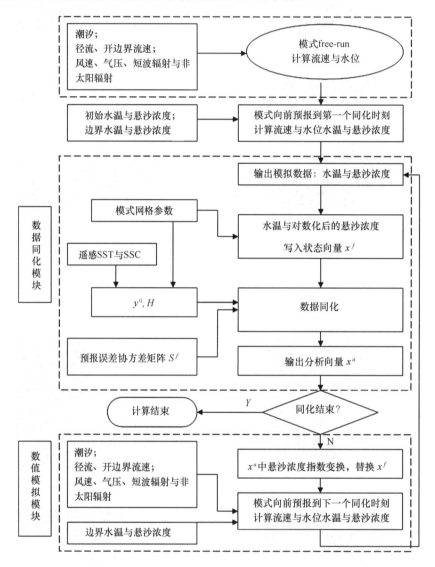

图 5.8 数据同化系统计算流程图

数据同化系统的同化周期为 5 天，通过不断同化遥感观测 SST 与 SSC，同化系统的预报误差保持一个较小的水平。

5.3 模型验证

模型验证主要使用验潮站的数据进行验证，由于潮流与水位有一一对应的关系，所以仅给出水位的验证结果。图 5.9 为绿华山 2003 年 3 月 1—10 日的潮位比较，从图中可以看出，模拟结果与观测结果较为一致。

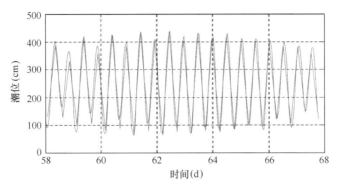

图 5.9　2003 年 3 月 1—10 日绿华山验潮站潮位验证结果
（蓝线为模拟值，红线为观测值）

5.4　数据分析

5.4.1　表层数据分析

同化系统对 2003 年春季的 5 天平均的遥感 SST 与 SSC 数据进行的后报试验，总共同化了 18 次，相对于遥感 SST，模拟数据、预报数据、分析数据的标准差分别为 2.13℃、1.65℃ 和 0.75℃。相对于遥感 SSC，模拟数据、预报数据、分析数据的对数（以 10 为底）标准差分别为 0.62 mg/L、0.53 mg/L 和 0.26 mg/L。详细的同化结果如表 5.2、表 5.3 所示。由于同化时间选择在 5 天平均遥感数据的第三天上午 6 时（地方时 14 时），表中日期表示同化时刻。图 5.10 与图 5.11 分别为水温与悬浮泥沙浓度三种标准差的曲线表示。

表 5.2　2003 年春季表层水温相对于遥感数据的模拟、预报、分析标准差

日期	遥感数据覆盖率	模拟标准差（℃）	预报标准差（℃）	分析标准差（℃）
2003 - 03 - 04	45%	1.89	1.89	0.75
2003 - 03 - 09	83%	2.10	1.52	0.92
2003 - 03 - 14	17%	1.98	1.69	0.77
2003 - 03 - 19	28%	2.02	1.72	0.87
2003 - 03 - 24	96%	1.88	1.54	0.60
2003 - 03 - 29	95%	1.97	1.43	0.47
2003 - 04 - 03	95%	2.18	0.85	0.38
2003 - 04 - 08	78%	2.06	1.36	0.71
2003 - 04 - 13	86%	2.34	1.71	0.90
2003 - 04 - 18	2%	2.25	1.92	0.87
2003 - 04 - 23	86%	2.00	1.79	0.71
2003 - 04 - 28	97%	2.12	1.46	0.54

续表5.2

日期	遥感数据覆盖率	模拟标准差（℃）	预报标准差（℃）	分析标准差（℃）
2003 – 05 – 03	92%	2. 21	1. 32	0. 47
2003 – 05 – 08	78%	2. 35	1. 90	0. 69
2003 – 05 – 13	50%	2. 67	2. 15	1. 22
2003 – 05 – 18	95%	2. 49	2. 29	1. 23
2003 – 05 – 23	68%	2. 10	1. 78	0. 85
2003 – 05 – 28	60%	1. 85	1. 40	0. 70
平均	70%	2. 13	1. 65	0. 75

表5.3　2003年春季表层悬浮泥沙浓度相对于遥感数据的模拟、预报、分析的对数化标准差

日期	遥感数据覆盖率	模拟标准差	预报标准差	分析标准差
2003 – 03 – 04	6%	0. 64	0. 64	0. 31
2003 – 03 – 09	33%	0. 66	0. 61	0. 07
2003 – 03 – 14	1%	0. 57	0. 43	0. 28
2003 – 03 – 19	21%	0. 65	0. 50	0. 29
2003 – 03 – 24	55%	0. 50	0. 43	0. 35
2003 – 03 – 29	86%	0. 59	0. 64	0. 24
2003 – 04 – 03	58%	0. 56	0. 48	0. 35
2003 – 04 – 08	68%	0. 71	0. 56	0. 30
2003 – 04 – 13	87%	0. 69	0. 49	0. 24
2003 – 04 – 18	1%	0. 73	0. 57	0. 29
2003 – 04 – 23	45%	0. 69	0. 48	0. 29
2003 – 04 – 28	72%	0. 67	0. 51	0. 23
2003 – 05 – 03	36%	0. 62	0. 45	0. 27
2003 – 05 – 08	40%	0. 48	0. 52	0. 21
2003 – 05 – 13	23%	0. 52	0. 40	0. 19
2003 – 05 – 18	28%	0. 63	0. 60	0. 23
2003 – 05 – 23	7%	0. 50	0. 57	0. 30
2003 – 05 – 28	37%	0. 66	0. 69	0. 26
平均	40%	0. 62	0. 53	0. 26

图5.12、图5.13与图5.14分别为2003年3月24日、4与23日与5月23日三个同化时刻的模拟、预报、遥感和分析表层水温数据。

图5.15、图5.16与图5.17分别为2003年3月24日、4与23日与5月23日三个同化时刻的模拟、预报、遥感和分析表层悬浮泥沙浓度数据。

从图5.12至图5.17可以看出，观测数据不仅可以影响到对应的模型网格，同时也可以对无观测区域的数据进行修正，使分析结果在整体趋势上更加符合实际的观测结果。同时可以看到，由于分析数据是对观测与预报数据的线性融合，有可能产生一些不连续部分。

如果仅仅依靠模型的自动向前积分，得到的模拟结果的误差较大。同时可以看出，虽然

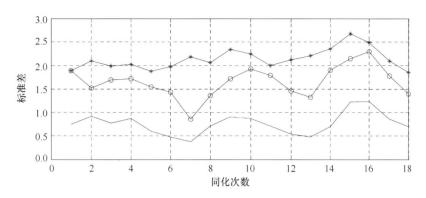

图 5.10　同化时刻表层水温模拟、预测、分析相对于遥感数据的标准差
（—＊—表示模拟，—○—表示预报，实线表示分析）（单位：℃）

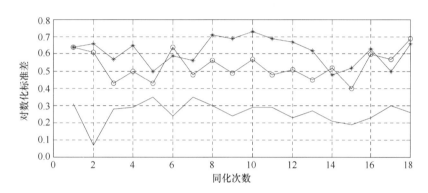

图 5.11　同化时刻表层悬沙模拟、预测、分析相对于遥感数据的对数化标准差
（—＊—表示模拟，—○—表示预报，实线表示分析）

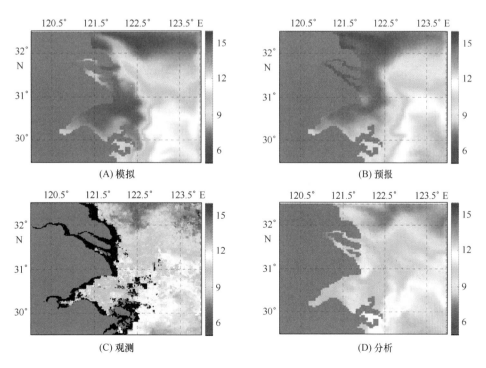

图 5.12　2003 年 3 月 24 日表层水温（单位：℃）

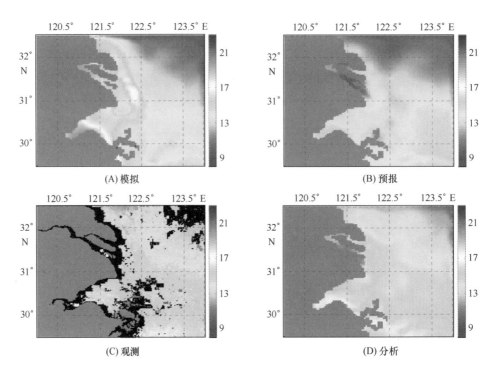

图 5.13　2003 年 4 月 23 日表层水温（单位:℃）

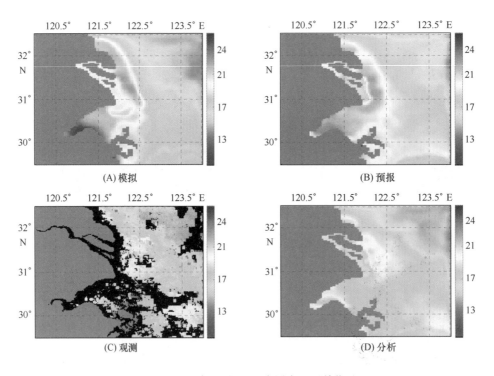

图 5.14　2003 年 5 月 23 日表层水温（单位:℃）

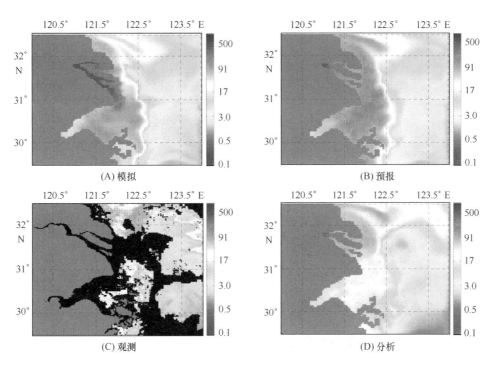

图 5.15　2003 年 3 月 24 日表层悬浮泥沙浓度（单位：mg/L）

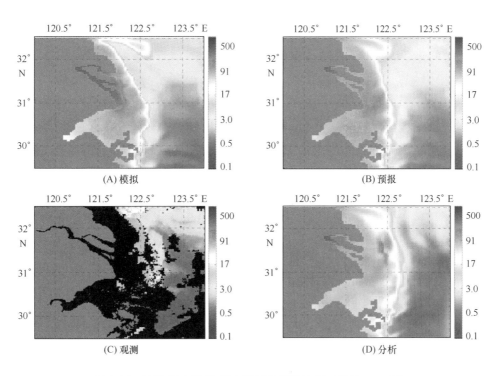

图 5.16　2003 年 4 月 23 日表层悬浮泥沙浓度（单位：mg/L）

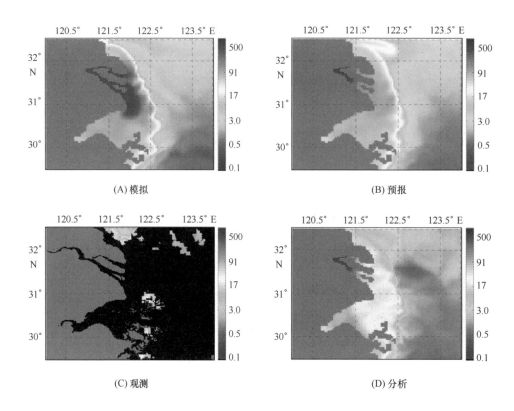

(A) 模拟　　　　　　　　　　　　　　(B) 预报

(C) 观测　　　　　　　　　　　　　　(D) 分析

图 5.17　2003 年 5 月 23 日表层悬浮泥沙浓度（单位：mg/L）

分析数据的误差较小，但是预报数据的误差仍然较大，为了得到更加准确的预报结果，需要提高数值模拟的计算精度。

5.4.2　垂向断面分析

研究区域春季水体混合强烈，水温在垂向上基本表现为深度一致，如图 5.18 所示。遥感观测不仅调整表层的数据，通过表层数据与其他水层数据之间的相关关系（反映在预报误差协方差矩阵），对表层以下的数据也进行了调整。图 5.18 分别为 2003 年 3 月 24 日同化时刻 122.5°E 经向断面同化结果，在模拟与预报中水温整体偏低，通过同化整个水体的温度都进行了调整，更加接近观测数据。图 5.19 为 2003 年 3 月 24 日同化时刻 30.5°N 纬向断面同化结果，在模拟与预报中杭州湾水温偏低，通过数据同化，分析数据也得到了改进。

5.4.3　预报、观测与分析数据的差异分析

对分析数据与遥感观测数据（图 5.20A 与图 5.21A）、分析数据与预报数据（图 5.20B 与图 5.21B）的差异进行分析表明，分析数据在分布趋势上接近预报数据，在数值上接近观测数据，观测对同化的影响效果显著。

综合分析同化 SST 对表层水温的影响（图 5.22），可以看出，未同化前，模拟值与观测值均方根差异较大（图 5.22B），同化后，分析与观测的均方根差异明显降低（图

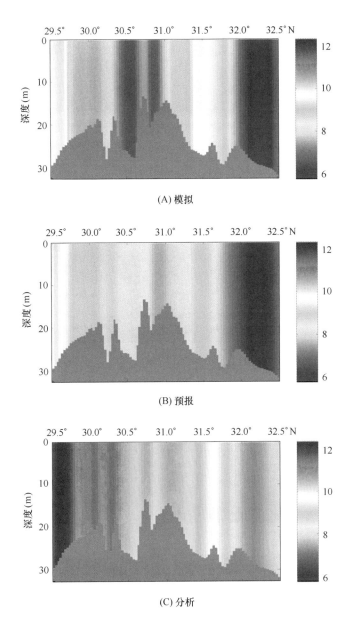

图 5.18 2003 年 3 月 24 日 122.5°E 断面水温的模拟、预报与分析结果（单位：℃）

5.22A）。同化观测，相当于改进了预报的初始场，导致短期预报（5 天）的效果有明显改进（图 5.22C）。并且，分析值偏向于遥感观测，但整体趋势上接近于预报值（图 5.22D）。

同化 SSC 的效果类似，在此不一一列出。

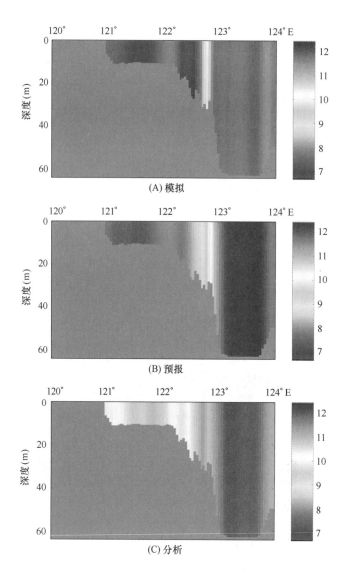

图 5.19　2003 年 3 月 24 日 30.5°N 断面水温的模拟、预报与分析结果（单位:℃）

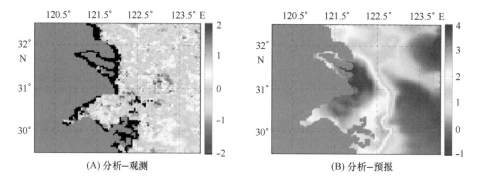

图 5.20　2003 年 3 月 24 日同化时刻表层水温分析与遥感观测（A）、
分析与预报（B）的差异（单位:℃）

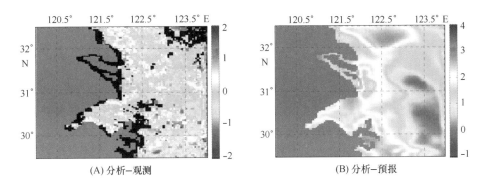

图 5.21　2003 年 4 月 23 日同化时刻表层水温分析与遥感观测（A）、
分析与预报（B）的差异（单位:℃）

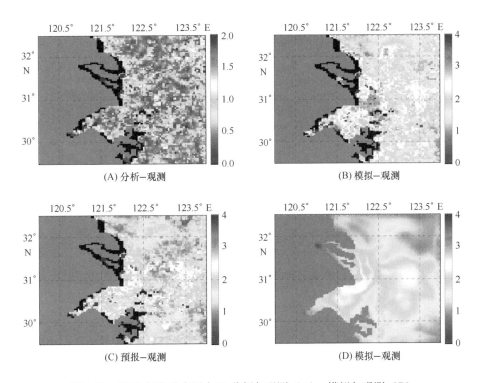

图 5.22　2003 年春季表层水温 分析与观测（A）、模拟与观测（B）、
预报与观测（C）和分析与预报（D）的均方根差异（单位:℃）

5.5　小结

本章利用减秩卡尔曼滤波方法，融合 COHERENS 模型模拟结果与遥感观测数据，初步构建了杭州湾水温与悬浮泥沙数据同化系统，主要结论如下。

（1）为了构建海洋数据同化系统，需要权衡计算时间、空间与计算精度，选择合适的同化方法。

（2）通过数据同化方法，可以有效地改进数值模拟的预报结果，使得预报、分析数据不会偏离观测数据太多。相对于遥感 SST，模拟数据、预报数据、分析数据的均方根误差分别为 2.13℃、1.65℃和 0.75℃；而相对于遥感 SSC，三者的对数（以 10 为底）均方根误差分别为 0.62 mg/L、0.53 mg/L 和 0.26 mg/L。

（3）数据同化方法可以有效地改进有值区域的预报结果，同时通过空间点间的相关关系，更新无观测区域的预报值。

（4）分析数据在分布趋势上接近预报数据，在数值上接近观测数据，观测对同化的影响效果显著。

（5）为了得到更好的预报结果，需要提高数值模型的模拟精度。

6 总结与展望

6.1 总结

遥感是很重要的监测手段，特别是对于海洋科学研究，遥感可以高频率、大范围、实时或准实时地监测海洋现象，对于探索海洋规律发挥着重要的作用。随着中国国力的不断增强，在轨或者即将发射的传感器越来越多，如何更好地利用、分析已获得的遥感数据，是摆在我们面前的重要课题。

笔者所在的课题组有着 20 多年的遥感数据接收与处理经验，本论文在认真分析已有遥感数据的基础上，选择了其中两种海洋遥感参数——海表温度和悬浮泥沙浓度，进行遥感数据的重构与同化研究。本论文实现了遥感海表温度与悬浮泥沙浓度的缺失区域与薄云污染区域的重构，获得了空间全覆盖的遥感再分析数据集和去掉薄云影响的更准确的遥感数据集；在此基础上，利用减秩卡尔曼滤波方法，结合 COHERENS 海洋数值模型与遥感观测数据，初步构建了杭州湾水温与悬浮泥沙的数据同化系统。具体结论如下：

（1）由于海洋上空覆盖的云层、传感器扫描轨道等，使用可见光与红外通道反演的遥感数据存在大面积的数据缺失现象；同时海洋上空未检测的薄云会造成数据的异常。本文提出了结合经验模态分解与经验正交函数的自适应 EMD – EOF 遥感资料重构方法，同时针对具体的遥感产品（海表温度与悬浮泥沙浓度），通过分析其数据本身特点，得到了对应的经验参数。通过使用 EMD – EOF 方法对 2003 年全年的 5 天平均遥感 SST 与 SSC 数据进行重构，其中 SST 的重构均方根误差为 0.9℃，SSC 重构的对数（以 10 为底）均方根误差为 0.137 mg/L。结果表明，EMD – EOF 方法具有较高的重构精度和抗噪声能力，同时重构速度快，可以很方便地重构其他类型的遥感产品，具有较强的适应性与鲁棒性。

（2）海温与悬浮泥沙是影响海洋浮游植物生长的主要因素之一，也是进行海洋生态模拟与预报的基础。本文通过对多种数据同化方法进行分析后，使用减秩卡尔曼滤波方法，结合 COHERENS 数值模型与遥感观测数据，初步建立了杭州湾水温与悬浮泥沙数据同化系统。

（3）基于 2003 年春季的遥感 SST 与 SSC 数据，本文对杭州湾水温与悬浮泥沙数据同化系统进行了后报基于试验。试验结果表明，同化系统可以有效地"吸收"观测数据，提高数值模型的预报精度。

（4）本文使用的减秩卡尔曼滤波数据同化方法，随着计算机计算能力的提高，只需要稍作修改就可以改为集合卡尔曼滤波方法，改进同化系统的预报效果。

6.2 创新点

（1）通过分析遥感数据 EOF 分解后的时间模态系数，本文提出了自适应 EMD – EOF 资料重构算法。该算法可以有效地检测遥感数据中的异常现象，特别是薄云未准确检测而造成的数据异常现象；同时该算法利用数据序列的相关性，可以重构数据量极少甚至无数据的遥感图像；并且该算法具有自适应、计算速度快等特点，为建立空间全覆盖的遥感再分析数据集提供了有力的工具。

（2）本文初步构建了一套杭州湾水温与悬浮泥沙的数据同化系统，该系统可以有效地提高数值预报的精度；同时该同化系统为模块化开发，可以很方便地移植到其他海洋模型，并且有对多种海洋要素同时同化的能力，对开发业务化的中国近海海洋数据同化系统有一定的参考作用。

6.3 展望

论文的工作还有许多有待完善和进一步深入的地方，具体包括以下几个方面。

（1）基于自适应 EMD – EOF 的资料重构方法可以进行遥感数据缺失点重构，作为延伸，对 EOF 分解后的时间模态系数进行预测，再乘以相应的空间模态与奇异值，可以实现一个基于统计方法的短期遥感预测系统。

（2）为了较精确地模拟杭州湾的悬浮泥沙分布，需要考虑风浪对底床的剪切作用，可以在 COHERENS 模型中耦合波浪模型，如 SWAN 模型，更真实地模拟底部沉积物的再悬浮作用。

（3）现有的表层悬浮泥沙遥感反演模型只给出悬浮泥沙的浓度值，没有考虑泥沙的粒径大小对遥感反射光谱的影响，很少涉及悬浮泥沙粒径的遥感反演。实际上，悬浮泥沙粒径影响着悬浮泥沙浓度与反射率尤其是短波段反射率的关系[134]；在悬浮泥沙遥感定量反演模型中，加入粒径特征参数可以帮助提高反演精度[135]。有学者基于 MODIS 影像数据已经实现了泥沙粒径二元特征参数（浓度和粒径）的遥感反演[136]。如果通过遥感反演得到泥沙的浓度与粒径，则可以在遥感反演的泥沙二元特征参数与悬浮泥沙模型分类粒径之间建立经验关系，进而把遥感反演要素（浓度与粒径）同化到改进的悬沙模型中，改善悬浮泥沙数值模型的模拟效果。

（4）本文选用的数据同化方法为减秩卡尔曼滤波方法，同时为了节省计算时间，预报误差协方差矩阵每月才更新一次，随着集群计算机的广泛应用以及计算机计算能力的提高，可以使用随时间变化的集合卡尔曼滤波方法，动态更新预报误差协方差矩阵，以达到更好的同化效果。

参 考 文 献

［1］　王海君．太湖水色遥感大气校正方法研究［硕士学位论文］．南京：南京师范大学，2007．

［2］　冯士筰，李凤岐，李少菁．海洋科学导论．北京：高等教育出版社，2006．

［3］　潘德炉，白雁．我国海洋水色遥感应用工程技术的新进展．中国工程科学，2008，（09）：14－25．

［4］　修鹏．渤海海域水色遥感的研究［博士学位论文］．青岛：中国海洋大学，2008．

［5］　Youzhuan D，Zhihui W，Zhihua M，et al．Reconstruction of incomplete satellite SST data sets based on EOF method．Acta Oceanologica Sinica，2009，28（2）：36－44．

［6］　付东洋，丁又专，雷惠，等．台风对海表温度及水色环境影响的遥感分析．海洋学研究，2009，27（2）：64－70．

［7］　Beckers J M，Rixen M．EOF calculations and data filling from incomplete oceanographic datasets．Journal of Atmospheric and Oceanic Technology，2003，20（12）：1839－1856．

［8］　李新，黄春林，车涛，等．中国陆面数据同化系统研究的进展与前瞻．自然科学进展，2007，（02）：163－173．

［9］　潘德炉，王迪峰．我国海洋光学遥感应用科学研究的新进展．地球科学进展，2004，（04）：506－512．

［10］　Mcclain E P，Pichel W G，Walton C C，et al．Multi－channel improvements to satellite－derived global sea－surface temperatures．Adv．Space Res，1983，2（6）：43－47．

［11］　黄海清，何贤强，王迪峰．神经网络法反演海水叶绿素浓度的分析．地球信息科学，2004，6（2）：31－36．

［12］　廖迎娣，张玮，Y Deschamps P．运用SeaWiFS遥感数据探测中国东部沿海悬浮泥沙浓度的研究水动力学研究与进展．水动力学研究与进展，2005，20（5）：558－564．

［13］　唐军武，丁静，田纪伟．黄东海二类水体三要素浓度反演的神经网络模型．高技术通讯，2005，15（3）：83－88．

［14］　何贤强，潘德炉，毛志华．利用SeaWiFS反演海水透明度的模型研究．海洋学报，2004，26（5）：55－62．

［15］　Delu P，Wenjiang G，Yan B．Ocean primary productivity estimation of China Sea by remote sensing．Progress in Natural Science，2005，15（7）：627－632．

［16］　张霄宇，林以安，唐仁友．遥感技术在河口颗粒态总磷分布及扩散研究中的应用初探．海洋学报，2005，27（1）：51－56．

［17］　李小斌，陈楚群，施平．珠江口海域总无机氮的遥感提取研究．环境科学学报，2007，27（2）：313－318．

［18］　白雁．中国近海固有光学量及有机碳卫星遥感反演研究［博士学位论文］．北京：中国科学院，2007．

［19］　朱江，徐迎春，王赐震．海温数值预报资料同化试验 I．客观分析的最优插值法试验．海洋学报，1995，17（6）：9－20．

［20］　马寨璞，井爱芹．动态最优插值方法及其同化应用研究．河北大学学报：自然科学版，2004，24（6）：574－580．

［21］　谈建国，周红妹，陆贤，等．NOAA卫星云检测和云修复业务应用系统的研制和建立．遥感技术与应用，2000，15（04）：228－231．

［22］　毛志华，朱乾坤，潘德炉，等．卫星遥感速报北太平洋渔场海温方法研究．中国水产科学，2003，（06）：502－506．

［23］ R Everson, P Cornillon, L Sirovich, etc. An empirical eigenfunction analysis of sea surface temperatures in the western North Atlantic. Journal of Physical Oceanography, 1997, 27（2）：468 – 479.

［24］ William J. Emery, Richard E. Thomson. Data analysis methods in physical oceanography, Pergamon：Elsevier Science Pub. Co. , 1998.

［25］ Kondrashov, D. , Ghill, M.. Spatio – temporal filling of missing points in geophysical data sets. Nonlin. Processes Geophys , 2006, 13：151 – 159.

［26］ H Gunes, Rist U. Spatial resolution enhancement/smoothing of stereo – particle – image – velocimetry data using proper – orthogonal – decomposition – based and Kriging interpolation methods, Physics of fluids , 2007, 19（6）：64101 – 1 ~ 64101 – 19.

［27］ Alvera – Azcarate A, Barth A, Rixen M, et al. Reconstruction of incomplete oceanographic data sets using empirical orthogonal functions：application to the Adriatic Sea surface temperature. Ocean Modelling, 2005, 9（4）：325 – 346.

［28］ Alvera – Azcarate A, Barth A, Beckers J M, et al. Multivariate reconstruction of missing data in sea surface temperature, chlorophyll and wind satellite fields. J. Geophys. Res. , accepted, 2006.

［29］ 刘成思. 集合卡尔曼滤波资料同化方案的设计和研究［硕士学位论文］. 北京：中国气象科学研究院, 2005.

［30］ 王跃山. 数据同化——它的缘起、含义与主要方法. 海洋预报, 1999, 16（1）：11 – 20.

［31］ 李新, 黄春林. 数据同化——一种集成多源地理空间数据的新思路. 科技导报, 2004,（12）：13 – 17.

［32］ 黄春林, 李新. 陆面数据同化系统的研究综述. 遥感技术与应用, 2004,（05）：424 – 430.

［33］ 韩旭军, 李新. 非线性滤波方法与陆面数据同化. 地球科学进展, 2008,（08）：813 – 820.

［34］ 朱伯康, 许建平. 全球 Argo 实时海洋观测网建设及应用进展. 海洋技术, 2007,（01）：69 – 76.

［35］ 麻常雷, 高艳波. 多系统集成的全球地球观测系统与全球海洋观测系统. 海洋技术, 2006,（03）：41 – 45.

［36］ 周雅静. 东中国海环流特征的数值模拟与分析［硕士学位论文］. 青岛：中国海洋大学, 2004.

［37］ 朱建荣. 海洋数值计算方法和数值模型. 北京：海洋出版社, 2004.

［38］ 孙文心, 江文胜, 李磊. 近海环境流体动力学数值模型. 北京：科学出版社, 2004.

［39］ Halliwell G. Evaluation of vertical coordinate and vertical mixing algorithms in the HYbrid Coordinate Ocean Model（HYCOM）. Ocean Model, 2004, 7：285 – 322.

［40］ J L P, E J J, R P. COHERENS – a coupled hydrodynamical – ecological model for regional and shelf seas：user documentation ：Management Unit of the Mathematical Models of the North Sea. 1999.

［41］ Chen C, Beardsley R C, Cowles G. An Unstructured Grid, Finite – Volume Coastal Ocean Model FVCOM User Manual：Umassd – 06 – 0602 S. 2006.

［42］ Charney J G H M J R. Use of Incomplete Historical Data to Infer the Present State of Atmosphere. J Atmos Sci, 1969, 26：1160 – 1163.

［43］ Gandin L S. Objective analysis of meteorological fields, Jerusalem：Israel Program for Scientific Translations, 1965.

［44］ Behringer D W, Ji M, Leetmaa A. An Improved Coupled Model for ENSO Prediction and Implications for Ocean Initialization. Part I：The Ocean Data Assimilation System. Monthly Weather Review, 1998, 126（4）：1013 – 1021.

［45］ Derber J, Rosati A. A Global Oceanic Data Assimilation System. Journal of Physical Oceanography, 1989, 19（9）：1333 – 1347.

［46］ James A Carton G C A X. A Simple Ocean Data Assimilation Analysis of the Global Upper Ocean 1950 – 95. Journal of Physical Oceanography, 2000, 30 （2）: 294 – 309.

［47］ Courtier P. Dual formulation of four – dimensional variational assimilation. The Quarterly Journal of the Royal Meteorological Society, 1997, 123 （544）: 2449 – 2461.

［48］ Daley R. Atmospheric data analysis, Cambridge: Cambridge University Press, 1991. 457.

［49］ Talagrand O, Courtier P. Variational Assimilation of Meteorological Observations With the Adjoint Vorticity Equation. I: Theory. The Quarterly Journal of the Royal Meteorological Society, 1987, 113 （478）: 1311 – 1328.

［50］ Courtier P, Thépaut J –, Hollingsworth A. A strategy for operational implementation of 4D – VAR, using an incremental approach. Quart. J. Roy. Meteor. Soc. , 1994, 120: 1367 – 1387.

［51］ Bennett A F, Thorburn M A. The Generalized Inverse of a Nonlinear Quasigeostrophic Ocean Circulation Model. Journal of Physical Oceanography, 1992, 22 （3）: 213 – 230.

［52］ Kalman R. A new approach to linear filtering and prediction problems. Journal of basic Engineering, 1960, 82: 35 – 45.

［53］ Evensen G. Sequential data assimilation with a nonlinear quasi – geostrophic model using Monte Carlo methods to forecast error statistics. Journal of Geophysical Research. C: Oceans, 1994.

［54］ Burgers G, van Leeuwen P J, Evensen G. Analysis scheme in the ensemble Kalman Filter. Mon. Wea. Rev. , 1998, 126: 1719 – 1724.

［55］ Houtekamer P L, Mitchell H L. Data Assimilation Using an Ensemble Kalman Filter Technique. Monthly Weather Review, 1998, 126 （3）: 796 – 811.

［56］ Anderson J L. An ensemble adjustment Kalman filter for data assimilation. Mon. Wea. Rev. , 2001, 129: 2884 – 2903.

［57］ Whitaker J S, Hamill T M. Ensemble Data Assimilation without Perturbed Observations. Monthly Weather Review, 2002, 130 （7）: 1913 – 1924.

［58］ Eleveld M A, van der Woerd, H J B, et al. Using SPM observations derived from MERIS reflectance in a data assimilation scheme for sediment transport in the Dutch coastal zone: Proc. Joint 2007 EUMETSAT Meteorological Satellite Conference and the 15th American Meteorological Society （AMS） Satellite Meteorology & Oceanography Conference. Darmstadt: EUMETSAT: 2007.

［59］ Blaas M, E S G Y, van K T, et al. Data Model Integration of SPM transport in the Dutch coastal zone: Proceedings of the Joint 2007 EUMETSAT / AMS Conference. 2007.

［60］ Serafy E G Y H, Blaas M, Eleveld M A, et al. Data assimilation of satellite data of Suspended Particulate Matter in Delft3D – Delwaq for the North Sea: Proceedings of the Joint 2007 EUMETSAT / AMS Conference. 2007.

［61］ Chassignet E P, Hurlburt H E, Smedstad O M, et al. The HYCOM （HYbrid Coordinate Ocean Model） data assimilative system. 2007, 65 （1 – 4）: 60 – 83.

［62］ Oke P R, Brassington G B, Griffin D A, et al. The Bluelink ocean data assimilation system （BODAS）. 2008, 21 （1 – 2）: 46 – 70.

［63］ T P D, Verron J, Roubaud M C. A singular evolutive extended Kalman filter for data assimilation in oceanography. J. Mar. Syst. , 1998, 16 （323 – 340）.

［64］ Wan L, Zhu J, Bertino L. Initial ensemble generation and validation for ocean data assimilation using HYCOM in the Pacific. Ocean Dynamics, 2008, 58: 81 – 99.

［65］ Luyten P, Andreu – Burillo I, Norro A. A new version of the European public domain code

COHERENS. 2006.

［66］ Chen C, Malanotte – Rizzoli P, Wei J, et al. Application and comparison of Kalman filters for coastal ocean problems: An experiment with FVCOM. J. Geophys. Res. , 2009, 114: C5011.

［67］ 李培良，左军成，吴德星，等. 渤、黄、东海同化 TOPEX/POSEIDON 高度计资料的半日积分潮数值模拟. 海洋与湖沼, 2005, 6 (1): 24 – 30.

［68］ 张人禾，刘益民，殷永红. 利用 ARGO 资料改进海洋资料同化和海洋模型中的物理过程. 气象学报, 2004, 62 (5): 613 – 622.

［69］ 曹艳华. 四维变分资料同化的降维方法及在海洋资料同化中的应用, 北京: 首都师范大学, 2006.

［70］ 朱江，周光庆，闫长香，等. 一个三维变分海洋资料同化系统的设计和初步应用 中国科学 D 辑: 地球科学, 2007, 37 (2): 261 – 271.

［71］ 卢风顺. 海洋资料变分同化系统优化及并行实现［博士学位论文］. 长沙: 国防科学技术大学, 2007.

［72］ 孙湘平. 中国近海区域海洋. 北京: 海洋出版社, 2006.

［73］ 许东禹. 中国近海简况. 北京: 地质出版社, 1963.

［74］ 中国大百科全书——大气·海洋·水文卷. 北京: 中国大百科全书出版社, 1987.

［75］ 陈冠贤. 中国海洋渔业环境. 杭州: 浙江科学技术出版社, 1991.

［76］ 苏纪兰. 中国近海水文. 北京: 海洋出版社, 2005.

［77］ C B R, R L, H Y. Discharge of the Changjiang (Yangtze River) into the East China Sea. Continental Shelf Research, 1985, 4 (1/2): 57 – 76.

［78］ 程天文，赵楚年. 我国沿岸入海河川径流量与输沙量的估算. 地理学报, 1984, 39 (4): 412 – 426.

［79］ 陈则实. 渤、黄、东海海洋图集——水文分册. 北京: 海洋出版社, 1992.

［80］ 毛汉礼. 毛汉礼著作选集. 北京: 学苑出版社, 1996.

［81］ 《中国海洋志》编委会. 中国海洋志. 郑州: 大象出版社, 2003.

［82］ 毛志华，朱乾坤，潘德炉. 卫星遥感业务系统海表温度误差控制方法. 海洋学报 (中文版), 2003, (05): 49 – 57.

［83］ 周科. 基于 AVHRR 的区域海表温度反演算法研究［硕士学位论文］. 杭州: 国家海洋局第二海洋研究所, 2005.

［84］ 何贤强，潘德炉，朱乾坤，等. 海洋水色及水温扫描仪精确瑞利散射计算. 光学学报, 2005, (02): 145 – 151.

［85］ 何贤强，潘德炉，尹中林，等. 水色遥感卫星姿态对瑞利散射计算的影响. 遥感学报, 2005, (03): 242 – 246.

［86］ 何贤强，潘德炉，白雁，等. 通用型海洋水色遥感精确瑞利散射查找表. 海洋学报, 2006, 28 (1): 47 – 55.

［87］ 何贤强，潘德炉，白雁，等. 海洋水色水温扫描仪精确大气漫射透射比计算. 光学学报, 2008, (04): 626 – 633.

［88］ 何贤强，潘德炉，白雁，等. 基于矩阵算法的海洋 – 大气耦合矢量辐射传输数值计算模型. 中国科学 (D 辑: 地球科学), 2006, (09): 860 – 870.

［89］ 何贤强，潘德炉，白雁，等. 基于辐射传输数值模型 PCOART 的大气漫射透过率精确计算. 红外与毫米波学报, 2008, (04): 303 – 307.

［90］ 毛志华，黄海清，朱乾坤，等. 我国海区 SeaWiFS 资料大气校正. 海洋与湖沼, 2001, (06): 581 – 587.

［91］ 刘芳. 南黄海及东海北部海域悬沙的遥感研究［硕士学位论文］. 青岛: 中国科学院研究生院（海

洋研究所），2005.

[92] 陈吉余，陈沈良. 长江口生态环境变化及对河口治理的意见. 水利水电技术，2003，34（1）：19 – 25.

[93] Beckers J M, Rixen M. EOF Calculations and Data Filling from Incomplete Oceanographic Datasets. J. Atmos. Ocean Technol. , 2003, 20: 1839 – 1856.

[94] 中华人民共和国水利部. 2003 年中国河流泥沙公报——长江版. 2003.

[95] 鲍献文，万修全，等. 渤海、黄海、东海 AVHRR 海表温度场的季节变化特征. 海洋学报，2002，24（5）：125 – 133.

[96] Alvarez A, Lopez C, Riera M, et al. Forecasting the SST space – time variability of the Alboran Sea with genetic algorithms（Paper 1999GL011226）. GEOPHYSICAL RESEARCH LETTERS, 2000, 27（17）: 2709 – 2712.

[97] Huang N E, Shen Z, Long S R, et al. The empirical mode decomposition and the Hilbert spectrum for nonlinear and non – stationary time series analysis. Proceedings: Mathematical, Physical and Engineering Sciences, 1998, : 903 – 995.

[98] 孙晖. 经验模态分解理论与应用研究（博士学位论文）. 杭州：浙江大学，2005.

[99] 刘科峰，张韧，姚跃，等. EOF 分解与 Kalman 滤波相结合的副高位势场数值预报优化. 解放军理工大学学报：自然科学版，2006，7（3）：291 – 296.

[100] Luyten P J, J E Jones, R Proctor, et al. COHERENS – A coupled hydrodynamical – ecological model for regional and shelf seas: User documentation, MUMM Report, 1999. 911.

[101] 范学平，曾远. COHERENS 模型的三维潮流及物质输运数值模拟. 人民长江，2008，（02）：23 – 25.

[102] 韩树宗，林俊，张栋国，等. 青岛近海悬沙输运的三维数值模拟. 中国海洋大学学报（自然科学版），2007，（06）：873 – 878.

[103] 韩树宗，郑运霞，高志刚. 9711 号台风对日照近海悬沙浓度影响的数值模拟. 中国海洋大学学报（自然科学版），2008，（06）：868 – 874.

[104] 华祖林，顾莉，查玉含，等. 基于 COHERENS 模型的污染物质输运数值模拟. 环境科学与技术，2009，（04）：14 – 18.

[105] 李艳芸，李绍武. 风暴潮预报模型在渤海海域中的应用研究. 海洋技术，2006，（01）：101 – 106.

[106] 武雅洁，梅宁，梁丙臣. 高浓热盐水在胶州湾潮流作用下的输移扩散规律研究. 中国海洋大学学报（自然科学版），2008，（06）：1029 – 1034.

[107] 张洪龙，刘亚男，卢丽锋，等. 一个概化的潮汐河口羽状流动力学的初步研究. 海洋通报，2007，（01）：3 – 11.

[108] Tett P. A three layer vertical and microbiological processes model for shelf seas: Proudman Oceanographic Laboratory Report 14, 199085.

[109] 全球海气耦合模型课题组. 大气环流和海气相互作用的数值模拟. 北京：研究生讲义，2007.

[110] 马寨璞. 海洋流场数据同化方法与应用的研究［博士学位论文］. 杭州：浙江大学，2002.

[111] Bouttier F, Courtier P. Data assimilation concepts and methods: Meteorological Training Course Lecture Series. ECMWF, 2002.

[112] Larsen J. Ocean data assimilation and observing system design: ［博士学位论文］. K? BENHAVNS UNIVERSITET , 2006.

[113] Eliassen A. Provisional report on calculation of spatial covariance and autocorrelation of the pressure field: Videnskaps – Akademiets Institutt for Vaer – og Klimaforskning, 1954: 5, 11.

[114] Gandin L S. The problem of optimal interpolation. Trudy Main Geophys. Obs. , 1959, 99: 67 – 76.

[115] Gandin L S. On optimal interpolation and extrapolation of meteorological fields. Trudy Main Geophys. Obs. ,

1960, 114: 75 – 89.

[116] Lorenc A C. A global three – dimensional multivariate statistical interpolation scheme. Monthly Weather Review, 1981, 109: 701 – 721.

[117] Mashkovich S A, Veyl I G. Numerical experiments on four – dimensional objective analysis on the basis of the spectral prediction model, Leningrad: Gidrometeoilat, 1972. 3 – 6.

[118] 屠伟铭, 张跃堂. 全球最优插值客观分析. 气象学报, 1995, 53 (2): 148 – 156.

[119] 郭衍游. 东中国海区域海浪同化系统设计与研究 [博士学位论文]. 青岛: 中国科学院研究生院 (海洋研究所), 2006.

[120] E K R. A new approach to linear filtering and prediction problems. Journal of Basic Engineering, 1960, 82D: 34 – 45.

[121] 高山红, 吴增茂, 谢红琴. Kalman 滤波在气象数据同化中的发展与应用. 地球科学进展, 2000, 15 (5): 571 – 575.

[122] Nerger L, Hiller W, Ter J S. A comparison of error subspace Kalman filters. Tellus, 2005, 57A: 715 – 735.

[123] 倪勇强, 耿兆铨, 朱军政. 杭州湾水动力特性探讨. 水动力学研究与进展, 2003, 18 (4): 439 – 445.

[124] 李宁. 遥感和数值模拟方法在我国近岸水质研究中的应用 [博士学位论文]. 天津: 天津大学, 2009.

[125] ETOPO1 1 – minute global relief. http: //www. ngdc. noaa. gov/mgg/gdas/gd_ designagrid. html? dbase = GRDET2.

[126] Objectively Analyzed Air – Sea Fluxes (OAFLux) for the Global OCeans. http: //oaflux. whoi. edu/data. html.

[127] 长江水文网. http: //www. cjh. com. cn/.

[128] 中华人民共和国水利部. 2003 年中国河流泥沙公报——钱塘江. 2003.

[129] HYCOM consortium. http: //www. hycom. org/dataserver.

[130] 张学峰. 集合卡尔曼滤波数据同化方法在海温数值预报中的应用研究 [硕士学位论文]. 杭州: 浙江大学, 2005.

[131] Barth A. Assimilation of sea surface temperature and sea surface height in a two – way nested primitive equation model of the Ligurian Sea: University of Liege, 2004.

[132] 万莉颖. 集合同化方法在太平洋海洋高度计资料同化中的应用研究 [博士学位论文]. 北京: 中国科学院研究生院 (大气物理研究所), 2006.

[133] Evensen G. Sequential data assimilation with a nonlinear quasi – geostrophic model using Monte Carlo methods to forecast error statistics. J. Geophys. Res. , 1994, 99 (5): 143 – 162.

[134] M N E M, D H J, J C P. The effect of sediment type on the relationship between reflectance and suspended sediment concentration. International Journal of Remote Sensing, 1889, 10 (7): 1283 – 1289.

[135] 黄海军, 李成治, 郭建军. 黄河口海域悬沙光谱特征的研究. 海洋科学, 1994, (5): 40 – 45.

[136] 王芳, 李国胜. 海洋悬浮泥沙二元特征参数 MODIS 遥感反演模型研究. 地理研究, 2007, 26 (6): 1186 – 1197.

附录：经验模态分解

经验模态分解（Empirical Mode Decomposition，简称 EMD）方法是由美国 NASA 的黄锷博士提出的一种信号分析方法．它依据数据自身的时间尺度特征来进行信号分解，无须预先设定任何基函数，特别适合分析非平稳非线性信号。这一点与建立在先验性的谐波基函数和小波基函数上的傅里叶分解与小波分解方法具有本质性的差别。所以，EMD 方法一经提出就在不同的工程领域得到了迅速有效的应用，例如用在海洋、大气、天体观测资料与地震记录分析、机械故障诊断、密频动力系统的阻尼识别以及大型土木工程结构的模态参数识别方面。

与其他的信号处理方法相比，黄锷的创新点是引入了基于信号局部特性的固有模态函数（intrinsic mode function，IMF），每个 IMF，可以是线性的，也可以是非线性的，任何时候，一个信号都可以包含许多固有模态分量；如果模态之间相互重叠，便形成复合信号。EMD 通过多次的移动过程（shifting process）来逐个分解 IMF。在每一次的移动过程中，要根据信号的上、下包络来计算信号的局部平均值（图 1）；上、下包络是由信号的局部极大值和极小值通过样条插值算法给出。EMD 通过多次的移动过程，一方面消除信号上的骑行波（riding waves），另一方面对高低不平的振幅进行平滑，使得每一个 IMF 具有如下两个特性：①极值点（极大值或极小值）数目与跨零点数目相等或最多相差一个；②由局部极大值构成的上包络和由局部极小值构成的下包络的平均值为零。IMF 的上述两个特征，也是 EMD 分解结束的收敛准则。

设时间序列信号为 $X(t)$，它的上、下包络线分别为 $u(t)$ 和 $v(t)$，则上、下包络的平均曲线为 $m(t)$：

$$m(t) = [u(t) + v(t)]/2 \tag{A.1}$$

通过移动过程，用 $X(t)$ 减去 $m(t)$ 后剩下的部分 $h_1(t)$，即：

$$h_1(t) = X(t) - m(t) \tag{A.2}$$

根据上面的定义，在理论上，$h_1(t)$ 满足：①极值点（极大值或极小值）数目与跨零点数目相等或最多相差一个；②由局部极大值构成的上包络和由局部极小值构成的下包络的平均值为零；即 $h_1(t)$ 应该是 IMF；实际上，由于包络线样条逼近的过冲和俯冲作用，会产生新的极值和影响原来极值的位置与大小；因此，分解得到的 $h_1(t)$ 并不完全满足 IMF 条件。用 $h_1(t)$ 代替 $X(t)$，与 $h_1(t)$ 相应的上、下包络线为 $u_1(t)$ 和 $v_1(t)$，重复移动过程，即：

$$m_1(t) = [u_1(t) + v_1(t)]/2 \tag{A.3}$$

$$h_2(t) = h_1(t) - m_1(t) \tag{A.4}$$

$$\cdots$$

$$m_{k-1}(t) = [u_{k-1}(t) + v_{k-1}(t)]/2 \tag{A.5}$$

$$h_k(t) = h_{k-1}(t) - m_{k-1}(t) \tag{A.6}$$

85

直到所得的 $h_k(t)$ 满足 IMF 条件：①极值点数目与跨零点数目相等或最多相差一个；②由局部极大值构成的上包络和由局部极小值构成的下包络的平均值趋近于零。这样就分解得第一个 IMF，$c_1(t)$ 和信号的剩余部分为 $r_1(t)$；即：

$$c_1(t) = h_k(t) \tag{A.7}$$

$$r_1(t) = X(t) - c_1(t) \tag{A.8}$$

对信号的剩余部分 $r_1(t)$ 继续进行 EMD 分解，直到所得的剩余部分为一单调信号或其值小于预先给定的值时，分解完毕. 最终分解得到所有的 IMF 及余量：

$$r_2 = r_1 - c_2, \cdots, r_n = r_{n-1} - c_n \tag{A.9}$$

而原始的信号 $X(t)$ 可表示为所有的 IMF 及余量之和：

$$X(t) = \sum_{i=1}^{n} c_i(t) + r_n \tag{A.10}$$

上面就是信号 $X(t)$ 进行 EMD 分解的全过程。

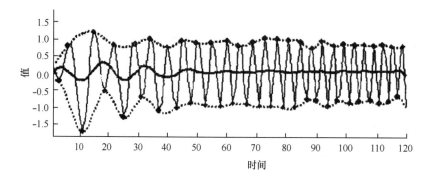

图 1　信号 $X(t)$ 的 EMD 分解（细实线：原始信号；粗实线：包络线的平均值；点线：上下包络线）

致　谢

时间匆匆而过，转眼之间硕博连读的 5 年时间就过去了，回首走过的路，有过失败，有过徘徊，也有欢欣与喜悦。一路走来，酸甜苦辣总在交错变换，不变的是老师、同学、亲人与朋友的关心与帮助。此时此刻，有许多令我感动的点滴浮现在眼前。

首先感谢我的导师潘德炉院士和韦志辉教授，在 5 年硕博连读的过程中，潘老师不仅在在学术方面为我指明了方向，而且在国家海洋局第二海洋研究所的 4 年时间中，让我得到了许多学习、实习锻炼的机会，也教会了我许多做人的道理。南京理工大学的韦志辉教授在我的学习与生活中给予了很多帮助，特别是在我人生的徘徊阶段。

感谢国家海洋局第二海洋研究所的毛志华教授、何贤强博士在论文写作方面给予的指导和帮助。感谢美国旧金山大学的 Barth 博士关于数据同化方面的指导和帮助。

感谢国家海洋局第二海洋研究所黄海清老师、李淑菁老师、王迪峰博士、陈建裕博士、白雁博士、郝增周博士，龚芳、朱乾坤等在学习与生活中的帮助与鼓励，也感谢一路相伴走过的同学：任林、汪海洋、刘涛、王小飞、杨乐、陈正华、李宁、陶邦一、雷惠、陈彬霞、康燕、邹巨洪、张汉松、雷林、康林冲、詹远增、乔书娜、张琳，在求学的过程中给予了我许多欢笑与感动。感谢付东洋博士在 3 年室友生活一起共度的快乐时光。

感谢中科院南京地理与湖泊研究所马荣华研究员、段洪涛博士在论文写作与工作中给予的帮助。

感谢云南农业大学秦莹老师、湖南省醴陵市陈自绪爷爷在我大学求学过程中给予的物质与精神上的帮助。

感谢国家海洋局第二海洋研究所给我提供了一个良好的学习环境，感谢南京理工大学理学院、计算机学院、研究生院在我博士求学过程中给予的帮助。

感谢我人生中最重要的父亲、母亲、姐姐、爷爷和奶奶，家人的支持与鼓励是我永远奋斗的动力。感谢我的女友徐银在我博士求学过程中给予的关心、鼓励与支持。

最后，谨在此向所有关心和帮助过我的人表示诚挚的谢意！

2009 年 12 月 5 日于杭州

论文二：近岸水质的遥感监测和数值模拟研究

作　　者：李　宁
指导教师：毛志华　张庆河

作者简介：李宁，女，1983年1月出生，河南荥阳人，博士后。2004年毕业于天津大学建工学院港口、海岸及近海工程专业，获学士学位；2009年6月毕业于天津大学和国家海洋局第二海洋研究所联合培养博士，研究方向为杭州湾污染物的海洋水色遥感和数值模拟研究；2009年7月至今工作于夏威夷大学海洋资源工程系，从事风暴潮和波浪预报等数值模拟研究工作。

摘　要： 海洋水质恶化和突发性海洋水质及生态灾害给人类生产和生活带来巨大隐患，造成大量经济损失。近年来，遥感技术因为能够大范围快速监测海面状况，所以在海洋水质监测中日益受到重视。数值模拟方法因为能够对各种海洋现象进行模拟并可以通过模拟结果分析揭示海洋现象的变化过程，在海洋环境与生态的研究中得到越来越广泛的应用。遥感数据的获取受到天气条件等的影响，数据间隔受航测周期或卫星运行周期制约；数值模拟需要合理选择参数，合理确定边界条件、初始条件，模拟结果需要监测资料验证。将遥感与数值模拟相结合，可以使两种研究方法的不足得到互相弥补，对于近岸水质研究具有重要意义。为此，本文将遥感与数值模拟方法有机结合，应用于我国近岸水质和突发性海洋灾害的研究中。论文的主要研究内容和结论大致可以概括为以下两部分。

第一部分，对杭州湾水质状况进行研究。首先，通过遥感技术对面源污染进行大面积监测，监测结果表明污染物主要受物理混合作用控制，表现出保守性特征，说明海洋动力过程对污染的传输和扩散起到了重要作用。为此，采用 COHERENS 模型中拉格朗日粒子传输方法和欧拉物质输运方法模拟面源污染物的扩散路径和水质更新时间，对其物理自净能力进行分析。其次，对杭州湾的点源热污染进行遥感监测，并开展两次实测调查，通过热扩散数值模型模拟秦山核电站温排水的分布特征，分析点源热污染对杭州湾的水质影响。最后，在对杭州湾的常规水质因子进行遥感监测和数值模拟的基础上，将温度和叶绿素浓度的数值模拟结果用于遥感数据补缺，使得遥感技术和数值模拟方法相互补充，在近岸常规水质研究中综合发挥作用。结果表明杭州湾点源热污染对水质影响并不严重；面源污染容易聚集在湾顶西北部和湾口东南部区域；湾内悬浮泥沙含量高、营养盐丰富、叶绿素浓度低，属于高营养盐低生产力的典型区域。

第二部分，针对 2008 年青岛奥运基地附近海域暴发的浒苔藻华现象，将遥感监测和数值模拟相结合的方法进一步应用于突发性海洋灾害的研究中。首先采用遥感手段对藻华的发展过程进行跟踪监测；然后利用 COHERENS 生态–动力耦合模型模拟黄海春季浮游植物生长情况，并用拉格朗日粒子传输方法跟踪黄海中部浮游植物的漂移路径；最后采用一维生态–动力耦合模型模拟大风天气对藻类生长的影响。结果表明，黄海中部地区浮游植物首先进入繁盛期，但是直接传入青岛附近水域诱发藻华的可能性不大，浒苔藻华之前青岛附近海域持续大风和降雨天气对浒苔的大量生长起到了促进作用。

关键词： 遥感；数值模拟；水质；藻华；杭州湾；COHERENS 模型

Abstract：The deterioration of marine water quality and unexpected oceanic disaster often make trouble to production and life of human beings, and result in substantial economic losses. In recent years, remote sensing has attracted more and more attention by monitoring the sea surface conditions in large scale and in near real time. Numerical simulation is widely used in marine environmental study due to its flexibility in simulating and analyzing the oceanic phenomena and changes. However, remote sensing is seriously influenced by the weather condition and limited by the aerial survey or satellite operation period. Numerical simulation is obstructed in attaining the optimal parameter, the reasonable boundary or initial condition and verifying data. Therefore, it is of great significance to combine remote sensing and numerical simulation together for overcoming one's weaknesses by acquiring the strong points of the other. In this paper, these two methods are coordinated to study the water quality and unexpected oceanic disaster in the coastal areas. The following two parts are presented in this dissertation：

The first part of this dissertation deals with the routine water quality in the Hangzhou Bay. Firstly, remote sensing monitoring results show that the distribution of area – source pollution in the bay is mainly controlled by the hydrodynamic factors. So, the pollutant trajectories and the half exchange time are simulated by the COHERENS model through Lagrangian particle tracking and Euler mass transport methods to analyze the physical self – purification capability in the bay. Secondly, the shipboard observation and numerical simulation combined with remote sensing are applied to study the warm water distribution and the influence of point – source thermal pollution on the water quality in the bay. Finally, the numerical SST (sea surface temperature) and chlorophyll – a results are used to make up the blank areas caused by cloud in the satellite images, which means that the mutual promotion of the remote sensing and numerical simulation play an important role on the coastal water quality study. It is shown that the point – source thermal pollution is not serious in the Hangzhou Bay. The area – source pollution is prone to accumulate in the northwest of the bay head area and the southeast of the bay mouth area. The bay is a typical high – nutrient – low – production place with high nutrient and suspended sediment concentration and low chlorophyll concentration.

The second part of this dissertation deals with the unexpected oceanic disaster. The remote sensing and numerical simulation methods are applied to study the algal bloom in coastal area around Qingdao City in 2008. Firstly, the development of the algal bloom is tracked by remote sensing. Then, the phytoplankton growth in spring in the Yellow Sea and the phytoplankton transportation from the middle part of the Yellow Sea are simulated by COHERENS ecological dynamics model and the Lagrangian particle track model. Lastly, the influence of wind on the algal growth is studied by the one – dimensional ecological dynamics model. The results imply that the phytoplankton blooms firstly in the central area of the Yellow Sea, while it is impossible to get the coastal area directly and induce the local algal bloom. The sustained wind before the algal bloom is helpful to the phytoplankton growth.

Key Words：remote sensing；numerical simulation；water quality；algal bloom；Hangzhou Bay；COHERENS model

1 绪论

1.1 研究背景和意义

1.1.1 近岸水质状况

随着经济的发展和人民生活水平的提高，大量的工业和生活废水排放到海洋中。2008 年中国近岸海域环境质量公报表明，仅 2008 年监测到的排污口污水排海总量就达 373×10^8 t，排入渤海、黄海、东海和南海的分别占总量的 23.1%、36.6%、19.4% 和 20.9%；由长江、珠江、黄河和闽江等主要河流携带入海的化学需氧量（COD_{Cr}）、油类、氨氮、磷酸盐、砷和重金属等主要污染物的总量为 836×10^4 t。由于陆源性污染得不到有效控制和对海洋的掠夺性开发造成我国近岸水质恶化加剧，2008 年我国近海未达到清洁海水水质标准的面积约 13.7×10^4 km^2。其中长江口、杭州湾、浙江近岸海域水质为重度污染，一、二类海水比例不足 40%。近岸水质的不断恶化，将严重影响周围地区的生活环境和沿岸各省市经济的可持续发展。

海洋水质恶化不仅在我国存在，全球至少有 415 处沿岸海域水质出现恶化，其中，水质状况恶化特别严重导致生物不能生存的贫氧海域有 169 处[1]。根据 2004 年世界珊瑚礁状况报告，20% 的珊瑚礁已经遭到无法逆转的严重破坏，另外 50% 的珊瑚礁也接近崩溃边缘[2]。红树林面积锐减为原来面积的 4/5[3]。

另外，随着海洋水质的恶化以及人类活动的频繁，一些海洋突发性事件或灾害，如溢油、藻华密集出现乃至赤潮等问题也呈现日益加剧的趋势。据统计，1965 年至 1997 年，全世界船舶溢油事故中，溢油总量在万吨以上有 79 起，总溢油量为 414.6×10^4 t[4]。随着全球变暖，全世界范围内赤潮暴发的频率和影响的范围也逐年攀升，中国近岸海域海洋环境质量公报显示，仅 2008 年我国海域就发生赤潮 68 次，累计发生面积 13 738 km^2。

因此，海洋水质研究，已成为各国海洋科学与技术研究所面临的重要课题[5]。结合我国海域的实际情况，对近岸水质和突发性海洋灾害进行研究，不仅具有重要的理论意义，而且具有重要的现实意义。

1.1.2 遥感监测和数值模拟是研究近岸水质问题的重要工具

在水质研究当中，常用的观测手段有现场观测和遥感观测，常用的实验方法有物理模型实验和数值模拟实验。

一般海洋水质监测都依赖于现场观测，这种监测方法具有较高的精密度和准确度，但是耗时、费力，而且难以获得大面积水域的同步观测数据。遥感监测不仅速度快、范围大、成本低、周期短，还可以有效模拟水质参数在空间和时间上的变化状况，发现一些常规方法难以揭示的污染源和污染物迁移特征，在近岸水质研究中具有不可替代的优势[6]。

物理模型虽然比较直观，但是实验投资大、获得信息不全、模型相似性差，在实际应用中受到很大限制。数值模拟方法易于建造、周期短、计算精度高、易于改变参数、能够进行多方案比选、验证后方便长期保存，而且在近岸水质研究中不仅能对污染物在水环境中的行为进行有效模拟，还可以进行可靠预测，并对各种假想条件和极端条件进行分析，能够全面清晰地掌握其变化和发展规律，所以在近岸水质研究中发挥了越来越重要的作用。

综上所述，遥感方法和数值模拟方法在水质监测和研究中都具有突出的优势，两者相互结合将成为近岸水质研究的发展方向，也是本研究的努力方向。

1.1.3　常规水质污染和突发性海洋灾害研究的重要性

近海工程建设与近岸水质密切相关，不可分割。在港口海岸及近海工程建设之前，都要对工程实施后可能造成的海洋水质变化进行分析、预测和评估，提出预防或者减轻不良环境影响的对策和措施；在近海工程实施过程中，周边海域水质的好坏直接影响工程的建设成本和建设进度；在近海工程实施之后，需要对工程进行环境后评价，验证工程建设之前所做的水质评估的可靠性，判断项目建设过程中和建设之后的环保措施是否有效等。所以，近海工程建设与近岸水质息息相关。为此，本文围绕近岸水质开展研究。因为杭州湾是我国近岸水体中富营养化最严重的区域之一[7,8]，所以本文的常规水质污染研究主要针对该区域进行探讨。

海水水质问题所涉及的机制非常复杂，由于受经济条件的限制，科研经费投入严重不足，对海域污染源的调查，政府开始重视环保工作以来，一直以工矿企业、城市排污等点源治理作为重点，而对面源的监测少之又少[9]。值得重视的是，近岸水体物理自净能力与营养盐的输运和富集有着密切相关，也关系着海域的纳污能力，影响着海域的富营养化水平，因此掌握面源污染物入海后的输运规律，探明面源污染物在海域内水交换能力，对于深入认识和预测杭州湾的水质状况有着重要的意义。

2008 年年初的冰雪灾害，凸显了我国电煤紧张导致的供电问题，核电作为清洁的能源越来越受到人们的重视。我国著名的秦山核电站就坐落在杭州湾内，核电站的冷却水取自杭州湾，经核电站机组升温后又直接排入湾内，引起湾内水温升高。水温不仅是重要的水质和生态要素[10]，而且水温升高可以改变水体的物理性质，使水体内生物的生长受到抑制甚至死亡[11]，所以，点源热污染对于杭州湾的水质状况也至关重要。本文从面源污染物和点源热污染分布特征对杭州湾内的水质状况进行了综合研究。

因为人们对突发性的海洋灾害认识不够，尽管部分海洋突发性事件如2008 年的浒苔藻华不会影响海水水质，也不会对海洋生态环境产生负面影响，但在浒苔突然暴发、人们利用和应对能力不足的情况下，便客观上形成了海洋自然灾害。遥感是突发性海洋灾害的有效监测手段，数值模拟方法是突发性海洋灾害有效的机理研究手段。本文除采用遥感监测和数值模拟相结合的方法对常规水质污染监测和研究之外，还将该方法进一步应用于青岛浒苔藻华研究中，以加深对于突发性海洋灾害的认识。

1.2 国内外研究现状

1.2.1 遥感技术在常规水质监测中的应用进展

海洋遥感开始于 20 世纪 60 年代中期，美国利用 TIROS/NOAA 和 GOES 系列气象卫星资料，进行全球的气象和海洋监测[12]。进入 70 年代后，美国先后发射了两颗海洋遥感专用卫星即海洋综合观测试验卫星 Seasat – A 和海洋水色卫星 Nimbus – 7，开展了海洋动力特征和水色探测等方面的工作[13]。截至目前，至少有 11 个国家或地区拥有海洋观测仪器或卫星。

在水质遥感监测方面，1978 年发射的搭载于 Nimbus – 7 上的 CZCS（海岸带水色扫描仪）传感器，极大地推动了水色遥感和海洋光谱研究。之后，日益复杂的系列传感器不断问世，特别是 20 世纪 80 年代以来，航空用的高光谱分辨率传感器得到很大的发展并进入实用阶段。美国的 AVIRIS 数据、加拿大的 CASI 数据、芬兰的 AISA 数据、德国的 ROSIS 数据以及中国的 CIS、OMIS – 2 数据都已应用于水质遥感的研究当中。90 年代后，航天成像光谱仪的发展已成为国际上的热门话题，目前搭载成像光谱仪类传感器主要包括美国的 EO – 1/Hypersion、TERRA/MODIS、AQUA/MODIS 和欧空局的 ENVISAT – 1/MERIS 以及日本的 ADEOS – 2/GLI 等。我国海洋遥感始于 70 年代末，通过早期的航空遥感，对海岸带、污染水体、悬浮物水体和水面油膜等地物光谱特征、海面热红外辐射特性、海面微波散射和辐射特性进行测量，获得了大量的数据，取得了一些研究成果。

遥感器利用水体及其污染物的光谱特性进行水环境监测和评价[14]，由于水体中污染物质的化学组分复杂、种类繁多并且形态各异，而遥感记录的是目标物体的电磁辐射特性，因此并非所有的污染物质都能通过遥感技术进行区分[15]。目前卫星遥感的水质监测主要利用多波段数据针对单一指标进行反演，进而对水体水质进行监测和评价[16]。在遥感技术监测水质指标的研究和应用中，比较成熟的是对水体中悬浮物质、叶绿素 a 浓度的提取[17]，及可溶性有机物（CDOM）、透明度（SD）、水温、水体热污染、水面灾害性事故（如溢油、赤潮）等的识别和监测[18]，但在对 DOC、BOD、COD、DO、TN、TP 等水质参数反演的可行性和可靠性仍不足。

叶绿素 a 是水质评价中常用的指标。已经开展的叶绿素反演模型主要有分析模型、半分析模型和经验模型。因实际海域中的光学特性变化较大，半分析模型和经验模型的应用较为广泛。赵碧云等[19]、Iwashita 等[20]、马荣华等[21]、肖青等[22]分别利用 Landsat TM/ETM + 数据定量提取湖泊叶绿素信息。祝令亚等[23]应用 MODIS 数据建立太湖水体叶绿素 a 的遥感监测模型，监测太湖水体的叶绿素分布。Ekstrand[24]和佘丰宁等[25]利用 TM 资料与实测数据建立估算叶绿素浓度的回归模型。这些研究注重在水体光谱特性研究和叶绿素浓度的定量化反演上，各种反演算法具有局部性、地方性和季节性，欠缺一定的适用性和可移植性[26]。

悬浮泥沙浓度是另一重要的水质指标，Klemas 等将 MSS 资料应用于 Delaware 海湾的悬浮泥沙含量研究。Williams 等[27]、黎夏[28]、Mertes 等[29]利用 Landsat TM/ETM + 数据反演海湾、河口的悬浮泥沙含量。李京[30]、Stumpf 等[31]、李炎等[32,33]利用 AVHRR 数据反演悬浮泥沙浓度。国内外泥沙含量的遥感反演方面已经做了很多的研究工作，反演机理和算法也相对比较成熟，主要反演算法分为线性关系式、对数关系式、多波段关系式等经验算法，和 Gordon

关系式、负值数关系式、统一关系等理论模式，但是在区域应用时，如何建立合适的区域算法，进一步提高模式的精度是关键问题之一。

遥感是水体热污染最有效的宏观监测手段，目前主要的探测方法有热红外遥感和微波遥感。濮静娟等[34]利用热红外遥感器监测徒河水库的热污染，王坚[35]利用热红外和微波遥感等对水体热污染进行监测。Gibbon、Wukelic[36]和吴传庆等[37]利用 Landsat TM 数据监测核电站附近海湾的温排水分布。Tang 等[38]运用 AVHRR 数据对大亚湾核电站温排水的季节变化特征进行监测。Ahn 等[39]利用 Landsat 和 AVHRR 数据监测韩国西海岸 Younggwang 核电站附近的温排水时空分布特点。目前常用的 AVHRR 传感器地面精度较低、TM 传感器的重复周期过长，都对热污染的监测带来困难，所以扫描精度居于卫星和船测之间，机动灵活又覆盖范围广的机载传感器越来越受到人们的关注。Schott[40]、Wilson[41]和陶然等[42]分别利用机载传感器监测海湾内和核电站附近的温排水的扩散范围和运动特性。

海洋遥感在海洋水质研究中发挥了巨大了作用，表 1.1 是几种常用的水色传感器的比较，但是遥感手段对海洋水质监测仍然存在不足，例如遥感仅能监测海洋的部分水质参数，获得其表面信息，不能完全满足海洋水质监测的要求，因此，在水质研究中，需要配合数值模拟方法对海洋的水动力过程进行研究，深入分析水质变化机理和动态发展过程，这也是本文的一个重要着眼点。

表 1.1 各种遥感传感器参数比较

传感器	波段数	波谱范围 （μm）	空间精度 （m）	刈幅 （km）	轨道周期 （d）	适用范围
Landsat/TM	7	0.45～12.5	30/120	185	16	水色、植被、叶绿素、居住区、植物长势、土壤和植物水分、云及地表温度、岩石类型
Landsat/ETM +	8	0.45～12.5	15/30/60	185	16	水色、植被、叶绿素、居住区、植物长势、土壤和植物水分、云及地表温度、岩石类型
AVHRR	5	0.58～12.5	1100	2700	14	植物、云、冰雪、植物、水陆分界、热点、夜间云、云及地表温度、大气及地表温度
MODIS	36	0.4～1.4	250/500/1000	2330	1	陆表、生物圈、固态地球、大气和海洋
SeaWiFS	8	0.402～0.885	1100	2081	2	叶绿素、黄色物质、地表植被
MERIS	15	0.39～1.04	1150	300	35	云、辐射通量、气溶胶、陆地、植被指数、水色、浑浊度、积雪

1.2.2 遥感技术在突发性藻华监测中的应用进展

藻华遥感监测技术发展与传感器的发展密不可分。CZCS 的发射升空开启了卫星探测藻华的序幕[43-45]，从此之后，各国学者开始采用不同传感器对突发性藻华进行监测，使得藻华的遥感监测技术得以不断发展。

Robert[46]和李旭文[47]用 Landsat TM/ETM + 数据监测湖泊中藻华的空间分布和影响范围。Groom[48]、Gower[49]、Svejkovsky 等[50]学者分别利用 AVHRR 传感器探测大西洋东北岸、加拿大西海岸及美国西部等地的藻华现象。赵冬至等[51]、黄韦艮等[52]、李炎等[53]分别以 AVHRR

数据配合现场资料和神经网络建立各种藻华水体的识别模式。

毛显谋等[54,55]、顾德宇[56]和孙强等[57]分别利用 SeaWiFS 传感器对广东沿海和嵊泗海区、福建海区和闽南的赤潮进行探测。SeaWiFS 反演的 Chl a 与现场 Chl a 相关性非常好，能够反映实际 Chl a 的分布趋势，Stumpf[58]、Gohin[59]、Tang[38]、曾银东等[60]分别用 SeaWiFS 的叶绿素结果对美国佛罗里达州、法国 Biscay 湾、珠江口和福建近海的赤潮进行观测。

MODIS 水色波段设置与 SeaWiFS 的波段设置基本一致，但增加了荧光波段，因此更具优势。Koponen[61]、Kahru 等[62]分别利用 MODIS 数据假彩色合成图像探测了 Baltic 海区、秘鲁 Paracas 湾的赤潮。杨顶田[63]、王其茂[64]、Kuster[65]、李继龙等[66]分别用 MODIS 数据波段比值探测了太湖、渤海、长江口及邻近海域的赤潮信息。Azanza 等[67]利用 MODIS 的叶绿素产品、海温产品等信息提取了发生在 Puerto Princesa、Palawan Philippines 西岸的赤潮信息。

MERIS 的波段设置涵盖了 SeaWiFS 和 MODIS 的所有水色波段，因此关于 SeaWiFS 和 MODIS 赤潮遥感监测算法也可以应用到 MERIS。Gower[68]采用 MERIS 数据研究加拿大西岸和芬兰附近海湾的赤潮。Reinart[69]和 Kutser[70]采用 MERIS 传感器探测蓝绿藻藻华。尽管 MERIS 是目前最具潜力的海洋水色传感器，但它是商用卫星，截至目前，MERIS 数据还没有对外开放，我国还无法接收 MERIS 数据，所以，关于 MERIS 卫星探测赤潮的研究国内还十分滞后。

Hyperion 是新一代高光谱传感器，Kutser[71]采用 Hyperion 影像定量反演芬兰西部的蓝绿藻赤潮。Giardin[72]利用其 Hyperion 影像进行叶绿素浓度反演研究。但 Hyperion 的重访周期为16 天，远不能满足赤潮监测的需求，仅能作为补充数据源在赤潮监测中发挥作用。

由上可知，各类传感器在藻华的监测中都发挥着重要的作用，但对于突发性藻华事件进行探测时，空间精度高的传感器往往重复周期较长，不能及时捕捉藻华信息，而重复周期较短的传感器空间精度又不能完全满足藻华监测的要求。当大规模藻华发生时，水体被浮游植物覆盖，其光谱信息更类似于陆地植被。所以，选择空间精度相对较高、重复周期短，且其波段设置具有探测植被能力的传感器非常重要。另外，过于复杂精准的探测方法往往在数据处理上花费太多的时间无法对灾害进行及时预测，因此采用快速及时的目标识别技术也非常关键。

目前，国内外开发的藻华遥感监测技术和方法实质上是通过探测与藻华相关的因子来实现藻华信息的提取，由于这些因子仅是藻华发生时的静态环境要素，只能表征藻华的发生面积、地点和程度等初级信息，若要获取藻华的发生、发展和消亡等深层次信息，仅提高传感器的各种性能指标和研究藻华反演的算法是不够的[73]，还必须利用赤潮灾害发生环境中的水文因子[74]，配合数值模拟方法，进一步探讨藻华发生的机理和各种动力因子对藻华发生的影响，进而实现有害藻华的预测和预报工作。

1.3　数值模拟方法在水质研究中的进展

1.3.1　数值模拟方法在水交换研究中的进展

近年来许多研究者基于不同的水交换概念和不同的水动力模式对水交换开展了一系列的研究，主要的研究方法有箱式模型、质点追踪法、二维对流扩散模型、三维潮流场物质输运模型等（表1.2）。

表 1.2　各种水交换模型的优缺点比较

	优点	缺点	应用范围
箱式模型	①模型结构简单 ②易于建立	①不能描述水交换的时空结构 ②难以周全考虑参数的变化 ③流场结构不均匀时，高估海域的水交换能力	水质均匀、界面处的通量变化不大的海域水交换问题
质点追踪法	①刻画海域内水交换的不均匀性 ②可以描述质点的去向和来源	①动力因子的垂向结构对水体混合弥散作用反映不足 ②无法描述非保守性物质的扩散、输运	①没有明显季节层化、湍流混合的海域污染物输运、分担问题 ②保守性物质被动地随水体运动迁移问题
二维对流扩散模型	在物理意义上与海湾水交换问题更加一致	①无法反映海域水交换的垂直交换差异 ②空间网格、时间步长、扩散项和扩散系数等参数对模拟结果影响较大	垂向混合均匀的海域水交换问题
三维物质输运模型	能够反映三维水体特征	①无法讨论非保守性物质的输运过程 ②无法反映污染物的去向、来源	①污染物的物理自净过程 ②海域的水交换的不均匀性

　　早期的研究中，箱式模型曾得到广泛应用。Davies[75]和Choi[76]采用箱式模型估计了北海和黄东海的水体更新时间。Kuo和Neilson[77]基于Ketchum潮冲程理论发展了分区段潮交换模式（简称K–N模型）。Roger等[78]将北海分为13个箱，用水质数学模型模拟了箱内浓度降为起始值一半时的交换时间。我国学者也利用箱式模型对我国近岸海湾进行了大量的研究。匡国瑞等[79]以高低潮盐度变化给出了乳山湾一个潮周期内的水交换量。潘伟然[80]、胡建宇[81]和叶海桃等[82]利用单箱模型计算了湄洲湾、罗源湾和三沙湾的海水交换特性。高抒和谢钦春[83]以狭长海湾多箱物理模型，研究了象山港的水交换机制。陈伟和苏纪兰[84]在K–N模型的基础上，引入"湾内各相邻区段间水体混合交换同时发生"的假定，计算象山港海湾水的更新速率。

　　质点追踪方法是标示出海域内外的水质点，统计通过某界面流出海域的质点数来获得水交换率的方法，该方法能够刻画出海域内水交换的不均匀性，可以描述质点的去向和来源，因此被广泛使用。Signell和Butman[85]以非均匀性的质点追踪法对波士顿港区和马萨诸塞湾的潮交换和弥散进行了模拟；Ishizaka和Hofmann[86]采用拉格朗日粒子传输的方法，模拟了美国东南海岸陆架地区流体路径和浮游生物的滞留时间。我国学者孙兰英[87]和赵亮等[88]通过标示质点追踪法分析了胶州湾的水交换能力；王聪等[89]将大亚湾分成7个子区域，分别用拉格朗日质点追踪法和保守物质输运法，计算海湾和各个子区域的水平均存留时间和更新时间；管卫兵等[90]在POM模式的基础上添加了示踪粒子三维拉格朗日运动轨迹模拟及水质模块，用以研究榆林湾水交换能力和污染物质输运过程。Dimitar等[91]采用COHERENS模型的拉格朗日粒子追踪模块模拟了人工开挖Sacca di Goro潟湖前后的水交换时间情况。

　　二维对流扩散模式是建立在二维潮流以及浓度对流–扩散数值模式的基础上，以溶解态的保守性物质作为水体的示踪剂并给定初始浓度，通过模拟不同时刻示踪剂的浓度来计算湾内水被外海水置换的比率和余留在原位置未被置换的水体比率。海湾水交换问题本质是湾内水体在潮流场中的对流－扩散问题，因此，对流－扩散型的数值模型在物理机制上与海湾水交换问题更加一致。Luff 和 Pohlmann[78]引入了半交换时间的概念。胡建宇[92]、董礼先[93]、许苏青等[94]和何雷[95]利用二维对流－扩散方程计算罗源湾海水、象山港、洵江湾和渤海湾的水交换能力；刘云旭[96]和娄海峰等[97]利用二维平流扩散方程和标示质点法，模拟大亚湾和象山港的水体交换情况；实际的海水流动为三维流动，海水的上层流动和下层流动会有很大的差异，三维水动力模型能够较好地反映海域水交换的特点。张越美和孙英兰[98]基于ECOM 模型，引入干湿网格技术，模拟了渤海湾欧拉余流场，并分析该余流与水体交换的关系；赵亮[88]和 Qi 等[99]基于 ECOM 水动力模型模拟胶州湾和长江口的水体交换能力；孙英兰和张越美[100]通过建立丁字湾三维变动边界的对流扩散污染物输运模式计算了该湾内水交换率和半更换期；杜伊等[101]利用 ECOMSED 模式中的示踪粒子三维追踪模块详细分析不同情况下罗源湾的水交换能力。Ribbe 等[102]利用 COHERENS 模式中的在三维欧拉物质输运模块模拟澳大利亚 Hervey Bay 的水体更新时间。

对于杭州湾水交换的研究，刘新成等[103]利用无结构三角形网格建立了长江口和杭州湾平面二维有限元潮流数值模拟，对长江口和杭州湾的水交换范围进行了定量计算和讨论。汪思明和成安生[104]应用非线性移动边界有限元法的水动力和水扩散模型，以保守性的 COD 为示踪剂计算了上海金山炼油厂水域污水排海对杭州湾水质影响的范围和强度。刘成等[105]利用 Delft 3D 数学模型，对上海市现有及拟建排放口排放的污染物运动轨迹进行了模拟。史峰岩等[106]和朱首贤等[107]利用改进后的 ECOM 模型建立一个以杭州湾和长江口为整体的三维联合模型，对杭州湾和长江口的流场和物质输运进行计算。以上研究都是对杭州湾污染物在局部区域或者局部时间段的传输进行了一些探讨，但对于杭州湾内不同区域面源污染物的扩散情况和水交换特征的研究还很少见，为此，本文中选取包含拉格朗日粒子传输模型和欧拉物质输运模型的 COHERENS 模型，采用拉格朗日和欧拉两种方法，对杭州湾内的污染物扩散路径和水质更新时间进行数值模拟研究。

1.3.2　数值模拟方法在热污染研究中的进展

国外对热污染的数值模拟研究工作开展得较早。John 和 William[108]利用 EFDC 模型分析了 PBAPS 电厂温排水对 Conowing Pond 水温的影响；Suh[109]及 Schieiner[110]利用 CORMIX3 模型分别对朝鲜 Chonsu 湾的 Boryong 电厂及 Maryland 的四个电厂的温排水情况进行了模拟；Carlos[111]基于人工神经网络原理，开发出了一定环境条件约束下对电厂温排水进行控制的软件，取得了较好的结果。

我国学者从 20 世纪 80 年代开始着手这方面的研究，且目前现有的热扩散预测方法大多为二维预测模型。张继民等[10]建立了二维温排水数学模型中的扩散系数及综合散热系数的常用估算方法；程杭平[112]利用一维和二维任意交角普遍性的耦合解法，对北仑、镇仑两个火电站之间的热污染进行了计算；韩康等[113]、杨芳丽等[114]、孙艳涛等[115]、周玲玲等[116]和马进荣等[117]采用二维温排水数学模型模拟电厂温排水的运动特征；李光炽等[118]采用正交边界拟合坐标变换模拟复杂的边界，采用全隐式耦合模型离散基本方程，矩阵追赶法求解代数方程组，分析分叉型海湾温排水的分布特征。黄锦辉等[119]建立排水口溶解氧模型，模拟鸭河口火电厂温排水对鸭河口水库溶解氧浓度的影响；陈凯麒等[120]和李平衡等[121]在二维浅水环流模型的基础上，建立单步一级生态动力学模型，计算温排水对湖泊、水库富营养化的影响。

二维热扩散模型中往往假定湍流黏性系数和扩散系数为常数或某一简单的代数表达式，这种直接估算方法虽简单，但带有很大的主观性。三维数学模型中采用各种湍流模型进行黏性系数和扩散系数的估算，还能反映温排水浮力效应作用下的表、底层温差，比二维热扩散模型更加先进。朱军政等[122]采用三维分层 σ 坐标斜压模型，分析强潮海湾温排水扩散特征；周巧菊[123]、汪一航等[124]和黄平[125]在三维潮流数值模型的基础上建立考虑对流扩散过程的输运模型，对大亚湾核电站和岭澳核电站一期、滨海电厂、汕头港水域温排水的稀释扩散过程进行数值计算；王丽霞等[126]在一阶湍流封闭理论的基础上，建立了考虑次网格能量密度的三维热扩散模型对青岛市黄岛发电厂温排水工程进行计算。郝瑞霞等[127]采用浮力修正的 $k-\varepsilon$ 湍流模型，进行温排水工程的热传输三维数值模拟研究。

杭州湾内坐落着我国第一座自行建造运营的核电站——秦山核电站，前人对于杭州湾这一主要热污染源的研究，大部分集中于秦山核电站 I 期建成后 II 期投产前的环境调查[128-136]、物理模型实验[137]方面，利用三维热扩散模型模拟其热污染传输规律的研究还很少见。

1.4 遥感监测与数值模拟结合的研究进展

1.4.1 遥感监测方法和数值模拟方法的比较

遥感监测方法和数值模拟方法在水质问题研究中各有优势（表1.3）。从时间尺度上讲，遥感技术能够精准地记录水质和海洋灾害的发展过程，多用于监测和评估方面，对于灾害的预测预评估方面开展的工作不多；而数值模拟基于水体的物理特性，具有很好的预报能力。从空间尺度上讲，每个数学模型都有一定的实用区域，研究大区域的数学模型往往忽略小区域水体变化的特征，而着眼于小区域的数学模型则很难适用于大区域的水体模拟；遥感方法能够根据其接收的影像识别水体，覆盖面积宽，观测精度高，几乎不受地域影响。从研究对象来讲，遥感手段仅能观测水体表面的有限个水质参数；而数值方法能够模拟多个水质参数在三维水体中的变化趋势。从应用角度讲，遥感监测技术受天气影响很大，有云情况下无法获得海面信息，同时遥感信息的获取受卫星运行周期的限制；而数值模拟方法可以对海洋现象进行连续模拟，并能够预测极端天气条件下的海面过程，但参数的选取和边界条件的给定十分困难，影响了数值模拟的精度和预测能力。因此，将遥感监测和数值模拟两种方法互相结合，既可以提高数值模拟的精确度，又可以增加遥感对近岸水质监测的力度和对近岸水质问题研究的深度。

表 1.3　遥感和数值模拟方法对比

	遥感	数值模拟
原理	在高空和外层空间的各种平台上，运用各种传感器获取地表的信息，通过数据的传输和处理，从而实现研究地物形状、大小、位置、性质及其关系的一门现代化应用技术科学	把现实世界中的实际问题加以提炼，抽象为数学模型，求出模型的解，验证模型的合理性，并用该数学模型所提供的解答来解释现实问题
优点	①覆盖面积大 ②多时相 ③连续 ④廉价	①自由、灵活 ②经济 ③可以进行"物理实验"不可能或很难进行的实验 ④可以获得三维水体信息
缺点	①受云、天气条件的影响 ②相邻两次测量时间间隔长 ③无法获得水下信息 ④仅能反演部分水质参数	①边界条件和初始条件很难给定 ②验证条件很难给定
应用范围	海面水位、浑浊状况、浮游植物性质、海面温度、波浪、海面风速、风向、海冰等	模拟水体中的潮流、波浪、海温、污染物、悬浮物质、浮游植物、营养盐、浮游动物等变化过程

1.4.2　遥感监测和数值模拟相结合的研究进展

很多学者都看到了遥感监测和数值模拟方法在海洋研究中的广阔前景，而将两种方法同时应用于水质问题的研究中。Bates 等[138]论述了将遥感和数值模拟相互结合在河流漫滩研究中的可行性和重要意义。Walter 等[139]采用遥感、实测、数值模拟相结合的方法共同研究北海地区的悬浮泥沙分布情况。Yang 等[140]采用遥感、数值模拟和 GIS 相结合的方法对台湾德基水库的水质状况进行模拟和预测。尽管采用遥感监测和数值模拟对同一问题进行研究，增加了研究的深度和范围，但是两种方法之间并没有互相促进和提高。

基于遥感技能瞬时获得大面数据的优势，一部分学者采用遥感手段为数值模拟提供准确的初始条件和验证条件，以提高数值模拟的精度。Claude 等[141]通过 NOAA 卫星 AVHRR 图像上的冲淡水团信息对 Rhone 河流的冲淡水数值模拟结果进行验证。季顺迎等[142]采用从 NOAA 中提取的海冰分布作为初始条件和验证条件，用于海冰数值模拟的计算和验证。Ouillon 等[143]将 Landsat ETM + 的浊度信息用于数值模拟中参数的优化、比选和模拟结果的验证。

利用数值模拟的结果对遥感数据补缺这方面的工作目前仍很少见。光学遥感最大的弱点是易受天气的影响[74]，使遥感影像存在大量空白区域，限制了可供选择的卫星影像数量，降低了海洋光学遥感的应用价值，尽管一些学者利用空间或时间序列插值方法[144,145]、多源遥感数据融合方法[146-148]、非遥感数据[149,150]与遥感数据融合等方法对遥感数据进行补缺，但因为各种数据之间空间精度和时间上并不匹配，卫星反演的表层与传统海洋观测资料所处的表层不完全相同等，都使遥感数据的补缺存在这样或那样的问题。随着模拟精度的提高，数值模拟结果越来越能反映真实的海洋特征，除此之外，数值模拟在网格精度和模拟时间设置与卫星同步等方面都存在无法比拟的优势。因此，本文除将遥感数据作为数值模拟的初始条件和验证条件外，还将数值模拟结果用于遥感数据的补缺，以提高遥感产品的质量和对海洋现象的解释能力。

1.5　本文的主要工作

综上所述，将遥感监测与数值模拟相结合用于我国近岸常规水质和突发性海洋灾害的研究中，对于了解和掌握我国近岸水体的污染特征、分析其水质变化趋势、缓解海洋环境压力，增加人们对突发性海洋现象的认识水平和应对能力，减少经济损失等方面有重要的意义。因此，本文将采用遥感监测和数值模拟相结合的方法，对近岸常规水质污染和突发性海洋灾害进行研究，重点围绕杭州湾的面源和点源污染及青岛海域突发性藻华现象开展工作。本文的主要工作如下：

第 1 章，即本章，给出论文的研究意义并对国内外的研究进展进行总结。

第 2 章，介绍本文所采用的 COHERENS 模型的主要控制方程和边界条件。

第 3 章，介绍本文所采用的遥感数据。

第 4 章，采用遥感手段对杭州湾的面源污染进行监测，在此基础上，采用数值模拟方法对杭州湾不同区域面源污染的扩散规律、水交换情况进行研究，分析杭州湾的面源污染对水质的影响。

第 5 章，采用遥感监测、实际测量和数值模拟相结合的方法对秦山核电站热排污平面、垂向、随潮汐的分布规律进行研究，分析杭州湾点源热污染对水质的影响。

第 6 章，对杭州湾的水质因子（温度、叶绿素浓度）分别进行监测和模拟，并将模拟结果用于温度和叶绿素浓度的遥感数据补缺。

第 7 章，用遥感手段对黄海海域藻华发展过程进行监测，采用数值模拟方法对青岛浒苔藻华发生、发展的过程进行初步探索，加深对突发性海洋生态灾害的认识。

第 8 章，给出全文的总结与展望。

2　数学模型介绍

2.1　模型简介

本文采用的数学模型是由欧盟资助，欧洲数国的海洋学者为了研究北海的生态系统而联合开发的三维水动力生态模式 COHERENS（A Coupled Hydrodynamical Ecological Model for Regional Shelf Seas）[151]，其目的是通过水动力和生态模型来了解人类活动对海洋环境的影响，并作为模拟和分析物理、生物、地球、化学过程，及监测、预报海岸地区和大陆架海域中污染物质传输的工具。COHERENS 的主要特点如下。

（1）水平方向上采用 Arakawa – C 交错网格（图 2.1），流速及压力、水位的计算点交错，可以方便给定固边界和开边界的边界条件。

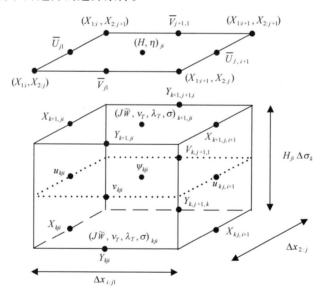

图 2.1　COHRENS 二维和三维网格分布[151]

（2）垂直方向上采用 σ 坐标系。

（3）提供直角和球面坐标系两种坐标系供选择。

（4）可任选一维或三维模拟方式。

（5）包含调和分析模块，可对任意参数进行调和分析。

（6）可以自定义输出文件（格式、时间步长、网格位置、输出变量、时间序列等）。

（7）对流项和扩散项各有 4 种不同的离散计算格式可供选择。

（8）包含物质输运和拉格朗日粒子追踪模块。

（9）采用了过程分裂法，将快过程表面重力波（正压模式）和慢过程重力波（斜压模式）分开求解。

（10）可考虑波流相互作用对床面剪切的影响。

COHERENS 模型耦合了水动力、污染物、泥沙和生态模块等多种模块，各模块之间的组织关系如图 2.2 所示。水动力模块是最基本的一部分，该模块计算水体的传输、对流和紊动参数，然后将其所得的结果用以盐度、温度及生态部分的计算；污染物模块包括两部分：一部分是基于拉格朗日方法的粒子传输模块；另一部分是基于欧拉对流扩散方程的污染物传输模块；泥沙模块中不考虑粗颗粒泥沙的作用，仅计算保守型的细颗粒泥沙在水体中的沉降和再悬浮过程；生态模块是基于 Tett 的假设，将海洋生态系统分为浮游生物、碎屑物质及溶解性物质三大部分，其中浮游生物部分的生长情形受到营养盐及日照强度的控制，在营养盐方面将氮作为模拟的对象，其余的营养盐，则假设处于充足的情形，进而计算浮游植物、浮游动物、营养盐、碎屑之间的相互作用。

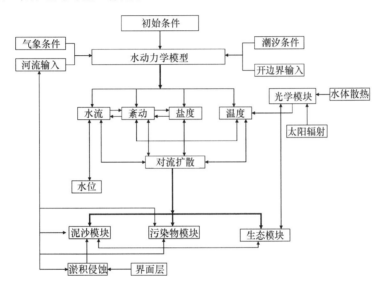

图 2.2　COHERENS 水动力、泥沙、污染物、生态模块关系示意图

2.2　控制方程

2.2.1　σ 坐标系下水动力模式的控制方程

因直角坐标系对床面做阶梯化近似处理，通常采用固定分层的做法，使分层数与水深成正比，这种网格对于高剪切应力的浅水区分辨率不高，也会在给定底边界和水面边界条件时带来麻烦，因此，在浅水流动和输运的三维数学模型中采用 σ 坐标系，坐标变换示意图见图 2.3。

变换代数式如下：

$$\sigma = \frac{x_3 + h}{\eta + h} = \frac{x_3 + h}{H} \tag{2.1}$$

$$(\tilde{t}, \widetilde{x_1}, \widetilde{x_2}, \widetilde{x_3}) = [t, x_1, x_2, Lf(\sigma)] \tag{2.2}$$

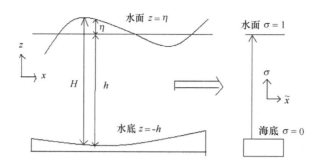

图 2.3　垂向 σ 坐标变换

$$J = \frac{\partial x_3}{\partial \widetilde{x}_3} = H \Big/ \Big(L \frac{\mathrm{d}f}{\mathrm{d}\sigma} \Big) \tag{2.3}$$

$$\widetilde{w} = \frac{\partial \widetilde{x}_3}{\partial t} + u \frac{\partial \widetilde{x}_3}{\partial x_1} + v \frac{\partial \widetilde{x}_3}{\partial x_2} + w \frac{\partial \widetilde{x}_3}{\partial x_3} \tag{2.4}$$

主要的控制方程如下。

（1）连续性方程

$$\frac{1}{J} \frac{\partial J}{\partial \widetilde{t}} + \frac{1}{J} \frac{\partial}{\partial \widetilde{x}_1}(Ju) + \frac{1}{J} \frac{\partial}{\partial \widetilde{x}_2}(Jv) + \frac{1}{J} \frac{\partial}{\partial \widetilde{x}_3}(J\widetilde{w}) = 0 \tag{2.5}$$

（2）动量方程

$$\frac{1}{J} \frac{\partial}{\partial \widetilde{t}}(Ju) + \frac{1}{J} \frac{\partial}{\partial \widetilde{x}_1}(Ju^2) + \frac{1}{J} \frac{\partial}{\partial \widetilde{x}_2}(Jvu) + \frac{1}{J} \frac{\partial}{\partial \widetilde{x}_3}(J\widetilde{w}u) - fv$$

$$= -g \frac{\partial \zeta}{\partial \widetilde{x}_1} - \frac{1}{\rho_0} \frac{\partial P_a}{\partial \widetilde{x}_1} + Q_1 + \frac{1}{J} \frac{\partial}{\partial \widetilde{x}_3} \Big(\frac{v_T}{J} \frac{\partial u}{\partial \widetilde{x}_3} \Big) + \frac{1}{J} \frac{\partial}{\partial \widetilde{x}_1}(J\tau_{11}) + \frac{1}{J} \frac{\partial}{\partial \widetilde{x}_2}(J\tau_{21}) \tag{2.6}$$

$$\frac{1}{J} \frac{\partial}{\partial \widetilde{t}}(Jv) + \frac{1}{J} \frac{\partial}{\partial \widetilde{x}_1}(Juv) + \frac{1}{J} \frac{\partial}{\partial \widetilde{x}_2}(Jv^2) + \frac{1}{J} \frac{\partial}{\partial \widetilde{x}_3}(J\widetilde{w}v) + fu$$

$$= -g \frac{\partial \zeta}{\partial \widetilde{x}_2} - \frac{1}{\rho_0} \frac{\partial P_a}{\partial \widetilde{x}_2} + Q_2 + \frac{1}{J} \frac{\partial}{\partial \widetilde{x}_3} \Big(\frac{v_T}{J} \frac{\partial v}{\partial \widetilde{x}_3} \Big) + \frac{1}{J} \frac{\partial}{\partial \widetilde{x}_1}(J\tau_{12}) + \frac{1}{J} \frac{\partial}{\partial \widetilde{x}_2}(J\tau_{22}) \tag{2.7}$$

（3）压力平衡方程

$$\frac{1}{J} \frac{\partial q_d}{\partial \widetilde{x}_3} = b \tag{2.8}$$

（4）温盐扩散方程

$$\frac{1}{J} \frac{\partial}{\partial \widetilde{t}}(JT) + \frac{1}{J} \frac{\partial}{\partial \widetilde{x}_1}(JuT) + \frac{1}{J} \frac{\partial}{\partial \widetilde{x}_2}(JvT) + \frac{1}{J} \frac{\partial}{\partial \widetilde{x}_3}(J\widetilde{w}T)$$

$$= \frac{1}{J\rho_0 c_p} \frac{\partial I}{\partial \widetilde{x}_3} + \frac{1}{J} \frac{\partial}{\partial \widetilde{x}_3} \Big(\frac{\lambda_T}{J} \frac{\partial T}{\partial \widetilde{x}_3} \Big) + \frac{1}{J} \frac{\partial}{\partial \widetilde{x}_1} \Big(J\lambda_H \frac{\partial T}{\partial \widetilde{x}_1} \Big) + \frac{1}{J} \frac{\partial}{\partial \widetilde{x}_2} \Big(J\lambda_H \frac{\partial T}{\partial \widetilde{x}_2} \Big) \tag{2.9}$$

$$\frac{1}{J}\frac{\partial}{\partial \tilde{t}}(JS) + \frac{1}{J}\frac{\partial}{\partial \tilde{x_1}}(JuS) + \frac{1}{J}\frac{\partial}{\partial \tilde{x_2}}(JvS) + \frac{1}{J}\frac{\partial}{\partial \tilde{x_3}}(J\tilde{w}S)$$

$$= \frac{1}{J}\frac{\partial}{\partial \tilde{x_3}}\left(\frac{\lambda_T}{J}\frac{\partial S}{\partial \tilde{x_3}}\right) + \frac{1}{J}\frac{\partial}{\partial \tilde{x_1}}\left(J\lambda_H\frac{\partial S}{\partial \tilde{x_1}}\right) + \frac{1}{J}\frac{\partial}{\partial \tilde{x_2}}\left(J\lambda_H\frac{\partial S}{\partial \tilde{x_2}}\right) \tag{2.10}$$

（5）密度方程

$$\rho = \rho_0[1 + \beta_s(S - S_0) - \beta_T(T - T_0)] \tag{2.11}$$

式中，u、v、$\tilde{w}$ 分别表示 σ 坐标系下 $\tilde{x_1}$、$\tilde{x_2}$、$\tilde{x_3}$ 三个方向的速度；J 为 Jacobin 变换；f 为科氏力系数，$f = 2\Omega\sin$，Ω 为地球旋转频率，$\Omega = 2\pi/86\ 164$ rad/s；g 为重力加速度；T、T_0 分别为水体温度和参考温度；S、S_0 分别为盐度和参考盐度；β_s、β_T 分别为盐度和温度膨胀系数，分别取值 7.6×10^4、1.8×10^4；λ_H、λ_T 分别为盐度和温度的水平和垂直扩散系数；ρ、ρ_0 分别为水体密度和参考密度；c_p 为常压下海水比热；v_H、v_T 分别为动量的水平和垂直扩散系数；q_d 为水平压强梯度的斜压部分；b 为浮力项，$b = -g\left(\dfrac{\rho - \rho_0}{\rho_0}\right)$；$Q_i$ 为压力梯度项，其中 i 分别表示 $\tilde{x_1}$、$\tilde{x_2}$ 两个方向，表达式为：

$$Q_i = -\frac{1}{J}\frac{\partial}{\partial \tilde{x_i}}(Jq_d) + \frac{1}{J}\frac{\partial}{\partial \tilde{x_3}}\left(q_d\frac{\partial x_3}{\partial \tilde{x_i}}\right)$$

$$= -\frac{1}{J}\frac{\partial}{\partial \tilde{x_i}}(Jq_d) + \frac{1}{J}\frac{\partial}{\partial \tilde{x_3}}\left(q_d\left(\sigma\frac{\partial H}{\partial \tilde{x_i}} - \frac{\partial h}{\partial \tilde{x_i}}\right)\right) \tag{2.12}$$

τ_{11}、τ_{12}、τ_{21}、τ_{22} 为水平应力，其表达式分别为：

$$\tau_{11} = 2v_H\frac{\partial u}{\partial \tilde{x_1}} \tag{2.13}$$

$$\tau_{12} = \tau_{21} = v_H\left(\frac{\partial u}{\partial \tilde{x_2}} + \frac{\partial v}{\partial \tilde{x_1}}\right) \tag{2.14}$$

$$\tau_{22} = 2v_H\frac{\partial v}{\partial x_2} \tag{2.15}$$

v_H、λ_H 根据 Smagorinsky 公式计算，其表达式为：

$$(v_H, \lambda_H) = (C_{m0}, C_{s0})\Delta x_1\Delta x_2\sqrt{\left(\frac{\partial u}{\partial x_1}\right)^2 + \left(\frac{\partial v}{\partial x_2}\right)^2 + \frac{1}{2}\left(\frac{\partial u}{\partial x_2} + \frac{\partial v}{\partial x_1}\right)^2} \tag{2.16}$$

式中，C_{m0}、C_{s0} 为两个常数；Δx_1、Δx_2 为水平方向上的网格间距。在二阶 $k - l$ 湍流闭合模式中，用紊流动能 k 和紊流宏观尺度 l 两个量来表征紊流，其控制方程如下：

$$\frac{1}{J}\frac{\partial k}{\partial \tilde{t}} + \frac{1}{J}\frac{\partial Juk}{\partial \tilde{x_1}} + \frac{1}{J}\frac{\partial Jvk}{\partial \tilde{x_2}} + \frac{1}{J}\frac{\partial J\tilde{w}k}{\partial \tilde{x_3}} - \frac{1}{J}\frac{\partial}{\partial \tilde{x_1}}\left(J\lambda_H\frac{\partial k}{\partial \tilde{x_1}}\right) - \frac{1}{J}\frac{\partial}{\partial \tilde{x_2}}\left(J\lambda_H\frac{\partial k}{\partial \tilde{x_2}}\right)$$

$$- \frac{1}{J}\frac{\partial}{\partial \tilde{x_3}}\left(\left(\frac{v_T}{\sigma_k} + v_b\right)\frac{1}{J}\frac{\partial k}{\partial \tilde{x_3}}\right) = v_T\frac{1}{J^2}\left(\left(\frac{\partial u}{\partial \tilde{x_3}}\right)^2 + \left(\frac{\partial v}{\partial \tilde{x_3}}\right)^2\right) - \varepsilon \tag{2.17}$$

$$\frac{1}{J}\frac{\partial kl}{\partial \tilde{t}} + \frac{1}{J}\frac{\partial Jukl}{\partial \tilde{x_1}} + \frac{1}{J}\frac{\partial Jvkl}{\partial \tilde{x_2}} + \frac{1}{J}\frac{\partial J\widetilde{w}kl}{\partial \tilde{x_3}} - \frac{1}{J}\frac{\partial}{\partial \tilde{x_1}}\left(J\lambda_H\frac{\partial kl}{\partial \tilde{x_1}}\right) - \frac{1}{J}\frac{\partial}{\partial \tilde{x_2}}\left(J\lambda_H\frac{\partial kl}{\partial \tilde{x_2}}\right)$$

$$- \frac{1}{J}\frac{\partial}{\partial \tilde{x_3}}\left(\left(\frac{\nu_T}{\sigma_k}+\nu_b\right)\frac{1}{J}\frac{\partial kl}{\partial \tilde{x_3}}\right) = \frac{1}{2}E_1 l\nu_T \frac{1}{J^2}\left(\left(\frac{\partial u}{\partial \tilde{x_3}}\right)^2 + \left(\frac{\partial v}{\partial \tilde{x_3}}\right)^2\right) - \frac{1}{2}\varepsilon_0 k^{\frac{3}{2}}\widetilde{W} \tag{2.18}$$

$\widetilde{W}$ 为壁面近似函数，其表达式为：

$$\widetilde{W} = 1 + E_2\left[\frac{1}{\kappa}\left(\frac{1}{\eta - x_3 + z_0} + \frac{1}{h + x_3 + z_{0b}}\right)\right]^2 \tag{2.19}$$

$$\nu_T = 0.5556 k^{\frac{1}{2}}l + \nu_b \tag{2.20}$$

$$\varepsilon = \varepsilon_0 k^{\frac{3}{2}}l \tag{2.21}$$

式中，κ 为卡门常数，取值 0.4；z_{0b}、z_{0s} 分别为底部和表面粗糙长度，都取值 0；E_1、E_2、ε_0 均为常数，分别取值 1.8、1.33、0.172。

2.2.2 σ 坐标系下表示污染物传输的欧拉对流扩散方程

$$\frac{1}{J}\frac{\partial}{\partial t}(JC_i) + \frac{1}{J}\frac{\partial}{\partial x_1}(JuA) + \frac{1}{J}\frac{\partial}{\partial x_2}(JvA) + \frac{1}{J}\frac{\partial}{\partial \tilde{x_3}}(J\widetilde{w}A) + \frac{w_s^A}{J}\frac{\partial A}{\partial \tilde{x_3}}$$

$$- \frac{1}{J}\frac{\partial}{\partial \tilde{x_3}}\left(\frac{\lambda_T}{J}\frac{\partial A}{\partial \tilde{x_3}}\right) - \frac{1}{J}\frac{\partial}{\partial x_1}\left(J\lambda_H\frac{\partial A}{\partial x_1}\right) - \frac{1}{J}\frac{\partial}{\partial x_2}\left(J\lambda_H\frac{\partial A}{\partial x_2}\right) = 0 \tag{2.22}$$

式中，C_i 为污染物浓度，其他参数定义同上。

2.2.3 σ 坐标系下表示粒子传输的拉格朗日方程

$$\frac{1}{J}\frac{\partial}{\partial t}(JC) + \frac{1}{J}\frac{\partial}{\partial \tilde{x_1}}(JuC) + \frac{1}{J}\frac{\partial}{\partial \tilde{x_2}}(JvC) + \frac{1}{J}\frac{\partial}{\partial \tilde{x_3}}(J\widetilde{w}C)$$

$$= \frac{1}{J}\frac{\partial}{\partial \tilde{x_3}}\left(\frac{\lambda_T}{J}\frac{\partial C}{\partial \tilde{x_3}}\right) + \frac{1}{J}\frac{\partial}{\partial \tilde{x_1}}\left(J\lambda_H\frac{\partial C}{\partial \tilde{x_1}}\right) + \frac{1}{J}\frac{\partial}{\partial \tilde{x_2}}\left(J\lambda_H\frac{\partial C}{\partial \tilde{x_2}}\right) \tag{2.23}$$

C 代表具有一定质量和初始位置的粒子，每个粒子都具有标号，因此可以跟踪任意个体或区别不同个体的分布。粒子输运方程由水平和垂直对流和紊流扩散决定，分成以下两步完成。

第一步，模拟质点在水体中的平流运动过程，其表达式为：

$$C\left(\tilde{x_1},\tilde{x_2},\tilde{x_3},t + \Delta t\right) = C\left(\tilde{x_1} - \int_t^{t+\Delta t}u\mathrm{d}t, \tilde{x_2} - \int_t^{t+\Delta t}v\mathrm{d}t, \tilde{x_3} - \int J\widetilde{w}\mathrm{d}t, t\right) \tag{2.24}$$

式中，Δt 为时间步长。

第二步，将紊流视为随机流动，采用随机走动（random walk）方法模拟粒子在水体中的扩散过程，其过程与平流运动类似，只是用湍流速度（u'，v'，$\widetilde{w}'$）代替式（2.24）中的（u，v，$\widetilde{w}$）。（u'，v'，$\widetilde{w}'$）的计算采用 Monte – Carlo 方法，其表达式为：

$$(u',v',\widetilde{w}') = \xi\sqrt{\frac{6(\lambda_H^C,\lambda_H^C,\lambda_T)}{\Delta t}} \tag{2.25}$$

式中，ξ 为介于 -1 和 1 之间的随机数。

2.2.4 σ 坐标系下泥沙运动控制方程

$$\frac{1}{J}\frac{\partial}{\partial t}(JA) + \frac{1}{J}\frac{\partial}{\partial \tilde{x}_1}(JuA) + \frac{1}{J}\frac{\partial}{\partial \tilde{x}_2}(JvA) + \frac{1}{J}\frac{\partial}{\partial \tilde{x}_3}(J\tilde{w}A) + \frac{w_s^A}{J}\frac{\partial A}{\partial \tilde{x}_3}$$

$$- \frac{1}{J}\frac{\partial}{\partial \tilde{x}_3}\left(\frac{\lambda_T}{J}\frac{\partial A}{\partial \tilde{x}_3}\right) - \frac{1}{J}\frac{\partial}{\partial \tilde{x}_1}\left(J\lambda_H\frac{\partial A}{\partial \tilde{x}_1}\right) - \frac{1}{J}\frac{\partial}{\partial \tilde{x}_2}\left(J\lambda_H\frac{\partial A}{\partial \tilde{x}_2}\right) = 0 \tag{2.26}$$

式中，A 为水体中悬沙含量；w_s^A 为泥沙的沉降速度。

2.2.5 σ 坐标系下生态动力学模型的控制方程

（1）日照强度公式

$$I(\tilde{x}_1,\tilde{x}_2,\tilde{x}_3,t) = R_1 I_1(\tilde{x}_1,\tilde{x}_2,\tilde{x}_3,t) + (1 - R_1) I_2(\tilde{x}_1,\tilde{x}_2,\tilde{x}_3,t) \tag{2.27}$$

式中，I 为日照强度；I_1 为短波能量；I_2 为长波能量；R_1 为日照强度中短波能量所占比例。

当光线进入水体后，长波和短波都随深度增加而减少，其表达式如下：

$$\frac{\partial I_1}{\partial \tilde{x}_3} = k_1 I_1 \tag{2.28}$$

$$\frac{\partial I_2}{\partial \tilde{x}_3} = (k_2 + k_3) I_2 \tag{2.29}$$

式中，k_1 为短波能量衰减常数。

$$k_2 = k_{20}^w - \varepsilon^S S + \varepsilon^A A + \varepsilon^C C + \varepsilon^X X \tag{2.30}$$

式中，k_{20}^w 为淡水衰减常数；ε^S 为盐度对光的衰减系数；ε^A 为沉积物对光的衰减系数；ε^C 为碎屑碳对光的衰减系数；ε^X 为叶绿素对光的衰减系数；A、C、X 分别为沉积物、碎屑碳、叶绿素浓度。

$$\begin{cases} k_3 = -(\ln R_I)/\Delta_{opt} & \text{当} \mid x_3 - \zeta \mid \leq \Delta_{opt} \\ k_3 = 0 & \text{当} \mid x_3 - \zeta \mid > \Delta_{opt} \end{cases} \tag{2.31}$$

式中，R_I 为指数衰减常数；ζ 为水深；Δ_{opt} 为真光层厚度。

（2）生态模型中主要参数的控制方程

无机颗粒物浓度在水体中的通量变化可用下面的公式统一表示：

$$\frac{1}{J}\frac{\partial(J\varphi)}{\partial t} + \frac{1}{J}\frac{\partial(Ju\varphi)}{\partial \tilde{x}_1} + \frac{1}{J}\frac{\partial(Jv\varphi)}{\partial \tilde{x}_2} + \frac{1}{J}\frac{\partial(J\tilde{w}\varphi)}{\partial \tilde{x}_3} - \frac{w_s}{J}\frac{\partial \varphi}{\partial \tilde{x}_3}$$

$$- \frac{1}{J}\frac{\partial}{\partial \tilde{x}_3}\left(\frac{\lambda_T}{J}\frac{\partial \varphi}{\partial x_3}\right) - \frac{1}{J}\frac{\partial}{\partial x_1}\left(J\lambda_H\frac{\partial \varphi}{\partial \tilde{x}_1}\right) - \frac{1}{J}\frac{\partial}{\partial \tilde{x}_2}\left(J\lambda_H\frac{\partial \varphi}{\partial \tilde{x}_2}\right) = \beta(\varphi) \tag{2.32}$$

式中，φ 为物质浓度；$\beta(\varphi)$ 为物质浓度在传输方程中的净增量。

因各种无机物质的物理输运过程［公式（2.32）等式左边各项］基本相同，所以，仅对生物化学过程引起的净通量即 $\beta(\varphi)$ 项分别进行说明。

浮游生物：

$$\beta(B) = (\mu - G) B \tag{2.33}$$

107

浮游生物氮：

$$\beta(N) = (NO_u + NH_u)B - GN \tag{2.34}$$

碎屑有机碳：

$$\beta(C) = (1 - r)GB - c_r C \tag{2.35}$$

碎屑有机氮：

$$\beta(M) = (1 - r)GN - M_r M \tag{2.36}$$

溶解性硝酸氮：

$$\beta(NO_S) = - NO_u B + NH_r \cdot NH_S \tag{2.37}$$

溶解性铵盐氮：

$$\beta(NH_S) = - NH_u B - NH_r \cdot NH_S + erGN + M_r \cdot M \tag{2.38}$$

溶解氧：

$$\beta(O) = ({}^o q^B \mu + {}^o q^{NO} \cdot NO_u - {}^o q^C erG)B - {}^o q^{NH} \cdot NH_r \cdot NH_S \\ - {}^o q^C \cdot c_r \cdot C \tag{2.39}$$

浮游动物氮：

$$\beta(Z_N) = r(1 - e)GN \tag{2.40}$$

无机沉积物：

$$\beta(A) = 0 \tag{2.41}$$

式中，B 为浮游生物碳；N 为浮游生物氮；Z_N 为大型浮游动物氮；C 为碎屑有机碳；M 为碎屑有机氮；NO_S 为溶解性硝酸氮；NH_S 为溶解性氨氮；O 为溶解氧；A 为无机沉积物；μ 为浮游生物对营养盐的吸收速率；G 为摄食压力参数；NO_u 为浮游生物对硝酸氮的吸收率；NH_u 为浮游生物对氨氮的吸收速率；M 为矿化速率；${}^o q^c$ 为水体中溶氧与有机碳的转化系数；${}^o q^B$ 为水体中溶氧与浮游生物碳的转化系数；${}^o q^{NO}$ 为水体中溶氧与硝酸氮的转化系数；${}^o q^{NH}$ 为水体中溶氧与氨氮的转化系数；NH_r 为氨氮的硝化速率；e 为大型浮游动物新陈代谢与分泌所占的比率；c_r 为碎屑碳的矿化比率；M_r 为碎屑氮的矿化比率；r 为浮游动物的吸收系数。

2.3 边界条件

2.3.1 自由表面边界条件

1）水流边界

（1）动力学边界条件

自由表面动力学边界条件为：

$$\rho_0 \frac{v_T}{J}\left(\frac{\partial u}{\partial \tilde{x_3}}, \frac{\partial v}{\partial \tilde{x_3}}\right) = (\tau_{s1}, \tau_{s2}) = \rho_a C_D^s (U_{10}^2 + V_{10}^2)^{1/2}(U_{10}, V_{10}) \tag{2.42}$$

式中，τ_{s1}、τ_{s2} 为表面切应力；U_{10}、V_{10} 为海面以上 10 m 处风速；ρ_a 为空气密度，取 1.2 kg/m^3；C_D^s 为表面拖曳力系数，取值为 0.001 3。

（2）运动学边界条件

自由表面运动学边界条件为：

$$J\widetilde{w}(1) = 0 \tag{2.43}$$

2）物质输运边界条件

$$\frac{\lambda_T}{J}\frac{\partial C}{\partial \widetilde{x}_3} = Q_c \tag{2.44}$$

式中，C 代表温度、盐度或其他参数；Q_c 为表面处向下的通量。

2.3.2 底部边界条件

1）水流边界条件

（1）动力学边界条件

底部动力学边界条件为：

$$\frac{\rho_0 v_T}{J}\left(\frac{\partial u}{\partial \widetilde{x}_3}, \frac{\partial v}{\partial \widetilde{x}_3}\right) = (\tau_{b1}, \tau_{b2}) \tag{2.45}$$

$$(\tau_{b1}, \tau_{b2}) = \rho_0 C_D^b (u_b^2 + v_b^2)^{1/2}(u_b, v_b) \tag{2.46}$$

$$C_D^b = (k/\ln(z_r/z_0))^2 \tag{2.47}$$

式中，τ_{b1}、τ_{b2} 为底部切应力；u_b、v_b 为底部流速；C_D^b 为底部拖曳力系数；z_r 为参考高度；z_0 为底面粗糙长度。

（2）运动学边界条件

底部运动学边界条件为：

$$J\widetilde{w}(0) = 0 \tag{2.48}$$

2）物质输运边界条件

$$\frac{\lambda_T}{J}\frac{\partial C}{\partial \widetilde{x}_3} = Q_b \tag{2.49}$$

式中，Q_b 为水体向底部传输的物质通量。

在泥沙模型中，Q_b 为泥沙的冲刷率，表达式为

$$Q_b = \alpha_s \left|\frac{\tau_{100}}{\tau_{b,ref}}\right|^{ns} \tag{2.50}$$

式中，α_s、n_s 为常数，分别取值为 0.002 5 $\mathrm{gm}^{-2}\mathrm{s}^{-1}$、3.0；$\tau_{100}$ 为距床面 1 m 处的切应力；$\tau_{b,ref}$ 为临界冲刷应力，取值为 0.1 $\mathrm{N/m}^2$。

2.3.3 固边界条件

1）水流边界条件

$$\overline{U} = 0, \quad u = 0 \tag{2.51}$$

$$\overline{V} = 0, \quad v = 0 \tag{2.52}$$

式中，$\overline{U}$、$\overline{V}$ 为边界处沿水深平均的流速；u、v 为边界处的流速。

2）物质输运边界条件

$$JuC = 0, \quad \lambda_H \frac{\partial C}{\partial \widetilde{x}_1} = 0 \tag{2.53}$$

$$JvC = 0, \quad \lambda_H \frac{\partial C}{\partial \tilde{x}_2} = 0 \tag{2.54}$$

2.3.4 开边界条件

1）二维开边界条件

$$\overline{U} = \frac{1}{2}(R_+^u + R_-^u) \tag{2.55}$$

$$\overline{V} = \frac{1}{2}(R_+^v + R_-^v) \tag{2.56}$$

$R_\pm^u$，$R_\pm^v$ 为黎曼变量，即

$$(R_\pm^u, R_\pm^v) = (\overline{U} \pm c\eta, \overline{V} \pm c\eta)$$

式中，c 为正压模式下的波速，$c = \sqrt{gH}$；η 为水位。

2）三维开边界条件

（1）水流边界条件

海洋开边界处的边界条件为：

$$\frac{\partial}{\partial \tilde{x}_1}(Ju') = 0 \tag{2.57}$$

$$\frac{\partial}{\partial \tilde{x}_2}(Jv') = 0 \tag{2.58}$$

式中，u'、v' 为垂向各点流速与二维平均流速的偏移量，其表达式为：

$$(u',v') = (u - \overline{U}/H, v - \overline{V}/H) \tag{2.59}$$

河流开边界处的边界条件为：

$$u' = u'_0(\tilde{x}_1, \tilde{x}_2, \tilde{x}_3) \tag{2.60}$$

$$v' = v'_0(\tilde{x}_1, \tilde{x}_2, \tilde{x}_3) \tag{2.61}$$

式中，$u'_0(\tilde{x}_1, \tilde{x}_2, \tilde{x}_3)$、$v'_0(\tilde{x}_1, \tilde{x}_2, \tilde{x}_3)$ 为河流开边界处实际的流速与二维平均流速的偏移量。

（2）物质输运边界条件

采用法向法时，边界条件表达式为：

$$Ju_n C = Ju_n C_{\text{int}} \tag{2.62}$$

$$\lambda_H \frac{\partial C}{\partial n} = 0 \tag{2.63}$$

采用标量法时，边界条件表达式为：

$$Ju_n C = \frac{1}{2} Ju_n((1 + p)C_{\text{ext}} + (1 - p)C_{\text{int}}) \tag{2.64}$$

$$\lambda_H \frac{\partial C}{\partial n} = \lambda_H \frac{C_{\text{int}} - C_{\text{ext}}}{\Delta n} \tag{2.65}$$

式中，n 为法线方向；Δn 为法线方向水平网格间距；u_n 为法线方向的流速；p 表示流速是否为正方向，其表达式为 $p = \pm \text{sign}(u_n)$；C_{int} 为边界处向着计算区域方向半个网格点上的物质

浓度；C_{ext}为用户给定的边界处远离计算区域方向半个网格点上的物质浓度。

2.4　本章小结

　　因 COHERENS 模型包含水动力、污染物、泥沙和生态动力等多个模块，是专门针对近岸区域开发的多功能三维水动力生态模式，因此本文利用该模型对我国近岸的水质问题和突发性海洋现象进行研究。本章主要对该模型进行简介，对其水动力、污染物、泥沙和生态动力模式中的控制方程和边界条件设置进行描述，为后面各节的数值模拟打下基础。

3 遥感数据介绍

3.1 千米级海洋卫星数据

3.1.1 QSCAT/NCEP 风场数据

QSCAT/NCEP 合成资料是由在 Colorado Research Associates（CRA）任职的 Jan Morzel 与 Ralph Milliff 所制作的。该资料始于 1999 年 7 月，时间分辨率为 6 h，空间分辨率为 0.5° × 0.5°。该资料的处理流程是首先获得 6 h 的 QSCAT 的风场数据，然后用 NCEP 风场与 QSCAT 月平均风场合成的新风场来填补 6 h QSCAT 风场数据的空缺，由此完成全球的风场数据的合成。详情请见 http：//www. cora. nwra. com/~morzel/blendedwinds. qscat. ncep. html。本文在第 4 章、第 5 章、第 6 章和第 7 章中采用的风场数据是直接从 http：//dss. ucar. edu/datasets/ds744. 4/下载得到的 QSCAT/NCEP 混合风场 bln 数据，插值到计算网格上，用于数值模型中的计算。

3.1.2 SeaWiFS 5 天合成叶绿素数据和 SeaWiFS 月平均悬浮泥沙数据

本文第 6 章、第 7 章中采用的 SeaWiFS 5 天平均叶绿素数据和第 6 章采用的 SeaWiFS 悬浮泥沙月平均数据都是由国家海洋局第二海洋研究所卫星海洋环境动力学国家重点实验室提供的。这些遥感产品采用等经纬度投影，空间精度为 1′。因美国 NASA 提供的 SeaWiFS 资料处理软件（SeaDAS）的标准大气校正模块在处理我国海区存在大气过校正问题，为此国家海洋局第二海洋研究所卫星海洋环境动力学国家重点实验室开发出适用于我国近海二类水体的大气校正算法[152-154]，在对 SeaWiFS 资料进行大气校正处理后，获得各波段的归一化离水辐亮度（或遥感反射率），然后利用 OC4V4[155]算法反演获得叶绿素浓度。将 5 天内所有单轨叶绿素浓度数据进行融合，生成 5 天平均的叶绿素浓度产品。同样，悬浮泥沙产品也是经过二类水体大气校正以后，采用悬浮泥沙反演算法获得单轨悬浮泥沙数据，融合成月平均的悬浮泥沙产品。

3.1.3 MODIS 叶绿素和温度数据

中分辨率成像光谱仪（MODIS）是美国 EOS（对地观测系统）系列卫星上最主要的遥感器，搭载在 Terra 和 Aqua 两颗卫星上的 MODIS 可以实现一天或两天覆盖全球一次。共有 36 个光谱波段，光谱范围从 0.4 μm（可见光）到 14.4 μm（热红外），其空间分辨率 1~2 波段为 250 m，3~7 波段为 500 m，8~36 波段为 1 000 m。MODIS 的多波段数据可以同时提供反映陆地表面状况、云边界、云特性、海洋水色、浮游植物、生物、化学、大气中水汽、气溶胶、地表温度、云顶温度、大气温度、臭氧和云顶高度等信息，用于对陆表、生物圈、固态地球、大气和海洋等进行长期全球观测[156]。

美国国家航空航天局（NASA）提供的 MODIS 数据有 2 种格式，4 个等级，44 种产品。MODIS 产品具有以下优点：①空间分辨率大幅提高，由 NOAA 卫星的千米级提高到了百米级；② 一天最多过境 4 次，对各种突发性、快速变化的自然灾害有更强的实时监测能力；③ 具有 36 个波段，提供多种数据产品，增强了对地复杂系统的观测能力和对地表类型的识别能力。因此 MODIS 的各级产品在海洋水质监测中得到了广泛的应用[157-160]。本文在第 6 章和第 7 章中采用的 MODIS 数据是从 NASA 下载得到的 4 km 分辨率的 Level 3 叶绿素和温度数据，其数据产品格式是 HDF - EOS 格式，刈幅宽度是 2 330 km。据研究表明[161]，此类数据除去陆地、云覆盖和卫星没有扫描的区域外，有效的像元素占总的海洋像元数的比值平均为 12.6%。

值得说明的是，MODIS 在光谱分辨率、空间分辨率和信息量方面相对 SeaWiFS 等其他海洋卫星都有很大的改进和提高，但它采用单一扫描方式，受太阳耀斑污染非常严重，扫描带两端出现数据重叠现象，形成"蝴蝶结"效应，影响了 MODIS 遥感资料的质量。另外，MODIS 的叶绿素和温度产品，采用的是全球统一反演模式，不同地区的水体光谱特性相差很大，该全球算法并非在任何地区都能获得较高的反演精度。特别是在我国近岸的二类水体中，MODIS 的叶绿素产品与实测值相差较大。因本文注重遥感产品的应用，而遥感产品的反演算法不是本文的研究重点，所以，在该方面不做特别要求。

3.1.4　MODIS 月平均溶解无机氮、活性磷酸盐数据

由于磷、氮都是非光学活性的参数，无法直接从遥感数据中得到其定量信息，必须找到中间变量间接获得氮、磷的遥感信息。因悬浮泥沙浓度和颗粒态磷酸盐之间存在非常好的相关关系，本文第 4 章中采用的月平均活性磷酸盐的遥感产品是国家海洋局第二海洋研究所卫星海洋环境动力学国家重点实验室提供的，由悬浮泥沙产品作为媒介反演得到活性磷酸盐数据。因黄色物质吸收系数和溶解无机氮（DIN）的分布在河口区都呈现保守性的特征，具有一定的相关关系，本文中采用的月平均 DIN 数据也是由国家海洋局第二海洋研究所卫星海洋环境动力学国家重点实验室提供的，经黄色物质吸收系数 L3B 融合数据和现场实测获得的 DIN 数据进行相关关系拟合得到的。

值得说明的是，氮、磷营养盐分布除受物理输运机制影响外，还受到生物过程的影响，目前国际上还没有成熟的营养盐遥感反演算法，本文中采用的氮、磷数据也只是作为营养盐遥感反演过程中的初步探索结果，与实际的氮、磷浓度之间存在一定偏差。

1）百米级陆地卫星数据

Landsat 系列卫星也是美国国家航空航天局（NASA）的地球观测卫星，自 1972 年 Landsat - 1 发射至今，已发射 7 颗。Landsat - 5 和 Landsat - 7 为太阳同步地球资源卫星，高度为 705 km，通过赤道的时间分别为当地时间上午 9 时 30 分和 10 时，绕地球一周的时间为 98.9 分钟，每天绕行 14 周，每 16 天扫描同一区域。Landsat - 7 于 1999 年 4 月发射升空，在该卫星上装备了一台增强型专题绘图仪 ETM + ，该设备增加了 15 m 分辨率的全色波段，热红外信道的空间分辨率也提高到 60 m。本文在第 5 章中采用国家海洋局第二海洋研究所卫星海洋环境动力学国家重点实验室从中国科学院遥感卫星地面站购买的经过几何系统校正的 L2 级 LandSat - 7 的 ETM + 遥感产品（2002 年 11 月 11 日），经温度反演后获得海表温度数据，用

于反映秦山核电站附近水域的温度分布情况。特殊说明的是，数据获取当天天气状况良好，所以本文不需要考虑大气透过率及程辐射等大气影响因素，直接由 Landsat 的光谱信息反演得到温度数据。

2）米级机载遥感数据

机载遥感器 MAMS 是由中国科学院上海技术物理研究所研制的多光谱扫描仪，搭载在我国海监飞机上，具有紫外到红外 11 个波段，波段配置如表 3.1 所示，主要用于对温度、叶绿素、赤潮等海洋诸多要素及污染物进行反演。作为空间分辨率居于卫星和船测之间的遥感器，航空扫描仪正在以它的高机动性和较大覆盖范围受到关注，越来越多地被运用于海洋环境遥感调查与环境评估、海洋生产等诸多方面[162-164]。本文第 5 章中采用的温度数据是由国家海洋局第二海洋研究所卫星海洋环境动力学国家重点实验室提供的 MAMS 数据反演得到的。其空间分辨率与飞机飞行高度有关，一般为 3～5 m。

表 3.1　多光谱扫描仪 MAMS 的波段配置

波段	带宽（μm）	信噪比（S/N）	用途
紫外	0.20～0.37	≥300	溢油、油污、COD
可见光近红外	0.40～0.42	≥300	黄色物质、COD
	0.433～0.453	≥400	叶绿素浓度、富营养化、黄色污染
	0.48～0.50	≥500	水衰减系数、叶绿素浓度、黄色物质
	0.51～0.53	≥500	水衰减系数、叶绿素浓度、黄色物质
	0.555～0.575	≥500	悬浮泥沙、叶绿素浓度、黄色物质、荧光基线
	0.66～0.68	≥500	悬浮泥沙、荧光、COD
	0.73～0.77	≥750	悬浮泥沙、大气校正、荧光基线
	0.845～0.885	≥750	海面气溶胶、大气校正
红外	3.0～5.5	≤0.1	海岸带
	8.5～	≤0.1	海湾、油污、热污染

3.2　本章小结

本章对本文中采用的温度、风矢量、叶绿素浓度、悬浮泥沙浓度、溶解无机氮和活性磷酸盐浓度的遥感数据进行了介绍。遥感技术对海洋水质的观测具有同步、大面测量的优势，但仍然存在不足。尽管部分水质参数如温度、悬浮泥沙浓度的遥感反演算法相对比较成熟，但还有一些水质参数如溶解无机氮浓度和活性磷酸盐浓度的遥感反演技术仍处在探索阶段，另外一些水质参数如叶绿素浓度等受水体中其他物质影响较大呈现典型的地域性，所以遥感技术虽然能够很好地体现水质的大面分布趋势，但不能完全满足水质监测的要求，特别是在近岸地区需要结合数学模型和船测的方法对水质状况进行综合分析和评价。

4 杭州湾面源污染的物理自净能力评估

4.1 杭州湾简介

杭州湾位于我国东部海岸，处于浙江省和上海市之间，是钱塘江河口区外海滨（图4.1）。杭州湾是典型的喇叭形强潮河口湾，湾口自上海市芦潮港至宁波市镇海外游山连线宽98.5 km，湾顶自北岸海盐乍浦长山闸至南岸余姚、慈溪交界处的西三闸，连线宽19.4 km。杭州湾东西走向全长约85 km，海域面积4 800 km²。湾内乍浦以东地形平坦，平均水深约8～10 m[165]。

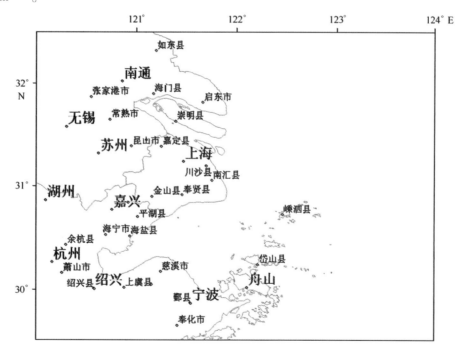

图4.1 杭州湾地理形势

杭州湾是强潮和强混合型海湾，一日4次的涨落潮受杭州湾地形和岸线影响显著，潮差从湾口到湾顶沿程递增，芦潮港、金山和澉浦多年平均潮差依次是3.21 m，3.92 m，5.54 m，湾顶最大潮差8.93 m。杭州湾潮流属往复流，北岸涨潮流为南西向，南岸为北西向，落潮时北岸为北东向，南岸为南东向。湾口处最大流速为2 m/s，湾顶处最大流速为4 m/s[166]。李家芳[167]曾经对该区域的气候条件做过详尽的描述。杭州湾属东亚季风气候，夏季盛行风向为SE—S，冬季盛行风向为N—NE，夏季平均风速为3 m/s，冬季平均风速为6 m/s[168]，全年统计常风向为偏东北方向，平均风速3.6 m/s，最大风速超过30 m/s[169]。降水不均，主要

集中在夏季，冬季降雨偏少，入海径流呈季节变化，长江和钱塘江的年平均流量分别为
$9\ 529 \times 10^{8}\ m^{3\,[170]}$ 和 $373 \times 10^{8}\ m^{3\,[165]}$，长江平均各月的径流量变化如图 4.2 所示[171]。水域平
均气温 15.7℃，平均水温 16.9℃。

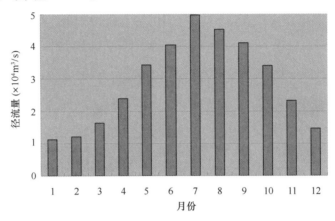

图 4.2　长江大通站月平均径流量

杭州湾是我国近岸污染最严重的区域，2008 年中国海洋环境质量公报显示杭州湾大部分
区域为劣四类水体。浙江省海洋与渔业局发布的 2008 年上半年海洋环境质量通报显示，浙江
省沿岸实施监测的 28 个排污口上半年排放入海的污水总量达 $14.62 \times 10^{8}\ t$，排放入海的污染
物总量为 $13.7 \times 10^{4}\ t$。杭州湾内重金属铜、铅[172]、无机氮[173]、活性磷酸盐[8] 含量严重超
标，生态系统处于不健康状态，2008 年上半年，浙江省海域发生赤潮 23 次，累计面积约为
$9\ 797\ km^{2}$。因此本文将杭州湾作为我国近岸水质研究的典型区域，本章和后面两章都围绕杭
州湾，分别针对其面源污染物、点源热污染、水质因子进行分析和研究。

4.2　杭州湾溶解无机氮、活性磷酸盐和悬浮泥沙浓度的遥感监测

氮、磷参数不具备光学活性，无法直接从遥感器上获取，但可以根据它们在研究海域内
的特殊化学行为，建立生化参数与光学活性的关系进行遥感估算。本文中采用的 DIN（溶解
无机氮）和活性磷酸盐产品是由国家海洋局第二海洋研究所卫星海洋环境动力学国家重点实
验室提供的，经过海洋试验、光学分析和卫星数据反演之后得到月平均分布图。虽然氮、磷
浓度的遥感反演在技术上存在很多困难，部分区域的数据精度并不高，但从趋势来看，遥感
反演的结果能够反映出杭州湾的营养盐分布趋势。在悬浮物以无机悬浮泥沙为主的近岸海域
中，悬浮物本身并不宜用作评价水体富营养化的标准，但是因为海域中悬浮泥沙浓度与营养
盐陆源输入有着密切联系，而且悬浮泥沙的反演算法已经比较成熟，在我国海区的精度也比
较高，所以也能够从侧面反映海区的水质特性。图 4.3 至图 4.8 分别显示了 2007 年 2 月和 8
月杭州湾及其邻近海域 DIN、活性磷酸盐和悬浮泥沙浓度的月平均含量分布图。

从分布图中可以看到，杭州湾内悬浮泥沙本底值较高，从近岸到外海逐渐降低，在冲淡
水锋面处浓度变化剧烈，这说明悬浮泥沙受湾内强烈的潮流悬扬作用和外源输入的影响剧烈，
在锋面处表现出快速混合扩散行为。

活性磷酸盐和 DIN 分布体现为淡水端含量明显高于海水端，从杭州湾到外海依次减少，

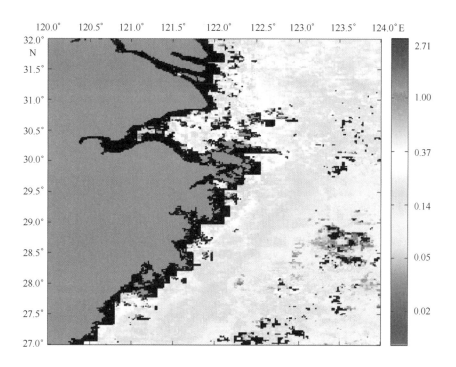

图 4.3　2007 年 2 月杭州湾及其邻近海域 DIN 分布（mg/L）

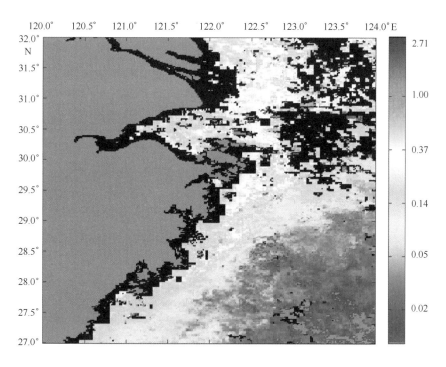

图 4.4　2007 年 8 月杭州湾及其邻近海域 DIN 分布（mg/L）

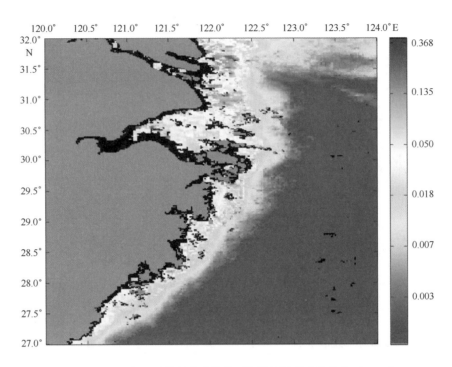

图4.5　2007年2月杭州湾及其邻近海域活性磷酸盐分布（mg/L）

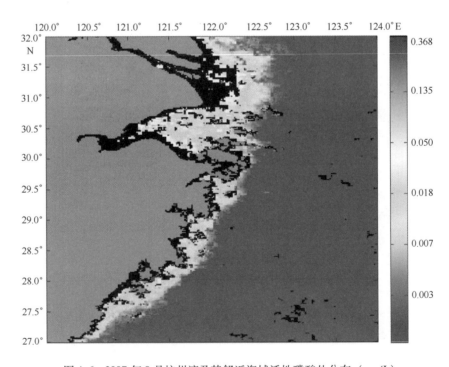

图4.6　2007年8月杭州湾及其邻近海域活性磷酸盐分布（mg/L）

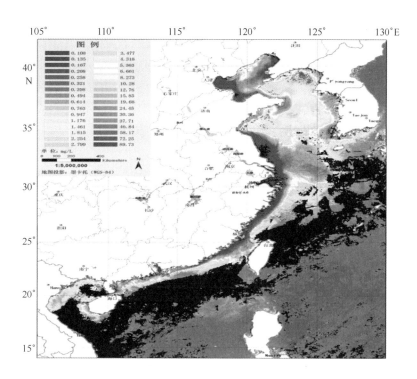

图 4.7 2008 年 2 月表层悬浮泥沙浓度分布（mg/L）

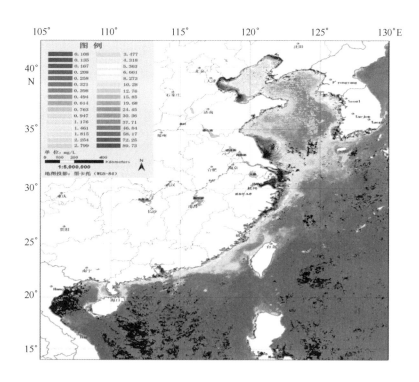

图 4.8 2008 年 8 月表层悬浮泥沙浓度分布（mg/L）

几乎与等深线平行，在长江冲淡水锋面区浓度变化剧烈，同时在湾内也存在营养盐高值的斑块状分布。配合悬浮泥沙的分布规律，可以看出在研究区域内营养盐的分布呈现明显的保守行为，可以认为氮、磷主要来自于长江和钱塘江的淡水输入，其浓度主要受冲淡水与外海水相遇以后的物理混合作用控制，季节性的生物活动也会影响到氮、磷营养盐的分布，但是这种生物转移作用在近岸海域相对较弱。

4.3 杭州湾面源污染物物理自净能力的数值模拟

根据上一节悬浮泥沙和营养盐的遥感监测结果可以发现，物理输运作用对面源污染物的扩散和分布起到了主导作用，因此本节将针对面源污染的扩散路径和更新时间（见附录）进行模拟，对其物理自净能力进行分析。

4.3.1 模型设置及验证

4.3.1.1 模型设置

杭州湾的污染物传输与长江口水团的水动力特性息息相关[174-176]，因此我们将研究区域由杭州湾扩展到包括长江口在内的 120°—124°E，29.5°—32.5°N 区域（图 4.9），采用实际的岸线和地形，水平方向上划分为 100×100 个矩形网格，纬度方向的精度为 0.03°，经度方向的精度为 0.04°。垂向分 10 层。计算时的海面风场根据 QSCAT/NCEP 提供的风场数据确定。外海边界条件由 4 个潮汐分量（K1、O1、M2、S2）的调和常数确定。

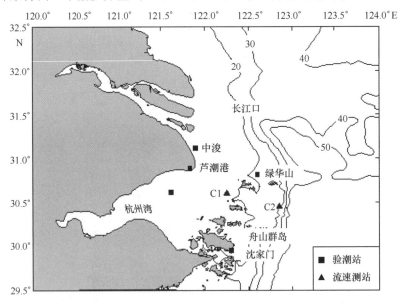

图 4.9 研究区域地形

为了便于分析，将杭州湾划分为 8 个子区域（图 4.10），依据长江多年平均月径流量（图 4.2），将一年分为洪水期和枯水期两个季节。长江径流量洪水期取为 41 000 m³/s，枯水期取为 21 000 m³/s，根据实测资料，钱塘江径流量取为长江径流量的 3.15%，并对代表这两个季节的典型月份——2005 年 7 月和 2006 年 3 月分别进行拉格朗日粒子追踪试验。

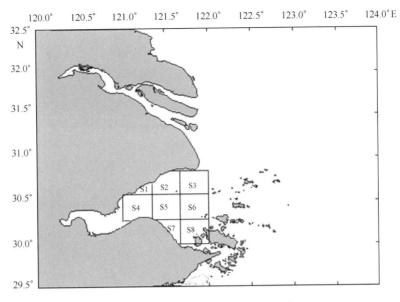

图4.10　数值模型中的8个子区域

在进行拉格朗日粒子追踪时，在杭州湾内每个网格点上布设粒子，追踪每个粒子的运动路径；设计8个模型试验（表4.1），分析不同动力因素（风、径流、潮汐）对污染物扩散的不同影响；在计算更新时间时，在湾内布设保守型的示踪物质，将其初始浓度设为1个单位，河流和外海的浓度设为0个单位，通过计算海湾内示踪物质浓度随时间的变化，计算湾内不同区域的水质更新时间。

表4.1　数值模拟中的8个模型试验

试验	季节	模型中考虑的动力因素	试验	季节	模型中考虑的动力因素
E1	洪	径流、风、潮汐	E5	枯	径流、风、潮汐
E2	洪	径流、风	E6	枯	径流、风
E3	洪	径流、潮汐	E7	枯	径流、潮汐
E4	洪	潮汐、风	E8	枯	潮汐、风

4.3.1.2　模型验证

（1）守恒性验证

一个数值模型在微分方程离散化逼近时或在计算编程等过程都可能产生误差，导致计算不稳定，或产生源与汇，造成质量不守恒，因此，所建模式在应用之前必须进行质量守恒性的检验。

设初始场浓度和入流水界浓度均为1.0 mg/L，在海域内无源、汇的条件下，进行浓度场的守恒性检验。模拟60天后，海域内浓度仍保持1.0 mg/L（图4.11），仅个别区域略有差异，误差小于0.1%，表明该模式具有较好的质量守恒性。

（2）潮位、流速、流向验证

在进行潮位验证时，利用绿华山、沈家门、滩涂、中浚、芦潮港5个验潮站2005年7月和2006年3月的实测资料进行验证，在进行流速和流向验证时，利用来自于文献［177］的流速测站C1站2005年7月13—14日和流速测站C2站2005年7月6—7日的实测资料进行

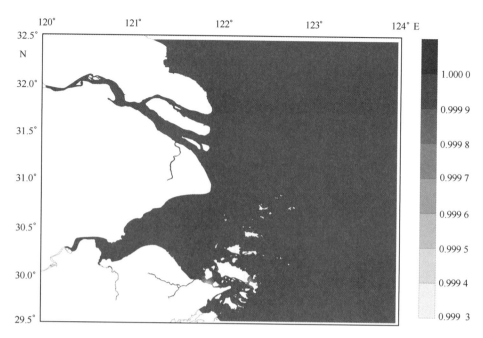

图 4.11　守恒性验证中 60 天后海域内污染物浓度（mg/L）

验证。图 4.12 为绿华山验潮站、沈家门、滩涂、中浚、芦潮港 5 个验潮站 2005 年 7 月潮位的验证结果，图 4.13 至图 4.16 分别为 C1、C2 流速测站表、底和 0.6 m 水深处的流速、流向的验证结果。从以上验证结果可以看出，模型结果与观测资料较为一致，能够反映计算区域内的水动力状况。

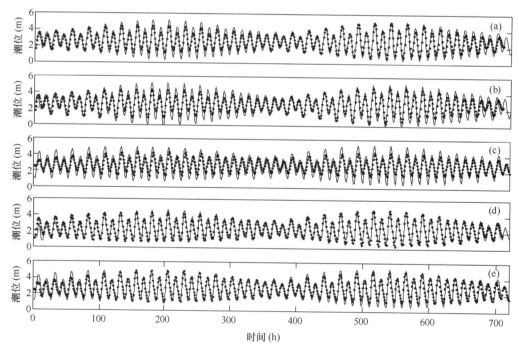

图 4.12　2005 年 7 月 1—30 日潮位的验证结果

（虚线为计算值，实线为观测值）

a. 绿华山验潮站；b. 沈家门验潮站；c. 滩涂；d. 中浚；e. 芦潮港

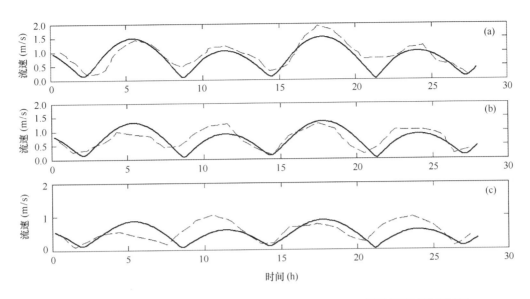

图 4.13　2005 年 7 月 13 日 15：00 至 7 月 14 日 15：00 C1 测流站流速验证结果

（实线为模拟值，虚线为实测值）

a. 表层；b. 0.6 m 水深处；c. 底层

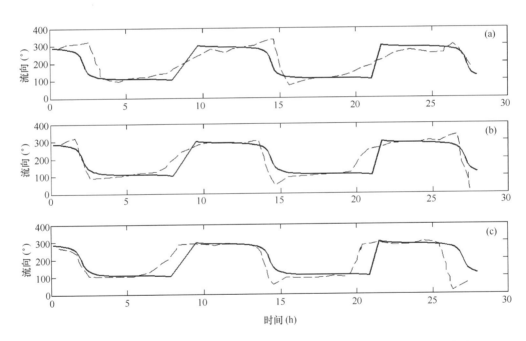

图 4.14　2005 年 7 月 13 日 15：00 至 7 月 14 日 15：00 C1 测流站流向验证结果

（实线为模拟值，虚线为实测值）

a. 表层；b. 0.6 m 水深处；c. 底层

4.3.2　洪水期、枯水期不同区域面源污染物扩散路径的数值模拟

本节在计算不同区域污染物扩散路径时，分别对 8 个子区域表、中、底三层的粒子进行追踪，存储自释放之日起 10 天、20 天、30 天后粒子的位置，对其进行分析和讨论。因表、中、底层的分布情况相差不大，因此本文后面章节内容只讨论从表层质子的运动轨迹。图

123

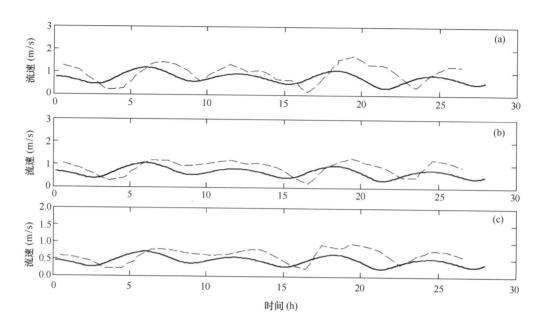

图 4.15 2005 年 7 月 6 日 9：00 至 7 月 7 日 9：00 C2 测流站流速验证结果

（实线为模拟值，虚线为实测值）

a. 表层；b. 0.6 m 水深处；c. 底层

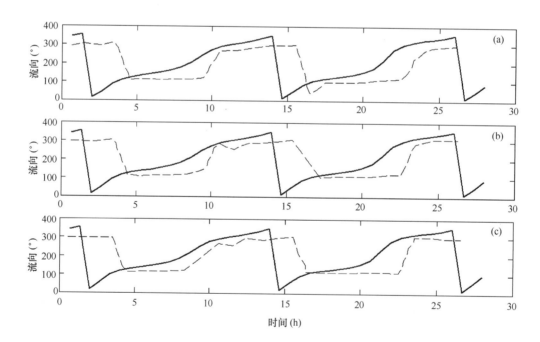

图 4.16 2005 年 7 月 6 日 9：00 至 7 月 7 日 9：00 C2 测流站流速验证结果

（实线为模拟值，虚线为实测值）

a. 表层；b. 0.6 m 水深处；c. 底层

4.17 和图 4.18 分别表示洪水期和枯水期 8 个子区域释放的粒子不同时间的分布情况。

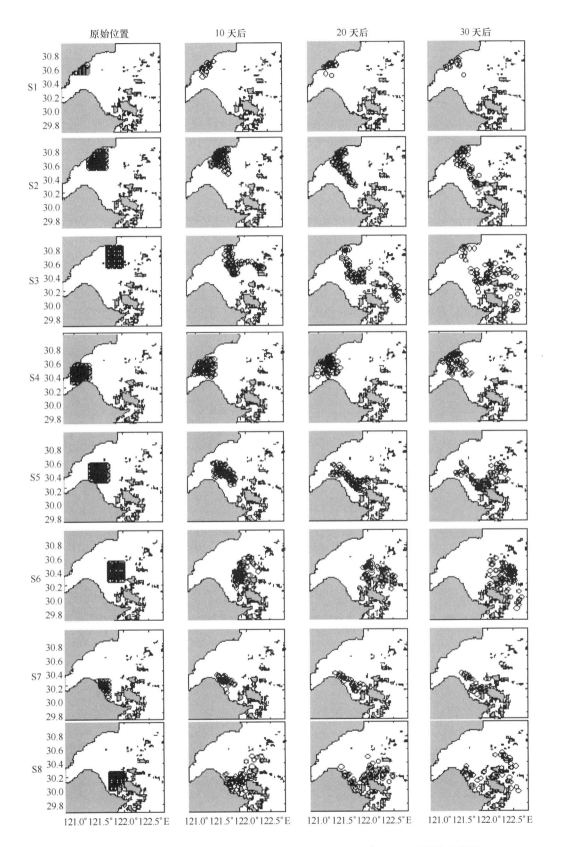

图 4.17 洪水期 8 个子区域释放的粒子 10 天后、20 天后、30 天后的分布情况

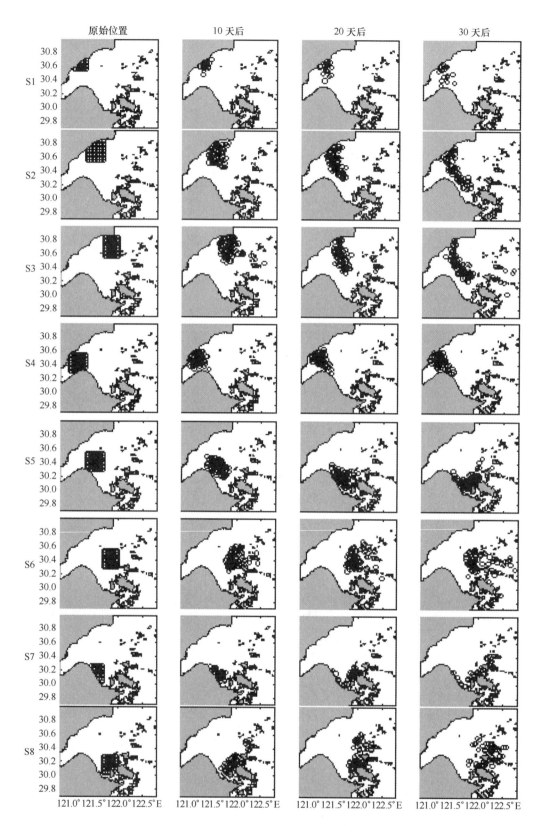

图 4.18 枯水期 8 个子区域释放的粒子 10 天后、20 天后、30 天后的分布情况

4.3.2.1 洪水期 8 个子区域释放粒子的传输路径

从 S1 释放的粒子（图 4.17 第一行）在模拟时间内基本还停留在原始区域，并沿岸向东北方向和朝湾中部向东南方向小距离移动；S2 释放的粒子（图 4.17 第二行）向东南方向漂移直到进入 S6，最远到达舟山群岛前端；从 S3 释放的粒子（图 4.17 第三行）先朝西稍微偏移接着转向东南，最后从湾口中部离开杭州湾；从 S4 释放的大部分粒子（图 4.17 第四行）沿岸朝东北方向移动，其余部分朝着杭州湾中部移动；从 S5 释放的粒子（图 4.17 第五行）先转向东南，到达舟山群岛之后转向东北并沿群岛边缘移动；S6 释放的粒子（图 4.17 第六行）先向东移动，从湾口离开杭州湾后向南偏转绕过舟山群岛，沿 122.5°E 分布；从 S7 释放的粒子（图 4.17 第七行）沿岸朝西北或东南方向移动；S8 释放的粒子（图 4.17 第八行），一部分沿岸朝西北方向朝 S7 移动，另一部分朝东北方向移动并离开杭州湾。

总的来说，杭州湾内侧（S1、S4、S7）释放的粒子基本上是沿岸朝两个相反方向移动；湾中部（S5）释放的粒子向南移动，到达舟山群岛之后转向东北方向；从湾口（S2、S3、S6、S8）释放的粒子很快逃向湾外并绕过舟山群岛。在洪水期一个月的模拟时间内，杭州湾释放的粒子向东最远能到达 122.5°E。

4.3.2.2 枯水期 8 个子区域释放粒子的传输路径

枯水期和洪水期粒子的传输路径有相同之处。鉴于上一节已经对洪水期的粒子传输过程进行了描述，本节只简要列出枯水期的粒子传输路径与洪水期的不同之处，对于相同之处，不再赘述。

在枯水期的模拟过程中，自 S1（图 4.18 第一行）和 S2（图 4.18 第二行）释放的粒子向东北方向移动的数量较洪水期少；S3（图 4.18 第三行）释放的粒子绕过舟山群岛并到达群岛东部的数量比洪水期少；S4（图 4.18 第四行）释放的粒子基本上停留在原区域；S5（图 4.18 第五行）释放的粒子在到达舟山群岛之前沿岸运动，而洪水期粒子在离岸很远的地方在与岸线平行方向上移动；S6（图 4.18 第六行）释放的粒子离开杭州湾进入湾外的粒子数量比洪水期少；S7（图 4.18 第七行）释放的粒子全部沿东北方向朝着舟山群岛移动，没有粒子沿西北方向向湾内流动；S8（图 4.18 第八行）释放的粒子与 S7（图 4.18 第七行）释放的粒子类似，均沿东北方向流向湾外，没有粒子朝西北方向移动。总的来说，枯水期污染物的扩散能力小于洪水期。尽管洪水期河流向杭州湾输入大量的营养盐，但是在卫星图片上显示 8 月 DIN 和活性磷酸盐的含量小于 2 月，洪水期较强的污染物扩散能力是其中一个重要的原因。

总之，因释放位置和释放时间的不同，30 天后，粒子或其代表的污染物将停留在湾内或者流向湾外甚至到达舟山群岛以东的区域。从空间分布来看，从湾口（S3、S6、S8）释放的粒子能够很快到达湾外，洪水期与枯水期相比，粒子流出湾外之后能够被传送到更远的地方；而湾内侧释放的粒子无论洪水期还是枯水期基本上都停留在湾内。从季节差异来看，因为长江径流沿岸进入杭州湾北部，从湾南部流出，进入东海之后继续向南[175]，洪水期径流量大，进入杭州湾的水团势力很强，因此 S2、S3、S5、S6 释放的粒子在洪水期随水团被带出湾外所占的比例比枯水期大。枯水期东北季风引起的表层流有利于位于湾南部区域的粒子流向湾外[175]，因此，这个季节从 S7 和 S8 释放的粒子到达湾外的数目比洪水期多。

127

4.3.3 不同区域面源污染物的富集情况

可以看出，湾口区域释放的粒子（S3、S6、S8）比其他区域释放的粒子更快到达湾外。这说明湾内释放的污染物将比在湾口区释放的污染物在杭州湾里停留更长时间。图 4.19 是各个子区域释放的粒子中离开杭州湾的部分所占比例随时间的变化图。在潮汐作用下粒子往复运动使得图中线段呈锯齿状上升趋势。无论洪水期还是枯水期，S3、S6 和 S8 释放的粒子很快就有一部分流出湾外，到了模拟结束时，洪水期这 3 个子区域到外湾外的粒子数所占的比例分别是 58%、58%、100%，而在枯水期则分别为 8%、36%、82%。S5 和 S7 释放的粒子20 天之后才开始有一小部分到达湾外，到了第 30 天时，洪水期这 2 个子区域离开了杭州湾的比例分别是 38% 和 4%，枯水期到达湾外的比例都小于 10%。洪水期 S1 和 S4 释放的粒子100% 停留在湾内，枯水期 S1、S2 和 S4 释放的粒子也是 100% 留在湾内，没有粒子到达湾外。

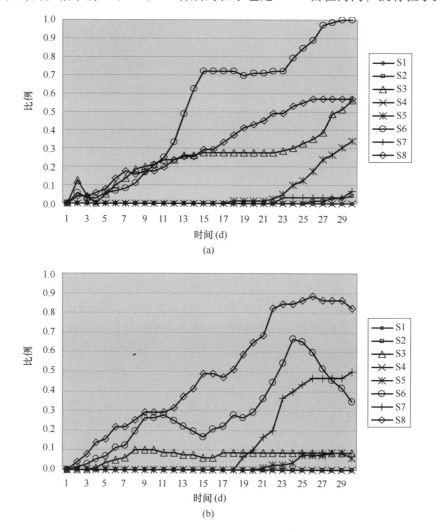

图 4.19 从 8 个子区域释放的粒子流出湾外的比例

a. 洪水期；b. 枯水期

湾口区域释放的粒子很快便流向湾外，并不表示污染物富集的地方只能处在湾内。本节采用留存比率（简称 R）来反映污染物在各子区域的富集情况。留存比率为现有粒子总数与原始粒子数的比值。图 4.20 为各子区域的留存比率自模拟日期起随时间变化图。当 R 大于 1 时，说明粒子数是增加的。当 R 小于 1 时，说明粒子数是减少的。当 R 等于 1 时，说明粒子数目保持不变。图中线段上的小锯齿是潮汐作用引起的粒子在湾内往复运动的结果。从图 4.20 中很容易看出，S3 是最洁净的地区，无论在洪水期还是枯水期该区域的粒子数都保持下降；无论在洪水期还是枯水期 S1 都是最易受污染的区域，区域内粒子数目呈直线上升，留存比例一直大于 1，这与前人的研究成果[7,173]比较一致。杭州湾北部的余流流向东北方向，与进入杭州湾的长江水团的流向正好相反[174]，因此，污染物被这两股水流限制在 S1 附近的狭长水道[8]。在该区域还分布了一些化工厂[169]，因此实际情况下该区域的污染情况更加严重；枯水期，S8 是另一个易污染地区，因为其他区域释放的粒子经过此处流出湾外使得该处被污染。表 4.2 是 30 天后各子区域的粒子在湾内和湾外不同区域的分布情况。从表 4.2 可以看出，S1 主要受来自于 S4 的污染物和本区自身残留污染物的污染。S5、S7 两个子区域释放的粒子通过 S8 到达湾外，成为污染 S8 的主要因素。

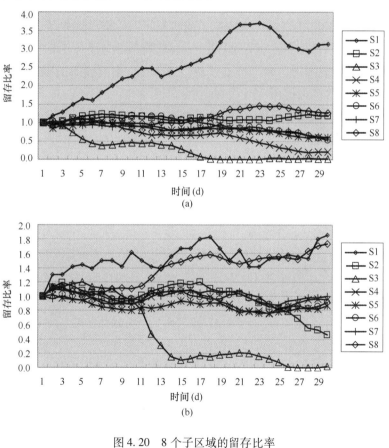

图 4.20　8 个子区域的留存比率

a. 洪水期；b. 枯水期

表 4.2　洪水期（加粗）和枯水期（斜体）30 天后 8 个子区域释放的粒子的分布情况

	原始粒子数	S1	S2	S3	S4	S5	S6	S7	S8	流出湾外粒子数
S1	19	**10**/*9*	**8**/*0*	**0**/*0*	**0**/*8*	**1**/*2*	**0**/*0*	**0**/*0*	**0**/*0*	**0**/*0*
S2	72	**0**/*8*	**40**/*12*	**0**/*0*	**0**/*4*	**9**/*31*	**17**/*1*	**0**/*6*	**3**/*10*	**3**/*0*
S3	80	**0**/*1*	**10**/*15*	**1**/*0*	**0**/*0*	**1**/*33*	**20**/*18*	**0**/*1*	**2**/*5*	**45**/*7*
S4	71	**30**/*4*	**11**/*0*	**0**/*0*	**14**/*55*	**16**/*9*	**0**/*0*	**0**/*1*	**0**/*0*	**0**/*0*
S5	79	**0**/*0*	**0**/*0*	**0**/*0*	**1**/*0*	**15**/*1*	**4**/*3*	**0**/*14*	**32**/*56*	**27**/*5*
S6	72	**0**/*0*	**0**/*0*	**0**/*1*	**0**/*0*	**0**/*0*	**0**/*40*	**0**/*0*	**0**/*6*	**72**/*25*
S7	30	**0**/*0*	**0**/*0*	**0**/*0*	**0**/*0*	**9**/*0*	**0**/*0*	**4**/*5*	**15**/*10*	**2**/*15*
S8	51	**0**/*0*	**0**/*0*	**0**/*0*	**0**/*0*	**3**/*0*	**0**/*4*	**14**/*0*	**5**/*5*	**29**/*42*

注：第一列表示释放粒子的 8 个子区域；第二列表示每个子区域释放的粒子数；第三列至第八列表示 30 天后每个子区域释放的粒子在湾内 8 个子区域中分布的数目；第九列表示从每个子区域释放的粒子到达湾外的数目。

4.3.4　动力因素对面源污染物扩散的影响

与前面的 4.3.3 节相同，这里讨论的粒子依然是守恒性被动式粒子，即在动力条件下随水体一起运动而不断变换所处的空间位置，粒子本身的化学自净作用不在本研究范围内。本节通过设置不同的动力条件进行 8 个模型试验（表 4.1）来反映各种动力因素（风、潮汐、径流）对洪水期和枯水期污染物扩散的影响。

图 4.21 和图 4.22 分别表示洪水期和枯水期不同动力条件驱动下 30 天后粒子的分布情况。在风、潮汐、径流共同作用下（图 4.21 的第一列和图 4.22 的第一列），粒子大部分向东南方向移动，绕过舟山群岛，然后流出湾外。杭州湾口（S3、S6、S8）释放的绝大部分粒子和湾中部（S2、S5、S7）释放的小部分粒子流出湾外，杭州湾顶部区域（S1、S4）释放的粒子 30 天后仍留在湾内，无一流出湾外。

在不考虑潮汐的情况下，洪水期（图 4.21 第二列），杭州湾内大部分区域（S1、S2、S4、S5、S7、S8）的粒子向西朝钱塘江上游移动，S3 和 S6 释放的粒子沿杭州湾南岸，朝着舟山群岛方向离开杭州湾；枯水期（图 4.22 第二列），从 S1～S6 释放的粒子运动情况与洪水期相似，S7 和 S8 释放的粒子枯水期比洪水期更容易流出杭州湾。

在不考虑风的情况下，洪水期（图 4.21 第三列），S4 释放的粒子向东南方向运动更远的距离，S5 和 S7 释放的粒子沿着杭州湾南岸移动，S8 释放的粒子中流出湾外部分占有更大的比例，其他区域释放粒子的运动路径与有风情况下相差不大；枯水期，有风和无风情况下，粒子路径差别不大。

在没有径流的情况下，洪水期（图 4.21 第四列），除 S1 释放的粒子的运动路径受径流影响很少外，S2、S3、S6、S8 释放的粒子朝着北和东北方向运动，S4、S5、S7 释放的粒子朝钱塘江上游漂移，与有径流作用下的运动路径截然相反；枯水期（图 4.22 第四列）粒子的运动路径与洪水期类似，不再赘述。

对于湾顶区域，在潮汐作用下，杭州湾西北部余流基本向东北偏东方向流动，湾内的余流朝向湾外[176]，潮致拉格朗日余流和欧拉余流在杭州湾顶部形成顺时针涡旋，有利于杭州湾西部的污染物沿北岸向湾中输送[175]，是杭州湾顶部感潮河段污染物输运的重要物理因

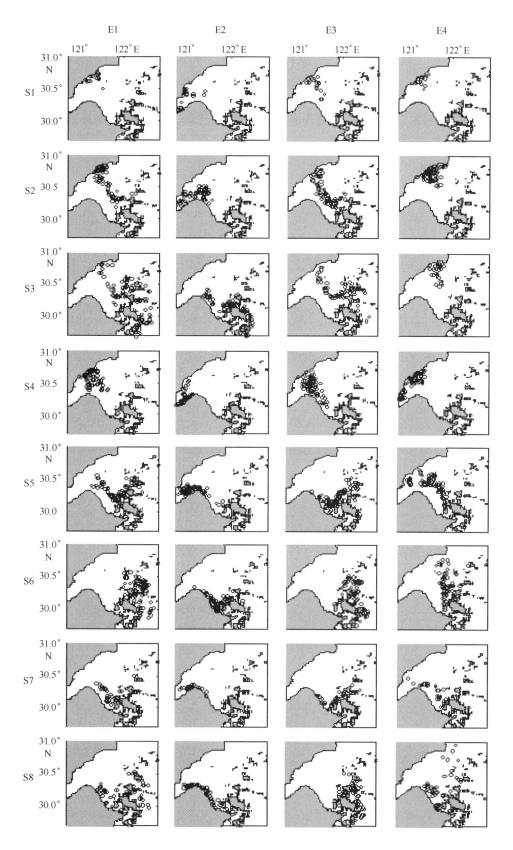

图 4.21　洪水期 4 个模型试验 30 天后不同区域释放的粒子在杭州湾内的分布情况

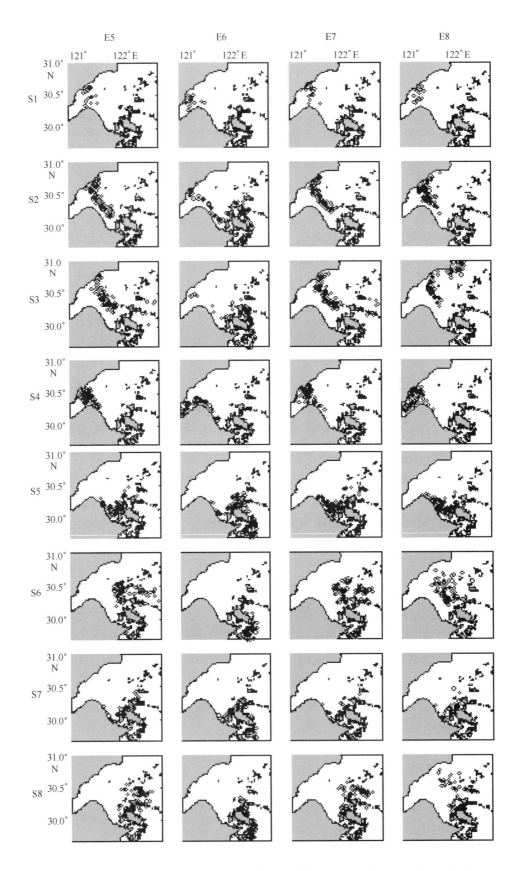

图 4.22 枯水期 4 个模型试验 30 天后不同区域释放的粒子在杭州湾内的分布情况

素[178]。在没有潮汐的作用下，这部分动力自然消失，因此湾顶和湾中处释放的粒子向西朝钱塘江上游方向移动。湾口区域没有潮汐作用时，长江径流便成的主要动力因素，污染物在长江径流的带动下顺流直下流出杭州湾，不受潮汐往复运动的干扰，S3 和 S6 释放的粒子流出湾外的速度更快。

不考虑风暴潮等特殊天气，仅考虑在正常风况条件下的污染物变化情况，风是三个动力条件中相对较弱的。洪水期，南风和西南风将杭州湾南岸的污染物吹向北部和西北，因此在无风情况下，S5 和 S7 释放的粒子贴岸运动，但在有风情况下，其粒子则远离岸边。冬季的风生流在表层流速很大，能达到 20 cm/s[174,175]，但是强烈的混合将表层的 80% 的粒子带到了水面以下，水体下层受风的影响很少，所以，枯水期风的作用对污染物扩散路径的影响很小。

长江径流绝大部分在科氏力作用下向南偏转，从杭州湾湾口北部进入杭州湾，从湾口南部流出[175]。在长江径流的带动下，杭州湾的污染物也同样从杭州湾湾口南部流出杭州湾。因此，如果不考虑长江径流的作用，便没有这股推动污染物流动的驱动力，位于杭州湾湾口和湾中部的粒子便会朝北或东北方向移动。洪水期的径流量大于枯水期，所以，长江对杭州湾污染物输运作用在洪水期更加明显，例如，在没有长江径流的作用时，洪水期 S6 和 S8 释放的粒子向北方向移动的距离较之枯水期远。在钱塘江的带动下，污染物沿河流流动的方向从湾顶向湾中部移动，因缺少钱塘江的推动作用，位于湾顶的污染物便可以逆流而上，朝钱塘江上游运动。

总的来说，杭州湾污染物的输运取决于风、径流、潮汐的共同作用，各个动力因素对污染物传输有不同的影响。风的作用最小，仅在洪水期影响杭州湾南部区域的污染物扩散，潮汐和径流的作用较强，钱塘江和潮汐共同影响着湾顶地区的污染物输运，长江径流是湾口地区污染物输运的主要驱动力。

4.3.5　水质更新时间的模拟

本节在三维欧拉物质输运模型的基础上，考虑对流、扩散等物理过程，还考虑了环流输运场的非均匀性，利用溶解态保守物质的浓度为示踪剂，建立杭州湾水交换数值模式，将湾内初始浓度场设为 1，湾外设为 0，在 K1、O1、S2、M2 四个分潮的驱动下计算 1 年，在此情况下，获得杭州湾水质更新时间的空间分布图。

图 4.23 是杭州湾示踪粒物平均浓度随时间的变化图，由图可见，杭州湾的示踪物浓度随时间不断降低，并且降低到一定程度后，下降速度越来越慢，本节计算出的杭州湾的平均水质更新时间为 110 天，模式运转 1 年，基本上可以反映杭州湾的水交换情况。

图 4.24 是半年后杭州湾不同区域的水体置换率分布图。经过 180 天的水体交换，杭州湾湾口和钱塘江口处 80% 以上水体被置换，湾顶 50% 的水体被置换，湾中部仅 30% 水体被置换，这说明，湾口处被长江冲淡水影响的区域和钱塘江河口处水交换能力非常强，而湾顶处因为钱塘江水动力减弱，水交换能力也随之减弱，到湾中部的水体交换能力变为最差。

图 4.25 是杭州湾水质更新时间分布图。从图中可以看出，湾内不同区域的更新时间差别非常大，从钱塘江河口到杭州湾湾口先增大再减小。钱塘江河口区域和杭州湾口东北部受长江冲淡水影响的区域水质更新时间最短为 20~40 天，杭州湾中部以东湾口以西的区域和湾顶区域水质更新时间为 100~160 天，杭州湾中部水域水质更新时间为 320 天以上。

本节在没有考虑季风和斜压效应对杭州湾水交换能力影响的基础上，研究了杭州湾的更

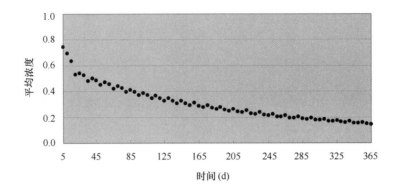

图 4.23　杭州湾示踪物平均浓度随时间变化情况

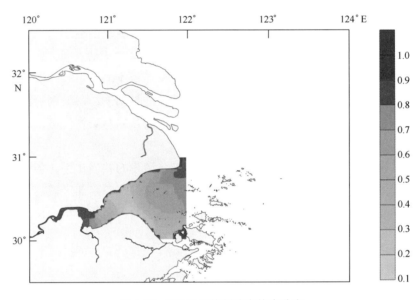

图 4.24　180 天后杭州湾交换率分布

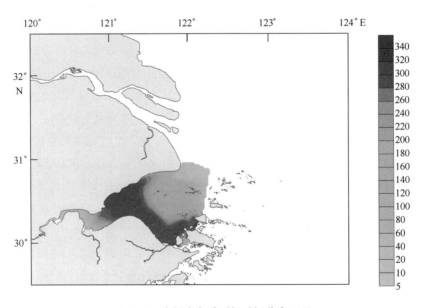

图 4.25　杭州湾水质更新时间分布（d）

新时间。结果表明，杭州湾不同区域的水交换能力显著不同，杭州湾湾口和钱塘江河口处水交换能力最强，这说明钱塘江和长江径流对杭州湾水体更新时间影响最大。杭州湾中部水交换能力最弱，污染物在此停留时间最长，达到 1 年以上。本节没有考虑非保守物质的生物自净能力，也没有考虑悬浮物质的沉降及海底再悬浮对水体物质浓度的贡献，实际上考虑底质污染源后，物质需要更长时间的稀释。因此，杭州湾中部的水体交换和自净能力最差，在改善杭州湾水质的环境治理时更应该减轻其环境压力。

4.4　杭州湾面源污染遥感监测结果与数值模拟结果对比

在数值模型中，采用被动式的粒子来表征具有保守性特征的污染物，采用拉格朗日粒子追踪方法来模拟污染物在水动力作用下的分布规律和扩散特征，为了验证数值模拟的正确性，本节为从 7 月 1 日开始经过 1 个月模拟后的污染物粒子分布结果（图 4.26），与湾内保守性较为显著的活性磷酸盐 8 月的遥感结果进行比对（图 4.27）。

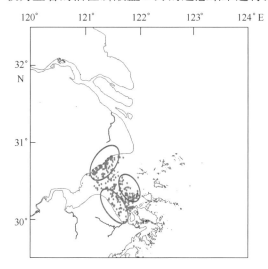

图 4.26　洪水期杭州湾污染物粒子分布

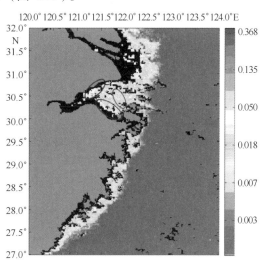

图 4.27　2007 年 8 月活性磷酸盐分布（mg/L）

从活性磷酸盐的月平均遥感分布图可以看出，磷酸盐高浓度区主要分布在杭州湾西北部和东南部（图 4.27 中两个红色椭圆标示的区域），说明湾顶地区和湾口南部区域是污染物容易富集的区域，这与数值模拟的污染物粒子聚集区域是对应的（图 4.26 两个红色椭圆标示的区域），与图 4.25 中水交换特性较差的地区也非常一致。不同之处在于，数值模拟的结果中舟山群岛前端位于杭州湾中部的区域也是污染物粒子聚集区（图 4.26 中蓝色椭圆标示的区域），而在遥感图片中，活性磷酸盐的含量却不高（图 4.27 中蓝色椭圆标示的区域）。出现这种情况的原因，首先是活性磷酸盐并非完全被动式的粒子，在其随水动力扩散过程会受生物作用的影响而发生物质转移；其次，数值模拟的初始条件是在湾内均匀分布的粒子，并非按照活性硝酸盐 7 月的浓度分布情况来布设粒子，所以经过一个月的模拟所显示的污染物分布情况与实际的活性磷酸盐的分布情况略有差别；再次，图 4.27 是月合成的活性磷酸盐遥感数据，反映的是 8 月活性磷酸盐的平均分布情况，而数值模拟的结果是 8 月初的污染物粒子分布情况。尽管数值模拟的结果与营养盐的遥感数据之间存在偏差，但是总体上数值模拟和

135

遥感监测结果都反映了湾内污染物的分布趋势和规律。

4.5　杭州湾面源污染对水质的影响

从悬浮泥沙含量的遥感分布图可以看出，杭州湾内悬浮泥沙含量较高，一方面向水中释放大量的营养盐，维持着水体中的高营养浓度；另一方面阻碍光在水体中的传输，导致海区生产力不足，各种营养物质的生物转移作用较小。杭州湾内营养物质分布从近岸到外海逐渐降低，主要受冲淡水物理掺混输移作用的控制，加之受高悬浮泥沙含量的影响生物作用较弱，因此表现为显著的保守性特征。其分布趋势主要受水动力过程控制和水团之间相互作用的影响。

采用数值模拟的方法对面源污染物的扩散和水质更新时间等物理自净特性进行模拟，结果显示，杭州湾湾口区域释放的污染物能够很快到达湾外，湾顶地区释放的污染物基本上仍停留在湾内。各种动力因素中潮汐和径流的影响作用较强，钱塘江和潮汐共同影响着湾顶地区的污染物输运，长江是湾口地区污染物输运的主要驱动力，因此位于钱塘江口和杭州湾东北海域的水质更新时间最短。湾北部东北方向的余流与进入杭州湾的长江水团将污染物限制在 S1 附近的狭长水道内，水质更新时间最长，成为污染物最容易富集的区域。杭州湾中部的最大水质更新时间达到一年以上，这个时间远远大于污染物进行生物化学循环的周期，说明污染物在经过与外海水交换离开杭州湾之前，已经经过了很多次生物化学过程，这使得湾内的水质情况更加复杂。

4.6　本章小结

通过遥感图像对杭州湾内悬浮泥沙、溶解性无机氮、活性磷酸盐浓度分布趋势的分析表明，杭州湾内悬浮物含量较高，营养盐的分布呈现显著的保守性特征，水动力过程对营养盐输运影响很大。

在此基础上，采用拉格朗日粒子传输和欧拉物质输运的方法对杭州湾不同区域的污染物扩散路径和水质更新时间模拟发现，S1 和 S8 是污染物最容易富集的区域，湾中部的水质更新时间最长，超过一年以上。在各种动力因素中，钱塘江和潮汐对湾口区域、长江冲淡水对湾口区域污染物传输的贡献最大。

通过以上研究发现，数值模拟和遥感两种技术互相结合，能够全面、有效地监测和分析杭州湾内污染物的分布情况和扩散情况。

5　杭州湾点源热污染研究

杭州湾内坐落着我国第一座自行设计、建造的以核能为动力的电站——秦山核电站，构成杭州湾内点源热污染的主要来源。核电站向周围水体中排放大量的废热，一方面改变了排水口附近海域的流场；另一方面使排水口附近局部海域水温不同程度地上升，对海洋生态环境产生影响。因此采用遥感监测的方法，建立有效的数值模型来预测热污染的影响范围，不仅为核电站海洋环境后评估范围及实施环境跟踪监测范围[179]提供依据，还为海洋环境评价提供可靠的基本数据。

5.1　秦山核电站简介

秦山核电站位于我国浙江省海盐县内，处在杭州湾北部的秦山山麓，是我国第一座自行设计、建造的核电站。秦山核电站的建设成功，结束了我国大陆无核电站的历史，是我国和平利用核能的重要里程碑。目前秦山核电站投入生产运行的有Ⅰ、Ⅱ、Ⅲ期（表5.1），分别为 30×10^4 kW、$2 \times 65 \times 10^4$ kW 压水堆核电站和 $2 \times 70 \times 10^4$ kW 重水堆核电站，正在建设的有秦山Ⅱ期的两个扩建工程，容量均为 65×10^4 kW。秦山核电站冷却水直接取自杭州湾并通过排水口直接排入湾内，秦山核电站Ⅰ、Ⅱ、Ⅲ期的循环冷却水量分别为 25 m³/s、74 m³/s、84 m³/s，排水口温升取为 10℃。排入海湾的温排水受排水口附近地形条件和潮汐的影响，也随潮流流动在排水口附近区域内呈现涨落分布。

表 5.1　秦山投入运营和在建的核电机组情况

序号	机组名称	容量（ $\times 10^4$ kW）	投运时间
1	秦山一期#1	30	1991 年 4 月
2	秦山二期#1	65	2002 年 4 月
3	秦山二期#2	65	2004 年 3 月
4	秦山三期#1	70	2002 年 12 月
5	秦山三期#2	70	2003 年 11 月
6	秦山二期扩建#1	65	2006 年 4 月开建
7	秦山二期扩建#2	65	2006 年 4 月开建

秦山核电站附近水域地形复杂，岸线曲折，靠近秦山核电站区域有一个水深超过 20 m 的深水坑，其余区域水深均在 10 m 以浅[180]。水域涨潮历时短，落潮历时长，潮差大，潮流急，其中澉浦站曾测得最大潮差为 8.93 m。夏季盛行东南风，冬季盛行西北风。受亚热带季风影响和海洋气流调节，雨水充沛，且主要集中在 4—9 月间，占全年降水量的 69%，多年平均

降雨量在 1 200 ~ 1 500 mm 之间。海温受太阳辐射影响，具有明显的季节变化，7 月的最高温度为 23.6℃，1 月的最低气温为 7.78℃。盐度较低，变幅较小 (4.18 ~ 11.30)[181]。测区海水混浊，海水透明度低 (0.1 ~ 0.6 m)，悬浮泥沙含量高，最大 2 839 mg/L，平均 747 mg/L。

秦山海域重金属含量不高[182]，有机污染明显[183]，属高营养化水体。尽管径流带来了丰富的足以供给浮游植物繁殖生长所必需的溶解态 N、P、Si 等无机营养盐，又有充足的日照和溶解氧，但由于水体浑浊、透明度低、真光层薄、往复潮流作用强烈等水文特征，限制了浮游植物的生长，因此叶绿素含量不高，初级生产力较低，营养物质不能被充分利用[181]，富营养化程度不断增加。

5.2 秦山核电站附近水域温度实测结果

5.2.1 秦山核电站附近水域温度平面分布情况

本文作者分别于 2007 年 11 月和 2008 年 12 月 3 日对秦山核电站周边水域的水温进行了两次船体测量。因为 2007 年 11 月秦山核电站 I 期正处于检修状态，所以只获得在秦山核电站 II、III 期共同作用下水温的分布情况，图 5.1 至图 5.3 分别是 2007 年 11 月 21 日、22 日、24 日秦山核电站附近水域实测温度分布图。可见，秦山核电站 II、III 期温排水的影响范围都不大，都聚集在排水口附近很小的区域内，II 期排水口处的水温高于 III 期排水口处 2 ~ 3℃。图 5.4 是 2008 年 12 月对秦山核电站附近水域的水温实测结果，共 62 个站位，当时秦山核电站 I、II、III 期都处于运行状态，所以反映的是秦山核电站 I、II、III 期共同作用下的水温分布情况，从图中可以看出，高温水体对邻近水域影响不大，秦山 I 期核电站排水口处的温升大于 II 期和 III 期。因秦山核电站不同时刻的发电量不同，造成排水量有大有小而并非随时间恒定，所以在本次测量中，秦山 II 期排水口处温升小于秦山 III 期。

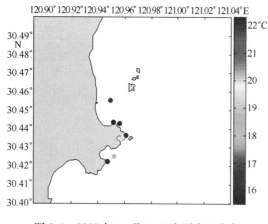

图 5.1 2007 年 11 月 21 日实测水温分布

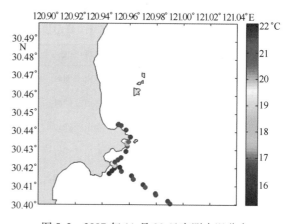

图 5.2 2007 年 11 月 22 日实测水温分布

5.2.2 秦山核电站附近水域温度连续观测结果

本文作者分别于 2008 年 12 月 6 日至 7 日，12 月 8 日至 9 日对秦山 I 期排水口附近的 S1 (30 25.344′N，120 56.927′E) 和 S2 (30 25.692′N，120 57.314′E) 站位进行连续温度观测。

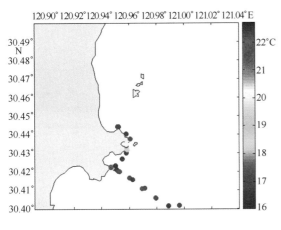

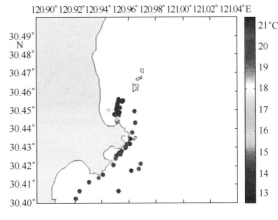

图 5.3   2007 年 11 月 24 日实测水温分布　　　　　图 5.4   2008 年 12 月 3 日实测水温分布

图 5.5 是 S1 测站表层从 12 月 6 日 14：03：10 到 15：38：00 每 10 s 测量一次的水温分布图，图 5.6 是 S1 测站表层从 16：02：00 到 17：27：00 每隔 10 s 测量一次的温度随时间变化图，横坐标表示测量的序列号，纵坐标表示对应的温度，从图中可以看出，排水口的温度瞬时变化迅速，在 1 min 内，上下波动的最大值可达 3℃。图 5.7 是 S1 站位水下 6 m 处每 5 min 一次的温度随时间变化图，图 5.8 是 S1 测站水面以下 3 m 处每隔 5 min 一次的温度随时间变化图，纵、横坐标表示的意义与图 5.6 相同。图 5.9 是 S2 站位 2008 年 12 月 8 日从 10：00 到 12 月 9 日 04：00 的表层水温分布图，横坐标是时间，纵坐标表示温度。图 5.10 是 S2 站位水下 9 m 处 12 月 8 日 9：55 至 16：10 每 5 min 测量一次的温度分布图，横坐标表示测量的序列号，纵坐标表示该次测量对应的温度。图 5.11 是 S2 站位水下 4 m 处 12 月 8 日 16：20 至 12 月 9 日 9：10 每 5 min 一次的温度分布图，纵、横坐标的意义与图 5.10 相同。从以上各图可见，无论是在 10 s（图 5.5，图 5.6，图 5.9），1 min（图 5.5，图 5.6，图 5.9），还是 1 h（图 5.7，图 5.8，图 5.10，图 5.11）的时间尺度上，温度的变化都比较剧烈。由图 5.8 和图 5.9 对比可见，S1 站位水下 3 m 处温度的波动大于水下 6 m 处；由图 5.10 和图 5.11 对比可见，S2 站位水下 4 m 处的温度波动大于水下 9 m 处。因此，可以得出结论：①秦山核电站排水口处的水动力条件很强，水体波动强烈，短时间尺度内水温变化剧烈；②水体受秦山核电站温排水的影响表层大于底层。

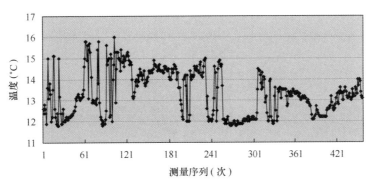

图 5.5   2008 年 12 月 6 日 14：03：10 到 15：38：00，S1 测站每 10 s 一次海表温度连续观测结果

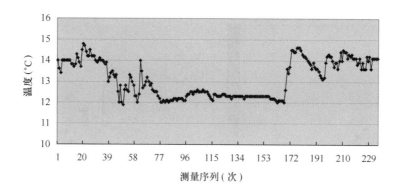

图 5.6　2008 年 12 月 6 日 16：02：00 到 17：27：00，S1 测站每 10 s 一次海表温度连续观测结果

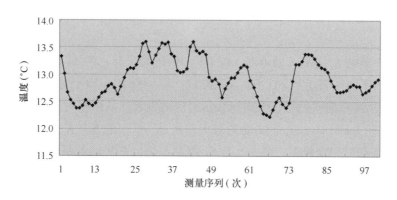

图 5.7　2008 年 12 月 6 日 11：19 至 19：39，S1 测站水下 6 m 处每 5 min 一次水温连续观测结果

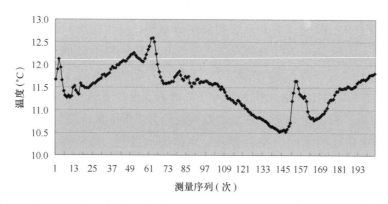

图 5.8　2008 年 12 月 6 日 19：44 至 12 月 7 日 11：04，S1 测站水下 3 m 处每 5 min 一次水温连续观测结果

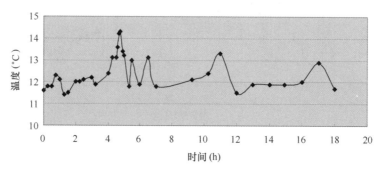

图 5.9　2008 年 12 月 8 日 10：00 至 12 月 9 日 04：00，S2 测站海表水温连续观测结果

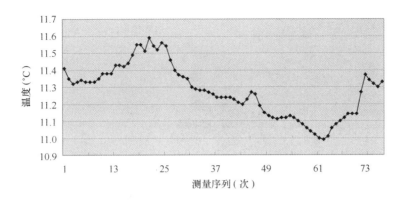

图 5.10　2008 年 12 月 8 日 9：55 至 16：10，S2 测站水下 9 m 处每 5 min 一次水温连续观测结果

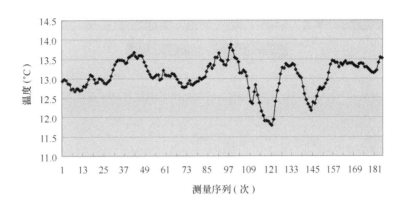

图 5.11　2008 年 12 月 8 日 16：20 至 12 月 9 日 9：10，S2 测站水下 4 m 处每 5 min 一次水温连续观测结果

5.3　秦山核电站附近水域温度遥感监测结果

本文中分别采用的是机载 MAMS 传感器和 Landsat 卫星对秦山核电站附近水域的水温分布情况进行遥感监测。

5.3.1　机载 MAMS 传感器的水温监测结果

图 5.12 是 2007 年 11 月 24 日由 MEMS 传感器遥测获得的秦山核电站附近水域涨潮时温度分布图，当时秦山核电站 I 期正处于检修状态，排污口关闭，所以此图只反映秦山核电站 II、III 共同作用下的温度分布情况。从图中看到温升等值线大致与岸线平行；秦山核电站热排污引起的附近海域水体温升并不明显，大于 20℃ 的水体主要集中在排水口附近，远离排水口区域水温很快降低；秦山 III 期排水口附近的温升明显小于秦山 II 期。

5.3.2　Landsat 卫星的水温监测结果

本文采用国家海洋局第二海洋研究所从中国科学院遥感卫星地面站购买的经过几何系统校正的 L2 级 2002 年 11 月 11 日 Landsat − 7 的 ETM + 遥感产品，利用其红外波段对秦山核电站附近水域进行遥感水温观测。

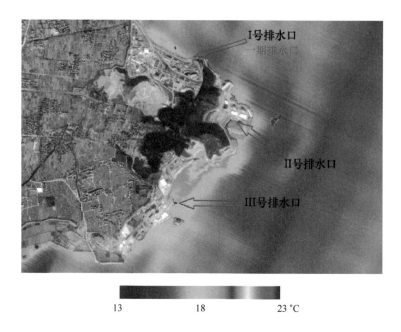

图 5.12　2007 年 11 月 24 日秦山核电站附近海域 MAMS 遥测温度分布

在获得温度数据之前，需要进行以下预处理。

（1）先将图像灰度值转化为星上辐亮度[184]

$$L_\lambda = \left(\frac{L_{\max} - L_{\min}}{Q_{\max} - Q_{\min}}\right) \times (DN - Q_{\min}) + L_{\min} \tag{4.1}$$

其中，DN 是像元值，$L_{\max}$ 和 $L_{\min}$ 分别为定标常数即传感器辐射亮度的范围；$Q_{\max}$ 和 $Q_{\min}$ 分别为辐亮度转换成灰度时的整个灰度域最高、最低值，可从数据文件中读取。

（2）将星上辐亮度转化为相对应星上亮度温度[184,185]

$$T_{sensor} = \frac{K_2}{\ln(k_1/L_\lambda + 1)} \tag{4.2}$$

其中，T_{sensor} 为星上亮度温度（单位为 K）；k_1 和 K_2 为定标常数，对 ETM + 传感器分别取值 666.09 wm^{-2}sr^{-1}m^{-1} 和 1 282.71 K。L_λ 为波长为 λ 的辐亮度。

（3）不考虑大气透过率及程辐射等大气影响因素，获得海面的温度[184,185,186]

$$T = \frac{T_{sensor}}{1 + (\lambda T_{sensor}/\rho)\ln\varepsilon} \tag{4.3}$$

其中，λ 为辐射亮度的波长，峰值限幅波长的平均值为 11.5×10^{-6} m；$\rho = h \times c/\sigma$，为 1.438×10^{-2} mK，σ 为波耳曼常数，取为 1.38×10^{-23} J/K，h 为普朗克常数，值为 6.626×10^{-34} J·s，c 为光速，取值为 2.998×10^8 m/s；ε 为发射率，海水取 0.985。

图 5.13 是通过上述方法获得的海表温度分布图。2002 年秦山Ⅲ期尚未投入运营，所以图 5.13 表示的是在秦山核电站Ⅰ期和Ⅱ期共同作用下附近水域的温度分布情况，从图中可以看出，秦山核电站Ⅰ期和Ⅱ期的温排水对周围水体的热污染非常小，高温水体都集中在排水口附近 100 m 以内，比正常水温高 3 ~ 4℃，距离排污口稍远距离，温度便很快回落到该季节的正常海温。

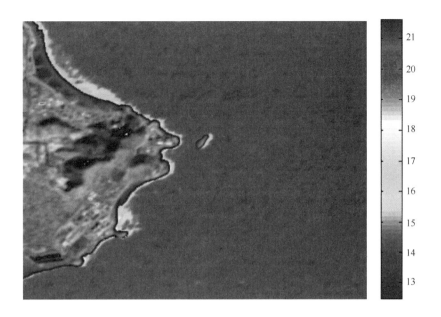

图 5.13　2002 年 11 月 11 日 Landsat 遥测温度分布（℃）

5.4　秦山核电站温排水数值模拟结果

5.4.1　模型设置

本文采用 COHERENS 模型，通过水动力模拟，利用建立在对流扩散理论基础上的三维热扩散模块来模拟秦山核电站排水口热排污的扩散过程。在水平方向将计算区域（30.4—30.5°N，120.892—121.04°E）划分为 50×50 个矩形网格（图 5.14），垂直方向分为 5 层。因秦山核电站处于杭州湾顶端，水流条件复杂，边界条件很难给定，所以采用网格嵌套的方法，利

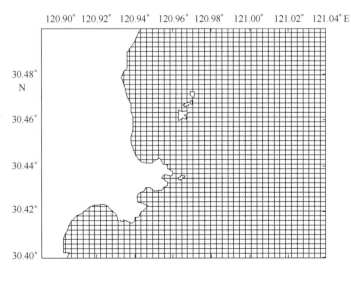

图 5.14　模型计算网格

143

用 4.3 节中杭州湾水动力计算结果为本节计算提供边界条件。计算区域的地形和岸线从 1∶15 万海图中电子化提取获得。

每个网格处的初始温升都设为 0，因开边界离排水口足够远不受温排水影响，所以开边界处的温升保持 0 不变。因计算区域内盐度变化不大，故忽略盐度对密度的影响。在模拟温升分布时，将排水口所在的网格视为点源，持续叠加 $Q_sT_s/\Delta x$、Δy、Δz 的温升。Q_s 为温排水流量，T_s 为初始温升取 10℃，Δx、Δy、Δz 分别为水平和垂直方向上网格大小。因为核电站采用深层取水，取水口的位置无法现场实测获得，所以，简单假设取水口受温排影响较小，忽略二次温升效应。

采用温度 28℃，平均风速 3 m/s，相对湿度 0.75，空气温度 25℃ 的情况下的综合散热系数（水温平均变化 1℃ 时水面总散热通量的改变量），由毛世民的全国通用超温水体散热系数公式（见附录）计算的结果是 39.753 6 $wm^{-2}℃^{-1}$，用 Gunneberg 公式计算（见附录）的结果是 39.909 1 $wm^{-2}℃^{-1}$，两者相差不大。因毛世民的公式是在我国采用典型气候地区和水域建立的 9 个水面蒸发试验点，按照统一的测量手段和测量方法开展天然水温和超温水面蒸发试验，提出的蒸发系数通用公式，并被国家标准 GB/T50102—2003《工业循环水冷却设计规范》中推荐，用以计算受纳废热前后的水面蒸发、水面散热和附加蒸发。所以本文的综合散热系数采用 39.753 6 $wm^{-2}℃^{-1}$。

5.4.2 秦山核电站 Ⅱ、Ⅲ 期作用下温升分布情况

本文利用三维温排水扩散模型计算在秦山核电站 Ⅱ、Ⅲ 期共同作用下的温升分布情况。冷却水排放入海后，由于潮混合作用，需要若干个潮周期温升场才能达到稳定平衡，本文取 15 天后的模拟结果，得到了大潮、小潮期间涨急、涨憩、落急、落憩 4 个代表时刻表、中、底三层等温升线包络面积（表 5.2a、b）。

表 5.2a 秦山核电站 Ⅱ、Ⅲ 期共同作用下等温升线包络面积（涨急、涨憩）（km^2）

等温值 （℃）	时刻	涨急			涨憩		
		表层	中层	底层	表层	中层	底层
4	大潮	0.38					
	小潮	0.25			0.13		
3	大潮	1.01			0.38		
	小潮	0.51			0.51		
2	大潮	1.45			0.82		
	小潮	1.01			0.95		
1	大潮	3.54			2.53		
	小潮	2.40			2.53		
0.5	大潮	8.22	3.54	3.47	7.08	3.22	2.84
	小潮	8.34	4.99	4.80	6.51	2.72	2.40

表 5.2b　秦山核电站 II、III 期共同作用下等温升线包络面积（涨急、涨憩）（km²）

等温值 （℃）	时刻	落急			落憩		
		表层	中层	底层	表层	中层	底层
4	大潮	0.19			0.76		
	小潮	0.44			0.82		
3	大潮	0.76			0.95		
	小潮	1.01			1.26		
2	大潮	1.71			1.26		
	小潮	1.58			1.83		
1	大潮	3.10			3.92		
	小潮	3.35			2.78		
0.5	大潮	7.08	0.88	0.82	10.68	5.56	5.37
	小潮	6.00	0.63	0.75	10.68	4.61	4.42

　　根据中华人民共和国水质标准（GB 3097—1997）的规定，第一、第二类海水中人为造成的海水温升夏季不得超过当时当地 1℃，其他季节不超过 2℃。第三、第四类海水中人为造成的海水温升不超过当时当地 4℃。杭州湾长期属四类水体，4℃ 等温升线包络面积的大小直接关系到温排水对海域污染的范围。也有研究表明，水温超过自然水温 2℃ 就会对生物生长产生影响[187]，因此 2℃ 等温升线包络面积的大小也非常重要。在正常的气候条件下，秦山核电站 II、III 期温排水引起的温升超过 4℃、3℃、2℃、1℃ 的面积，大潮期间分别为 0.76 km²、1.01 km²、1.71 km²、3.92 km²，小潮期间分别为 0.82 km²、1.26 km²、1.83 km²、3.35 km²。总体来说，秦山核电站 II、III 期温排水作用下热污染范围影响范围不大，而且小潮期间 4℃、3℃、2℃ 温升面积大于大潮期间对应的温升面积，说明大潮时流速较大，水体动力更强，更利于高温水体的扩散。

5.4.2.1　水平扩散规律分析

　　图 5.15、图 5.16、图 5.17、图 5.18 分别表示大潮期间落急、落憩、涨急、涨憩 4 个时刻的表层温升分布图。结果显示，温排水从排水口流出后，以排水口为中心向周围扩散，因为

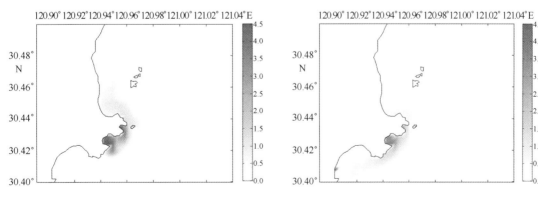

图 5.15　涨急时刻表层温升分布（℃）　　　　图 5.16　涨憩时刻表层温升分布（℃）

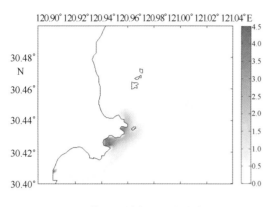

图5.17　落急时刻表层温升分布（℃）

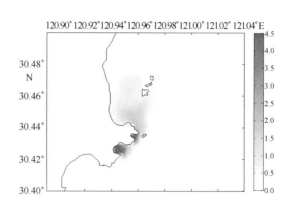

图5.18　落憩时刻表层温升分布（℃）

秦山地区的潮流方向几乎与岸线平行，涨潮时由东北流向西南，落潮时由西南流向东北。所以，在涨落潮过程中，受潮流的顶托和拖拽作用，温度场也随潮流沿岸向西南或东北扩散[42]。结合表5.2的计算结果发现，大潮时温排水引起水体表层4℃等温升线包络面积，落憩最大，涨憩最小。这是因为潮流方向与岸线平行，岸线的顶托作用很小，所以无论涨潮还是落潮时，高温水体都被限制在沿岸狭长水域，而杭州湾大部分区域落潮历时普遍长于涨潮历时，涨潮流速大于落潮流速[188]，因此涨潮时水体的快速流动使高温水体更容易扩散。

5.4.2.2　垂向分层分析

图5.19至图5.22分别表示涨潮和落潮时表层和底层的温升等值线分布图，从图中可以看出，底层水体受温排水的影响远比表层水体受到的影响小，底层不存在温升超过1℃的区域，结合表5.2，将表、中、底层的等温升线包络面积进行比较，可以发现，温排水从核电站排出后，由于热水的浮力效应而主要漂浮于表层，表层水体升温很快，底层水体升温较慢，在表、底层之间产生明显的分层，水体表层的最大温升远大于底层，对于同一温升，表层水体的包罗面积也远大于底层，这与实际测量的结果也非常一致。随着温排水扩散到距离排水口越来越远的位置，热量在垂直方向上混合越来越均匀，表、底层的温差逐渐减少，温升的分布在垂向上越来越均匀。

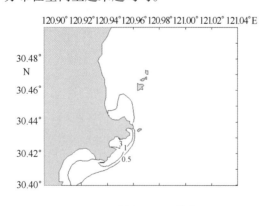

图5.19　涨急时刻表层温升等值线（℃）

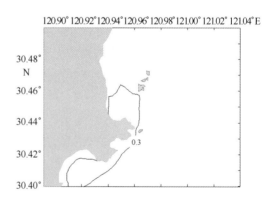

图5.20　涨急时刻底层温升等值线（℃）

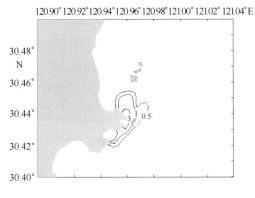

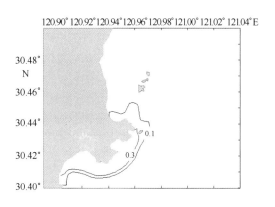

图 5.21　落急时刻表层温升等值线（℃）　　　　图 5.22　落急时刻底层温升等值线（℃）

5.4.3　秦山核电站Ⅰ、Ⅱ、Ⅲ期作用下温升分布情况

本节同样利用 COHERENS 模型中三维温热扩散模块计算秦山核电站Ⅰ、Ⅱ、Ⅲ期共同作用下的温升分布情况，模拟 15 天待温升场达到稳定后，选取该海域大潮、小潮期间涨急、涨憩、落急、落憩 4 个代表时刻表、中、底三层等温升线包络面积（表 5.3a、b）表征温排水的分布情况。大潮期间 4℃、3℃、2℃、1℃的等温升线的最大面积分别为 0.88 km²、1.26 km²、2.02 km²、5.69 km²，小潮期间 4℃、3℃、2℃、1℃的等温升线的最大面积分别为 0.82 km²、1.39 km²、2.09 km²、5.12 km²。与表 5.2 对比可知，考虑了秦山核电站Ⅰ期温排水的作用后，4℃、3℃、2℃、1℃的等温升线的最大面积，大潮时分别增加了 0.12 km²、0.25 km²、0.31 km²、1、77 km²，小潮时 4℃等温升线最大面积没有增加，3℃、2℃、1℃的等温升线的最大面积分别增加了 0.13 km²、0.26 km²、1.77 km²。从高温水体的影响范围来看，秦山核电站Ⅰ期温排水对杭州湾的热污染作用不大，秦山核电站Ⅰ、Ⅱ、Ⅲ期共同作用温排水分布面积依然很小。

表 5.3a　秦山核电站Ⅰ、Ⅱ、Ⅲ期共同作用下等温升线包络面积（涨急、涨憩）（km²）

等温值（℃）	时刻	涨急			涨憩		
		表层	中层	底层	表层	中层	底层
4	大潮	0.38					
	小潮	0.25			0.13		
3	大潮	1.14			0.51		
	小潮	0.63			0.63		
2	大潮	1.77			0.82		
	小潮	1.07			1.01		
1	大潮	5.18			3.79		
	小潮	3.10			2.97		
0.5	大潮	9.10	4.61	4.61	7.58	3.79	3.22
	小潮	9.92	6.76	6.5	8.28	5.06	4.55

表 5.3b　秦山核电站 I 、 II 、 III 期共同作用下等温升线包络面积（涨急、涨憩）（km²）

等温值 （℃）	时刻	落急			落憩		
		表层	中层	底层	表层	中层	底层
4	大潮	0.32			0.88		
	小潮	0.44			0.82		
3	大潮	1.07			1.26		
	小潮	1.14			1.39		
2	大潮	2.02			2.09		
	小潮	1.77			2.09		
1	大潮	4.68			5.69		
	小潮	4.42			5.12		
0.5	大潮	9.23	2.40	2.21	13.21	8.28	8.09
	小潮	8.41	1.52	1.39	12.13	6.38	6.13

5.4.3.1　随潮汐变化规律

图 5.23 至图 5.25 分别是秦山核电站 I、II、III 期排水口处温升与潮位随时间变化图。由图可见，排水口的温升场也随潮汐的涨落呈周期性变化，涨憩时温升最小，由涨潮变为落潮过程中，潮位不断降低，温升不断增加，落憩时温升最大。由此说明涨潮期间水体扩散能力显著，核电站温排水与周围水体强烈掺混，排水口处的温升不断降低。而落潮时水动力减弱，核电站温排水携带的热量未能及时向周围水体中扩散而聚集在排水口附近，使温升不断增加。

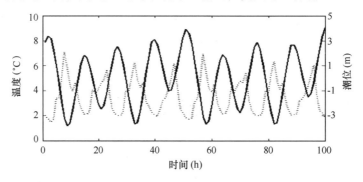

图 5.23　秦山核电站 I 期排水口温度和潮位变化（实线：潮位；虚线：温度）

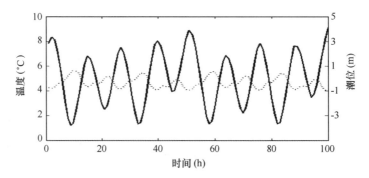

图 5.24　秦山核电站 II 期排水口温度和潮位变化（实线：潮位；虚线：温度）

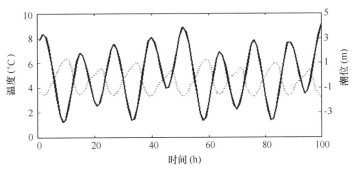

图 5.25　秦山核电站Ⅲ期排水口温度和潮位变化（实线：潮位；虚线：温度）

5.4.3.2　水平扩散规律分析

图 5.26 至图 5.29 分别表示在秦山核电站Ⅰ、Ⅱ、Ⅲ期温排水共同作用下大潮期间落急、落憩、涨急、涨憩 4 个时刻的表层温升分布图。可见其分布规律与秦山核电站Ⅱ、Ⅲ期温排水共同作用时大致相同，高温水体都集中在三个排水口处，并且沿岸方向呈狭长带状分布，并随潮汐的涨落而在沿岸方向进退。由于同时考虑了秦山核电站Ⅰ排水口的温排水作用，涨潮和落潮期间，温排水的影响范围都有所增加，排水口的最大温升比仅有秦山核电站Ⅱ、Ⅲ期温排水作用时有所增强。

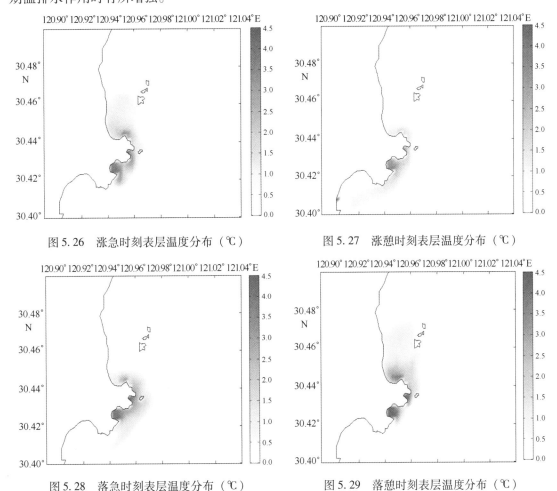

图 5.26　涨急时刻表层温度分布（℃）　　　　图 5.27　涨憩时刻表层温度分布（℃）

图 5.28　落急时刻表层温度分布（℃）　　　　图 5.29　落憩时刻表层温度分布（℃）

5.4.3.3 垂向分层分析

图5.30至图5.33分别为涨急和落急时刻表、底层温度等值线图。秦山核电站温排水对排水口附近表层水体和底层水体的影响存在显著差别，如在落急时秦山核电站Ⅰ期排水口附近，表层2℃温升处，底层仅有0.3℃温升。图5.34是三个排水口处的剖面位置图，图5.35至图5.37分别是这三个剖面上涨急时刻的温升分布图，从中可以更加清晰地看到排水口附近的温升分层效应，且大于2℃的高温水体仅分布在排水口附近500 m以内的表层水体中，这与实际测量的结果非常一致。这些特征也说明，在对温排水进行数值模拟时，利用深度平均的二维模式不能完全反映温排水的扩散特性，必须用三维动力模型才能真实准确地反映温排水在受纳水体中的分布特征。

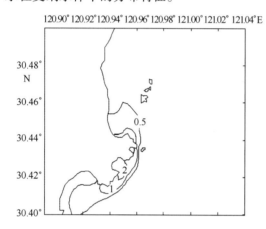

图5.30 涨急时刻表层温度等值线（℃）

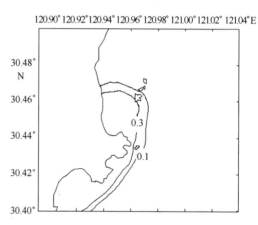

图5.31 涨急时刻底层温度等值线（℃）

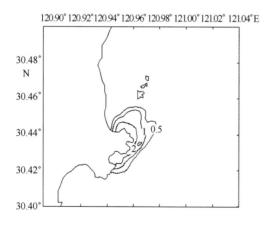

图5.32 落急时刻表层温度等值线（℃）

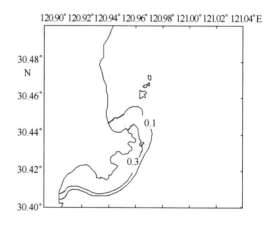

图5.33 落急时刻底层温度等值线（℃）

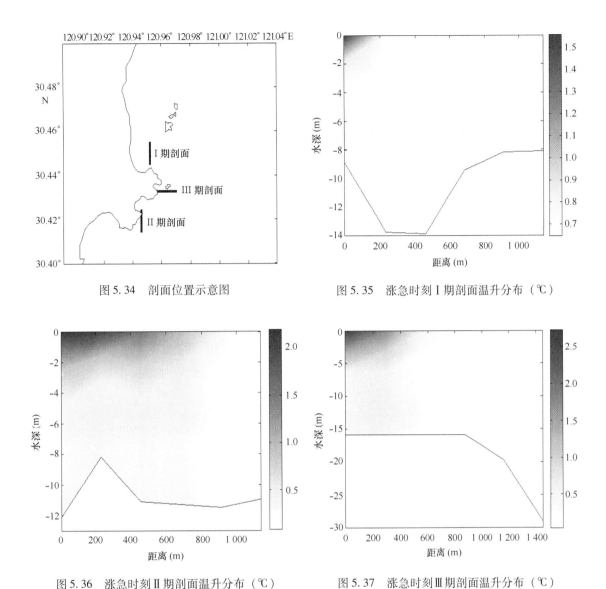

图 5.34 剖面位置示意图

图 5.35 涨急时刻 I 期剖面温升分布（℃）

图 5.36 涨急时刻 II 期剖面温升分布（℃）

图 5.37 涨急时刻 III 期剖面温升分布（℃）

5.5 秦山核电站热排污遥感监测结果与数值模拟结果对比

为了将遥感对热排污的监测结果与数值模拟结果进行对比，本节将 MAMS 遥感器对秦山核电站 II、III 期共同作用下涨潮时表层水温的监测结果（图 5.38）与秦山核电站 II、III 期共同作用下涨急时表层温升的模拟结果（图 5.39）重新拿出来进行比较。

从排水口引起的最大温升来看，MAMS 遥感器监测到的排水口最高温度为 23℃，海域内本底水温为 18℃左右，温排水引起的最大温升为 4～5℃，数值模拟结果中排水口的最大温升为 4.5℃，两者是互相一致的。从高温水体的分布来看，遥感图像上温度在 21℃以上的水体和数值模拟结果中 3℃以上温升的水体都聚集在排水口附近的小湾内，两个结果是一致的。

不同之处在于，数值模拟的结果中 II 期排水口附近水体温升 3～4℃左右，而在遥感图像上显示，II 期排水口附近温升没有明显增加，出现这种情况的原因是：首先，在进行数值模拟时采用的是 II 期核电站最大的排水量，但是在实际的运营过程中，核电站的排水量与发电

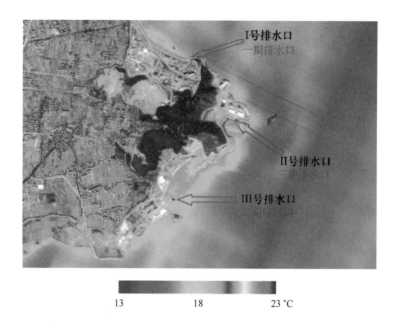

图 5.38　2007 年 11 月 24 日秦山核电站附近海域 MAMS 遥测温度分布

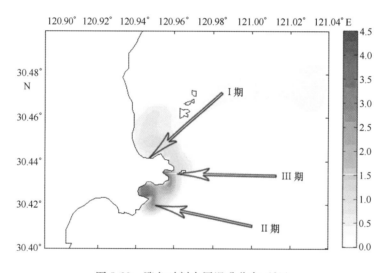

图 5.39　涨急时刻表层温升分布（℃）

量有关，并非总能达到最大值，所以，数值模拟的温升结果比遥感监测到的偏大。其次，图 5.38 的遥感图像是搭载 MAMS 传感器的海监飞机在涨潮过程中对海域进行连续飞行监测，多副单轨影响拼接获得的，因此监测时间并非严格处在涨急时刻，所以造成遥感监测结果与数值模拟的结果存在偏差。

　　总体来看，遥感监测结果能够真实地反映该海域的表层温排水扩散特征，数值模拟的结果能够对温排水的三维分布进行模拟，所以遥感监测和数值模拟相结合的方法是进行海域热污染监测、分析、预测的有效方法。

5.6 秦山核电站热排污对杭州湾水质的影响

从遥感监测和数值模拟结果来看，秦山核电站排水口处的水动力条件很强，水体掺混强烈，在 10 s，5 min，1 h 的时间尺度内水温变化非常剧烈。

虽然排水口处的温升分布随潮汐的涨落也呈周期性变化，排水口温升在涨憩时温升最小，落憩时最大，但总体来说，温排水携带的大量废热仅引起沿岸狭长地带水体升温，高温水体聚集在排水口附近，大于 2℃ 的水体仅分布在排水口附近 500 m 以内的表层水体中，底层水体几乎不受温排水的影响。杭州湾属四类水体，根据我国《海水水质标准》规定，人为造成的海水温升不得超过当时当地温度 4℃。秦山核电站温排水对周围水体造成的温升，大潮期间 4℃ 等值线包络面积分别为 0.76 km²，小潮期间分别为 0.82 km²，说明秦山核电站温排水集中在排水口附近很小范围内，对杭州湾造成的热污染不严重。

图 5.40 为 2007 年 11 月 21 日到 24 日进行水温测量时，将同步提取的水样用 Millipore 公司的 GF/F 0.7 μm 滤膜进行过滤，根据"我国近海海洋综合调查与评价专项"和海洋监测规范（GB 17378.7—1998）的要求，使用 Turner Design 荧光仪采用萃取荧光法获得的叶绿素浓度分布。可见，受温排水的影响，秦山核电站附近水域温度增加，该地区的生物活性增强，促进了浮游植物的生长，使得秦山核电站附近水域叶绿素浓度较高（大于 2 μg/L），而随着距离秦山核电站排水口越来越远，水温逐渐降低后，叶绿素浓度也逐渐恢复到本海区正常叶绿素含量（0.5 μg/L）。虽然不同区域的水体由于环境背景的差异，富营养化过程的表现不尽相同，但是一般来讲，富营养化水体最直接的反映就是浮游植物生物量的增加，从而造成叶绿素浓度的升高，从这个方面来讲，秦山核电站温排水使得排水口附近水域的富营养化程度增加。

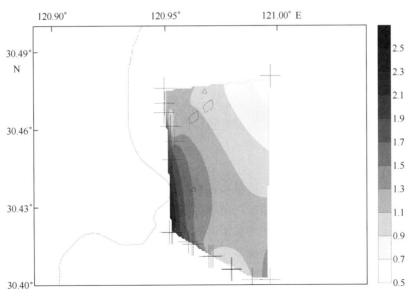

图 5.40　秦山核电站附近区域叶绿素浓度分布（μg/L）（＋：站位）

从以上分析可以看出，秦山核电站排水口附近水域水动力作用非常强烈，温排水进入杭州湾后迅速与周围水体发生交换，使得附近水域的总体温升不大，高温水体仅分布在排水口附近的上层水体中。排水口的高温水体促进了浮游植物的生长，使得该区域叶绿素浓度比周围水体高，在一定程度上促进了该区域水体的富营养化。

5.7　本章小结

　　本章采用船测、遥感测量、三维温排水数值模拟相结合的方法对杭州湾主要点源热污染——秦山核电站温排水的扩散和温升分布情况进行观测和分析。结果表明：秦山核电站排水口处的水动力作用很强，水温变化剧烈；热的温排水集中在排水口附近表层水体中，并随涨落潮呈周期性变化；4℃温升等值线面积大、小潮期间都小于 1 km²；底层水体几乎不受温排水的影响，排水口附近温度分层明显。从叶绿素浓度分布来看，热的温排水仅使排水口附近水域生物活性增加，叶绿素浓度增大。总体来看，秦山核电站温排水除使排水口附近海域水温升高，富营养化程度加重以外，对杭州湾其他区域造成的热污染并不严重。

6 杭州湾水质因子的遥感监测及数值模拟

海表温度和叶绿素浓度是海洋的重要物理参数。海表温度制约着海面和大气的热量、动量和水汽交换，是研究大气环流和气候变化甚至台风移动路径[189]等气象课题的重要因子，在海洋学和气象学研究中占有非常重要的地位[190-192]；此外，海表温度对海洋渔业[193]、海洋运输、海洋污染、海上油气资源开发、海滨核电站建设等方面的影响近年也备受关注[194]。叶绿素的浓度是浮游植物现存量的表征，是评价海洋水质、有机污染程度[195]和探测渔场的重要参数，海区叶绿素的时空变化包含着海区基本的生态信息，同光照、温度、盐度以及风潮流等各种因素关系密切，对于海区的研究有重要的意义。

本章采用遥感数据对杭州湾内的叶绿素浓度和温度进行大面积监测，然后利用 COHER-ENS 模型，在杭州湾水动力模型的基础上，以浮游植物生长的物理 - 生物变化过程为基础，建立了杭州湾水质模型，模拟杭州湾以及邻近海域春季水质因子的变化过程。数值模型考虑了海洋动力条件（潮流、径流）、气候条件（风、云层覆盖度、水温、气温等）、藻类生长条件（光照、温度、盐度、营养盐）等环境变量，实现了海洋动力和藻类生长的耦合，最后将经过实测数据验证后的温度、叶绿素浓度的模拟结果对遥感数据进行补缺，提高遥感数据的质量和对海洋现象的解释能力。

6.1 杭州湾水质因子的遥感监测

6.1.1 杭州湾叶绿素的遥感监测结果

本文采用由国家海洋局第二海洋研究所卫星海洋环境动力学国家重点实验室提供的 2006 年 SeaWiFS 的 5 天平均、空间精度为 1′的叶绿素浓度产品来反映杭州湾浮游植物的生长和变化情况。

图 6.1 和图 6.2 分别是 2006 年 3 月和 4 月云量较低情况下叶绿素的分布情况。从图中可以看出，叶绿素浓度受长江冲淡水的控制，自近岸到远海逐渐降低，在长江冲淡水锋面处存在叶绿素的高值区；遥感图像中杭州湾内的叶绿素水平较高，处于 4 ~ 6 μg/L，这与实际测量结果不相符。这是因为杭州湾是典型的二类水体，悬浮泥沙含量较高，水体的光谱关系复杂，叶绿素的遥感反演结果比实际浓度偏大。因此，在对杭州湾内的叶绿素含量进行遥感监测的同时，需要配合其他的测量和模拟手段进行校核，综合了解海湾内叶绿素的总体分布情况。

6.1.2 杭州湾海表温度的遥感监测结果

本文采用由从 NASA 下载的 MODIS L3 级、空间精度为 4 km 的温度产品，选择云量较少的图片，从中提取出杭州湾及其邻近海域部分来表征该海域的温度分布情况。虽然海表温度

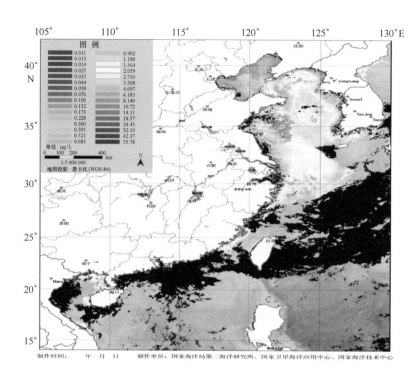

图 6.1　2006 年 3 月 22—26 日表层叶绿素浓度平均分布（μg/L）

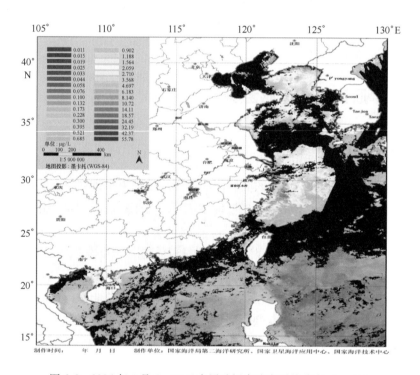

图 6.2　2006 年 4 月 6—10 日表层叶绿素浓度平均分布（μg/L）

不能直接表征水体富营养化，但是海水温度直接影响了水生生物的生存环境，海水温度的升高能促进水体富营养化程度不断发展。另外，海表温度也是指示赤潮发生的重要参数，所以海表温度是海水水质监测中一个非常重要的参量。

图6.3和图6.4分别是2006年3月19日、4月9日MODIS海表温度分布图。从图中可以看出，受光照的影响，从3月到4月本文所研究的海域内海表温度普遍增加，特别是杭州湾，海表温度增加更快。3月海表温度从近岸向外海逐渐增加，4月海表温度从近岸到外海呈减小的趋势，长江冲淡水锋面处温度变化剧烈。遥感产品非常有效地反映杭州湾内水温的分布情况，不过仍然存在不足，大量的云覆盖，使得可用遥感数据大大减少，在2006年3月和4月61幅MODIS Aqua遥感图像中，仅有6幅能够完整地反映海区的温度分布情况，可见海面上空大量的云覆盖已经限制了遥感数据对该海域的监测能力，需要采用实测或数值模拟的手段来辅助该海域的温度监测和分析。

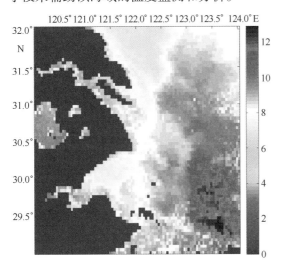

图6.3 2006年3月19日表层水温分布（℃）

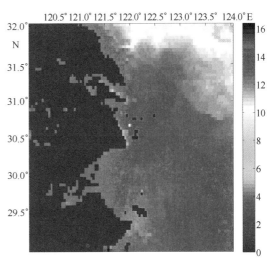

图6.4 2006年4月9日表层水温分布（℃）

6.2 杭州湾水质因子的数值模拟

6.2.1 模型设置

6.2.1.1 初始场条件

COHERENS生态模块中，以浮游生物、碎屑有机物、溶解性营养盐与溶解氧之间的关系建立海洋浮游生态系统（图6.5）。

初始场资料主要来自于2006年的遥感资料和多年平均的实测资料。因为冬季水动力作用较强，水体上下混合比较剧烈，表、底层的温度和叶绿素浓度差异不大，所以采用2006年MODIS L3级温度产品，对其在研究区域1月和2月进行平均获得初始温度（图6.6）。采用国家海洋局第二海洋研究所卫星海洋环境动力学国家重点实验室提供的2006年5天合成的叶绿素遥感产品，对其1月和2月进行平均，获得初始的叶绿素浓度（图6.7），再将叶绿素浓度换算为浮游植物氮和浮游植物碳浓度代入模型中进行计算。采用国家海洋局第二海洋研究所卫星海洋环境动力学国家重点实验室提供的2008年3月悬浮泥沙月平均遥感数据作为悬浮泥沙含量的初始值（图6.8）。将《渤海、黄海、东海海洋图集》中资料数字化得到的春季

157

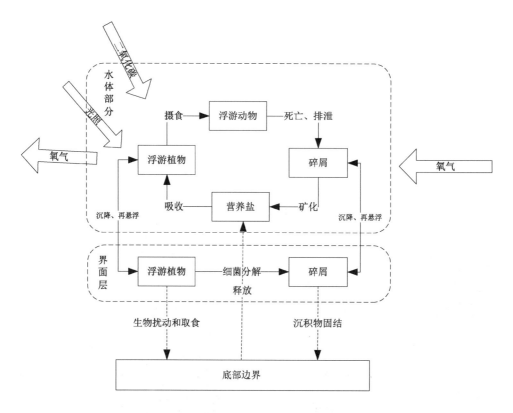

图 6.5　COHERENS 生态模块示意图

表、底层硝酸盐和溶解氧浓度作为初始硝酸盐和溶解氧的初始浓度。将 2002 年 4 月的铵盐的实测平均值作为初始氨盐浓度。因海区碎屑氮和碎屑碳的资料相当匮乏，所以采用模型中的默认值作为其初始值。

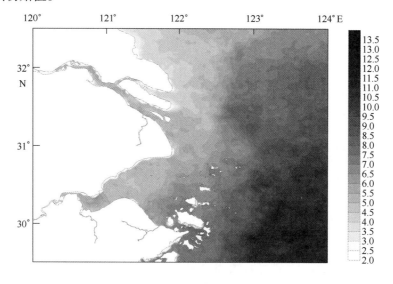

图 6.6　初始温度（℃）

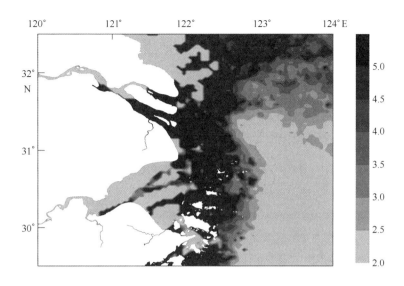

图 6.7　初始叶绿素浓度（µg/L）

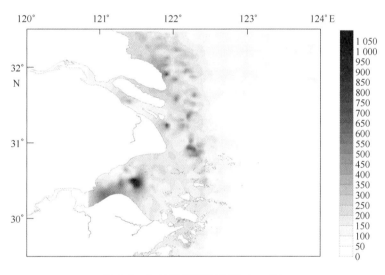

图 6.8　初始悬浮泥沙浓度（mg/L）

6.2.1.2　强迫场条件

模型强迫场资料包括太阳辐射、河流输入、风场、潮汐条件等。从《中国近海海面热平衡》[196]中可获得研究区域的辐射通量。长江和钱塘江 3 月的平均径流量[197]作为河流输入条件。将 QSCAT/NCEP 混合风场作为实际风场；因长江口各种形态的氮的输出通量由径流量控制[198]，因此根据硝酸盐、铵盐与长江径流量的相关关系，获得长江口不同月份的硝酸盐和铵盐的输出通量[199]。钱塘江铵盐氮和硝酸盐氮的通量采用 2006 年枯水期的猪头角的调查结果 0.494 mg/L[200]和 2001 年的监测数据 1.9 mg/L[201]。长江口泥沙通量为 0.547 kg/m³，钱塘江为 0.2 kg/m³。

6.2.1.3　参数设置

模型中需要设定的参数有 42 个，浮游生物种类不同，其生物特性也不同。数值模型中生物参数的选取非常困难，参数选取的合适与否直接关系到数值模拟的成败。通常很难从所研究海域进行实地观测并结合相应的培育实验获得相关的模型生物参数，而且目前国内这方面的研究工作相对滞后，公开发表的相关数据非常匮乏[202]。本模型中的大部分参数都是利用COHERENS模型中提供的参考值，对部分参数略有调整，其参数的选取参看表6.1。模拟时间从2006年3月1日到2006年4月21日共50 d。模型计算的时间步长和空间步长与杭州湾动力水交换的计算相同，输出每天的平均结果。

表 6.1　数值模拟中部分生物参数的选取

参数	参数的含义	单位	拟取值	取值范围[203]
PQHI	单位光能量下，自养性生物进行光合作用所产生的碳量	nmol/muEinstein	60	40 ~ 60
AXQN	自养性生物体内叶绿素与氮之比	mg/mmol	3.0	0.5 ~ 7
AR0	自养性浮游植物呼吸速度	1/d	0.05	0.03 ~ 0.41
AB	自养性生物呼吸速度与生长速度之比	—	0.3	0.2 ~ 0.7
AQMIN	自养性生物体内最小氮碳比	mmol/mmol	0.05	0.02 ~ 0.07
AQMAX	自养性生物体内最大氮碳比	mmol/mmol	0.2	0.15 ~ 0.25
AMUMAX	20℃水温中，营养盐浓度控制下，自养性生物最大生长率	1/d	1.5	1.2 ~ 2.9
ANOUMAX	20℃水温中，自养性生物对硝酸氮最大吸收速率	mmol/mmol/d	0.8	0.2 ~ 0.6
ANHUMAX	20℃水温中，自养性生物对氨氮最大吸收速率	mmol/mmol/d	0.8	1.5
AKNOS	硝酸盐吸收速率中硝酸氮半饱和浓度	mmol/m³	0.32	0.32
AKNHS	氨氮吸收速率中氨氮半饱和浓度	mmol/m³	0.24	0.24
AKIN	硝酸盐被浮游生物吸收时，氨氮对硝酸盐的半数抑制浓度	mmol/m³	0.5	0.5 ~ 7
ETA	异养型生物占总生物量的比例	—	0.3	0.0 ~ 1.0
HQ	异养型生物体内氮碳比	mmol/mmol	0.18	0.15 ~ 0.22
HR0	异养型生物呼吸率	1/d	0.02	0 ~ 0.05
HB	异养型生物呼吸速率与生长速率比	—	1.5	1 ~ 3
GAMMA	浮游动物捕食后的消化率	—	0.8	0.8
EX	浮游动物吸收的氮转化为氨的比率	—	0.5	0.5
GRAZUN	浮游动物捕食率	—	0.05	
EPSSED	无机颗粒对光能的吸收系数	m²/g	0.01	0.1
EPSDET	碎屑颗粒对光能的吸收系数	m²/mmol	0.002	0.002
EPSBIO	叶绿素对光能的吸收系数	m²/mg	0.016	0.01 ~ 0.04
RMRMAX	20℃水温下，碎屑氮最大矿化速率	1/d	0.08	0.08
CRMAX	20℃水温下，碎屑碳最大矿化速率	1/d	0.06	0.06
COKS	碎屑矿化速率中，氧的半饱和常数	mmol/m³	10.0	10.0
QMCMIN	碎屑中的氮碳最小比率	mmol/mmol	0.09	0.09
Q10	温度对生长率的加速度	1/deg C	0.07	
REFTEMP	参考温度	deg C	20	20
QOB	代谢时耗氧量与碳的比率	mmol/mmol	1.0	1.0
QON	代谢时耗氧量与硝氮的比率	mmol/mmol	2.0	2.0
RNHMAX	20℃水温下，氨氮的最大硝化速率	1/d	0.05	0 ~ 1.0
CUO	20℃水温下，硝化作用中，氧的半饱和系数	mmol/m³	30.0	30.0

续表 6.1

参数	参数的含义	单位	拟取值	取值范围[203]
WSDET	碎屑有机质的沉降速度	m/d	−3.0	−5.0
WSMAX	浮游生物最大沉降速率	m/d	−5.0	−5.0
WSMIN	浮游生物最小沉降速率	m/d	−0.5	−0.5
FRATE	底层营养盐通量交换率	1/d	0.02	0.02
BNOS	底层硝酸盐浓度	mmol/m³	5.0	5.0
BNHS	底层氨氮浓度	mmol/m³	1.0	1.0
CWIND	风速对溶氧交换系数的加速度	s/m	5.0E−07	5.0E−07
ASAT	溶氧在空气表层的交换系数	m³/mmol	2.74E−03	2.74E−03
BSAT	温度对溶氧交换系数的加速度	m³/（mmol·deg）	7.8E−05	7.8E−05

6.2.2　模拟结果验证

杭州湾及其邻近海域三维流场的计算结果已经在前面几章中得到了验证。这里主要介绍生物模型的验证过程、方法和结果。

6.2.2.1　温度的验证

将每天平均温度的模拟结果在该海域进行平均获得海域内的每日平均温度，与 2006 年该区域数据覆盖率大于 0.2 的 MODIS L3 级的温度平均值进行比较（图 6.9），将晴空条件下 2006 年 3 月 14 日 MODIS 传感器对该海域的温度监测结果（图 6.10）与同一天数值模拟的温度结果进行比较。结果显示，数值模拟的结果反映了研究区域从 3 月到 4 月由冬季进入春季后的温度的上升过程，而且数值模拟得到的海表温度的分布趋势与遥感监测的海域内温度的分布趋势非常接近，说明无论在时间序列还是在空间分布上，数值模拟的结果与遥感监测结果都非常接近，能够反映该海域的温度变化过程。

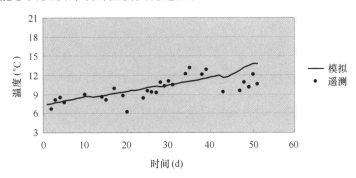

图 6.9　研究区域海表平均温度验证结果

6.2.2.2　叶绿素浓度的验证

将 2006 年 3 月 18 日叶绿素浓度在海水表、底层的模拟结果（图 6.12）与 2003 年春季（2003 年 2 月 25 日至 3 月 18 日）叶绿素浓度调查结果（图 6.11）进行比较。因为数值模拟

161

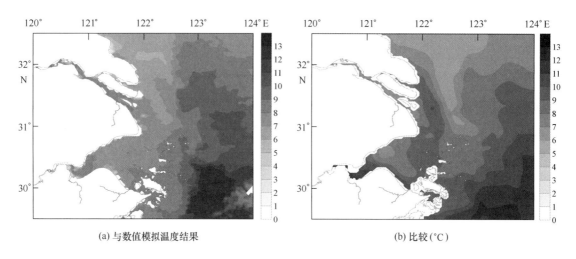

(a) 与数值模拟温度结果

(b) 比较（℃）

图 6.10 2006 年 3 月 14 日 MODIS 温度监测结果

中叶绿素的初始条件是采用遥感监测得到的叶绿素浓度平均值，前面已经提到过遥感技术对叶绿素的反演结果相对实际测量结果是偏高的，所以，经过数值计算后的叶绿素浓度比实测结果偏大。该误差有待遥感技术的不断进步和遥感反演算法的不断改进，为数值模拟的结果提供更加可靠、精确的初始场才能得以改进。但是从分布趋势来看，数值模拟结果中研究区域内表、底层叶绿素浓度分布趋势接近，31°N 以北区域的叶绿素浓度大于 31°N 以南，长江口冲淡水锋面处存在叶绿素的高值，杭州湾湾顶口北部受长江水团的影响叶绿素浓度大于外海区域，这与图 6.11 中叶绿素浓度的实测结果分布趋势非常一致。这说明将叶绿素遥感数据作为初始条件的数值模拟结果（图 6.12）与海域内叶绿素的实际分布趋势非常接近，遥感监测和数值模拟相结合的方法在研究海域内中叶绿素浓度分布状况方面具有非常巨大的潜力。

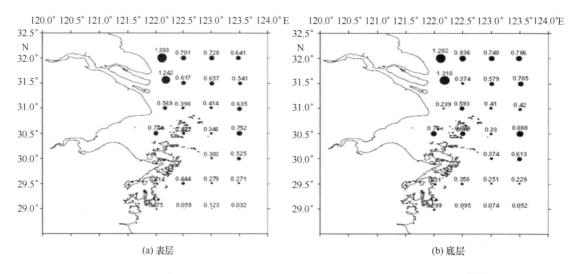

(a) 表层

(b) 底层

图 6.11 叶绿素浓度（2003 年 2 月 25 日至 3 月 18 日）调查结果（μg/L）[204]

6.2.2.3 硝酸盐浓度的验证

能被海洋直接利用的溶解无机氮化合物包括硝酸盐、亚硝酸盐和氨盐，称之为三态氮。

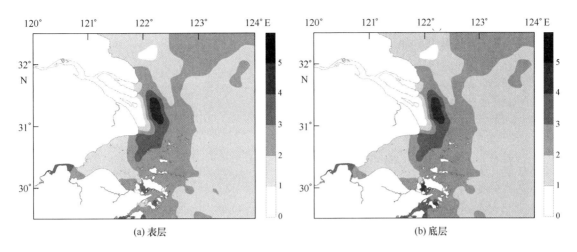

图 6.12　叶绿素浓度（2006 年 3 月 18 日）模拟结果（μg/L）

三态氮中硝酸盐含量最高，于三态氮中起首要地位，硝酸盐含量占溶解无机氮总量的 78%，两者具有强烈的正相关性[205]。所以将 2006 年 3 月 18 日硝酸盐在海水表底层的模拟结果（图6.13）与 2003 年春季（2003 年 2 月 25 日至 3 月 18 日）无机氮浓度调查结果（图 6.14）进行比较。从数值模拟结果的分布趋势来看，硝酸盐的分布由近岸向外海逐渐减小，高浓度的硝酸盐主要分布在长江口、杭州湾口等区域，长江口冲淡水锋面处因为强烈的混合扩散使得硝酸盐浓度变化非常大，这与图 6.13 中实际调查结果的分布趋势非常一致。

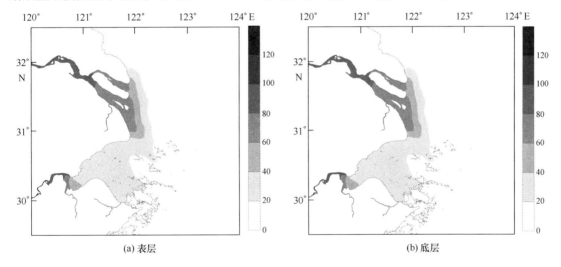

图 6.13　硝酸盐浓度（2006 年 3 月 18 日）模拟结果（mmol/m³）

6.2.2.4　悬浮泥沙浓度的验证

　　图 6.15 是 2006 年 3 月 18 日的表、底层悬浮泥沙浓度模拟结果，图 6.16 是 2003 年 4 月悬浮泥沙调查结果进行比较。数值模拟结果中表、底层分布趋势非常接近，这与实际测量的结果一致，但表、底层悬浮泥沙浓度的差别比实测小。从空间分布来看，数值模拟的结果和实测结果都显示，悬浮泥沙浓度自西向东、从长江口和杭州湾向外海由高至低分布；受苏北浅滩高浊度水体的影响，海域内悬浮泥沙浓度从北向南依次降低；小于 100 g/m³ 的悬浮物分

163

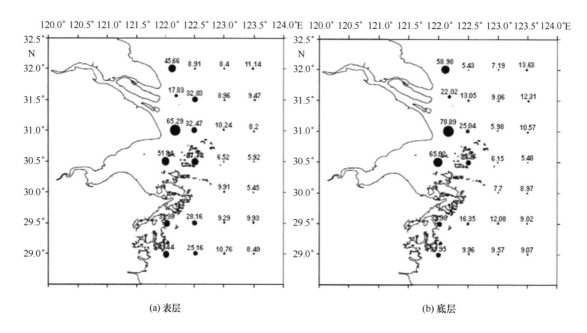

(a) 表层　　　　　　　　　　　　　　　　(b) 底层

图 6.14　无机氮浓度（2003 年 2 月 25 日至 3 月 18 日）调查结果（mmol/m³）[204]

布很广，122°E 以西的区域悬浮物浓度大于 200 g/m³，属于浑浊地带。这说明，在数值模拟时，采用遥感月平均悬浮泥沙浓度作为初始条件，能够较好地模拟海域内悬浮泥沙含量本底值高、自西向东、自北向南逐渐降低的分布特征。

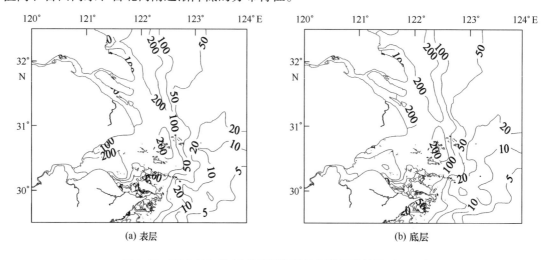

(a) 表层　　　　　　　　　　　　　　　　(b) 底层

图 6.15　2006 年 3 月 18 日悬浮泥沙浓度的模拟结果（mg/L）

从以上的比较结果可以看出，采用水质因子的遥感数据作为数值模拟的初始条件，利用 COHERENS 模型中生态动力模块，综合考虑海域内悬浮泥沙、营养盐和浮游生物的作用过程，得到的水质因子的模拟结果和实际测量结果趋势非常接近，能够有效地反映海域内的水质因子分布状况。

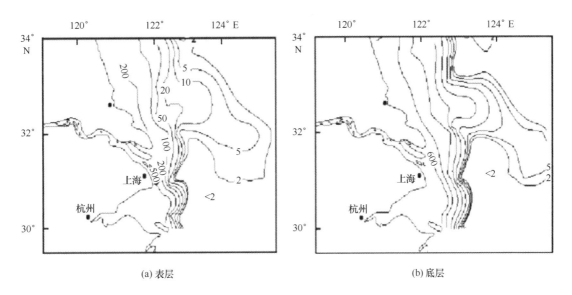

(a) 表层　　　　　　　　　　　　　　　　　　　(b) 底层

图 6.16　2003 年 4 月悬浮泥沙浓度调查结果（mg/L）[206]

6.3　杭州湾水质因子的分布特征

　　海表温度、叶绿素浓度、硝酸盐浓度和悬浮泥沙浓度是重要的水质因子，本章采用遥感数据和数值模拟相结合的方法，监测和模拟了杭州湾冬春之交（3 月、4 月）时期这 4 种水质因子的变化情况。本节中选出 2006 年 3 月 31 日温度（图 6.17）、叶绿素浓度（图 6.18）、硝酸盐浓度（图 6.19）、悬浮泥沙浓度（图 6.20）的表层分布来讨论杭州湾内水质因子的分布特征。

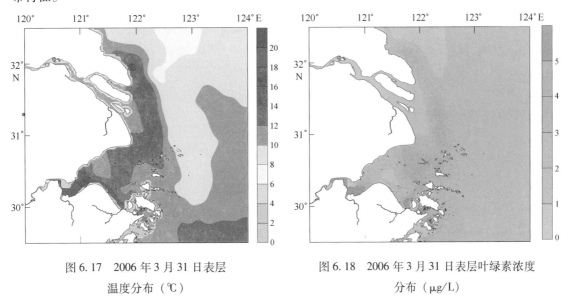

图 6.17　2006 年 3 月 31 日表层　　　　　　　图 6.18　2006 年 3 月 31 日表层叶绿素浓度
温度分布（℃）　　　　　　　　　　　　　　　　　　分布（μg/L）

　　2006 年 3 月底海域内的水温处于上升时期，海域北部有一低温水团入侵，前端到达 32°N，海域东南部受到高温外海水压迫，在 123°E 附近与近岸水体交汇。海域内温度分布特

165

征显示冬春之交时，研究海域处在近岸和外海等多种水团的控制之下，如图6.17所示。

2006年3月底叶绿素浓度分布显示（图6.18），长江口冲淡水的锋面区域因水体比较稳定，加之河流入海携带充足的营养盐，在长江口口门以东海域的狭长地带出现叶绿素浓度分布的高值区。钱塘江河口及舟山群岛附近水域叶绿素含量也较高，在这些叶绿素高值区浮游植物生长迅速，存在发生大规模藻华的可能。而杭州湾内悬浮泥沙含量较高，影响浮游植物生长对光的吸收作用，叶绿素浓度都在2 μg/L以下，因此若仅采用叶绿素浓度作为杭州湾水体富营养化评价参数，则会低估湾内富营养化状况。

杭州湾内营养盐主要来自长江和钱塘江径流，随径流进入研究区域后向东逐渐扩散，同时也受到具有高营养盐含量的外海水影响。从硝酸盐浓度平面分布来看（图6.19），杭州湾内硝酸盐呈现自河口向外围迅速递减的分布规律，即从钱塘江河口到杭州湾、自长江口门区向东逐渐降低[173]；当冲淡水与外海交汇时形成锋区，锋区作为一个动力屏障，阻挡了溶解物质等的向外扩散，形成了营养盐的辐聚区。

悬浮泥沙的分布是各种动力因素的综合作用结果（图6.20），随长江入海的悬浮泥沙一部分随径流向东南方向进入海洋，并在长江口口门处形成悬浮泥沙的高值区；另一部分在沿岸流的携带下到达杭州湾，增加杭州湾的悬浮泥沙含量，并在杭州湾中部形成悬浮泥沙高值区，使杭州湾常年悬沙浓度较高，最大悬浮泥沙浓度值超过500 mg/L。除受长江入海悬浮泥沙的影响，苏北沿岸流携带的大量悬浮泥沙沿岸南下，在海域北部形成悬浮泥沙浓度的高值区。悬浮泥沙的浓度与营养盐的含量密切相关，影响着污染物在水体中的迁移转化过程，各种营养盐都在一定程度上受到悬浮物的吸附—解吸机制的控制，存在显著的缓冲行为，所以悬浮泥沙被用来作为反映陆源输入营养盐的间接标准。本研究海域内悬浮泥沙与水流共同成为污染物的主要载体，成为导致水体富营养化的重要原因。

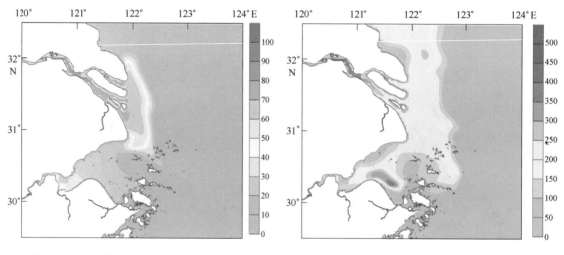

图6.19　2006年3月31日表层硝酸盐浓度
分布（mmol/m³）

图6.20　2006年3月31日表层悬浮泥沙浓度
分布（mg/L）

6.4　水质因子的数值模拟结果在遥感数据补缺中的应用

从本章前面几节的研究中可以发现，遥感可以大范围、快速地对海洋环境进行监测，但是大量的云覆盖降低了可用的遥感数据量。随着数值模拟技术的不断改进和模拟精度的不断提高，采用遥感数据作为数值模拟的初始条件，能够模拟出可靠的海洋水质信息，弥补了单一遥感监测的不足。因此，本文以叶绿素和温度这两个水质因子为例，分别采用国家海洋局第二海洋研究所卫星海洋环境动力学国家重点实验室 2006 年 3 月 12—16 日和 2006 年 3 月 22—26 日两幅 SeaWiFS 5 天合成的 L3 级叶绿素遥感产品，和从 NASA 下载的 2006 年 3 月 5 日和 3 月 28 日两幅 MODIS L3 级温度产品，叶绿素和温度遥感图像的分辨率分别为 $1' \times 1'$ 和 $4 \, km \times 4 \, km$，为了弥补遥感数据受云层覆盖而使大量海面信息缺失这一不足，采用上一节中杭州湾叶绿素和温度的数值模拟结果，对遥感数据的空白区进行补缺。

补缺流程如图 6.21 所示。首先，对遥感图像进行剪切，提取与本文研究区域（29.5°—32.5°N，120°—124°E）相匹配的遥感数据；接着，筛选出遥感影像中的有效数据像元和被云覆盖的无效数据像元，分别保存其经纬度信息和水质参数信息；然后将数值模拟结果在遥感数据的格点上进行插值；最后，保留遥感图像中的有效数据像元上的数据，仅将无效像元的数据由数值模拟结果代替，同时，为兼顾生成图像的美观和可视性，对遥感图像上有效像元和无效像元的交界处像元值取为其左右两侧像元值的平均值，最终生成图像。

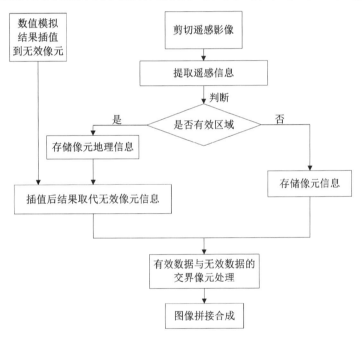

图 6.21　遥感数据补缺流程

6.4.1　水温遥感数据的补缺试验

本节采用上一节数值模型中温度的模拟结果，对 2006 年 3 月 5 日和 3 月 28 日的两幅 MODIS 温度图像进行补缺。因为短时间内，大区域内温度的分布趋势不会有剧烈的变化，所以选取相邻一天的遥感图像与补缺后的遥感图像进行对比，用以分析遥感图像的补缺效果。图 6.22 是 2006 年 3 月 5 日 MODIS L3 级温度产品，图 6.23 是经过数值模拟的结果补缺后的遥感温度分布图，图 6.24 是 2006 年 3 月 4 日 MODIS L3 温度产品，图 6.25 是 2006 年 3 月 28 日 MODIS L3 级温度产品，图 6.26 是采用数值模拟结果补缺后的遥感温度分布图，图 6.27 是

2006 年 3 月 29 日 MODIS L3 级温度产品。

对比补缺前后的两组遥感温度图像（图 6.22 和图 6.23 以及图 6.25 和图 6.26）发现，补缺后的图像不仅对遥感图像中的缺失信息进行了有效的补充，同时也最大限度地保留了遥感图像的原始信息，因为温度的模拟结果已经在前面几节中得到了很好的验证，所以补缺后的图像反映的温度信息比较完整且真实。对比补缺后遥感图像与相邻一天的遥感图像（图 6.23 和图 6.24 以及图 6.26 和图 6.27）可以看出，补缺后的遥感图像与前一天，或后一天的遥感图像在分布趋势上非常相似，说明数值模拟结果对遥感图像进行补缺是复原遥感图像的有效方法，补缺后的数据内容更加完整、丰富。

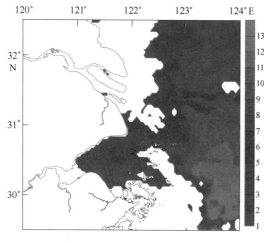

图 6.22　2006 年 3 月 5 日 MODIS 温度
分布（℃）

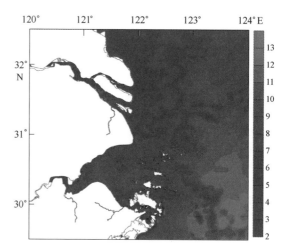

图 6.23　2006 年 3 月 5 日补缺后温度
分布（℃）

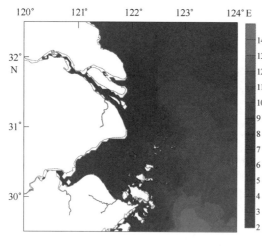

图 6.24　2006 年 3 月 4 日 MODIS 温度
分布（℃）

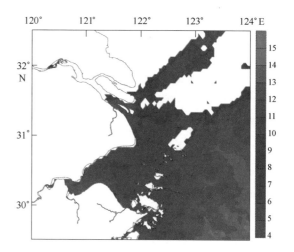

图 6.25　2006 年 3 月 28 日 MODIS 温度
分布（℃）

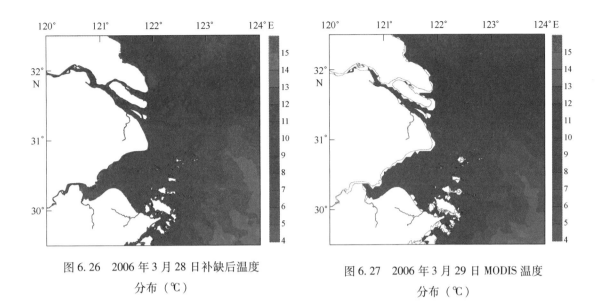

图 6.26　2006 年 3 月 28 日补缺后温度
分布（℃）

图 6.27　2006 年 3 月 29 日 MODIS 温度
分布（℃）

6.4.2　叶绿素遥感数据的补缺试验

本节采用上一节叶绿素浓度的模拟结果，对 2006 年 3 月 12—16 日和 3 月 22—26 日两幅 5 天平均的 SeaWiFS 叶绿素图像进行补缺。因为 SeaWiFS 叶绿素数据中 122.5°E 以西特别是杭州湾地区缺失比较多，其相邻数天内都没有比较完整的叶绿素遥感图像用以比较补缺效果，所以本文采用同年中 8 月 4—8 日和 9 月 18—22 日的两幅包含杭州湾叶绿素浓度信息的 SeaWiFS 5 天合成的遥感数据进行比较。图 6.28 和图 6.30 分别是 2006 年 3 月 12—16 日和 3 月 22—26 日 5 天平均的 SeaWiFS 叶绿素浓度分布图，图 6.29 和图 6.31 分别是数值模拟结果对其补缺后的叶绿素浓度分布图。图 6.32 和图 6.33 分别是 2006 年 8 月 4—8 日和 2006 年 9 月 18—22 日 5 天合成的 SeaWiFS 叶绿素浓度分布图。

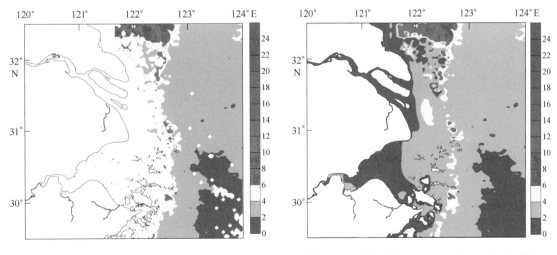

图 6.28　2006 年 3 月 12—16 日 5 天
平均的 SeaWiFS 叶绿素分布（μg/L）

图 6.29　补缺后的 2006 年 3 月 12—16 日 5 天
平均的 SeaWiFS 叶绿素分布（μg/L）

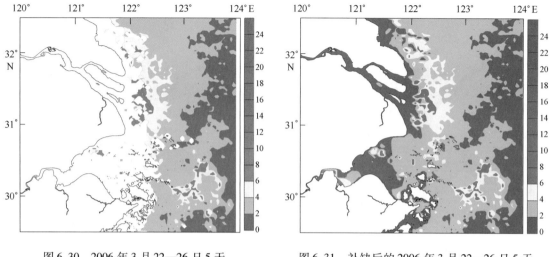

图 6.30 2006 年 3 月 22—26 日 5 天
平均的 SeaWiFS 叶绿素分布（μg/L）

图 6.31 补缺后的 2006 年 3 月 22—26 日 5 天
平均的 SeaWiFS 叶绿素分布（μg/L）

由于杭州湾内高浓度悬浮泥沙产生的信号使得水体光谱更加复杂，叶绿素浓度的遥感反演值偏高，图 6.32 和图 6.33 中杭州湾叶绿素浓度大于 4 μg/L，这与杭州湾内低生产力低叶绿素浓度的特征不符。相比而言，数值模型因为考虑浮游植物光合作用、营养盐吸收、浮游动物摄食、悬沙对光在水下传播的阻碍等过程，能够较为准确地模拟杭州湾内叶绿素浓度，所以，将数值模拟的叶绿素浓度用于补缺近岸地区的遥感缺失数据（图 6.29 和图 6.31）能够更为准确、真实地反映杭州湾及其邻近区域的叶绿素分布实际情况。

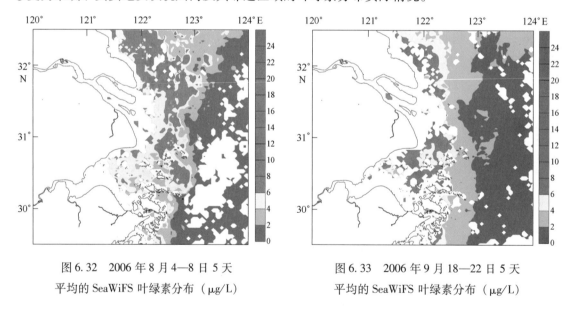

图 6.32 2006 年 8 月 4—8 日 5 天
平均的 SeaWiFS 叶绿素分布（μg/L）

图 6.33 2006 年 9 月 18—22 日 5 天
平均的 SeaWiFS 叶绿素分布（μg/L）

6.5 本章小结

本章采用遥感数据作为杭州湾水质因子模拟的部分初始条件，对杭州湾及其附近海域 3 月和 4 月叶绿素、营养盐和悬浮泥沙浓度等水质因子的分布情况进行模拟，并将模拟结果用于 MODIS L3 级温度数据和 SeaWiFS 5 天合成的叶绿素浓度数据的补缺。结果表明，河流对湾内大量营养盐和悬沙的输入，使得杭州湾呈现高营养盐低生产力特性；遥感和数值模拟相结合的方法能够很好地反映杭州湾的水质因子变化情况；数值模拟的结果对遥感数据的补缺，能够提高遥感产品的质量，增加遥感产品对海洋现象的解释能力。

7　遥感和数值模拟方法在突发性海洋灾害研究中的应用探索

7.1　引言

受资料和试验条件所限，人们目前对于海洋突发灾害的认识不够，对突发性海洋灾害的监测和预测方面的能力不足。以 2008 年北京奥运会前夕发生在青岛附近海域的浒苔藻华事件为例来看，本来浒苔藻华不会对海水水质和海洋生态环境产生负面影响，但在突然暴发，应对能力不足的情况下，便客观上形成了自然灾害，因此有必要对于突发性海洋灾害的监测和模拟开展探索性研究。在前面的章节中，采用遥感监测和数值模拟的方法在对杭州湾常规水质监测和分析中取得较好的效果，本章将该方法进一步应用于突发性海洋事件的研究中，对此次浒苔藻华的发展过程进行初步探讨。

7.1.1　研究背景

从 1980 年开始，美国、加拿大、丹麦、荷兰、法国、意大利、日本、菲律宾等国家持续暴发了石莼科海藻引起的藻华，近年来，其频率和发生地理范围呈增长趋势[207]。2008 年 6 月以来，大量石莼科浒苔进入青岛近海海域，暴发了大范围的藻华，其聚集规模之大，持续之间之长，十分罕见。到 6 月 26 日，5 个奥运帆船赛场浒苔的覆盖率达 21.28%，6 月 27 日，青岛以东部分海域浒苔覆盖率达 60%，以西部分海域浒苔覆盖率达 50%，严重影响了奥运会帆船比赛运动员的赛前训练，酿成了一场突如其来的自然灾害[208]。

目前国内对浒苔属的研究多见于营养价值和生态等方面[209-215]，对于发生的机理研究还相当少见。因此，关于此次发生在青岛海域藻华物种——浒苔的来源目前尚没有定论，只是有以下几种推测：①从黄海中部漂移过来；②南方发生洪水，浒苔随河流进入海洋，再顺着海流漂到黄海，最后到达青岛；③从江苏连云港附近海域漂移过来；④由于污染物排放、温室效应和降雨诱发；⑤春季环流提升营养盐含量，加上合适的温度等水文条件，诱发藻华。

2008 年北京在奥运会前夕，很多研究者对青岛附近海域的水质进行了检测，认为该海域各项指标正常，水质状况良好，所以排除了污染物过度排放引起水体富营养化造成藻类过度繁殖的可能。青岛当地人反映在 2007 年也曾看到过浒苔大面积生长的现象，因此不排除浒苔是本地生长的可能。另外，很多研究者都曾通过现场实测[216]、遥感观测[217]和生态动力学模型，对黄海一年两次的藻华[218,219]现象从营养盐分布、摄食、光照和水体透明度变化等方面进行了研究[220-222]，此次浒苔藻华属于黄海地区每年一次的春季藻华也有可能。这里通过遥感图像分析和数值模拟相结合的方法，对青岛浒苔藻华现象进行初步研究。

7.1.2 浒苔简介

浒苔（*Enteromorpha prolifera*）呈鲜绿色或淡绿色（图 7.1），由单层细胞组成中空管状体，膜质，有明显的主枝且高度分枝，藻体长可达 1 ~ 2 m，径 2 ~ 3 mm[223]。属于绿藻门、绿藻纲、石莼目、石莼科、浒苔属，主要有条浒苔、肠浒苔、扁浒苔、浒苔、小管浒苔 5 种，是我国海洋野生植物中极为丰富的大型经济藻类。因具有广温、广盐、低辐照适应、耐酸和微嗜碱等特性，所以广泛分布在世界大部分地区海洋沿岸、低潮区的砂砾、岩石、滩涂和石沼海岸中，属东海海域优势物种[224]。

图 7.1 成熟浒苔形态特征

浒苔在温度为 20 ~ 25℃，盐度为 24 ~ 28，光照大于 18 μmol/m²s，pH 值为 8 ~ 9 的条件下最适宜生长[224]。繁殖方式分有性生殖和无性生殖两种[225]，包括孢子生殖、配子生殖和营养生殖 3 种方式[226]。在营养生殖中，藻体细胞不产生生殖细胞，通过有丝分裂直接产生新的藻体。漂流聚集的浒苔通常是以营养生殖的方式不断进行藻体的增殖[208]。由于浒苔具有生长快、吸收营养物质多、能够抑制其他微藻生长等特点[227]，是较为理想的海洋生态修复海藻种类，对于解决日益严重的水体富营养化问题有重要的意义。自古以来中国渔民就把浒苔作为食用和药用藻类，在《本草纲目》和《食物营养成分表》中均有药用记载，此外，浒苔还广泛地应用于化工、饲料、纺织和国防工业。所以，对此次青岛附近海域暴发的浒苔藻华现象进行研究，除了可以防止类似藻华灾害之外，对于人工培养和利用这一经济藻类也有重要的指导意义。

7.2 藻华发展过程的遥感监测

浒苔等绿藻生物体大量聚集并覆盖整个海面，遥感对其探测获得的光谱特征与陆地植被的光谱非常接近，与富含叶绿素的水体光谱差别很大，例如从 MODIS L1B 数据中提取获得的

173

普通水体对波段（841~876 μm）的反射率小于 0.07，被浒苔覆盖的水体对该波段的反射率为 0.1~0.23，陆地植被对该波段的反射率为 0.23 左右，用反映水体叶绿素含量的遥感叶绿素 L3 级产品不能完全反映浒苔藻华的发展状况。为了在浒苔暴发后及时监测、有效预测其发展变化过程，需要采用有效而快速的识别方法。本文中采用 MODIS、NOAA15、NOAA16、NOAA17、NOAA18 的经过几何校正和配准后的 L1B 数据，对其进行波段组合和假彩色合成，通过目视解译，确定异常区域，提取异常区域的反射率曲线，通过与正常海水和藻华水体的反射率曲线比较来判断提取藻华信息。

因为大部分时间黄海水域都被云覆盖，所以本文中仅挑选出几幅较为清晰的卫星图像来反映浒苔藻华发展的过程。图 7.2 是藻华发生前黄海海面的 MODIS 数据假彩色合成图像。图 7.3 至图 7.7 分别为绿藻发生过程中，MODIS 和 NOAA 的假彩色合成图像。图中红色圆圈为人工识别出的浒苔范围。浒苔最早发生在（35°—36°N，121°—122°E）区域，并在该区域持续生长和蔓延，到 6 月 25 日青岛附近海域已经被大面积浒苔覆盖，直到 7 月 14 日，经过人工干预、大规模打捞后才逐渐消失。

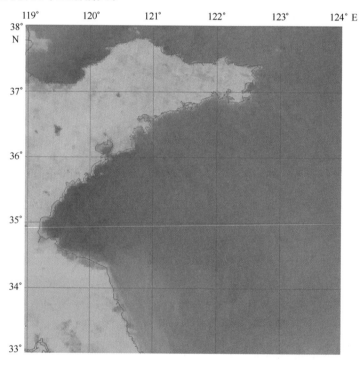

图 7.2　2008 年 5 月 6 日 MODIS – Aqua 假彩色合成图像

从遥感图片上未能明确识别出浒苔漂移的路径，这说明：第一，此次浒苔藻华不是简单地从黄海中部传输过来诱发的暴发；第二，浒苔藻华的持续时间较长、覆盖面积广，因此需要有充足的营养盐作为物质基础，同时也需要合适的水文、动力条件为浒苔提供大面积生长的环境。尽管从卫星图片上能够获取关于浒苔的有用信息，但要探讨浒苔发生的原因仍需要借助数值模拟的方法，做进一步的研究和探讨。

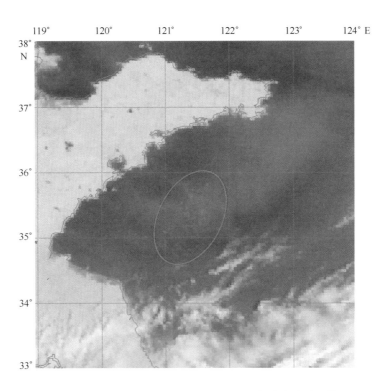

图 7.3　2008 年 5 月 30 日 MODIS－Aqua 假彩色合成图像

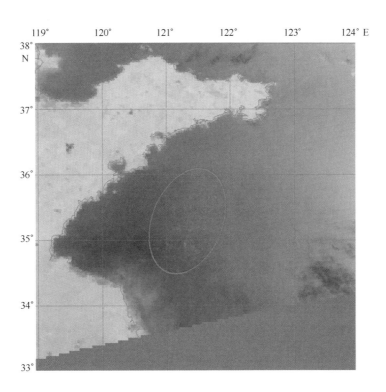

图 7.4　2008 年 5 月 31 日 MODIS－Aqua 假彩色合成图像

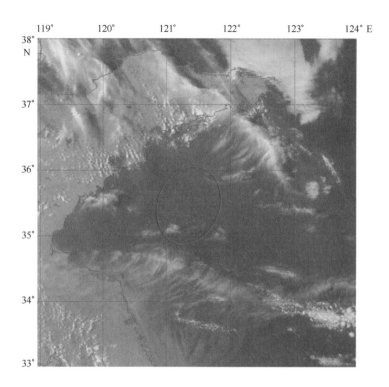

图 7.5　2008 年 6 月 5 日 NOAA18 假彩色合成图像

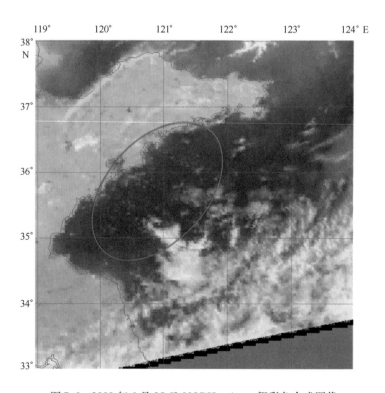

图 7.6　2008 年 6 月 25 日 MODIS – Aqua 假彩色合成图像

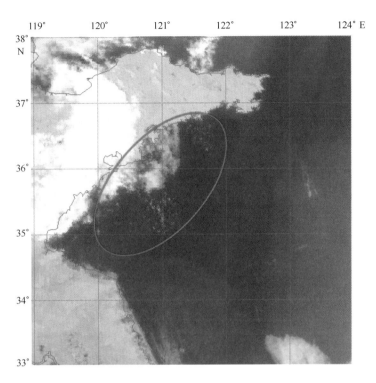

图 7.7　2008 年 6 月 29 日 MODIS - Terra 假彩色合成图像

7.3　黄海春季浮游植物生长情况的数值模拟

从遥感监测结果可知，青岛附近海域浒苔大面积藻华发生之前，黄海中部海域出现了浮游植物的大面积生长，甚至有学者推测青岛附近浒苔的大面积生长是由黄海中部的浮游植物传输过来而诱发的。因此，要了解青岛附近海域浒苔的大范围暴发原因，首先要对黄海中部海域的浮游植物生长情况进行研究，为此，本文采用 COHERENS 生态动力学模型，考虑光照、营养盐、浮游植物、浮游动物、溶解氧、碎屑之间的相互关系，模拟黄海海域 2008 年 5 月中旬至 7 月初的叶绿素浓度分布变化情况，分析黄海海域春季浮游植物生长情况。

7.3.1　模型设置和验证

7.3.1.1　模型设置

据研究，每年约有 10% 的长江冲淡水进入黄海并散布在很薄的表层[228]，但目前的观测还不足以揭示它对于黄海的影响，本文将开边界取为 33.5°—41.5°N，117°—127°E（图 7.8），以排除长江冲淡水的影响[221]，水平方向上网格精度为 5′×5′，垂向分为 5 层，模拟时间从 2008 年 5 月 14 日至 7 月 1 日。

开边界由 K1、O1、M2、S2 4 个分潮的调和常数给定潮位，QSCAT/NCEP 的混合风场作为实际风场作用在海表面。海面热辐射净通量由《中国近海海面热平衡》[196]中 5 月的平均净通量给定。将《渤海、黄海、东海海洋图集（化学）》中春季表、底层的溶解氧、硝酸盐浓

177

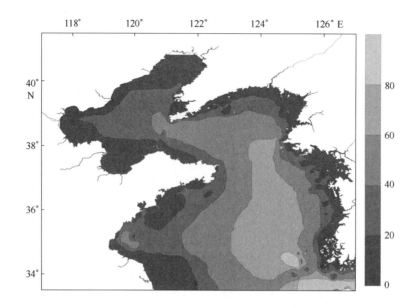

图 7.8　研究区域及地形

度,《渤海、黄海、东海海洋图集（水文）》中 5 月表、底层的温度，插值到网格上作为初始场。并根据《渤海、黄海、东海海洋图集（化学）》中 5 月叶绿素的浓度，将其换算为模型中的浮游植物碳、浮游植物氮浓度。碎屑氮、碎屑碳的浓度采用模型中的参考值。有关模式中生态模拟的生化参数，随着模拟地区生态特性的不同，其输入参数也有所不同。由于黄海生态的相关研究有限，因此，在黄海生态动力学模型中大部分仍采用 COHERENS 应用于欧洲北海的研究参数为主，并略有调整。

7.3.1.2　模型验证

　　模型的验证分为流场验证和生态动力学模型验证两部分。图 7.9 至图 7.12 分别为模拟所得 M2、S2 分潮的同潮图与中国海洋图集中 M2、S2 分潮同潮图，图 7.13 为黄海中部深水区（35°—36.5°N，123°—125°E）叶绿素平均值模拟结果与国家海洋局第二海洋研究所反演得到的 2001 年同期叶绿素产品以及从 NASA 下载的 MODIS Aqua 2005—2008 年同期和 MODIS Terra 2007—2008 年同期的 L3 级叶绿素产品的对比图（图 7.14）。从比较结果来看，本次模拟获得黄海海域的调和常数与图集中的调和常数分布非常接近，说明模型的动力过程模拟能够反映海域内的主要动力过程。其次，数值模拟的叶绿素结果跟卫星遥测的数据趋势基本一致，6 月之后的叶绿素浓度比 NASA 的遥感产品中叶绿素浓度低，与国家海洋局第二海洋研究所的叶绿素产品浓度更为接近，这是因为国家海洋局采用了符合我国近岸特征的大气校正算法，反演获得的叶绿素浓度更为实际，而 NASA 的 Aqua 和 Terra 的叶绿素产品采用的是国际上通用的一类水体的大气校正算法，反演得到的中国海区叶绿素值偏高。总的来说，本文中建立的生态动力学模型能够反映黄海地区的水动力和生态特征。

7.3.2　叶绿素和营养盐浓度变化过程的模拟结果

　　本文模拟了 2008 年 5 月 14 日至 7 月 1 日黄海叶绿素的变化过程，输出每天的平均结果，这里仅选 4 天的表层叶绿素分布来说明黄海叶绿素的变化情况（图 7.14 至图 7.17）。可以看

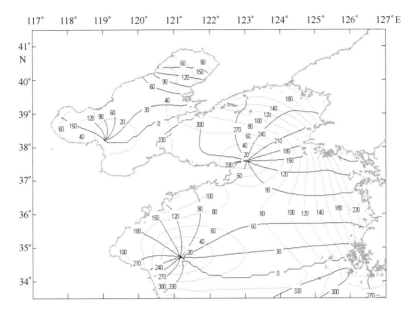

图 7.9　M2 分潮调和常数模拟结果

实线：迟角（°）；虚线：振幅（cm）

图 7.10　中国海洋图集中 M2 分潮调和常数

出，在 5 月 20 日前后黄海中部 40 m 等深线以内发生浮游植物的藻华（图 7.14），叶绿素浓度最高达 3.6 μg/L。在黄海中部藻华消退阶段，近岸地区开始出现叶绿素浓度高值（图 7.15），连云港附近海域叶绿素浓度高于 4 μg/L，青岛附近海域叶绿素浓度也达到 2 μg/L；随着营养盐的不断消耗，到 6 月 27 日除黄河口和莱州湾仍有叶绿素的高值区之外，黄海其他海域的叶绿素值基本上都已回落为正常值（图 7.17）。

营养盐是藻类生长所必需的物质基础，是藻华发生的必要条件，其浓度变化直接影响着藻华的形成、发展和消亡的过程。硝酸盐是浮游植物生长所需要的基本营养物质，图 7.18 至

179

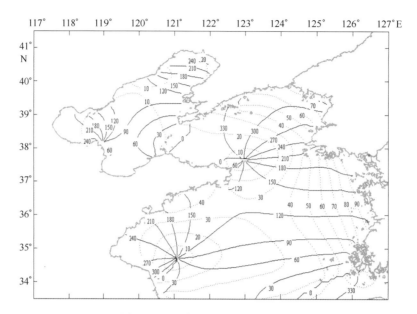

图 7.11　S2 分潮调和常数模拟结果

实线：迟角（°）；虚线：振幅（cm）

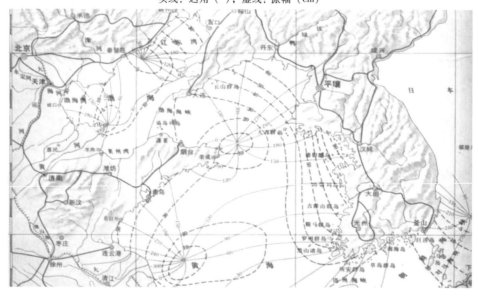

图 7.12　中国海洋图集中 S2 分潮调和常数

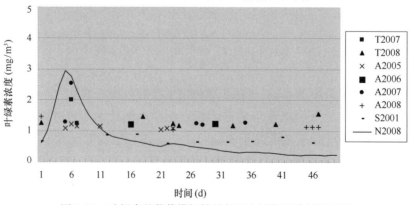

图 7.13　叶绿素的数值模拟结果与历史同期遥感结果对比

T：Terra；A：Aqua；S：国家海洋局第二海洋研究所；N：数值模拟

图 7.21 分别是藻华发生过程中硝酸盐的分布图。随着黄海中部藻华的发生，硝酸盐含量急剧减少（图 7.19），限制了其进一步的发展，近岸地区因水深较浅，混合较为充分，仍有大量的营养物质（图 7.20）支持着浮游植物大面积生长，伴随着营养盐的不断吸收和消耗，近岸地区浮游植物的生长也进入了衰退期（图 7.21）。

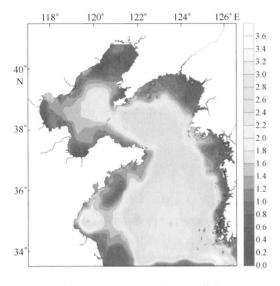

图 7.14　2008 年 5 月 18 日黄海
叶绿素浓度分布（μg/L）

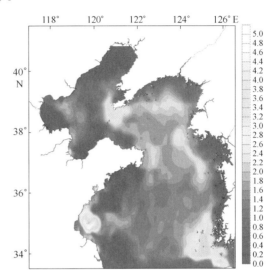

图 7.15　2008 年 5 月 22 日黄海
叶绿素浓度分布（μg/L）

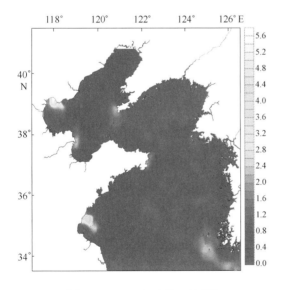

图 7.16　2008 年 6 月 1 日黄海
叶绿素浓度分布（μg/L）

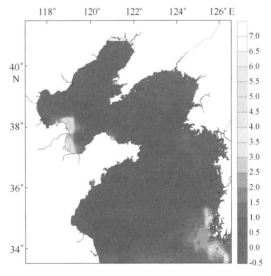

图 7.17　2008 年 6 月 27 日黄海
叶绿素浓度分布（μg/L）

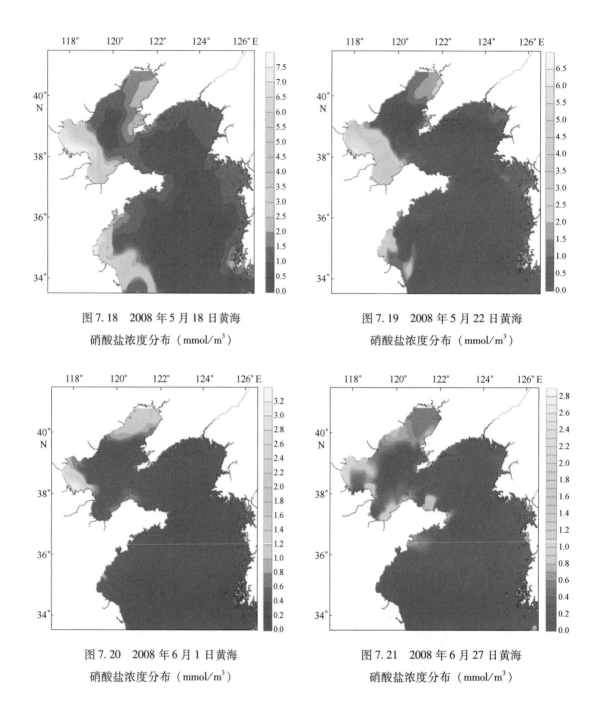

图 7.18　2008 年 5 月 18 日黄海
硝酸盐浓度分布（mmol/m³）

图 7.19　2008 年 5 月 22 日黄海
硝酸盐浓度分布（mmol/m³）

图 7.20　2008 年 6 月 1 日黄海
硝酸盐浓度分布（mmol/m³）

图 7.21　2008 年 6 月 27 日黄海
硝酸盐浓度分布（mmol/m³）

　　从叶绿素浓度和硝酸盐浓度的变化过程来看，进入 4 月、5 月后，随着天气转暖，加之冬季储备的足够营养盐，黄海中部首先出现浮游植物的大范围生长，随着营养盐的不断消耗而逐渐消退，之后，近岸区域浮游植物开始大面积生长，这与前人的研究结果是一致的。但若要研究青岛附近海域的浒苔藻华是否是从黄海中部传输过来的问题，需要借助 Lagrangian 粒子传输的方法，对处在黄海中部的粒子扩散路径进一步进行模拟。

7.4 黄海中部浮游植物传输路径的数值模拟

多颗卫星联合观测发现浒苔最早出现于 2008 年 5 月 14 日 34.517°—34.763° N，121.131°—121.429°E 海域（图7.22），并在长时间漂浮状态下连续增殖，在风场、流场作用下大规模聚集并在大范围内漂移，具有保守型粒子的传输特征。为了描述浒苔漂移的路径，本文利用 COHERENS 模型的拉格朗日粒子传输模块，在最早发现浒苔的区域内布设粒子（图7.23），追踪其在潮汐和风的作用下此后 2 个月内的粒子传输情况。因浒苔在漂移过程中进行光合作用，释放大量氧气形成气泡，增大了藻体的浮力，使其一直漂浮于海面上，所以，在模拟过程中将这些标示浒苔的被动式粒子限定在水体表面，模拟其粒子位置随时间变动情况。

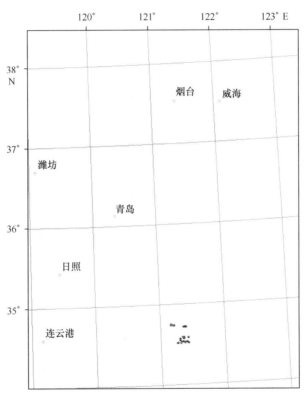

图 7.22　青岛附近海域浒苔藻华 5 月 14 日卫星遥感专题图

图 7.24 反映的是经过 50 d 的漂移后，在潮汐和风的共同驱动下，粒子能够到达的位置，可见浒苔粒子有向青岛近岸漂移的趋势，但仅能到达 36°N，122°E 的地区，无法达到青岛附近海域，可事实上，到 7 月 1 日时人们已经在青岛附近海域发现了浒苔的大规模生长。所以，单从浒苔漂移的角度来看，位于黄海中部的浒苔很难直接漂移到青岛附近海域，并诱发该海域的藻华发生。

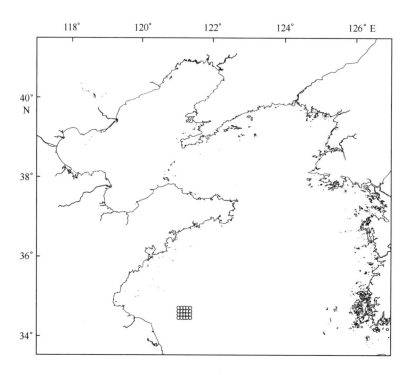

图 7.23　卫星观测到的浒苔初始位置

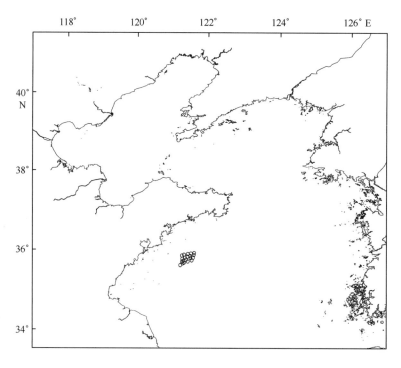

图 7.24　7 月 1 日浒苔粒子位置的数学模拟结果

7.5　青岛当地天气条件对浮游植物生长的影响

从前面的研究中发现，浮游植物从黄海中部传入青岛附近海域并诱发藻华的可能性不大，这说明此次青岛附近海域的浒苔藻华应该与当地的水文和气候条件相关。进入 6 月、7 月后，青岛附近海域的表层水温约 23℃，盐度 28~30，pH 值约为 8.1，均接近浒苔的最优生长条件。也有文献证实[229]，在潮余流较小的浅海区，风的作用是直接而且显著的，春夏季东南方向的风有利于营养盐朝西北方向向岸累积，为藻华发生创造有利条件。在浒苔暴发前夕，青岛曾有连续大风和降雨天气，为了研究这种天气状况对浮游植物生长的影响，本文采用一维生态动力学模型，设置有风（T1）和无风（T2）两个试验进行对比，研究大风天气对叶绿素生长的影响。

因为没有浒苔暴发前青岛附近海域的实测风场数据，遥感的风场在靠近岸边的区域会受到陆地回波的影响而失真，所以无法模拟真实的风场对浮游植物生长的影响，所以本文在 T1 试验中根据青岛附近海域该季节风速的情况，采用假想的风场如图 7.25 所示，前 6 天的风速呈正弦曲线变化，最大风速为 5.5 m/s。除风速外 T1 和 T2 的其他条件相同，水深设为 30 m，初始温度为 12℃，初始硝酸盐浓度表层为 1 mmol/m³，底层为 0.8 mmol/m³，氨盐浓度表层为 1.4 mmol/m³，底层为 1.2 mmol/m³，初始叶绿素浓度为 1.0 μg/L，模拟从 5 月 14 日起至 6 月 14 日 30 天内的温度（图 7.26）、叶绿素浓度（图 7.27）和硝酸盐盐浓度（图 7.28）变化情况。

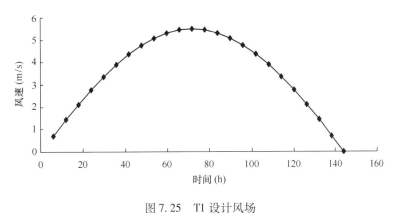

图 7.25　T1 设计风场

从 T1 和 T2 两个试验比较可以看出，风场掺混作用使得表层温度比无风情况下偏低，强烈的混合将底层营养盐带入表层，使得表层营养盐得以及时补充，所以有风情况下表层营养盐浓度大于无风情况，丰富的营养盐为浮游植物生长提供了有利的物质基础，有风情况下表层叶绿素含量较之无风情况高，而且叶绿素高值持续时间更久。

根据以上模型试验分析，青岛当地连续的大风和降雨天气使得底层营养盐进入表层，再加上此时适宜浒苔生长的光照、水温等水文条件，促进了奥帆赛前夕浒苔大规模生长。

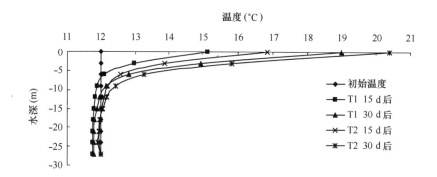

图 7.26　温度变化（T1：有风；T2：无风）

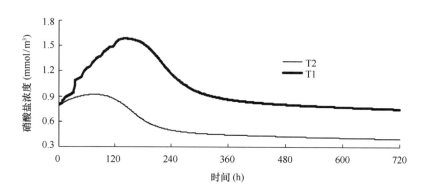

图 7.27　表层叶绿素浓度变化（T1：有风；T2：无风）

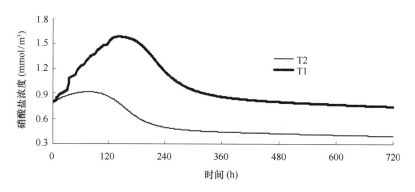

图 7.28　表层硝酸盐浓度变化（T1：有风；T2：无风）

7.6　浒苔藻华突发现象的分析

MODIS、NOAA 卫星数据的监测表明，首先在黄海中部区域发现大面积浮游植物的生长，随后在青岛近岸水域出现了浒苔的藻华，但从遥感图片上没有明显的路径能够显示青岛藻华的源头。采用 COHEREN 的生态动力学模型模拟黄海海域浮游植物的生长情况，结果表明，叶绿素的高值区首先出现在黄海中部，随着该区域叶绿素浓度的减少，近岸地区叶绿素浓度开始上升，维持一段时间后叶绿素浓度开始回落，这跟遥感监测的结果非常一致。为了研究黄海中部的浮游植物是否可以直接传输进入青岛附近海域而引起该地区浒苔藻华的发生，本文在卫星图片上最早发现浒苔的区域布设被动式的粒子，采用拉格朗日粒子传输的方法模拟粒子的漂移路径，结果表明经过 50 d 的传输，尽管浒苔粒子有向近岸传输的趋势，但未能到达青岛近岸海域。所以，青岛突发性藻华由黄海中部浒苔传入的可能性不大，应该与青岛当地的特殊水文和气象条件有关。为此，本文采用一维生态动力学模型，设计有风和无风两组模拟试验，通过结果对比来研究有风天气对青岛附近海域浮游植物生长的影响，结果发现风的掺混作用将底层营养盐带到表层使水体表层的营养盐含量明显增加，支持浮游植物的生长，因此叶绿素浓度也明显增高，而且高的叶绿素浓度持续时间也比无风情况下长，这说明藻华发生前夕青岛当地的持续大风天气有利于浒苔的大范围生长。

7.7 本章小结

本章采用遥感技术对青岛浒苔藻华的发展过程进行监测，采用数值模拟方法对黄海叶绿素浓度的变化和浒苔粒子的漂移情况进行模拟，并设计有风和无风两个模型试验研究风对浮游植物生长的影响。

作为对突发性藻华现象的初步探索性研究，本文认为浮游植物的繁盛期首先出现在黄海中部，随后出现在近岸海域；但由黄海中部的浮游植物直接传入近岸而诱发 2008 年浒苔大规模生长的可能性不大；藻华发生之前，青岛当地持续的大风和降雨天气为浒苔的生长提供了足够的营养盐，有利于藻华的发生。

8 总结与展望

8.1 全文总结

遥感和数值模拟相互结合的方法有 3 种：第一种是采用遥感手段和数值模拟手段对同一问题进行研究；第二种是将遥感数据应用于数值模拟当中作为初始条件和验证条件，以提高数值模型对海面状况的模拟精度；第三种是采用数值模拟的结果对遥感数据进行补缺，以提高遥感产品的质量和对海洋现象的解释能力。论文通过这三种途径分别将遥感监测和数值模拟方法相互结合，应用于杭州湾及附近海域的面源污染、点源热污染和水质因子的研究及 2008 年北京奥运会前夕青岛附近海域发生的大规模突发性藻华事件的探索当中。论文的主要研究成果和结论如下。

（1）对利用遥感手段获得的杭州湾 DIN 和活性磷酸盐分布图进行分析，发现生物转移作用对营养盐分布的影响相比物理扩散输运作用显得非常微弱，营养盐的分布有显著的保守性特征。针对这种情况，采用 COHERENS 模型，对杭州湾面源的污染物扩散、水交换能力进行了研究，结果表明，杭州湾湾口区污染物扩散较快，能很快流出湾外，湾内污染物最容易富集的区域分别位于西北部湾顶海域和东南部湾口海域。钱塘江河口区和杭州湾湾口东北部水域水交换能力最强，水体更新时间为 20～40 d；杭州湾中部水域水交换能力最弱，水质更新时间最长达 320 d 以上。

（2）针对杭州湾内秦山核电站释放的大量热污染，采用 MAMS 机载传感器和 Landsat 卫星数据监测秦山核电站附近水域的水温分布，并进行两次实际测量，对秦山核电站排水口附近进行大面积的定点水文观测，采用 COHERENS 模型中的热传输模块对秦山核电站温排水的传输扩散情况进行模拟，结果表明，秦山核电站附近水域水动力作用非常强，热的温排水与周围水体强烈掺混，排水口处的水温变化剧烈，温升值随潮汐呈周期性变化，温排水聚集在排水口附近表层水体中，4℃温升面积均小于 1 km^2，底层水体不受温排水的影响。通过秦山核电站附近水域的叶绿素浓度实测分布，发现排水口附近的叶绿素浓度高出该海域的本底值。综合以上分析可以看出，秦山核电站温排水仅造成排水口附近水域的水温增加，并加重该地区的富营养化，但对杭州湾其他区域的热污染影响不大。

（3）除了对杭州湾的面源污染和点源热污染进行研究之外，本文通过遥感手段对杭州湾内的水质因子进行了大面积监测，结果表明，受云的影响，温度和叶绿素浓度的可用遥感数据量大大减少，利用遥感手段在该海域进行水质监测受到制约。本文采用 COHERENS 的生态动力学模型，综合考虑悬沙、光照、浮游植物生长的各种作用过程，对杭州湾内的水温、叶绿素浓度、悬沙浓度、硝酸盐浓度进行了模拟，并利用实测数据进行了验证。最后，采用数值模拟的结果，对温度和叶绿素遥感数据进行补缺，有效地提高了遥感产品的质量和对海洋现象的解释能力。

（4）将遥感监测和数值模拟的方法应用于突发性海洋灾害的研究当中，针对 2008 年北京奥运会前夕青岛附近海域暴发的浒苔藻华灾害，对其发展过程进行了探索性研究。遥感监测发现，黄海中部首先出现大规模的浮游植物生长，之后在青岛近岸出现了浒苔藻华。采用生态动力学模型模拟了黄海海域叶绿素的变化过程，并在最早发现浒苔的海域布设粒子，采用拉格朗日粒子追踪的方法跟踪其传输路径。模拟结果表明，黄海春季浮游植物首先在中部海域开始大规模生长并维持一段时间后，随着营养盐的消耗而逐渐消退，接着近岸地区浮游植物开始进入繁盛期，出现叶绿素的高值分布，但是黄海浮游植物直接传入青岛附近海域诱发其藻华的可能性不大。有风与无风情况下一维生态动力学数值模型试验结果进一步表明，藻华发生之前青岛附近海域的大风天气将底层营养盐带入表层，对浮游植物生长提供了丰富的物质基础，有利于浒苔的大规模繁殖。通过对此次浒苔藻华灾害的探索性研究，总体上看，本文观点认为此次浒苔的大规模生长主要是受天气因素的影响，而非青岛当地或其他地区的人为作用引起。

综合论文的成果，论文的创新性主要体现在以下几个方面。

（1）首次将数值模拟的结果应用于叶绿素和温度遥感产品的补缺当中，在保全遥感信息的情况下，对遥感产品中因云覆盖而产生的缺失数据进行了补充。

（2）将遥感和数值模拟相互结合的方法应用于近岸常规水质的研究当中，增加了对近岸水质问题的认识能力和认识水平。

（3）本文对突发性的藻华事件的发生和发展过程进行了探索性研究，获得了在风和潮流共同作用下由黄海中部的浮游植物漂移进入青岛附近海域而诱发浒苔藻华的可能性很小，特殊的天气状况如大风等对浒苔的大规模生长起到了促进作用的结论，为突发性海洋灾害的预警提供了参考依据。

8.2 全文展望

本文虽然将遥感和数值模拟相结合对我国近岸的常规水质和突发性海洋灾害进行了研究，揭示了一些现象，但由于问题的复杂性，还需要在以下几个方面进一步开展深入研究。

（1）本文重点是将海洋环境动力学和海洋遥感学两个学科相互交叉，利用数值模拟和遥感监测相互结合的方法对近岸水质问题和突发性海洋灾害进行研究，没有针对研究区域的特性对数值模型在算法和功能上进行改进，也没有对遥感数据的反演算法作进一步的改善，对于污染物传输和热污染的机理研究也很薄弱，这正是下一步要努力的方向。

（2）在模拟杭州湾内面源污染物扩散和水交换能力时，仅将污染物当作保守性物质考虑，忽略了污染物进入海洋后的生物、化学变化过程，也会使模拟的结果与实际情况有所偏差，今后应进一步加强对污染物生物、化学自净能力的研究。

（3）因为试验条件的限制，在进行热污染的计算时，本文是按照夏季平均水文气象条件下计算得到的综合散热系数来表征海表面的辐射、散热和潜热三种热交换过程，与真实的水体散热之间存在一定差别，使得模型计算结果存在一定的误差，因此应对综合散热系数的选取做进一步研究。

（4）由于资料所限，本文没有取得秦山核电站热排污数值模拟时间同步的温度遥感数据，因此未能使温排水的模拟结果得到精确的验证，这也在一定程度上影响了模拟结果的说服力，今后应进一步获取同步资料。

（5）杭州湾内硝酸盐和磷酸盐交替成为限制性营养盐，但在本文的生态动力学模型中，没有考虑磷酸盐对浮游植物生长的限制作用；另外，生态动力学模型中仅考虑泥沙对光的耗散作用，没有考虑悬浮泥沙对营养盐的吸附和解吸作用；最后，受观测资料所限，生态中的模型参数大部分采用COHERENS模型中的参考值，并非完全适合杭州湾的实际情况，造成模拟结果存在一定的偏差。因此，建立更加符合研究海域的生态动力学模型是下一步亟须解决的问题。

（6）在对青岛浒苔藻华现象研究过程中，论文仅采用一维生态动力学模型研究了风对浮游植物生长的影响，尚未建立适合于青岛附近海域的三维生态动力学模型，研究天气、环流、营养盐等综合因素影响下浒苔的生长情况，因此浒苔藻华发展过程的研究仍属于初步探索，至于藻华发生的根本原因仍需进一步深入研究。

参 考 文 献

[1] Mindy S, Suzie G, Robert D, et al. Eutrophication and hypoxia in coastal areas：A global assessment of the state of knowledge. Washington DC：World Resources Institute. 2008.

[2] Clive W. Status of Coral Reefs of the World：2004. Australian：IUCN, 2004.

[3] 联合国：过去 25 年全球红树林面积减少 1/5. http://www. cna. com. tw/SearchNews/doDetail. aspx?id = 200802020024

[4] 溢油应急计划. http：//baike. baidu. com/view/1672415. html? goodTagLemma.

[5] 苏纪兰，唐启升. 中国海洋生态系统基础研究的发展——国际趋势和国内需求. 地球科学进展, 2005, 20（2）：139－143.

[6] 尹改，王桥，郑炳辉，等. 国家环保总局对中国资源卫星的需求与分析（上）. 中国航天, 1999,（9）：3－7.

[7] 王惠民，王艳红. 潮汐水域油污染计算. 水利水运工程学报, 2006,（1）：1－7.

[8] 张健，施青松，邬翱宇，等. 杭州湾丰水期主要污染因子的分布变化及成因. 东海海洋, 2002, 20（4）：35－41.

[9] 张学庆. 近岸海域环境数学模型研究及其在胶州湾的应用［博士学位论文］. 青岛：中国海洋大学, 2006.

[10] 张继民，吴时强，王惠民. 电厂温排水区流动特性分析及模型参数的研究. 东北水利水电, 2005, 23（8）：51－56.

[11] 彭云辉，陈浩如，王肇鼎，等. 大亚湾核电站运转前和运转后邻近海域水质状况评价. 海洋通报, 2001, 20（3）：45－52.

[12] 李四海，刘百桥. 海洋遥感特征及其发展趋势. 遥感技术与应用, 1996, 11（2）：65－69.

[13] 朱君艳，沈琼华，王珂. 海洋遥感的研究进展. 浙江海洋学院学报（自然科学版）, 2000, 19（1）：77－80.

[14] Dekker A G, Malthus T J, Wijnen M M, et al. The effect of spectral ban width and positioning on the spectural signature analysis of inland water. Remote Sensing Environment, 1992, 41：211－225.

[15] 陈文召，李光明，徐竟成，等. 水环境遥感监测技术的应用研究进展. 中国环境监测, 2008, 24（3）：6－11.

[16] 张筑元，吴传庆，冉涛，等. 湖泊富营养化遥感监测研究进展. 中国环境监测, 2008, 24（4）：24－28.

[17] 汪小钦，王钦敏. 水污染遥感监测. 遥感技术与应用, 2002, 17（2）：74－77.

[18] 杨一鹏，王桥，王文杰，等. 水质遥感监测技术研究进展. 地理与地理信息科学, 2004, 20（6）：6－12.

[19] 赵碧云，贺彬，朱云燕，等. 滇池水体中叶绿素 a 含量的遥感定量模型. 云南环境科学, 2001, 20（3）：1－3.

[20] Iwashita K, Kudoh K. Satellite analysis for water flow of lake in Banuma. Advance in Space Research, 2004,（33）：284－289.

[21] 马荣华，戴锦芳. 结合 Landsat ETM 与实测光谱估测太湖叶绿素及悬浮物含量. 湖泊科学, 2005, 17（2）：97－103.

[22] 肖青，闻建光，柳钦或，等. 混合光谱分解模型提取水体叶绿素含量的研究. 遥感学报, 2006, 10（4）：559－567.

[23] 祝令亚，王世新，周艺，等．应用 MODIS 监测太湖水体叶绿素 a 浓度的研究．应用技术，2006，（2）：25－28．

[24] Ekstrand S. Landsat TM based quantification of Chlorophyll－a during algae blooms in coastal waters. International Journal of Remote Sensing, 1992, 13（10）：1913－1926.

[25] 佘丰宁，李旭文，蔡启铭．水体叶绿素含量的遥感定量模型．湖泊科学，1996，8（3）：201－207．

[26] 刘灿德，何报寅．水质遥感监测研究进展．世界科技研究与发展，2005，27（5）：40－44．

[27] Williams A N, Grabau W E. Sediment concentration mapping in tidal estuaries. Third Earth Resources Technology Satellite－1 Symposium, NASA SP－351, 1973, 1：1347－1386.

[28] 黎夏．悬浮泥沙遥感定量的统一模式及其在珠江口中的应用．环境遥感，1992，7（2）：106－113．

[29] Mertes L A K, Smith M O, Adams J B. Estimating suspended sediment concentration in surface waters of the Amazon River Wetlands from Landsat images. Remote Sensing of Environment, 1993, 43（3）：281－301.

[30] 李京．水域悬浮固体含量的遥感定量研究．环境科学学报，1986，5（2）：166－173．

[31] Stumpf R P, Pennock J R. Calibration of a general optical equation for remote sensing of suspended sediments in a moderately turbid estuary. Journal of Geophysical Research, 1989, 94（C10）：14363－14371.

[32] Li Y, Wei H, Ming F. An algorithm for the retrieval of suspended sediment in coastal waters of China from AVHRR data. Continental Shelf Research, 1998, 18（5）：487－500.

[33] 李炎，李京．基于海面—遥感器光谱反射率斜率传递现象的悬浮泥沙遥感算法．科学通报，1999，44（17）：1892－1897．

[34] 濮静娟，董卫东，关燕宁，等．热红外遥感用于徒河水库生态环境研究．遥感学报，1997，1（4）：290－297．

[35] 王坚．卫星遥感技术用于水体热污染监测的方法研究．中国西部科技，2005，（5）：50－51．

[36] Gobbin D E, Wukelic G E. Application of Landsat Thematic Mapper Data for coastal thermal plume analysis at Diablo Canyon. Photogrammetric Engineering and Remote Sensing, 1989, 55（6）：903－909.

[37] 吴传庆，王庆，王文杰，等．利用 TM 影像监测和评价大亚湾温排水热污染．中国环境监测，2006，22（3）：80－84．

[38] Tang D, Kester D R, Wang Z, et al. AVHRR satellite remote sensing and shipboard measurements of the thermal plume from the Daya Bay, Nuclear Power Station, China. Remote Sensing of Environment, 2003, 84（4）：506－515.

[39] Ahn Y, Shanmugam P, Lee J, et al. Application of satellite infrared data for mapping of thermal plume contamination in coastal ecosystem of Korea. Marine Environmental Research, 2006, 61（2）：186－201.

[40] Schott J R. Temperature measurement of cooling water discharged from power plants. Photogrammetric Engineering and Remote Sensing, 1979, 45：753－761.

[41] Wilson S B, Anderson J M. A thermal plume in the Tay Estuary detected by aerial thermography. International Journal of Remote Sensing, 1984, 5（1）：262－272.

[42] 陶然，戚建人．秦山核电站冷却水排放的红外遥感调查．海洋通报，1994，13（4）：71－75．

[43] Steidinger K A, Haddad K D. Biologic and hydrographic aspects of red tides. Bioscience. 1981, 31（11）：814－819.

[44] Holligan P M, Viollier M, Dupouy C. Satellite and ship studies of Coccolithophore production along a continental shelf edge. Nature, 1983, 304：339－342.

[45] Vargo G A, Carder K L, Gregg W. The potential contribution of primary production by red tides to the west Florida Shelf ecosystem. Limnology Oceanography, 1987, 32（3）：762－767.

[46] Robert J V. Integrated data－modeling approach for suspended sediment transport on a regional scale. Coastal

Engineering, 2000, 41: 177 – 200.

[47] 李旭文，季耿善，杨静. 太湖藻类卫星遥感监测. 湖泊科学, 1995, 7 (1): 65 – 67.

[48] Groom S B, Holligan P M. Remote sensing of Coccolithophore Blooms. Advance in Space Research, 1987, 7 (2): 73 – 78.

[49] Gower J F R. Red tide monitoring using AVHRR HRPT imagery from a local receiver. Remote Sensing of Environment, 1994, 48: 309 – 318.

[50] Svejkovsky J, Shandley J. Detection of offshore plankton blooms with AVHRR and SAR imagery. International Journal of Remote Sensing, 2001, 22 (2 – 3): 471 – 485.

[51] 赵冬至. AVHRR 遥感数据在海表赤潮细胞数探测中的应用. 海洋环境科学, 2003, 22 (1): 10 – 19.

[52] 楼琇林，黄韦艮. 基于人工神经网络的赤潮卫星遥感方法研究. 遥感学报, 2003, 7 (2): 125 – 131.

[53] Li Y, Shang S L, Zhang C Y, et al. Remote sensing of algal blooms using a turbidity – free function for near – infrared and red signals. Chinese Science Bulletin, 2006, 51 (4): 464 – 471.

[54] 毛显谋，黄韦艮. 海洋水产养殖区赤潮监测及其短期预报实验性研究项目赤潮遥感研究报告. 国家海洋局第二海洋研究所, 1998.

[55] 黄韦艮，毛显谋，张鸿翔，等. 赤潮卫星遥感监测与实时预报. 海洋预报, 1998, 15 (3): 110 – 115.

[56] 顾德宇，孙强，滕俊华，等. 从 SeaWiFS 数据提取赤潮信息研究. "SeaWiFS 海洋水色卫星遥感应用技术研究"最终研究技术报告专集, 1998: 127 – 149.

[57] 孙强，杨燕明，顾德宇，等. SeaWiFS 探测 1997 年闽南赤潮模型研究. 台湾海峡, 2000, 19 (1): 70 – 74.

[58] Stumpf R P, Culver M E, Tester P A, et al. Monitoring Karenia Brevis Blooms in the Gulf of Mexico using satellite ocean color imagery and other data. Harmful Algae, 2003, 2 (2): 147 – 160.

[59] Gohin F, Lampert L, Guilland G F, et al. Satellite and in situ observation of a late winter phytoplankton bloom in the northern bay of Biscay. Continental Shelf Research, 2003, 23 (11 – 13): 1117 – 1141.

[60] 曾银东. SeaWiFS 遥感数据应用于福建近海赤潮监测的适用性初步评估. 福建水产, 2006, (3): 12 – 16.

[61] Koponen S, Pulliainen J, Kallio K, et al. Use of MODIS satellite sensor for remote sensing of phytoplankton blooms and turbidity in the Balitic Sea. URSI/IEEE/IRC XXVII Convention on Radio Science, Espoo, Finland, 2002: 17 – 18.

[62] Kahru M, Mitchell B G, Diaz A, et al. MODIS detects a devastating algal bloom in Paracas Bay, Peru, Eos. Transactions American Geophysical Union, 2004, 85 (45): 465 – 472.

[63] Yang D T, Pan D L, Zhang X Y, et al. Detection of algal blooms with in situ and MODIS in Lake Taihu, China. Proceedings of SPIE, 2005, 5977: 178 – 185.

[64] 王其茂，马超飞，唐军武，等. EOS/MODIS 遥感资料探测海洋赤潮信息方法. 遥感技术与应用, 2006, 21 (1): 6 – 10.

[65] Kutser T, Metsamaa L, Vahtmae E, et al. On suitability of MODIS 250M resolution band data for quantitative mapping Cyanobacterial Blooms. Proceedings of Estonian Acadamy of Sciences. Biology Ecology, 2006, 55 (4): 318 – 328.

[66] 李继龙，唐援军，郑嘉淦，等. 利用 MODIS 遥感数据探测长江口及邻近海域赤潮的初步研究. 海洋渔业, 2007, 29 (1): 25 – 30.

[67] Azanza R V, David L T, Borja R T, et al. An extensive Cochlodinium Bloom along the western coast of Palawan Philippines. Harmful Algae, 2008, 7 (3): 324 – 330.

[68] Gower J, King S, Yan W, et al. Use of the 709 nm band of MERIS to detect intense plankton blooms and

other conditions in coastal waters. Proceedings of MERIS User Workshop, Frascati, Italy, 2003.

[69] Reinart A, Kutser T. Comparison of different satellite sensor in detecting Cyanobacterial Bloom events In the Baltic Sea. Remote Sensing of Environment, 2006, 102（1-2）: 74-85.

[70] Kuster T, Metsamaa L, Strombeck N, et al. Monitoring Cyanobacterial Blooms by satellite remote sensing. Estuarine, Coastal and Shelf Science, 2006, 67（1-2）: 303-312.

[71] Kutser T. Quantitative detection of Chlorophyll in Cyanobacterial Blooms by the satellite remote sensing. Limnology and Oceanography, 2004, 490（6）: 2179-2189.

[72] Giardino C, Brando V E, Dekker A G, et al. Assessment of water quality in Lake Garda（Italy）using Hypersion. Remote Sensing of Environment, 2007, 109（2）: 183-195.

[73] 马金峰, 詹海刚, 陈楚群, 等. 赤潮卫星遥感监测与应用研究进展. 遥感技术与应用, 2008, 23（5）: 604-610.

[74] 潘刚, 段舜山, 徐宁. 海洋赤潮水色遥感技术研究进展. 生态科学, 2007, 26（5）: 460-465.

[75] Davis A. Meteorologically induced circulation on the north west European Continental Shelf from a three dimensional numerical model. Oceanologica Acta, 1982, 53（2）: 269-280.

[76] Choi B. A strategy to evaluate coastal defense levels of seas around Korean Peninsula. Health of the Yellow Sea, Seoul, 1998: 7-108.

[77] Kuo A Y, Neilson B J. A modified tidal Prism model for water quality in small coastal embayments. Water Science and Technology, 1988, 20（2-3）: 133-142.

[78] Luff R, Pohlmann T. Calculation of water exchange times in the Ices-Boxes with a Eulerian model using a half-life time approach. Ocean Dynamics, 1995, 47（4）: 287-299.

[79] 匡国瑞, 杨殿荣, 喻祖祥, 等. 海湾水交换的研究——乳山东湾环境容量初步探讨. 海洋环境科学, 1987, 6（1）: 13-23.

[80] 潘伟然. 湄洲湾海水交换率和半更新期的计算. 厦门大学学报（自然科学版）, 1992, 31（1）: 65-68.

[81] 胡建宇. 罗源湾海水与外海水的交换研究. 海洋环境科学, 1998, 17（3）: 51-54.

[82] 叶海桃, 王义刚, 曹兵. 三沙湾纳潮量及湾内外的水交换. 河海大学学报, 2007, 35（1）: 96-98.

[83] 高抒, 谢钦春. 狭长形海湾与外海水体交换的一个物理模型. 海洋通报, 1991, 10（3）: 1-9.

[84] 陈伟, 苏纪兰. 狭窄海湾潮交换的分段模式在象山港的应用. 海洋环境科学, 1999, 18（3）: 7-10.

[85] Signell R P, Butman B. Modeling tidal exchange and dispersion in Boston Harbor. Journal of Geophysical Research, 1992, 97（10）: 15591-15606.

[86] Joji I, Eileen H E. Plankton dynamics on the outer southeastern U. S. Continental Shelf. Part I Lagrangian particle tracing experiments. Journal of Marine Research, 1988, 46（4）: 853-882.

[87] 孙英兰, 陈时俊, 俞光耀. 海湾物理自净能力分析和水质预测——胶州湾. 山东海洋学院学报, 1988, 18（2）: 60-65.

[88] 赵亮, 魏皓, 赵建中. 胶州湾水交换的数值模拟. 海洋与湖沼, 2002, 33（1）: 23-29.

[89] 王聪, 林军, 陈丕茂, 等. 大亚湾水交换的数值模拟研究. 南方水产, 2008, 4（4）: 8-15.

[90] 管卫兵, 王丽娅, 潘建明, 等. POM 模式在河口湾污染物质输运过程模拟中的应用. 海洋学报, 2002, 24（3）: 9-17.

[91] Marinov D, Norro A and Zaldivar J M. Application of COHERENS model for hydrodynamic investigation of Sacca di Goro coastal lagoon（Italian Adriatic Sea shore）. Ecological Modelling, 2006, 193（1-2）: 52-68.

[92] 胡建宇, 傅子浪. 罗源湾潮流及海水半更新期的数值研究. 厦门大学学报, 1989, 28（S1）: 34-39.

[93] 董礼先，苏纪兰．象山港水交换数值研究Ⅰ．对流－扩散型的水交换模式．海洋与湖沼，1999，130（4）：410－415.

[94] 许苏清，潘伟然，张国荣．浔江湾海水交换时间的计算．厦门大学学报，2003，42（5）：629－632.

[95] 何雷．海湾水交换数值模拟方法研究［硕士学位论文］．天津：天津大学机械工程学院，2004.

[96] 刘云旭，温伟英，王文介．大亚湾海域物理自净能力的时空差异性研究．热带海洋，1999，28（4）：61－68.

[97] 娄海峰，黄世昌，谢亚力．象山港内水体交换数值研究．浙江水利科技，2005，140（4）：8－12.

[98] 张越美，孙英兰．渤海湾三维变动边界潮流数值模拟．青岛海洋大学学报，2002，32（3）：337－344.

[99] Qi D M, Shen H T, Zhu J R. Flushing time of the Yangtze Estuary by discharge：a model study. Journal of Hydrodynamcis Ser. B, 2003, 15（3）：63－71.

[100] 孙英兰，张越美．丁字湾物质输运及水交换能力研究．青岛海洋大学学报，2003，33（1）：1－6.

[101] 杜伊，周良明，郭佩芳，等．罗源湾海水交换三维数值模拟．海洋湖沼通报，2007，7（1）：7－13.

[102] Ribbe J, Wolff J O, Staneva J, et al. Assessing water renewal time scales for marine environments from three－dimensional modelling：A case study for Hervey Bay, Australia. Environment Modelling & Software, 2008, 23（10－11）：1217－1228.

[103] 刘新成，卢永金，潘丽红，等．长江口和杭州湾潮流数值模拟及水体交换的定量研究．水动力学研究与进展，2006，21（2）：171－180.

[104] 汪思明，成安生．排污和溢油对杭州湾水质的影响．水产学报，1995，19（3）：233－243.

[105] 刘成，何耘，李行伟，等．上海市污水排放口污染物运动轨迹模拟．水利学报，2003，（4）：114－118.

[106] 史峰岩，朱首贤，朱建荣，等．杭州湾、长江口余流及其物质输运作用的模拟研究Ⅰ．杭州湾、长江口三维联合模型．海洋学报，2000，22（5）：1－12.

[107] 朱首贤，丁平兴，史峰岩，等．杭州湾、长江口余流及其物质输运作用的模拟研究Ⅱ．冬季余流及其对物质的输运作用．海洋学报，2000，22（6）：1－12.

[108] Hamrick J M, Mills W B. Analysis of water temperatures in Conowingo Pond as influenced by the Peach Bottom Atomic Power Plant thermal discharge. Environmental Science & Policy, 2000, 3（S1）：197－209.

[109] Suh S W. A hybrid near－field/far－field thermal discharge model for coastal areas. Marine Pollution Bulletin, 2001, 43（7－12）：225－233.

[110] Schreiner S P, Krebs T A, Strebel D E, et al. Testing the Cormix Model using thermal plume data from four Maryland Power Plants. Environmental Modelling & Software, 2002, 17（3）：321－331.

[111] Romero C E, Shan J. Development of an artificial neural network－based software for prediction of power plant canal water discharge temperature. Expert Systems with Applications, 2005, 29（4）：831－838.

[112] 程杭平．热污染一、二维耦合模型及其应用．水动力学研究与进展，2002，17（6）：647－655.

[113] 韩康，张存智，张砚峰，等．三亚电厂温排水数值模拟．海洋环境科学，1998，17（2）：54－57.

[114] 杨芳丽，谢作涛，张小峰，等．非正交曲线坐标系平面二维电厂温排水模拟．水利水运工程学报，2005，（2）：36－40.

[115] 孙艳涛，吴修锋，王惠民．温排水对水体环境影响的数值模拟．电力环境保护，2008，24（1）：42－45.

[116] 周玲玲，孙英兰，张学庆，等．黄骅电厂二期工程温排水排放方案优选．海洋通报，2006，25（5）：43－49.

[117] 马进荣，张晓艳，张行南．平面二维温排水数学模型中的热上浮效应．水利水运工程学报，2005，（3）：37－40.

[118] 李光炽, 饶光辉, 王船海. 分叉型海湾温水排放数学模型. 水利水运工程学报, 2005, (3): 20 - 25.

[119] 黄锦辉, 李群, 张建军. 鸭河口火电厂温排水对鸭河口水库溶解氧影响预测研究. 北方环境, 2004, 29 (2): 22 - 23.

[120] 陈凯麒, 李平衡, 密小斌. 温排水对湖泊、水库富营养化影响的数值模拟. 水利学报, 1999 (1): 22 - 26.

[121] 李平衡, 陈凯麒, 鲁四光, 等. 温排水对陡河水库富营养化影响的预测研究——电厂温排水对陡河水库富营养化影响研究之二. 水资源保护, 2001, (2): 15 - 18.

[122] 朱军政. 强潮海湾温排水三维数值模拟. 水力发电学报, 2007, 26 (4): 55 - 60.

[123] 周巧菊. 大亚湾海域温排水三维数值模拟. 海洋湖沼通报, 2007, (4): 37 - 46.

[124] 汪一航, 魏泽勋, 王永刚, 等. 潮汐潮流三维数值模拟在庄河电厂温排水问题中的应用. 海洋通报, 2006, 25 (1): 8 - 15.

[125] 黄平. 汕头港水域温排水热扩散的三维数值模拟. 海洋环境科学, 1996, 15 (1): 59 - 65.

[126] 王丽霞, 孙英兰, 郑连远. 三维热扩散预测模型. 青岛海洋大学学报, 1998, 28 (1): 29 - 35.

[127] 郝瑞霞, 韩新生. 潮汐水域电厂温排水的水流和热传输准三维数值模拟. 水利学报, 2004, (8): 66 - 70.

[128] 王春生, 杨关铭, 何德华, 等. 秦山核电站邻近水域浮游动物的群落结构和年际变化. 东海海洋, 1999, 17 (1): 37 - 47.

[129] 李淑菁, 朱廷璋, 潘德炉. 秦山核电站邻近水域海水光的穿透性能变化研究. 海洋环境科学, 1998, 17 (2): 50 - 53.

[130] 王正方, 龚敏, 阮正, 等. 秦山核电站邻近水域环境化学要素特征. 东海海洋, 1991, 9 (2): 16 - 21.

[131] 何德华. 秦山核电站邻近水域生态特点. 东海海洋, 1991, 9 (2): 119 - 123.

[132] 王正方, 许建平. 秦山核电站邻近水域水质评价. 东海海洋, 1993, (1): 61 - 66.

[133] 马明强, 孙培芝, 郑文, 等. 秦山核电站运行11年后周围居民受照剂量及其健康状况调查研究. 中国辐射卫生, 2004, 13 (4): 273 - 275.

[134] 王赞信, 赵义方. 秦山核电站运行对杭州地区环境放射性影响. 中国公共卫生学报, 1999, 18 (3): 181 - 182.

[135] 张玉庆, 吴水龙, 胡云仙, 等. 秦山核电站运行对上海环境影响的调查与评价. 中国辐射卫生, 1996, 5 (2): 99 - 101.

[136] 何德华, 杨关铭, 王正方, 等. 秦山核电站运行后对邻近海域生态环境及其水质影响评级. 海洋环境科学, 1999, 18 (2): 53 - 58.

[137] 周金全, 刘颖. 秦山核电二期工程海水取排水系统的设计和试验. 核工程研究与设计, 1990, (6): 7 - 9.

[138] Bates P D, Horritt M S, Smith C H, et al. Integrating remote sensing observations of flood hydrology and hydraulic modelling. Hydrological Processes, 1997, 11 (14): 1777 - 1795.

[139] Walter P, Roland D and Jurgen S. Numerical simulation and satellite observations of suspended matter in the North Sea. Journal of Oceanic Engineering, 1994, 19 (1): 3 - 9.

[140] Yang M D, Merry C J and Sykes R M. Integration of water quality modeling, remote sensing and GIS. Journal of the American Water Resources Association, 1999, 35 (2): 253 - 263.

[141] Claude E, Veronique K, Patrick M, et al. The plume of the Rhone: Numerical simulation and remote sensing. Continental Shelf Research, 1997, 17 (8): 899 - 924.

[142] 季顺迎, 岳前进, 赵凯. 渤海海冰动力学的质点网格法数值模拟. 水动力学研究与进展, 2003, 18

（6）：748－760.

［143］ Ouillon S, Douillet P and Andrefouet S. Coupling satellite data with in situ measurements and numerical modeling to study fine suspended－sediment transport：a study for the lagoon of New Caledonia. Coral Reefs, 2004, 23：109－122.

［144］ 冯益明，雷相东，陆元昌. 应用空间统计学理论解译遥感影像信息"缺失"区. 遥感学报，2004，8（4）：317－322.

［145］ 黄思训，程亮，盛峥. 一种卫星反演海温资料的补缺方法. 气象科学，2008，28（3）：237－243.

［146］ 肖奥，陶舒，王晓爽，等. 遥感融合方法分析与评价. 首都师范大学学报（自然科学版），2007，28（4）：77－80.

［147］ 许长辉，高井祥，王坚，等. 多源多时相遥感数据融合在煤矿塌陷地中应用研究. 水土保持研究，2008，15（1）：92－95.

［148］ 闫利，岳昔娟，崔晨风. 一种定量确定遥感融合图像空间分辨率的方法. 武汉大学学报（信息科学版），2007，32（8）：667－670.

［149］ Reynolds R W, Rayner N A, Smith T M. An improved in situ and satellite SST analysis for climate. Climate, 2002, 15（13）：1609－1625.

［150］ 陈仁喜，李鑫慧. Gis 辅助数据下的影像缺失信息恢复. 武汉大学学报（信息科学版），2008，33（5）：461－464.

［151］ Luyten P J, Jones J E, Proctor R, et al. COHERENS——a Coupled Hydrodynamical－Ecological Model for Regional and Shelf Seas User Documentation, 1999.

［152］ 何贤强，潘德炉，白雁，等. 基于矩阵算法的海洋——大气耦合矢量辐射传输数值计算模型. 中国科学（D 辑）：地球科学，2006，36（9）：860－870.

［153］ 何贤强，潘德炉，白雁，等. 基于辐射传输数值模型 PCOART 的大气漫射透过率精确计算. 红外与毫米波学报，2008，27（4）：303－307.

［154］ 毛志华，黄海清. 我国海区 SeaWiFS 资料大气校正. 海洋与湖沼，2001，32（6）：581－587.

［155］ Keith D J, Yoder J A, Freeman S A, et al. Application of the SeaWiFS OC4 Chlorophyll algorithm to the waters of Narragansett Bay, Rhode Island. ASLO TOS Ocean Research Conference, Honolulu, HI, 2004：15－20.

［156］ 殷青军，杨英莲. 中等分辨率成像光谱仪（MODIS）简介. 青海气象，2002，（1）：60－62.

［157］ 吴龙涛，吴辉碇，孙兰涛，等. MODIS 渤海海冰遥感资料反演. 中国海洋大学学报，2006，36（2）：173－179.

［158］ 张洁，张志. 基于 MODIS 数据的云南抚仙湖星云湖水质污染遥感调查方法研究. 水文地质工程地质，2008，（5）：92－105.

［159］ 祝令亚，王世新，周艺，等. 应用 MODIS 监测太湖水体叶绿素 a 浓度的研究. 应用技术，2006，（2）：25－28.

［160］ 吴敏，王学军. 应用 MODIS 遥感数据监测巢湖水质. 湖泊科学，2005，17（2）：110－113.

［161］ 曲利芹，管磊，贺明霞. SeaWiFS 和 MODIS 叶绿素浓度数据及其融合数据的全球可利用率. 中国海洋大学学报，2006，36（2）：321－326.

［162］ Gong F, Wang D F, Pan D L, et al. Introduction to an airborne remote sensing system equipped onboard the Chinese marine surveillance plane. SPIE. 2008, 71061S.

［163］ Gong F, Wang D F, Pan D L, et al. Marine airborne multi－spectrum scanner and its potentiality for oceanic remote sensing. SPIE. 2005, 59781w.

［164］ 王迪峰，于龙，龚芳，等. 机载多光谱扫描仪及其海洋信息获取的潜力. 仪器仪表学报，2005，

(Z1)：585 – 588.

[165]　倪勇强，耿兆铨，朱军政．杭州湾水动力特性探讨．水动力学研究与进展，2003，18（4）：439 – 445.

[166]　Zhou X J, Gao S. Spatial variability and representation of seabed sediment grain sizes：an example from the Zhoushan – Jinshanwei transect, Hangzhou Bay, China. Chinese Science Bulletin, 2004, 49（23）：2503 – 2507.

[167]　李家芳．浙江省海岸带自然环境基本特征及综合分区．地理学报，1994，49（6）：551 – 560.

[168]　Zhu J R, Qi D M, Xiao C Y. Simulated circulations off the Changjiang（Yangtze）River mouth in spring and autumn. Chinese Journal of Oceanology and Limnology, 2004, 22（3）：286 – 291.

[169]　路月仙，陈振楼，王军，等．上海市排污口环境影响评价．环境保护科学，2003，29（120）：46 – 49.

[170]　Chen X H, Zhu L S, Zhang H S. Numerical simulation of summer circulation in the east China sea and its application in estimating the sources of red tides in the Yangtze River Estuary and adjacent sea areas. Journal of Hydrodynamics Ser. B, 2007, 19（3）：272 – 281.

[171]　茅志昌，潘定安，沈焕庭．长江河口悬沙的运动方式与沉积形态特征分析．地理研究，2001，20（2）：170 – 177.

[172]　沈新强，袁骐，王云龙，等．长江口、杭州湾附近渔业水域生态环境质量评价研究．水产学报，2003，27（S1）：76 – 81.

[173]　王芳，康建成，周尚哲，等．春秋季长江口及其邻近海域营养盐污染研究．生态环境，2006，15（2）：276 – 283.

[174]　Zhu S X, Ding P X, Shi Fengyan, et al. Numerical study on residual current and its impact on mass transport in the Hangzhou Bay and the Changjiang Estuary Ⅱ. Residual current and its impact on mass transport in winter. Acta Oceanologica Sinica, 2001, 20（2）：153 – 169.

[175]　Zhu S X, Shi F Y, Zhu J R, et al. Numerical study on residual current and its impact on mass transport in the Hangzhou Bay and the Changjiang Estuary I. A 3 – D joint model of the Hangzhou Bay and the Changjiang Estuary. Acta Oceanologica Sinica, 2001, 20（1）：1 – 13.

[176]　刘新成，卢永金，潘丽红，等．长江口和杭州湾潮流数值模拟及水体交换的定量研究．水动力学研究与进展（A辑），2006，21（2）：171 – 180.

[177]　堵盘军，胡克林，孔亚珍，等．ECOMSED模式在杭州湾海域流场模拟中的应用．海洋学报，2007，29（1）：7 – 16.

[178]　姚炎明，李佳，周大成．钱塘江河口段潮动力对污染物稀释扩散作用探讨．水力发电学报，2005，24（3）：99 – 105.

[179]　吴海杰，王志刚，陈淑丰．滨海电站温排水数值模拟．电力环境保护，2005，21（4）：48 – 51.

[180]　羊天柱，许建平，陈洪，等．秦山核电站邻近水域的流况分析．东海海洋，1993，11（1）：10 – 17.

[181]　何德华．秦山核电站邻近水域生态特点．东海海洋，1991，9（2）：119 – 123.

[182]　王正方，龚敏，阮正，等．秦山核电站邻近水域环境化学要素特征．东海海洋，1991，9（2）：16 – 21.

[183]　王正方，许建平．秦山核电站邻近水域水质评价．东海海洋，1993，11（1）：61 – 66.

[184]　邢前国，陈楚群，施平．利用Landsat数据反演近岸海水表层温度的大气校正算法．海洋学报，2007，29（3）：23 – 30.

[185]　覃志豪，李文娟，徐斌，等．利用Landsat TM6反演地表温度所需地表辐射率参数的估计方法．海洋科学进展，2004，22（S1）：129 – 137.

［186］ Weng Q H, Lu D S, Schubring J. Estimation of land surface temperature – vegetation abundance relationship for urban heat island studies. Remote Sensing of Environment, 2004, 89（4）: 467 – 483.

［187］ 陈介中. 大亚湾热污染研究［硕士学位论文］. 上海: 华东师范大学河口海岸科学研究院, 2007.

［188］ 许建平, 羊天柱, 陈洪, 等. 秦山核电站邻近水域的基本水文特征. 东海海洋, 1991, 9（2）: 1 – 15.

［189］ 江吉喜. 海表温度对台风移动的影响. 热带气象学报, 1996, 12（3）: 246 – 251.

［190］ 刘瑞云. 海面温度对热带气旋路径的影响初探. 气象, 1993, 19（7）: 35 – 37.

［191］ 袁金南, 肖伟生. 海温变化对台风路径的影响. 广东气象, 2002,（3）: 1 – 2.

［192］ 袁佳双, 郑庆林. 热带海洋温度持续异常对东亚初夏大气环流的影响. 气象, 2005, 31（12）: 10 – 17.

［193］ 张甲坤, 苏奋振, 杜云艳. 东海区中上层鱼类资源与海表温度关系. 资源科学, 2004, 26（5）: 147 – 152.

［194］ 张春桂, 张星, 曾银东, 等. 台湾海峡海表温度的遥感反演及精度检验. 海洋学报, 2008, 30（2）: 153 – 160.

［195］ 疏小舟, 尹球, 匡定波. 内陆水体藻类叶绿素浓度与反射光谱特征的关系. 遥感学报, 2000, 4（1）: 41 – 45.

［196］ 陈锦年, 何宜军, 王宏娜, 等. 中国近海海面热平衡. 北京: 海洋出版社, 2007.

［197］ 中华人民共和国水利部. 中国河流泥沙公报. 北京: 中国水利水电出版社, 2006.

［198］ 沈志良. 长江氮的输送通量. 水科学进展, 2004, 15（6）: 752 – 759.

［199］ Shen Z L, Liu Q, Zhang S M, et al. A nitrogen budget of the Changjiang River catchment. Ambio, 2003, 32（1）: 65 – 69.

［200］ 徐礼强, 童杨斌, 楼章华, 等. 钱塘江枯水期主要污染物水环境模拟. 环境科学, 2007, 28（12）: 2682 – 2687.

［201］ 吴洁, 虞左明, 钱天鸣. 钱塘江干流杭州段水体氮污染特征分析. 长江流域资源与环境, 2003, 12（6）: 552 – 556.

［202］ 林卫青, 卢士强, 矫吉珍. 长江口及毗邻海域水质和生态动力学模型与应用研究. 上海环境科学, 2008, 27（1）: 2 – 8.

［203］ 陈俊男. 以数值方法模拟大鹏湾初级生产力之研究［硕士学位论文］. 台湾: 国立中山大学海洋环境及工程研究所, 2002.

［204］ 吴小燕. POM 模型的改进及在长江口临近海域的应用［硕士学位论文］. 杭州: 国家海洋局第二海洋研究所, 2008.

［205］ 张霄宇. 基于海洋水色遥感产品的沿海水质评价研究［博士学位论文］. 上海: 中国科学院技术物理研究所, 2006.

［206］ 刘芳. 南黄海及东海北部海域悬沙的遥感研究［硕士学位论文］. 青岛: 中国科学院研究生院（海洋研究所）, 2005.

［207］ Blomster J, Back S, Fewer D P. Novel morphology in Enteromorpha（Ulvophyceae）forming green tides. American Journal of Botany, 2002, 89（11）: 1756 – 1763.

［208］ 良宗英, 林祥志, 马牧, 等. 浒苔漂流聚集绿潮现象的初步分析. 中国海洋大学学报, 2008, 38（4）: 601 – 604.

［209］ 何清, 胡晓波, 周峙苗, 等. 东海绿藻缘管浒苔营养成分分析及评价. 海洋科学, 2006, 30（1）: 35 – 38.

［210］ 李祯, 王爽, 徐姗楠, 等. 大型海藻浒苔热解特性与动力学研究. 生物技术通报, 2007,（3）: 159 –

164.

[211] 林文庭. 浅论浒苔的开发与利用. 中国食物与营养, 2007, (9): 23 – 25.

[212] 王超, 乔洪金, 潘光华, 等. 青岛奥帆基地海域漂浮浒苔光合生理特点研究. 海洋科学, 2008, 32 (8): 31 – 51.

[213] 叶静, 张喆, 李富超, 等. 大型绿藻浒苔转化表达系统选择标记的筛选. 生物技术通报, 2006, (3): 63 – 67.

[214] 张寒野, 吴望星, 宋丽珍, 等. 条浒苔海区试栽培及外界因子对藻体生长的影响. 中国水产科学, 2006, 13 (5): 781 – 786.

[215] 郑霞, 邵世光, 阎斌伦. 镉污染对肠浒苔毒性作用研究. 水产科学, 2007, 26 (7): 411 – 413.

[216] 黄邦钦, 刘媛, 陈纪新, 等. 东海、黄海浮游植物生物量的粒级结构及时空分布. 海洋学报, 2006, 28 (2): 156 – 164.

[217] 檀赛春, 石广玉. 中国近海初级生产力的遥感研究及其时空演化. 地理学报, 2006, 61 (11): 1189 – 1199.

[218] 韩希福, 王荣. 海洋浮游动物对浮游植物水华的摄食与调控作用. 海洋科学, 2001, 25 (10): 31 – 33.

[219] 胡好国, 万振文, 袁业立. 南黄海浮游植物季节性变化的数值模拟与影响因子分析. 海洋学报, 2004, 26 (6): 74 – 88.

[220] 李杰, 吴增茂, 万小芳. 黄海冷水团新生产力及微食物环作用分析. 中国海洋大学学报（自然科学版）, 2006, 36 (2): 193 – 199.

[221] 田恬, 魏皓, 苏健, 等. 黄海氮磷营养盐的循环和收支研究. 海洋科学进展, 2003, 21 (1): 1 – 11.

[222] 夏洁, 高会旺. 南黄海东部海域浮游生态系统要素季节变化的模拟研究. 安全与环境学报, 2006, 6 (4): 59 – 65.

[223] 曾呈奎, 张德瑞, 张峻甫. 中国经济海藻志. 北京: 科学出版社, 1962.

[224] 王建伟, 阎斌伦, 林阿朋, 等. 浒苔（Enteromorpha Prolifera）生长及孢子释放的生态因子研究. 海洋通报, 2007, 26 (2): 60 – 65.

[225] 王晓坤, 马家海, 叶道才, 等. 浒苔（Enteromorpha Prolifera）生活史的初步研究. 海洋通报, 2007, 26 (5): 112 – 116.

[226] 钱树本, 刘东艳, 孙军. 海藻学. 青岛: 中国海洋大学出版社, 2005.

[227] Fujita R M. The role of nitrogen status in regulating transient ammonium uptake and nitrogen storage by Macroalgae. Journal of Experimental Marine Biology and Ecology, 1985, 92: 283 – 301.

[228] 王保栋, 单宝田, 战闰, 等. 黄、渤海无机氮的收支模式初探. 海洋科学, 2002, 26 (2): 33 – 36.

[229] Chen C S, Ji R B, Zheng L Y, et al. Influence of physical processes on the ecosystems in Jiaozhou Bay: A coupled physical and biological model experiment. Journal of Geophysical Research, 1999, 104 (C12): 29925 – 29949.

附录

附录 I. 毛世民水面综合散热系数计算公式：

$$K = (0.66 + k)(22 + 12.5W_{1.5}^2 + 2.0\Delta T)^{1/2} + 22 \times 10^{-8} \times (273 + T_s)^3$$
$$+ \frac{(0.66\Delta T + e_0 - e_a)}{(22 + 12.5W_{1.5}^2 + 2.0\Delta T)^{1/2}}$$

其中，K 为综合散热系数；$k = \dfrac{de_0}{dT_s}$；e_a 为空气水汽压；e_0 为饱和水汽压，$e_0 \approx 6.1 \times 10^{\frac{7.45}{(273 + T_s)}}$；$T_s$ 为海表温度；ΔT 为水汽温差；$W_{1.5}$ 为风速。

附录 II. 水面综合散热系数的 Gunneberg 计算公式：

$$K = 2.2 \times 10^{-7}(T_s + 273.15)^3 + (1.5 + 1.12U) \times 10^{-3}$$
$$\times \left[(2\,501.7 - 2.366T_s) \times \frac{25\,509}{(T_s + 239.7)^2} \times 10^{\frac{7.56T_s}{(T_s+239.7)}} + 1\,621 \right]$$

其中，K 为综合散热系数；U 为风速；T_s 为水面温度。

附录 III. 水质更新时间

定义海域内保守物质浓度通过对流扩散为初始浓度 37% 即置换率为 63% 时所用时间为水质更新时间。设海湾初始浓度场为 $C(x, y, \sigma, t_0)$，瞬时浓度场为 $C(x, y, \sigma, t)$。则不同时刻不同空间位置的湾内水被外海水（示踪物浓度为 0）置换的比率 $R(x, y, \sigma, t)$ 为：

$$R(x, y, \sigma, t) = \frac{C(x, y, \sigma, t_0) - C(x, y, \sigma, t)}{C(x, y, \sigma, t_0)}$$

若设 $C(x, y, \sigma, t_0) = 1.0$ mg/L，则 $C(x, y, \sigma, t) \leqslant 1$，上式简化为：

$$R(x, y, \sigma, t) = 1 - C(x, y, \sigma, t)$$

致　谢

在快乐与艰辛并存、疲惫与充实同在的 5 年硕博连读时光中，我尊敬的导师张庆河教授和国家海洋局第二海洋研究所的毛志华研究员曾给予我悉心指导，使我顺利地完成了博士学位论文、相关科研活动、公开发表文章等任务。导师张庆河教授治学严谨的学术态度，敏锐的观察力、具有前瞻性的研究思维，以及创新求是、扎扎实实的科研精神，使我受益匪浅。毛志华老师严于律己、宽以待人的品德，朴实无华、平易近人的性格特点，乐观向上、积极主动的生活态度，向我展示了一个科研工作者应该具备的优良的人格魅力。除了两位导师的指导，我非常有幸能得到了潘德炉院士的教诲，潘老师渊博的知识、全新的思想观念、宽阔的思维方式、科学的研究态度、亲切和蔼的性格都给我留下了深刻的印象，使我获益良多。正是这些导师在学习上给予我正确有力的指导，在生活上为我提供一个良好舒心的环境，使我在博士阶段各方面都取得了大幅的提高，由一个懵懂无知的小女孩，变成了一个成熟稳重的女博士。在这里我要对曾经帮助和指导过的老师们表示衷心的感谢和深深的敬意。

另外，我还要感谢课题组中的师姐、师兄、师弟、师妹们，他们在我攻读博士期间，与我同甘共苦，共同学习和进步，他们使我认识到团队合作的力量，也使我感受到生活的充实和愉悦！尤其感谢张金凤博士、严冰博士、吴相忠博士、丁磊博士等在我天津大学期间对我的关怀和帮助，感谢王迪峰博士、白雁博士、何贤强博士、杨乐博士、丁又专博士、邹巨洪博士、陈正华博士、雷惠博士、雷林硕士对我在海洋二所期间的学习和生活中所给予的莫大帮助！此外，还要感谢我的同学天津大学的刘会勋博士、单小麟博士、王葳博士等在生活中给予我的支持和关怀。感激他们陪我一路走来，在我脆弱的时候给我鼓励，在我困难的时候给我帮助，在我难过的时候给我欢乐，在我痛苦的时候给我勇气……非常感谢他们。

最后，我深深地感谢我的父亲李合法先生、母亲丁新爱女士、弟弟李刚对我一贯的支持、理解、鞭策、鼓励和帮助，他们对生活积极乐观、勇于进取的态度对我影响至深。他们在我博士期间无私地为我提供物质支持、精神鼓励，他们是我的动力源泉。特别是我那即将迈入花甲之年的、远在河南的父母亲，他们无私的爱和奉献精神使我深受感动！我会珍惜这份亲情，并竭尽我所能对家庭和社会多做贡献，来报答父母的养育之恩。

向所有直接或间接帮助过我的老师、同学、朋友、亲人表示感谢！

论文三：便携式高性能海洋遥感计算环境实现方法研究

作　　者：周狄波

指导教师：潘德炉

作者简介：周狄波，男，1977 年 2 月出生，浙江宁波人，博士，系统分析师，网络设计师。1999 年毕业于武汉测绘科技大学土地管理系，获学士学位；2002 年毕业于浙江大学理学院地理信息系统专业，获硕士学位；2010 年中科院和国家海洋局第二海洋研究所联合培养博士毕业，研究方向为海洋水色遥感数据的高性能便携式计算环境构建；2010 年至今工作于杭州市经济和信息化委员会，从事信息化工作。

摘　要：近年来，海洋遥感技术的迅猛发展，促进了其对海洋遥感资料处理工具的需求。随着技术交流的日益频繁和遥感数据的不断丰富，研究、构建便携而高性能的海洋遥感计算环境成为一项有意义的工作。

本文研究将新兴的 CUDA（Compute Unified Device Architecture，计算统一设备架构）高性能计算引入海洋遥感图像处理，针对 CUDA 计算中的数据传输问题，首先，提出了以 CUDA 的 CPU（Central Processing Unit，中央处理器）＋GPU（Graphic Processing Unit，图形处理器）协同计算模型进行遥感图像的高性能计算，以内存存储改进 CUDA 计算中的主机端数据存取性能，从而实现海洋遥感图像 CUDA 高性能处理的技术方法。然后，根据现有基于 USB（Universal Serial Bus，通用串行总线）闪存盘的便携式计算环境因技术原因而未集成操作系统，无法支持海洋遥感软件在不同计算机上即插即用的问题，设计了集操作系统和海洋遥感软件于一体的便携式计算环境，提出了一种便携式高性能海洋遥感计算环境实现方法——CGMFL 方法。最后，基于 CGMFL 方法初步构建了一个便携式高性能海洋遥感计算环境原型，并通过对原型的便携性和处理性能测试，验证了 CGMFL 方法的有效性。

论文的创新点可归纳如下。

（1）采用内存存储技术改进了 CUDA 计算中的主机端数据存取性能，实现了对海洋遥感图像处理性能的提升。

（2）设计了基于 USB 闪存盘的集操作系统和海洋遥感软件于一体的即插即用的便携式高性能计算环境，开发了系统原型并验证了其有效性，实现了海洋遥感软件的即插即用功能。

关键词：海洋遥感；计算环境；图形处理器；闪存盘

Abstract：In recent years, the demand for ocean remote sensing data processing tools has grown enormously with the rapid development of ocean remote sensing. To meet the increasing needs of technical interaction and massive ocean remote sensing data processing, the research on constructing a portable and high performance computing environment for ocean remote sensing becomes more and more meaningful.

Firstly, this dissertation applies a new high performance computing technique—CUDA (Compute Unified Device Architecture) to process ocean remote sensing images. According to the data transfer problem in the existing CUDA computation, a new high performance ocean remote sensing images processing method is developed, which uses the collaborative computing model of CPU (Central Processing Unit) + GPU (Graphic Processing Unit) to achieve high performance computing in remote sensing images, and uses the RAM (Random Access Memory) disk to improve the host side data access performance. Secondly, the problem of existing USB (Universal Serial Bus) flash drive – based portable computing environment is analyzed. Because the existing computing environment has not been integrated with operating system for technical reasons, it cannot support the plug – and – play function of ocean remote sensing software on different computers. To solve the problem, a new portable computing environment is designed, which integrates operating system and ocean remote sensing software on a USB flash drive. A method named CGMFL for constructing portable and high performance ocean remote sensing computing environment is developed based on the above work. Finally, a preliminary portable and high performance ocean remote sensing computing environment prototype is built based on CGMFL. Tests made to the prototype on both portability and remote sensing image processing performance shows that CGMFL is effective.

The innovations of the dissertation can be summarized as follows：

(1) The performance on ocean remote sensing image processing is improved significantly by using RAM disk to improve the host side data access performance in the CUDA computation.

(2) A portable and plug – and – play high performance computing environment is designed, which integrates operating system and ocean remote sensing software on a USB flash drive. A system prototype based on the design is built and tested to be effective. In this way, a plug – and – play function for ocean remote sensing software is realized.

Key words：oceanic remote sensing; computing environment; graphic processing unit; flash drive

1 绪论

1.1 引言

近年来，海洋遥感的迅猛发展，促进了其对海洋遥感资料处理工具的需求。随着技术交流的日益频繁和遥感数据的不断丰富，研究、构建便携而高性能的海洋遥感计算环境成为一项有意义的工作。

从信息技术的发展趋势看，现代计算对便携性的需求，推动着计算任务向笔记本电脑、移动互联网终端（Mobile Internet Device，MID）和手机等智能终端迁移，轻巧易用成为一种潮流。然而，在现实应用中，笔记本电脑往往轻巧不足，MID 和手机又处理能力有限。面对日益增长的便携性需求，如何提供轻巧适用的计算手段成为推动应用发展的重点之一。

随着基于闪存技术和 USB（Universal Serial Bus，通用串行总线）接口的 USB 闪存盘的普及，一些厂商研发了基于 USB 闪存盘的便携式计算环境，允许用户随身携带安装在其中的应用软件，并在满足运行条件的不同计算机上运行、使用而无需在计算机中安装这些软件。由于技术上的限制，这类计算环境都未包含操作系统，本质上只是一个依赖于计算机操作系统的应用软件管理中间层，因此，无法脱离计算机上的操作系统独立运行，局限性较大。海洋遥感软件作为专业性的应用软件，其程序实现中包含大量的专业性函数库和专业性设置，与操作系统环境密切相关的特性，使之无法应用现有基于 USB 闪存盘的便携式计算环境开发技术实现便携性，而要求构建集操作系统和海洋遥感软件于一体的便携式计算环境。

2006 年，NVIDIA 公司发布了名为 CUDA（Compute Unified Device Architecture，计算统一设备架构）的新一代通用 GPU（Graphic Processing Unit，图形处理器）计算架构，历经数年的修改完善，目前已发展成为主流的高性能 GPU 计算技术，为研制基于 CUDA 的海洋遥感高性能计算环境提供了有力支持。同时，近年来高性价比的 GPU 在计算机上的普及，也为便携式计算环境利用 GPU 进行高性能海洋遥感计算提供了现实基础。

本文研究根据现代海洋遥感发展对于便携式计算和高性能计算的双重需求，横跨遥感图像处理、GPU 高性能计算、Linux 操作系统底层开发等多个领域，针对便携式高性能海洋遥感计算环境实现中存在的 CUDA 计算数据传输、USB 闪存盘擦写次数限制、操作系统和海洋遥感软件一体化计算环境完全内存存储等问题，研究提出了经原型验证可行且高效的便携式高性能海洋遥感计算环境实现方法，从而为海洋遥感的发展注入了新的元素。

1.2 海洋遥感及其发展

遥感是 20 世纪 60 年代发展起来的对地观测综合性技术。广义上讲，遥感被理解为"遥远的感知"，泛指一切无接触的远距离探测；狭义上讲，遥感是应用探测仪器，不与探测目标相接触，从远处把目标的电磁波特性记录下来，通过分析，揭示物体的特征性质及其变化的综合性探测技术[1]。

1960 年，美国海军研究局的艾弗林·普鲁伊特（Evelyn L. Pruitt）最早使用了"遥感"一词，1961 年，在美国国家科学院和国家研究理事会的资助下，于密歇根大学的威罗·兰（Willow Run）实验室召开了"环境遥感国际讨论会"，此后，在世界范围内，遥感作为一门新兴的独立学科，获得了飞速的发展[1]。目前，遥感技术已广泛应用于天气预报、大气监测、地质调查与分析、资源调查、城市规划、建筑、交通、农业估产、水文观测、地图测绘、灾害监测与评估、海洋科学等诸多领域。

海洋遥感是海洋科学与遥感科学相结合的交叉学科，以海洋和海岸带作为其监测和研究的对象，是应用遥感技术监测海洋中各种现象和过程的方法[2]。海洋遥感主要包括物理海洋学遥感（如海面水温、海风矢量、海浪谱、全球海平面变化等）、生物海洋学遥感、化学海洋学遥感（如海洋水色、叶绿素浓度、黄色物质）和海冰等灾害监测（如海冰类型、分布范围和变化）[3]。

20 世纪 70 年代，当陆地遥感开始在我国兴起时，我国的海洋遥感尚处于起步阶段，当时的海洋遥感技术以航空遥感为主，先后开展了机载红外水温遥感与激光遥感。80 年代，初步利用航片和卫片进行了针对河口和近海的信息解译。1988 年 9 月 7 日，我国第一颗气象卫星"风云一号"发射入轨，其上载有的两个海洋水色通道，为卫星地面站接收并处理海洋遥感数据提供了信息来源。"八五"期间，星载 SAR（Synthetic Aperture Radar，合成孔径雷达）的海洋应用研究列入了国家"863"计划。"九五"期间，成立了国家海洋局卫星总体部，海洋水色卫星综合技术经济论证通过评审，海洋水色卫星列入了国家发射计划。1997 年 9 月，我国开始接收美国海洋卫星 SeaStar 的 SeaWiFS 数据，初步应用于海洋水色监测与分析。1999—2000 年相继发射的两颗资源卫星，为获取海岸带与海岛信息提供了更为清晰的观测平台[4]。2002 年 5 月 15 日，我国自行研制的第一颗用于海洋环境探测的海洋水色卫星"海洋一号 A"发射成功，彻底结束了我国没有海洋卫星的历史，大大提高了我国的海洋监测能力。后续发射的"海洋一号 B"进一步增强和提高了卫星对海洋的观测能力和探测精度，为探测叶绿素、悬浮泥沙、可溶有机物及海洋表面温度等要素和进行海岸带动态变化监测等工作提供了更为先进的平台。目前，随着我国初步建成太空、航空、水体和海底观测 3 个层次的海洋立体观测网，海洋遥感已在距离海面 700~800 km 高度的卫星遥感观测和距离海面 1 000 m 至 200 m 高度的航空遥感观测两个层次得到了较好的应用。

21 世纪是海洋的世纪。随着技术的进一步发展，能够实时监测海洋变化，具备大面积同步实时测量、可进行动态和长期观测、可涉及船舶、浮标等无法抵达的海区等常规观测手段无法比拟的优点的海洋遥感，已日益成为海洋大环境监测、海洋预报、海洋功能区划、国家权益维护等方面的重要技术支撑力量，并表现出越来越大的应用前景。

1.3　遥感数据处理的挑战

随着卫星遥感技术的进步，国际上卫星遥感对地观测系统的发展进入了一个技术全面升级的阶段。卫星的空间分辨率正在以每 10 年一个数量级的速度提高，高分辨率/超高分辨率已成为 21 世纪前 10 年新一代遥感卫星空间分辨率的基本发展方向；对同一地面目标进行重复观测的时间间隔日益缩短，具有中空间分辨率的遥感卫星重复观测周期已小于 1 d；加之光谱分辨率的不断提高，目前遥感已具备了探查地表物体的性质以及不受天气影响的全天候对地观测能力[5]。

卫星遥感技术的发展突飞猛进，推动了海洋遥感应用的深入发展，应用水平不断提高，应用领域越来越广泛，对海洋遥感数据高性能处理的要求随之体现。由于海洋环境的特殊性，海洋遥感有着不同于陆地遥感的特点，主要表现在以下几个方面。

（1）海洋遥感要求传感器有较高的时间分辨力。广阔的海洋是时刻处于运动中的水体，如海洋动力环境要素中的海面风场、浪场、流场、潮汐及涡漩等，都是瞬息变化的要素。因此，海洋遥感的时域特性很重要，只有保持海洋观测很好的动态性，才能及时准确地反映海洋要素的变化过程。相对而言，陆地遥感中，往往地物变化周期要长得多，动态性要差得多[6]。

（2）海洋遥感对传感器的光谱分辨率要求较高。因为各海洋要素的光谱叠加在一起，故只有把传感器波段细化，才能使海洋要素得到很好的反映。如 SeaWiFS 就把可见光分为 6 个波段（中心波长分别为 412 nm，443 nm，490 nm，510 nm，555 nm，670 nm），波段范围较窄（20 nm），以适应不同海洋水色要素的探测要求[6]。因此，多波段、窄波宽的光谱遥感器，在海洋环境要素探测、海洋灾害研究等方面具有较大的潜力，而定量化遥感反演的进一步开展，也有赖于光谱测量精度的进一步提高[7]。

（3）海洋遥感的数据来源广泛。由于每一颗卫星都能探测海洋和陆地，它们的遥感资料都可能被海洋学所研究利用[8]，如美国 Landsat 卫星图像、法国 SPOT 卫星资料、中巴资源卫星的信息，均可为我国海岸带、河口和岛屿的近岸遥感研究提供信息来源，NOAA 气象卫星上的 AVHRR 资料则已服务于海洋遥感多年。此外，在海洋航空遥感方面，海监飞机上装备的侧视雷达、微波辐射计、多光谱相机等也可为海洋遥感提供丰富的数据来源。

以上特点，决定了海洋遥感数据的海量。对应于海量的海洋遥感数据的处理和应用需求，随之需要高效的处理能力。

1996 年徐冠华院士在《遥感信息科学的进展和展望》一文中前瞻性地指出，未来空间遥感技术发展将导致传感器空间分辨率、光谱分辨率的大幅度提高，这些传感器投入运行的结果将使卫星图像的数据量和计算机处理运算量大幅度增加。据初步统计，20 世纪 90 年代末期，遥感卫星的数据量将增加 100~400 倍，计算机处理的运算量将增加 1 000~17 000 倍。原来需要百万次级计算机解决的图像识别问题，将需要由 10 亿~170 亿次级计算机完成。上述处理速度、精度和处理能力问题如不解决，将造成大量遥感数据积压，处于数据爆炸的状态，无法发挥遥感技术所具有的宏观、快速和综合的优势。因此，以高速、大容量和高精度为目标，建设遥感数据处理系统势在必行[3]。这一观点，得到了其他专家、学者的支持。李德仁院士特别提出把"加强高性能空间信息处理与分析技术的研究"作为未来几年内摄影测量与遥感学的发展重点[9]。

《国家中长期科学和技术发展规划纲要（2006—2020）》提出，要发展基于卫星、飞机和平流层飞艇的高分辨率先进对地观测系统，发射一系列的高分辨率遥感对地观测卫星，建立覆盖可见光、红外、多光谱、超光谱、微波、激光等观测谱段的高、中、低轨道结合的、具有全天时、全天候、全球观测能力的大气、陆地、海洋先进观测体系[10]。作为一个海洋大国，我国主张管辖海域面积约 300 万平方千米。应用遥感高科技手段，监测、开发、管理、利用好这片蓝色国土，对于实现可持续发展具有非常重要的意义。20 世纪 80 年代以来，我国已成功发射了带有海洋光学遥感器的观测平台，如 FY－1 系列卫星、"神舟三号"飞船、HY－1 系列卫星，并建成包括卫星遥感资料接收、处理、分发和应用的海洋光学遥感系统，发挥了较好的社会和经济效益。空间遥感与信息技术已经发展成为满足人类对海洋资源和环境不同尺度与不同层次连续、动态信息需求的必要手段[11]。根据我国已经制定的海洋卫星发展目标和海洋卫星系列发展规划，后续"海洋二号"系列海洋动力环境卫星、"海洋三号"系列海洋监视监测卫星的发射和全天时、全天候的海洋监视监测卫星关键技术攻关的开展[12]，在为海洋工作者带来前所未有的丰富的海洋资料的同时，也将对海洋遥感数据的处理能力提出挑战。海洋遥感数据处理和应用的双重需求，推动着海洋遥感与高性能计算的自然结合。

1.4 遥感高性能计算

高性能计算是一个用于解决大规模计算需求问题的集成计算环境[13]，已被公认为继理论科学和实验科学之后，人类认识世界、改造世界的第三大科学研究方法。它既是衡量一个国家或地区经济技术综合实力的重要标志，又是当今世界发达国家竞相争夺的一个战略制高点。由于开发高效计算技术，将大量的遥感数据转化成科学理解对于空间地球科学和行星探索具有决定性的意义[14]，近年来人们开展了在遥感工作中引入高性能计算的研究。

1.4.1 国外研究情况

国外对遥感高性能计算的研究起步较早。早期的遥感数据处理系统主要是专用系统，基于像 Cray 这样的超级计算机开发，运行、维护，升级成本很高，扩展性不足。为解决这些问题，出现了很多致力于利用现有的商品化硬件，进行高性价比的遥感高性能计算的研究。

1996 年，美国加州理工学院基于奔腾 Pro 芯片的集群在基于遥感的应用上实现了每秒 10 亿次浮点运算，第一次展现了商品集群的高性能计算潜力[13]。

1997 年，美国宇航局戈达德太空飞行中心（Goddard Space Flight Center，GSFC）启动了HIVE（Highly Parallel Virtual Environment，高度并行虚拟环境）项目，在一个遥感算法上实现了每秒 100 亿次浮点运算。作为 HIVE 的后续改进机型，用于遥感数据处理的 Thunderhead 系统，是一个拥有 512 个处理器的同质 Beowulf 集群，整体峰值性能可达每秒 24 576 亿次浮点运算[13]。随着集群系统的发展和普及，Meisl 等基于集群环境实现了 SAR 信号成像的并行处理，并分析了网络带宽对并行性能的影响[15]。

2005 年，Blom 等研究了如何将现有的 3D（Three Dimensions，三维）图形卡硬件用于 SAR 图像处理的问题，提出了一种高效的一维快速傅立叶变换方法[16]。此后，随着源于 3D 图形卡处理核心的 GPU 在可编程能力和并行能力方面的提高，GPU 开始被研究用于遥感高性能计算。2006 年，Setoain 等利用现代 GPU 内部的多级并行机制，设计提出了一个基于 GPU 的计算框架，用以实现高光谱图像的处理算法，并采用美国宇航局 AVIRIS 系统采集的高光谱数据，进行了实验，得出了高光谱图像越大，GPU 计算相对 CPU（Central Processing Unit，中央处理器）计算的优势越显著的结论[17]。同年，Plaza 等以 PPI（Pixel Purity Index，纯净像元指数）算法为例，研究了基于集群并行计算、工作站异种网络分布式计算和 FPGA（Field Programmable Gate Array，现场可编程门阵列）3 种不同高性能计算技术的遥感数据信息抽取问题[18]。

2007 年 Antonio J. Plaza 和 Chein – I Chang 汇聚当时高性能计算应用于遥感的最新成果，出版了《High Performance Computing in Remote Sensing》一书[13]，总结了用于遥感高性能计算的 3 种并行计算技术：基于集群的多处理器系统、大规模异种计算机网络系统和特殊硬件实现。

● 基于集群的多处理器系统：基于集群的多处理器系统是较早实现的用于遥感数据高性能处理的技术，基于 Beowulf 的集群系统和当时许多用于遥感及地球科学应用的超级计算机（如巴塞罗那超级计算中心名为 MareNostrum 的 IBM 集群、夏威夷毛伊高性能计算中心名为 Jaws 的 Dell PowerEdge 集群等）均属于这一范畴。

● 大规模异种计算机网络系统：大规模异种计算机网络系统是随着分布式计算的发展而实现的技术，并进一步演化成网格计算。当时开展的遥感网格计算研究项目主要有：Linked Environments for Atmospheric Discovery（LEAD）——大气探索互联环境和 Landsat Data Continuity Mission（LDCM）Grid Prototype（LGP）——陆地卫星数据连续任务网格原型。

● 特殊硬件实现：特殊硬件主要包括 FPGA 和 GPU 这些随着技术进步而出现的新硬件，在当时主要用于板载传感器平台上的遥感相关计算。其中，FPGA 的优势在于高速的可重构性，GPU 的特点在于高性能和低成本，但两者在抵抗高能粒子和电磁辐射方面均存在较大不足。

根据对这 3 种并行计算技术的分析，Antonio 等预计基于网格的高性能计算机系统，将成为遥感高维数据计算的有力工具。在此后的日子里，集群系统和网格计算按部就班地向前发展，而 GPU 计算却随着 GPU 处理能力的迅速增强和 GPU 开发环境的改善，渐渐受到重视，出现了一些将 GPU 应用于遥感图像处理的研究。如：

● Rosario – Torres 等利用 GPU 和 Jacket 工具箱实现了对 MATLAB 高光谱图像分析工具箱的加速[19]。

● Kockara 等利用 GPU 实现了对遥感图像微小变动的实时检测[20]。

● Balz 等实现了一种基于 GPU 的实时合成孔径雷达模拟系统，通过使用栅格化方法和基于影像的 GPU 光线追踪算法，实现了双回波快速模拟[21]。

● Tarabalka 等利用 GPU 处理和多元混合模型实现了对高光谱图像的实时异常检测，在实际数据上的检测结果表明通过 GPU 计算和多元混合模型实现的总体加速足以保证实时异常检测的需要，甚至可用于高空间分辨率的机载高光谱成像仪[22]。

这些于 2009 年发表的将 GPU 应用于遥感图像处理的研究，尽管都局限于个别算法，但却表明了 GPU 在遥感高性能计算方面的潜力。

1.4.2　国内研究情况

相对于国外研究的悠久历史，国内对遥感高性能计算的研究相对起步较晚，但也取得了一些成就。

1.4.2.1　集群计算

中国科学院中国遥感卫星地面站高性能地学计算课题组研制了一款基于 Linux 集群的，支持多卫星、多传感器的高性能卫星地面预处理系统，可根据相关参数选项，利用高性能并行处理算法自适应处理不同卫星、不同传感器的卫星数据并生成标准格式产品。系统的第一版本已经成功地运用于"北京一号"小卫星的地面数据预处理[23]。

蒋艳凰等研究并实现了一种基于局部输出区域计算的并行几何校正算法，并在集群系统上对该算法进行了实现[24]。

卢丽君等基于 PC（Personal Computer，个人计算机）集群研究了分布式并行计算技术在遥感数据处理中的应用[25]。

韩冰基于 PC 集群，研究了遥感数据一体化存储与高效处理技术，并建立了实验系统[26]。

周静等在集群系统上实现了基于控制点的多模遥感图像配准并行算法[27]。

刘异等研究了基于云计算模型的遥感数据处理服务模式，设计了原型系统，并利用廉价的 PC 集群进行了原型构建[28]。

蒋利顺等对遥感图像在没有先验知识情况下进行无监督分类的重要算法之一 K – Means 算法进行了并行实现研究，提出了一种基于分块逼近的算法并行模型，并利用 8 台联想深腾 1800 高性能服务器构成的集群处理环境，对这种改进了的并行方法进行了实验，取得了近线性的加速比。但由于 K – Means 算法并行化改进仍有部分必要的通信，加速比小于计算节点数[29]。

1.4.2.2　网格计算

遥感网格计算方面影响最大的是基于中国教育与科研网格 ChinaGrid，互连华中科技大学、国防科技大学、中山大学等高校的高性能计算资源而建立的图像处理网格应用平台。平台计算能力超过 5 000 亿次，可共享的存储能力超过 5 TB。平台内提供基于集群的并行计算环境和网格环境下图像处理应用的多点协同处理机制，利用广域范围内的多个高性能计算结点，实施任务广域分派，以高效解决各类图像的处理应用问题，提高服务协同工作的效率和空闲资源的利用率。平台实现了一些适合于网格环境的遥感图像并行处理算法，包括图像变换、滤波增强、边缘检测、直方图运算和自动配准等 14 大类共 35 种图像处理运算，内容涉及从遥感图像预处理、高级处理到识别分类的各个阶段[30]。

此外，中国科学院遥感应用研究所远程通信地学处理课题组应用网格计算在遥感信息处理和高性能遥感定量反演方面开发了一个应用示范——"遥感研究与信息服务节点 RS-IN"[31]。沈占锋等根据网格计算思想，结合遥感图像处理的具体任务，研究并开发了以网格技术为核心的分布式遥感图像处理系统[32]。

1.4.2.3　FPGA 计算

杨淑琴等开展了基于 FPGA 的遥感数据采集与快视系统研究[33]。

项涵宇等基于 FPGA，设计了一种用于普通 PC 的遥感影像并行处理原型系统，实验系统较之普通 PC 软件的串行处理在计算速度上可提升 3 ~ 4 倍[34]。

李宝峰基于 FPGA 和小波理论，研究了面向星载计算的海量遥感数据实时处理实现方法[35]。

1.4.2.4　GPU 计算

杨靖宇等利用 GPU 的并行流处理特性进行了遥感图像的 HIS 变换融合实验和主分量变换

融合试验，实现了约 5 倍的计算时间加速比[36]。

李仕等基于 GPU 平台提出了维纳并行滤波算法，解决了航空成像的像移实时补偿问题[37]。

1.4.3　相关技术分析

从国内外对遥感高性能计算研究的发展看，当前的研究，主要集中在应用集群系统、网格计算、FPGA、GPU 等技术，进行并行计算，以解决遥感图像处理中遇到的大数据量和大计算量问题。

集群本身是一种并行，网格计算很大程度上也是根据并行的原理，利用了众多不同类型的计算机的处理能力，只是在组织上，没有集群要求严格，但由此也带来了更大的管理开销，如服务节点的发现和注册等。FPGA 和 GPU 从其实现原理看，仍是一种并行，且 FPGA 的硬件级并行特征更为显著。从这个意义上讲，并行性是原理，而高性能计算是对并行性原理的应用结果。

从 Antonio 归纳的用于高性能遥感计算的三种并行计算技术看，集群是历史悠久的实现技术，非常成熟，也拥有广大的用户群，国内外的遥感高性能计算研究多数都基于集群展开，但集群本身固有的限制，使得面对当前急剧增加的遥感数据开始力不从心。集群系统在实现原理上通过增加系统中计算机的节点数以提升性能，但随着节点数量的增加，网络直径增大，延迟大增，无法有效地支持并行计算的消息传递，同时，并行文件系统和消息传递并行编程接口也不能很好地支持过多的节点，从而导致系统加速比下降。另外，结点过多还会导致系统功耗过大、故障率高、维护复杂、可用性和实用性不佳等一系列问题。因此，集群结构的实际扩展能力相当有限[38]。

源于分布式计算技术的网格计算，代表了一种未来的趋势，但有太多的细节需要完善，如资源调度、安全管理、算法设计、服务发现、通信开销、故障恢复等，有待当前和未来的进一步努力。同时，网格计算的环境在目前并不是人人都可以拥有。

FPGA 和 GPU 计算是随着技术进步在近年发展起来的高性能遥感数据处理新技术，相对于昂贵而复杂的集群系统和网格环境而言，它们成本更低，能耗更省，更容易实现，虽然本身无法实现像大规模的集群系统和网格环境那样的超级计算能力，但能提供高效的并行处理能力，并支持硬件器件间的协作以进一步提升处理能力。

FPGA 可被编程，可通过对其上的逻辑模块进行编程并将它们连接到一起，以实现逻辑功能。相对于通常的计算机软件程序实现而言，FPGA 不取指令，而是在硬件上直接实现了逻辑功能和互联，因此具有较高的执行效率。

GPU 通过用作计算机上 CPU 的协处理器，进行并行计算，可提供传统上需要集群系统才能实现的计算能力，如 NVIDIA 公司的消费级产品 GeForce GTX 280，其单卡理论浮点运算能力可达 933 GFLOPS [39]（Giga FLoating－point Operations Per Second，每秒 10 亿次浮点操作），而价格仅为数百美元，实现了较高的性价比。随着目前高性能的三维图形显示卡在计算机上的普及，其中的 GPU 被相应地部署到众多的计算机上，GPU 成为了第一个广泛部署的商品桌面并行计算机[40]。这种普及性，使得 GPU 计算相对于 FPGA 而言，具有了更广泛的应用环境。

1.4.4　海洋遥感 GPU 高性能计算的提出

海洋遥感的终极目的是应用，而海洋遥感应用的有效开展则依托于对海洋遥感数据的高性能计算并将其转化为科学理解。当前对于遥感高性能计算的研究，主要集中在应用集群系统、网格计算、FPGA、GPU 等技术，进行并行计算，其中尤其以集群系统最为普及。从实践中看，尽管遥感数据处理算法一般可以非常完美地映射到像集群系统和网格环境这样的并行系统上，但无论是集群系统，还是像网格环境这样的分布式系统，其成本一般而言是比较高昂的，限制着海洋遥感对这两种高性能计算技术的应用。GPU 技术的发展和高性能 GPU 在计算机上日益广泛的部署，带来了高性价比的解决方案，使得实现廉价的海洋遥感 GPU 高性能计算成为可能。

集群系统和网格计算在当前高性能计算中的地位是毋庸置疑的，但在分布式计算不断发展的今天，再强大的计算环境，最终还将取决于各个计算节点的计算能力。基于 GPU 的高性能计算不仅可从计算机内部提供以 CPU + GPU 协同计算为基本特征的单机内涵式性能扩展方案，也能支持传统上计算节点扩展的外延式性能提升方式，这种灵活性，使之具备了根据海洋遥感计算问题的规模而伸缩的能力。

目前，占据 GPU 高性能计算领导地位的 NVIDIA 公司已经在全球卖出了超过 1 亿颗以上支持 CUDA 架构的 GPU[41]，如果加上竞争对手 AMD 公司的产品，GPU 的普及程度相当可观，从而为在海洋遥感应用中利用 GPU 进行高性能计算提供了现实基础。

1.5　海洋遥感便携式计算需求

海洋遥感的迅猛发展在提出高性能计算需求的同时，也对便携式计算提出了需求，特别随着技术交流的频繁，这种需求变得日益迫切。信息技术的发展，推动了计算机的普及和应用，随着 PC 处理能力的增强，大量的计算任务逐渐由传统的大型机、巨型机、小型机向 PC 迁移，更小更强成为一种潮流。笔记本电脑的诞生，实现了随身携带的计算环境，大大方便了人们外出交流、作业，但相对不断增长的便携性需求而言，还是太大太重，同时其计算能力也弱于同级别的 PC。MID 和手机等智能终端相对笔记本电脑而言，虽然更为轻便，但在处理能力方面却更为有限。对于处理能力和便携性的双重要求，呼唤着新的解决方案。

伴随着基于闪存技术和 USB 接口的 USB 闪存盘的普及，一些厂商开始利用其轻便、可靠的特性，研究开发基于 USB 闪存盘的便携式计算环境。利用该计算环境，用户可以随身携带安装在其中的应用软件，在不同的计算机上运行、使用它们而无需在计算机中安装这些软件。SanDisk 公司的 U3 移动计算平台和 Ceedo 科技公司的 Ceedo 是目前这类计算环境的典型代表。从技术实现上看，这些便携式计算环境都是基于目标主机操作系统而开发的一个应用软件管理中间层，通过计算环境中的管理软件与目标主机上操作系统的相互协作，建立计算环境中特定程序运行所需的系统环境，以支持程序运行，并在程序退出后，执行相关清理工作，恢复目标主机的原有状态。由于技术方面的问题，这类计算环境在设计上并未包含操作系统，虽然实现了一定程度上的便携性，但无法脱离目标主机上的操作系统运行，其即插即用能力依赖于目标主机的操作系统。

海洋遥感软件作为专业性的应用软件，其程序实现中包含大量的专业性函数库和专业性设置，按照现有基于 USB 闪存盘的便携式计算环境技术实现机制，通过计算环境中的管理软件与目标主机上操作系统的相互协作，部署这些专业性函数库和专业性设置，建立海洋遥感应用程序运行所需的系统环境，将面临可行性和执行效率的双重考验。应用的需求，客观上要求构建集操作系统和海洋遥感软件于一体的便携式计算环境，而非目前这种依赖于目标主机操作系统的便携式计算环境。事实上，现有基于 USB 闪存盘的便携式计算环境中操作系统的缺失，也是 U3、Ceedo 等产品未能普及的重要原因之一。

当前，主流计算机在硬件结构上可分为有限的几种体系结构，现代操作系统则提供对这些体系结构的支持，因此，存在着在相同体系结构的计算机上移动包括操作系统和应用软件在内的计算环境以满足便携性需求的可能性。通过操作系统和应用软件的一体化，可使海洋遥感便携式计算环境，脱离对目标主机操作系统的依赖，而仅将目标主机作为硬件基础设施加以利用，真正实现即插即用，海洋遥感软件所需的各类函数库、设置、运行环境可以直接在操作系统中集成，从而省去与目标主机上操作系统的相互协作过程，大大提高了应用的效率和易用性。

大道至简。Google 的成功之处在于它屏蔽了内部复杂的数学逻辑和大规模的巨量计算，提供给用户简洁的界面，并将检索结果以简明的方式表达给用户。Unix 的设计者 Dennis Ritchie 说："Unix is simple."短短数语，造就了 Unix 的辉煌，时至今日，仍是一种重要的操作系统。因此，基于操作系统和应用软件的一体化思路，研究、构建包含操作系统的易用的便携式海洋遥感计算环境，对于推进海洋遥感的应用和发展而言是不无裨益的。

1.6 本文研究内容

根据海洋遥感发展对高性能计算和便携式计算的双重需求，本文重点从以下三个方面进行了广泛而深入的研究。

一是，基于 NVIDIA 公司的新一代 GPU 高性能计算架构——CUDA 技术，研究和探讨了以 CUDA 的数据并行机制实现遥感图像高性能计算的可行性，针对 CUDA 计算中存在的数据传输问题，研究了以内存存储改善主机端数据存取性能，进而实现海洋遥感图像 CUDA 高性能处理的方法。

二是，针对现有基于 USB 闪存盘的便携式计算环境因技术原因而未集成操作系统，无法支持海洋遥感软件在不同计算机上即插即用的问题，设计了全新的集操作系统和海洋遥感软件于一体的便携式计算环境，研究给出了解决计算环境访问速度问题、闪存擦写次数限制问题的技术方法，进而提出了一种便携式高性能海洋遥感计算环境的实现方法——CGMFL 方法。

三是，利用欧空局的 BEAM（Basic ENVISAT Toolbox for ATSR and MERIS）软件和自行开发的海洋遥感图像高斯卷积 CUDA 处理程序，基于 CGMFL 方法初步构建了一个便携式高性能海洋遥感计算环境原型，通过对原型的便携性和性能测试，验证了 CGMFL 方法的有效性。

1.7 论文组织结构

　　本论文共分 6 章，第 1 章为引言，概述了海洋遥感及其发展，根据海洋遥感发展提出的高性能计算和便携式计算需求，在分析现有遥感高性能计算技术和基于 USB 闪存盘的便携式计算环境的基础上，提出了本文的主要研究内容，给出了全文的组织结构。

第 2 章介绍 GPU、通用 GPU 计算及其发展，重点探讨了新一代通用 GPU 高性能计算架构 CUDA，研究了其数据并行机制。

第 3 章研究分析了遥感图像处理中的并行性，论证了以 CUDA 的数据并行机制实现遥感图像高性能计算的可行性。根据遥感图像处理涉及的输入、计算、输出三个阶段，针对 CU-DA 计算中的数据传输问题，研究提出了以 CUDA 的 CPU＋GPU 协同计算模型实现遥感图像的高性能计算，采用内存盘技术改进 CUDA 计算中的主机端数据存取性能，实现海洋遥感数据的高性能输入、输出的海洋遥感图像 CUDA 高性能处理技术路线。

第 4 章研究分析了现有基于 USB 闪存盘的便携式计算环境，根据其未集成操作系统的不足，提出了构建操作系统和应用软件一体化的便携式计算环境，使海洋遥感计算环境脱离对目标主机操作系统的依赖，而仅将目标主机作为硬件基础设施加以利用，实现即插即用的思路。针对闪存存在的擦写次数限制和访问速度不足问题，研究提出了通过 Linux 操作系统底层开发，将 USB 闪存盘上的海洋遥感计算环境源系统部署到内存盘上，形成运行系统实际运行的技术方案，并与海洋遥感图像 CUDA 高性能处理技术路线相结合，提出了构建便携式高性能海洋遥感计算环境的 CGMFL 方法。

第 5 章基于 CGMFL 方法进行了便携式高性能海洋遥感计算环境原型的初步实现，通过对便携性和处理性能的双方面测试，验证了 CGMFL 方法的有效性。

第 6 章对论文内容进行了总结，归纳了研究的主要创新点，提出了对未来工作的展望。

2 GPU 通用计算与 CUDA 技术

海洋遥感观测技术的发展，带来了前所未有的丰富的海洋遥感数据，随之需要高性能的数据处理能力。近年来，GPU 的性能以大大超过摩尔定律的速度飞速发展，提供了较高的性价比，使得基于 GPU 实现高性能的海洋遥感数据并行计算成为可能。本章概述 GPU 和基于 GPU 的通用计算，并深入探讨新一代 GPU 高性能计算架构——CUDA 的开发技术、硬件实现和数据并行机制。

2.1 GPU 的起源与发展

GPU 的概念最早于 1999 年由 NVIDIA 公司在发布 GeForce 256 绘图处理芯片时提出。物理上 GPU 是一种用于降低 CPU 3D 图形渲染压力的专用处理器。在 GeForce 256 绘图处理芯片的技术实现中，最为突出的特点是 NVIDIA 公司率先将硬件 T&L（Transforming & Lighting，空间坐标变换和光影处理）整合到了显示核心中，使得显示核心从 CPU 接管了大量工作，而在以往的技术实现中，T&L 主要由 CPU 或者另一个独立处理机负责（例如一些旧式工作站显示卡）。这样，就使得显示核心减少了对 CPU 的依赖，并分担了部分原本由 CPU 所承担的工作，尤其是在进行 3D 图形处理时，可明显提升系统的性能。

在计算机技术发展的早期，向显示器上进行图像输出的显示芯片功能非常有限，大部分的图形图像功能通过 CPU 计算实现，显示芯片只是简单地接收数据并进行屏幕输出，主要是一个协助 CPU 处理屏幕输出的计算机组件。20 世纪 80 年代初期，GE 芯片的推出对其后的图形发展和变革产生了巨大影响。GE 的核心实现了四维向量的浮点运算功能。它可由一个寄存器的定制码定制出不同功能，分别用于图形输出流水线中的矩阵乘法、裁减计算、投影缩放等操作，从而可用 12 个 GE 单元完整地实现三维图形输出流水线功能。GE 芯片的设计者 James Clark 以 GE 作为核心技术建立的 SGI 公司，对图形学发展和计算机图形工业应用产生了巨大影响，源于 SGI 的 3D 接口——GL 的 OpenGL（Open Graphics Library，开放式图形库），至今仍是图形用户界面事实上的工业标准[42]。由于 SGI 公司的定位，其图形芯片主要用于高端工作站。

20 世纪 90 年代，随着 NVIDIA 公司进入个人计算机的 3D 市场，推出具有标志意义的图形处理器 GeForce 256，第一次在图形处理芯片上实现了 3D 空间坐标变换和光影处理，并用于个人计算机，宣告了 GPU 时代的到来。在随后的日子里，NVIDIA 陆续发布了 GeForce3，GeForce4，GeForce FX series，GeForce 6800，以及以 G80、G92、GT200 为显示核心的 GPU 产品。图形显示芯片的老牌厂商 ATI 也相继发布了 Radeon 8500，9700/9800 等产品，AMD 收购 ATI 后，又陆续发布了以 R600、RV670、RV770 显示核心为代表的 GPU 产品。CPU 厂商 Intel 在做了多年集成显卡的 GPU 之后，也开始涉足高端 GPU 的研发。

有关厂商对 GPU 的竞相研发，在促进 GPU 技术迅猛发展的同时，也为计算机图像的高性能处理和应用创造了条件。有学者分析认为，伴随着 PC 级微机的崛起和普及，多年来计算机图形的大部分应用发生了从工作站向微机的大转移，而且这种转移甚至发生在像虚拟现实、计算机仿真这样的实时（中、小规模）应用中，而这一切的发生从很大程度上源自于图形硬件的发展和革新[43]。

2.2　GPU 通用计算

GPU 设计的初衷是为了降低 CPU 的 3D 图形渲染压力，满足一些应用对于图形图像的高速、高效绘制和渲染要求，但由于市场对高分辨率实时 3D 图形图像处理需求的与日俱增，特别是一些实时三维游戏的驱动，使得 GPU 渐渐发展成为一种高度并行化、多线程、多核心的可编程处理器，并具备了高效的计算能力。2004 年，NVIDIA 公司的 GeForce 6800 Ultra 峰值性能达到 40 GFLOPS，而 Intel 公司的 3GHz Pentium IV 采用 SSE 指令集只能达到 6 GFLOPS[42]。面对 GPU 强大的浮点性能和相对较低的价格，出现了试图将 GPU 应用于图形绘制、渲染以外的领域，进行通用目的计算的研究，即通常所谓的 GPGPU（General – Purpose computing on Graphics Processing Units，基于图形处理器的通用目的计算）。

在计算模式的实现上，GPGPU 通常采用的是 CPU + GPU 的协同计算模式，即应用程序的顺序执行部分在 CPU 上运行，计算密集型部分在 GPU 上运行。这个计算模式源自于 CPU 和 GPU 在架构设计时的不同考虑。标准 CPU 架构的特长是管理多个离散的任务，但当有些任务能够被细分为多个更小的单位并且可以被并行化时，CPU 在处理这些任务的时候就没有突出的性能优势了，因为 CPU 的设计思路是尽可能快地完成一件任务，其特长在于串行处理，而不是并行处理。新一代多核 CPU，虽然每个核心都可以真正同时执行更多的任务，但其设计理念没有改变，尽快地做两件事或四件事并不等于并行处理很多任务。GPU 最早用于图形图像的绘制、渲染等场合，其任务是在屏幕上尽可能快地合成可以高达数百万像素的图像，这意味着有几百万个任务需要并行处理。因此，GPU 是按并行处理很多任务，尽可能快地完成所有任务的总和设计的，而不是像 CPU 那样尽可能快地完成一件任务，然后接着尽可能快地执行下一件任务。设计 GPU 体系架构时对并行运算能力的考虑，为 GPU 进行高速的并行计算提供了先天优势。GPU 中大量晶体管被用作执行单元的物理实现，赋予了 GPU 强大的数据运算能力，但相对于 CPU 中的大量晶体管被用于复杂的控制单元和缓存以提高少量执行单元效率的实现机制，GPU 在逻辑分支以及递归等方面的性能就远远不如 CPU。因此，CPU + GPU 协同工作的计算模式，事实上，是一种综合利用了 CPU 和 GPU 各自所长的两全做法，因而可实现较高的计算效率。

从实践中看，三维游戏市场的驱动和对 GPGPU 应用的需求，促进了 GPU 性能的进一步提升。以 NVIDIA 公司的产品为例，2008 年，其 GT200 核心的 GPU 峰值单精度浮点计算能力已接近 1000GFLOPS，G80 Ultra 核心的 GPU 理论存储器带宽则已超过 100 GB/s[44]，相对于 2004 年 GeForce 6800 Ultra 40 GFLOPS 的峰值性能，无疑是一个极大的进步。现代 GPU 强大的计算能力和存储器带宽，在满足三维游戏市场需求的同时，也为 GPGPU 的深入发展提供了条件。目前，国外已将 GPGPU 应用于物理现象模拟、音乐合成、视频编辑、光线追踪、几何计算、偏微分方程求解、数据挖掘等领域[45]，研究、扩展 GPGPU 应用，成为计算领域的热点。从国内的实践看，中国科学院过程工程研究所于 2009 年搭建了基于 GPU 的多尺度离散模拟并行计算系统，单精度峰值超过每秒 1 000 万亿次浮点运算，并通过构建多层次的并行算法为众多具有共性算法特征的不同领域计算问题求解提供了强大的工具[46]。从发展趋势看，当前的 GPU 通用计算，虽然还是"小荷才露尖尖角"，但已展现了其在高性能计算方面的独特魅力。

早期的 GPGPU 要求使用图形编程语言来对 GPU 进行编程，如 OpenGL 和 Cg 等，并将需解决的科学应用问题映射到图形绘制等图形学问题之上，对开发人员的门槛要求甚高。要利用 GPU 的通用计算能力，开发人员必须兼备图形 API（Application Programming Interface，应用编程接口）和 GPU 体系结构的相关知识，熟悉具体应用的并行算法，并将求解的问题用顶点坐标、纹理、着色器程序等表述，但现实情况是，未必其他领域的专家就是计算机图形图像学的专家。

为降低 GPGPU 开发的难度，斯坦福大学图形实验室主持了两个用于支持 GPU 通用计算的开发项目 Brook 和 BrookGPU[47]，试图提供一个通用的基于 GPU 的开发平台。其中，Brook 是标准 ANSI C 语言的一个扩展，高效易用，其计算模型被称之为"流"，具有数据并行计算的特点，能够通过在内核（Brook 中的一类特殊函数，以关键字 Kernel 标识，用于对流进行操作）中的计算提高算法的密集度。BrookGPU 则是 Brook 流程序语言在现代图形显示卡硬件上的编译器和运行环境实现，包括用于将 Brook 源文件转换成 C＋＋源文件的源到源编译器 BRCC 和 Brook 运行时库 BRT，其中，BRT 是一个架构独立的软件层，实现了从 Brook 原语到特定 GPU 硬件的映射[48]。依托于 BRCC 和 BRT，在基于 Brook 的 GPU 通用计算编程中，能以 Brook 流程序语言的方式，按照统一的接口标准进行开发，从而使得降低 GPGPU 开发难度成为可能。从实践来看，Brook 虽然简化了 GPGPU 的开发过程，但 Brook 实际上还是基于 3D API，功能上受到 3D API 的约束，诸如像可定址的读操作/写操作等基本的编程特性无法支持，导致其编程模型受到很大的约束[49]。同时 Brook 编译器的效率不高问题，也阻碍了其应用范围的扩展。

2005 年，ATI 公司在 Brook 的基础上推出了 stream 通用计算开发包，并应用于其 firestream 流处理器的软件开发，但由于仍然基于 SIMD（Single Instruction Multiple Data，单指令多数据）模型且开发环境支持不足，没有被广泛采用[50]。GPU 概念的提出者 NVIDIA 公司意识到了高性能 GPU 在通用计算方面的潜力，决定针对当时 GPGPU 开发中存在的过多存储器访问和不允许线程间通信等限制，修改自己的 GPU 架构，使其能够完全可编程以支持科学应用程序，并添加对于诸如 C 和 C＋＋等高级语言的支持。2006 年，NVIDIA 研发推出了面向 GPU 高性能计算的新一代 GPGPU 架构——CUDA。

2.3 CUDA 简介

CUDA 是一种由 NVIDIA 公司推出的通用并行计算架构，用于支持 GPU 进行解决复杂问题的计算。它包含了 CUDA 指令集架构以及 GPU 内部的并行计算引擎。CUDA 使得开发人员避开了复杂的图形学 API 而可以直接使用一种稍加扩充的 C 语言来编写基于 CUDA 的应用程序，并在支持 CUDA 的环境下高效运行。CUDA 通过利用 GPU 的并行处理能力，提升计算性能。从更本质一点看，CUDA 可以看成是 GPGPU 在 NVIDIA 自身 GPU 上的具体实现，是一个包含硬件架构和软件架构的统一计算设备架构。

在硬件架构的实现上，支持 CUDA 的 GPU 架构与以往的 GPU 相比，存在以下两个方面的显著改进[51]。

（1）采用统一处理架构。使用统一着色单元代替了原来分离的顶点着色器和像素着色器，以便更加有效地利用计算资源。

（2）引入了片内共享存储器，支持随机写入和线程间通信。

这两个方面的改进，不仅统一了原有 GPU 架构中分散的计算资源，而且从根本上解除了传统 GPGPU 开发中不允许线程间通信的限制，优化了对存储器的访问，从而在硬件层面为 GPU 高性能的支持通用计算提供了基础。

在软件架构的实现上，与 GPGPU 的技术原理一致，CUDA 仍将 GPU 视作一个并行计算设备，通过将应用程序中的计算密集型部分关联到 GPU，而程序的其他部分仍然交由 CPU 处理的方式，形成一个 CPU + GPU 的异构协同计算架构，实现高性能的计算。同时，为之提供了一系列与硬件实现相配套的软件支撑环境，主要包括 CUDA 驱动程序、CUDA 开发工具包和相关的 SDK（Software Development Kit，软件开发套件）代码实例。目前的 CUDA 开发环境主要是基于 CUDA 扩展的 C 语言开发环境，包括以下 5 个部分。

（1）nvcc C 语言编译器。

（2）用于 GPU 的 CUDA FFT 以及 BLAS 库。

（3）分析器。

（4）用于 GPU 的 gdb 调试程序。

（5）CUDA 运行时驱动程序。

虽然基于 CUDA 扩展的 C 语言是 CUDA 程序开发的主要语言，但 NVIDIA 公司的有关资料显示，将在未来把 CUDA 的编程接口扩展到 FORTRAN、C + +、OpenCL 和 DirectX 计算，见图 2.1[44]，可以预计，在未来的 CUDA 程序开发方面，开发语言的选择将更为自由。

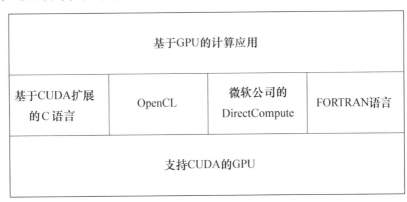

图 2.1　CUDA 的应用编程接口

较为完备的开发环境和 NVIDIA 相对完整的 GPU 产品线（ION、TESLA、QUADRO、GeForce 8，9，100，200 – series GPUs）支持，使得 CUDA 成为高性能 GPU 计算应用开发的理想选择。目前，基于 CUDA 技术的高性能 GPU 计算已开始在视频编辑、音频解码、流体力学模拟、地震分析、光线追踪、天文计算、金融分析、病毒模拟等领域得到应用，并出现了少量基于 CUDA 针对特定遥感算法的研究[37, 52]。

2.4 CUDA 软件架构

2.4.1 编程模型

2.4.1.1 主机和设备

CUDA 编程模型把一个 CUDA 程序从概念上分成两部分，主机端（Host）和设备端（Device）。主机端由 CPU 执行，主要运行程序代码中的串行部分。程序中的可并行部分，被编写为一个或多个称为 Kernel 的函数，通过主机端 CPU 的调用，交由设备端的 GPU 执行。这样，就形成了一个由 CPU 负责进行逻辑处理、流程控制、串行计算，以 GPU 进行高度线程化并行处理的协同计算架构，见图 2.2[44]。

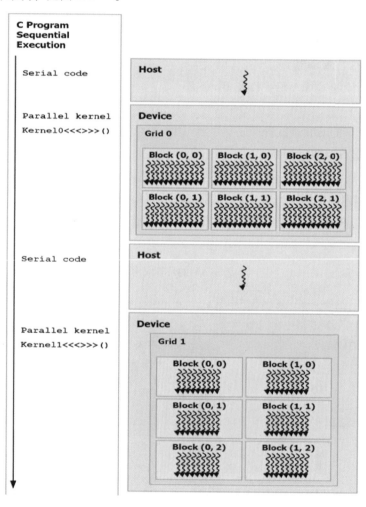

图 2.2　CUDA 中的 CPU 和 GPU 协同计算架构

在这个架构中，GPU 被视为一个计算设备，作为 CPU 的协处理器，用于处理高度并行的数据计算。由于 CPU 和 GPU 各自拥有相互独立的存储器，主机端和设备端的存储器地址空间各不相同，在 CUDA 程序的实际计算中，为将计算任务下达给 GPU 并从 GPU 获取计算结果，需要在主机端和设备端之间进行数据读写。这类操作可由 CUDA 运行时环境 API 中的存储器管理类函数（主要包括设备端储存器的分配、释放、初始化，以及主机端和设备存储器之间的数据传输等函数）支持。图 2.3 描述了一个简单的 CUDA 程序执行过程，在实际应用中，根据问题规模和应用情况，这个执行过程可能被循环调用。

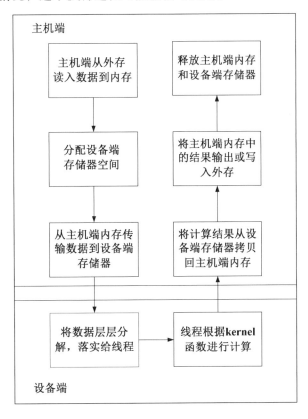

图 2.3　简单 CUDA 程序执行过程

不难发现，在 CUDA 程序中，主机端 CPU 的串行代码主要用于在 Kernel 函数启动前进行数据准备、存储器空间分配，数据传输和 Kernel 函数计算结束后的计算结果拷贝、结果输出、释放存储器等工作，大部分的计算任务由在设备端执行的 Kernel 函数完成。因此，为发挥 GPU 的并行计算能力，提高 CUDA 程序的执行效率，原则上，除了一些必需的数据准备和数据输出以外，主机端 CPU 的串行代码应尽可能地只是调用和清理 Kernel 函数，以减少串行部分指令执行的时间消耗。

2.4.1.2　Kernel 函数

CUDA 程序中运行在 GPU 上的并行部分，称为 Kernel（内核）函数，主机端代码可以调用 Kernel 函数产生线程。Kernel 的功能由 CUDA 通过扩展标准 C 语言实现。在调用 Kernel 函数时，它将由众多不同的 CUDA 线程并行执行，以达到并行计算的目的[53]。Kernel 函数必须通过_ global_ 函数类型限定符定义，且只能在主机端代码中调用。因此，Kernel 函数并不是一个完整的程序，而只是整个 CUDA 程序中的一些关键的数据并行计算步骤。Kernel 函数在使用时，需要使用由 CUDA 定义的 ＜＜＜…＞＞＞ 语法指定每次调用的 CUDA 线程数，下述示例代码描述了这一过程。

```
// Kernel 函数定义
__global__ void Test (float * M, float * P, float * T)
{
}


int main ( )
{
// Kernel 函数调用
   Test < < <1, N > > > (M, P, T);
}
```

在上述示例代码中，main 主函数中的 Test ＜＜＜1, N＞＞＞ (M, P, T) 完成对 Kernel 函数 Test 的调用。其中，＜＜＜1, N＞＞＞ 表明 Kernel 函数在执行过程中形成的 Gird（线程网格）中有 1 个 Block（线程块），N 表明每个 Block 中有 N 个线程。(M, P, T) 则等同于通常 C 语言函数中的参数。在 CUDA 程序中，主机端的程序在调用 Kernel 函数之前，必须对 Kernel 函数按上述 ＜＜＜…＞＞＞ 语法进行执行配置，以确定实际运行时线程块数和每个线程块中的线程数。

2.4.1.3 线程层次结构

在 CUDA 中，线程（Thread）是实现数据并行操作的最小实体，对求解问题的并行计算，最后被分解落实到线程上。线程由主机端代码调用 Kernel 函数产生，与 CPU 线程不同的是，CUDA 中的线程非常轻量，创建线程的开销非常小，并能实现几乎即时的切换。与之相比，现代多核 CPU 只能同时支持几个有限的线程，且切换的开销相对较大。因此，在技术原理上，CUDA 其实是通过将大量的轻量级线程分配给处理器，并在处于就绪和等待状态的线程之间快速切换，用计算来隐藏延迟，以实现高效的处理。

CUDA 对线程的管理按线程网格（Grid）和线程块（Block）两个层次组织。当一个 Kernel 函数被调用时，以并行线程的 Grid 形式执行，一个 Kernel 创建一个 Grid，其中的线程被相应的自顶向下组织成两个层，即 Grid 层和 Block 层，见图 2.4[44]。

在 Grid 层，Grid 中包含一个或多个 Block。各 Block 并行执行，Block 间无法通信，也没有执行顺序。如此，便保证了在具有不同处理能力的 GPU 上，CUDA 编程模型的透明扩展，使得跨任意数量的处理器安排 Block 成为可能，进而实现了可伸缩的代码。因为基于 Block 的这种独立执行机制，并行能力较差的设备，能以多次运行 Grid 中部分 Block 的形式完成计算，而并行能力较强的设备，则可能一次并行运行 Grid 中的所有 Block。由于 Grid 中一般都具有多个 Block，CUDA 实现中采用了内置变量 blockIdx 来唯一的标识每个 Block。

在 Block 层，每个 Block 包含多个 Thread，每个 Thread 通过自己的 blockIdx 和 threadIdx 以与其他 Thread 相区别，各 Thread 也是并行执行，但一个 Block 内的 Thread 可以彼此协作，通过一些共享存储器来共享数据，并以同步其执行来协调对存储器访问。相对 Grid 层的不同 Block 之间不进行通信的粗粒度并行，Block 层 Thread 之间的通信机制实质上实现了一种细粒

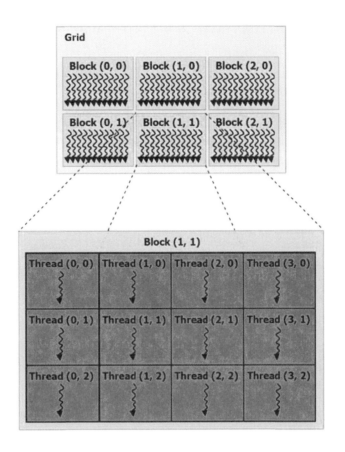

图 2.4　CUDA 线程层次结构

度的并行，从而为提高执行效率提供了有效手段。

从技术实现上看，CUDA 的这种两层并行模型，兼顾了底层的执行效率和高层的代码透明性，具有一定的先进性。

2.4.1.4　存储器模型

在 CUDA 编程模型中，由于引入了主机端和设备端的概念，其存储器模型与普通基于 CPU 计算的模型不同，主要包括主机端的内存和设备端的多种不同存储器。

在主机端，CUDA 把内存划分成两种：可分页内存（paged memory）和页锁定内存（pinned memory）。可分页内存（paged memory）是通过操作系统 API［如 malloc（），new（）等函数］分配的主机端内存空间，CUDA 对可分页内存的操作与通常的 C 语言程序基本相同。页锁定内存则是从提升性能的角度，在 CUDA 中新增的一种内存使用机制。由于现代操作系统的虚拟内存机制，通常可分页内存在系统运行中可能被映射到硬盘这样的低速设备上，而页锁定内存实现了一种特殊的机制，以保证自身始终不会被分配到实际位于低速硬盘上的虚拟内存中。页锁定内存一直位于物理内存中，从而保证了较高的数据访问性能。

在设备端，支持 CUDA 的 GPU 设备拥有多种不同的存储器，包括：寄存器（Register）、本地存储器（Local Memory）、共享存储器（Shared Memory）、常数存储器（Constant Memory）、纹理存储器（Texture Memory）和全局存储器（Global Memory）。其中：

- 寄存器是 GPU 片内的高速缓存器，为每个线程所私有。如果寄存器被消耗完，数据将被存储在本地存储器上。

- 本地存储器对每个线程而言，也是私有的。由于本地存储器位于板载显存之上，且没有缓存，对本地存储器上数据的访问速度较慢。

- 共享存储器是 GPU 片内的高速存储器，是一块可以被同一个线程块中的所有线程访问的可读写存储器。由于访问共享存储器几乎和访问寄存器一样快，共享存储器通常被用于实现线程间通信、保存共用的计数器等需要由线程块中线程进行共享或同步的功能。

- 常数存储器和纹理存储器均位于板载显存之上，对设备端而言是只读的，但都拥有缓存加速功能。常数存储器空间较小（只有 64 KB），通常用于存储需要经常访问的只读参数，纹理存储器相对较大，可用于图像处理等操作。

- 全局存储器位于板载显存之上，没有缓存，允许整个线程网格中的任意线程读写其上的任意位置，并支持从主机端和设备端的双向访问，是主机端和设备端数据交换的主要通道。

设备端的 CUDA 线程可在执行过程中访问上述不同存储器空间中的数据，但对于常数存储器和纹理存储器中的数据，只能读取。而主机端代码则可以读写常数存储器、纹理存储器和全局存储器。图 2.5 描述了 CUDA 中对主机端和设备端存储器的访问情况，图中的双向箭头表示该存储器可以进行读写操作，单向箭头表示该存储器只能进行读取操作[54]。

2.4.2 CUDA 软件体系

为支持基于 CUDA 编程模型的程序开发，CUDA 的软件体系由 CUDA 驱动程序（CUDA Driver）、CUDA 运行时环境（CUDA Runtime）和 CUDA 函数库（CUDA Library）三部分构成，见图 2.6[53]。在 CUDA 应用程序的开发中可利用 CUDA 函数库、CUDA 运行时环境的应用编程接口和 CUDA 设备驱动程序的应用编程接口按从高到低三个层次控制设备端进行并行计算。

2.4.2.1 CUDA 驱动程序

CUDA 驱动程序是一个管理 GPU 的设备抽象层，提供了访问 GPU 硬件设备的抽象接口。CUDA 驱动程序实现了设备管理、上下文管理、存储器管理、代码块管理、执行控制等 CUDA 应用所需的所有功能，并以应用编程接口的方式将其暴露出来，供上层的 CUDA 运行时环境或 CUDA 应用程序使用。

2.4.2.2 CUDA 运行时环境

CUDA 运行时环境通过 CUDA 驱动程序层工作，提供了应用编程接口和运行期组件以支持较高级别的 CUDA 应用。由于 CUDA 运行时环境的应用编程接口通过封装 CUDA 驱动程序的应用编程接口实现，编程较为方便，但相对 CUDA 驱动程序的应用编程接口而言，对设备底层的控制灵活性稍差。

2.4.2.3 CUDA 函数库

CUDA 函数库是 NVIDIA 公司基于 CUDA 技术所提供的用于 CUDA 应用开发的基础函数库。目前主要包括 CUFFT（CUDA Fast Fourier Transform Library，CUDA 快速傅立叶变换库）、

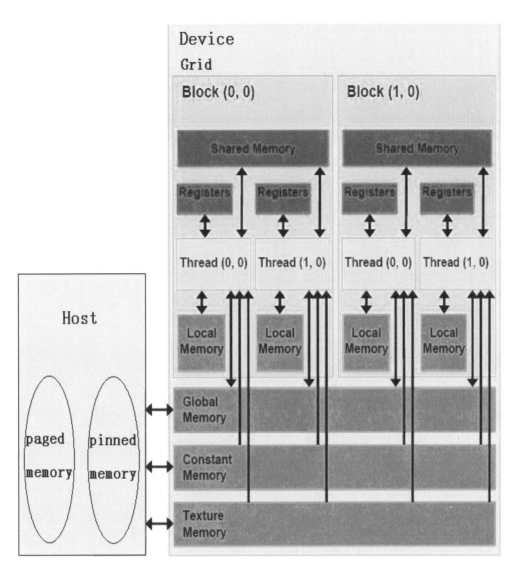

图 2.5　主机端和设备端存储器访问情况

CUBLAS（CUDA Basic Linear Algebra Subprograms Library，CUDA 基本线性代数子程序库）和 CUDPP（CUDA Data Parallel Primitives Library，CUDA 数据并行基础库）三个函数库的实现。其中，CUFFT 和 CUBLAS 两个数学运算库主要封装了工程计算中常用的傅立叶变换算法和基本的矩阵与向量运算在 GPU 上的实现代码，CUDPP 则提供了一些基本的常用的并行操作函数（如排序、搜索等）。利用 CUDA 函数库，可以快速、方便地建立起基于 CUDA 的计算应用，而省去底层的实现细节，但其不足之处在于为了照顾通用性，而牺牲了一些效率，灵活性较差。因此，在一些对性能要求较高的场合，往往绕过 CUDA 函数库，而使用自行开发的并行算法实现，并依托 CUDA 运行时环境或 CUDA 设备驱动程序的应用编程接口开发 CUDA 应用。在本文研究的遥感图像高斯卷积程序开发中，也采用了这一方式。

2.4.3　CUDA C 语言

CUDA C 语言是目前 NVIDIA 公司推出的针对 CUDA 编程的主要语言，包含对 C 语言的一

225

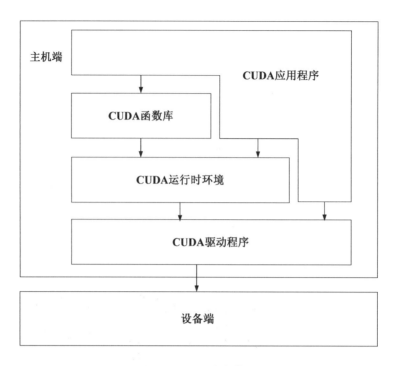

图 2.6 CUDA 软件体系

些必要扩展和一个运行时库，以方便熟悉 C 语言的开发者编写 CUDA 代码。

2.4.3.1 CUDA 的 C 语言扩展

CUDA 对 C 编程语言的扩展主要体现在以下 4 个方面[53]。

（1）函数类型限定符：用于定义函数是在主机端还是设备端执行，或用于定义函数是由主机端还是设备端调用，包括 __device __、__global __ 和 __host __ 3 个类型。

（2）变量类型限定符：用于指定变量在设备端的存储器位置，如 __device __、__shared __ 和 __constant __。

（3）执行配置运算符 < < < > > >：用于传递 Kernel 函数的执行参数，从而指定如何通过主机在设备上执行 Kernel 函数。对 __global __ 类型函数的任何调用都必须指定该调用的执行配置。

（4）5 个内置变量：用于指定线程网格和线程块的维度，线程块和线程索引及以线程为单位的 warp 块大小，包括 gridDim、blockDim、blockIdx、threadIdx 和 warpSize。

2.4.3.2 运行时库

由于 CUDA 编程模型引入了主机端和设备端的概念，因此，对应于 CUDA C 语言的运行时库也相应分为以下几个部分。

（1）主机组件：运行于主机之上，提供的函数用于通过主机控制和访问一个或多个 GPU 计算设备。

（2）设备组件：运行于设备之上，提供与设备相关的函数接口。

（3）通用组件：提供在主机端和设备端都支持的内置向量类型和 C 标准库的一个子集。

此处需要注意的是在设备上可执行的来自 C 标准库的函数只能是由通用运行时组件所提供的函数。

2.4.3.3 nvcc 编译器

在 CUDA 的 C 语言程序开发中，所有包含 C 语言扩展或运行时库的源文件都必须使用 CUDA 的专用编译器 nvcc 进行编译，而不能直接使用通常的 C 或 C＋＋的编译器。nvcc 在技术实现上是一种编译器驱动，支持多种工作方式。通常情况下，nvcc 分离 CUDA 源文件中的主机端代码和设备端代码，然后调用不同的编译器分别编译。其中，主机端的代码以 c 文件形式输出，交由其他的高性能编译器，如 ICC、GCC 等进行编译；设备端的代码由 nvcc 编译成 ptx 代码或者二进制代码；再经过进一步的编译或连接处理后形成可供 CPU 和 GPU 协同工作的程序代码。

2.5 CUDA 硬件实现

CUDA 技术在硬件实现上，由 NVIDIA 公司改进过的支持 CUDA 的系列 GPU 产品支持，而这些 GPU 产品又以 NVIDIA 的 Tesla 架构为基础。2006 年 11 月，NVIDIA 公司在其 GPU 产品中引入了 Tesla 架构，以扩展处理器和存储器分区数量的方式，实现了同时适用于图形应用和通用并行计算的统一平台。

Tesla 架构从其硬件实现看，以流处理器阵列（Scalable Streaming Process Array，SPA）配合相应的存储器系统为 CUDA 计算提供支持。流处理器阵列包含若干个线程处理器群（Thread Processing Cluster，TPC），而线程处理器群又包含若干个流多处理器（Streaming Multiprocessors，SM）。当主机端的 CPU 在 CUDA 程序中调用 kernel 函数，生成线程网格时，网格中的线程块将被枚举并分发到具有可用执行容量的流多处理器上。一个线程块的线程在一个流多处理器上并发执行。当线程块终止时，将在空闲的流多处理器上启动新的线程块。

每个流多处理器包含 8 个标量处理器（Scalar Processor，SP）核心、两个用于先验的特殊函数单元、一个多线程指令单元以及芯片共享存储器。流多处理器会在硬件中创建、管理和执行并发线程，而调度开销保持为 0，并可通过一条内部指令_ syncThreads（）_ 实现线程块中各线程的同步[53]。快速的线程同步、轻量级的线程创建和零开销的线程调度相结合，有效地为细粒度的并行化计算提供了支持。对于海洋遥感图像处理而言，可以通过为图像中的一个或邻域内的多个像素分配一个线程，从而实现对图像处理需求的细粒度分解。

为了管理运行各种不同程序的大量线程，流多处理器采用了一种称为 SIMT（Single Instruction Multiple Thread，单指令多线程）的新架构。流多处理器会将各线程映射到一个标量处理器核心，各标量线程使用自己的指令地址和寄存器状态独立执行。流多处理器的 SIMT 单元以 32 个并行线程为一组来创建、管理、调度和执行线程，这样的线程组称为 warp 块。构成 SIMT warp 块的各个线程在同一个程序地址一起启动，但也可随意分支、独立执行。为一个流多处理器指定一个或多个要执行的线程块时，它会将其分成 warp 块，并由 SIMT 单元进行调度。将线程块分割为 warp 块的方法是相同的，因此，每个 warp 块都包含连续的线程，且递增线程的 ID，在第一个 warp 块中包含线程0。

每当发出一条指令时，SIMT 单元都会选择一个已准备好执行的 warp 块，并将下一条指令发送到该 warp 块的活动线程。warp 块每次执行一条通用指令，因此在 warp 块的全部 32 个线程均认可其执行路径时，可达到最高效率。但如果一个 warp 块的线程通过独立于数据的条件分支而分散，warp 块将连续执行所使用的各分支路径，而禁用未在此路径上的线程，当完成所有路径时，线程重新汇聚到同一执行路径下。分支仅在 warp 块内出现，不同的 warp 块总是独立执行的——无论它们执行的是通用的代码路径还是彼此无关的代码路径。

SIMT 架构在很大程度上类似于 SIMD 向量组织方法，两者均使用单指令来控制多个处理元素。SIMT 与 SIMD 的一项主要差别在于 SIMD 向量组织方法会向软件公开 SIMD 宽度，即向量的宽度对于开发人员而言是显式的；而 SIMT 实现了向量的自动化，Block 中的线程数量可在 1~512 之间取值，从而隐藏了 warp 的宽度。此外，SIMT 指令还可指定单一线程的执行和分支行为，允许为独立、标量线程编写线程级的并行代码和为协同线程编写数据并行代码。因此，相对 SIMD 而言，SIMT 可以认为是一种基于 SIMD 的改进。SIMT 架构的不足之处在于 warp 块内线程分支所引起的性能下降，实际并发中，为提升性能，一般应尽可能地减少 warp 块内的线程分支，而这一目标的实现，又是与待求解的问题规模、性质和 GPU 硬件密切相关。从这个意义上讲，尽管 CUDA 较好地实现了对硬件的抽象，但本质上，CUDA 程序的高效运行其实还是要求对硬件架构和问题规模有明确的认识，因而还是问题相关的。

鉴于流多处理器在流处理器阵列中的核心地位，在 Tesla 架构中，流多处理器在其硬件实现上都有一个属于以下四种类型之一的片上存储器（图 2.7）。

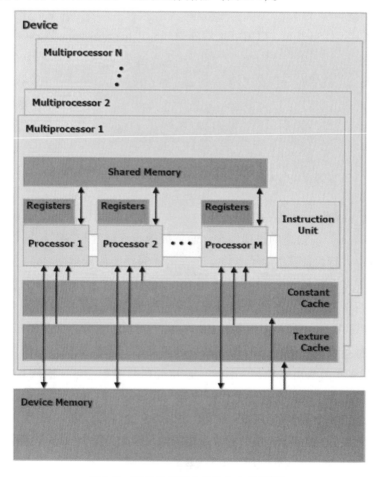

图 2.7　流多处理器中的片上存储器[44]

（1）寄存器：每个处理器上有一组本地 32 位寄存器。

（2）共享存储器：共享存储器由所有标量处理器核心共享，共享存储器空间就位于此处。

（3）只读常量缓存：只读常量缓存由所有的标量处理器核心共享，可加速从常量存储器空间进行的读取操作。

（4）只读纹理缓存：只读纹理缓存由所有的标量处理器核心共享，可加速从纹理存储器空间进行的读取操作。

由于流多处理器会将其寄存器和共享存储器分配给活动的线程块中的所有线程，因此，在特定的硬件实现下，一个流多处理器一次可处理的线程块数量取决于每个线程需要多少个寄存器和每个线程块需要多少共享存储器来支持给定的 Kernel 函数。如果没有足够的寄存器或共享存储器可供流多处理器用于处理至少一个线程块，Kernel 函数将启动失败。此外，流多处理器中的标量处理器核心并不是一个完整意义上的处理器，它拥有独立的寄存器和指令指针，但没有独立的指令单元（Instruction Unit）。在流多处理器的硬件实现中，指令单元独立于标量处理器核心之外，见图 2.7。

2.6　CUDA 数据并行机制

从 CUDA 的硬件实现机制看，CUDA 计算中的并行更大程度上是一种数据并行，即在类似于单指令多数据（SIMD）模式下的数据并行，由不同的处理器单元同时对不同的数据流进行相同的计算，其中不同计算任务间的数据没有相关性。

尽管 CUDA 采用的 SIMT 架构与传统的 SIMD 不同，但均使用单指令来控制多个处理元素的事实，是不容置疑的。SIMT 架构在处理 warp 块内线程分支时引起的性能下降，使得在程序设计阶段需考虑尽可能地避免逻辑分支已从一个侧面说明了 CUDA 中的并行更多的是数据并行，而流多处理器中的指令单元独立于标量处理器核心之外，标量处理器核心有独立的寄存器和指令指针，但没有独立的指令单元的设计，则从很大程度上决定了 CUDA 中的并行基本将以一种类似于 SIMD 的数据并行方式实现。

从芯片设计的层面上看，相对于面向通用计算的 CPU 将大量晶体管用于数据缓存和控制电路，CUDA 中的 GPU 是面向计算密集型和大量数据并行化计算设计的，更多晶体管被用于数据处理，而非数据缓存和流程控制，如图 2.8 所示[44]。因此，相对于 CPU 适合的任务并行，GPU 更适合于数据并行[55]。

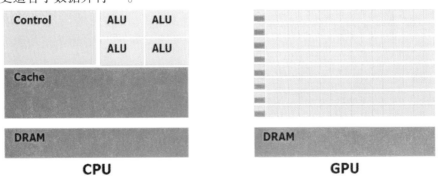

图 2.8　GPU 中的更多晶体管用于数据处理

　　从实践中看，基于 GPU 的 CUDA 高性能计算其实也正是通过在许多数据元素上执行相同的程序来回避对程序精密流程控制的不足，利用程序在许多数据元素上的并行执行来隐藏存储器访问延迟，从而掩盖数据缓存的不足。鉴于 CUDA 的这种数据并行机制，不难发现，对于可映射为数据并行的大计算量问题，应用数据并行编程模型来加速计算过程，实现高性能的计算其实是 CUDA 所擅长的工作。

3 遥感图像 CUDA 高性能处理研究

sCUDA 的数据并行机制为使用数据并行编程模型来加速计算过程，实现高性能计算提供了的可能。本章研究遥感图像处理中的并行性，分析遥感图像 CUDA 计算中存在的数据传输问题，研究给出以 CPU + GPU 协同计算模型支持海洋遥感图像的高性能计算，采用内存盘存储遥感图像以改进 CUDA 计算中主机端遥感图像的输入和输出环节，从而实现对遥感图像 CUDA 高性能处理的技术路线。

3.1 遥感图像 CUDA 并行计算

3.1.1 遥感图像处理

典型的遥感技术系统一般包括工作平台、传感器、数据处理和应用 4 个部分。由于通过遥感平台上的遥感器采集的遥感数据几乎都是作为图像数据处理的，因此，遥感中所进行的数据处理除一部分外基本都属于图像处理的范畴[56]。对遥感图像进行一系列的操作，以求达到预期目的的技术被称作遥感图像处理，主要包括对遥感图像进行辐射校正和几何校正、图像整饰、投影变换、镶嵌、图像变换、图像增强、图像分类以及各种专题处理等操作。

根据所采用的技术方法的不同，遥感图像处理一般可分为两类：一是利用光学、照相和电子学的方法对遥感模拟图像（照片、底片）进行处理，简称为光学处理；二是利用计算机对遥感数字图像进行一系列操作，从而获得某种预期结果的技术，称为遥感数字图像处理。遥感图像光学处理方法已有很长的历史，在激光全息技术出现后，光学处理技术得到了进一步发展，光学图像处理理论也日臻完善，并且处理速度快、方法多、信息量大、分辨率高。但是遥感图像光学处理精度不高、稳定性差、设备笨重、操作不便和工艺水平不高等因素限制了它的进一步发展。特别是 20 世纪 60 年代起，随着电子计算机技术的进步，遥感数字图像的计算机处理得到了飞速发展，替代了绝大部分的遥感图像光学处理。遥感数字图像处理也就从信息处理、自动控制系统论、计算机科学、数据通信、电视技术等学科中脱颖而出，成为研究遥感图像信息获取、传输、存储、变换、显示、判读与应用的一门崭新学科[57]。目前，遥感数字图像处理已是遥感数据处理的主流技术，不仅在遥感信息提取、遥感定量分析、遥感应用研究等相关领域发挥了巨大作用，而且也为 3S（遥感 RS，地理信息系统 GIS、全球定位系统 GPS）空间技术的高效集成和应用，提供了技术支持，成为支撑现代遥感技术系统的重要组成部分。

3.1.2 遥感图像处理的并行性

由于现代遥感图像处理已完全采用遥感数字图像处理的方法，因此，对于遥感图像处理的并行性研究，可以纳入数字图像处理的范畴来考察。

231

Downton 等研究了图像处理的并行体系结构，并把对数字图像的处理划分成 3 个层次的操作[58]。

（1）像素级操作

指由一幅像素图像产生另一幅像素图像的操作，主要包括点操作、邻域操作和几何操作，其中的数据大部分是几何的、有规则的和局部的。在像素级操作中，点操作和邻域操作输出的像素值 P_j 仅依赖于输入图像的相应像素值 P_i，或者像素值 P_i 所在的某个邻域 N_i。其运算规则分别为：

$$P_j = T_P （P_i） \tag{3.1}$$
$$P_j = T_N （N_i） \tag{3.2}$$

其中，T_P、T_N 代表映射关系。在上述两类对遥感图像的操作中，如对比度增强、线性拉伸、锐化处理、平滑处理、分割处理、边缘检测等，都存在着操作上的并行性。几何操作在遥感图像的处理中体现为几何校正，而对于几何校正的操作，是可以并行处理的[24]。

（2）特征级操作

指在像素图像产生的一系列特征上进行操作。一般的特征有形状特征、纹理特征、梯度特征和三维特征等，通常采用统一的测度，如均值、方差等来描述和处理。特征级操作具有在特征区域进行并行处理的可行性，但在局部区域并行处理的基础上，需在总体上进行整体处理。

（3）目标级操作

指由一系列的特征产生一系列目标的操作。目标信息具有象征意义和复杂性，通常是利用相关知识进行推理，得到对影像的描述、理解、解释以及识别。由于其数据量大，数据之间相关性强，需要涉及较多的知识和人工干预，并行化处理难度比较大。

根据以上 3 个层次的划分，整个数字图像处理的结构可以用一个金字塔来表示。Downton 等认为，在金字塔的底层，虽然处理的数据量大，但由于局部数据之间的相关性比较小，较少地涉及知识和人工干预，因此，大多数算法的并行化程度很高。当沿着这个结构向高层次移动时，随着抽象程度的提高，大量的原始数据在减少，所需的知识和算法的复杂性在逐层提高，并行处理的难度随之加大。

在遥感数字图像处理的实践中，大量的工作集中于像素级操作和特征级操作，而像素级操作和特征级操作又是其上的目标级操作得以实施的基础，在这种情况下，利用数字图像处理金字塔下两层中存在的并行性，进行并行计算，为上层的目标级操作提供更及时、有效的数据支持，无疑是一种扬长避短的策略，在实践上也具有现实意义。海洋遥感在对从 L0 级到 L4 级的数据产品处理中，涉及大量像素级操作，在这个层次上应用并行计算提高效率无疑是可行的。

在计算机实现中，并行计算的基本实现方式是把串行计算分解为并行子任务，并把每个子任务分配到不同的处理机上执行[59]。对应于并行计算的并行算法，按其实现模式，大致来说存在着 3 种形式：流水线并行、功能并行和数据并行[60]。周海芳研究了这 3 种实现模式在遥感图像并行算法中的应用，根据图像数据所具有的数据量大、规律性强等特点以及图像处理算法所具有的一致性、分层性、邻域性、行顺序性等特点，分析指出数据并行模式的思想较为自然，符合图像数据具有的一致性和邻域性特点，更适合于当前主流的并行计算系统（如 MPP、集群系统）[61]，并采用数据并行模式研究设计了基于多项式变换的系统几何校正并行算法、遥感图像自动配准技术并行算法和基于流域变换的遥感图像分割并行算法，初步构建了一个集成上述算法的遥感图像并行处理软件原型系统 YH – RIPS。李国庆等的研究则进一步指出，遥感图像处理并行算法以数据并行为主，研究的关键在于如何减少数据的交换频度和减少传递数据的冗余度[62]。周静等在对多模遥感图像高精度配准并行算法的研究中也提出了图像数据处理更适合于采用数据并行模式的观点[27]。

3.1.3　CUDA 对遥感图像并行计算的支持

由于 CUDA 能较好地实现对数据并行处理的支持，可通过将数据元素映射到并行处理线程的方式，使用数据并行编程模型来加速计算过程，而很多遥感图像处理并行算法又适合以数据并行的方式实现，因此，以 CUDA 的数据并行计算来加速遥感图像处理具有切实的可行性。John R Jensen 指出，大多数遥感数据都是以数字矩阵的方式采集和存储的，所以由一系列存储器以及针对 N 维数据矩阵中的元素进行并发计算的专门电路组成的阵列处理器特别适合进行图像增强和分析操作，但必须开发专业软件才能充分发挥阵列处理器的优势[63]。在 CUDA 中，GPU 中的流处理器阵列硬件搭配 CUDA 软件编程模型，为之提供了一整套廉价而高性能的遥感数据计算解决方案。

3.2　遥感图像 CUDA 计算的改进空间

目前对于 CUDA 高性能计算的研究，很多集中在如何利用其数据并行能力上，通过 GPU 中大量的线程并发运行，实现相对于 CPU 而言，较高的计算加速比。如侯毅等利用 GPU 进行的数字影像正射纠正，以 Intel 公司的 Core2 Duo T7250 CPU（主频 2.0 GHz）为参照，在 NVIDIA 公司的 GeForce 8600 GT 和 GeForce 9800 GT 上分别取得了相对于 CPU 约 3 倍和 5 倍的计算性能[52]，陈瑞等在 GPU 上进行的二维卷积快速傅立叶变换（FFT）运算实验[64]，在 1 024 × 1 024 大小的图像上，以 Intel 公司的 Pentium D CPU（主频 3.0 GHz）为参照，在 NVIDIA 公司的 GeForce 8800 GTX 上取得了超过 50 倍的计算性能提升。

从遥感图像处理的需求来看，高性能的计算能力无疑是重要的，但是如果从一个更高一点的层面看，对遥感图像的处理其实可以分成输入—计算—输出三个阶段，根据"木桶原理"，系统处理的性能将取决于木桶中最短的一块板。遥感图像计算能力的提高，如果没有相应的输入和输出能力的提高作为保障，则对整体的遥感图像处理能力的提高是有限的。同时，遥感图像数据量普遍比较大的事实，也使得图像处理中遥感数据的高效输入、输出问题成为一个不容忽视的问题。高性能的计算并不等于高性能的处理。遥感图像的高性能处理，本质上要求从输入、计算到输出的这三个阶段都必须是高性能的。

CUDA 中 CPU + GPU 的协同处理计算模型，能够为海洋遥感图像的处理提供强大的高性能计算引擎，但也存在着数据传输效率不高，从而制约整体性能提升的问题，这一点已为目前的研究所证实[52, 64]。因此，通过技术手段改进 CUDA 计算中海洋遥感图像的输入和输出环节，对于实现高性能的海洋遥感图像处理具有现实意义。

3.3 遥感图像处理存取改进分析

3.3.1 遥感图像 CUDA 处理的数据流向

在通常采用 CUDA 程序对遥感图像进行处理的程序流程中，其数据流动大致包含以下 5 个步骤。

（1）CUDA 程序主机端执行代码从硬盘读入待处理的图像数据到主机端内存。

（2）CUDA 程序主机端执行代码将图像数据从主机端内存通过 PCI Express 接口传输到设备端存储器。

（3）CUDA 程序设备端代码进行多线程并行计算，将计算结果存入设备端存储器。

（4）CUDA 程序主机端执行代码将计算结果从设备端存储器通过 PCI Express 接口拷贝至主机端内存。

（5）CUDA 程序主机端执行代码将处理后的图像数据从主机端内存写入硬盘。

图 3.1 描述了这一数据流动过程。不难发现，在通常的一次 CUDA 遥感图像处理过程中，存在着两种类型的遥感数据输入、输出。一种发生在主机端和设备端，实现主机端的内存与设备端存储器之间的数据输入、输出；另一种发生在主机端，实现主机端的硬盘与主机端的内存之间的数据输入、输出。两者的输入、输出时间之和，构成整个遥感图像 CUDA 处理的输入输出时间。因此，如能提升这两者或两者之一的性能，就可有效改进 CUDA 计算中遥感图像的输入和输出环节，实现遥感图像的 CUDA 高性能处理，而不仅仅是高性能计算。

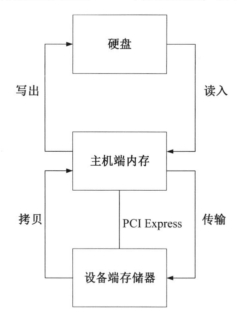

图 3.1　CUDA 计算中的数据流向

3.3.2 PCI Express 总线瓶颈

PCI Express 是目前流行的第三代高性能 I/O 总线，实现了总线结构上根本的变革，主要体现在两个方面：一是由并行总线改为串行总线；二是采用了点到点的互联。这两项变革的引入，使得 PCI Express 能够为连接到总线上的每个设备都提供一个专用连接而不是共享带宽，由此，便消除了设备之间为争夺资源和处理器的时间分配而发生冲突的可能，使得连接到 PCI Express 总线上的设备能够尽可能地利用总线上的带宽，以便工作在较高的频率上。PCI Express 规范支持为应用裁剪带宽，并能以聚集通道的方法增加总带宽，可按 x1、x2、x4、x8、x16 等组合方式，对其传输带宽进行扩展。根据 PCI Express 2.0 规范，x16（16 通道）的 PCI Express 带宽可达上下行各 8GB/s，相对于传统的 PCI（Peripheral Component Interconnect，外部设备互联）总线和后续改进的 AGP（Accelerated Graphics Port，图形加速接口），其在带宽上的提升是较大的（AGP 8X 的带宽为 2.1 GB/s[65]）。

当前支持 CUDA 的图形显示卡通过 PCI Express 总线与系统的芯片组相连，显示卡上的 GPU 也借由 PCI Express 总线与主机端通信。尽管 PCI Express 已比传统的总线方式大大提高了传输性能，但相对于显示卡上的显存速度和 GPU 片上存储器的速度，其传输性能仍是明显不足。以 NVIDIA 公司定位低端的 GTX 260 产品为例，其显存带宽就达到了 111.9 GB/s[66]，PCI Express 2.0 规范中所定义的带宽与之相比，其差距确实是较大的。因此，对于 CUDA 计算中主机端和设备端之间的数据输入输出而言，尤其是在像遥感图像这样的大数据量传输场合，PCI Express 的总线带宽很容易成为影响整个程序性能提高的瓶颈。为尽可能地减少因为 PCI Express 总线带宽问题而带来的影响，CUDA 中通过页锁定内存、异步执行等方式来优化主机端和设备端的数据传输，隐藏数据传输的延迟。然而，优化归优化，PCI Express 总线带宽的瓶颈还是客观存在的。

在 PCI Express 总线带宽近期不可能显著提升，而主要依赖于优化方法隐藏数据传输延迟的前提下，一个可能改进 CUDA 计算中遥感图像输入和输出环节的方法就是设法改进主机端硬盘和内存之间的数据传输性能，从而提高遥感图像处理过程中的整体数据存取性能。从实际应用价值看，PCI Express 总线带宽瓶颈虽然存在，但其数据传输速度已经达到了 GB/s 的级别，相对于目前硬盘在 MB/s 级别的数据传输率看，改进主机端硬盘和内存之间的数据传输性能，实用意义更大。

3.4 主机端存取性能改进研究

3.4.1 计算机存储器系统

在传统未涉及 CPU + GPU 协同计算的计算机系统中，计算机存储器系统是一个具有不同容量、成本和访问速度的存储设备层次结构，见图 3.2。在最高层，是少量的快速 CPU 寄存器，CPU 可以在一个时钟周期内访问它们。其下是一个或多个小型或中型的基于静态随机存取存储器（Static Random Access Memory，SRAM）的高速缓存存储器，CPU 可以在几个 CPU 时钟周期内访问它们。再往下是一个大的基于动态随机存取存储器（Dynamic Random Access Memory，DRAM）的主存，CPU 可以在几十或几百个 CPU 时钟周期内访问它们。接下来是慢速但是容量很大的本地磁盘，远程服务器上的存储设备构成存储器系统的最底层[67]。

在这个金字塔式的层次结构中，从上到下，存储设备速度变慢，容量变大，价格也变得更便宜。根据 Randal E. Bryant 和 David O'Hallaron 在其名著《深入理解计算机系统》中的观

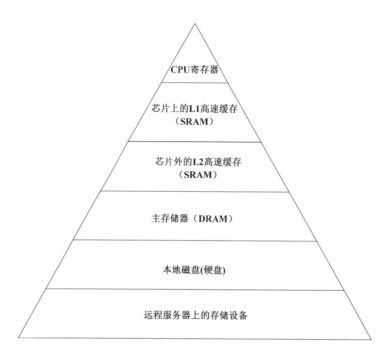

图 3.2 存储器层次结构

点："如果程序需要的数据存储在 CPU 寄存器中，那么在执行期间，在零个周期内就能访问到它们。如果存储在高速缓存中，需要 1 ~ 10 个周期。如果存储在主存（内存）中，需要 50 ~ 100 个周期。而如果存储在磁盘上，需要大约 20 000 000 个周期！"[67]，目前通用的硬盘存储其实是一种很没效率的不得已做法。

对 1980—2000 年期间，存储器技术发展趋势的研究表明，20 年来，内存和硬盘之间的速度差距是逐渐增大的[67]。近年来内存技术的发展，特别是 DDR2（Double-Data-Rate Two，第二代双倍数据传输率）和 DDR3（Double-Data-Rate Three，第三代双倍数据传输率）内存的发布，进一步扩大了这种差距，使得硬盘与内存之间的速度差距问题日益显著。针对这一问题，现代操作系统在其技术实现中，采用了局部性原理来部分的掩盖硬盘与内存之间的速度差距，提升系统性能。由于一个编写良好的计算机程序倾向于展示出良好的局部性——即它们倾向于引用的数据项邻近于其他最近引用过的数据项（空间局部性），或者邻近于最近自我引用过的数据项（时间局部性），因此，操作系统使用内存作为最近被引用块的高速缓存，以便当这些块再次被调用时，直接从内存获取，而不必再从低速的外部设备——硬盘读入。这种基于局部性原理的操作系统缓存机制在很多场合都是有效的，但它是一种利用软件技术来弥补硬件速度差距的手段，有着自身特定的适用范围。

对于提高 CUDA 计算中主机端硬盘和内存之间的数据传输性能而言，操作系统缓存机制发挥作用的效果是有限的。因为，在对海洋遥感图像的处理中，当主机端的 CPU 从硬盘读入遥感图像到内存，再从内存传输遥感图像到设备端存储器，发起 GPU 计算并将结果拷贝回主机端内存，写出到硬盘以后，将继续处理一幅新的遥感图像，操作系统缓存前一幅遥感图像的数据，对提高处理速度是没有贡献的。在这样的情况下，以高速存储设备来取代硬盘，实现与内存之间的高性能数据传输就成为一个更加直接而有效的方法。

3.4.2 内存存储的提出

从整个计算机存储器系统的层次结构看，本地磁盘（硬盘）往上，存取速度逐步递增的依次是主存储器、L2 高速缓存、L1 高速缓存和 CPU 寄存器。其中，CPU 寄存器速度最快，由 L1 高速缓存和 L2 高速缓存构成的高速缓存速度次之，但均为服务于高速运算需要的小容量高速存取设备，从计算机应用的实践来看，将其用于大数据量存储是不现实的。而内存相对于硬盘有着高出太多的速度优势，即使在考虑了操作系统的调度开销以后，这种优势仍然值得期待，操作系统的缓存机制本身就已说明了这一点。此外，内存在实际应用中被设计成可插拔的内存模组，升级和扩充非常容易，这一特点也为将其用于大容量的高速数据存储设备提供了条件。因此，以内存作为高速存储设备来取代硬盘以提升数据传输性能从理论上讲应该是可行的。

3.4.3 现有内存存储技术分析

3.4.3.1 硬件实现

Gigabyte（技嘉科技）2005 年推出了一款以 DDR（Double Data Rate，双倍数据传输率）内存的作为存储介质的产品——i－RAM，见图 3.3。该产品以 PCI 接口供电，SATA 接口进行数据传输，理论上可达到 1.5 Gbit/s 的传输速率，最高支持 4 GB 的内存容量，并以备用电池解决了内存的断电易失性问题[68]。Gigabyte 后续推出的改进型 i－RAM BOX，以一个 4 针供电接口取代了原有的 PCI 接口供电方式，但在内存容量支持和传输速度上没有提高[69]。

图 3.3　Gigabyte 科技的 i－RAM

HyperOS 公司改进了内存硬件存储设备对内存容量和数据传输率的支持，推出了 Hyper-Drive 5，见图 3.4。该产品采用专门研究定制的 ASIC（Application－Specific Integrated Circuit，特殊应用集成电路）芯片控制，最高可支持 64 GB 的 DDR2 内存，并支持 SATA2 标准，读写速度分别达到 175 MB/s 和 145 MB/s[70]。而此前，HyperOS 公司的早期产品 HyperDrive 4 曾被国际著名的硬件评测网站 Tom's Hardware 认为是当时世界上最快的硬盘[71]。

这些高性能存取速度的实现，其技术原理主要就是利用内存代替硬盘作为存储设备。由

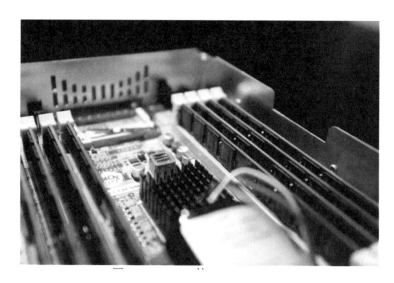

图 3.4　HyperOS 的 HyperDrive 5

于采用了其他硬件技术，这些设备售价昂贵，携带较为不便，阻碍了应用的普及。同时，SA-TA 接口的数据传输率限制，也使得内存存储的性能无法完全发挥。

得益于 IT 技术的高速发展，近年来，内存容量不断提高，内存价格已快速下降到普通应用可承受的范围之内，内存存储仅就内存模块本身的价格而言，经济上的可行性已初步具备。在此基础上，如何利用计算机内部的内存配备，避开 SATA 接口的数据传输率限制，探索廉价而高速的内存存储解决方案成为研究的热点。

3.4.3.2　软件实现

（1）内存数据库

数据库管理系统厂商较早地意识到了高性能的内存存储对于提升数据库访问效率的意义而在其产品实现中采用内存存储技术。Oracle 公司的 TimesTen 内存数据库是这方面的典型代表。

在技术实现上，TimesTen 通过将数据预先加载到内存数据存储区域，由 TimesTen 查询优化器根据客户端的 SQL 查询请求，确定查询记录的内存地址，然后直接从内存的数据存储区域将查询结果返回给客户端应用，以提高性能，图 3.5 比较了通常基于硬盘的关系型数据库管理系统与 TimesTen 的不同[72]。类似采用内存存储思想提高数据库性能的产品还有 ALTI-BASE 公司的 ALTIBASE 和 mcobject 公司的 eXtremeDB 内存式实时数据库。由于当前流行的内存数据库均为商业化产品，费用高昂，将其应用于遥感数据的高速存取，面临与硬件实现一样的性价比问题。同时，由于内存数据库设计面向的并不是遥感领域，在实际应用上也存在着众多值得商榷的地方。

（2）内存盘技术

相对于内存数据库的阳春白雪，内存盘在应用成本上相对较低。内存盘是一种利用软件将内存模拟成硬盘使用的一种技术手段。相对于传统的硬盘文件访问来说，由于利用了内存的高速存取特性，这种技术可以极大地提高在其上进行的文件访问速度。

1980 年 Microcosm 有限公司开发了世界上第一个在微机上商用的内存盘软件 Silicon Disk

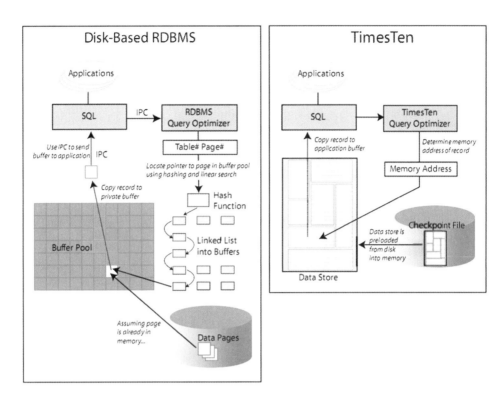

图 3.5　普通 DBMS 与 TimesTen 实现机制对比

System；1983 年微软公司在其 MS – DOS（版本 2.0）上加入了内存盘功能；苹果电脑公司于 1991 年在其苹果计算机上也加入了内存盘支持；此外，许多的 Unix 与类 Unix 系统，如 Linux 也提供某种程度上的内存盘功能[73]。

在微机技术发展的早期，由于软硬件技术的原因，内存模块的容量相对较小，操作系统内存寻址空间也主要被限制在 32 位地址空间，内存盘的性能和应用都较为有限。随着 IT 技术的进步，内存模块在其存储容量和存取速度方面都有了长足进展，现有的操作系统也已支持对 64 位地址空间寻址的高效实现，这些进步，促进了内存盘技术的发展和应用。自微软公司发布其运行于 Windows 2000 平台上的内存盘示例代码以后[74]，Windows 操作系统平台上出现了如 Gavotte Ramdisk、RamDisk Plus、QSoft Ramdisk Enterprise 之类的内存盘软件，可在 Windows 操作系统支持下，在内存中建立虚拟的硬盘分区，把操作系统和应用程序的临时文件夹转移至虚拟硬盘分区中以提高系统性能。根据国外有关测试，利用 Windows 下的内存盘软件，相对普通的 7 200 r/min（Revolutions Per Minute，每分钟转速）硬盘，可在特定数据大小的情况下，实现超过 1 个数量级的读写速度提升[75]。

相对于 Windows 操作系统平台下内存盘软件的众多产品实现，Linux 操作系统平台上的内存盘技术较为统一，且很多 Linux 发行版在系统实现中就内建了内存盘，供用户使用，性价比较高。IBM 的徐龙曾根据 OLTP（On – Line Transaction Processing，在线联机事务处理）对数据库并发能力、速度、高可用性的需求和 OLTP 数据库一般都比较小，完全能够全部放到内存中的事实，研究了使用 Linux 操作系统中的内存盘，配置高性能、高可用性的 DB2 数据库服务器的方法。并在此基础上，与使用大的 Buffer pool（一种缓冲池技术）加快数据库读写速度的方法进行了性能对比，对比结果见表 3.1[76]。

表 3.1　内存盘和大 **Buffer pool** 的对比

对比项	使用内存盘	使用大 Buffer pool
多并发查询	速度很快，但与使用大 Buffer pool 相比没有明显优势	速度很快
复杂查询	速度很快	速度很快
多并发修改	速度很快，基于修改字段的不同，速度相当于使用大 Buffer pool 的 1～5 倍	速度比较快
多并发插入	速度很快，基于数据和表结构的不同，速度相当于使用大 Buffer pool 的 2～20 倍	速度一般
多并发删除	速度很快，基于数据和表结构的不同，速度相当于使用大 Buffer pool 的 2～20 倍	速度一般
内存使用	很大，至少相当于使用大 Buffer pool 的 2 倍	比较小
避免高可用性配置对性能的影响	很好，获取日志，对主机的性能几乎没有影响，但如果主机需要等待备份机重放，对性能仍然有显著影响	很差，获取日志对系统性能影响很大，即使使用比较大的 Logbuffer 也是如此

性能对比建立在以下 5 个条件基础上。

（1）系统具有足够内存。

（2）Buffer pool 进行了正确的配置。

（3）使用大 Buffer pool 的操作，已经将所有数据镜像到 Buffer pool。

（4）在所有数据镜像到 Buffer pool 以后执行了 runstats 操作。

（5）使用内存盘的情况下，在数据库启动以后，进行了 runstats 操作。

测试前提已较为公正，根据对比结果，徐龙得出结论："内存盘配置方法，适合那些内存非常多，对效率和并发有特殊要求的用户。但随着硬件成本的降低和业务的发展，这种用户可能会逐渐增多。"由于徐龙在测试中是通过修改/etc/grub. conf 文件来改变内存盘大小的，且需要对内存盘进行格式化操作，他所使用的其实是 Linux 操作系统上老式的内存盘技术 ramdisk，存在着对 CPU 占用较高等不足。但即便如此，ramdisk 也已在整体性能上远胜大 Buffer pool 技术了。Buffer pool 技术本身为了减少磁盘 I/O 这一耗时的操作而优化设计，ramdisk 整体性能上胜过 Buffer pool 的测试结果表明，其相对于硬盘存取的速度优势是客观存在的。

3.4.4　内存存储技术选型

鉴于 Windows 操作系统平台和 Linux 操作系统平台均支持内存盘技术，且应用内存盘技术在实践中相对于硬盘存取均存在着提高数据存取性能的案例，以内存盘存储遥感图像，利用其高速存取特性，实现与主机端内存之间高性能的数据传输，从而提高整个遥感图像处理的性能，存在着技术上的可行性。

内存盘技术的不足之处在于其易失性，当系统重启或关闭电源后，内存盘上的数据将全部丢失，但这一不足在一个经过优化而稳定运行的计算环境中并不是问题。实际用于生产的计算环境是很少需要重启的，特别是在 UNIX、Linux 之类的操作系统支持之下。

3.5 遥感图像 CUDA 高性能处理技术路线

对遥感图像的处理过程涉及输入、计算、输出三个阶段，CUDA 能够基于数据并行机制为遥感图像处理提供高性能的计算能力，但在数据的输入、输出阶段存在明显不足。受制于当前的 PCI Express 总线，CUDA 计算中主机端和设备端数据传输的瓶颈是客观存在的。目前 CUDA 技术对于这一瓶颈的处理，主要还是通过页锁定内存、异步执行等方式来优化主机端和设备端的数据传输，隐藏数据传输延迟。

由于在通常的一次 CUDA 遥感图像处理中，存在着主机端和设备端的数据传输，以及主机端硬盘和内存之间的数据传输，相对于 PCI Express 总线 GB/s 级别的数据传输率，目前硬盘在 MB/s 级别的数据传输率对性能的拖累更大。因此，本文研究，采用 CUDA 的 CPU + GPU 协同计算模型支持海洋遥感图像的高性能计算，采用内存盘存储遥感图像来改进 CUDA 计算中的主机端数据存取性能，实现海洋遥感数据的高性能输入、输出，从而达到对海洋遥感图像高性能处理的目标。海洋遥感图像数据量较大，但由于在海洋遥感图像的处理中通常采用流式处理，各计算节点只负责处理推送到本节点的数据和最终产品进专用存储的机制保证了内存存储的现实可行性。

4 基于高性能处理的便携性实现方法研究

为了高性能地处理日益膨胀的海洋遥感数据，第 3 章研究提出了以 CUDA 结合内存盘技术，进行海洋遥感图像处理的技术路线，而这一技术路线的实现需要一个实际计算环境的支持。随着海洋遥感的发展，海洋工作者对便携式计算的需求与日俱增。如能把海洋遥感图像 CUDA 高性能处理与便携式计算相结合，在高性能的基础上，构建一个便携式的计算环境，在不同的计算机上实现即插即用，将大大方便海洋遥感工作的开展。

随着 USB 闪存盘的普及，出现了基于 USB 闪存盘的便携式计算环境。本章分析现有基于 USB 闪存盘的便携式计算环境实现技术，根据其未集成操作系统的缺点，提出构建操作系统和应用软件一体化的便携式计算环境，使海洋遥感高性能计算环境脱离对目标主机操作系统的依赖，而仅将目标主机作为硬件基础设施加以利用，实现即插即用的思路，并据此进行便携式高性能海洋遥感计算环境设计，总结提出 CGMFL 方法。

4.1 便携式存储设备

当前在计算机上广泛使用的便携式存储设备主要包括移动硬盘和 USB 闪存盘。移动硬盘提供了相对于 USB 闪存盘更高的数据容量和更快的存取速度，但体积较大，便携性较差。同时，由于其内部的硬盘采用盘片高速旋转和磁头径向移动的数据读取方式，在可靠性方面也存在一些不足。

USB 闪存盘是随着 USB 接口的普及而开发的一种以闪存（Flash Memory）为存储介质的便携式存储设备。闪存诞生于 20 世纪 80 年代末，是一种新型的固态非易失性存储介质，具有低功耗、高抗震、小巧轻便等特点。根据所采用的技术架构，闪存一般可分为如下 4 种类型[77]。

（1）NOR FLASH：擦除和写入慢，随机读取较快，属于随机存取存储器，存储密度较小，通常用来存放程序数据。

（2）DINOR FLASH：与 NOR FLASH 类似，在擦除速度上高于 NOR FLASH，功耗也比较低，但是由于自身技术和工艺等因素的限制，目前的市场占有非常小，主要应用在对功耗要求比较高的场合。

（3）NAND FLASH：随机读写比较慢，以页为单位连续读写快，属于线性存取存储器，存储密度较大，通常用于存放较大量的数据。

（4）AND FLASH：功耗低，价格高。较少应用。

由于 NAND FLASH 在存储密度和价格方面的优势，目前，USB 闪存盘主要采用 NAND FLASH 作为存储介质。

从硬件组成上看，一个典型的 USB 闪存盘主要由以下 5 个部分组成。

（1）USB 插头：用于连接 USB 闪存盘到主机，一般使用 Type－A 类型的 USB 插头。

（2）USB 大容量存储设备控制芯片：也称为主控，是闪存盘的控制核心，主控通过 I/O 线路与闪存相连，根据通信协议，实现与计算机间的数据、控制命令传输，并按照计算机端的指令，管理对闪存的读写等操作。

（3）闪存：闪存盘中实际的存储介质，一般使用 NAND FLASH。

（4）晶体振荡器：为闪存盘工作提供时钟信号并控制设备的数据输出。

（5）PCB（Printed Circuit Board，印刷电路板）基板：用作安装上述各部件的电路板。

相对于传统移动硬盘内部复杂的机电硬件设计而言，USB 闪存盘大大简化了硬件结构，并通过内部的固态存储设计完美解决了移动硬盘内部盘片高速旋转和磁头径向移动所带来脆弱性问题，实现了更强的抗震性和更好的便携性。同时，兼备防尘、防磁、防潮、低功耗等优点，并已出现防水型产品，这些特点使得 USB 闪存盘具备了比移动硬盘更强的适用性，并可应用于航空航天、海洋遥感现场调查等环境相对恶劣的领域。事实上，业界也已开始考虑将闪存盘用于遥感应用，如 Tsur 和 Saba 对于将闪存盘用于机载 ISR 系统的研究[78]。

4.2 U3 便携式计算环境实现技术

4.2.1 U3 移动计算平台

USB 闪存盘的发展和普及，促进了在其上构建便携式计算环境，实现在不同计算机上即插即用，以满足现代计算对便携性需求的研究。一些厂商研究发布了基于 USB 闪存盘的便携式计算环境，如 SanDisk 公司的 U3 移动计算平台和 Ceedo 科技公司的 Ceedo。其中，比较著名且提供完善的开发工具支持的是 U3 移动计算平台。该产品允许用户在 USB 闪存盘上携带微软公司 Windows 环境下的应用软件以及对这些软件的设置，并在满足运行条件的不同计算机上运行这些软件。与通常仅用作数据存储的 USB 闪存盘不同，U3 移动计算平台实现了对应用软件环境的携带。实际应用中，只需将 U3 移动计算平台插入基于 Windows 操作系统的计算机上的 USB 端口，即可安全地访问闪存盘上个性化的电子邮件程序，Web 浏览器，生产工具和多媒体等应用。当拔出 U3 移动计算平台之后，由于用户的应用程序和个人信息存储在 U3 移动计算平台上，这些信息也随之在计算机上消失，从而保证了较好的安全性和计算机原有计算环境的不变性。

4.2.2 U3 技术及其构成

U3 技术是用于 U3 移动计算平台的具体实现技术，最早由 SanDisk 公司和以色列 m – systems 公司的合资公司——U3 有限责任公司研发。为了推动 U3 技术的应用和普及，当时，U3 有限责任公司向业界提供了以下两种开发套件。

（1）U3 软件开发套件（SDK，Software Development Kit）：包括配置与调试工具、示范代码、说明文件与技术文档。用于支持软件开发者高效地为 U3 平台开发他们的应用软件。

（2）U3 硬件开发套件（HDK，Hardware Development Kit）：包括 U3 硬件规范、配置工具和详细的技术文档资料。用于帮助硬件厂商设计与制造 U3 智能闪存盘。

因此，从完整意义上讲，U3 技术包含了软件和硬件两部分内容，两者相互结合，共同支撑 U3 移动计算平台。基于 U3 技术开发的 USB 闪存盘一般被格式化成一个只读分区和一个可读写的分区用于程序、数据等的存储。当将其插入运行 Windows 操作系统的计算机时，Windows 将把只读分区视作光学驱动器，并自动加载上面的 U3 软件。

在软件实现的层面，U3 技术平台包含 3 个部分，分别是 U3 Launchpad（图 4.1）、U3 软件开发套件和 U3 网络门户。其中，U3 Launchpad 是一种友好的图形用户界面，看上去类似于 Windows 操作系统的开始菜单和控制面板，开发人员和终端用户均可使用该界面访问和运行应用程序，管理程序和文件；U3 软件开发套件是用于开发 U3 应用程序的专用软件工具包；U3 网络门户则用于供开发人员发布通过 U3 认证的应用程序，方便 U3 应用程序的出售和下载。

图 4.1　U3 Launchpad 管理软件

4.2.3　U3 应用程序

由于面向移动计算应用，运行于 U3 移动计算平台上的应用程序在设计上与普通基于硬盘运行的 Windows 程序不同，只能通过 U3 Launchpad 管理软件加载运行。U3 应用程序的正常运行需要正确设置运行环境和参数，而不同计算机上的 Windows 操作系统环境可能不同，为建立符合 U3 应用程序运行所需的环境，U3 技术在实现机制上允许通过 U3 Launchpad 在主机操作系统上写入文件或注册表信息，但必须在弹出或拔出闪存驱动器时，由 U3 Launchpad 删除这些信息，恢复主机操作系统的原有状态，而用户的自定义设置与应用程序则可一起存储在 U3 闪存盘上。为实现这一目标，U3 规范定义了一个 U3 应用程序的完整生命周期，共分为以下 6 个阶段[79]。

（1）在 U3 设备上用 U3 安装包进行安装。

（2）配置主机环境。

（3）启动 U3 应用程序。

（4）结束 U3 应用程序。

（5）清除主机运行痕迹。

（6）从 U3 设备上卸载 U3 应用程序。

为了实现对 U3 应用程序生命周期 6 个阶段的管理，U3 技术采用 manifest 文件（一个基于 XML 标记定义 U3 应用程序属性和按事件执行相关指令的配置文件）来指示 U3 Launchpad 在 U3 应用程序生命周期的不同阶段执行相应的操作。从应用角度看，在 U3 应用程序生命周期的 6 个阶段中，第 2 阶段到第 5 阶段是实际移动计算过程中 U3 应用程序的执行步骤，而第 1 阶段和第 6 阶段则分别用于 U3 应用程序在 U3 设备上的安装和卸载，见图 4.2。

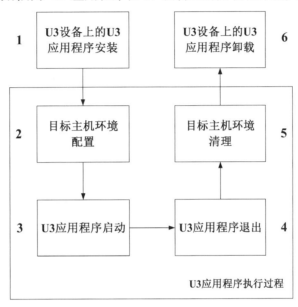

图 4.2　U3 应用程序生命周期

为了支持这种为满足便携式计算而做的改进，U3 有限责任公司为之提供了一系列复杂的软件底层开发工具，以方便开发符合 U3 技术规范的应用程序。由于 U3 技术在便携式计算方面的优势，目前已出现了应用 U3 技术开发具体业务系统的研究，如贺维基于 U3 技术对登录认证系统的设计和开发[80]。

4.2.4　U3 技术的不足

U3 技术尽管在一定程度上实现了便携式计算，但不足之处也是显然的，其最大的不足在于未集成操作系统，而只是构建了一个基于主机操作系统的应用软件管理中间层，通过 U3 Launchpad 管理软件与目标主机上操作系统的相互协作，建立计算环境中特定程序运行所需的系统环境，以支持程序运行，并在程序退出后，执行相关清理工作。由此带来了 U3 应用程序在应用和开发方面的一系列问题。

（1）依赖于目标主机上的 Windows 操作系统平台。根据 SanDisk 公司的资料，U3 Launch-pad 应用程序目前只运行在以下 Windows 操作系统之上[81]。

①Windows Vista。

②Windows XP（all service packs）。

③Windows 2000（service pack 4 +）。

④Windows Server 2003。

如果主机上没有操作系统或者不是符合需要的 Windows 系统，U3 应用程序就无法运行。

（2）性能问题。为了实现在不同计算机上进行移动计算的目标，U3 应用程序相对普通的 Windows 应用程序而言，需要多做两个方面的工作，即程序运行前主机环境的配置和程序运行退出后主机环境的清理，由此引起的对于程序启动和关闭的时间影响是客观存在的。

（3）增加了开发难度。开发人员必须综合通常 Windows 环境下的开发技术和 U3 技术规范的要求，利用 U3 软件开发套件的支持进行开发。

（4）在开发 U3 应用程序过程中，必须将应用程序运行时所需要的库文件一起打包。这种自包含的实现策略，是实现便携式计算所必需的，但在未集成操作系统的前提下，较难应用于一些较大的应用程序的开发。

此外，由于基于 U3 技术的 USB 闪存盘的控制器硬件需要重新设计，不是所有的 USB 闪存盘都能使用 U3 技术，也带来了 USB 闪存盘硬件限制方面的问题。

整体而言，操作系统的缺失，使得 U3 技术的适用性受到极大的限制。基于 U3 技术的便携式计算环境，以库文件自包含的方式支撑小规模的应用程序，如浏览器、邮件客户端等，从实践来看，是可行的。但对于海洋遥感计算这样的专业性应用，其程序实现中包含大量的专业性函数库和专业性设置，按照 U3 便携式计算环境的实现机制，开发海洋遥感应用程序，打包程序所需的大量专业性的函数库和设置，通过计算环境中的管理软件与目标主机上操作系统的相互协作，部署这些专业性的函数库和设置，实现系统运行，并在程序退出后清理主机环境的做法，将面临可行性和执行效率的双重考验。Ceedo、PortableApps 等采用与 U3 技术类似思想实现的便携式计算环境，由于一样未包含操作系统，也无法为实现海洋遥感图像 CUDA 高性能处理的便携性提供支持。

4.3 便携式高性能海洋遥感计算环境设计

4.3.1 设计思想

现有基于 USB 闪存盘的便携式计算环境未集成操作系统的事实，使其无法支持海洋遥感图像 CUDA 高性能处理在 USB 闪存盘上的便携性实现、应用的需求，客观上要求在 USB 闪存盘上构建集操作系统、海洋遥感软件、CUDA 运行环境等于一体的便携式计算环境，以摆脱对目标主机上操作系统的依赖，而仅将目标主机作为通用的计算机硬件基础设施加以利用，实现真正即插即用的高性能海洋遥感计算。

4.3.2 操作系统选型

当前计算机上主流的操作系统主要包括微软公司的 Windows 操作系统平台和拥有众多发行版本的 Linux 操作系统平台。

在 Windows 操作系统平台方面，微软公司的 Windows XP、Windows Vista 和 Windows 7 系列均为完善的操作系统平台，理论上用于便携式计算环境是可行的，但微软官方并未提供将上述操作系统安装于 USB 闪存盘上的技术支持。尽管国外已有研究开展了这方面的尝试，如德国的 Dietmar Stölting 给出了将 Windows XP 安装于移动硬盘上的一般步骤[82]，共计包含 13

个基本步骤和大量的细节实现，但在通用性方面仍存在不足，特别是针对采用 USB 闪存盘作为存储设备安装 Windows XP 的情形。同时，作为商业软件，上述操作系统用作便携式计算环境中的操作系统平台面临软件许可协议和系统底层技术不透明等一系列问题。

2002 年，微软公司发布了一款名为 Windows Pre‑installation Environment（Windows 预安装环境）的产品，能以可引导光盘的形式通过计算机上的光学驱动器引导运行，一般被称为 Windows PE。Windows PE 是一个在保护模式下运行的 Windows XP 个人版内核，只拥有较少的核心服务，主要用于 Windows 安装、网络共享、自动化基本过程以及执行硬件验证等功能，在给原始设备制造商制作自定义的 Windows 操作系统方面具有广泛的应用。虽然 Windows PE 一般以光盘形式引导，但依据现有技术有针对性地进行开发，可以实现将 Windows PE 以及在 PE 环境下集成的应用软件部署到 USB 闪存盘上，以闪存盘引导、运行 Windows PE 系统的目标，并能以闪存盘作为存储介质保存系统运行过程中产生的各类文档。从实践中看，以 Ultra‑ISO 软件配合 syslinux 启动引导器，并附以相关开发和设置，实现基于 USB 闪存盘的 Windows PE 计算环境的成功率是较高的。Windows PE 的问题在于它本质上只是一个工具，而非一个包含全部功能的操作系统。同时，由于微软公司在相关文献中指出，Windows PE for Windows XP 为拥有 Microsoft 的"软件担保"协议的客户所独有[83]，其应用的广泛性受到限制。微软后续开发的 Windows PE 2.0 版本对 Windows PE 作了较大改进，但仍未改变其作为配置、安装 Windows 和排除故障的工具的定位。

从微软公司本身提供的产品线看，最有可能为 USB 闪存盘提供操作系统支持的产品是其 Windows Embedded 系列产品的 Standard 和 Enterprise 版本。技术上，微软的 Windows Embedded Studio 开发环境支持在 USB 闪存盘上集成操作系统，在此基础上，开发相应基于 CUDA 的海洋遥感应用程序，将其与内存盘软件一并集成到操作系统中是可能的。陈洋等曾利用微软的 Windows Embedded Studio 开发环境，采用 USB2.0 接口的闪存作为存储介质，以 X86 结构的计算机作为目标机，进行了基于 Windows XP Embedded（Windows Embedded Standard 的前身）的应用开发[84]。但由于 Windows Embedded 系列产品面向的是嵌入式计算领域，而不是基于微机的计算，将其应用于微机的便携式高性能计算环境开发未免"张冠李戴"。在这种情况下，开源的 Linux 操作系统成为必然选择。

Linux 操作系统起源于 Unix。1991 年芬兰大学生 Linus Torvalds 出于个人爱好而编写了 Linux，并在网上发帖，寻找志同道合的合作伙伴，得到广泛响应。9 月，Linus 发布了 Linux 版本 0.01。在此后的时间里，通过互联网络上各地程序员的协同工作，Linux 版本迅速从 0.02、0.03 向上发展。

从严格意义上讲，Linus 发布的 Linux 并不是一个完整的操作系统，而只是一个操作系统的内核，主要实现了对操作系统中最底层硬件的控制与资源管理功能。但由于致力于开发一个自由并且完整的类 Unix 操作系统的 GNU 计划在 Linux 内核发布的时候，已经几乎完成了除了系统内核之外的各种必备软件的开发，当 GNU 的系统内核空白被 Linux 填补之后，一个基于 Linux 内核和 GNU 各类工具的自由操作系统就应运而生了。在这个操作系统中，Linux 内核和 GNU 各类工具各司其职。内核为运行在计算机上的所有其他程序分配各类资源，如 CPU 时间、内存、磁盘空间、网络带宽等；GNU 各类工具则完成较高层面的工作，如 Shell 等。

由于 Linux 操作系统自由、开放的特性，其发展受到了广泛支持。随着大量的程序员和更多厂商的加入，目前，Linux 操作系统在内核和应用程序两个层面上都得到了巨大的发展，稳定版的 Linux 内核已发展到 2.6.33，应用程序方面更是集成了像 OpenOffice、GIMP 这样的高质量软件，出现了如 Ubuntu、ArchLinux、CentOS、Debian、Fedora、Gentoo、openSUSE 等众多的 Linux 发行版，并在桌面计算、服务器计算和嵌入式计算等领域得到了广泛应用。

作为一个自由操作系统，Linux 允许在不同的计算机上运行而没有软件版权许可方面的限制。由于开放源码，从 Linux 操作系统底层，对其进行修改和开发，使之符合便携式高性能海洋遥感计算环境的需要，是可能的。同时，Linux 操作系统在其发展历史上的 Linux 内核与 GNU 工具联姻，客观上也为从底层开发 Linux 操作系统提供了清晰的层次结构。由于内核是独立可定制的，各类 GNU 工具（如实用工具、shell）是可以按需组合的，这种灵活的可装配特点，为按需集成相应的海洋遥感软件、CUDA 计算环境、内存盘技术，构建便携式高性能海洋遥感计算环境提供了技术实现基础。

Windows 操作系统的开发人员在吸收 Macintoshi 设计理念的基础上，把它的图形用户界面（Graphical user interface，GUI）与操作系统的核心部分结合为一个整体，两者相辅相成，缺一不可[85]。这样的做法，在带来系统各组成部分一致性的操作外观的好处的同时，也带来了因 GUI 出错而引起的操作系统停机问题。在 Linux 操作系统中，GUI 与内核是分开运行的，基于 X Window 的桌面环境作为一系列用户级的应用程序运行，桌面环境的问题最多只是少数进程的崩溃，而不会影响到内核。这种健壮性，是一个高性能的计算环境所需要的。

4.3.3 技术难点

Linux 操作系统技术上的开放性和越来越多的计算机固件支持从 USB 闪存盘启动，为构建便携式高性能海洋遥感计算环境提供了实现基础。以 USB 闪存盘为存储介质，在其上直接集成操作系统、海洋遥感软件、CUDA 运行环境及相关配置是理论上的可行方案，但在实践中却存在着两大问题。也许，就是因为这两大问题，使得现有基于 USB 闪存盘的便携式计算环境没有集成操作系统。

4.3.3.1 存取速度问题

当前的 USB 闪存盘在存取速度方面尚无法完全与通常计算机中的硬盘相提并论。作为便携式存储设备，USB 闪存盘相对于软盘、光盘等存储介质有着速度和灵活性方面的优势，但相对于硬盘，其速度差距还是存在的。以作者计算机的硬盘为例，使用著名的 ATTO Disk Benchmark（软件版本 2.46）磁盘性能测试软件对其进行测试，硬盘的峰值读取和写入速度均在 90 MB/s 左右，而作者所用的威宝 4 GB USB 闪存盘经同样的软件测试，其峰值读取速度仅为 32 MB/s 左右，峰值写入速度则更低，约为 10 MB/s。

U3 移动计算平台因为没有集成操作系统，所以 U3 应用程序在运行时因为闪存盘访问速度问题所导致的延迟能够接受。但在 USB 闪存盘集成操作系统的情况下，对其上操作系统和应用程序的同时大规模并发访问，将导致较大的时间延迟。随着访问数据量的增加，其所表现出来的速度差距可能达到不能接受的程度。

4.3.3.2 耐用性问题

当前的 USB 闪存盘主要使用 NAND FLASH 作为存储介质，而 NAND FLASH 存在着擦写次数限制问题。

NAND FLASH 芯片在技术实现上，要求在对其进行更新之前必须进行擦除操作，而对 NAND FLASH 芯片的擦除操作是以"块"为基本单位进行的。一般一个 NAND FLASH 芯片是由若干个物理块组成，每个物理块又分为若干个物理页，每一页的容量是 512 B 的倍数。物理块是擦除操作的最小单位，而读和写都是以物理页为单位进行，对一个物理页进行重写之前，必须先对该页所在的整个物理块执行擦除操作，而每一个物理块的擦除次数是有限的，闪存上只要有一个物理块的擦除次数达到了上限，数据存储就变得不可靠，从而影响到整个闪存的读写效率和性能[86]。

USB 闪存盘中使用的 NAND FLASH 主要包括 SLC（Single – Level Cell，单层单元）型的 NAND FLASH 和 MLC（Multi – Level Cell，多层单元）型的 NAND FLASH。其中，SLC 型 NAND FLASH 的理论可擦写次数为 10 万次左右，而 MLC 型 NAND FLASH 的理论可擦写次数仅为 1 万次左右。这样的可擦写次数对于数据存储应用而言，是可以接受的。但对于包含操作系统的计算环境而言，是一个极大的问题。且不提计算环境中的应用程序对文件的读写，仅就操作系统本身而言，系统运行中各类日志、临时文件的读写操作就构成对 USB 闪存盘中闪存擦写次数的巨大挑战。假设操作系统每 2 s 执行一次写临时文件或日志文件的操作，1 min 将向闪存中写入 30 次，1 h 是 1 800 次，1 d 是 43 200 次，在这种情况下，即便是使用可擦写次数达 10 万次的 SLC 型 NAND 闪存，USB 闪存盘的使用期限也将很快到期。实际应用中，尤其是产生大量中间临时数据的数据处理类计算，操作系统写入临时文件的频率可能更高，而各类应用程序也存在着写入文件的需要。要以 USB 闪存盘实现对包括操作系统、海洋遥感软件、CUDA 运行环境等内容在内的高性能海洋遥感计算环境的承载，闪存擦写次数问题是本文研究必须解决的关键问题。

从现有的研究看，对于 NAND FLASH 芯片物理块擦除次数问题的研究，主要还是集中在基于损耗均衡（Wear Levelling）原理的各类改进上，即通过一定的算法尽量让闪存上所有的物理块平均的接受擦写，以避免对其中的一个物理块进行反复的擦写，导致在别的物理块的擦除次数还很低的时候，该块已经达到了擦除上限的情况，从而延长闪存的使用寿命。相关研究表现在以下 3 个方面[87]。

（1）1999 年 Kim 等提出在各擦除块之间周期性移动数据页的策略，避免某些更新频率较低的块的擦除次数过低，从而使各块的擦除次数比较均匀。

（2）2003 年 Lofgren 等提出了阈值控制方法用于损耗均匀，当块之间的擦除次数差距超过阈值时，主动回收擦除次数最少的块，以降低一定的垃圾回收效率为代价来更好地保证损耗均匀。

（3）2007 年，Chang 提出了一种基于双队列的损耗均匀控制方法，其主要思路是当某个块擦除次数过多时，将冷数据存储在该块中，从而降低该块在未来一段时间内的擦除频率。同年，Chang 等针对内存受限的应用，提出了一种静态的损耗均匀策略，避免冷数据长期驻留在同一位置，在内存消耗较少的同时保持了较好的损耗均匀性。此外，CAT、EF – Greedy 等垃圾回收方法也兼顾了损耗均匀问题。

本质上讲，这些方法的提出，是不得已的无奈之举，是在擦写次数既定的情况下，通过优化擦除写入策略，在 NAND FLASH 芯片的各个物理块上实现较为均匀的擦写，以期延长闪存的使用寿命。但无论如何优化，闪存的擦写次数是既定的。要解决本文研究所遇到的问题，需要换个角度考虑问题。

4.3.4 解决思路

NAND FLASH 芯片限制了擦写次数，但对读取次数并没有限制。如果能以读取的方式将整个计算环境加载到 USB 闪存盘以外的存储设备上运行，NAND FLASH 芯片擦写次数问题便可迎刃而解。

当前计算机上最常用的存储设备是硬盘，容易想到的办法就是将 USB 闪存盘上的计算环境安装到硬盘，然后从硬盘启动、加载该计算环境，在计算任务完成后，根据需要，从硬盘上清理、删除该计算环境。这种方法从理论上而言是可行的，但却失去了便携式计算环境的意义，同时，在实际使用中因涉及在硬盘安装和删除计算环境，显得非常繁琐。

在遥感图像 CUDA 高性能处理的技术路线中，利用了内存相对于硬盘的速度存取优势，采用内存盘存储遥感图像，以提高数据存取性能，实现的是一种在主机操作系统支持下的内存数据文件存储，如能进一步将计算环境存储于内存盘之上，则不仅能解决 USB 闪存盘的访问速度低下问题，更能从根本上避开对 USB 闪存盘中闪存的擦写，完全解决 NAND FLASH 芯片擦写次数限制所带来的闪存耐久性问题。

由于内存是易失性的存储器，当系统关机或者重启之后，内存上存储的计算环境将不复存在，如此也省去了对主机环境的清理过程，大大方便了实际应用。因此，以内存实现对计算环境的存储，并在此基础上进行海洋遥感的高性能计算，是一种较为完美的解决方案。在这种计算模式之下，整个计算应用的实现过程如图 4.3 所示。

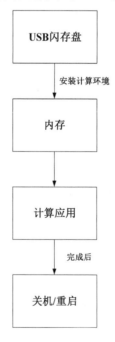

图 4.3 基于完全内存存储的计算流程

尽管以内存存储计算环境是一个较为完美的便携式高性能海洋遥感计算环境解决方案，但在具体实现中，却必须解决如何将 USB 闪存盘上的计算环境安装到内存，并使之正常运行的技术难题。由于计算环境是基于 Linux 操作系统的，这一技术难题的解决，需要从 Linux 操作系统本身的技术实现上想办法。

4.3.5 可行性研究

4.3.5.1 Linux 虚拟文件系统（Virtual File System，VFS）

虚拟文件系统是 Linux 内核中的一个接口层，用于管理在任意时间加载的不同的文件系统。为实现这一功能，虚拟文件系统维护描述整个虚拟文件系统和实际被加载的文件系统的数据结构。在虚拟文件系统中，每个被挂载的文件系统由一个虚拟文件系统的超级块（superBlock）表示，而其中的文件、目录则以一个虚拟文件系统的节点（inode）表示[88]。

当一个基于块设备的文件系统（包括根文件系统）被挂载时，虚拟文件系统读入文件系统的超级块，该超级块的读取例程取得整个文件系统的拓扑结构，并把这些信息映射到虚拟文件系统的超级块数据结构中，同时，虚拟文件系统维护系统中所有已加载的文件系统列表和对应的虚拟文件系统超级块[88]。由于每个虚拟文件系统超级块都包含针对相应文件系统执行特定功能的例程的指针和信息，且具有指向第一个虚拟文件系统节点（一般为文件系统的最顶层目录）的指针，因此，当系统进程访问实际的文件和目录时，可通过虚拟文件系统节点之间的多次系统例程调用实现。

从技术上看，虚拟文件系统其实是以一种抽象的方式，实现了以虚拟文件系统统一的数据结构与实际应用中各种不同格式的文件系统的数据结构的对应机制，并建立了相应的管理机制。这样，便屏蔽了底层的实现细节，使得系统上层对各类文件系统的访问可以通过虚拟文件系统按照统一的接口方式进行，见图4.4。

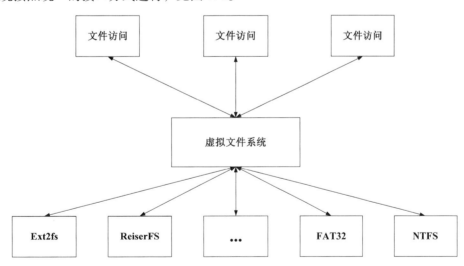

图4.4 Linux 虚拟文件系统机制

以内存存储包括操作系统在内的计算环境，虽然相对于单纯的以内存存储数据文件而言，包含了比数据文件更复杂的各类程序文件以及其上的各类调用、运行机制，但通过虚拟文件系统的统一虚拟接口机制。从操作系统层面来看，系统仍是通过一套统一的接口规范来进行各类操作，相对于通常运行在硬盘上的系统而言，并无不同。因此，在虚拟文件系统的支持之下，基于内存文件系统，实现在内存上对包含操作系统的计算环境的存储和运行，具有理论上的可行性。

4.3.5.2 Linux 内存盘技术

在 Linux 操作系统中，允许将一部分内存当作硬盘分区使用，以提高数据存取速度，即通常所谓的内存盘机制。当前 Linux 上常见的内存盘技术主要包括 ramdisk、ramfs 和 tmpfs。

（1）ramdisk

ramdisk 是 Linux 下较早实现的内存盘技术，作为一个基于内存的块设备，它必须经过生成和格式化后才能挂载使用，且大小固定，局限性较大[89]。使用 ramdisk 需要将 ramdisk 支持编译进内核或将其编译为可加载模块，其中内核的配置选项是 CONFIG_ BLK_ DEV_ RAM[90]。实际应用中，由于把 ramdisk 编译成一个可加载模块允许在加载时确定 ramdisk 的大小，相对而言，更为常用一些。

（2）ramfs

ramfs 是针对 ramdisk 的不足而开发的一个基于内存的文件系统。由于是文件系统，ramfs 可通过挂载直接使用，免去了传统 ramdisk 的生成和格式化步骤，减少了系统开销。此外，ramfs 支持动态改变大小，解除了 ramdisk 在大小固定方面的限制[91]。在 Linux 操作系统的磁盘文件缓存机制实现中，也是利用了 ramfs 以提高系统的数据存取性能。

（3）tmpfs

tmpfs 也是一个基于内存的文件系统，但它进一步改良了 ramfs，可根据实际应用中文件系统的大小自动收缩，以减少对物理内存的占用，并支持使用交换分区，同时，还能对其所使用的内存数量上限进行细粒度的限制[91]，一般被认为是 Linux 上最好的内存盘技术。tmpfs 由 Linux 内核 2.4 以上版本支持，并需在编译内核时选择"虚拟内存文件系统支持（Virtual memory file system support）"。

从本文研究的需求来看，ramfs 和 tmpfs 均可满足内存存储需求，但从 Linux 上内存盘技术的发展和技术改进的角度考虑，tmpfs 无疑更为先进，灵活性也更大。虽然 tmpfs 支持使用交换分区，但在本文研究的技术实现中，采用了内存存储，由此，便解决了由于使用硬盘上的交换分区而可能引起的存储性能下降问题。而从灵活性的角度考虑，在面对大数据量处理，计算机内存不足的情况下，启用 tmpfs 支持下的交换分区，也可能取得较好的系统性能。Daniel Robbins 研究指出，典型的 tmpfs 文件系统会完全驻留在内存中，读写几乎是瞬间的，即使用了一些交换分区，由于虚拟内存子系统自动调度 tmpfs 文件系统在内存和交换分区之间的切换，配合 tmpfs 动态调整大小的能力，仍将比使用传统的 ramdisk 具有更好的整体性能和灵活性[92]。

tmpfs 的问题在于 tmpfs 文件系统可增大到耗尽所有虚拟内存而使系统宕机。由于 tmpfs 是内核的一部分而非一个用户进程，tmpfs 本身无法被终止[92]。好在 tmpfs 在实现机制上允许对其使用的内存数量上限进行细粒度的控制，因此，这个问题可通过在建立基于 tmpfs 的内存盘过程中设定 tmpfs 内存盘容量最大值上限的办法解决，以便为系统运行所需的物理内存留出足够的空间。

4.3.5.3 Linux 操作系统启动流程分析

虚拟文件系统和 tmpfs，为实现计算环境的内存存储和运行提供了内核层面的支持。但 Linux 内核不是 Linux 操作系统，要实现把包含 Linux 操作系统的计算环境加载到 tmpfs 内存盘上，还需要从内核外围的 Linux 操作系统外部实现上想办法。

内存盘的局限性在于它的易失性，尽管可提供优秀的高速存取性能，但它不具备硬盘那样的断电持久保存数据能力，所以，内存盘技术本身并不支持在系统冷启或重启时取代硬盘进行系统引导，因为此时内存盘上面并没有操作系统存在。因此，如何把包含 Linux 操作系统的计算环境加载到 tmpfs 内存盘上的问题在本质上可以归结为一个操作系统的启动问题。为此，有必要分析 Linux 操作系统的启动流程。

目前的 Linux 发行版多数基于 Linux 2.6 内核开发，由于开发者不同，在具体的技术实现方面也不尽相同，但使用的 Linux 内核基本是统一的，内核之上的各类实用工具也大部分来源于 GNU 项目，因此，从 Linux 操作系统的开机到挂载文件系统、完成启动、提供系统服务的核心流程基本还是一致的。一般而言，运行 Linux 操作系统的计算机从系统加电开机到启动完成，提供服务，大致包括以下 5 个步骤[93, 94]。

（1）系统加电。

（2）CPU 找到基本输入输出系统（Basic Input Output System，BIOS），BIOS 开始运行，访问 CMOS（Complementary Metal Oxide Semiconductor，互补金属氧化物半导体）中的设置，将 BIOS 本身的参数与 CMOS 中的设置合并后，一起载入内存[95]。

（3）系统根据从内存中获取的计算机配置信息，找到、读取并加载启动引导器（Bootloader），启动引导器随不同 Linux 发行版的具体实现而不同，可以是 Grub 或者 LILO 等。

（4）启动引导器根据引导器的设置文件查找并加载 Linux 内核和 initrd（Initialized RAM Disk，初始化内存盘）到内存中。

（5）内核在内存中建立一个 rootfs（一个基于内存的文件系统，是 linux 在初始化时加载的第一个文件系统）作为临时空间，并将 initrd 作为一个系统挂载到 rootfs 上激活，然后执行 initrd 中的 init 文件，进行主要文件系统挂载、初始设备文件建立、设备探测、模块加载、真实文件系统挂载并切换等操作，最后执行实体操作系统中的/sbin/init，完成后续启动，进入服务提供状态。

图 4.5 大致描述了 Linux 操作系统的启动过程。在以上 Linux 操作系统开机运行的 5 个步骤中，步骤 2 和步骤 5 值得特别注意。步骤 2 决定了系统从哪里去读取启动引导器，从而实现对 Linux 内核和 initrd 的加载；而步骤 5 则实现了从内存的临时文件系统向系统最后真正运行的真实文件系统（一般位于硬盘上）的切换。

将计算环境承载在 USB 闪存盘上，通过更改计算机主板 CMOS 中的启动设置，使之指向 USB 闪存盘，利用步骤 2 实现对闪存盘上 Linux 内核的引导是可行的，但要实现计算环境的内存存储，并切换到内存存储的计算环境中，则需要进一步从步骤 5 的实现流程想办法，而这又涉及 Linux 操作系统中的 initrd 机制。

4.3.5.4 Linux 的 initrd 机制

initrd 在技术实现上是一个由启动引导器加载的初始化内存盘。在 linux 内核启动前，启动引导器会将存储介质中的 initrd 文件加载到内存，内核启动时会在访问真正的根文件系统前先访问内存中的 initrd 文件系统。在启动引导器配置了 initrd 的情况下，内核启动被分成了两个阶段，第一阶段先执行 initrd 文件系统中的一个特定文件，完成加载驱动模块等任务，第二阶段才执行真正的根文件系统中的/sbin/init 进程。其中，第一阶段启动的目的是为第二

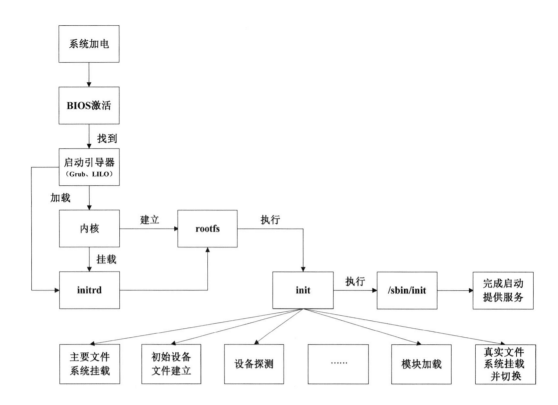

图 4.5 Linux 操作系统启动过程

阶段的启动扫清一切障碍，最主要的是加载根文件系统存储介质的驱动模块。由于根文件系统可以存储在采用 IDE、SATA、SCSI 等不同接口的多种存储介质上，如果将这些设备的驱动都编译进内核，内核会非常庞大[96]。因此，initrd 机制实现了一种将大量的驱动模块和相关的软件工具从内核分离并供内核调用的方法。

作为一个初始化内存盘，initrd 中包含了各种可执行程序和驱动程序，通过与内核配合，并作为内核引导过程的一部分进行加载，内核可将这个 initrd 文件作为其两阶段引导过程的一部分来加载各类模块，以便在随后的引导过程中挂载并使用真实的根文件系统。在桌面或服务器版本的 Linux 系统中，initrd 是一个临时的文件系统，其生存周期很短，一般用作到真实文件系统的一个桥梁[97]。

当前流行的 linux 2.6 内核支持两种格式的 initrd，传统格式的文件系统镜像 image – initrd 和新的 cpio 格式的 initrd，linux2.6 内核对 image – initrd 的处理流程如下[96]。

（1）启动引导器把内核以及 initrd 文件加载到内存的特定位置。

（2）内核判断 initrd 的文件格式，如果不是 cpio 格式，将其作为 image – initrd 处理。

（3）内核将 initrd 的内容保存在 rootfs 下的/initrd. image 文件中。

（4）内核将/initrd. image 的内容读入/dev/ram0 设备中。

（5）内核以可读写的方式把/dev/ram0 设备挂载为原始的根文件系统。

（6）如果/dev/ram0 被指定为真实根文件系统，那么内核跳至第 10 步正常启动。

（7）执行 initrd 上的 linuxrc 文件，linuxrc 通常是一个脚本文件，负责加载内核访问根文件系统必需的驱动，并加载根文件系统。

（8）linuxrc 执行完毕，真实根文件系统被挂载。

（9）如果真实根文件系统存在/initrd 目录，那么/dev/ram0 将从/移动到/initrd，如果/initrd 目录不存在，/dev/ram0 将被卸载。

（10）在真实根文件系统上进行正常启动过程，执行/sbin/init。

Linux 2.6 内核对于新的 cpio 格式的 initrd 的处理流程如 Linux 操作系统启动流程分析中的步骤 5 所述，此处不赘述。

对比 Linux 2.6 内核对两种不同格式的 initrd 的处理流程，cpio 格式的 initrd 在处理上更为简单，也更为明确。从实践看，目前越来越多的 Linux 发行版在其技术实现中采用了 cpio 格式的 initrd。但无论是内核对传统格式的 image – initrd 和 cpio 格式的 initrd 的处理流程如何，有一点是确定的，就是 image – initrd 和 cpio 格式的 initrd 都有各自的核心主控执行文件，用于实现真实文件系统挂载和切换等操作。也正是通过这个核心主控执行文件，initrd 实现了其在临时文件系统和真实文件系统之间的桥梁作用，并为 Linux 操作系统指定了其实际运行的系统根目录。在 image – initrd 中，这个核心主控执行文件是 linuxrc 文件，在 cpio 格式的 initrd 中，这个核心主控执行文件是 init 文件。因此，从 initrd 的技术实现看，通过编写特定的核心主控执行文件，根据其中的执行指令，开发满足需要的特定 initrd，在系统启动过程中进行一系列的操作，实现计算环境的内存存储和运行是可能的。

4.3.6 技术实现方案

4.3.6.1 技术路线

根据对 Linux 操作系统下相关技术的研究，可以发现，Linux 操作系统虽然并不能直接为实现将 USB 闪存盘上的计算环境安装到内存，并使之正常运行的目标提供支撑，但 Linux 内核中虚拟文件系统良好的设计、tmpfs 技术的内存盘支持、initrd 机制下的二阶段启动以及 Linux 操作系统开放源代码的特点，为从操作系统的底层开发集操作系统和海洋遥感软件于一体的便携式高性能海洋遥感计算环境，并实现其在内存的存储运行提供了可能。

从 Linux 操作系统启动的流程看，在 initrd 机制的支持下，Linux 操作系统存在着从临时根文件系统向真实根文件系统的切换操作，只是通常的真实根文件系统是位于像硬盘这样的永久性存储设备上，而不是位于内存这样的易失性存储设备之上。但 Linux 核心中的虚拟文件系统为实现完全的内存存储提供了可能。虚拟文件系统本身属于 Linux 内核的一部分，一旦内核被加载，虚拟文件系统即启动，可进行挂载各种实际文件系统的工作。由于 tmpfs 是一个基于内存的文件系统，通过虚拟文件系统挂载 tmpfs 内存盘，用于存储包含操作系统的计算环境在技术实现上是可行的。因此，可以利用 USB 闪存盘引导 Linux 内核，在 Linux 内核激活的情况下，通过专用的 initrd 建立 tmpfs 内存盘，将其挂载为真实文件系统的根目录，部署 USB 闪存盘上的计算环境到内存盘并实现对内存盘上真实文件系统的切换，使得计算环境完全基于内存运行。图 4.6 对比了通常的 Linux 操作系统启动过程与基于内存计算环境存储解决方案的 Linux 操作系统启动过程。

4.3.6.2 运行模式

便携式高性能海洋遥感计算环境采用 USB 闪存盘源系统和 tmpfs 内存盘运行系统双系统设计，并以内存盘运行系统的模式运行。系统实际应用中，以 USB 闪存盘进行引导，在引导

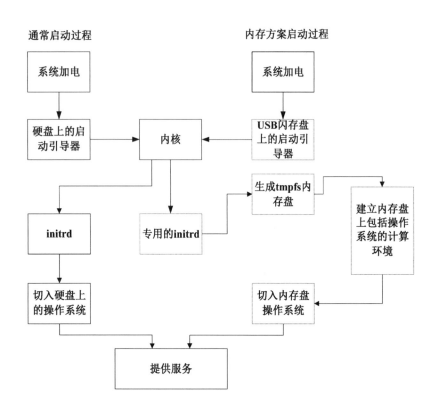

图4.6　通常启动过程与内存方案启动过程对比

过程中，利用 Linux 内核和专用的 initrd，构建 tmpfs 内存盘，并读取、加载 USB 闪存盘源系统到 tmpfs 内存盘上，形成 tmpfs 内存盘运行系统，由该运行系统进行实际的高性能计算和其他各项应用。如此，便避免了实际运行的操作系统对 USB 闪存盘的擦写。当确实需要在 USB闪存盘上保存数据时，可通过 Linux 操作系统的 mount 命令挂载 USB 闪存盘，向其中写入数据。

同时，针对实际运行过程中内存盘运行系统可能出现的出错情况，由于计算环境采用了USB 闪存源系统和 tmpfs 内存盘运行系统双系统设计，因此，可通过闪存盘上的源系统实现对内存盘运行系统的迅速恢复，以降低维护工作量。这种迅速恢复能力，对于海洋遥感高性能计算而言，是必要的。

4.3.6.3　USB 闪存盘源系统设计

USB 闪存源系统在内容构成上是一个包含 Linux 操作系统、CUDA 运行环境和相应的海洋遥感软件等在内一体化计算环境。由于直接在 USB 闪存盘上安装和配置上述内容构建源系统会产生对闪存的频繁擦写，为此，将 USB 闪存盘源系统设计成一个海洋遥感高性能计算环境镜像文件的形式。

海洋遥感高性能计算环境在运行 Linux 操作系统的计算机上开发，完成后将其制作成镜像文件并复制到 USB 闪存盘上作为源系统，专用于在系统启动过程中读取并将其部署到 tmpfs内存盘上。

USB 闪存盘源系统的主要构建步骤如下。

（1）建立一个精简但满足便携式计算环境需求的 Linux 操作系统。

（2）在此 Linux 操作系统上集成 CUDA 运行环境和相应的海洋遥感软件等内容，建立高性能海洋遥感计算环境。

（3）将计算环境制作成镜像文件。

4.3.6.4　USB 闪存盘规划

为了与当前流行的 Windows 操作系统环境兼容，USB 闪存盘采用 FAT32 文件系统格式，以便 USB 闪存盘在 Windows 操作系统环境下可用作通常的移动存储介质。为此，启动引导器需采用 Windows 环境下支持的引导器，如 WinGrub、syslinux 等。Linux 内核 vmlinuz、专用的 initrd、USB 闪存盘源系统以文件形式存储于 USB 闪存盘中。对 FAT32 文件系统格式的读写由 Linux 内核支持。

4.3.6.5　便携式高性能计算环境组成

整个便携式高性能海洋遥感计算环境按其物理实现，由 USB 闪存盘、启动引导器、Linux 内核 vmlinuz、专用的 initrd 和 USB 闪存盘源系统 5 个部分组成，各组件的用途如表 4.1 所示。

表 4.1　便携式高性能计算环境组成

组件	用途
USB 闪存盘	存储介质，用于计算环境和有关程序、数据的存储
启动引导器	引导加载 Linux 内核和 initrd
Linux 内核 vmlinuz	操作系统核心
专用 initrd	加载 USB 闪存盘源系统，建立 tmpfs 内存盘运行系统并切换
USB 闪存盘源系统	包含 Linux 操作系统、海洋遥感软件、CUDA 运行环境及设置等内容的计算环境镜像

4.3.6.6　实现机制

图 4.7 描述了便携式高性能海洋遥感计算环境的实现机制。

系统加电后，通过 USB 接口找到 USB 闪存盘上的启动引导器，启动引导器加载 Linux 内核 vmlinuz 和专用的 initrd 到内存，内核在内存中制造一个 rootfs 作为临时空间，并将专用的 initrd 作为一个系统挂载到 rootfs 上激活，通过其中的核心主控执行文件进行设备探测、模块加载、tmpfs 内存盘构建，内存盘运行系统构建，切入内存盘上的操作系统等操作，然后执行内存盘上操作系统中的/sbin/init，完成后续启动工作。启动完毕后，海洋遥感计算环境中的各类程序即可运行。

4.3.6.7　计算环境更新

计算环境的更新包括两个方面：一方面，由于频繁的安装软件容易引起系统运行的不稳定，为此，对于不需要保存更新结果的临时性应用，直接在内存盘运行系统上进行更新操作，Linux 操作系统环境下很少需要重启，因而在很大程度上回避了内存盘的易失性问题；另一方面，对于需要保存更新结果的情况，计算环境的更新通过更新 USB 闪存盘上的源系统实现。

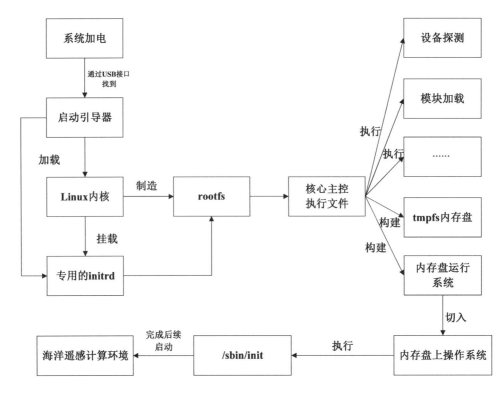

图 4.7　计算环境实现机制

4.4　CGMFL 方法的提出

　　整体而言，在便携式高性能海洋遥感计算环境的技术实现方案中，是通过整合操作系统、CUDA 运行环境和海洋遥感软件等作为计算环境源系统；采用 CPU + GPU 协同计算实现高性能的计算；采用内存（Memory）存储实现高性能的数据存取和计算环境运行系统的存储；采用 USB 闪存（Flash Memory）盘作为计算环境源系统的承载介质；并以从底层开发的 Linux 操作系统整合上述技术，从而实现系统从 USB 闪存盘引导时将计算环境源系统部署到内存盘上，形成计算环境的运行系统并切入运行的功能。为便于表述，本文将这一种构建便携式高性能海洋遥感计算环境的技术方法简称为 CGMFL 方法，其中，C 指代 CPU；G 指代 GPU；M 指代内存；F 指代闪存；L 指代 Linux。

　　CGMFL 方法在机制上以 CPU + GPU 协同计算和内存存储实现对海洋遥感图像的高性能处理，基于内存存储、USB 闪存盘和 Linux 操作系统底层开发实现计算环境的便携性——在不同计算机上即插即用，从而在总体上满足了海洋遥感计算对于高性能和便携性的双重需求。

　　海洋遥感软件作为专业性软件，往往需要专业性的安装和配置，实际应用中软件安装和配置的工作量较大。CGMFL 方法实现了操作系统和海洋遥感软件的一体化，使得海洋遥感计算环境脱离了对目标主机操作系统的依赖，而仅将目标主机作为硬件基础设施加以利用，真正做到了即插即用，海洋遥感软件所需的各类函数库、设置、运行环境可直接在计算环境的操作系统中集成，从而在应用层面上实现了免安装、免配置的海洋遥感软件即插即用。

5 基于 CGMFL 方法的海洋遥感计算环境 原型实现与验证

近年来，我国海洋遥感的发展，特别是"海洋一号"系列卫星的发射，促进了对海洋遥感数据处理工具的需求。目前常用的海洋遥感软件主要包括美国 NASA（National Aeronautics and Space Administration，国家航空航天局）的 SeaDAS（SeaWiFS Data Analysis System）、欧空局的 BEAM（Basic ENVISAT Toolbox for（A）ATSR and MERIS）和一些自主开发的海洋遥感软件。由于 CGMFL 方法实现了便携性和高性能两大目标，而自主开发的海洋遥感软件相对于 SeaDAS 和 BEAM 更便于从底层进行高性能遥感图像 CUDA 处理的并行化程序开发，为不失一般性，在基于 CGMFL 方法的海洋遥感计算环境原型实现中，集成欧空局的 BEAM 软件，构建便携式计算环境原型，实现 BEAM 在不同计算机上的即插即用。在此基础上，根据作者项目组承担的某海洋水色卫星数据资料处理专用软件对便携性和高性能的双重要求，以高斯卷积算法为例，开发基于 CUDA 的遥感图像处理程序，将其与便携式计算环境原型相结合，初步构建一个便携式高性能海洋遥感计算环境原型。

在 CGMFL 方法的技术实现中，便携式高性能海洋遥感计算环境由 USB 闪存盘、USB 闪存盘源系统、专用的 initrd、启动引导器和 Linux 内核 vmlinuz 5 个部分组成，本章基于这 5 个组成部分，详细给出原型构建过程，并对原型的便携性和处理性能进行验证。由于 USB 闪存盘源系统是包含 Linux 操作系统、CUDA 运行环境、海洋遥感图像读写环境等支撑软件和 BEAM 遥感软件、海洋遥感图像高斯卷积 CUDA 处理程序两个应用的计算环境镜像，故本章在给出 USB 闪存盘源系统构建方法之前，先对有关内容单独予以阐述。

5.1 USB 闪存盘选型

当前用于 USB 闪存盘的 NAND FLASH 主要有 MLC 型和 SLC 型的闪存。MLC 型的 USB 闪存盘价格便宜，但存取速度较慢，使用寿命较短。SLC 型的 USB 闪存盘价格为 MLC 型的 2 倍，但使用寿命为其 10 倍左右，且存取速度更快。为此，原型实现采用了性价比更高的 SLC 型 USB 闪存盘，其主要配置如下。

（1）主控：慧荣 SM3252QBB + 贴片晶振。

（2）闪存模块：三星 K9WBG08U1M – PCBO – 4GB 高速 SLC 芯片，双芯片贴装，共 8 GB。

5.2 支撑软件选型

5.2.1 Linux 操作系统环境

根据 NVIDIA 公司当前最新的用于 Linux 操作系统的 CUDA 2.3 SDK 发布说明，其支持的

32 位和 64 位 Linux 发行版包括下列版本：

- RHEL – 4. x（4. 7）；
- RHEL – 5. x（5. 3）；
- SLED – 10 – SP2；
- Fedora10；
- Ubuntu – 8. 10；
- OpenSUSE 11. 1；
- SLED11；
- Ubuntu – 9. 04。

原型实现中，Linux 操作系统环境采用了 Ubuntu 9. 04 服务器版，主要基于以下考虑。

（1）Ubuntu 的软件更新较为及时，约 6 个月发行一个新版本，因此，在计算环境所需的工具、安全补丁和稳定性方面较有保障。Linux 自由软件的特性，在带来开放、自由好处的同时，也使得对 Linux 系统的更新、维护比较随意。事实上，这也是开源软件在实际应用中所遇到的一个现实问题。Ubuntu 较为及时的更新，满足了计算环境对稳定性和安全性的要求。

（2）兼容性较好。从开发实际来看，Ubuntu 对第三方软件的兼容性较好。由于 Linux 操作系统本身就是在 Linux 内核的基础上，扩展各类工具软件组装起来的，第三方软件对整个操作系统而言，其重要性是不言而喻的。

（3）具有专门优化的内核。Ubuntu 针对桌面级应用和服务器级应用，推出了专门优化的内核，特别是 Ubuntu 的服务器版内核，针对高性能计算的需要，从内核时钟频率，输入输出调度等各方面都作了优化，从而大大方便了各类高性能计算应用的实现。在 Linux 内核发布的早期，由于内核本身的不完善性，很多问题需要通过重新配置、编译内核来解决。随着技术的发展，目前的 Linux 内核已比较稳定和成熟。试图通过编译内核来提高性能，针对具体的特定计算机配置是可行的，如 Gentoo 不仅建议用户优化内核，还为用户优化、定制整个 Linux 系统提供了详细的文档。但对于高性能的便携式计算环境而言，由于面向众多不同的计算机和高效稳定的计算，内核的普适性和稳定性才是关键，因此，采用优化并经过大量测试的普遍意义上的内核更有实际意义。Ubuntu 在这方面提供良好的内核选择。

（4）Ubuntu 承诺将永远免费。

鉴于便携式计算环境利用内存作为运行系统的存储介质，计算机上的物理内存将被用作存储用的内存盘和常规意义上的内存空间，对内存的容量有着较高的要求，为此需要操作系统提供对大内存地址寻址的支持，故原型实现进一步采用了 64 位版本的 Ubuntu 9. 04 服务器版，以克服 32 位操作系统内存寻址空间很难有效突破 4 GB 的限制。目前，虽然有让 32 位操作系统支持 4 GB 以上内存寻址的办法，但由此引起的性能方面损失，并不值得高性能计算采用。此外，据有关文献，在高性能计算领域，64 位系统经过实际测试可以比同类 32 位系统提高近 50% 的性能[98]，虽然这一结果未必普遍适用，但至少 64 位系统要比 32 位系统更代表未来，同时，也利于计算环境支持各类 64 位遥感应用程序的开发。

5.2.2 CUDA 环境

原型实现中的 CUDA 环境构建采用了最新的 CUDA 2. 3 版，包括 CUDA 驱动和 CUDA 开发工具包。表 5. 1 列出了相应软件的版本和来源。

表5.1　CUDA 环境构建软件

软件	版本	来源
CUDA 驱动	64 位 Linux 下的 CUDA 驱动 190.53 版	http：//us. download. nvidia. com/XFree86/Linux − x86_ 64/ 190.53/NVIDIA − Linux − x86_ 64 − 190.53 − pkg2. run
CUDA 开发工具包	64 位 Ubuntu Linux 9.04 版本下的 CUDA 开发工具包 2.3 版	http：//developer. download. nvidia. com/compute/cuda/2_ 3/ toolkit/cudatoolkit_ 2.3_ linux_ 64_ ubuntu9.04. run

5.2.3　海洋遥感图像读写环境

海洋遥感图像数据有着不同的格式，基于 CUDA 的遥感图像高斯卷积处理程序要实现对海洋遥感图像的处理，必须解决遥感图像的读写问题。在当前的实际开发中，对于遥感图像的读写，主要存在以下两种实现方法。

（1）独立开发读写功能：根据遥感图像的文件格式，直接使用程序设计语言编写代码实现对遥感图像的读写。

（2）集成二次开发读写功能：利用专业的遥感图像读写类库，通过程序设计语言编写代码调用该类库中的函数，实现对遥感图像的读写。

由于当前的遥感图像格式较为开放，而在开源环境下又存在着免费的图像读写类库可供使用，原型实现中，采用了 GDAL（Geospatial Data Abstraction Library，地理空间数据抽象库）来实现对遥感图像的读写。

GDAL 是一个用于栅格地理空间数据格式转换的开源类库，它为所有支持的数据格式提供了一个统一的抽象数据模型，以方便用户通过一致的接口调用，在其实现原理上，类似于 Linux 内核中的虚拟文件系统。GDAL 支持多达 100 多种的栅格数据格式，覆盖了目前大多数的图像数据格式（见表5.2[99]，限于论文篇幅，此处仅列出部分），并允许用户通过为自己定义的数据格式开发专用 GDAL 数据驱动的方式，利用 GDAL 的统一编程接口，操作用户自定义的数据格式文件。这种灵活性，正是海洋遥感图像处理所需要的。从目前的应用看，一些业界著名的产品，如 ERDAS ER Viewer、ESRI ArcGIS 9.2 + 、FME、GRASS GIS、IDRISI、ILWIS、Leica TITAN、Google Earth 等都已在其技术实现中采用了 GDAL。

表5.2　GDAL 支持的栅格数据格式（部分）

Long Format Name	Code	Creation	Georeferencing	Maximum file size
Arc/Info ASCII Grid	AAIGrid	Yes	Yes	2 GB
Arc/Info Binary Grid (. adf)	AIG	No	Yes	—
AIRSAR Polarimetric	AIRSAR	No	No	—
Magellan BLX Topo (. blx, . xlb)	BLX	Yes	Yes	—
Microsoft Windows Device Independent Bitmap (. bmp)	BMP	Yes	Yes	4 GB
BSB Nautical Chart Format (. kap)	BSB	No	Yes	—
VTP Binary Terrain Format (. bt)	BT	Yes	Yes	—
CEOS (Spot for instance)	CEOS	No	No	—
DRDC COASP SAR Processor Raster	COASP	No	No	—

Long Format Name	Code	Creation	Georeferencing	Maximum file size
TerraSAR – X Complex SAR Data Product	COSAR	No	No	—
Convair PolGASP data	CPG	No	Yes	—
Spot DIMAP (metadata. dim)	DIMAP	No	Yes	—
ELAS DIPEx	DIPEx	No	Yes	—
DODS / OPeNDAP	DODS	No	Yes	—
First Generation USGS DOQ (. doq)	DOQ1	No	Yes	—
New Labelled USGS DOQ (. doq)	DOQ2	No	Yes	—
Military Elevation Data (. dt0 , . dt1 , . dt2)	DTED	Yes	Yes	—
ERMapper Compressed Wavelets (. ecw)	ECW	Yes	Yes	
ESRI. hdr Labelled	EHdr	Yes	Yes	No limits
Erdas Imagine Raw	EIR	No	Yes	—
NASA ELAS	ELAS	Yes	Yes	—
ENVI. hdr Labelled Raster	ENVI	Yes	Yes	No limits
Epsilon – Wavelet compressed images	EPSILON	Yes	No	—
ERMapper (. ers)	ERS	Yes	Yes	
Envisat Image Product (. n1)	ESAT	No	No	—
EOSAT FAST Format	FAST	No	Yes	—
Oracle Spatial GeoRaster	GEORASTER	Yes	Yes	—
Graphics Interchange Format (. gif)	GIF	Yes	No	2 GB

　　Ubuntu 在其软件库中包含了 GDAL 软件包，但版本较老，在实际应用中存在一些问题。为此，原型实现采取了下载最新的 GDAL 源代码，自行在 Ubuntu 平台上编译的办法构建遥感图像读写环境，编译采用的主要软件及其版本如表 5.3 所示。

表 5.3　GDAL 环境构建软件

软件	版本
GDAL	1. 6. 3
gcc	4. 3. 3
GNU make	3. 81
g + +	4. 3

5.3　BEAM 软件

　　SeaDAS 和 BEAM 是目前常用的海洋遥感软件，SeaDAS 主要基于 C、FORTRAN 和 IDL（Interactive Data Language）开发，BEAM 则完全基于 Java 开发。由于进行性能验证的海洋遥感图像高斯卷积 CUDA 处理程序是基于 C 语言开发的，为使原型的实现和验证更具有普遍意义，原型构建中采用基于 Java 开发的 BEAM（软件版本 4.7）作为非自主开发的海洋遥感软件代表进行集成和验证。

BEAM 是为了查看、分析和处理 ENVISAT MERIS、AATSR 和 ASAR 的遥感数据而开发的一系列工具软件和应用编程接口的集合，主要由以下4个部分构成[100]。

（1）visat：用于对地观测遥感数据的可视化、分析和处理的桌面级应用程序。

（2）遥感数据处理工具集：可从命令行运行或由 visat 调用。

（3）数据产品转换工具：用于转换初级遥感数据产品到 BEAM－DIMAP（BEAM 的标准输入输出数据格式）、GeoTIFF、HDF－5 或者 RGB 影像。

（4）Java API：用于开发遥感应用和 BEAM 的扩展插件。

BEAM 完全基于 Java 开发，Java 技术跨平台的机制，使得 BEAM 可运行于 Windows、Mac OS X、Solaris 和 Linux 等多种不同的操作系统之上。同时，欧空局允许用户免费使用 BEAM 的策略也为 BEAM 在不同计算机上实现即插即用解除了软件运行许可方面的限制。

5.4 海洋遥感图像高斯卷积 CUDA 处理程序开发

5.4.1 开发工具

用于海洋遥感图像高斯卷积 CUDA 处理程序开发的源文件编辑器采用了 Linux 操作系统下的 vim 编辑器。

编译器采用了 nvcc 和 gcc，在 make 程序支持下，由 nvcc 统一处理主机端和设备端代码，并将主机端代码输出给 gcc 处理，最后得到编译连接后的可执行程序。表5.4 列出了开发过程用到的主要开发工具及其相应版本。

表 5.4　应用程序开发工具

软件开发工具	版本
vim	7.2
gcc	4.3.3
GNU make	3.81
nvcc	0.2.1221（release 2.3）

5.4.2 算法描述

卷积运算在海洋遥感图像处理中被广泛应用，如平滑滤波和边缘检测等。一般而言，海洋遥感图像上的卷积操作包含如下计算步骤。

（1）卷积核绕自己的中心元素顺时针旋转180°。

（2）移动卷积核的中心元素，使它位于输入图像待处理像素的正上方。

（3）在旋转后的卷积核中，将输入图像的像素值与对应卷积核中的核元素相乘。

（4）以第3步计算中得出的各乘积的和作为该输入像素对应的输出像素值，此处可根据需要除以卷积核中核元素的总权重。

在卷积计算中，高斯卷积是一类特殊的卷积，由于高斯函数的可分离性，二维高斯图像

263

卷积操作可以被分解成两个一维的卷积操作，即一个对图像按行的一维卷积操作和一个对图像按列的一维卷积操作。因此，二维高斯图像卷积的计算量随高斯卷积模板宽度呈线性增长而不是成平方增长，这种特性保证了高斯卷积相对其他卷积可以更有效地得以实现。为此，高斯卷积算法的应用程序开发根据高斯函数的可分离性和二维高斯卷积核的对称性特点，将对海洋遥感图像的二维高斯卷积运算在算法上分解成两个一维高斯卷积核，从图像的行和列两个方向分别卷积。

5.4.3 程序开发

为对比通常的 CPU 计算和 CPU + GPU 协同计算的计算性能，遥感图像高斯卷积处理程序按 CPU 计算版本和 CPU + GPU 协同计算版本开发。CPU 计算版本高斯卷积程序的主要执行流程如下。

（1）注册 GDAL 驱动。

（2）打开待处理的遥感源图像文件，建立源图像指针。

（3）获取遥感源图像的波段数。

（4）获取遥感源图像在 X 方向和 Y 方向上的像素个数。

（5）获取遥感源图像的数据类型及相关元数据、属性数据。

（6）生成待写入的遥感目标图像文件，建立目标图像指针。

（7）将遥感源图像的有关元数据、属性数据写入目标图像文件。

（8）分配系统内存。

（9）按波段读取遥感源图像波段数据。

（10）按行对遥感源图像波段数据进行一维卷积计算，得到中间结果。

（11）按列对中间结果进行一维卷积计算，得到计算结果。

（12）按波段写出计算结果到遥感目标图像文件。

（13）释放系统内存。

（14）释放 GDAL 驱动和相关指针。

由于一般遥感图像文件中包含众多波段，第 9 步到第 12 步之间的流程将根据第 3 步得到的图像波段数循环执行，直到处理完毕，见图 5.1。

CPU + GPU 协同计算版本高斯卷积程序的整体执行流程与 CPU 计算版本类似，但由于涉及 CPU + GPU 协同计算，执行流程中多了主机端与设备端的数据传输、GPU 并行计算和相应的设备端存储器管理等内容，其主要的执行流程如下。

（1）注册 GDAL 驱动。

（2）打开待处理的遥感源图像文件，建立源图像指针。

（3）获取遥感源图像的波段数。

（4）获取遥感源图像在 X 方向和 Y 方向上的像素个数。

（5）获取遥感源图像的数据类型及相关元数据、属性数据。

（6）生成待写入的遥感目标图像文件，建立目标图像指针。

（7）将遥感源图像的有关元数据、属性数据写入目标图像文件。

（8）分配系统内存。

（9）分配设备端存储器空间。

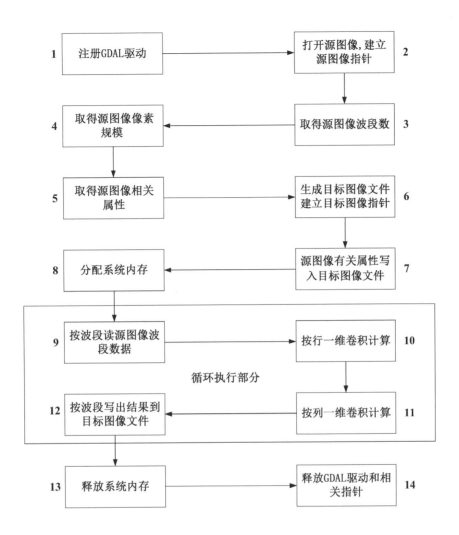

图 5.1　高斯卷积 CPU 计算版本程序流程图

（10）按波段读取遥感源图像波段数据。

（11）从主机端复制遥感源图像波段数据到设备端。

（12）设备端线程同步。

（13）在设备端按行对遥感源图像波段数据进行一维卷积计算，得到中间结果。

（14）在设备端按列对中间结果进行一维卷积计算，得到计算结果。

（15）设备端线程再次同步。

（16）将计算结果从设备端传输回主机端。

（17）按波段写出计算结果到遥感目标图像文件。

（18）释放设备端存储器。

（19）释放主机端内存。

（20）释放 GDAL 驱动和相关指针。

同样，由于遥感图像文件中包含众多波段，第 10 步到第 17 步之间的流程将根据第 3 步得到的图像波段数循环执行，直到处理完毕，见图 5.2。

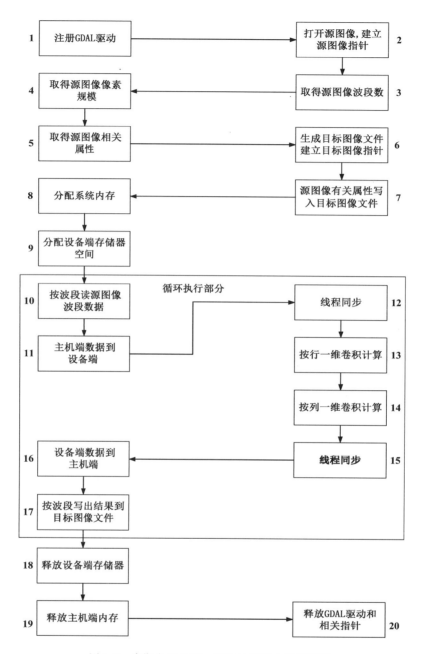

图 5.2　高斯卷积 CPU + GPU 计算版本程序流程

5.5　USB 闪存盘源系统构建

　　USB 闪存盘源系统是一个包含 Linux 操作系统、CUDA 运行环境、海洋遥感图像读写环境、BEAM 遥感软件和海洋遥感图像高斯卷积 CUDA 处理程序的高性能计算环境镜像文件。原型实现中采用 debootstrap + chroot 的技术方法来构建此镜像文件，即在 Ubuntu Linux（jaunty）操作系统的宿主环境下，利用 debootstrap 技术构建 Linux 目标系统，从宿主系统环境利用 chroot 机制进入目标系统后，整合 BEAM、CUDA、GDAL、高斯卷积程序等组件，建立海洋遥感高性能计算的基本环境，并将其制作成镜像文件。USB 闪存盘源系统构建的主要技术步骤如下。

（1）以 debootstrap 构建 Ubuntu 的 64 位基本系统到工作目录下，建立目标系统。

（2）从宿主系统 chroot 到工作目录下，进入目标系统。

（3）挂载必要的文件系统，如/proc。

（4）建立并设置 locale 为 zh_ CN. UTF − 8。

（5）为目标系统安装 linux 内核和头文件。

（6）为目标系统加入用户，并授予用户 sudo 权限。

（7）在目标系统中集成 BEAM 软件：此处需要注意的是 BEAM 软件基于 Java 开发，故其运行需要 JRE（Java Runtime Environment，Java 运行时环境）支持，特别在 Ubuntu 的 64 位操作系统环境下，需要有 ia32 − sun − java6 − bin 软件包的支持，否则将出现"bin/unpack200：not found"错误。此外，鉴于 BEAM 基于图形用户界面运行，而 debootstrap 技术构建的 Linux 目标系统并不包括图形用户界面，在目标系统中加入了 LXDE（Lightweight X11 Desktop Environment）轻量级桌面环境。

（8）在目标系统中建立 CUDA 运行环境：本步骤的主要工作是进行 CUDA 驱动和 CUDA 工具包的安装和环境变量的设置。与 Windows 的图形用户界面和操作系统核心部分紧密结合不同，Linux 操作系统中，图形用户界面与内核是分离的，基于 X Window 的桌面环境作为一系列用户级的应用程序运行，以提供图形用户界面，因此系统支持以图形用户界面或者传统上的命令行界面（Command − line interface，CLI）方式运行。图形用户界面的好处是华丽、直观，同时，由于 Linux 操作系统下运行的 CUDA 应用程序在实现机制上要求加载 CUDA 模块并在/dev 目录下生成 GPU 设备，而 X Window 在初始化时可自行执行这些操作，有利于减少开发的工作量。但出于维护图形用户界面的需要，GPU 的相当一部分资源将被用于处理图形用户界面的绘制，而非海洋遥感图像处理。根据作者的开发经验，使用图形用户界面将占去显卡上约 128 MB 的显存和相当一部分的 GPU 计算资源。与此相对照的是，Linux 操作系统上的命令行界面，可将 GPU 的大部分资源用于高性能计算，而非图形用户界面的绘制，并可在需要图形用户界面的时候，通过相应命令，启动基于 X Window 的桌面环境。为节省计算资源，尽可能将其用于海洋遥感图像的处理，原型开发中，计算环境的用户界面采用命令行界面实现，仅在需要使用 BEAM 软件时，启动图形用户界面。由于在命令行界面下无法利用 X Window 加载 CUDA 模块并在/dev 目录下生成 GPU 设备，原型实现中通过修改系统的/etc/init. d/rc. local 文件，加入脚本代码的方式，在系统启动时加载 CUDA 模块并在/dev 目录下生成 GPU 设备。有关脚本代码如下：

```
modprobe nvidia
if [ " $? " − eq 0 ]; then
N3D = '/usr/bin/lspci | grep − i NVIDIA | grep " 3D controller" | wc − l'
NVGA = '/usr/bin/lspci | grep − i NVIDIA | grep " VGA compatible controller" | wc − l'
N = 'expr $ N3D + $ NVGA − 1'
for i in 'seq 0 $ N'; do
    mknod − m 666 /dev/nvidia $ i c 195 $ i;
done
mknod − m 666 /dev/nvidiactl c 195 255
else
```

exit 1

fi

由于脚本代码中用到了 lspci 工具程序，而 debootstrap 构建的 Linux 目标系统默认并不提供此工具程序，为保证上述脚本代码正常运行，进一步在目标系统中加入名为 pciutils 的软件包以安装 lspci 工具程序。

（9）在目标系统中建立 GDAL 环境。

（10）在目标系统中集成海洋遥感图像高斯卷积 CUDA 处理程序。

（11）修改/etc/fstab 文件，将目标系统的根目录文件系统类型设置为 tmpfs。

（12）添加对 NTFS 文件系统格式的支持：Ubuntu 9.04 的服务器版内核默认没有支持微软的 NTFS 文件系统格式，而便携式计算环境在实际应用中，可能会需要读取计算机 NTFS 分区上的数据，为此，在目标系统中利用 ntfs−3g 实现对 NTFS 文件系统格式的支持。

（13）目标系统优化。

（14）把目标系统做成镜像文件。

图 5.3 描述了 USB 闪存盘源系统的主要构建流程。

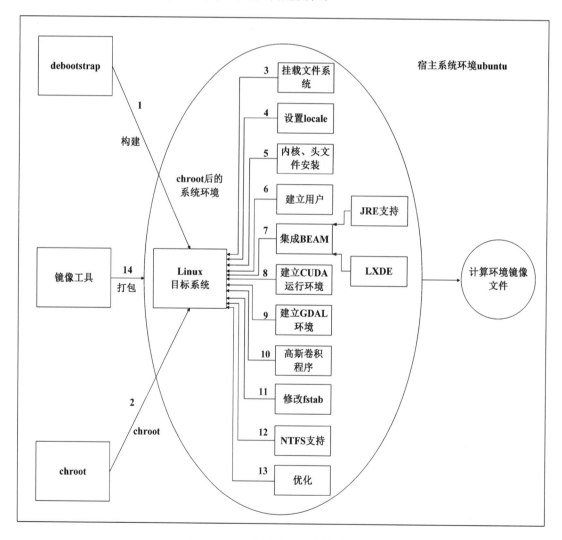

图 5.3　USB 闪存盘源系统构建流程

5.6　专用 initrd 开发

Ubuntu 9.04 的 64 位服务器版系统在其 initrd 实现中采用了 cpio 格式，以 gunzip 和 cpio 指令解压 initrd 文件后可得到一个包含 7 个文件目录和 init 文件的临时根文件系统，见图 5.4。其中，init 文件是一个包含 259 行代码的 initrd 核心主控执行文件，利用其他 7 个文件目录中提供的各类程序、工具实现对系统最终运行的真实文件系统挂载和切入。其执行的主要工作如下。

（1）创建必要的目录。

（2）挂载必要的文件系统。

（3）创建/dev/console 节点。

（4）输出运行 linux 操作系统的计算机类型。

（5）输出环境变量。

（6）引入主配置文件/conf/initramfs. conf。

（7）引入/conf/conf. d 下的所有文件。

（8）引入在/scripts/functions 文件中定义的函数，供后续调用。

（9）处理附加在 Kernel 后面的命令参数。

（10）运行/scripts/init - top 下所有具有可执行权限的文件。

（11）加载模块。

（12）运行/scripts/init - premount 下所有具有可执行权限的文件。

（13）挂载根文件系统。

（14）运行/scripts/init - bottom 下所有具有可执行权限的文件。

（15）将当前的/sys 和/proc 移动到真实根目录的 sys 和 proc 下。

（16）查找真实根目录中的/sbin/init，进行后续启动。

原型实现中，按照 Ubuntu 的 initrd 中 init 文件的执行思路，开发专用的 init 文件，使之在执行通常的操作以外，特别实现如下操作。

（1）建立临时工作目录。

（2）挂载 USB 闪存盘上的文件系统到临时工作目录上。

（3）建立基于 tmpfs 的内存盘，设定其可使用的内存容量上限为目标主机物理内存容量的一半，并将其挂载为真实文件系统的根目录。

（4）搜索临时工作目录上的 USB 闪存盘源系统镜像文件，将其部署到 tmpfs 内存盘上。

（5）卸载临时目录。

（6）切入内存盘上的真实操作系统。

（7）执行内存盘上的/sbin/init 进行后续的正常启动。

同时，根据 Ubuntu 9.04 的 64 位服务器版系统的 initrd 中的 7 个支持性文件目录，开发支持专用 init 文件工作的文件目录，向其中装入相关工具、程序、驱动和函数库。完成后，使用 find、cpio 和 gzip 指令生成专用的 initrd，命名为 initrd. CUDA。

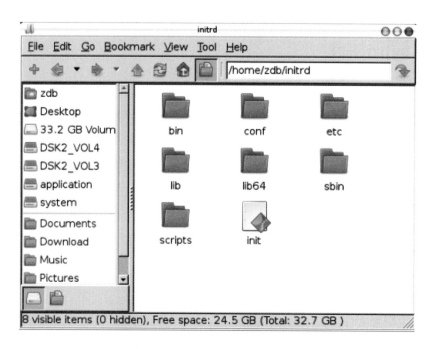

图 5.4　initrd 中的临时根文件系统

5.7　系统引导功能实现

按 FAT32 文件格式格式化 8GB 容量的 SLC 型 USB 闪存盘，将 USB 闪存盘源系统、Linux 内核 vmlinuz 和专用的 initrd. CUDA 三个核心组件存储于根目录下，完成系统文件准备。

将 Windows 版本的启动引导器 syslinux 安装到 USB 闪存盘上，鉴于不同计算机对 USB 接口上的 USB 闪存盘识别可能不同，在启动引导器的设置文件中使用了 USB 闪存盘的 UUID（Universally Unique Identifier，通用唯一识别码），以确定 USB 闪存盘源系统、Linux 内核 vm-linuz 和专用的 initrd. CUDA 所在位置，实现系统引导。

5.8　原型验证

5.8.1　验证方法

由于 CGMFL 方法是为了满足海洋遥感发展对于便携式计算和高性能计算的双重需求研究提出的，因此，基于 CGMFL 方法的原型验证必须对上述两项内容进行验证。

5.8.1.1　便携性验证

在具有 USB 端口的计算机上测试计算环境原型能否正常启动，操作系统各项功能（如网络连接，系统软件更新，文件系统挂载与读取等）是否正常，各类工具软件是否运行正常，BEAM 软件、高斯卷积程序能否正常工作等。

5.8.1.2　性能验证

　　NVIDIA 公司为测试 CUDA 程序的运算时间提供了部分时间函数，可通过在程序代码中插入相应的时间函数拦截，计算运算启动和完毕时间之间的差值来近似地取得 CUDA 程序的运算时间。但从严格意义上讲，使用 NVIDIA 公司的时间函数测试基于其 CUDA 技术开发的程序的性能，难免有"王婆卖瓜"之嫌。同时，海洋遥感图像的数据文件中往往包含诸多波段，逐波段累加 GPU 计算的时间，涉及在程序中对定时器的多次操作，容易导致较大的相对误差。

　　由于便携式高性能海洋遥感计算环境的设计在性能上是从"输入—计算—输出"3 个阶段整体考虑的，为此，性能测试采用了以 Linux 操作系统下的 time 指令跟踪高斯卷积应用程序从读取海洋遥感图像，进行卷积计算并写出海洋遥感图像处理结果的整体时间的方式进行。如此，相对仅计算程序的卷积计算时间的方式而言，可更真实地反映实际操作系统环境下程序运行的性能。此外，由于 Linux 操作系统会尽最大可能将文件缓存，以提升性能，故在每次取得测试结果之后，通过系统重启的方式，消除操作系统缓存的性能影响。

5.8.2　便携性验证

　　在 DELL、IBM、联想等支持从 USB 存储设备启动的计算机上的实际测试表明，便携式高性能海洋遥感计算环境可基于 tmpfs 内存盘，顺利运行于这些厂家生产的计算机之上，操作系统各项功能正常，各类工具软件运行正常，完全不依赖于计算机上的原有操作系统运行。BEAM 软件在 tmpfs 内存盘上运行流畅，各项功能正常，图 5.5、图 5.6 分别给出了 BEAM 软件处理我国长江口附近 MERIS 一级和二级遥感数据产品的情况。

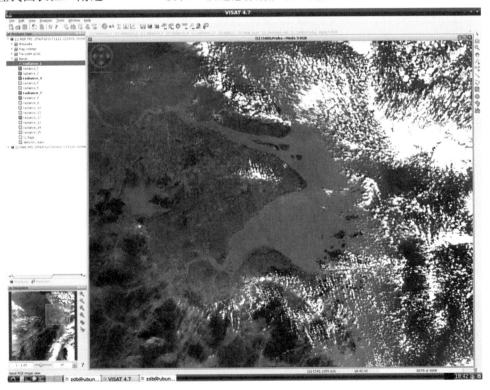

图 5.5　内存盘上的 BEAM 处理 MERIS Level 1 数据（辐射率产品）

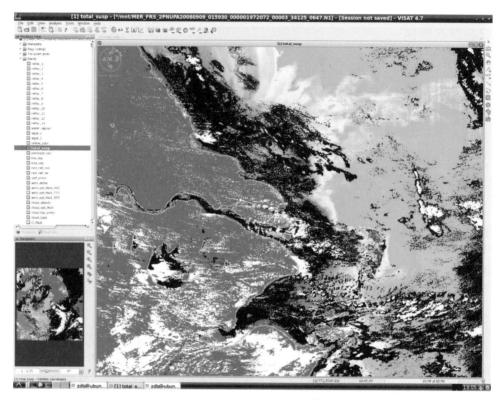

图 5.6　内存盘上的 BEAM 处理 MERIS Level 2 数据（悬浮泥沙浓度产品）

此外，便携性验证也表明，高斯卷积程序在支持 CUDA 的计算机上，可进行 CPU + GPU 的协同计算和 CPU 计算；在不支持 CUDA 的计算机上，可进行 CPU 计算。

5.8.3　性能验证

5.8.3.1　硬件验证环境

用于性能验证的计算机主要硬件配置如表 5.5 所示，其中 CPU 的频率较高，达到了 3 GHz；主板芯片组为 Intel P45；GPU 为 GeForce GTX 260；转速通常为 7 200 r/min 硬盘，内存容量为 8 GB。

表 5.5　用于性能验证的主要系统硬件

硬件	型号	主要技术规格
CPU	Intel Core 2 Duo E6850	CPU 速度：3 GHz；总线速度：1 333 MHz；L2 Cache 容量：4 MB；L2 Cache 速度：3 GHz
主板	Biostar TPower I45	Intel Eaglelake P45 芯片组，2 PCI – E x1，2 PCI – E x16，4 DDR2 DIMM，Gigabit LAN
显示卡（含 GPU）	GIGABYTE GeForceGTX260 GV – N26OC – 896H	NVIDIA GeForce GTX260 GPU，216 个流处理器，896 MB GDDR3 显存，448 – bit 显存位宽，PCI – E 2.0 接口
硬盘	Hitachi HDT721010SLA360	1 000 GB，7 200 RPM，SATA – II
内存	Team Group Team – Elite – 800	2 GB DDR2 – 800 SDRAM ×4

5.8.3.2 验证数据

为简单起见，验证数据采用了一幅 14 144 × 9 280 的 8 bit 海洋遥感图像，高斯卷积计算采用了 3 × 3 的二维高斯卷积核，按行列分解为 (1，2，1) 和 (1，2，1)^{T}，归一化计算直接在程序中实现。

5.8.3.3 time 指令

time 指令是 Linux 操作系统下跟踪应用程序的资源使用情况的一个专用命令，可以获取操作系统环境下一个程序的执行时间，通常包括 3 个部分：程序的实际运行时间（real time）；程序运行在用户态的 CPU 时间（user time）和程序运行在内核态的 CPU 时间（sys time）。其中，user time 主要是程序代码进行逻辑操作所消耗的 CPU 时间，sys time 主要是系统调用所消耗的 CPU 时间。由于 Linux 操作系统的多用户、多任务机制以及程序进程的额外开销，一般而言，程序的实际运行时间往往大于用户态的 CPU 时间和内核态的 CPU 时间之和，但能较为真实地反映一个应用程序在实际操作系统环境下执行所需的时间。

5.8.3.4 验证结果

鉴于 CPU + GPU 协同计算与内存存储在实现遥感图像高性能处理中的定位不同，性能验证采用了基于硬盘和 tmpfs 内存盘分别以 CPU 计算版本和 CPU + GPU 协同计算版本进行性能测试的方法，并以 10 次测试结果的平均值作为最终测试结果。

表5.6 至表5.9 分别列出了基于 tmpfs 内存盘进行 CPU + GPU 协同计算、基于 tmpfs 内存盘进行 CPU 计算、基于硬盘进行 CPU + GPU 协同计算、基于硬盘进行 CPU 计算 4 种条件下的测试结果数据及其均值，表5.10 对比了 4 种测试条件下的处理用时均值。

表 5.6 基于 tmpfs 内存盘的 CPU + GPU 协同计算用时测试数据

测试次数	real time	user time	sys time
第 1 次	0 m 2.337 s	0 m 0.630 s	0 m 1.620 s
第 2 次	0 m 2.427 s	0 m 0.650 s	0 m 1.710 s
第 3 次	0 m 2.329 s	0 m 0.570 s	0 m 1.690 s
第 4 次	0 m 2.337 s	0 m 0.680 s	0 m 1.580 s
第 5 次	0 m 2.357 s	0 m 0.610 s	0 m 1.680 s
第 6 次	0 m 2.338 s	0 m 0.620 s	0 m 1.650 s
第 7 次	0 m 2.425 s	0 m 0.690 s	0 m 1.670 s
第 8 次	0 m 2.342 s	0 m 0.670 s	0 m 1.600 s
第 9 次	0 m 2.391 s	0 m 0.650 s	0 m 1.670 s
第 10 次	0 m 2.358 s	0 m 0.600 s	0 m 1.640 s
10 次平均值	0 m 2.364 s	0 m 0.637 s	0 m 1.651 s

表 5.7　基于 tmpfs 内存盘的 CPU 计算用时测试数据

测试次数	real time	user time	sys time
第 1 次	0 m 2.950 s	0 m 2.440 s	0 m 0.510 s
第 2 次	0 m 2.961 s	0 m 2.540 s	0 m 0.420 s
第 3 次	0 m 3.016 s	0 m 2.460 s	0 m 0.550 s
第 4 次	0 m 2.973 s	0 m 2.430 s	0 m 0.540 s
第 5 次	0 m 2.975 s	0 m 2.470 s	0 m 0.500 s
第 6 次	0 m 3.030 s	0 m 2.520 s	0 m 0.510 s
第 7 次	0 m 2.975 s	0 m 2.470 s	0 m 0.500 s
第 8 次	0 m 2.992 s	0 m 2.560 s	0 m 0.430 s
第 9 次	0 m 2.995 s	0 m 2.400 s	0 m 0.590 s
第 10 次	0 m 2.977 s	0 m 2.450 s	0 m 0.520 s
10 次平均值	0 m 2.984 s	0 m 2.474 s	0 m 0.507 s

表 5.8　基于硬盘的 CPU + GPU 协同计算用时测试数据

测试次数	real time	user time	sys time
第 1 次	0 m 3.629 s	0 m 0.580 s	0 m 1.330 s
第 2 次	0 m 3.608 s	0 m 0.640 s	0 m 1.310 s
第 3 次	0 m 3.532 s	0 m 0.610 s	0 m 1.080 s
第 4 次	0 m 3.561 s	0 m 0.670 s	0 m 1.200 s
第 5 次	0 m 3.814 s	0 m 0.670 s	0 m 1.400 s
第 6 次	0 m 3.661 s	0 m 0.570 s	0 m 1.280 s
第 7 次	0 m 3.599 s	0 m 0.630 s	0 m 1.230 s
第 8 次	0 m 3.647 s	0 m 0.640 s	0 m 1.230 s
第 9 次	0 m 3.706 s	0 m 0.640 s	0 m 1.340 s
第 10 次	0 m 3.704 s	0 m 0.570 s	0 m 1.290 s
10 次平均值	0 m 3.646 s	0 m 0.622 s	0 m 1.269 s

表 5.9　基于硬盘的 CPU 计算用时测试数据

测试次数	real time	user time	sys time
第 1 次	0 m 4.626 s	0 m 2.427 s	0 m 0.560 s
第 2 次	0 m 4.615 s	0 m 2.500 s	0 m 0.590 s
第 3 次	0 m 4.566 s	0 m 2.400 s	0 m 0.550 s
第 4 次	0 m 4.562 s	0 m 2.400 s	0 m 0.590 s
第 5 次	0 m 4.698 s	0 m 2.440 s	0 m 0.520 s
第 6 次	0 m 4.574 s	0 m 2.500 s	0 m 0.540 s
第 7 次	0 m 4.582 s	0 m 2.380 s	0 m 0.590 s
第 8 次	0 m 4.590 s	0 m 2.290 s	0 m 0.620 s
第 9 次	0 m 4.567 s	0 m 2.460 s	0 m 0.530 s
第 10 次	0 m 4.610 s	0 m 2.490 s	0 m 0.450 s
10 次平均值	0 m 4.599 s	0 m 2.429 s	0 m 0.554 s

表5.10　4种测试条件下的处理用时均值比较

测试条件	real time	user time	sys time
基于内存盘的 CPU + GPU 协同计算	0 m 2.364 s	0 m 0.637 s	0 m 1.651 s
基于内存盘的 CPU 计算	0 m 2.984 s	0 m 2.474 s	0 m 0.507 s
基于硬盘的 CPU + GPU 协同计算	0 m 3.646 s	0 m 0.622 s	0 m 1.269 s
基于硬盘的 CPU 计算	0 m 4.599 s	0 m 2.429 s	0 m 0.554 s

由于基于硬盘进行 CPU 计算就是目前所通用的计算方案，对比表 5.10 中 4 种测试条件下的用时均值，可以得到以下结论。

（1）基于内存盘进行 CPU + GPU 协同计算可以相对通常的计算方案实现较大的性能提升

在本文研究的硬件验证环境和高斯卷积测试用例中，基于内存盘进行 CPU + GPU 协同计算的性能约为通常计算方案的 2 倍（real time 的比例 = 4.599/2.364 ≈ 2）。需要指出的是，测试用到的 GPU 是较为低端的 GPU，而 CPU 的主频已接近当前 Intel 公司 CPU 主频的极限，因此，在配备了更好的 GPU 条件下，性能提升比例有望进一步提高。

（2）GPU 计算对于海洋遥感图像处理的贡献无法忽略

用时均值对比表明，利用内存盘存储，进行 CPU 计算，也可相对于通常的计算方案实现一定的性能提升，但由于失去了 GPU 并行计算的支持，高斯卷积程序在 user time 方面消耗很大，所需计算时间约是 GPU 并行计算支持下的 4 倍（user time 的比例 = 2.474/0.637 ≈ 4）。尽管 user time 并不完全是 CPU 进行高斯卷积计算的时间，但如果把 CPU 计算下的 user time 减去 CPU + GPU 协同计算下的 user time（无论是基于硬盘还是内存盘），并将结果除以 CPU + GPU 协同计算下的 user time，约 3 倍的比例已足以说明 GPU 计算的贡献是无法忽略的，因此，GPU 计算对于提高海洋遥感图像处理的性能而言，是必要的。

（3）应用内存盘技术提升 CPU + GPU 计算过程中的整体数据传输性能是必要的

基于内存盘进行的 CPU + GPU 协同计算相对基于硬盘进行的 CPU + GPU 协同计算而言，存在较大的性能优势。虽然两者均采用了 CPU + GPU 协同计算，在 user time 和 sys time 方面相差无几，但由于内存盘相对于硬盘的速度优势，在 real time 方面，高斯卷积程序基于硬盘进行 CPU + GPU 协同计算所需的时间是基于内存盘进行 CPU + GPU 协同计算所需时间的约 1.5 倍（real time 的比例 = 3.646/2.364 ≈ 1.5），因此，应用内存盘技术提升 CPU + GPU 计算过程中的整体数据传输性能是必要的。

5.8.4　验证结论

综合对基于 CGMFL 方法构建的原型的便携性验证结果和性能验证得出的三点结论，以 CPU + GPU 协同计算结合内存存储，利用 USB 闪存盘承载计算环境，通过 Linux 操作系统底层开发实现在内存盘上运行的高性能海洋遥感计算环境，在支持 CUDA 的计算机上实现对海洋遥感图像的便携式高性能处理，不仅存在理论上的可行性，而且也已为实际的测试数据所证实有效。因此，以 CGMFL 方法构建便携式高性能海洋遥感计算环境不仅可行，而且高效。

CGMFL 方法的高性能实现依赖于计算机上支持 CUDA 的 GPU 和足量的内存。在海洋遥感图像的流式处理环境下，由于各计算节点只负责处理推送到本节点的数据，且最终产品进专用存储，计算节点所需的内存能够被现有技术经济条件所支持，但依赖于支持 CUDA 的 GPU 的不足是客观存在的。随着支持 CUDA 的 GPU 的不断普及，这一问题有望逐渐得以解决。此外，CGMFL 方法也支持独立使用便携性，对 BEAM 软件的便携性实现和验证，为 CGMFL 方法应用于仅需要便携性的海洋遥感计算场合提供了依据。

6 结论和展望

6.1 结论

根据海洋遥感发展对便携式计算和高性能计算的双重需求，本文结合遥感图像处理、GPU 高性能计算、Linux 操作系统底层开发、内存存储等相关技术，对便携式高性能海洋遥感计算环境的实现方法进行了广泛深入的研究，主要工作如下。

（1）在分析现有遥感高性能计算实现技术的基础上，将 GPU 并行计算技术引入海洋遥感高性能计算，并重点探讨了新一代 GPU 高性能计算架构 CUDA，研究了以 CUDA 的数据并行机制实现遥感图像高性能计算的可行性。

（2）研究分析了遥感图像 CUDA 处理中的数据流向和数据传输问题，根据遥感图像处理的输入、计算、输出 3 个阶段，研究提出了以 CUDA 的 CPU＋GPU 协同计算模型实现遥感图像的高性能计算，采用内存盘技术改进 CUDA 计算中的主机端数据存取性能，实现海洋遥感图像 CUDA 高性能处理的技术路线。

（3）将基于 CUDA 的海洋遥感图像处理与便携式计算相结合，研究分析了现有基于 USB 闪存盘的便携式计算环境及相关技术，根据这类计算环境未集成操作系统的缺陷，提出了构建操作系统和应用软件一体化的便携式计算环境，使海洋遥感计算环境脱离对目标主机操作系统的依赖，而仅将目标主机作为硬件基础设施加以利用，实现即插即用的思路。依据这一思路，全新设计了集操作系统和海洋遥感软件于一体的便携式计算环境，研究给出了解决计算环境访问速度问题和闪存擦写次数限制问题的技术方法，进而提出了一种便携式高性能海洋遥感计算环境实现方法——CGMFL 方法：即整合操作系统、CUDA 运行环境和海洋遥感软件等作为计算环境源系统；采用 USB 闪存盘作为计算环境源系统的承载介质；采用 CPU＋GPU 协同计算实现高性能的计算；采用内存存储实现高性能的数据存取和计算环境运行系统的存储；并以从底层开发的 Linux 操作系统整合上述技术，从而实现系统从 USB 闪存盘引导时将计算环境源系统部署到内存盘上，形成计算环境的运行系统并切入运行的功能。

（4）利用 BEAM 软件和自行开发的海洋遥感图像高斯卷积 CUDA 处理程序，初步构建了一个基于 CGMFL 方法的便携式高性能海洋遥感计算环境原型，并对原型的便携性和处理性能进行了验证。验证结果如下。

①原型实现了在 DELL、IBM、联想等支持从 USB 存储设备启动的计算机上的即插即用，无需目标主机操作系统的支持。

②原型基于内存存储和 CUDA 计算，实现了对海洋遥感图像处理性能的提升。

根据上述工作和验证结果，得出本文研究的结论，以 CGMFL 方法构建便携式高性能海洋遥感计算环境不仅可行，而且高效。

277

6.2 主要创新点

本文研究将新兴的 CUDA 高性能计算和内存存储技术引入海洋遥感图像处理,并将其与便携式计算环境相结合,基于 Linux 操作系统底层开发,实现了包含操作系统、CUDA 运行环境、海洋遥感软件等内容的计算环境在 USB 闪存盘上的承载和在不同计算机内存盘上的运行,研究提出了一种便携性高性能海洋遥感计算环境实现方法——CGMFL 方法,论文的主要创新点如下。

(1)将新兴的 CUDA 高性能计算技术用于海洋遥感图像处理,针对 CUDA 计算中存在的数据传输问题,采用内存存储技术改进了 CUDA 计算中的主机端数据存取性能,实现了对海洋遥感图像处理性能的提升。

(2)设计了基于 USB 闪存盘的集操作系统和海洋遥感软件于一体的即插即用的便携式高性能计算环境,开发了系统原型并验证了其有效性,实现了海洋遥感软件的即插即用功能。

6.3 展望

本文研究提出了一种构建便携式高性能海洋遥感计算环境的技术方法——CGMFL 方法,依据此方法初步构建了计算环境原型,并通过原型验证了方法的有效性,取得了一定的成果,但尚有大量的后续研究工作需要继续,进一步的研究可从以下几个方面考虑。

(1)根据海洋遥感图像处理的不同应用开发、优化相应的 CPU + GPU 协同计算程序,将其集成到便携式高性能海洋遥感计算环境原型之中,使之不断完善并能有效应用于海洋遥感工作。计算环境提供了一个即插即用的高性能计算容器,而根据海洋遥感的需求,开发各类应用,装满这个容器,还需要更多的努力。

(2)将基于 CGMFL 方法的计算环境与"海洋一号"B 星的卫星数据资料处理专用软件进一步结合。根据遥感数据流式处理的应用模式,从修改 USB 闪存盘源系统入手,开发相应的应用、管理、控制、调度软件,在即插即用的基础上,使之支持自动从网络上下载计算环境,并运行于众多装备了 GPU 的工作站之上,从而以较低的成本实现对海洋遥感数据的高性能处理。

(3)将基于 CGMFL 方法的计算环境与机载多通道扫描仪(MAMS)的处理系统相结合。由中国科学院上海技术物理所研制的机载多通道扫描仪已装备在我国的海监飞机上,广泛应用于维护海洋权益、保护海洋环境和资源、监视海洋自然灾害等方面[101]。基于 CGMFL 方法构建的便携式计算环境具有性能高、分量轻、能耗省等优点,在机载应用对于处理速度、设备重量、能源消耗等要求较高的场合具有应用价值。

(4)将基于 CGMFL 方法的计算环境与龙芯计算相结合。作者在开展遥感高性能计算研究之初,曾试图使用多个龙芯芯片进行并行处理,苦于当时龙芯芯片的主频和配套芯片组的限制,只得作罢。随着龙芯技术的进步和 GPU 并行计算对 CPU 计算量的分担,在 CPU + GPU 协同计算模式下,应用龙芯芯片作为高性能遥感计算的主控芯片成为可能。目前,龙芯芯片已能很好地支持 Linux 操作系统,而 CGMFL 方法在技术实现中以 Linux 为操作系统的事实,为这两者的结合提供了可能。

　　海洋遥感的终极目的是应用，而海洋遥感应用的有效开展则依托于对海洋遥感数据的高性能计算并将其转化为科学理解。在海洋遥感的高性能计算与便携式计算相结合方面，本文研究初步跨出了探索性的一步，后续的工作仍是任重道远，需要更多的努力。愿本文能为我国的海洋遥感事业尽一份绵薄之力。

参 考 文 献

[1] 梅安新，彭望琭，秦其明，等．遥感导论．北京：高等教育出版社，2001．

[2] 陈述彭．遥感大辞典．北京：科学出版社，1990．

[3] 徐冠华，田国良，王超，等．遥感信息科学的进展和展望．地理学报，1996，51（5）：385－397．

[4] 徐鸿儒．中国海洋学史．济南：山东教育出版社，2004．

[5] 魏雯．多种遥感器组合的卫星遥感技术．中国航天，2006（04）：34－37．

[6] 李四海，刘百桥．海洋遥感特征及其发展趋势．遥感技术与应用，1996，11（02）：65－69．

[7] 王迪峰，潘德炉，龚芳，等．高光谱成像仪 AISA＋应用试验．仪器仪表学报，2006，27（6 增刊）：1167－1169．

[8] 刘玉光．卫星海洋学．北京：高等教育出版社，2009．

[9] 李德仁．摄影测量与遥感学的发展展望．武汉大学学报（信息科学版），2008，33（12）：1211－1215．

[10] 中华人民共和国国务院．国家中长期科学和技术发展规划纲要（2006—2020 年）．http：//www. gov. cn/jrzg/2006－02/09/content_ 183787. htm．

[11] 潘德炉，李炎．海洋光学遥感技术的发展和前沿．中国工程科学，2003，5（03）：39－43．

[12] 岳涛．中国航天光学遥感技术成就与展望．航天返回与遥感，2008，29（03）：10－19．

[13] Plaza A J, Chang C－I. High Performance Computing in Remote Sensing（Chapman & Hall/CRC Computer & Information Science Series）（Hardcover）. Boca Raton, FL：Chapman and Hall/CRC；1 edition, 2007.

[14] Schowengerdt R A. Remote Sensing－3rd Edition. New York：Elsevier（Academic Press），2007.

[15] Meisl P G, Ito M R, Cumming I G. Parallel synthetic aperture radar processing on workstation networks：Proceedings of the 1996 10th International Parallel Processing Symposium, April 15, 1996—April 19, 1996, Honolulu, HI, USA, 1996, IEEE, Los Alamitos, CA, United States, pp. 716－723.

[16] Blom M, Follo P. VHF SAR image formation implemented on a GPU：2005 IEEE International Geoscience and Remote Sensing Symposium. IGARSS 2005, July 25, 2005—July 29, 2005, Seoul, Korea, 2005, Institute of Electrical and Electronics Engineers Inc. , pp. 3352－3356.

[17] Setoain J, Tenllado C, Prieto M, et al. Parallel hyperspectral image processing on commodity graphics hardware：2006 International Conference on Parallel Processing Workshops. ICPP 2006, August 14, 2006—August 18, 2006, Columbus, OH, United states, 2006, Institute of Electrical and Electronics Engineers Inc. , pp. 465－472.

[18] Plaza A, Valencia D, Plaza J. High－performance computing in remotely sensed hyperspectral imaging：The pixel purity index algorithm as a case study：20th International Parallel and Distributed Processing Symposium. IPDPS 2006, April 25, 2006—April 29, 2006 , Rhodes Island, Greece, 2006, Inst. of Elec. and Elec. Eng. Computer Society, 445 Hoes Lane－P. O. Box 1331, Piscataway, NJ 08855－1331, United States.

[19] Rosario－Torres S, Velez－Reyes M. Speeding up the MATLAB hyperspectral image analysis toolbox using GPUs and the Jacket toolbox：WHISPERS ' 09－1st Workshop on Hyperspectral Image and Signal Processing：Evolution in Remote Sensing, August 26, 2009—August 28, 2009, Grenoble, France, 2009, IEEE Computer Society, pp. 1－4.

[20] Kockara S, Halic T, Bayrak C. Real－time minute change detection on GPU for cellular and remote sensor imaging：2009 International Conference on Advanced Information Networking and Applications Workshops.

WAINA 2009，May 26，2009—May 29，2009，Bradford，United kingdom，2009，Institute of Electrical and Electronics Engineers Inc.，pp. 13 – 18.

［21］ Balz T, Stilla U. Hybrid GPU – based single – and double – bounce SAR simulation. IEEE Transactions on Geoscience and Remote Sensing, 2009, 47（10）：3519 – 3529.

［22］ Tarabalka Y, Haavardsholm T V, Kasen I, et al. Real – time anomaly detection in hyperspectral images using multivariate normal mixture models and GPU processing. Journal of Real – Time Image Processing, 2009, 4（3）：287 – 300.

［23］ 向彪，李国庆，刘定生，等. 高性能遥感卫星地面预处理系统中的任务管理与调度技术研究. 宇航学报，2008，29（04）：1443 – 1446.

［24］ 蒋艳凰，杨学军，易会战. 卫星遥感图像并行几何校正算法研究. 计算机学报，2004，27（07）：944 – 951.

［25］ 卢丽君，廖明生，张路. 分布式并行计算技术在遥感数据处理中的应用. 测绘信息与工程，2005，30（03）：1 – 3.

［26］ 韩冰. SIG 中的遥感数据一体化存储与高效处理技术研究. 长沙：国防科学技术大学，2006.

［27］ 周静，周海芳，唐玉华. 多模遥感图像高精度配准并行算法研究与实现：第四届图像图形与应用学术会议. 北京：2009，200 – 206.

［28］ 刘异，呙维，江万寿，等. 一种基于云计算模型的遥感处理服务模式研究与实现. 计算机应用研究，2009，26（09）：3428 – 3431.

［29］ 蒋利顺，刘定生. 遥感图像 K – Means 并行算法研究. 遥感信息，2008（1）：27 – 30.

［30］ 金海，章勤，郑然. 图像处理网格：建立多点协同工作机制. 中国教育网络，2006（5）：24 – 26.

［31］ 薛勇，万伟，艾建文. 高性能地学计算进展. 世界科技研究与发展，2008，30（03）：314 – 319.

［32］ 沈占锋，骆剑承，马伟锋，等. 网格计算在遥感图像地学处理中的应用. 计算机工程，2005，31（7）：37 – 39.

［33］ 杨淑琴，安登峰. 基于 FPGA 的遥感数据采集与快视系统. 计算机应用，2007，27（06）：1442 – 1444.

［34］ 项涵宇，晏磊，刘岳峰，等. 基于 FPGA 的遥感影像并行处理原型系统的设计与实验. 影像技术，2009（03）：48 – 53.

［35］ 李宝峰. 面向遥感图像数据处理层应用的算法加速器体系结构研究. 长沙：国防科学技术大学，2009.

［36］ 杨靖宇，张永生，张宏兰，等. 基于可编程图形硬件的遥感影像并行处理研究. 测绘工程，2008，17（03）：21 – 27.

［37］ 李仕，张葆，孙辉. 航空成像像移补偿的并行计算. 光学精密工程，2009，17（01）：225 – 231.

［38］ 杨晓东，陆松，牟胜梅. 并行计算机体系结构技术与分析. 北京：科学出版社，2009.

［39］ Abi – Chahla F, Charpentier F. Nvidia GeForce GTX 260/280 Review, http：//www. tomshardware. com/reviews/nvidia – gtx – 280, 1953 – 2. html.

［40］ Luebke D, Humphreys G. How GPUs Work. Computer, 2007, 40（2）：96 – 100.

［41］ NVIDIA. 高性能计算，http：//www. nvidia. cn/object/nvidia_ software_ cn. html.

［42］ 吴恩华. 图形处理器用于通用计算的技术、现状及其挑战. 软件学报，2004，15（10）：1493 – 1504.

［43］ 吴恩华，柳有权. 基于图形处理器 GPU 的通用计算. 计算机辅助设计与图形学学报，2004，16（5）：601 – 612.

［44］ NVIDIA Corporation. NVIDIA CUDA Programming Guide Version 2.3.1, http：//developer. download. nvidia. com/compute/cuda/2_ 3/toolkit/docs/NVIDIA_ CUDA_ Programming_ Guide_ 2. 3. pdf.

281

［45］ Owens J D, Luebke D, Govindaraju N. et al. A Survey of General – Purpose Computation on Graphics Hardware. Computer Graphics Forum, 2007, 26（1）：80 – 113.

［46］ 中国科学院．中国科学院研制成功单精度千万亿次超级计算系统．http：//www. cas. cn/xw/zyxw/yw/200904/t20090420_ 2313689. shtml.

［47］ Stanford University Graphics Lab. BrookGPU. http：//graphics. stanford. edu/projects/brookgpu/index. html.

［48］ Stanford University Graphics Lab. BrookGPU System Architecture. http：//graphics. stanford. edu/projects/brookgpu/arch. html.

［49］ 陈寅初．NVIDIA GPU 历史概要．http：//www. hpctech. com/2009/1010/280. html.

［50］ 张舒．模式识别并行算法与 GPU 高速实现研究．成都：电子科技大学出版社，2009.

［51］ 张舒，褚艳利，赵开勇，等．GPU 高性能运算之 CUDA. 北京：中国水利水电出版社，2009.

［52］ 侯毅，沈彦男，王睿索，等．基于 GPU 的数字影像的正射纠正技术的研究．现代测绘，2009, 32（03）：10 – 11.

［53］ NVIDIA Corporation. 计算统一设备架构版本 2. 0. http：//g. csdn. net/5089972.

［54］ Kirk D, Hwu W – m. CUDA Programming Model Overview. http：//courses. ece. illinois. edu/ece498/al/textbook/Chapter2 – CudaProgrammingModel. pdf.

［55］ Houston M. General Purpose Computation on Graphics Processors （GPGPU）. http：//www – graphics. stanford. edu/ ~ mhouston/public_ talks/R520 – mhouston. pdf.

［56］ 日本遥感研究会，编．遥感精解．刘勇卫，贺雪鸿，译．北京：测绘出版社，1993.

［57］ 汤国安，张友顺，刘咏梅，等．遥感数字图像处理．北京：科学出版社，2004.

［58］ Downton A, Crookes D. Parallel architectures for image processing. Electronics and Communication Engineering Journal, 1998, 10（3）：139 – 151.

［59］ Klimeck G, Oyafuso F, McAuley M, et al. Near Real – Time Parallel Image Processing using Cluster Computers. http：//trs – new. jpl. nasa. gov/dspace/bitstream/2014/7147/1/03 – 0775. pdf.

［60］ 陈国良．并行算法的设计与分析．北京：高等教育出版社，1994.

［61］ 周海芳．遥感图像并行处理算法的研究与应用．长沙：国防科学技术大学出版社，2003.

［62］ 李国庆，黄克颖，刘定生．遥感图像旋转的并行算法研究：第 8 届全国并行计算大会，大连：2004, 127 – 132.

［63］ Jensen J R. Introductory Digital Image Processing（3rd Edition）（Hardcover）. Upper Saddle River, NJ：Prentice Hall；3 edition, 2004.

［64］ 陈瑞，童莹．二维 FFT 在 GPU 上的并行实现．南京工程学院学报（自然科学版），2009, 7（02）：41 – 45.

［65］ Wikipedia. Accelerated Graphics Port. http：//en. wikipedia. org/wiki/Acceler ated_ Graphics_ Port.

［66］ NVIDIA Corporation. GeForce GTX 260, http：//www. nvidia. com/object/product_ geforce_ gtx_ 260_ us. html.

［67］ Bryant R E, O'Hallaron D, 著，龚奕利，雷迎春译．深入理解计算机系统（修订版）．北京：中国电力出版社，2004.

［68］ 技嘉科技．GC – RAMDISK. http：//www. gigabyte. tw/Products/Storage/Products_ Overview. aspx? ProductID = 2179.

［69］ 技嘉科技．i – RAM BOX. http：//www. gigabyte. com. tw/Products/Storage/Products_ Overview. aspx? ProductID = 2678.

［70］ HyperOs Systems. SATA2 DDR2 HyperDrive5 64GB. http：//www. hyperossystems. co. uk/07042003/hardware. htm.

[71] Schmid P. HyperDrive 4 Redefines Solid State Storage. http：//www. tomshardware. com/reviews/hyper-drive – redefines – solid – state – storage，1719. html.

[72] Oracle. Oracle TimesTen In – Memory Database Introduction Release 7. 0. http：//download. oracle. com/otn_ hosted_ doc/timesten/701/TimesTen – Documentation/intro. pdf.

[73] Wikipedia. RAM disk. http：//en. wikipedia. org/wiki/RAM_ disk.

[74] Microsoft Corporation. FILE：Ramdisk. sys sample driver for Windows 2000，http：//support. microsoft. com/default. aspx？ scid ＝ http：//support. microsoft. com：80/support/kb/articles/Q257/4/05. ASP&NoWebContent＝1&NoWebContent＝1.

[75] Raymond. 12 RAM Disk Software Benchmarked for Fastest Read and Write Speed，http：//www. raymond. cc/blog/archives/2009/12/08/12 – ram – disk – software – benchmarked – for – fastest – read – and – write – speed/.

[76] 徐龙. 使用内存盘提高 OLTP 数据库的性能和可用性. http：//www. ibm. com/develop erworks/cn/data/library/techarticles/dm – 0806xulong/index. html.

[77] 刘瑞. 基于 FLASH 的高速图像采集存储系统. 合肥：中国科学技术大学出版社，2009.

[78] Tsur O，Saba K. Rugged，reliable，and secured data storage solutions for airborne ISR systems：Airborne Intelligence，Surveillance，Reconnaissance（ISR）Systems and Applications. April 13，2004—April 14，2004，Orlando，FL，United states，2004，SPIE，pp. 66 – 73.

[79] U3 LLC. U3 Deployment Kit，http：//www. u3. com/developers/downloadit. aspx？ file ＝ http：//picimag. s3. amazonaws. com/developerdownloads/U3_ Deployment_ Kit_ DR_ 0107. zip.

[80] 贺维. 基于 U3 技术的登录认证系统. 哈尔滨：哈尔滨理工大学出版社，2008.

[81] SanDisk. U3 程序支持的操作系统，http：//kb – cn. sandisk. com/app/answers/detail/a_ id/2483.

[82] Stölting D. Ala，WinUSB Tutorial 5，http：//www. winusb. de/tutorial5. exe.

[83] Northrup T. Windows PE 2.0 for Windows Vista 概述，http：//www. microsoft. com/china/technet/prodtechnol/windowsvista/deploy/winpe. mspx#EZE.

[84] 陈洋，齐宇岚. 基于 USB 闪存的嵌入式 XP 操作系统的开发及应用. 长春工程学院学报（自然科学版），2009，10（3）：107 – 108.

[85] Shah S，Soyinka W 著，高新田译. linux 管理基础教程. 北京：清华大学出版社，2007.

[86] Chiang M – L，Lee P C H，Chang R – C. Managing Flash Memory In Personal Communication Devices：Proceedings of the 1997 IEEE International Symposium on Consumer Electronics，ISCE＇97，December 2，1997—December 4，1997，Singapore，Singapore，1997，IEEE，pp. 177 – 182.

[87] 向小岩. 闪存数据库若干关键问题研究. 合肥：中国科学技术大学出版社，2009.

[88] Rusling D A. The Virtual File System（VFS），http：//tldp. org/LDP/tlk/fs/filesystem. html.

[89] Emery V. Linux Ramdisk mini – HOWTO，http：//www. vanemery. com/Linux/Ramdisk/ramdisk. html.

[90] Nielsen M. How to use a Ramdisk for Linux，http：//www. linuxfocus. org/English/November1999/article124. html.

[91] Landley R. Ramfs，rootfs and initramfs，http：//www. kernel. org/doc/Documen tation/filesystems/ramfs – rootfs – initramfs. txt.

[92] Robbins D. Tmpfs and Bind Mounts. http：//www. funtoo. org/en/articles/linux/ffg/3/.

[93] Oldfield K. The Linux Boot Process. http：//oldfield. wattle. id. au/luv/boot. html.

[94] O＇Keefe G. From Power Up To Bash Prompt. http：//www. tldp. org/HOWTO/From – PowerUp – To – Bash – Prompt – HOWTO. html.

［95］ 邱世华. Linux 操作系统之奥秘. 北京：电子工业出版社，2008.

［96］ 李大治. Linux2.6 内核的 Initrd 机制解析. http：//www. ibm. com/developerworks/cn/linux/l - k26initrd/.

［97］ Jones M T. Linux initial RAM disk（initrd）overview. http：//www. ibm. com/developerworks/linux/library/l - initrd. html.

［98］ Chang V. Experiments and investigations for the Personal High Performance Computing（PHPC）built on top of the 64 - bit processing and clustering systems：13th Annual IEEE International Symposium and Workshop on Engineering of Computer - Based Systems，ECBS 2006，March 27，2006—March 30，2006，Potsdam，Germany，2006，Institute of Electrical and Electronics Engineers Inc.，pp. 477 - 478.

［99］ GDAL Raster Formats. http：//www. gdal. org/formats_ list. html.

［100］ Brockmann Consult. BEAM Overview，http：//www. brockmann - consult. de/beam/doc/help/general/BeamOverview. html.

［101］ 沈亮，潘德炉，王迪峰. 机载多通道扫描仪图像的边缘检测初步研究. 仪器仪表学报，2008，29（4）（增刊）：163 - 165.

致　谢

　　在论文完成之际，谨向我的恩师——潘德炉院士表示深深的敬意和由衷的感谢！潘老师渊博的专业学识、严谨的治学态度、敏锐的学术眼光、忘我的工作精神和为人师表的高尚风范深深地感染着我，使我终生受益。攻读博士学位 6 年期间，学习、工作、家庭角色切换，在力不从心之际，蓦然发现自己已无当年之勇，情绪低落。是恩师以他无比宽厚的心怀包容了我，帮我解开心结，理清研究思路，为我指点迷津，明确研究方向，鼓励我发挥优势，从事开创性的工作。记得自己 2005 年提出以图形处理芯片进行遥感图像的高性能处理时，当时的研究资料非常少，而 Linux 操作系统也不如现在普及，所能取得的主要是 Linux 内核方面的国外资料，非常零散，是潘老师的指导、支持和鼓励，让我一路走了下来，完成了这项缺乏相关资料而又横跨遥感图像处理、GPU 高性能计算、Linux 操作系统底层开发等多个领域的交叉学科研究。回首漫漫 6 年求学路，自己有过失败，有过彷徨，但没有放弃。幸运的我，得遇恩师，不复为吴下阿蒙。

　　感谢国家住房和城乡建设部信息中心郭理桥副主任、杭州市信息化办公室缪承潮主任、毛国锋副主任、杨晓勇处长、舒延海副处长一直以来的关爱、帮助和对本文研究的支持。

　　感谢中国科学院上海技术物理研究所研究生部的朱晓琳等各位老师在就学期间给予的大力支持，你们干练的工作作风和认真负责的态度是我学习的榜样。

　　感谢国家海洋局第二海洋研究所的毛志华、何贤强、黄海清、陈建裕、王迪峰、龚芳等在研究中提供的帮助。

　　感谢加拿大的 Frank Warmerdam 在 GDAL 开发方面给予的帮助，您的热心和真诚使我从更深程度上理解了开源的意义和责任，并付诸实践。

　　特别感谢我的父母亲，是你们一直以来对我的理解、关爱和支持，使我得以完成学业。衷心感谢我的岳父母和爱人，默默承担了我就学期间的家庭责任，鼓励我安心研究、工作。本文研究攻坚阶段，正是小儿呱呱坠地之时，很遗憾没能看到他一天天的变化，但是爸爸在和你一起成长。

论文四：基于 Web 的海洋卫星数据服务研究

作　　者：康　燕

指导教师：潘德炉

作者简介：康燕，女，1978 年 4 月出生，新疆乌鲁木齐人，博士，讲师。2001 年毕业于武汉大学测绘工程专业，获学士学位；2006 年 7 月毕业于武汉大学摄影测量与遥感专业（武汉大学与国家海洋局第二海洋研究所联合培养硕士），2012 年 12 月毕业于浙江大学地球科学系（浙江大学与国家海洋局第二海洋研究所联合培养博士），研究方向为海洋遥感数据服务系统的设计和海洋 GIS；2013 年至今在浙江财经大学工作，从事海洋遥感资料处理以及土地信息系统教学与科研工作。

摘　要：海洋卫星技术，在获取海洋信息方面具有空间范围大、实时同步、全天时、全天候、多波段成像等优势。海洋卫星技术经过 30 多年的发展，目前已经能够每天采集到海量的海洋环境信息数据。但是这些海洋卫星数据时空采样方案复杂、数据产品级别多样、数据格式或者组织形式也各不相同，且这些数据分别由不同卫星数据中心处理和管理。此外，不同用户群体对卫星数据的需求不尽相同。对数据的管理者而言，目前还缺乏统一的、有效的组织与管理；对数据的使用者而言，面临数据收集与处理的艰巨挑战。因此，如何有效地管理与共享海洋卫星遥感数据，以支持海洋环境的空间分析和决策，成为了目前亟须解决的问题之一，如何提供高效的、准确的、实时的海洋卫星遥感数据服务已成为目前国内外研究的一个重点和热点问题。

Web 服务与 GIS 服务结合是目前空间数据网络服务的重要技术。海洋卫星数据作为地球科学空间数据的重要组成部分，可以利用 Web 服务与 GIS 服务来实现向公众提供数据服务。而国际上已有的基于网络的海洋卫星数据管理与共享服务系统大多仅能够提供基本的数据服务，如数据查询、搜索、浏览、订购、下载等，例如美国国家航空航天局（NASA）、欧洲太空局（ESA）及各国海洋卫星数据中心提供的数据服务平台。国内相关的工作刚刚起步，还没有相对完善的服务平台。本文针对目前国家海洋局第二海洋研究所遥感系统多年积累的海洋卫星数据，结合 GIS 服务技术，研究并开发基于 Web 的海洋卫星数据服务系统 OSDSS，该系统不仅具有数据浏览、查询、下载、订购等基本数据服务功能，还具有在线交互可视化及数据分析的功能。

本文首先介绍了数据服务的研究背景和国内外研究现状，提出了本论文具体的研究内容、需要解决的关键问题和技术难题，并简要地介绍了本文的组织结构。

海洋卫星数据服务系统 OSDSS 是在数据服务，尤其是在空间数据服务的基础上发展起来的，海洋卫星数据服务的概念与服务内容都借鉴了空间数据服务，尤其是 ESRI 的空间数据服务的概念与内容。在介绍了与数据服务相关的概念、内容、技术、实现的基础上提出了海洋卫星数据服务系统 OSDSS 的架构及实现的技术路线。

海洋卫星数据具有数据量大，数据来源复杂、种类繁多、级别、格式多种多样的特点，本文利用 GIS 技术来对数据进行管理，尤其是对具有时空特性的海洋卫星数据进行管理，设计了海洋卫星数据模型结构，利用空间数据库引擎（SDE）将海洋卫星数据进行统一管理，建立了海洋卫星数据库管理系统，实现对相关数据的录入、修改、备份及数据使用等综合管理。

本文设计并实现了海洋卫星数据服务，既包括基本数据服务（如数据的检索、查询、下载等），也包括元数据服务和在线可视化与分析服务。海洋卫星元数据服务系统的建设可以提高数据服务的效率，为海洋卫星数据的共享和应用提供更为有效的手段。本文设计的海洋卫星元数据标准是在《海洋信息元数据》（HY/T 136—2010）标准的基础上，根据海洋卫星数据自身的特点建立的。海洋卫星元数据服务系统包括元数据层、元数据服务层以及用户层的三层架构。海洋卫星数据可视化服务不仅可以提供数据的二维可视化，还实现了基于 KML 技术可视化服务。系统目前能够实现海洋水色水温、海洋风场等海洋卫星数据以及部分实测数据向 KML 或 KMZ 的转换，并在 Google Earth 上进行可视化。此外，海洋卫星数据的在线分析服务也是本文海洋卫星数据服务系统 OSDSS 的重要功能，主要有缓冲区分析、面积提取及统计等。

本文最后以两个典型的应用来说明海洋卫星数据服务系统 OSDSS 在海洋环境研究及监测方面的应用。第一个典型应用是对 2011 年台风"梅花"过境海域的海洋环境参数，主要是海表温度、海面风场以及海表叶绿素浓度的时空变化的分析。另一个典型应用是利用全球盐度数据，结合全球河流的基础地理信息数据，提取全球主要大河冲淡水区域，并统计它们的面积值。

关键词：海洋卫星；数据服务；元数据；在线可视化；网络服务（Web Service）；地理信息系统（GIS）

Abstract: The ocean satellite observations have more advantages for the study of global change, ocean resource protecting and ocean engineering implementing since their large area coverage and high frequency observation. During the past three decades, there has been a dramatic growth in the number and variety of ocean observing satellite, and vast amounts data were obtained every day which have already given us a global view of ocean environment parameters, including the sea surface temperature, ocean color, wind, wave, sea level and sea ice, et al. But these data are used difficultly to be widely applied for customs because of complexly spatial – temporal sampling, multi – levels products, non – uniform data format and varieties of users' need. Furthermore these data are handled and managed by different satellite data centers. So it is urgently to develop a flexible platform to share the data and merge the different kinds of the information. In this paper Ocean Satellite Data Service System (OSDSS) has been studies and established to effectively manage and share ocean satellite data.

GIS services have become an important technology to develope spatial data web services, and ocean satellite data are the important parts of the Earth Sciences spatial data, so GIS services can be used to ocean satellite data service systems to achieve the purpose of the data available for the public. Now mostly ocean satellite data share sites only able to provide basic services, such as data query, search, browse, order, download, for exemple, ocean satellite data services platform provide by NASA, ESA, and so on. The data services has just started and no service platform in domestic. Over the years, State Key Laboratory of Satellite Ocean Environment Dynamics of the Second Institute of Oceanography has collected and accumulated a large number of ocean satellite data. So it is urgent task to establish effective data service system for data share and application. The OSDSS not only has browsing, querying, downloading, and ordering, but also has online interactive visualization and analysis capabilities.

This paper firstly introduces the background and research current situation of ocean satellite data services at home and abroad, and then gives the research contents, key issues, technical problems to need be resolved and the structure of this paper.

Ocean satellite data service system has been developed on based of the concept and content of data services, especially ESRI spatial data service. After the introduction of the the concept, content, technology, implementation of data services and spatial data service, we elaborate the four – layer architecture of the OSDSS based on service – oriented architecture (SOA).

Ocean satellite data have characteristic of large volumes, complex sources, variety levels and formats, so we firstly designed ocean satellite data model structure, and then establishment of a marine satellite database management system by use of GIS technology to unifieldly manage ocean satellite data and the other data of entry, modify, backup.

Ocean satellite data services not only include both basic data services such as data retrieval, query and download, but also include metadata services, online data visualization and online analysis service. The metadata service of ocean satellite data system can improve the efficiency of data services, and provide more efficient data share and interpretational means of ocean satellite data. The metadata standard of ocean satellite data was built on the basis of Marine Information Profile of ISO 19115 (HY/T 136—2010). Ocean satellite data metadata service system has three layers architecture：data layer, service layer and user layer . Online visualization service mainly researched and developed visualization technology based on Google Earth and KML language. Here two applications to illustrate the online analysis service, such as buffer analysis, extraction and statistical of interest areas.

Finally, two typical applications are illustrated on the base of the OSDSS. The first application is the temporal and spatial variation analysis of the ocean environment, such as sea surface temperature, sea surface wind field and sea surface chlorophyll concentration in July—August, 2011 during typhoon. Another application is area extraction and calculation of the plume of the world major large river by use of the world's salinity data.

Key words：oceanic satellites; metadata data services; on – line visualization; Web Service; geographic information systems（GIS）

1 绪论

地球表面的 71% 被海洋覆盖着，大气层约有 84% 的水分来自海洋，海洋对全球的水循环、气候、经济等都有着非常重要的意义。世界上许多国家都制定了自己的海洋立体观测系统计划，其中海洋卫星遥感观测技术可以对全球范围内的海洋进行准实时的、全方位的监测，并能够获取长期、稳定、可靠的多种海洋参数的观测资料，这些观测资料为人类开发、利用、保护海洋提供了重要的信息。目前海洋遥感已经在海洋灾害监测，例如海上台风监测、海洋赤潮监测、海冰监测、溢油监测等方面发挥着重要作用，此外海洋遥感在海岛海岸带调查方面也发挥着重要的作用。

由于海洋卫星遥感资料来源于不同的卫星、不同的数据处理和数据分发组织、部门，因此各类海洋卫星数据都各自有一套相对独立的数据处理流程，使得多源的海洋卫星数据不仅仅是表征的物理量不一样，而且数据格式、表现形式也不相同。甚至即使是表征的相同的海洋参数，由于来源不同，数据之间也存在格式、语义上的差异。因为存在这些不同和差异，如果要综合使用这些数据，用户需要查找、收集、下载、理解并处理这些数据，往往需要花费大量的时间和精力。这种各自独立的数据服务方式已成为卫星遥感数据共享使用和推广应用的瓶颈，为了解决这一问题，多源统一的数据服务的研究则显得越来越重要。

1.1 研究背景

1960 年第一颗遥感卫星发射成功以来，卫星海洋遥感已经从最初的探索阶段发展到目前的广泛应用阶段，海洋卫星遥感技术已经在海洋领域的各个方面发挥着越来越重要的作用。同时，随着计算机技术的不断发展，卫星遥感数据的处理技术也已从最初的简单处理，发展到现在的基于网络，并综合 GIS 等技术的综合处理和服务模式。中国国家海洋局已经进行了"数字海洋"系统的建设，海洋卫星遥感数据作为数字海洋的重要数据来源，其处理、分发与应用在数字海洋系统的建设中都是极其重要的。但是，目前海洋卫星遥感数据大都是由各海洋卫星数据处理部门管理，并没有面向公众公开。为了使这些数据发挥更大的效用，研究如何提供有效的海洋卫星数据服务是必不可少的，也是迫切需要的。

1.1.1 海洋卫星数据

1978 年 6 月 22 日美国发射了世界上第一颗海洋卫星 Seasat，上面搭载了世界上第一台星载水色扫描仪 CZCS（coastal zone color scanner）（潘德炉和白雁，2008），随后俄罗斯、日本、法国、中国等相继发射了各自的海洋卫星，成立了相应的海洋卫星数据处理中心。中国在 2002 年 5 月 15 日，成功发射了第一颗自主研发的海洋水色卫星（HY-1A），而后在 2007 年 4 月 11 日成功发射了第二颗海洋水色卫星（HY-1B）（车志胜，2009）。"海洋二号"（HY-2A）是海洋动力卫星，2011 年 8 月 16 日在太原卫星发射中心成功发射，主要用于探测海面风场、温度场、海面高度、浪场、流场等海洋动力环境卫星。此外，中国还将继续发射其他的海洋卫星，具体的发展计划如表 1.1 所示。

表 1.1　中国的海洋卫星（贺明霞等，2011）

	2002 年	2007 年	2011 年	2012 年	2013 年	2015 年	2017 年	2019 年
HY－1	HY－1A	HY－1B	HY－1C/D		HY－1E/F		HY－1G/H	
HY－2			HY－2A	HY－2B		HY－2C		HY－2D
HY－3				HY－3A			HY－3B	

各国发射的海洋卫星种类较多，按用途可分为海洋水色卫星、海洋动力环境卫星和海洋综合探测卫星；按观测对象可分为水色遥感卫星、海面温度遥感卫星、浪高和海浪谱卫星、海面高度海流卫星、海冰卫星、冰盖高度卫星、重力、磁力和地球动力学卫星、海面风场卫星、海洋盐度卫星等。经过多年的发展，目前国内外的各个海洋卫星数据处理中心已经积累了大量的海洋卫星遥感数据。这些数据为人类了解海洋环境提供了可靠的、持续的数据支持。通过综合分析多年的海洋卫星遥感数据产品及其他数据来对海洋环流、气候变化（ENSO、PDO 等）以及海洋中尺度过程等进行研究，具有重要意义。

为了处理和分发遥感数据产品，美国 NASA（National Aeronautics and Space Administration）成立了 12 个数据中心，分别是：①ASF（Alaska Satellite Facility SAR Data Center）；②CDDIS（Crustal Dynamics Data Information System）；③GHRC（Global Hydrology Resource Center）；④GES DISC（Goddard Earth Sciences Data and Information Services Center）；⑤LP DAAC（Land Processes DAAC）；⑥MODAPS LAADS（Level 1 Atmosphere Archive and Distribution System）；⑦LaRC ASDC（NASA Langley Research Center Atmospheric Science Data Center）；⑧NSIDC DAAC（National Snow and Ice Data Center DAAC）；⑨ORNL DAAC（Oak Ridge National LaboratoryDAAC）；⑩Ocean Biology Processing Group；⑪PO DAAC（Physical Oceanography）；⑫SEDAC（Socioeconomic Data and Applications Data Center）。其中 Ocean Biology Processing Group 和 PO DAAC 主要负责海洋卫星数据的处理和分发，前者主要处理和分发海洋水色以及生物相关的卫星数据产品，包括海洋水色（叶绿素浓度等）、生物地球、海表温度等数据。而后者主要处理和分发海洋表面温度（Sea Surface Temperature）、海洋风场（Ocean Wind）、海洋环流与洋流（Circulation and Currents）以及地形与重力（Topography and Gravity）等卫星数据。另外，其他的数据中心也提供一部分与海洋有关的数据。

中国的卫星遥感数据处理与分发机构主要是中国遥感卫星地面站，而海洋卫星遥感数据处理与分发主要由海洋卫星地面应用系统完成。海洋卫星地面应用系统包括北京卫星地面接收站、三亚卫星地面接收站、牡丹江卫星地面接收站和北京数据处理中心。其中，地面接收站主要用于接收中国"海洋一号"卫星 HY－1A/B 和"海洋二号"卫星 HY－2A 卫星的数据，同时也可以接收美国 TERRA/AQUA 卫星的数据。数据处理中心则完成多种产品制作、海量数据存档、快速网络分发等功能。海洋卫星地面应用系统又可以细分为接收预处理、资料处理、产品存档与分发、资料应用示范、辐射校正、真实性检验、通信和运行子系统。其中接收预处理分系统将北京、三亚、牡丹江 3 个卫星地面接收站，接收 HY－1A/B、HY－2A 等卫星的数据处理生成 0 级、1 级产品；资料处理分系统在 0 级、1 级产品基础上制作 2 级和

293

3 级产品；产品存档与分发子系统负责海洋卫星各级产品的存档和管理，通过数据库查询、检索和文件管理系统向用户提供服务。各分系统内部互相协调配合，外部与航天工程部分和卫星测控中心设有通信接口，共同完成从卫星业务测控到数据接收、处理、存档与分发的整个业务流程。目前，海洋 HY－1A/B、HY－2A 卫星数据，用户可以从国家卫星海洋应用中心申请获得（http：//www. nsoas. gov. cn/gy/channel/default. asp）。

1.1.2　Web Service 与 SOA

海洋卫星数据的处理与分发都离不开网络，而为了进一步提供海洋卫星数据的服务的深度与广度更是离不开网络服务（Web Service）。而目前基于网络的数据服务系统的构建通常是采用面向服务的体系架构 SOA（Service Oriented Architecture）来实现的。

关于网络服务（Web Service）的概念，目前也有以下的几种：UDDI Tidweil（2001）认为 Web Service 是一种新的自适应、自我描述、模块化的网络应用程序，可以跨越网络进行发布，定位和调用；Universal Description（Discovery and Integration）（2001）对 Web Service 的定义是网络服务是自包含的、模块化的业务化应用，具有开放性，并面向互联网，具有标准的接口；Tsalgatidou 等（2002）则认为，Web Service 是一种应用，它通过网络，为商业实体和个人用户提供了一套自包含的、模块化的应用功能；W3C（2004b）将 Web Services 定义为一个软件系统，这个软件系统支持网络上的互操作，它使用计算机可处理的语言（例如 WSDL）进行描述，使用消息（例如 SOAP）进行交互，通过网络协议（例如 HTTP 协议）和其他网络标准（例如 XML）进行传递；Loosely Coupled 则定义 Web Service 是一种自动化的资源，是软件驱动的资源或功能组件，通过 Internet 访问的，在某一 Internet URI 访问这些资源或组件时提供相应的服务功能。虽然这些定义表面上看起来不尽相同，但本质上都给出了 Web Service 的主要特征：松散耦合，封装特性，互操作性，标准规范性，普遍性，易实现性，高度的可集成性（柴晓路等，2003；刘峰，2007；杨岚，2008）。总的来说，Web Services 主要是为了实现不同的硬件平台之间（例如计算机与计算机之间）的互操作，其目标是要解决分布式异构平台之间应用集成问题。

随着 Web Service 的发展，一种新的软件体系架构也因此发展起来了，它就是面向服务的架构 SOA（Service Oriented Architecture）（Papazoglou et al.，2004）。SOA 最早是由 Gartner 公司在 1996 年的一份报告中正式提出（Roy and Yefim，1996），经过 10 多年的发展，SOA 已经成为在异构网络环境下构造集成化分布式信息系统的最佳选择（唐秀良，2009）。但是，SOA 的概念目前仍没有统一的定义，主要有以下几个版本：Gartner 认为 SOA 是一种更为强调软件组合的松散耦合和独立的标准接口的客户端/服务器的软件设计方法（凌晓东，2007）；W3C[①] 则认为 SOA 是分布式系统体系结构的一种形式，一般具有逻辑视图、面向消息、面向描述、服务粒度、面向网络、平台无关的属性；Loosely Coupled[②] 认为 SOA 是一种按需连接资源的系统架构；Service－architecture[③] 则认为 SOA 是服务的集合，这些服务可以是简单的数据传输，也可以是多个服务协调完成的某项任务；High 等（2005）认为 SOA 是一种 IT 体

---

①　http：//www. w3. org/TR/ws－arch/.

②　http：//looselycoupled. co－m/glossary/SOA.

③　http：//www. service－architecture. com/web－servi－ces/articles/service－oriented_ architecture_ soa_ definition. html.

系结构样式，利用了面向服务的原则，使信息系统之间具有更为紧密的关系。尽管这些概念不尽相同，但是作为一种新兴的软件工程实践的方法（朱振杰，2006），SOA 具有以下的特点：可重用性，契约性，松散耦合性，自包含性，可组合性，自治性，无状态性，可发现性，透明性，以及可以改善服务质量的特性（Erl，2005a；刘峰，2007）。

Web Service 与 SOA 有许多相同的特点，以至于有人认为 SOA 就是网络服务。那么 Web Service 与 SOA 的有什么关系呢？何珍祥等（2009）认为 SOA 的服务仍然是靠传统软件技术去实现，只是在具体的程序实现基础上抽象出一层描述层，将具体的实现与描述隔离开来，使业务人员和部分设计人员能够在该层进行高度抽象的设计。Lublinsky（2007）认为理解 SOA 的关键是在字母"A"上，即 SOA 是一种系统或者体系架构，而 Web Service 则是一种基于标准规范的技术。因此，SOA 显然不能等同于 Web Service，只是 Web Service 的多数特点是构建 SOA 架构所需要的。通过表 1.2 SOA 与 Web Service 的关系的比较，可以看出 Web Services 虽不是实现 SOA 的唯一技术手段，但是到目前为止，Web Services 却是最适合实现 SOA 的技术手段。另外，SOA 之所以成为当前 IT 业界的焦点，在很大程度上也归功于 Web Service 标准体系的成熟和应用的普及，为广泛地实现 SOA 架构提供了基础（许欢，2009）。利用 SOA 来构建基于网络的服务，不仅可以提高效率和利于重用，而且可以增加服务系统的机动性和灵活性，降低系统的集成成本。

表 1.2　SOA 与 Web Service 对照表（Erl，2005b；许欢，2009）

SOA	Web Service
服务的可重用性	Web Service 并非自动实现可重用性，这一特性与网络服务所封装和提供的业务逻辑的类型有关
服务的契约性	Web Service 要求使用服务描述，这使得服务契约成为 Web Service 通信的最基本组成部分
服务的松散耦合性	Web Service 通过使用服务描述天生就是松散耦合的
服务的自包含性	Web Service 在通信框架中自动模拟了"黑盒"模型，隐藏了底层业务逻辑实现的细节
服务的可组合性	Web Service 天生是可组合的，然而其所支持组合的程度通常由服务设计和所表达业务逻辑的可重用性决定
服务的自治性	Web Service 并没有自动提供自治性，需要通过良好的设计以确保实现自治处理环境
服务的无状态性	无状态特性是 Web Service 的首要条件，并受到许多 Web Service 规范和文档样式的 SOAP 消息传输模型的有力支持
服务的可发现性	可发现性必须由体系架构来实现，甚至可以被认为是对 IT 基础设施的扩展，因此 Web Service 生来并没有提供支持（UDDI 也仅仅初步解决了服务的发现问题）

图 1.1 是 SOA 的基本架构模型，模型中的服务消费者可以通过发送消息来调用服务，服务总线将这些消息转换后发送给适当的服务进行实现，并将结果返回给服务消费者。这种服务架构提供了一个业务规则引擎，该引擎容许业务规则被合并在一个或多个服务里，同时这种架构也提供了一个服务管理基础，用来管理服务。WSDL、UDDI 和 SOAP 是 SOA 基础的基础部件。WSDL 用来描述服务，UDDI 用来注册和查找服务，而 SOAP 作为传输层，用来在消费者和服务提供者之间传送消息。服务消费者可以在 UDDI 注册表（registry）查找服务，取得服务的 WSDL 描述，然后通过 SOAP 来调用服务。

目前，海洋卫星数据分布在不同地区、不同种类的操作系统中，所提供的数据服务也是多种多样，所使用的系统软件、应用软件和应用基础结构也不尽相同，某些应用系统和程序

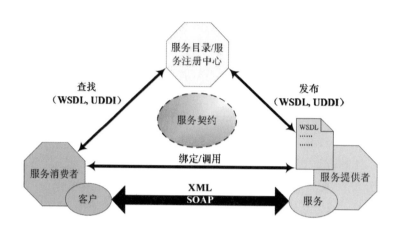

图 1.1　SOA 基本架构模型

非常适合处理其中的某种业务流程，甚至为某种业务化生产服务了多年，积累了一定的基础，如果从头再建一个新的基础环境并不是一个好的选择，而 SOA 技术可以将这些已有的数据服务按照标准的网络服务协议进行集成，从而可以节约系统开发的成本。另一方面，随着遥感卫星技术的发展和用户需求的变化，遥感数据处理业务也会随之变化，为了使数据服务系统对这些变化做出快速的反应，SOA 可以利用现有的应用程序和应用基础结构通过标准接口来解决新的业务需求，为客户、数据中心和数据服务供应者提供新的互动渠道和支持有机业务的构架。

1.1.3　GIS 系统到 GIS 服务

GIS 起源于 20 世纪 60 年代加拿大的计算机制图技术的发展（张光宇，Y. C. Lee，1999），当时的 Roger F. Tomlinision（1960）首次提出要把地图变成数字形式，有利于利用计算机资源来对地图进行处理和分析。尽管当时的技术水平有限，但是加拿大地理信息系统从 1963 年开始设计，1971 年就投入运行了。GIS 到从生产到现在已经近 50 年的历史，已经从最初作为一种用分层方式表示地理信息的软件系统（geographic information system，GIS），经历了关注地图代数和空间操作的地理信息科学（geographic information science，GIS）的阶段（20 世纪八九十年代），发展到目前与其他专业信息系统相融合并为之提供地理或空间服务的地理信息服务（geographic information service，GIS）阶段。它的发展得益于各学科、各技术的发展与渗透，尤其是制图学、遥感科学和计算机科学与技术的发展，不同学科的交叉不断地对 GIS 提出新的需求，促使 GIS 研究不断扩展到新的领域，也丰富了 GIS 研究的内容。在这过程中，计算机软件与硬件技术、网络与通信信术、多媒体技术、虚拟现实技术、数据库技术、图形图像处理技术、网络存储技术等高新技术迅猛发展，为 GIS 的发展提供了强大的技术支撑和各种软、硬件平台，使 GIS 在理论体系、技术研究和应用等方面都有了长足的进步。

但是，传统的地理信息系统也面临着一些问题（王玉海，2008）。首先，随着地理信息系统在各个行业中的应用，各个行业对地理信息系统的需求却各不相同，但是如果每个应用都独自开发一套自己的地理信息系统则非常浪费，因为这些系统之间是有一定的共性的；其次，早期的地理信息系统大都是为了解决某一特定领域的问题而研究开发的，例如电力地理信息系统（翁颍钧，朱仲英，2003；卢娟，李沛川，2005）和房产地理信息系统（黄艳菊，张杰林，2007；管建平，邓勇伟，2010）等，但是当问题领域发生变化时，这种 GIS 软件很难在不经改动的情况下解决新的问题，因此缺乏灵活性；另外。用户对于地理信息数据的需求也日益增多，但是基于网络的数据传输问题（如安全问题等），也日益突出，同时，要实现空间信息资源共享，需要同时满足不同用户需求，还需要借助各相关部门的个性化辅助决策支持系统。面对传统地理信息系统的这些问题，地理信息服务可以把地理信息系统、实时空间定位技术（GPS 和北斗）、移动无线通信技术、计算机网络通信技术以及数据库技术等现代高新技术有机地集成在一起，实现地理信息收集、处理、管理和传输的网络化，为地理信息用户提供实时的、高精度的、各种比例尺的区域或全球的地理信息，并可以对移动目标实现实时动态跟踪及导航定位服务（王玉海，2008）。从王玉海对地理信息服务的描述中可以看出，地理信息服务极大地拓展了地理信息系统的应用空间，将传统的地理信息系统从主要服务于政府部门拓宽到大众公共服务和个人地理信息服务，可以随时随地为用户提供连续的、实时的和高精度的自身位置信息和周围环境信息。

地理信息服务就是在空间信息传播的过程中为不同的用户提供优质的、满足需求的空间信息产品，产品的形式多样，可以是具体的数据、图形、规范和功能等。用户关心的是结果，服务提供者关心的是如何实现这些服务，并需要考虑如何将这些服务反馈给用户。所以，王玉海（2008）认为：地理信息服务就是网络环境下可运行的一组与空间信息相关的软件实体，为空间信息的用户提供一种满足某种具体需求的信息或者处理功能。王玉海的这种对地理信息服务的理解更强调了服务系统的构建问题，但本人认为地理信息服务应该更强调是资源的共享（包括数据资源和软硬件资源）以及空间有关的辅助决策和知识发现。

目前，以浏览器为客户端的地理信息服务已经不仅仅是提供单个的地理信息服务，而是多种地理信息服务的聚合产品。这些在服务器端聚合的产品可以分为两大类型（张珊，2011）；一类是定制好地理信息服务聚合流程的定制类产品；另一类是提供大量地理信息服务资源的门户站点类产品。表 1.3 列出了这两类地理信息服务的比较，可以看出，定制类的地理信息服务往往是为某一目的而开发的产品，而门户类地理信息服务则更多是应用于地理信息服务中的地理信息资源共享服务。

表 1.3　定制类地理信息服务与门户类地理信息服务

	定制类地理信息服务	门户站点类地理信息服务
特点	提供一些定制好的相对固定功能	需要用户自己对服务资源进行聚合，构建自己的服务应用
服务器端	按客户端请求，执行聚合应用的程序，按照预定义的逻辑流程通过接口对这些粗粒度的服务依次进行调用	每次都需要需要根据客户的需求，从新构建服务流程，这就需要服务器端能够提供高效的服务资源的搜索和服务的重构
客户端	只能定制有限的服务功能	根据客户的需求进行灵活的服务组合
优点	任务简单，易操作	灵活，可扩展
缺点	扩展困难	缺少高效的服务搜索及处理机制
实例	FlashEarth（http：www. flashearth. com/），Weather Bonk（http：//www. weatherbonk. eom）等	MapTube（http：//www. maptube. org/home. asp），Arcs-GIS. com（http：//www. aregiscom/home/index. html）等

1.1.4 研究背景小结

目前，国内外海洋卫星观测技术不断发展，海洋卫星数据及数据产品日益增多，人们对利用海洋卫星数据的需求也日益增多，因此迫切需要对如何提供有效的海洋卫星数据服务进行研究。研究数据服务离不开网络服务（Web Service），而 SOA 是目前构建网络服务的重要的技术手段。同时，海洋卫星数据是空间信息数据，具有一般的空间信息的特征，因此可以利用地理信息服务（GIS）技术手段来实现海洋卫星数据的服务。基于 Web Service 和 SOA 地理信息服务，目前也是地理信息服务研究的热点，而且已经有了一些实用化的产品。所以在此技术背景下，研究海洋卫星数据服务有可靠的技术支持。

1.2 研究现状

海洋卫星经过近 40 年的发展，目前已经积累了大量的海洋卫星的数据，要有效地利用这些卫星数据，首先需要解决的问题就是如何提供高效的数据服务。目前，许多国家都已开始或是正在进行各自的海洋卫星数据服务系统的建设，本节主要从国外与国内两个方面来介绍海洋卫星数据服务系统的研究现状。

1.2.1 国外海洋卫星数据服务的现状

很多国家以及组织根据自身海洋卫星遥感应用技术的发展需要都制定或规划了海洋卫星数据服务系统。目前能够通过网络直接提供海洋卫星数据服务的机构主要有美国国家航空航天局（NASA）、美国国家海洋和大气管理局（NOAA）、法国国家空间研究中心（CNES）、欧洲太空局（ESA）以及日本国家宇宙开发事业团（NASDA）等。这些机构目前都能够提供数据查询、数据介绍、数据浏览、数据订购和下载等基本的数据服务。但是随着数据量的增加以及对海洋现象长时间变化研究的需求的增加，仅仅提供这些基本的数据服务已经无法满足海洋科学研究与应用的需求。为了节省客户数据下载以及数据处理的时间与精力，这些数据服务的提供机构和组织开始开发更为有效的数据服务方式，例如数据更为有效的可视化技术，数据的在线分析技术等。这里主要介绍两个典型的海洋数据服务网站：一个是 Giovanni[①]（Goddard Interactive Online Visualization ANd aNalysis Infrastructure）系统，它是由 NASA 的戈达德（Goddard）地球科学数据与信息服务中心 GES – DISC（Goddard Earth Science Data and Information Services Center）分布式数据存档中心 DAAC（Distributed Active Archive Center）建立的基于网络的交互式在线可视化和分析基础平台；另一个是欧洲的 MyOcean[②]，它是全球环境与安全监测（GMES）项目中的海洋信息化服务的核心，主要是负责全球和区域的海洋监测和预报服务，目前此项目共有 29 个国家的 61 个机构共同参与建设。

1.2.1.1 NASA 的 Giovanni

美国的 NASA 的戈达德地球科学数据与信息服务中心（Goddard Earth Sciences Data and

---

① http：//disc. sci. gsfc. nasa. gov/giovanni/overview/index. html.

② http：//www. myocean. eu/.

Information Services Center，GES DISC）提供多个数据服务模式（Giovanni、Mirador、Wizard、OPeNDAP、GDS 等）供用户选择。Giovanni 是其中之一，可以提供在线交互式的可分析可视化的数据服务，不需要下载数据，也不需要下载和安装任何软件，使用方便。据统计，它的应用正在逐年增加，见表 1.4。而且这个服务系统目前还在不断完善中，图 1.2 是 Giovanni 网站的首页。

表 1.4　Giovanni 系统在科技文献中的应用统计①

年份	2004	2005	2006	2007	2008	2009	2010	2011
文献数	3	7	6	26	50	86	115	114

图 1.2　GES DISC 的 Giovanni 网站

2012 年前 Giovanni 系统将服务按照服务对象分为 4 个例程（instance）：大气例程、环境例程、海洋例程和水文例程。在 2012 年后 Giovanni 系统将以上 4 个例程的重新组合完善，发展成 5 个门户（portal）：大气门户、应用与教育门户、气候门户、海洋门户和水文门户门。从图 1.2 可以看到，在 Giovanni 系统网站的首页，我们不仅可以按照应用领域的不同来选择服务的门户，也可以直接按照需要的卫星产品或是参数来选择相应的数据服务。目前共有 5 大门户的 161 个卫星参数产品可供选择，其中海洋卫星数据主要是在海洋门户中。海洋门户目前提供 5 种类型的海洋卫星数据产品服务：海洋水色月平均数据、水质月平均数据、海洋水色全球 8 d 平均的产品、NASA 的海洋生物地球化学模型的日平均和月平均同化数据。

Giovanni 系统是基于网络、面向工作流、异步构架的管理系统，能够使本地与远程的用户透明地进行数据操作，如图 1.3 所示。面向服务的构架需要所有的过程与反演通过标准的网络服务进行通信，而标准的网络服务通信是通过标准协议，例如开源网络为数据访问协议

---

① 来源于数据 http：//disc. sci. gsfc. nasa. gov/giovanni/additional/publications.

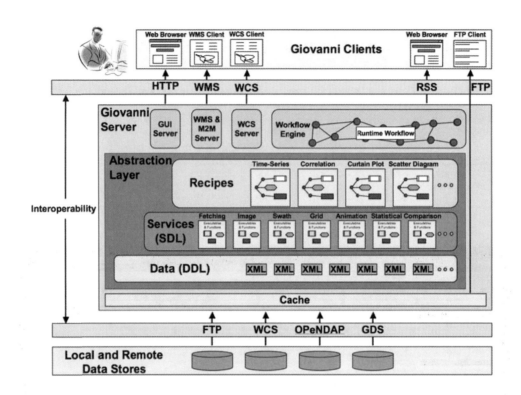

图 1.3　Giovanni 的系统架构

OPeNDAP（Open – source Network for a Data Access Protocol）、网格分析与显示数据服务协议 GrADS（Grid Analysis and Display System Data Server）来支持远程数据获取与转换的。面向服务的架构和标准访问协议加速了系统组件的复用性、模块化、标准化和模块之间的互操作性，使系统的基础设施与数据的处理与反演的逻辑算法分离，实现用户对数据的透明操作。其次，面向工作流的管理系统能够使用户非常容易地创建、修改、保存自己的工作流程。再次，异步架构特征确保系统因处理复杂的过程而导致网络连接超时的情况下，网络服务通过 RSS（Real Simple Syndication）及时反馈给用户相关的信息。所以，Giovanni 具有可扩展，易于使用，所以具有很高的性能。

从表 1.4 可以看出，Giovanni 系统目前地球科研究方面的应用在逐年增加。Giovanni 系统可以提供在线的可视化的卫星数据，使利用卫星数据进行地学研究的工作者的工作更加有效率。

1.2.1.2　欧洲的 Myocean

Myocean[①] 是欧洲的一项面向公众，为海洋监测与预报提供免费服务的项目，其宗旨是建立长期有效的，可持续的海洋监测与预测体系，正如在它的宣传册中提到的：Myocean，海洋的今天和明天。在欧共体及其成员国的支持下，该项目的第一期建设开始于 2009 年 1 月 1 日，建设周期为 39 个月[②]。目前已经具有了四大领域的数据服务功能，包括海洋安全、海洋

---

① http：//www. myocean. eu/.

② http：//www. gmes. info/pages – principles/projects/marine – projects/more – on – myocean/.

资源、海洋和海岸带环境、天气预报和气候变化。Myocean 能够通过一个简单数据目录来提供 215 种的海洋数据及其产品服务，这些数据产品及数据服务可以应用于多个领域也包括商业领域。交互式的目录服务不仅可以查看数据元数据信息，而且能够基于网络来利用这些数据以及模型得到一些分析的结果，例如进行某些海洋现象的预测与预报等。另外，还可以对长时间序列的海洋数据进行分析，这对研究海洋在全球气候变化中的作用与影响都是非常重要的。

Myocean 不仅提供海洋卫星数据服务，还提供其他海洋数据的服务。Myocean 提供温度、盐度、海流、海冰、海洋初级生产力等海洋参数的数据产品的服务。图 1.4 是 Myocean 网站的首页，从右侧的悬浮窗中看到，如果希望得到 Myocean 的数据服务，第一次访问该网站需要注册。注册后的用户可以按照需求不同选择不同的领域，进而选择不同的海洋参数进一步搜集数据，最终找出自己需要的数据产品及资料。另外，用户也可以从主页的产品与服务（Products and Services）中的目录（Catalog）中按照给定的条件例如区域（AN AREA）、参数（A PARAMETER）和产品类型（A PRODUCT TYPE）来进行初次选择，在对给出的结果，进行进一步的筛选，最终得到自己需要的数据服务。

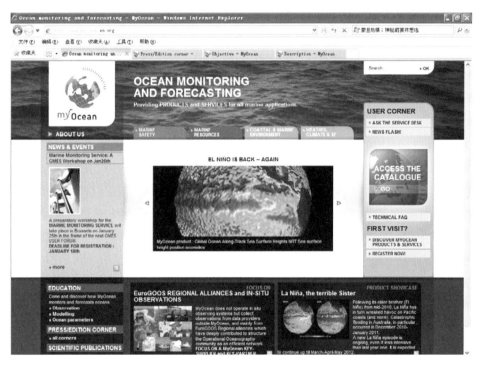

图 1.4　Myocean 网站

Myocean 二期为 Myocean2[①] 项目，该项目计划开始于 2012 年 4 月 1 日，结束与 2014 年 9 月 30 日。Myocean2 的目标是在 Myocean 的基础上，为海洋安全、海洋资源、海洋与海岸带环境、天气预报与气候变化 4 个海洋数据应用领域的用户提供严谨的、稳定的、可靠的海洋观测和预测产品。预计在 2014 年，Myocean2 可以在 Myocean 已有的服务功能的基础上开发出一

---

① http：//cordis. europa. eu/search/index. cfm? fuseaction = proj. document&PJ_ LANG = EN&PJ_ RCN = 12533467&pid = 19&q = 7D33B45E243BC05C85AEC57A012536AC&type = adv.

个原创的供全球环境和安全监测 GMES（Global Monitoring for Environment and Security）用户使用的可操作的原型系统。利用这个系统，用户可以持续获得 GMES 的服务产品。同时 Myocean 也将为海洋环境安全有关项目提供决策支持、评估与实施的信息保障，这将促进 Myocean2 在应急响应方面的应用。

1.2.2　中国海洋卫星数据服务现状

我国目前已经发射了各种气象卫星、海洋卫星、陆地观测卫星和环境与灾害监测卫星，地面接收站每天会接收大量的数据，为了有效利用这些卫星遥感数据，特别是为了扩大国产卫星遥感数据应用的范围，国家已经加强卫星遥感服务与应用体系建设，逐步形成国家统一的气象、海洋、陆地观测卫星遥感数据接收和处理的系统体系，形成卫星遥感数据共享机制，发展卫星遥感应用服务产业链，形成高质量、连续、稳定、及时的遥感数据业务服务。我国的科学数据服务，尤其是地球系统科学数据共享服务建设从 1982 年中国科学院的"科学数据库及其信息系统"项目的建设中拉开序幕，经过近 30 年的发展，目前已经建成了分布式、异构科学数据的整合集成与"一站式"共享服务系统（诸云强等，2010）。

作为地球科学数据重要的组成部分，海洋科学数据共享服务早在 2004 年由国家海洋局第一海洋研究所的李安虎等就提出，他们利用 WebGIS 技术来设计和开发了具有用户界面层、业务逻辑层、数据库层三层架构的海洋科学数据共享平台（李安虎等，2004），实现了部分海洋科学数据共享服务。近几年有关海洋数据共享以及服务的研究和建设已经取得了不少成绩（张峰等，2009a；王显玲等，2009）。

"数字海洋"是新中国成立以来规模最大的国家海洋计划之一，它的建设思想和基本思路早在 1999 年就由侯文峰提出（侯文峰，1999）。近年来，我国的"数字海洋"建设（张峰等，2009b；苏奋振，2006）已经建成了海洋综合管理信息系统、数字海洋原型系统、海洋数据仓库、数字海洋移动服务平台等成果，"数字海洋"公众版 iocean① 已经初步实现了对我国近海海洋环境的可视化的表达，如图 1.5 所示。目前，我国的"数字海洋"公众版 iocean 对海洋环境可视化服务包括海洋调查观测、数字海底、海岛海岸带、海洋资源、探访极地大洋、海洋预报、海上军事、海洋科普以及虚拟海洋馆 9 个方面的内容，用户可以在网页上直接浏览相关的数据内容，并可以单击"图层"，选择自己感兴趣的图层进行交互可视化，界面友好且流畅。

随着我国海洋卫星遥感技术的发展，海洋卫星的数据处理能力在不断完善和提高，图1.6 是我国海洋水色卫星遥感数据的处理流程，目前该流程在较少人工干预下可以基本实现对海洋卫星遥感数据自动化处理，但基于网络的、面向大众的海洋卫星数据的共享和服务还处于研究和实施中。海洋遥感数据量巨大（潘德炉等，2004），由于数据来源不同，导致数据种类和数据格式也不尽相同，导致海洋卫星数据在网络上共享存在较大困难（赵艳玲等，2005；滕龙妹等，2008）。海洋二所的赵艳玲等开发设计了一个基于 Web 的海洋卫星遥感数据产品查询和发布系统。浙江大学的滕龙妹等提出了一种面向海洋遥感数据的一体化管理方法，可以对海洋卫星遥感数据进行自动批量入库、批量远程分发和可视化。"数字海洋"公众版是基于 Skyline 的具有某些 GIS 功能的海洋信息服务系统，但是除了提供可视化的服务功

---

① http：//www.iocean.net.cn/.

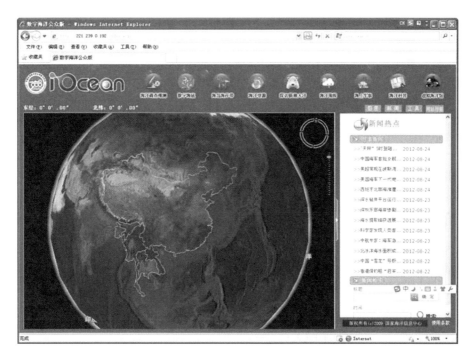

图 1.5　数字海洋公众版

能以外，其他的服务（如数据检索、查询、订购、下载以及分析等）都还不完善，距离用户对海洋数据服务的需求仍有一定的差距。

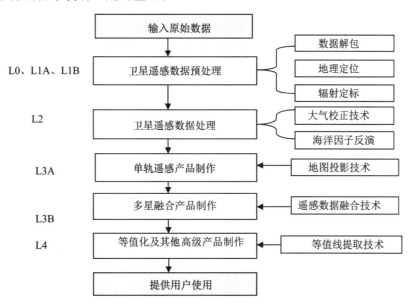

图 1.6　海洋水色水温卫星遥感处理流程（何贤强，2010）

　　我国海洋卫星遥感数据服务的目的是通过提供数据服务，加强我国海洋卫星遥感数据在海洋、环境、减灾、气候变化等领域应用，进而促进我国自主卫星遥感数据的商业应用和国际市场服务。

1.2.3 研究现状小结

国外，尤其是美国和欧洲，由于海洋卫星数据服务的研究开始得比较早，所以目前已经建立起了比较实用的海洋卫星数据服务系统。例如，美国 NASA 的 Giovanni 系统的海洋门户网站和欧洲的 Myocean。Giovanni 不仅可以在线查询、浏览海洋遥感数据产品，还可以在线对数据进行长时间序列分析等操作，实现了海洋遥感数据的在线可视化与可分析。但是它只能针对 NASA 的遥感数据按照系统预先设定的步骤与参数来对数据进行类似工作流的处理流程，而且也只能针对某一类具体的数据产品进行分析处理，多源数据的综合查询、检索与分析功能有待完善。Myocean 目前可以通过简单的目录服务在线查找和查看用户所需的海洋卫星数据产品，但是数据集成可视化和综合分析还有待于进一步完善。尽管我国的海洋卫星数据服务起步较晚，但是随着海洋卫星数据的不断积累，人们对海洋卫星遥感数据的需求日益增加，伴随"数字海洋"的建设和不断完善，发展迅速。

1.3 本文的研究内容及关键问题

随着海洋卫星遥感技术的不断发展，目前已经积累了大量的海洋卫星遥感数据产品，另一方面随着海洋探索和开发的不断深入，人们需要通过海洋卫星遥感来监测和探测海洋环境信息，并用海洋卫星遥感数据来探究海洋中各种现象的规律。但是由于海洋卫星数据存在着数据量大、数据处理复杂等原因，人们需要花费大量的时间和精力做基础的数据处理工作。为了节省人们在数据处理方面所花费的时间和精力，进一步扩展海洋卫星数据应用领域，本文提出了基于 Web 的海洋卫星数据服务系统的研究与开发。

1.3.1 本文的研究内容

为了实现基于 Web 的海洋卫星数据服务，本文的研究内容主要有以下几个方面。

（1）研究实现海洋卫星数据服务的相关的技术问题，主要是空间数据服务相关的内容及技术问题。

（2）研究并建立符合海洋卫星数据的时空特性的数据模型，并基于此模型开发海洋卫星数据库管理系统，将以往以文件形式管理的数据，用数据库进行更有效的管理。

（3）研究开发海洋卫星数据元数据管理系统，提高海洋卫星遥感数据服务系统的数据查询与检索效率。

（4）研究开发基于 Web 的数据基本服务系统，此系统可以提供传统的、基本的数据服务，包括数据的在线查询、处理、检索和下载等服务。

（5）研究开发基于 Web 的海洋卫星数据的可视化及多源数据集成系统，主要的数据有海洋水色水温数据、海洋表面风场数据以及与实测数据的综合显示和分析。

（6）研究开发基于 Web 海洋卫星遥感数据与其他数据综合分析与空间统计分析服务，实现在线分析。

（7）将基于 Web 的海洋卫星数据服务系统 OSDSS 应用于：①台风过境时海洋上层空间的各种海洋环境参数的时空变换情况的分析；②全球大河冲淡水面积的提取及在碳通量估算的应用。

1.3.2 关键问题

为实现以上的研究内容，本文需要解决以下几个关键问题。

（1）首先设计海洋卫星数据的数据模型，在此基础上开发海洋卫星数据库管理系统，将各类海洋卫星数据转入数据库中进行更有效的管理。这就需要对多源数据有充分的认识和了解，包括对数据的物理意义、数据来源、数据格式、数据的使用情况等有深入的了解。

（2）了解各种元数据标准，本研究主要是参照《海洋信息元数据标准》（ISO 19115 专用标准），并根据海洋卫星遥感数据自身的特点，对其进行删减和扩充。在此基础上开发多源海洋卫星数据的元数据管理系统，使用户更加有效地利用海洋卫星数据。

（3）研究 Google Earth API 技术以及 KML 语言规范，实现多源海洋卫星数据及其他数据在 Google Earth 上展示的技术。

（4）研究 GIS 服务技术，实现多源数据的空间分析功能，尤其是空间分析服务在台风期间海洋参数的时空变化和冲淡水面积计算中的应用。

1.4 本文结构

本文研究的基于 Web 的海洋卫星数据服务系统 OSDSS 是一个基于 SOA 的四层架构，因此论文结构大体也是根据系统架构来进行安排，具体如下。

第 1 章主要介绍本文的研究背景、研究现状以及研究内容和需要解决的关键问题，以及本文的组织结构。

第 2 章主要介绍了数据服务以及空间数据服务的概念、内容、关键技术和服务的实现。

第 3 章在介绍海洋卫星数据的时空特性的基础上，提出了建立海洋卫星数据模型和海洋卫星数据库，并介绍了海洋卫星数据管理系统研究和开发的基本情况。

第 4 章主要介绍了海洋卫星数据服务系统 OSDSS 提供的各类服务，主要分为数据基本服务、元数据服务、可视化服务、统计及分析服务四个部分，详细地介绍了海洋卫星元数据系统和海洋卫星数据的可视化服务的技术及其实现。

第 5 章主要是介绍了利用海洋卫星数据服务系统 OSDSS 的两个应用实例：一个是台风过境时海表温度、海表叶绿素浓度等海洋环境参数的时空变化；另一个是利用全球的气候态盐度数据来提取全球主要大河的冲淡水的区域，并对其面积进行统计。

第 6 章对本论文的主要的研究内容进行了总结，阐明论文的创新点，提出论文的不足和进一步研究展望。

2 数据服务与海洋卫星数据服务

2.1 数据服务

数据服务有利于对数据源的数据进行有效的管理，可以有效降低数据源变更所带来的系统更新和维护的代价，还便于用户对数据源的数据动态发现，透明获取，所以有关数据服务的研究越来越成为研究的热点问题。

2.1.1 数据服务的概念

数据服务的观点来源于将数据当作服务（data as a service）提供给用户，传统的 Web 服务是通过封装应用程序访问数据，而数据服务则是直接对底层数据进行封装（蔡海尼等，2009）。

随着计算机网络技术的发展，尤其是 Web Service 技术的发展，数据服务已经在各行各业，尤其是在科研教育领域内得到了一定的发展，但是在不同的领域内或数据服务的实现中，数据服务的含义却存在较大的区别。现阶段，数据服务还没有统一的定义，但是大部分的观念都认为数据服务是能够通过网络实现数据的管理、访问、集成、共享、互操作、信息提取等功能的服务（沙一鸣，尤晋元，1997；谢兴生，庄镇泉，2009）。随着技术与需求的不断发展，数据服务的内容和形式也越来越多种多样。

Manu M R（2005）和 Richard Manning（2007）认为数据服务是随着面向服务的架构 SOA（Service Oriented Architecture）技术的发展而发展起来的，尤其是数据服务层作为 SOA 架构的重要组成部分在数据集成、共享等相关领域有着非常重要的作用。蒋军（2007）认为数据服务可以看作是数据集成平台中具有特定功能和结构的自包含、自描述、可复用的功能模块。在 SOA 架构中，数据服务层通过提供标准的 API 接口来提供数据服务。而另一方面，数据集成平台可以为数据服务发布 Web 服务接口，使集成的数据能够被不同网络应用所共享。

对于数据管理者而言，网络时代的数据管理已经不同于传统的数据库管理。传统的数据管理主要集中于数据库的管理，即对数据本身的管理，并基于 Client/Server 模式和数据库进行相关的数据应用开发。同时，基于安全的考虑会使用专用驱动程序和数据通信协议，但是这种程序和协议很难与 Internet 的协议进行通信，导致传统的数据库应用程序很难在 Internet 上使用。所以，对于数据管理者而言，互联网时代的主要任务就是将数据封装成能够在互联网上通信的服务，并对这些服务及支持这些服务的数据进行有效的管理和维护。正如 Sybase 公司的宋一平所说："今天的数据管理已经不再是传统的数据库管理了，因为企业现在需要的已经不仅仅是对数据本身的管理，更重要的是对数据的服务的管理。"（田梦，2007）

谢兴生（2007）认为，要让被动数据源主动对外服务，一般需要借助一个被称为数据源"本地数据服务代理"的对象来实现，简称源代理。它是数据源所属网络节点或局域网上一个可独立运行的服务对象，至少能够具备以下两个功能：①能够根据本地数据源的"特性和能力"，主动对外发布数据服务；②当外界根据源代理已发布的数据服务信息，向源代理发出指定服务请求时，源代理能够从由它代理的数据源中提取出相关的数据，并能根据外界数据标准进行一定的规范变换，然后提交给外界请求对象。具体的方法是将每个"异构数据获取与处理描述包"封装为一个数据服务单元，这样就可以将局域网范围内一个或是多个数据源，抽象为一组数据服务单元，其中每个数据服务单元相当于针对数据源的一个预处理查询，不仅可以被执行，而且可以对外发布。图 2.1 是谢兴生（2009）设计的一套描述"数据服务单元"的本体描述模型，它主要包括单元对外发布的服务简介信息和与单元执行有关的数据处理信息两部分。其中，服务简介信息包括服务名、服务描述、一组输入特征参数，每个参数对应领域本体中的一个概念，输出参数集本质上就是 DS－cell 的输出数据项名集；数据处理信息则包括一个"异构数据获取与处理描述包"以及可执行该描述包的"数据代理"定位信息。

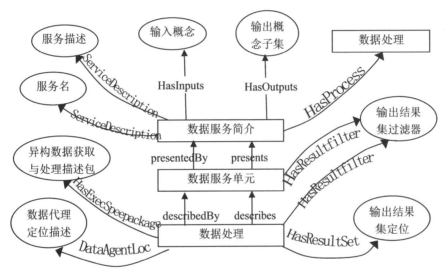

图 2.1　"数据服务单元"的本体描述模型（谢兴生，2009）

张延松等（2008）认为数据服务是面向数据库访问的 Web Service，具有 XML 访问接口与 XML 格式的数据访问结果集。温彦等（2012）认为，传统的数据集成方法缺乏一个统一的数据模型和查询方法来即时、动态地获取互联网上的数据，为了弥补这一缺陷，引入了数据服务的概念。利用服务的形式对网络上的数据源加以封装，从而屏蔽了对数据源的未知性和动态性，并且给出数据服务的定义如下：数据服务（data service，即：ds）是一个四元组 ds =＜uri，dataSchema，operations =｛operation｝，metadatas =｛metadata｝＞，其中 uri 是数据服务的唯一标识，dataSchema 为数据服务所封装的业务数据的数据模式，operations 是该数据服务上支持的数据操作集合，metadatas 是元数据的集合。元数据 metadata =＜name，value＞，name 是该元数据的名称，value 是数据服务对应的该元数据的值。数据服务的操作是获取数据内容的手段，它提供了对数据服务所封装的全部或者部分数据的获取方法，其输入输出参数可以映射至数据模式片段。数据服务的元数据包括诸如数据质量（实时性、一致性等）、服务质量（可用性、响应时间等）、数据生命周期（更新频率、更新方式、数据量等）以及领域分类、地理位置等信息。

如上所述，数据服务就是通过一系列网络服务协议和标准（Http、XML、SOAP、WSDL、UDDI 等），在网络上异构的数据环境中以数据服务将数据源进行封装，并以网络服务的形式提供给用户。所以数据服务的本质是为其他系统应用提供一个数据访问代理或是接口（宋琦，2009）。对于用户而言，数据服务就是数据提供者，用户可以透明地通过数据服务提供的简单接口获取原本异构、分散的数据。而对于数据源而言，数据服务是唯一的用户，这样就将其他用户对数据源屏蔽了，使数据源的安全性得到了进一步的提高。

2.1.2 数据服务的内容

宋琦（2009）认为，数据服务的内容（图 2.2）主要包括以下几点：数据源的元数据、数据源的连接配置、数据服务查询脚本、数据服务间的依赖关系、数据服务的元数据以及权限控制和安全策略。从图 2.2 中可以看出，数据服务对用户屏蔽了数据访问的细节，为用户提供了一个虚拟的全局数据视图，网络用户可以通过数据集成平台系统提供的统一接口对集成数据进行访问，而且数据服务是数据集成平台中各个模块的核心，可以将数据服务开发工具、数据服务管理平台以及数据服务管理平台联系起来。

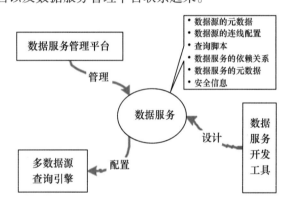

图 2.2　数据服务和数据集成其他模块的关系（宋琦，2009）

李岩松（2005）认为，在光学字符识别（OCR）领域内，数据服务的内容包括：基本数据和文档服务（文档理解识别服务、人工校验加工服务、文档格式转换服务和数据定制整理服务）和可扩充数据服务（机器和人工翻译服务、动画制作服务以及工程设计服务）两大类。

张胜（2011）则认为，数据服务在 SOA 出现后，走向互联网。并指出基于元数据管理的数据服务能够实现：组织和维护数据、为数据目录和数据交换提供信息以及提供数据转换信息 3 个方面的内容。

2.1.3 数据服务的关键技术

目前实现数据服务的主要途径是 Web Service 技术，Web Service 是组件技术 CORBA 和 DCOM 在 Web 上的部署，支持 Web 上的分布式计算和应用（Cauldwell P.，2001）。它通过标准的协议构建异构平台之间的通信，关注的是平台上通信对象的属性、方法以及接口，其他有关对象在平台中的实现细节与环境并不是 Web Service 所关注的。在客户端，首先获取服务端的服务描述文件 WSDL，解析该文件的内容以了解服务端的服务信息和调用方式，然后根据需要生成恰当的 SOAP 请求消息（指定调用的方法，已经调用的参数），发往服务端，等待服务端返回的 SOAP 回应消息，解析得到返回值。在服务器端，首先接收客户端发来的 SOAP 请求消息，解析其中的方法调用和参数格式，然后根据客户端的需要生成服务描述文件 WSDL 以供客户端获取。根据 WSDL 的描述，服务器端会调用相应的 COM 对象来完成指定功能，并把返回值放入 SOAP 回应消息返回给用户。

图 2.3 是 Web Service 的体系架构，其中：

WSFL（Web Services Flow Language）是 Web Service 流程的语言，可以定义 Web 服务操作的执行顺序。

UDDI（Universal Description，Discovery and Integration）是允许用户和应用去查找所需 Web Service 的一种特殊的 Web 服务，是由 WSDL 描述的 Web Services 界面的目录。

WSDL（Web Services Description Language）是 Web Service 描述语言，是一个基于 XML 的语言，用于描述 Web 服务的内容、参数、属性等信息。

XML（eXtentsible Markup Language）定义了一种通用的表示数据和集中数据的通用的简单方法。

SOAP（Simple Object Access Protocol）使用 XML 作为消息去定义一个通用的 Web Service 请求，使应用程序简单地继承起来。

Web 服务使用 HTTP 和 Ftp 进行通信，将所有的消息都基于 XML 封装成 SOAP，然后用 WSDL 对 SOAP 进行描述，包括 Web 的接口和访问等，UDDI 为服务定义了目录结构。

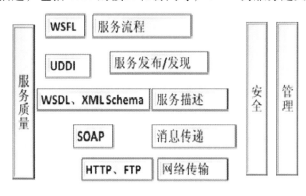

图 2.3　Web Service 体系架构

2.1.4　数据服务的实现

BEA 公司在 2005 年提出的数据服务既可以直接构建于 SQL 语句或存储过程之上，也可以构建于实体关系模型之上（Padm et al.，2006；蔡海尼等，2009）。但面向服务的架构 SOA（Service – Oriented Architecture）是目前实现 Web 服务的主要架构方式，可以将网络应用系统和平台上的各个功能模块通过服务定义良好的接口和契约联系起来，实现 Web Service。其中接口是采用独立于硬件平台、操作系统和编程语言的中立的方式定义的，这样可以使构建的 Web Service 应用平台中的各个服务都以统一和通用的方式进行互操作（毛新生，2007；沈惠璋等，2010）。

Fujun Zhu 和 Mark Turner（2004）提出了一种面向服务的数据集成架构（service-oriented data integration architecture，SODAI），并实现了一个原型系统 IBHIS（Integration Broker for Heterogeneous Information Sources），系统中数据集成是由代理服务（Integration Broker Service，IBS）和数据接入服务（Data Access Service，DAS）构成的两层结构。其中数据接入服务是连接到多个物理数据源的接口，而数据代理服务是对数据接入服务的进一步集成和扩展，可以对外提供多种功能性服务。数据代理服务首先需要注册到一个系统内的 UDDI 注册中心，消费者使用数据服务时，先在服务注册中心查找出相应的服务代理，然后再根据相应的规则来调用服务代理，服务代理再调用数据接入服务，接入服务完成数据服务请求，最后将请求的数据结果返回给用户。

Reveliotis P 和 Carey M（2006）在 Oracle 公司数据服务中间件的基础上对其进行了 Web 服务封装，使其能够满足 Web 服务的需求。Oracle 公司数据服务中间件也是两层结构，底层为物理数据服务，上层为逻辑数据服务。物理数据服务和逻辑数据服务都不是 Web 服务，但系统可将任意的物理数据服务或逻辑数据服务包装为 Web 服务。用户可以根据需求将一部分逻辑服务或物理服务包装成 Web 服务，提供对外的数据服务的接口。

谢兴生（2007）提出了一种将每个"异构数据获取与处理描述包"封装为一个数据服务单元（data service cell，DS-cell），把局域网范围内一个或多个数据源抽象为一组 DS-cells，实现可对外提供数据的服务。这些数据服务单元包括单元对外发布的服务简介信息和与单元执行有关的数据处理两方面。

目前，数据服务的实体一般是与某个特定的应用实体相关联的，它具有应用实体某些特性的同时也具有数据源的某些特性。而这种在应用程序上建立的数据访问，既可以是单独构建的，也可以是集成在应用程序平台中。图 2.4 是蔡海尼等（2009）给出的基于数据服务的两种数据访问方式。

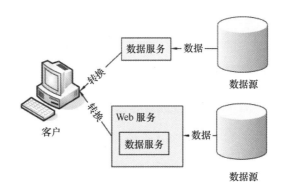

图 2.4　基于数据服务的数据访问方式（蔡海尼等，2009）

李帅等（2010）提出了一种基于 SOA 的数据服务架构，如图 2.5 所示，通过在 3 个角色之间制定统一的标准和规范，将数据以服务的形式由数据提供者进行注册，以服务的形式由数据使用者使用。其中数据服务提供者是一个可通过网络寻址的实体，可以是一个系统的后台数据库，也可以是其他的数据形式，主要提供与数据服务有关的数据服务器或是数据地址的信息的解析标准，并将这些服务和接口契约发布到服务注册中心，以便数据服务请求者可以发现和访问这些服务。数据服务请求者是共享数据的消费者，它向服务注册中心发出请求，寻找所需的数据服务，并根据服务的接口规范和契约进行服务绑定，最终获得所需的数据服务。数据服务代理对数据服务提供者及数据服务进行统一管理，并负责按照提供服务的不同对注册服务提供者进行分类，同时，提供数据服务目录，是数据服务提供者与数据请求者连接的桥梁，数据服务提供者向它注册服务，而数据服务请求者通过它查询所需服务接口信息，用以访问（李帅等，2010）。

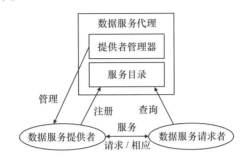

图 2.5　数据服务的 SOA 架构（李帅等，2010）

从以上的分析中可以看出，数据服务一方面可以对内访问底层数据源；另一方面对外提供数据及信息，它是以提供数据及信息为主要目的的服务。数据服务对外提供 Web 服务接口，用户通过 Web 服务访问数据。数据服务本身可以有复杂的层次结构，并且可以复用。

2.2　空间数据服务

空间数据用来描述地球表面与空间位置有关的各种事物的特征和属性，所以空间数据既包括空间信息，也包含属性描述信息。空间数据服务简单地讲就是将空间数据当做服务（data as a service）提供给用户。面向服务的思想及 Web Service 技术的发展对空间地理信息产生了极大的影响，促使空间信息的应用模式从封闭的地理信息系统走向了标准、开放的地理信息服务。

2.2.1　ISO 空间数据服务

国际标准化组织（International Organization for Standardization，ISO）的地理信息委员会（ISO/TC211）负责制定和发布数字空间数据的有关标准，其主要目的是为了使空间信息得到更为广泛地理解和使用提供空间数据的获取、集成和共享，提高数据使用的经济效益等。ISO/TC211 标准的发展大体经历了 3 个阶段：①空间数据标准；②基于位置的服务（Location – based services）和影像标准；③信息交流（主要是针对特定领域的标准）。

2005 年，ISO/TC211 发布了《Geographic information Services》（ISO 19119：2005）标准，对空间数据信息服务进行了详细的定义和阐述。ISO 19119：2005 标准为特定的空间数据信息服务，尤其是相关的软件开发提供了一个标准的、抽象的框架，使得通过这些已经定义的标准的接口实现空间数据的互操作，并能够通过服务元数据的定义来支持数据目录服务的创建，而且这种抽象的框架可以通过多种方式来实现。

ISO 19119 空间数据服务标准是在公开分布式处理参考模型（ISO/IEC 10746）的基础上发展起来的，是通过 3 个视点（计算、信息、工程与技术）定义了一系列组件、连接与拓扑的框架。这 3 个视点具体阐述如下。

从 ISO 19119 计算的视点看，服务有 3 个重要的部分，即服务、接口和操作。服务是有实体通过接口提供有特殊功能的部分，接口是对实体提供服务的操作名，操作是一个对象可以转换或查询的执行规范，一般包括名称和参数列表。服务可以通过一组操作的一系列的接口获得。将这些操作的接口按照用户的需求进行组合和聚集，就形成了满足不同用户需求的服务。

从 ISO 19119 的信息的视点来看，服务主要关心的是信息处理过程中的语义问题。每一个服务都需要通过操作定义它的语法接口，通过描述操作的意义和合理的执行次序来定义它的语义。空间信息服务主要包括 6 个方面内容：①人员交互服务，主要是提供用户界面、图形图像、多媒体以及综合文档的展示等服务，例如目录视图、地图视图、地图编辑器等；②模型/信息管理服务，主要是开发、生成、存储元数据、概念性的 schemas 和数据集，例如矢量、地图、地面覆盖、目录等的获取服务；③工作流或称任务流服务，支持与人类特定活动相关的特殊任务和工作，由处在不同工作或任务阶段的人员完成，包括服务链的定义以及流程的执行等；④程序处理服务，包括空间处理服务（定义投影坐标及转换、几何校正、剪切等空间处理服务）、专题处理服务（专题分类、地图综合等专题处理服务）、时态处理服务（时态参考系的转换以及时间切片服务）、元数据处理服务等，例如要求服务程序执行按天的数据的检查等；⑤通信服务，主要是为服务在通信网络中的通信进行编码和转换；⑥系统管理服务，主要管理系统的组件、应用、网络以及用户注册及权限等。

从 ISO 19119 的工程的视点来看，空间数据服务主要是如何通过网络实现或是获得分布式的服务。ISO 19119 是利用一个四层分布式的架构模型来实现这种分布式的服务的（Percivall, G., 2002）。

2.2.2　OGC 地理空间数据信息服务

开放地理空间信息联盟（Open Geospatial Consortium，OGC）结合 Web Service 技术，定义了开放地理数据信息服务框架（OpenGIS Web Service Framework，OSF）（OSF，2010），建立了开放地理信息服务（OpenGIS Web Service，OWS）（OWS，2010）的互操作协议栈。OSF 是一个基于开放标准的在线信息服务框架，定义了一系列可以被应用程序所使用的服务、接口和协议，能够无缝集成各种在线空间信息服务，使得各种分布式空间处理系统能够通过 XML 和 HTTP 技术进行交互。OSF 是抽象体系结构，而 OWS 互操作协议栈是实现这种抽象体系结构的技术集合。

曾鸣（2011）将 OGC 空间信息服务分为注册服务、处理服务、描绘服务以及数据服务四大类，每个大类又分为若干子类，如图 2.6 所示。刘伟（2010）却认为按照 OGC 的开放空间数据网络服务的体系架构，如图 2.7 所示，分为处理服务、绘制服务、数据服务、编码服务、注册服务、客户服务六大类。其中空间数据服务是主要提供空间数据 Web 访问能力的服务，主要包括 Web 要素服务（WFS）和 Web 覆盖服务（WCS）。在 WFS 中包含 5 个操作：GetCapabilities、DescribeFeature、GetFeature、Transaction 和 LockFeature。WCF 是使用网络 HTTP/SOAP 协议实现对栅格数据的访问，既可以访问栅格数据地理空间信息也可以访问栅格数据的属性信息。WCS 能够实现 3 种操作：GetCapabilities、GetCoverage 和 DescribeCoverage。

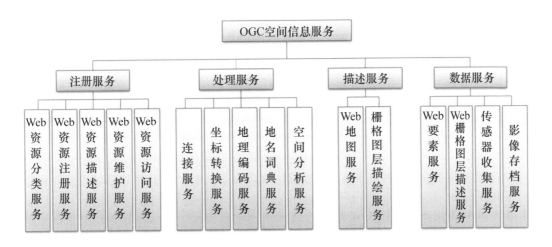

图 2.6 OGC 空间信息服务分类（曾鸣，2011）

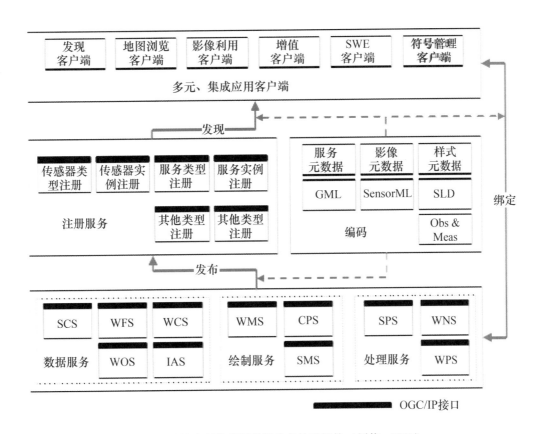

图 2.7 开放空间数据网络服务的体系架构（刘伟，2010）

2.2.3 ESRI 的空间数据服务

美国环境系统研究所公司（Environmental Systems Research Institute，Inc.，ESRI）成立于 1969 年，是目前世界上最大的地理信息系统技术提供商之一。ArcGIS Server 是 ESRI 公司提供的一个用于构建集中管理、支持多用户的将 GIS 技术与 Web 服务技术相结合的能够提供空间数据管理服务、制图服务、地理处理服务、空间分析服务等应用平台。

ArcGIS Server 能够将分布式管理的空间数据应用系统或平台通过 Web 进行集中式管理，有效地降低了系统维护和管理的成本，并且能够使用户在不需要安装或是安装少量 GIS 软件的情况下进行较为复杂的 GIS 操作和应用。另外，ArcGIS Server 提供了能够满足多种形式和层次的应用需求的定制和开发工具和组件，能够使用户利用主流的网络技术定制适合自身需要的 Web GIS 空间数据应用系统。

ArcGIS Server 是一个多用户的 GIS 服务器，由 GIS 服务器和 Web 应用开发框架（ADF）两大部分组成。GIS 服务器是一个核心 ArcObjects 的组件库，能够运行在 Windows 和 UNIX 系统中管理 GIS 应用的软件。Web 应用开发框架（ADF）是一组可以用于 Web 开发的 ArcObject 组件，能够用来开发基于 Web 的应用系统，也可以用来开发新的 Web 服务。

2.2.3.1 ArcGIS Server 服务内容

ArcGIS Server 将 GIS 的各种资源（地图文档、数据、工具、模型等）作为服务发布，这些服务既可以被其他 ArcGIS 产品直接使用，也可以成为 Web Service 访问 GIS 资源的服务接口。ArcGIS 能够发布的服务及相对应的 GIS 资源如表 2.1 所示。ArcGIS Server 是支持 OGC 标准的，能够发布基于 OGC 标准的 WMS、WFS、WCS、GML、KML、WPS、WMTS、Metadata 地理空间数据服务。它不直接支持 WMS 服务的，而是通过地图样式表（Styled Layer Descriptor – SLD）对 WMS 服务进行图层渲染。SLD 也是一种基于 OGC 标准的规范，它在 WMS 服务中加入特定的 XML 用于描述要素或者图层的风格，即 SLD 可以指定 WMS 中特定的图层用特定的地图要素符号进行表现。同时，WMS 服务在 capabilities 文件中声明 SLD 所有的渲染样式供客户端选择。所以 ArcGIS Server 是基于 OGC 标准来实现分布式数据共享、交互操作的。

表 2.1　ArcGIS 资源与 ArcGIS Server 中的服务

服务类型	GIS 资源	ArcGIS Server 中的服务
Map service	地图文档资源	Mapping、Geoprocessing、Network Analysis、WCS、WFS、WMS、Mobile data、KML、Geodatabase data extraction and replication
GeoCode Service	地理定位服务	Geocoding
Geodata service	地理数据库	Geodatabase query, extraction, and replication、WCS、WFS
Clobe service	Globe 文档	3D mapping
Geometry service	不需要 GIS 资源	Geometry services
Geoprocessing service	工具箱	Geoprocessing
Image service	栅格图层或是可编辑的影像服务定义	Imaging、WCS

2.2.3.2 ArcGIS Server 空间服务架构

图 2.8 是 ArcGIS Server 空间数据服务体系的架构，从图中可以看出 ArcGIS Server 的架构大体分为 3 层，包括客户端（表达层）、服务层和数据层。GIS Server 可以对数据层的空间数据进行封装，向局域网上客户端的用户提供 GIS 服务或是再将 GIS Server 利用 Web Server 技术进行封装向互联网上的用户提供 GIS 服务。

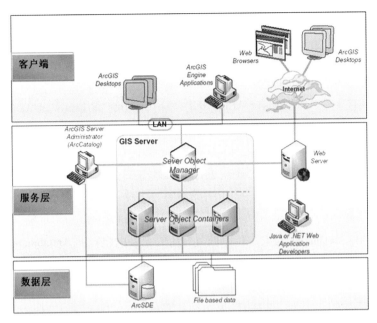

图 2.8 ArcGIS Server 空间数据服务体系架构

具体来说，服务层的 GIS Server 本身包括服务对象管理器（Server Object Manager，SOM）和服务对象容器（Server Object Container，SOC）。当外部发出请求时，GIS Server 首先连接到 SOM，每个 SOM 主机只有一个 SOM 进程，SOM 管理分布的一个或是几个 SOC，并将 GIS Server 请求分发到相应的 SOC，SOC 是服务实际执行的容器，可以将底层的空间数据按照服务的要求进行封装，执行服务操作，并将服务执行的结果返回给 SOM。SOC 是分布环境中 SOC 主机上运行的进程，每个 SOC 主机可以有一个或是多个 SOC 进程，每个 SOC 进程对应一个 Server Context，Server Context 可以直接调用 Sever Objects，而 Server Objects 是粗粒度的服务对象，可以进一步调用其他多个 Server Object，例如 esriCarto MapServer 可以提供地图文档访问，进而通过地图文档访问地图文档中的各个对象，例如 MapServer – > Map – > Layer。但是需要注意的是，一个服务器对象也可以是一组无状态的方法，例如地图输出（MapServer，ExportMapImage），也可以提供 Web Service 的接口，例如提供 SOAP 接口来处理 SOAP 请求（MapServer，HandleStringRequest）。

2.2.3.3 ArcGIS Server 的网络服务

ArcGIS 提供了两种类型的 Web Service 创建方法：GIS Web Service 和 Application Web Service。GIS Web Service 将 ArcGIS Server Object（Local data source）发布为 ArcGIS Server Web Service（Internet data source）的 ESRI 标准，通常不用于开发，而用来发布信息和提供资源，ArcMap 就可以直接使用 GIS Web Service 的资源而不用进行任何开发。另外，通过定制或是应用开发，Web ADF 控件和 Common API 也可以使用 GIS Web Service 发布的资源。GIS Web Service 基于标准 Web Service，所以它可以作为传统 Web Service 来使用，ArcGIS Server 提供了 SOAP API 可以对其进行相关的开发。Application Web Service 是基于标准 Web Service 建立的应用，使用一种 ESRI 的 data source 进行开发。web service 可充分利用 ESRI 提供的各种 data source specific API 的所有功能，例如 MapServer 和 GeocodeServer 对象，同时具有 SOAP 接口，

315

能够处理 SOAP 请求。ArcGIS Server 的 SOAP API 是一个基于 SOAP 标准使用 ArcGIS Server 服务通信的 XML 结构的语言。由于这种能力是在服务器对象级别启用,作为一个开发者可以与服务器交互,例如,MapServer 的 SOAP 的代理和 IMapServer 的 ArcObjects 的 COM 接口的 ExportMapImage 方法,虽然协议和类型不同,但使用效果大致相同。

ArcGIS Server 有 3 种 API:Server API,NET Web Controls 和 Java Web Controls。Server API 就是 ArcObjects 的对象库。网络 ArcObjects 编程需要了解各种网络编程协议和规则,包括:如何连接到服务器;如何得到运行在服务器上的服务对象;如何在服务器上创建新的对象等,然后完成自己 GIS 服务的相关功能。ArcGIS Server 对象包括细粒的 ArcObjects 对象和粗粒的 ArcObjects 对象,它们可以根据应用需求,按功能逻辑组成不同的组件,完成一个复杂的 GIS 功能。例如,SOM 服务器上的 MapServer 和 GeocodeServer 对象就是粗粒的 ArcObjects 对象,SOC 服务器对象 Layers 对象是细粒的 ArcObjects 对象,可以被其对应的上层的粗粒的 ArcObjects 对象调用。

ArcGIS Server 提供了 .NET 和 Java 两种应用开发框架(Application Developer Framework,ADF),它们是由一组 Web 控件、应用模板、开发帮助和示例组成,同时,它也包含一个用于部署 GIS Web 应用的运行时。应用模板包括:Map View Template、Search Template、PageLayout Template、Thematic Template、Geocoding Template、Buffer Selection Template 以及 Web Service Catalog Template。Web 控件包括:Map control、PageLayout control、TOC control、Overview Map control、Toolbar control、NorthArrow control、ScaleBar control、Impersonation control。应用模板一般包括 2~3 个这些 Web 控件,应用模板使开发人员在使用 GIS 服务器上的 ArcObjects 构建和部署 .NET 和 Java 的 Web 应用更加容易,初学者可以将它作为 GIS Web 服务应用开发的起点。另外,ADF 可以通过控件 Resource Managers 来对 GIS Server 所发布的各种服务资源进行连接和管理。

ArcGIS API for Flex 是 ArcGIS Server 的扩展开发组件,可以结合 ArcGIS Server 构建和发布的 GIS 服务资源(如 Map service、Geodata service 等)和 Flex 提供的组件(如 Grid、Chart 等),开发出基于 Internet 网的、交互体验良好的 Web 应用。Flex API 是通过 ArcGIS Server REST(Representational State Transfer)API 访问 GIS Web 服务的。REST 通过 url 的方式来访问服务的根目录,这些根目录下的服务是 REST 服务里的资源,主要用来描述服务的属性信息,而操作则基于该服务能够实现的功能,例如查询、搜索、生产 KML 等。由于受到 REST 的一些限制(例如 REST 是无状态的),从客户到服务器的每个请求都必须包含理解该请求所必需的所有信息,不能利用存储在服务器上的上下文,所以 Flex API 不适合构建复杂的 GIS service。但是,不论是对数据服务访问还是应用开发,Flex API 都比较简单,而且利用 Flex 的浏览、查询速度都比较快。

综上所述,在一个前端的应用中,我们可以直接使用 REST API、SOAP API,也可以使用自定义的 Web Service,而我们的 Web Service 可能来自于 ADF、SOAP、ArcObjects 或者是它们任意的组合。

2.3　海洋卫星数据服务

2.3.1　海洋卫星数据服务系统架构

本论文构建的基于 Web 的海洋卫星数据服务系统 OSDSS 包括四个层次,即数据层、数据服务层、数据服务支持层、服务应用层，如图 2.9 所示。

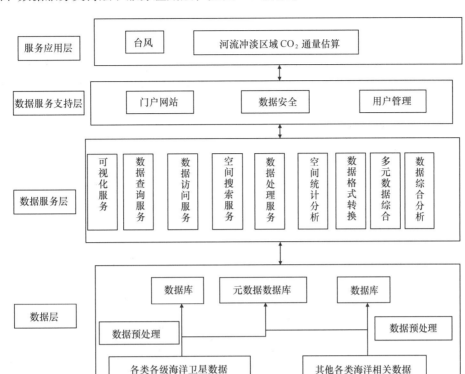

图 2.9　面向服务的海洋卫星数据服务系统 OSDSS 四层架构

最底层为数据层，主要负责将各类海洋卫星数据以及相关的其他海洋数据产品经过预处理程序存入数据库中，同时对数据的元数据信息进行处理并入库。目前，本研究处理的海洋卫星数据主要包括：①由国家海洋局第二海洋研究所的卫星海洋环境动力学国家重点实验室生产海洋生产的水色水温数据产品（L3 和 L4，如图 1.6 所示）；②多年来从国内外各个卫星分发机构收集到的海洋卫星数据产品（例如 NASA JPL 的 QuikSCAT 的风场数据产品）；③其他类型的数据主要包括部分实测数据、搜集到的其他数据（例如海洋基础地理信息数据，1:400 万比例尺的行政区划等）。

数据层的上一层是数据服务层，在这一层需要实现的数据服务包括：数据查询服务、数据访问服务、数据按空间搜索服务、数据按客户要求进行处理的服务、数据格式转换服务、数据可视化服务、多源数据综合显示服务、数据综合分析服务。

数据服务层的上一层数据服务支持层，包括支持数据服务的门户网站，为了数据的安全而进行用户权限管理的支持等。

数据服务支持层的上一层是服务应用层，本研究将此服务系统应用于台风过境期间海洋卫星遥感参数的时空变化分析，河流冲淡水区域面积计算和二氧化碳通量的计算。

由于本服务系统采用了 SOA 的技术进行架构，所以系统的各个服务可以按照事先约定的规范单独进行设计和开发。而且这样的系统在数据或是需求增加的时候也很容易进行扩展。

2.3.2　海洋卫星数据服务系统技术路线

海洋卫星数据服务系统 OSDSS 的架构是基于 SOA 的四层架构，包括：数据层、数据服务

层、数据服务支持层和服务应用层，如图2.9所示。而这四层架构利用GIS服务与Web服务技术实现的技术路线如图2.10所示。

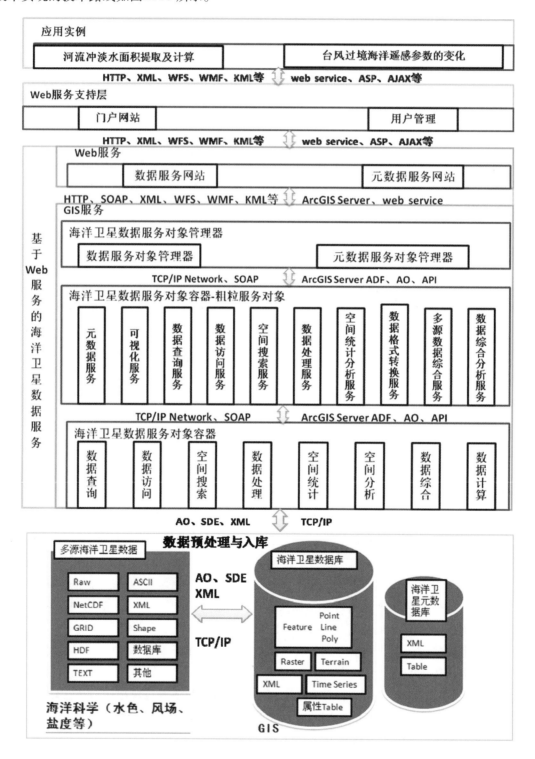

图 2.10 海洋卫星数据服务系统 OSDSS 技术路线框架

首先，数据层的各类数据经过数据的预处理存入数据库，同时生成元数据并将相应的元数据存入元数据库。数据预处理包括数据格式、投影坐标、语义等的转换，数据的预处理的大部分工作主要是利用 ArcEngine 将各类数据转换为 Geodatabase 中数据类型的过程。

其次，在数据库和元数据库的基础上，海洋卫星数据服务层利用 ArcGIS Server 技术构建海洋卫星数据服务对象。这些服务对象包括海洋卫星数据的可视化、数据查询、数据访问、数据搜索、数据处理、空间统计、空间分析、数据综合、数据计算等。但是这些服务对象是在更细的对象的基础上构建的：可视化服务对象，就包括点、线、面、网格以及栅格数据的可视化服务以及制图服务等服务对象；数据查询服务对象包括数据按时间查询服务对象、数据按查询服务对象等；数据访问服务对象包括数据目录访问服务、元数据访问服务等服务对象；空间搜索服务对象包括数据按一定的空间范围搜索服务等服务对象；数据处理包括数据裁剪、数据投影坐标系转换等数据处理服务对象；空间统计包括长度统计服务、面积统计服务等服务对象；空间分析包括缓冲区分析服务、路径分析服务等服务对象；数据综合包括图层服务、数据地图服务等服务对象；数据计算包括栅格数据计算以及矢量数据合并等数据服务对象。将这些基本的较细粒度的服务进行组合形成粗粒度的数据服务，而海洋卫星数据服务对象管理器和元数据服务对象管理器对这些粗粒度的服务进行管理。

利用 Web Service 技术在对基于 GIS Service 的海洋卫星数据服务对象管理器进一步进行封装，使其在 Internet 上的客户端的用户，即使不安装 GIS 软件，也能够使用 GIS 的功能。并在此基础上开发了相应的门户网站，并对访问网站的用户进行管理。

最后，以台风过境期间海洋遥感参数的时空变化与河流冲淡水面积提取及统计作为应用实例来进一步说明海洋卫星数据服务的使用。

2.4 本章小结

本章首先介绍了数据服务的概念，尽管对于数据服务目前还缺乏统一的定义，但是数据服务通常被认为是通过一系列网络服务协议和标准（Http、XML、SOAP、WSDL、UDDI 等），在网络上异构的数据环境中以数据服务将数据源进行封装，并以网络服务的形式提供给用户，其本质是为其他系统应用提供一个通过网络访问数据的代理或接口，屏蔽了数据源。还介绍了数据服务的内容，包括数据源的元数据、数据源的连接配置、数据服务查询脚本、数据服务间的依赖关系、数据服务的元数据以及权限控制和安全策略等内容。并进一步介绍了数据服务实现的关键技术以及前人在实现数据服务方面所做的研究。

其次，介绍了空间数据服务的相关内容，包括应用最为广泛的 ISO 和 OGC 的空间数据服务标准及规范，以及国内外基于 ISO 与 OGC 的空间数据服务的研究成果。之后，着重介绍了 ESRI 的空间数据服务 ArcGIS Server，它是支持 ISO 和 OGC 数据信息服务标准的商业软件平台。

最后，提出了本研究构建的海洋卫星数据服务系统 OSDSS，详细介绍了该系统的架构，阐述了该系统实现的技术路线。OSDSS 是一个基于 SOA 的四层架构，并利用 GIS Service 和 Web Service 技术相结合来实现海洋卫星数据可视化、数据查询、数据访问、数据搜索、数据综合分析等数据服务功能。

3 海洋卫星数据模型及数据库

海洋科学数据作为地球空间数据的重要组成部分，不仅具有一般地球空间科学数据的共性（如空间属性），还具有它特有的属性，例如高动态性、边界模糊等特点。海洋卫星数据是海洋科学数据的重要组成部分，具有海洋科学数据的一般特点。海洋卫星数据服务系统OSDSS 首要任务是在充分研究和了解海洋卫星数据特点的基础上建立起适合海洋卫星数据的数据模型，并在此模型的基础上建立海洋卫星数据库。所以研究海洋卫星数据服务首先要研究如何通过数据库管理系统来更为有效地综合管理海洋卫星数据，从而建立高效的数据库管理服务系统，来负责数据预处理、数据入库、数据存储以及数据备份等功能。因此，分析各类海洋卫星数据本身的特点，按照各自的特点设计合理的数据模型和数据库结构，并建立海洋卫星数据库管理系统是 OSDSS 的基础。

3.1 海洋卫星数据的时空特性

海洋卫星数据通常来源于不同卫星平台、不同传感器、不同的分发机构和组织，因此，海洋卫星遥感按获取时利用的电磁波范围可分为可见光遥感、红外遥感和微波遥感；按照获取信息能动方式可以分为被动遥感和主动遥感；按照探测的内容又可分为海洋动力与环境要素监测、海洋水色监测、海岸带及海岛绘制（吴培中，1993）。其中，利用海洋卫星技术监测海洋动力与环境要素的主要内容包括：海面风场、浪场、流场、潮汐、锋面、海冰形貌等海洋动力相关的参数；利用海洋卫星遥感技术探测海洋水色信息主要包括海水中叶绿素浓度、悬浮泥沙含量、污染物质、可溶有机物等要素；利用海洋卫星遥感技术进行海岸带遥感测绘主要包括海岸线及其演变的监测、滩涂和岛礁地形地貌的确定和绘制、沿岸工程环境的调查、浅海水深和水下地形的测量、地质构造和植被分布的调查等（李四海、刘百桥，1996）。相对于常规的海洋调查手段，海洋卫星遥感技术的优势表现在以下几个方面。

第一，海洋卫星数据覆盖的空间范围大。卫星遥感能提供大面积的海面图像，每幅图像的覆盖面积达上千平方千米甚至是上万平方千米，对海洋资源普查、大面积测绘制图及污染监测都极为有利。

第二，海洋卫星数据的获取不受地理位置、天气和人为条件的限制，可以覆盖地理位置偏远、环境条件恶劣的海区及由于其他原因不能直接进行常规调查的海区。

第三，卫星遥感获取的海洋信息量非常大。如美国海洋卫星在轨有效运行时间虽然只有105 d，但所获得的全球海面风向风速资料，相当于 20 世纪以来所有船舶观测资料的总和，星上的微波辐射计对全球大洋作了100 多万次海面温度测量，相当于过去50 年来常规方法测量的总和（邵全琴，2001）。

第四，海洋卫星遥感可以全天时对海洋环境进行观测，其中微波遥感更是可以全天候地实时、同步、连续地获得密集的海洋遥感数据，这就有可能同步观测风、流等信息，甚至是污染扩散、海气相互作用和能量收支等实时情况。

第五，卫星遥感能周期性地监视大洋环流、海面温度场的变化、鱼群的迁移、污染物的运移等。

总之，海洋卫星遥感为海洋的研究提供了信息量丰富而有效的数据，这些数据可以用来研究各种区域海洋现象变化，乃至全球海洋变化或是全球变化。基于海洋卫星遥感的特点，相比于以往的海洋现场观测数据，海洋卫星遥感数据也有自身的特点。

第一，海洋卫星遥感数据在空间上具有良好的连续性，因为就某一种海洋卫星遥感数据而言，它是以大致相同的空间分辨率进行连续采集而得到的，而不同的卫星遥感产品空间分辨率可能不同。

第二，海洋卫星遥感数据在时间上大都具有良好的时间连续性，因为海洋卫星一般具有固定的运动轨迹，会在大致相同的时间过境，这样的数据产品会有相对固定的时间分辨率，就算是海洋卫星的 3 级、4 级产品也多是按日、周、旬、月等时间间隔的表征某种海洋参数的产品。

第三，海洋卫星遥感数据是分级产品，具体的分级如图 1.5 所示，各级产品因各自处理方式不同而具有不同的数据表现形式。

第四，海洋卫星的传感器种类较多，不同传感器的数据处理方法和流程也各不相同，所以即使表征相同的海洋环境参数，其数据之间也是有差异的。

第五，海洋卫星遥感数据一般具有相对固定的时间分辨率和空间分辨率，例如 NASA 的 Ocean Color 提供的多种海洋卫星数据产品。

海洋科学研究离不开实测数据，实测数据既是进行海洋卫星参数反演研究的数据基础，也是验证海洋卫星数据可靠性的重要依据，这些现场实测数据也是其他数据和理论结果的最终参照物。所以，在本论文构建的海洋卫星数据服务系统 OSDSS 中，也收集了船测和浮标数据。这些实测数据通常没有固定的时间范围和获取设备，通常是由某个航测或者固定或是漂浮的浮标获得，一般存储为文本文件，所以往往是时空离散的。一般的船测数据只提供某些特定位置上的信息，这些信息可能是单点单信息，也可能是单点多信息，例如悬浮泥沙浓度的测量是单点单参数，CTD 剖面仪获取的导电率、温度和深度的数据是一个连续较短时间内某点垂线方向上的一组数据。而走航观测，可以获得沿航线的一组或是多组连续的观测数据。另外，利用船只测量仅能获得同一时间、同一地点的不同参数的数据，若要获得某一区域在某段时间内的连续观测数据，则需要对这一时间段内该区域多个站点的数据通过插值方法获取连续场来分析海洋现象。

除此之外，还用到了 NOAA 提供的数据。包括气候态月平均盐度数据，这是标准的网格化数据，也包括其他公开的历史船测数据集，主要的数据格式是文本，这些文本的一行存储某一位置（包括深度）在某一时刻获得的各类海洋参数。

综上所述，不同海洋数据的描述，数据的生产和处理的流程，使用的软件各不相同，甚至数据的语义和参考标准也不尽相同。在实现数据共享和服务时必须首先需要解决的问题就是数据异质性。对本文处理的各种海洋数据的特点总结如下。

卫星遥感数据（例如海表高度、海温、水色、风速等）、模式输出资料、同化资料和再分析产品（如 Levitus，COADS，HadSST 以及 NOAA 的 WOA09 的气候态产品等），这些数据的特点是在时空连续性好，数据一般按照时间顺序依次分布在固定的空间网格点上，通常为二进制、Netcdf 或 HDF 等文件格式。

现场观测数据（包括潮位，温、盐、流，水色，透明度，叶绿素，溶解氧等）通常是单点单变量，单点多变量，或是深度剖面一组数据，也有插值后得到的大面观测的数据。这些数据的特点是时空不连续，单个文件储存量不大，通常以文本或是 ASCII 码形式储存。

3.2 海洋数据模型研究现状

模型是现实世界的抽象和简化表达，数据模型的抽象过程也是信息的提取过程和信息关系的建立过程。当前 GIS 领域，由于关注的对象和应用的领域不同，采用和开发的 GIS 数据模型也不同。同时，由于人们对现实世界的认识在不断深入，应用需求也在不断扩展，对于诸多 GIS 数据模型，不能简单地认为哪种模型最好，能够最大限度地满足应用需求的数据模型才是科学合理的数据模型（李伟，2005），所以说，对 GIS 数据模型的研究仍为目前 GIS 科学的重要研究领域。对空间数据而言，时空数据模型能有效地表达空间信息的空间位置属性、主题属性和时态属性及其相互关系。目前，时空数据模型有以下几种：时空复合模型、连续快照模型、基态修正模型、时空立方体模型、时空对象模型、面向对象的时空数据模型以及关系时空数据模型、基于事件的时空数据模型、历史图模型等。薛存金（2008）进一步将以上的模型分为 4 大类：①基于空间位置的时空数据模型；②基于地理实体的时空数据模型；③基于时间的时空数据模型；④基于空间、时间、属性综合集成的时空数模型。但是这些时空数据模型大都是针对某一特定领域提出的，在海洋数据方面的扩展比较困难，无法表达连续的海洋空间现象。

海洋是一个动态的、连续的、边界模糊的时空信息载体，海洋环境数据具有时空多维动态性特点，空间三维、时态问题是建立该数据模型必须考虑的问题。现有时空数据模型在表达海洋数据时存在一些问题，苏奋振等（2006）认为，其原因主要包括 3 个方面：①原有的时空数据模型都是在陆地应用中发展起来的，而海洋数据与陆地数据差异较大，这些模型在表达海洋数据都会存在一些问题；②现有模型的时间性不强，只能记录某个或某几个时刻的状态，时间上不连续，基本上局限于 GIS 的研究范畴；③海洋现象的边界具有模糊性，而陆地对象的边界一般是突变的、清晰的，导致现有数据模型应用于海洋数据上有着空间连续性问题。因此，设计面向海洋环境的数据模型，是 GIS 在海洋专业领域应用研究的重要内容之一。

海洋空间信息和属性信息总是处于随时间的变化中，空间、时间及属性信息高度统一，而常用的海洋分析方法（如剖面分析、断面分析、时间序列分析等）都无法从空间、时间、和属性 3 个方面同时进行。因此，无法在时空统一框架体系下对海洋现象进行时空分析的主要原因是缺乏科学的时空数据表达、组织与存储的理论与方法。传统 GIS 的数据组织思想是把空间信息与属性信息结合起来，很少考虑时态信息。从上一节的分析中，可以看出海洋时空数据不同于其他空间数据，它具有多源性、多尺度及高动态性，除了数据格式不同外，还存在着数据语义异质性、分类标准、海陆数据空间标准的不一致问题。随着海洋 GIS 理论的发展，海洋时空数据模型的研究成为迫切需要解决的问题。目前，已有一些学者提出了海洋时空数据组织的概念模型。邵全琴（2001）针对跃层、涡漩、锋面、水团等海洋现象，提出了"场对象"的概念，并基于场对象的特性，提出了面向场对象的海洋 GIS 时空数据表达框架模型。李昭（2010）提出一种基于场和特征的海洋时空数据概念模型，并利用面向服务的技术对海洋时空属进行一体化的组织和实现。Dawn J. Wright 等（2007）总结了主要的海洋数据来源和特点，结合各海洋用户群体实际的应用需求，提出了 ArcMDM（Arc Marine Data Model）海洋数据模型。该模型采用了传统 GIS 表达地理对象数据的基本思想，将海洋要素表达为点、线、面、网格类型，给出了海洋数据概念模型框架和逻辑结构，并且将时间作为附加属性加入海洋要素属性域中，利用对象关系数据模型存储结构 Geodatabase 存储随时间变化的海洋观测数据、海洋数值模型计算的结果数据，实现了海洋要素时空数据访问、查询、存储、分析和展示功能。刘贤三等（2010）利用结合"数字海洋"原型系统实际应用需求和海洋要素产品的特点，对 ArcMDM 数据模型子模型 – 网格（mesh）提出了一种改进方案，增加了多级分辨率，更加适合海洋数值模拟输出数据的建模。

综上所述，通过对海洋数据时空特点的分析以及对现有的时空数据模型、海洋时空数据模型阐述，发现利用基于陆地应用的时空数据模型表达海洋数据是不合适的，而目前已有的各种海洋时空数据模型大部分还处在理论探索阶段，离实际应用还有大量的工作需要去做。

ESRI 的 ArcGIS 经过 30 多年的发展，为了解决一些专业领域的 GIS 问题，已经发展了多种数据模型，包括 ArcHydro（Arc Hydro Data Model）、ArcMDM、Arc Carbon Footprint Data Model 等。这些数据模型都是在充分了解各个领域的数据的空间特性的基础上，结合 ESRI 空间数据库（Geodatabase）的数据结构进行组织的。这些数据模型，能够满足相关领域在数据存储、集成、共享、分析等方面的需求。

ArcMDM 是由来自美国俄勒冈州立大学、杜克大学、ESRI 以及丹麦水文研究所的研究人员于 2001 年开始进行研究开发的针对海洋数据的数据模型。ArcMDM 中所有的数据模板都是从数据对象继承而来，这些数据对象是往往是特征数据集、特征类、对象类和对象关系的集合，一个特征数据集中的所有的特征数据应具有相同的空间参考。在空间数据库中，所有的对象都代表现实世界中的对象，例如 QuikSCAT 卫星的 3 级风矢量数据，这个数据对象中及报告风场的点矢量数据，还包括属性表来表述数据的属性信息以及通过关系表关联到相应的空间参考信息。ArcMDM 组织的海洋空间数据可以利用 ESRI 的空间数据库引擎 ArcSDE（Arc Spatial Database Engine）进行管理。

ArcMDM 是为了更好地对海洋数据的管理、集成、共享等发展起来的。它能够为海洋数据提供海洋数据特征及属性表模板，利用这个模板来对海洋数据进行组织。这个模板是基于面向对象的数据模型，所以每个数据对象对应与现实中的相应的海洋数据类型。而且 ArcMDM 通过提高海洋数据的表现力为海洋现象的表达提供了一个更加精确的表现形式。

ArcMDM（Arc Marine Data Model）海洋数据模型是一个专门面向海洋数据的，使海洋数据更加准确地表述海洋时空现象而制定的数据模型。在这个数据模型中，增加了多维属性的描述，例如时间和深度，相对于传统的空间数据模型更加适宜与海洋数据。ArcMDM 采用 ArcGIS 表达数据对象的思想，将海洋数据对象表达为点、线、面和网格类型，如图 3.1 所示。ArcMDM 模型中将 ESRI 中点（Feature Points）、线（Feature Line）、面（Feature Area）、栅格数据类型都按照海洋数据的特点在维度和属性上进行了规定和扩展。ArcMDM 为 GIS 在海洋科学方面的应用提供了一个可供参考的原型系统和统一的数据模型。它将海洋数据的空间动态变化相关的空间信息（包括深度）与时间信息在数据模型上进行统一，并将它们存入 GIS

空间数据库中，这为海洋数据的数据处理、可视化以及数据分析提供了一个统一的数据服务基础。

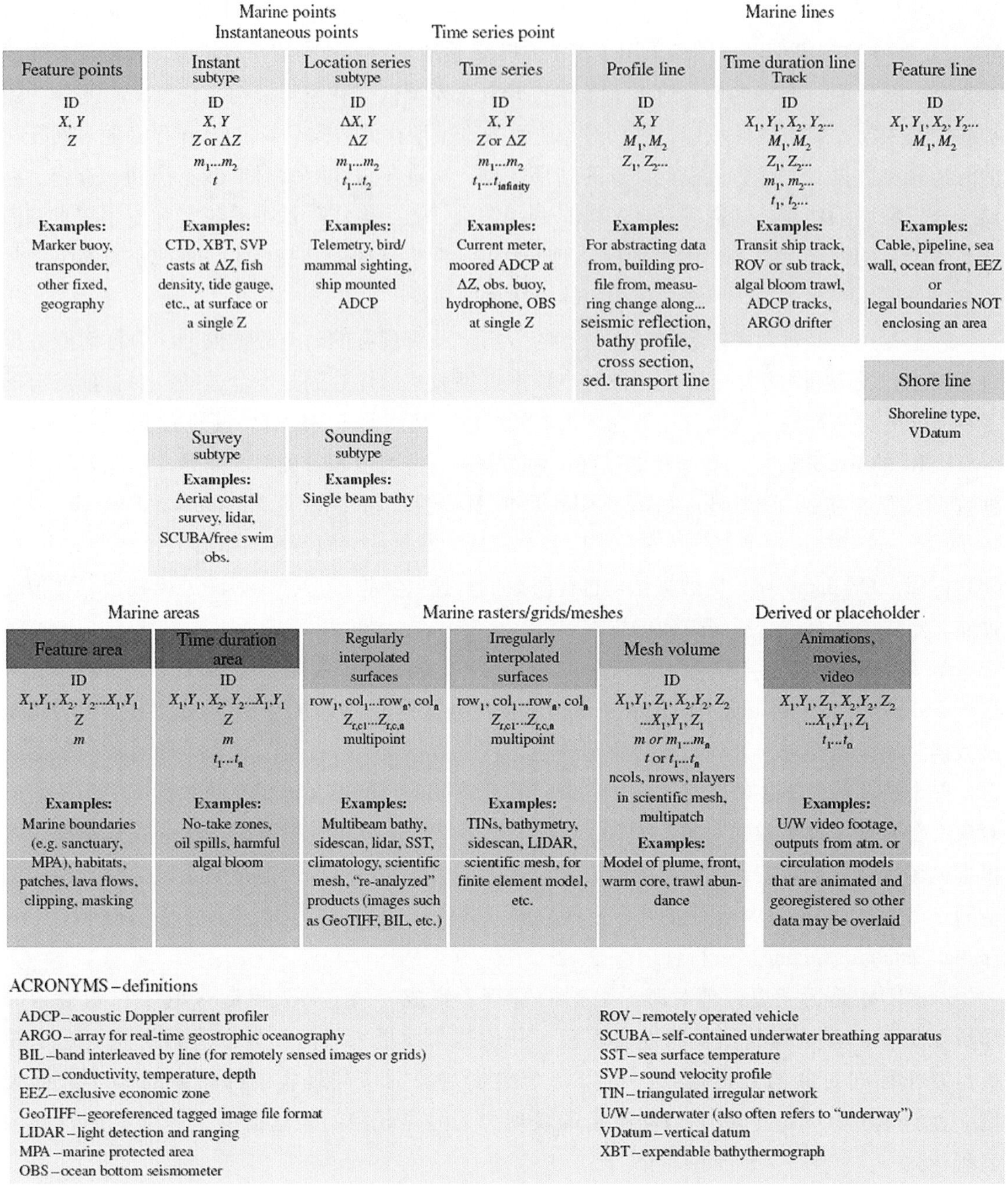

图 3.1　ArcMDM 中的通用海洋数据模型（Dawn J. Wright，2007；Vetter Lutz，2012）

3.3　海洋卫星数据服务系统 OSDSS 的数据模型

这里我们将 ArcMDM 统一数据模型按照海洋卫星数据的特点，进行了一些扩展。从图 3.2 中可以看出，海洋数据模型中特征数据类（Marine Feature）主要继承于 ESRI 的特征数据类（Feature），而网格数据则直接继承于 ESRI 的 Object 类。

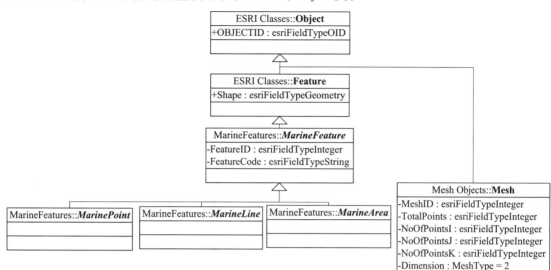

图 3.2　OSDSS 海洋数据模型的总的 UML 组织结构

ArcMDM 将海洋数据划分为四大类，即点（Point）、线（Line）、面（Area）和网格（Raster/Grid/Mesh），但是在这四大类中，因为海洋卫星数据的种类繁多，形式多样，并不能简单地归为某一类。从 3.1 节中对海洋卫星数据特点的分析中可以看出，海洋卫星数据也可以用点（Point）、线（Line）、面（Area）和网格（Raster/Grid/Mesh）来进行组织，但是直接利用 ArcMDM 来组织海洋卫星数据还是有一些问题，因为 ArcMDM 主要是针对实测数据的，而并没有海洋卫星数据中的点数据，例如在 ArcMDM 中并没有对海洋卫星数据的卫星以及传感器的描述，还有在海洋卫星数据模型中还应该考虑多级时间分辨率与空间分辨率的问题。事实上，海洋卫星数据往往是多级分辨率并存的。在空间上将多层规则格网数据的空间区域划分为若干的区块，在时间上根据各种建立多个不同粒度的时间段，然后分别建立区域空间索引和时间段的索引类对象，并与模型中其他相关的类对象进行关联，可以加快数据时空检索的速度。

以 ArcMDM 中的特征点（MarinePoint）作为基类，加入海洋卫星点特征点（Satellite-Point），如图 3.3 所示。海洋卫星数据中的点数据主要包括沿轨扫描的数据，例如卫星高度计的 2 级产品，其数据是沿卫星运行方向的一系列点数据。这些海洋卫星的点特征数据都包括一些与数据有关的类，例如有关卫星信息和传感器信息的描述。海洋实测数据的点特征（MeasurementPoint）在 ArcMDM 中有较为详细的表述。

海洋卫星线特征点（SatellitePoint）继承了 ArcMDM 中的特征线（MarineLine）类，并扩展了与卫星和传感器相关的类，如图 3.4 所示。海洋卫星数据中的线数据主要包括海洋卫星的 4 级产品，例如海洋水色卫星的 4 级等值线产品，这些数据是某一类海洋参数的等值线，产品一般具有固定的时间周期（如月平均等值线），所以需要利用 TimeDuration 对其时间周期进行描述。这些海洋卫星的线特征数据都包括一些与数据有关的类，例如有关卫星信息和传感器信息的类。

在 ArcMDM 的特征面（MarineArea）中加入了海洋卫星特征面（SatelliteArea），如图 3.5

325

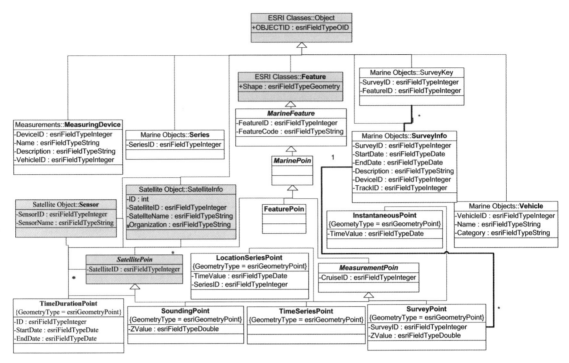

图 3.3　OSDSS 海洋数据模型中特征点模型的 UML 组织结构

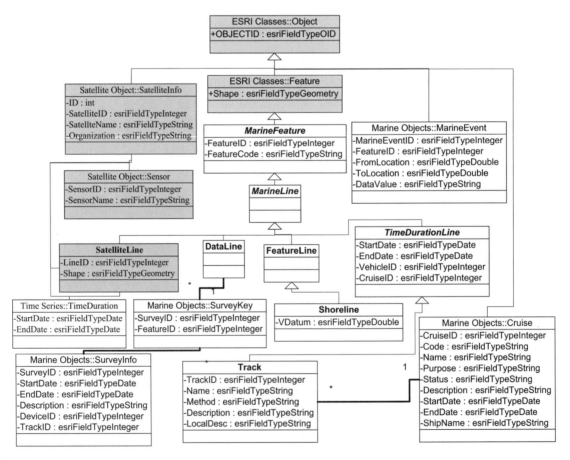

图 3.4　OSDSS 海洋数据模型中特征线模型 UML 组织结构

所示。海洋卫星数据中的面数据主要用来描述利用卫星产品数据得到多边形数据，例如利用卫星数据获得赤潮区域的数据等。同样，这些面特征数据也包括与数据获取信息有关的类，例如有关卫星信息和传感器信息的类。

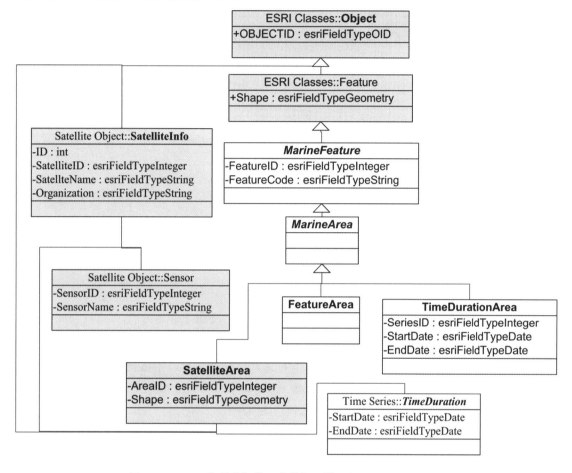

图 3.5　OSDSS 海洋数据模型中特征面模型的 UML 组织结构图

ArcMDM 中的网格数据模型（Mesh）最初是为了解决海洋模式输出数据在空间数据库中的组织而设计的，而在海洋卫星数据中也存在着大量的规则格网数据数据，例如很多海洋卫星的 3 级产品都是这类规则格网数据，目前的这类海洋卫星数据又多是规则格网点特征数据，如图 3.6 所示。

最后，利用扩展后的海洋数据模型，将收集到的各类海洋卫星数据及相关数据重新进行组织，然后利用 ESRI 的空间数据库引擎 SDE 将数据存储到关系数据库中进行统一管理，如图 3.7 所示。

3.4　海洋卫星数据库设计与开发

目前，能够支持用大型关系数据库管理空间数据的商用 GIS 软件有 ESRI 的 SDE、Oracle 的 Spatial Cartridge、Infomix 的 Spatial Datablade、Mapinfo 的 SpatialWare、SuperMap 等。采用关系数据库管理空间数据将成为 GIS 的发展潮流，这将增加空间数据的互操作性，并将 GIS

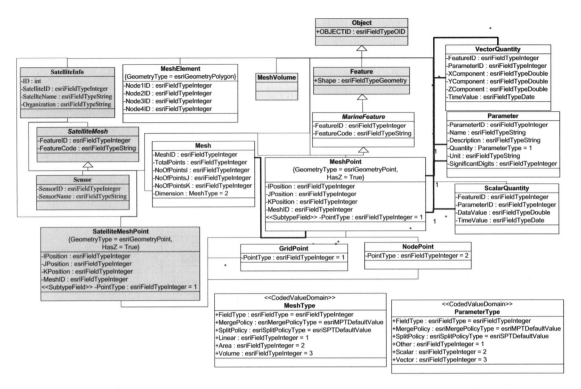

图 3.6　OSDSS 海洋数据模型中网格模型的 UML 组织结构

融入 IT 行业，并最终使 GIS 应用走向企业化和社会化。海洋卫星遥感数据库服务管理系统目前采用的 SDE 是 ESRI 的 ArcSDE，关系数据库是 SQLServer 2005，系统是基于 ArcGIS Engine（AE）实现各类数据通过 ArcSDE 存入关系数据库 SQLServer 2005。

目前存入海洋卫星遥感数据库的数据主要有以下几种。

（1）国家海洋局第二海洋研究所提供的海洋水色遥感数据，主要是 L3 级和 L4 级产品。

（2）从 NASA 网站上收集到的部分水色数据、风场数据、海平面异常数据以及降水量数据等。

（3）从 NOAA 网站上收集到的气候态数据，例如盐度的气候态月平均数据。

（4）各类基础地理信息数据，包括 1:400 万的中国沿海地理信息数据，全球 1:1 000 万的海陆基础地理信息数据及海岸线的数据，精度为 0.5′ 的全球高程数据等。

（5）少量的实测数据。

（6）河流流量数据。

（7）其他数据。

海洋卫星数据库中不仅有海洋卫星数据，例如海洋卫星水色水温数据、海洋卫星风场数据等，还有其他类型的数据资料，例如实测的温、盐、深数据、收集到的 Argo 数据、台风相关数据、盐度数据、河流的流量等数据。在建立海洋卫星数据库时，将其他数据也考虑在内的原因主要是：一方面海洋卫星数据自身的验证离不开实测及其他数据；另一方面海洋卫星数据的综合分析应用也离不开其他相关数据的支持。例如在分析台风时，既需要海洋卫星提供的数据来研究海洋表面温度的时空变化规律，也需要结合实测的数据来进行验证。所以，海洋卫星数据服务系统 OSDSS 的多源数据，不仅是海洋卫星、传感器的种类繁多、处理过程繁杂、海洋物理参数多样，而且还包括其他多种来源，形式多样的数据。要利用如此多源的数据进行综合分析，必须建立统一的数据模型及数据结构。

图 3.7 是海洋卫星数据入库的 UML 图，我们将各类海洋卫星数据以及与其相关的各类数据根据各自的特点和海洋卫星服务系统的服务需求抽象出数据服务的数据结构。这种数据结构是带有属性的空间矢量和栅格，其 UML 图如图 3.2 所示。这样定义海洋卫星数据的结构不仅符合海洋卫星数据及相关数据的时空特性，而且与常用的 GIS 数据结构相似，可以利用已有的空间数据库管理引擎 ArcSDE 对海洋卫星数据库进行管理。

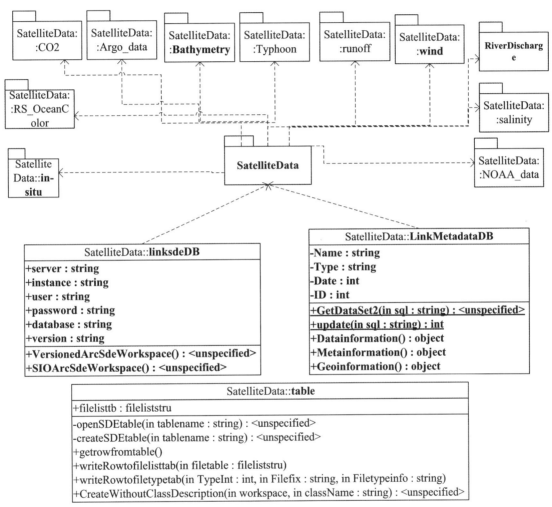

图 3.7　OSDSS 海洋卫星数据入库的 UML 图

海洋卫星数据是由空间特征数据和属性特征数据组成，属性特征数据又由时间属性数据和专题属性数据组成。"属性、时间、空间"是这类数据所必需的三要素。因此，海洋卫星数据库是存储空间和非空间的卫星遥感数据的数据库系统，可以统一管理具有一定地理要素特征的海洋卫星数据集。海洋卫星遥感数据库管理的是具有空间属性的海洋卫星数据对象，对象的属性可以映射为关系数据库中的列（Column）或字段（Field），对象的行为则是对象的方法（Methods）和描述有效性规则的元数据表。海洋卫星遥感数据库管理系统采用关系型数据库管理系统管理其空间数据，用 ArcSDE 空间数据引擎解决存储在数据库中的空间数据与应用程序之间的数据接口问题。ArcSDE 通过层的方式管理海洋卫星数据，它为数据库中各层（Layer）建立空间数据索引，空间数据索引将层从一个逻辑分成小块结构，成为"cell"（单元格），层中的要素被分解到各个 cell 中加以描述，被存储在 cell 中的要素通过描述的特定属性进行划分以方便调用。最后，通过通信接口与客户端进行通信，XML 文件通过数据接口与数据库服务器进行数据交换和传输。在通信接口上系统采用自定义的消息格式使用标准SQL 查询命令来完成各层之间的通信。

海洋卫星遥感数据库中的空间数据模型如 3.2 节所述。数据模型分为两种：一种是基于网格（mesh）的模型；另一种是基于特征（feature）的模型。基于网格的模型是将海洋遥感数据的信息空间视为在一定空间上分布的信息的集合体，其中的每个空间分布可以看作是从空间网格到空间属性的数据函数，这种空间数据模型可以用来表示连续的空间特征，例如海表温度（SST）的分布和海表叶绿素浓度的 3 级数据产品。而基于特征的模型将数据的信息空间视为离散的、可以标识的对象的集合，每个对象各带一个与空间数据相关的空间参数对象，这种模型适合表示离散的、不连续的特征，例如海洋卫星遥感中的等值线数据，每条等值线可以看作是具有某些属性的独立的空间对象。

实测数据以及多年来收集整理的其他数据也可以按照以上的数据模型来组织，例如某一测站的连续观测数据，既有时间上的连续性（一定周期），也有沿某条垂线的空间连续（断点连续），这样的数据可以把空间某一点看作是具有某些属性（盐度、温度、深度、pH、电导率等）和时间属性的空间特征 (x, y, z)。另外，很多数据是以文本的形式存储的，也可以将这些数据按照不同的数据类型进行分类，具有空间信息的数据按照空间数据模型重新进行组织并进行入库。考虑到目前海洋卫星遥感数据通常是以单个数据文件的形式提供给用户使用的，这些单个文件中包含了一些关于数据的基本信息，而用户使用这些数据时仍习惯按原有的数据文件形式来查找和使用，所以这些数据文件的相关信息仍是数据库管理不可缺少的内容。另一方面，为了提高数据检索的效率，对海洋卫星数据及其他数据在入库的同时需要建立相关的数据描述的表文件。这些表文件独立于数据表文件，同时这些描述文件的表文件也可以进一步作为元数据库的信息源。如表 3.1、表 3.2 分别是对各类海洋水色遥感 L3 级数据产品类型的字段和每个单个文件的说明。在数据文件导入空间数据库的同时，需要同时将数据文件的这些说明信息同时存储在数据库中和元数据库中。

表 3.1　海洋水色遥感 L3 级产品类型

编号	Fields（字段名）	Type（数据结构）	说明
1	ACD	Text	440 nm 海水黄色物质吸收系数
2	BBP	Text	55 nm 水体后向散射率
3	CHL	Text	叶绿素 a 浓度
4	COL	Text	水色主波长
5	KD3	Text	490 nm 水体漫射衰减系数
6	NDV	Text	归一化植被指数
7	ODD	Text	潜艇光学隐蔽深度
8	SDD	Text	海水透明度
9	TAU	Text	865 nm 气溶胶光学厚度

编号	Fields（字段名）	Type（数据结构）	说明
10	VIS	Text	海面气象能见度
11	SSC	Text	水体悬浮泥沙浓度
12	LWn	Text	归一化离水副亮度
13	FLU	Text	680 nm 荧光辐亮度
14	ICE	Text	冰厚
15	SST	Text	海表温度
16	TOA	Text	490 nm 总吸收系数
18	FRT	Text	锋面（由 sst-3B 提取）
19	VEL	Text	流场

表 3.2　海洋水色遥感 L3 级产品文件

编号	Fields（字段名）	Type（数据结构）	说明
1	FileID	Short int	文件编号
2	Filename	Text	文件名
3	Filetype	Short int	文件类型
4	Filestartdate	Date	数据表征的物理量的起始时间
5	Fileenddate	Date	数据表征的物理量的结束时间
6	Timeinterval	Short int	数据产品的周期（月、旬等）
7	Fileproject	Short int	投影类型（容许空）
8	Filephy	Text	表征的物理意义
9	Fileclass	Short int	数据等级
10	Fileupper	Text	对应的上级产品名称（容许空）
11	Filelower	Text	对应的下级产品名称（容许空）
12	Lat_ cen	Double	中心纬度
13	Lon_ cen	Double	中心经度
14	Lat_ max	Double	最大纬度
15	Lon_ max	Double	最大经度
16	Lat_ min	Double	最小纬度
17	Lon_ min	Double	最小经度
18	Filedir	Text	文件地址
19	Filesize	Long int	文件大小
20	Satlite	Text	卫星

3.5　海洋卫星数据库子服务系统

　　海洋卫星遥感数据库系统主要实现以下功能：①将收集到的海洋卫星数据及其他数据，包括基础地理信息数据和其他与海洋相关的数据（如实测数据、气候态的数据等），自动录入数据库；②用关系数据库统一管理多源的海洋卫星数据及其他数据；③为海洋卫星遥感数据服务系统的其他子系统调用数据提供接口。

图 3.8 是海洋卫星数据库管理系统的部署，数据库管理服务系统客户端主要是数据库管理、维护与更新的相关人员进行操作的界面。数据库管理系统的界面如图 3.9 所示，目前可以按照不同的数据来源及数据类型实现数据的批量入库，也可以对数据库中的数据进行浏览。

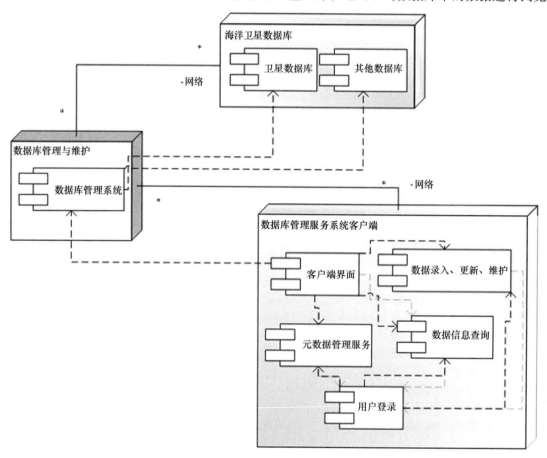

图 3.8　海洋卫星数据库管理系统部署

3.6　本章小结

海洋卫星数据服务系统 OSDSS 共分为数据层、服务层、服务支持层与客户层，作为 OSDSS 的基础，海洋卫星数据库设计研究与开发具有重要的意义。海洋卫星数据库管理系统首先需要充分了解各类海洋卫星数据的时空特性，对数据库中存储的数据进行合理的设计和规划，避免在数据库中的数据逐渐增多后由于管理杂乱而导致效率低下的问题。

本章首先详细地介绍了各类海洋数据的时空特性，这些数据有的是空间连续时间也近似连续（如海表温度数据），这种数据的特点是，在空间上按照规则格网进行存储，在时间上按照等时间间隔进行重复观测。而有些数据在空间上和时间上都是不确定的，例如某些实测数据或是航空遥感数据。另外，海洋数据有的类似于传统 GIS 的栅格数据，而有些又相当于

图 3.9　海洋卫星数据库管理系统用户界面

矢量数据，但是由于海洋是个动态变化的观测对象，所以这些数据的时间属性是非常重要的，在海洋卫星数据模型的建立与海洋卫星数据库的研究与开发过程中要重点予以考虑。

在 ESRI 的 ArcMDM 模型基础上，本文建立了海洋卫星数据的空间数据模型，它是扩展了海洋卫星数据特征点、特征线、特征面以及网格数据的数据模型。利用扩展后的 ArcMDM 模型，对收集到海洋卫星数据及相关的数据进行组织和存储。

本文海洋卫星遥感数据库服务管理系统采用了 ESRI 的 ArcSDE 和 ArcGIS Engine，并将利用 ArcMDM 模型进行组织的海洋卫星数据及其他相关的空间数据导入到关系数据库 SQLServer 2005 中。目前海洋卫星遥感数据库服务系统已经能够导入和管理多种海洋卫星遥感数据及其他相关的数据。

4 海洋卫星数据服务系统（OSDSS）的服务

国内外现有的海洋卫星数据发布网站可以提供的数据服务大多为数据的基本服务，包括数据集的介绍、数据查询、数据浏览、数据获取甚至是无需注册直接下载等，例如 NASA 的 Ocean Color，NOAA 的 ODBC，法国 CNES 的数据中心等，其中一些网站（如 Ocean Color）也可以提供数据的空间分布图像，但并不能供用户自主操作，如图 4.1 所示。但是，基本的数据服务在数据日益增多而用户需求日益提高的今天，已经不能满足广大用户的需求。

图 4.1　一些海洋卫星数据的网站页面

目前主要有两种可以实现卫星数据网络可操作的方法。这两种方法同时提供具有一定分析功能和可视化功能的数据服务：一种是利用 OPeNDAP（Open－source Project for a Network Data Access Protocol）和 GDS（GrADS Data Server）等技术为支持的网络服务；另一种是利用 GIS（Geographic Information System）技术为支持的网络服务。前者如美国 NASA 的 Giovanni 系统（Berrick et al.，2009）、中国科学院南海海洋研究所的南海物理海洋数据服务系统（徐超等，2010）（图 4.2），后者如中国的"数字海洋"公众版服务系统（Zhang et al.，2011）（图 1.5）。

作为我国"数字海洋"的重要组成部分，本论文研究构建的海洋卫星数据服务系统 OSDSS 是基于 GIS 技术开发的数据服务系统。该系统不仅提供基本的海洋卫星数据服务，例如数据查询、数据浏览、数据下载等，还提供元数据服务、数据的综合可视化服务以及统计分析服务，基本满足了目前广大用户对数据服务的需求。

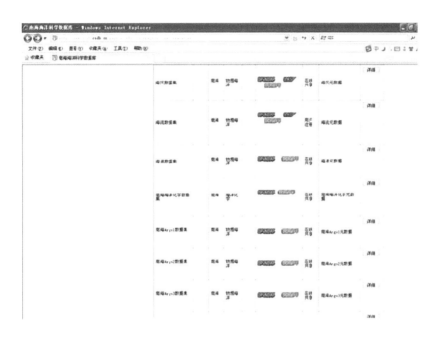

图 4.2　南海物理海洋数据服务系统

4.1　数据的基本服务

目前海洋卫星数据提供基本的数据服务，例如数据查询、数据访问、数据空间搜索等。

图 4.3 是海洋卫星数据服务系统 OSDSS 是基于网络的可以人机交互的数据服务系统的主要界面之一。用户可以在左侧的各个限制框中填入查询的空间信息（也可在中间的影像区域

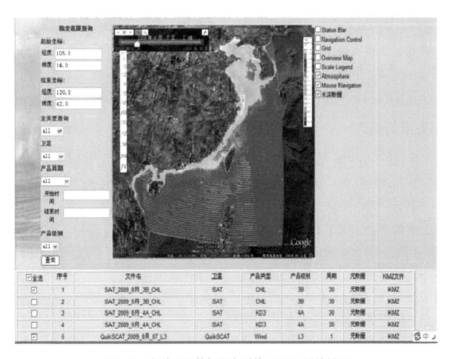

图 4.3　海洋卫星数据服务系统 OSDSS 网站界面

利用鼠标框选），如起始坐标的经纬度坐标、产品类型、卫星、时间分辨率、起止时间以及产品类型这些查询条件进行数据查找。查询结果会以列表的形式出现在查询框和影像框的下方。如果需要看看某个数据就可以在列表前的选框上打勾。还可以其他状态或是基础数据查询，（例如水深等值线数据），所选数据同时显示在中间的 Google earth 的卫星影像上，还可以查看该数据详细的元数据。

4.2 元数据服务

海洋卫星遥感元数据是对海洋卫星数据资源的规范化描述。对数据使用者，通过海洋卫星元数据，能够对海洋卫星数据资源，包括信息资源的格式、质量、处理方法和获取方法等各方面细节进行详细的、深入的了解。而对于数据的管理者而言，通过海洋卫星元数据服务系统，可以实现对海洋数据元数据信息的录入、管理和修正。具体来说，研究和开发和建立海洋卫星元数据服务，能够为海洋卫星数据的用户以及管理者带来以下的好处。

（1）元数据可以使用户更方便地发现自己感兴趣的数据。

（2）元数据可以使用户更为快速地了解如何得到对自己有用的数据。

（3）元数据因为提供了数据来源信息，因此可以保护数据所有者的权益。

（4）检查元数据信息可以避免数据的重复备份。

（5）可以为数据之间的互操作提供一些基础的数据信息，例如数据格式等。

（6）可以追溯数据的提供者、制作者等信息，有利于控制数据质量。

（7）不同部门的数据信息可以共享。

（8）可以利用元数据标准和技术来描述并对外发布，提高数据的可用性和被利用率。

（9）数据管理者可以通过这些元数据对数据资源进行有效的管理。

（10）有了元数据还可以避免因为人员变动导致数据管理混乱。

（11）元数据一般都是按照元数据标准进行组织的，在一定程度上能够消除数据资源之间在语义上的独立性和异构性，可以进一步实现数据资源的整合和互操作。

本章主要介绍元数据的概念，能够借鉴到海洋卫星数据的元数据的标准，并在此基础上提出海洋卫星数据的元数据框架，研究、开发了海洋卫星元数据服务系统。

4.2.1 元数据的概念

最早在 1969 年，为了有效描述数据集，Jack Mayers 就提出了元数据（metadata）这个概念，1973 年"metadata"第一次出现在一本产品的宣传册上，到了 1986 年，Jack Mayers 在美国成立了一家名为"METADATA"的公司（Greenberg，2005）。元数据是信息技术和信息共享需求不断发展的产物，到了 20 世纪 90 年代中期，随着对空间信息需求的不断增强，元数据开始大量应用于空间信息领域。目前，理论上，元数据还没有一个统一规范的定义，常用的定义有以下几种（陈喆民，2007；张兵建，2008）。

（1）元数据是关于数据的结构化的数据。这个概念突出了元数据的结构化特征，从而使元数据作为信息组织的方式同全文索引有所区分。

（2）元数据是与对象相关的数据，此数据使其潜在的用户不必预先具备对这些对象的存在或特征的完整认识，它支持各种操作，用户可能是程序，也可能是人。

（3）元数据是对信息包裹的编码描述（如都柏林核心记录、GILS 记录等），元数据之目的在于提供一个中间级别的描述，使得人们据此就可以做出选择，确定孰为其想要浏览或检索的信息包，而无须检索大量的不相关的信息。

（4）元数据是一组独立的关于资源的说明数据。

（5）元数据是用于描述数据的内容、覆盖范围、质量、管理方式、数据的所有者、数据的提供方式等信息的数据，是数据与数据用户之间的桥梁。

（6）元数据是关于数据的数据，用于说明数据的内容、品质、产生过程和背景、访问和获取方式以及其他有关特征。

从元数据的定义中可以看出，利用元数据可以对数据进行描述、查询，进一步实现更好的数据管理。如果有了元数据信息，数据的生产者或是提供方即使在很长时间以后使用或重用数据仍然方便快捷，数据的管理者还可以利用元数据对量多而杂的数据有更好的管理，节省大量人力、物力，提高数据管理的效率和水平。另一方面，元数据能帮助数据使用者更快更准确地寻找和发现所需要的数据，使用户更好地了解数据的内容、质量、范围、使用限制等相关的信息，可以进一步评估这些数据是否符合其应用的需求，恰当地进行取舍。此外，无论是数据生产者，还是数据使用者，都需要处理越来越多的数据，而元数据能为他们提供关于这些数据的关键知识，帮助其有效地保存、管理和维护这些数据，提高效率的同时提高了数据资源的利用率。

4.2.2 元数据的标准

为了更好地发挥元数据的效用，统一的元数据标准是必不可少的。元数据标准是描述某些特定类型资料的规则集合，一般会包括语义层次上的一个著录规则和语法层次上的规定，是从数据集获取元数据时为正确使用这些数据集而应遵循的标准，是数据共享的前提和提高数据共享应用系统综合效益的基础，因而建立行业性的元数据标准是非常必要的（陈喆民和王晓锋，2007）。

目前，国内外在空间数据的元数据建立过程中常用的元数据标准主要有表 4.1 所示的 4 种。

表 4.1 4 种常用空间数据元数据（Kang，2010）

名称	组织	描述
目录交换格式（DIF）	NASA	目录交换格式（DIF）是用来描述地球科学数据集元数据标准和用于创建记录 NASA 全球变化的主目录（GCMD）
ISO 19115	ISO	ISO 19115 定义了如何描述地理信息数据，包括地理信息数据的内容、时空范围、数据质量、获取和使用方法等。该标准定义了 20 个核心要素的 300 多个元数据元素，非常详细
地理空间元数据标准（CSDGM）	FGDC	通常简称 FGDC 元数据标准，是美国官方的联邦元数据标准，包括约 300 个元数据元素
都柏林核心元数据标准	Dublin Core Metadata Initiative	包括 15 个核心元数据元素，在对数据进行描述的时候，这些"核心"元素可以广泛扩展，用来描述某一特定的数据资源

目前国际上常用的海洋元数据的标准主要有联合国教科文组织（United Nations Educational Scientific and Cultural Organization，UNESCO）政府间海洋学委员会（Intergovernmental Oceanographic Commission，IOC）国际海洋资料和信息交换（International Oceanographic Data and Information Exchange，IODE）机构的 MEDI（Marine Environmental Data Inventory）、欧洲海洋观测系统数据目录（European Directory of the Initial Ocean-observing System，EDIOS）元数据、海洋气候学小组的海洋数据获取系统（Ocean Data Acquisition System，ODAS）的元数据以及全球 Argo 计划的 Argo 数据的元数据（薛惠芬，2004）。这些元数据的主要内容及特点如表4.2 所示。

表 4.2 4 种涉海元数据的内容及特点（薛惠芬，2004）

元数据	内容	特点
MEDI 元数据	目录标识、目录标题名称等33 项内容	覆盖面广，内容详细，是一个比较全面的元数据
EDIOS 元数据	分为标题信息和数据描述信息两大类	针对性较强，有些信息需要观测平台的维护或是使用者提供，与常用元数据有较大的差异
ODAS 元数据	分为 A 部分（包括观测平台、地理位置、仪器、调查参数、观测计划和质量管理体系）和 B 部分（负责机构、实时数据管理中心和数据归档中心的联系信息）	重视数据质量，地理位置描述比较全面，侧重描述调查资料，信息简洁，便于分发
Argo 元数据	包括一般信息、投放信息、参数信息、传感器信息在内的 40 多项内容	针对性强，更侧重于 Argo 浮标本身的特征的描述，而对观测资料的描述较少

我国在 2010 年 8 月发布了由国家海洋信息中心起草的《海洋信息元数据》（HY/T 136—2010）标准。该标准详细地阐述了有关海洋信息元数据的实体集信息、标识信息、内容信息、分发信息、数据质量信息、参照系信息、元数据扩展信息、限制信息、维护信息、数据类型信息、覆盖范围信息、引用和负责单位信息 12 个方面的内容的相关规定，包括元数据数据字典、元数据扩展和裁剪规则等规定，还给出了 2 个实例供与海洋元数据生产和负责相关的相关单位参考。

4.2.3 海洋卫星元数据内容及框架

海洋卫星数据的元数据主要是针对海洋卫星数据，按照一定的元数据标准来描述海洋卫星数据的数据，也就是说海洋卫星元数据是关于海洋卫星数据的描述信息，是关于海洋卫星数据基本信息、标识信息、空间信息、分发信息等方面的描述信息，可以方便海洋卫星数据的管理者方便、高效地管理海洋卫星数据，使海洋卫星数据的使用者快速、有效地使用海洋卫星数据，海洋卫星数据的生产者（或是提供者）可以利用此平台自动或是半自动地批量生成元数据并将元数据录入海洋卫星元数据库进行统一管理。可以将海洋卫星元数据服务系统作为管理数据、发现数据、使用数据的一个综合的平台。

本文建立的海洋卫星元数据服务系统以《海洋信息元数据》（HY/T 136—2010）标准为基础，针对海洋卫星数据的特点和海洋卫星数据服务系统 OSDSS 的需求，提出了一套适合于海洋卫星数据的元数据标准框架，并在此基础上设计开发了海洋卫星元数据服务系统。表

4.3 是海洋卫星元数据的主要内容以及对应的 XML 元素，海洋卫星元数据主要包括海洋卫星元数据基本信息、数据基本信息、地理信息、存储信息、时间信息、产品信息、附件信息、数据质量信息 8 个方面的内容。图 4.4 是海洋卫星元数据包的概念框图，图 4.5 是海洋卫星元数据的 XML 表结构。

表 4.3　海洋卫星元数据的主要内容及对应的 XML 元素

内容	XML 元素	描述
海洋卫星元数据	OC_ Metadata	代表整个海洋卫星元数据
元数据基本信息	Baseinfor	元数据的基本信息，例如元数据的制作单位等
数据基本信息	Datainfor	数据的格式，文件大小，类型，产品等级等
地理信息	Geoinfor	地理空间参考信息，空间范围等
存储信息	Storinfor	数据的存储地址或单位，负责人员信息等
时间信息	Timeinfor	产品表征的日期、周期等信息
产品信息	Proinfor	数据产品的提供者或是生产者信息
附加信息	Extinfor	数据的其他附加信息，可以扩展
数据质量信息	Quainfor	有关数据质量的描述信息

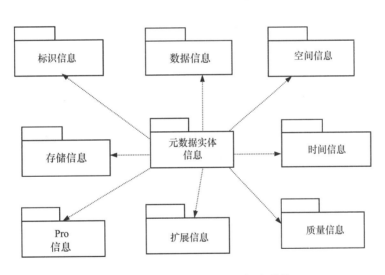

图 4.4　海洋卫星元数据包的概念结构

　　海洋卫星元数据管理系统是对海洋卫星元数据进行创建、收集、整理、修改、录入等管理以及提供给用户供用户查询，是海洋卫星数据服务系统 OSDSS 的重要的服务内容之一。图 4.6 是海洋卫星数据的元数据服务的三层体系结构，包括数据层、服务层和用户层。数据层是海洋卫星元数据的数据库管理和维护层，服务层负责各类海洋卫星数据（包括水色数据、风场数据等）的数据产品与元数据之间的接口，以及海洋卫星元数据系统的用户管理接口等。用户层主要给用户使用，能够实现元数据创建、修改、录入、查询等功能。

　　海洋卫星元数据服务系统的用户界面如图 4.7 所示，主要包括两个介绍性的用户界面：海洋卫星元数据简介、元数据组织结构介绍，5 个元数据管理界面新建元数据、修改元数据、导入元数据、元数据发布、元数据类别管理以及用户注册与登录等界面。另一方面，在海洋

339

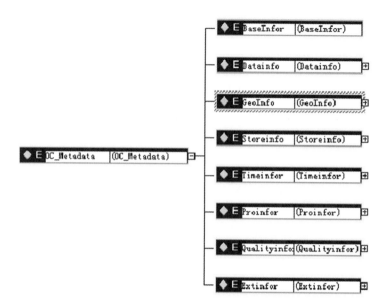

图 4.5　海洋卫星元数据 XML 表结构

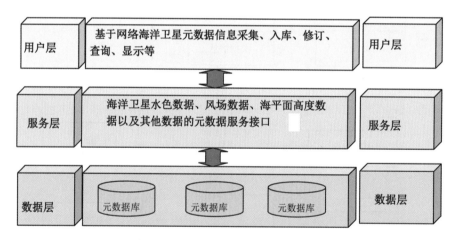

图 4.6　海洋卫星元数据服务体系结构

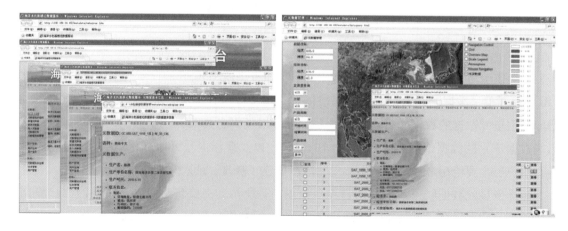

图 4.7　海洋卫星元数据服务系统用户界面及元数据查询界面

卫星数据服务系统 OSDSS 中，在数据的查询中也会用到元数据的相关信息进行查询。在数据的查询结果中，可以查看每个数据的元数据信息，如图 4.7 所示。

4.3 数据的可视化服务

海洋卫星数据可以表征的海洋环境参数多种多样，每个参数又有多种级别的产品，具有不同的表现形式，这种多元数据会耗费用户大量的时间和精力处理和理解这些数据，给可视化处理带来困难。因此，实现海洋卫星数据可视化服务是迫切需要的。本文建立的可视化服务不仅提供给用户指定图幅的平面图可视化结果，而且开发了海洋卫星数据与商业化软件 Google Earth 的转化接口，可在线观看数据可视化后的结果，使数据的表现形式更为形象，所展现的海洋现象更易理解。本节主要介绍基于 KML 和 Google Earth 可视化的相关技术，并以 2009 年 8 月"莫拉克"台风期间各类海洋卫星数据为例介绍了可视化服务的应用。

随着计算机和网络技术的发展，如今已经可以通过网络在线获取和分析大量的卫星数据。2006 年 6 月 Google Earth 发布后成为了一个非常受欢迎的网络产品，利用 Google Earth 的客户端产品可以在虚拟的世界里"飞往世界各地"，并在客户机上对感兴趣的地点进行放大浏览，还可以添加信息，共享给其他用户（Butler，2006）。Google Earth 提供了一个虚拟地球，作为地球科学数据可视化的三维平台已经在科学研究中起着越来越重要的作用，成为许多研究人员展示科学数据和成果的平台。目前已经被应用于许多领域，例如气候变化、气候预测、自然灾害（如海啸、飓风）、环境、旅游、自然地理、历史说明甚至研究总统选举等问题（Chen et al.，2008）。

KML（Keyhole Markup Language）是一种基于 XML（eXtensible Markup Language，可扩展标记语言）语法标准的标记语言，采用标记结构，含有嵌套的元素和属性，目前已被用作开放地理空间联盟（OGC）的事实行业标准，其元素的树状结构如图 4.8 所示。KML 由 Google 旗下的 Keyhole 公司发展并维护。根据 KML 语言规则编写的文件就是 KML 文件，可以应用于 Google 地球相关软件中（Google Earth，Google Map，Google Maps for mobile 等），用于显示地理数据，包括点、线、面、多边形、多面体以及模型等。KMZ 文件是压缩过的 KML 文件和其他相关的文件的压缩包。这样，用户就可以将包含丰富信息的地标文件打包归档，便于管理和发布。

目前，KML 的应用十分广泛。Shi 和 Meng（2006）利用 Google Earth 将多源数据统一集成显示，取得了较好的效果。Chen 等（Chen et al.，2008—2010）开发了多种工具，利用 KML 技术将美国 NASA 的戈达德地球科学数据和信息中心的卫星遥感数据，尤其是剖面的卫星数据（如 Cloudsat 数据）用 Google Earth 来展示，取得了非常好的效果。美国 NOAA 的研究人员也开发了在 Google Earth 中发布实时天气信息的工具，非常受大众欢迎。Duncan 等（2009）利用 Google Earth 来展示他们对地震的研究结果，也是非常形象直观的。Yamagishi 等人开发了一套基于网络的 KML 转换软件，用户可以在线对多种地质数据进行转换，并在 Google Earth 中查看数据的可视化结果。利用这种可视化模型，在 Google Earth 的基础上分析地震层析以及地球化学数据集，并结合地磁场模型来研究地震。阿拉斯加火山观测遥感组也已经开发了基于 KML 的网络程序，可以利用卫星数据监测火山和预报火山灰云的运动，同时通过网络实时公布研究成果，具体可以查看他们的网站 http：//ge. images. alaska. edu/。

341

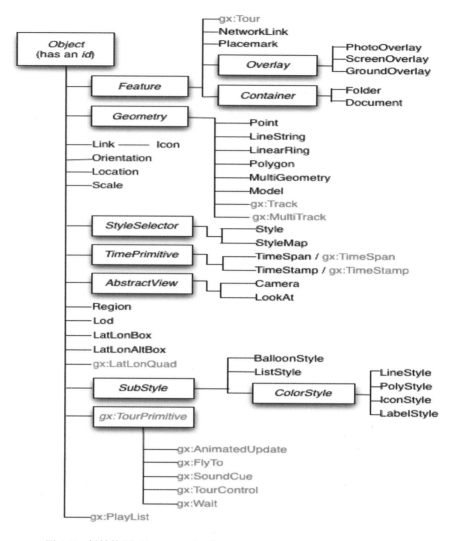

图 4.8 树结构图（https：//developers. google. com/kml/documentation/）

图 4.9 是海洋卫星数据的数据可视化的界面。海洋卫星数据来源不同、物理参数不同、层次不同，因此数据的可视化处理往往也不同，为了更好地显示数据，在此我们也开发出一套基于 Google Earth 的可视化服务系统，并能直接下载 KMZ 格式的海洋卫星数据，方便用户在 Google Earth 等相关软件上直接显示这些数据。海洋卫星数据可视化首先要充分了解各类海洋卫星数据的特点，尤其是相对陆地，海洋现象通常覆盖范围广，重复周期短，因此，时间信息是在海洋卫星可视化数据所必须考虑的。海洋卫星数据不仅有二维平面网格数据，还有垂直的三维剖面数据。具体到海洋卫星数据可视化表达是以具有时间和其他海洋环境参量的属性值的点、线、面和体 4 个实体模型和网格模型为基础进行的。本节分 3 部分来介绍不同海洋数据的可视化技术。

4.3.1 海洋水色水温数据可视化

本节使用的海洋水色水温数据主要来源于国家海洋局第二海洋研究所的地面卫星接收站，以 3 级和 4 级数据产品为例。

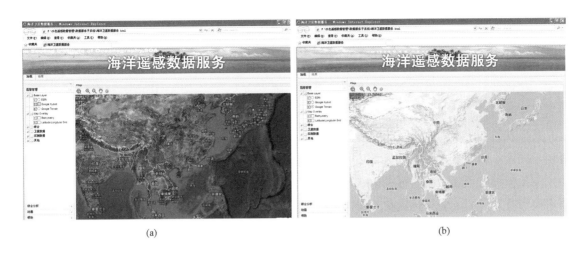

(a)   (b)

图 4.9   海洋卫星数据服务系统 OSDSS 网站界面

（a）水色水温 3 级产品的可视化结果（以 2006 年的月平均产品为例）；（b）水色水温 4 级产品的可视化结果（以 2006 年的月平均产品为例）

其中 3 级产品是某单一海洋参量的文件，一般都是标准的格网数据，例如海表温度（SST）、海表叶绿素浓度（CHL）、悬浮泥沙浓度（SSC）、海水透明度（SDD）等专题信息。4 级产品是这些专题信息进一步处理得到专题等值线产品。将这种数据转换为 KML 或是 KMZ 文件时，将包含海洋环境参数的专题图与包含地理坐标及坐标转换信息的 KML 文件同时放在一个格式为 KMZ 的归档文件包中。"Google 地球"浏览器可以读取 KMZ 归档文件，并按照 KML 的地理坐标信息对专题信息进行处理后就能正确地显示在 Google Earth 上了。

图 4.10（a）是 2006 年 1—12 月月平均叶绿素浓度的 3B 产品在 Google Earth 中的可视化结果。KML 文件中发送一个 WMS 请求，用来获取和处理级别 3B 的专题图。图 4.10（b）是 2006 年 1—12 月月平均叶绿素浓度的 4A 产品在 Google Earth 上的可视化结果。直接将海洋水色遥感等值线数据的值转换为 KML 文件中标签 < Mul – tiGeometry > 的子标签 < LineString > 的元素，并将等值线的属性转换为 < LineString > 的元素的属性。

(a)   (b)

图 4.10   海洋卫星水色水温数据可视化

4.3.2　海洋风场数据可视化

　　这里用到的海洋卫星数据是 QuikSCAT 卫星的 3 级风矢量数据，它是 0.25°×0.25°网格数据。风场数据往往带有多个参数来表征风场的风速的大小、风向、风应力等参数。在风场数据可视化时，主要考虑风场数据的风力大小和风向两个参数。

　　具体就是利用表 4.4 所示的风场数据的模板，按照风速的大小将风力划分为 12 级，每一级用不同大小和颜色的箭头表示，箭头的方向表示风向。图 4.11（a）是表示如何将表 4.4 中风矢量模板应用到数据的可视化结果中。就是首先按照风速的大小选择合适的模板，然后再将模板按照风的方向进行旋转，使模板的箭头与风向一致，这样就可以利用这些模板来对风矢量数据进行可视化，如图 4.11（b）所示。风场 KML 文件，首先根据风速从表 4.4 中定义一个合适的风矢量模板图标，然后定义模板的显示范围、方向以及强度，最后将每一个网格上的风矢量数据进行转换后组织和管理好相应的属性，最终导出为 KML（KMZ）归档的压缩文件。

表 4.4　风场模板

风场模板	风速范围（单位：m）
↑	<0.7
↑	0.3~1.5
↑	1.5~3.3
↑	3.4~5.4
↑	5.5~7.9
↑	8.0~10.7
↑	10.8~13.8
↑	13.9~17.1
↑	17.2~20.7
↑	20.8~24.4
↑	24.5~28.4
↑	>28.4

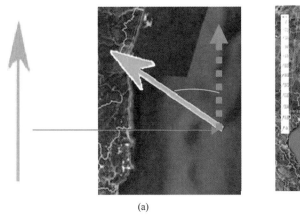
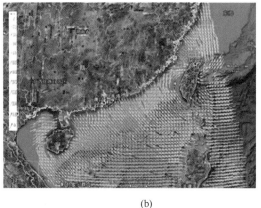

(a)   (b)

图 4.11 海洋卫星风场数据可视化（1999 年 8 月 8 日）

4.3.3 其他数据可视化

CloudSat 卫星是美国 NASA 于 2006 年 4 月 28 日发射的，可以记录云的垂直剖面信息，可以提供一个从大气顶部开始到海表面的云的垂直结构分布。在此，我们使用 NASA 的戈达德地球科学数据中开发的 GIOVANNI 系统获得 CloudSat 的 KMZ 文件，在 Google Earth 上打开，结果如图 4.12 所示。

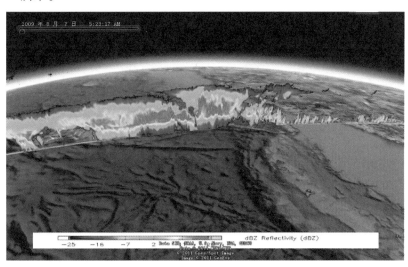

图 4.12 CloudSat 数据可视化（2009 年 8 月 7 日）

降雨数据来源于 NASA 的另一颗卫星 TRMM，于 1997 年 11 月发射成功，是专门用于测量热带、亚热带降雨的气象卫星（Kummerow et al.，2000），包括降雨相关的各类物理参数，如降雨速率、降雨频率、平均表面降雨量等，这些参数的 KMZ 文件也可以在 GIOVANNI – TRMM 网站上获得。

另外，还有一些实测的航测数据也可以按照 KML 语言的规范，转换为 KMZ 文件。图 4.13 所示为 2010 年长江口某一个航次的温度数据，它是沿航线的一系列站点，在每一个站点，是沿垂向按一定间隔进行采样的数据点，将数据按时间、地理位置以及数据的温度属性等依次转为 Google Earth 能够读取的 KMZ 文件。

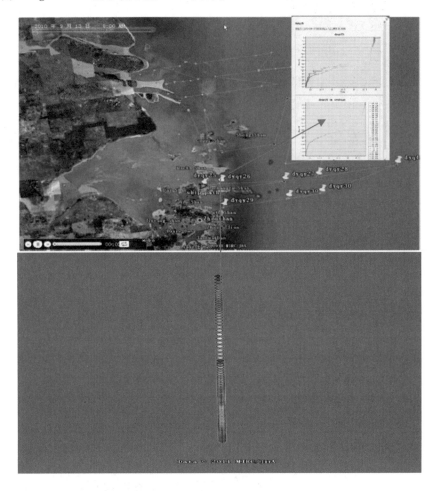

图 4.13　实测数据（2010 年长江口航测）

4.4　多源数据综合可视化

利用 Google Earth 对这些海洋卫星参数进行综合可视化，可以直观又形象地表现台风过程中各种海洋环境参数的变化过程，有助于对海洋现象的进一步研究。Google Earth 作为多源海洋卫星数据可视化的平台具有界面友好、操作流畅的优点，使海洋卫星数据的三维展示更生动直观，并可以与 Google Earth 上的其他数据一起进行综合判断。

在此以 2009 年 8 月台风"莫拉克"为例，图 4.14 显示了"莫拉克"台风期间海表叶绿素浓度 3 级产品数据、CloudSat 的云垂直剖面数据、QuikSCAT 风场数据的综合可视化结果（2009 年 8 月），图 4.15 显示了"莫拉克"台风期间海表叶绿素浓度、CloudSat 的云垂直剖面数据、QuikSCAT 风场数据的综合可视化结果（2009 年 8 月）。可以看到各个海洋参数随着时间的推移和台风的移动而引起的海洋环境参数的动态变化过程。有关台风对海洋上层环境的影响的具体分析将在第 5 章第 1 节中详细介绍。

综上所述，海洋水色水温卫星 3B 数据网格数据（栅格数据）通常由网格表示，而海洋

图 4.14 "莫拉克"台风期间 L3 级叶绿素浓度数据、CloudSat 的云垂直剖面数据、
QuikSCAT 风场数据的综合可视化（2009 年 8 月）

水色水温的 4A 级数据是等值线数据，海面风场数据是点矢量数据，CloudSat 卫星数据的三维垂直数据，这些数据可以用点、线、面和体的带有时间和属性的特征数据来表达。目前，海洋水色水温的数据和风场矢量的 KMZ 文件可以在 OSDSS 网站上注册申请获得。

基于 Google Earth 与 KML（KMZ）技术的海洋卫星数据可视化，不仅可以使用户在数据下载时选择下载转换好的 KML 或 KMZ 文件，也可以在线观看可视化效果。因为 Google Earth 是免费的商业软件，拥有良好的用户基础，利用 Google Earth 进行海洋卫星数据的二维和三维可视化更利于数据更广泛地被大众接受，进一步与其他数据结合，可以充分发挥海洋卫星数据的效用。

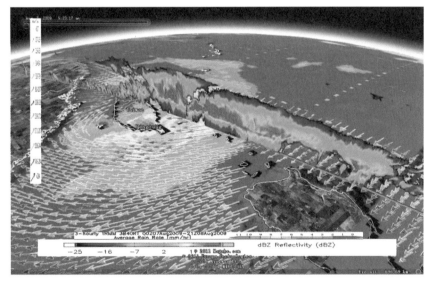

图 4.15 "莫拉克"台风期间 TRMM 降雨量数据、CloudSat 的云垂直剖面数据、
QuikSCAT 风场数据的综合可视化（2009 年 8 月）

4.5　数据统计及分析服务

目前，基于网络的数据统计分析服务主要是客户端的用户按照一定的条件来定制需求，这些需求通过网络传回到服务器端，服务器按照定制好的程序进行处理，将处理好的结果以图件或是文件的形式传回给客户端的用户。

数据的统计及分析服务是数据服务研究的重要内容，目前海洋卫星数据统计主要是针对某单一类型的数据进行统计分析，例如统计数据集的最大值、最小值、平均值等信息，还可以进行长度计算以及面积计算等。具体的统计和计算服务功能在第 5 章中用两个数据服务的实例进行具体的说明，在此不多做阐述。

4.6　本章小结

海洋卫星数据服务是在海洋卫星数据库及海洋卫星元数据库的基础上开发研究的，本章主要介绍了海洋卫星数据服务系统 OSDSS 的基本数据服务、元数据服务、数据可视化服务和数据统计分析服务的内容以及结果。

数据基本服务包括数据查询、数据浏览、数据下载等。海洋卫星元数据服务可以提供元数据的创建、更新、修改、查询等功能。数据可视化服务和数据分析服务，由于数据本身的物理含义的不同，对这些数据可视化和数据分析的需求也是不同的。例如，海表温度、海表叶绿素浓度数据的可视化服务主要是二维的可视化服务，而对这些数据的统计分析服务也主要是一些网格数据的代数运算，例如统计多年平均等。而对于剖面数据，需要三维可视化的服务，还需要对数据进行平滑处理以及简单的空间判断等，例如按规定的条件找出温跃层的起始位置等。

5 应用实例

研究海洋卫星数据服务的目的是为各种海洋科学研究以及海洋生产生活提供数据支持和数据分析的平台。本章利用本文开发的海洋卫星数据服务系统 OSDSS 平台，以台风过境时引起的海洋环境变化的分析及全球大河冲淡水季节变化的分析为应用实例，来阐述 OSDSS 重要的应用价值。

图 5.1 是海洋卫星数据服务应用实例的使用流程。首先是数据预处理阶段，主要包括数据格式的转换、数据参考坐标和数据属性的一致性检验等，并将这些数据导入数据服务系统；其次，将导入的数据集成到 OSDSS 中；再次，利用数据服务系统提供的基本数据服务，可以对输入的原始数据按需求（按时间、空间范围或是按某一属性等）进行查询、浏览和出图等基本的数据服务；最后，在基本数据服务的基础上根据最终的目的对数据进行缓冲区分析、统计分析等空间分析，例如对台风的影响海域确定时可以考虑以台风的 7 级风圈或沿台风路径 50 km 的范围作缓冲区，并结合相应的海域边界来确定研究区域。河流冲淡水的分析可以用河流数据和河流的淡水通量数据作为分析河流冲淡水的一个条件，然后在空间分析的基础上得到需要的分析结果。

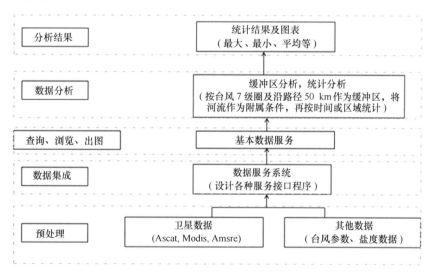

图 5.1 海洋卫星数据服务应用流程

5.1 数据服务系统在台风研究中的应用

本节主要利用海洋卫星数据服务系统 OSDSS，分析和研究台风过境海域水色水温环境的时空变化。台风过境后海洋最显著的响应是台风过境区域的海表温度下降（Fisher，1955；

Leipper，1967；Price et al.，1978；Price et al.，1994；Dickey et al.，1998；Walker et al.，2005），会使该海域的叶绿素浓度升高（Shi and Wang，2007；赵辉，2007）。在此以2011年台风"梅花"为例，说明OSDSS在分析台风对海洋水色水温环境的影响中的应用。

5.1.1 台风对海洋环境的影响

近年来，随着全球气候的变化，影响我国东南海域的台风也有增强增多的趋势（付东洋，2009）。台风常产生于太平洋东部及印度洋的热带洋面上，主要是由于热带海面受太阳直接照射使海水温度升高，海水蒸发强度大，蒸发的水汽在抬升过程中凝聚并释放热量，从而促进了对流运动，令海面气压下降，使周围的暖湿气流流入，再抬升，循环反复，因受到地转偏向力的影响，这些流动的气流旋转越来越猛烈，从而形成台风。在广阔的大洋上，这个循环的影响范围可达数百千米至上千千米。台风过境会带来大风和暴雨，甚至是特大暴雨等强对流天气，对海洋环境、海岛、海岸带都会造成一定的影响。台风中心，也称台风眼，风平浪静，天气晴朗，而台风眼附近则为风雨区，风大雨大。

台风是一个强大而深厚的气旋性漩涡，发展成熟的台风，其底层按辐合气流速度大小分为三个区域：外圈，又称为大风区，自台风边缘到涡旋区外缘，半径约200~300 km，其主要特点是风速向中心急增，风力可达6级以上；中圈，又称涡旋区，从大风区边缘到台风眼壁，半径约100 km，是台风中对流和风、雨最强烈区域，破坏力最大；内圈，又称台风眼区，半径约5~30 km，多呈圆形，风速迅速减小或静止。按铅直方向可以分为低空流入层（大约在1 km以下）、高空流出层（大致在10 km以上）和中间上升气流层（1~10 km附近）三个层次。

1989年世界气象组织将热带气旋划分成热带低压、热带风暴、强热带风暴和台风四类，而按照《中华人民共和国国家标准GB/T 19201—2006热带气旋等级》将热带气旋分为热带低压、热带风暴、强热带风暴、台风、强台风和超强台风6个等级。这里按照我国的标准进行划分。具体分类等级见表5.1。如果没有明确说明，本文中所提台风一般是指热带气旋，并不是特指表5.1中热带气旋中的"台风"等级。

表5.1 热带气旋等级划分表

热带气旋等级	底层中心附近最大平均风速（m/s）	底层中心附近最大风力（级）
热带低压（TD）	10.8~17.1	6~7
热带风暴（TS）	17.2~24.4	8~9
强热带风暴（STS）	24.5~32.6	10~11
台风（TY）	32.7~41.4	12~13
强台风（STY）	41.5~50.9	14~15
超强台风（super TY）	≥51.0	16或以上

注：参考《中华人民共和国国家标准GB/T 19201–2006热带气旋等级》。

台风经过漫长的发展会逐渐变得强大，如果登陆就会造成重大的人员及财产损失。但是，台风带来的降雨也给沿岸地区送来了充足的淡水资源，一次直径不算太大的台风，登陆后可

带来 30×10^8 t 降水，在高温酷暑季节更能解除干旱和酷热。另外，台风可以使世界各地的冷热保持相对均衡。赤道地区气候炎热，台风能够驱散这些热量，否则热带会更热，寒带会更冷，温带也会从地球上消失。对于海洋来说，旋转的台风会引起中心附近 60 m 深的海水混合。有许多研究表明，台风能够使海水垂直混合，并产生强烈的上升流（Price，1981），对上层海水与深层海水之间的热量、能量和物质交换都会产生影响。台风可以将海洋下层的海水及营养物质带到海洋表面，浮游植物利用这些营养盐，再配合光和空气中的 CO_2 进行光合作用并生长繁殖（Eppley and Peterson，1979）。所以，台风导致的营养物质输入可以促进海洋浮游植物的生长，从而提高海洋初级生产力（Lin，2003；Siswanto，2008；Siswanto，2009；Zhao，2009），同时，浮游植物的生长会吸收空气中的 CO_2，具有一定的固碳作用。海洋每年吸收大约 2GtC 的 CO_2，约占人类排放 CO_2 的 1/3（Houghton，2007；Takahashi et al.，2009）。因此，研究台风对海洋水色水温环境的影响具有重要的意义。

2011 年第 9 号超强台风"梅花"是一次强度大、影响范围广的台风。它于 7 月 28 日 14 时形成于西北太平洋洋面上，此后于 7 月 31 日 02 时与 8 月 3 日凌晨两次升级为超强台风，最高风速达到 55 m/s（风力达到 16 级），经过 11 天后，台风"梅花"的中心于 8 月 8 日 18：30 前后登陆朝鲜北部，登陆时台风中心附近最大风力有 23 m/s（风力达到 9 级）。这次台风给西北太平洋沿岸地区，包括中国的台湾、福建、浙江、上海、江苏、山东、辽宁以及日本、韩国、朝鲜都产生了很大影响，因此台风"梅花"具有一定的代表性。

5.1.2 GIS 技术在台风案例中的应用

近年来，国内外利用 GIS 技术对台风进行的研究越来越多，GIS 技术在研究台风事件中主要有两个方向：一是利用 GIS 制作台风信息发布与预报系统；二是利用 GIS 分析台风带来的影响以及灾害评估。

国内外利用 GIS 技术预报台风路径的研究有很多。华东师范大学的罗向欣等在 2007 年利用 ArcIMS 开发了台风信息发布系统（罗向欣等，2007）；武汉理工大学的戴伟等（2009）开发了基于 ArcGIS Server 的台风预报系统；新加坡的 Terry J. P. 和 Feng C. C. 利用 GIS 提取了西北太平洋上 1533 个台风事件的关键空间特征，得出了在过去 60 年台风路径弯曲的一些特性，并进一步分析了这些特性的时空变化与气候变化的关系；台湾的 Ming – His Hsu 等（2010）开发了基于 GIS 的台风应急响应的决策支持系统。此外，许多研究者研究了基于网络 GIS 的台风预报系统技术，其中的一些研究成果已经开始走向业务化的应用。例如，郑卫红等（2010）将 GIS 技术应用到台风预报服务产品的制作中，利用 GIS 的地图表达技术对台风数据进行可视化表达，并利用 GIS 的分析技术制作台风路径影响范围图，得出了 GIS 技术能够较好满足台风预报服务的需求，图 5.2 是郑卫红等（2010）利用 GIS 技术制作的台风预报服务产品。

利用 GIS 技术分析台风对过境区域周边环境的影响以及对灾害的监测与评估也是近年来研究的热点之一。例如，在 1994 年王景来（1994）就提出 GIS 与遥感可以应用于台风灾害的监测与评估。随后冯浩鉴（1996，1997，1999）提出利用 GIS 来开发风暴潮灾害预估系统，并将风暴潮漫滩计算与 GIS 相结合，能够提前 12 h 或 24 h 给出风暴潮在本地区登陆的动态显示过程，给出致灾范围图，评估致灾地区的损失，到 1999 年此系统已经实际运行了。厦门市危房改造办公室所用的台风跟踪预警系统不仅可以记载和查询历次台风的数据资料，演示运

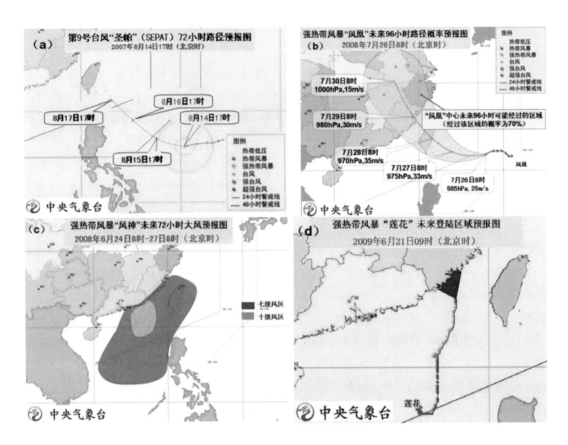

图 5.2　台风预报服务产品（郑卫红等，2010）

（a）台风路径预报图；（b）台风概率预报图；（c）大风预报图；（d）登陆区域预报图

行路径，还可以利用 GIS 空间分析能力实现对台风的监视、路径分析等，有助于决策者较好地把握台风的运动规律和动向，更好地辅助布置抗灾救灾工作，及时地安排危房户的转移搬迁，以保障人民生命财产安全，减少损失（江春发和王仁谦，2003）。王军等（2008）提出我国应"集成开发基于多源遥感地理信息系统（RS - GIS）的台风灾情动态评估工具集"。近年来，此类研究越来越详细，并逐渐与相应的登陆陆地环境变化相结合，例如浙江大学的邓睿（2010）在他的博士论文中提到可以利用 GIS 技术与多源遥感资料来研究台风对陆地区域的降雨、降温和大风对植被造成的影响。

近来，已经有一些研究开始关注海洋表面的海表温度、叶绿素浓度等表征海洋上层空间物理和生态环境的参数受到台风事件影响而发生的变化（Price J F，1981；Chen et al.，2012）。Liu 等（2003）认为热带气旋能够增加海洋初级生产力，Siswanto E（2008）则利用 Argo 浮标及多源遥感卫星数据分析了海洋对台风"米雷（Meari）"的物理及生物响应。但是，利用 GIS 技术来系统地分析台风对海洋上层空间的影响的研究比较少，在此我们利用 GIS 空间分析的优势来分析在 2011 年台风"梅花"对菲律宾海、东海以及黄海的物理及生态环境的影响。

5.1.3　研究区域

台风"梅花"形成于菲律宾海，穿过东海和黄海最终在朝鲜登陆，如图 5.3 所示。按照台风经过的三个海区（菲律宾海、东海和黄海）的 7 级风圈范围将研究区域分为三个部分，即：PhilippineSea_ 7、EastChinaSea_ 7 和 YellowSea_ 7，沿台风路径 50 km 的范围作为缓冲区，将此缓冲区按每日台风经过的长度划分为 A – M 共 13 个研究区域。在此基础上，可以根据数据的具体情况选择不同的区域划分方法来研究海洋环境对台风的响应。

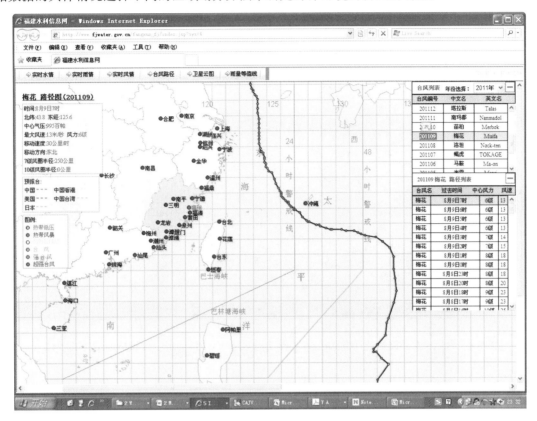

图 5.3　研究区域划分

5.1.4　台风数据

台风的信息来自福建水利信息网（http：//www. fjwater. gov. cn/fangxun_ fj/index. jsp？sys = 4）和台风数据的网站（http：//weather. unisys. com/hurricane/w_ pacific）。图 5.4 是福建水利信息网的界面，可以在右侧的台风列表中选择年份，按照台风编号可以选择需要的台风，例如选择了 2011 年台风"梅花"，则台风"梅花"的信息包括时间、经纬度坐标、中心气压、最大风速、移动速度、7 级风圈半径、10 级风圈半径、台风等级的示例以及不同国家给出的不同的预报路径示例都会显示在网页的左侧，同时台风的路径会显示在网页的地图上，当鼠标在台风路径上移动时，左侧也会更新相应的台风信息。

5.1.5　海洋卫星数据

本实例使用的海洋卫星数据主要有风场数据、海表温度数据和叶绿素浓度数据。

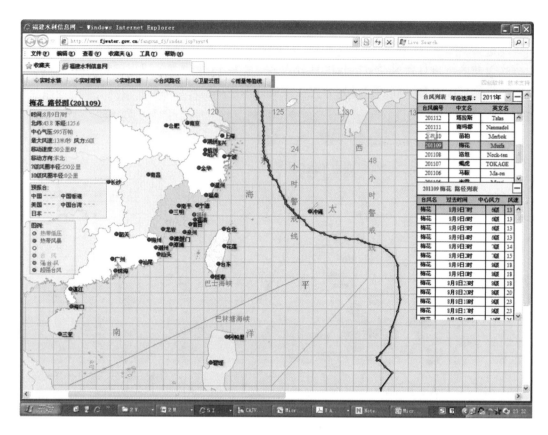

图 5.4　台风梅花的路径信息（http：//www. fjwater. gov. cn/fangxun_ fj/index. jsp？sys = 4）

5.1.5.1　风场数据

本实例中的风场数据是 Ascat 散射计的风场数据。2006 年欧洲航天局（European Space Agency，ESA）发射的 MetOp － 1 卫星，其上搭载了 Ascat 散射计，它的工作频率是 5.3 GHz，C 波段主动式传感器，风速在 4 ~ 24 m/s 的范围内时，风速测量精度达到 2 m/s，风向测量精度为 20°，空间分辨率为 25 km（Figa － Saldana et al.，2002；Verspeek et al.，2008）。星载散射计受云、雨等因素影响较小，可以昼夜观测，快速准确地获取海面风场信息，为观测和预报极端天气状况（如热带风暴）发挥着重要作用。但是由于降雨的影响，散射计往往不能对热带风暴的峰值风速作出准确的判断，从而限制了散射计对极端天气预报的能力（张毅等，2009）。

本文所用的 Ascat 风场数据可以从美国喷气推进实验室（Jet Propulsion Laboratory － JPL）[1] 的网站上下载。将下载的数据经过本文数据服务系统处理后，如图 5.5 所示。从图中可以看出"梅花"过境时，风场随之运动的过程，以及风力的大小及风向的变化。但是由于 Ascat 散射计在风速大于 24 m/s 时和有降雨影响时，测得的风速并不可靠，所以在统计菲律宾海、东海和黄海的最大风速时，只要是在台风期间（2011 年 7 月 28 日到 8 月 9 日）的都采用 5.1.4 节中提到的台风数据中最大风速的值，而其余时间的取所选区域内 Ascat 数据的风速最大值。

---

[1]　http：//podaac. jpl. nasa. gov/DATA_ CATALOG/ascatinfo. html。

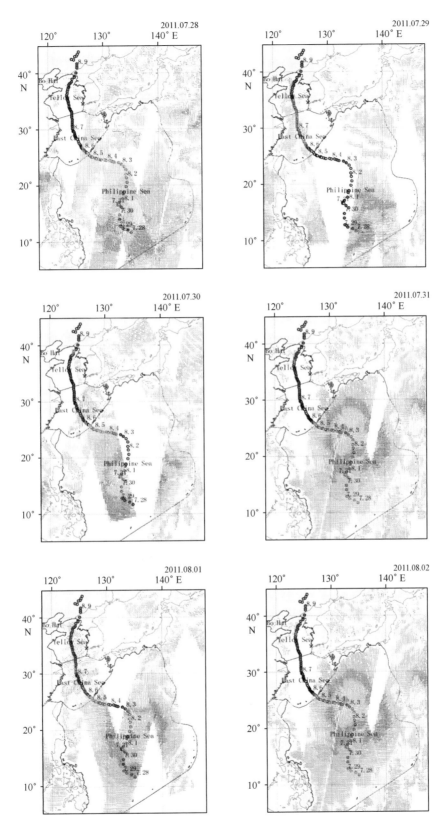

图 5.5　Ascat 风场数据（一）

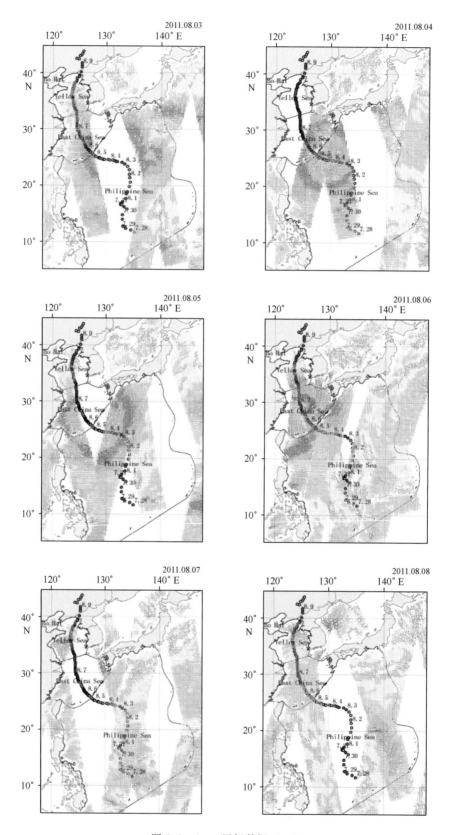

图 5.5　Ascat 风场数据（二）

5.1.5.2 海表温度数据

微波扫描辐射计 AMSR - E（Advanced Microwave Scanning Radiometer - Earth Observing System）是由 NASDA（日本国家空间发展署）研制装在 Aqua 卫星上的多波段扫描被动微波遥感器。AMSR - E 是一个 12 通道、6 个频率全功率型被动微波辐射计系统，频率分别为 6.925 GHz、10.65 GHz、18.7 GHz、23.8 GHz、36.5 GHz 和 89.0 GHz。每一频率有垂直和水平极化两个通道，用来精确测量地球表面和大气自身辐射的微波信号，获得大气水汽、云层液态水、降水、海面风、海面温度、海冰、雪覆盖和土壤湿度等地球物理参数的信息，以了解全球水循环过程（王振占和李芸，2009）。微波能够穿透云雾且衰减很小，不受云和气溶胶的影响，相比于红外手段能够很好地应用于恶劣天气条件下的海表温度的测量，所以本文用 AMSR - E 的海表温度数据来研究海面温度对台风事件的响应。

AMSR - E 数据产品可以从 REMSS（Remote Sensing Systems）网站上下载得到，其网址是 http：//www.remss.com/。数据经过本文海洋卫星数据服务系统 OSDSS 处理后，如图 5.6 所示，可以看出温度随台风梅花运动的轨迹上也有一个下降再回升的过程。

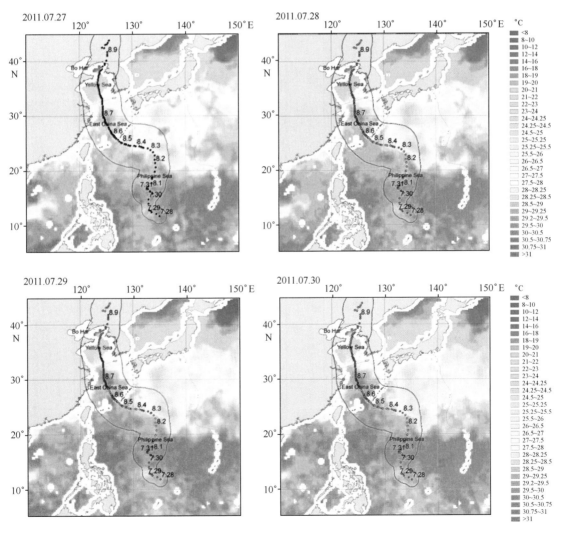

图 5.6　AMSER 海表温度数据（一）

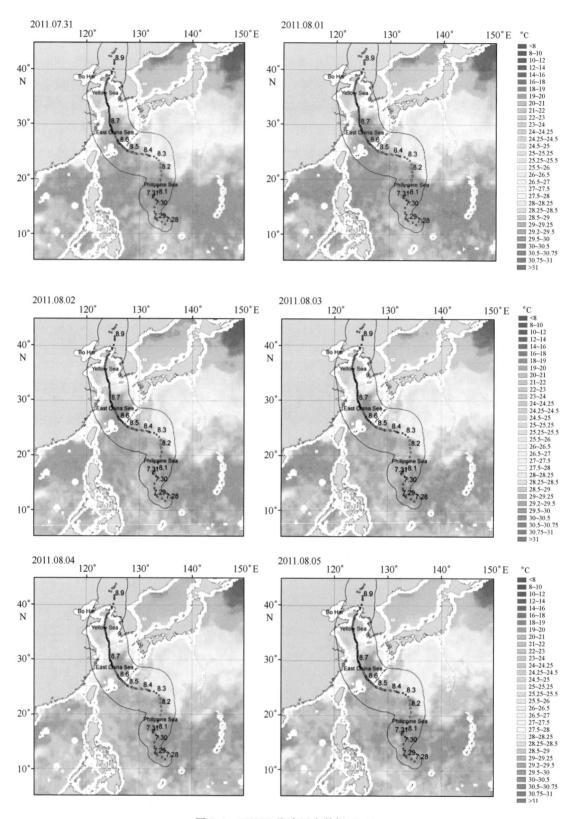

图 5.6　AMSER 海表温度数据（二）

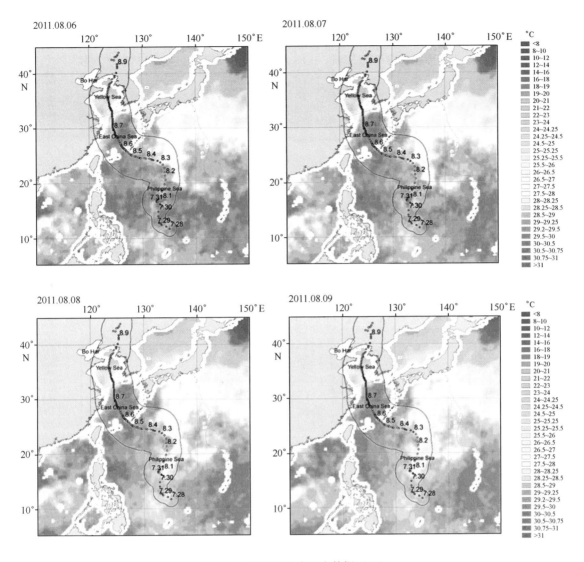

图 5.6　AMSER 海表温度数据（三）

5.1.5.3　Aqua/MODIS 叶绿素浓度数据

MODIS（moderate-resolution imaging spectroradiometer）是搭载在 Terra 和 Aqua 卫星上的多中分辨率成像光谱仪。它是被动式成像分光辐射计，共 490 个探测器，36 个离散光谱波段，可以同时提供反映陆地信息和海洋信息的多种数据产品，最大空间分辨率为 250 m，扫描宽度 2 330 km，每颗星的时间分辨率 1～2 d，可用于对陆表、海表进行长期的全球观测。

本文所用的 Aqual/MODIS 叶绿素浓度产品可以从美国 NASA GSFC（Goddard Space Flight Center）的 Ocean Color 网站上下载，其网址是 http：//oceancolor. gsfc. nasa. gov/。由于叶绿素浓度产品会受到云层覆盖等天气因素的影响，台风期间研究海域的叶绿素浓度的日产品有大面积的数据缺失，所以在此我们采用 8 天的叶绿素浓度的产品。数据经过本文数据服务系统处理后如图 5.7 所示，可以看出在台风"梅花"过境后某些海域的海表叶绿素会有所升高。

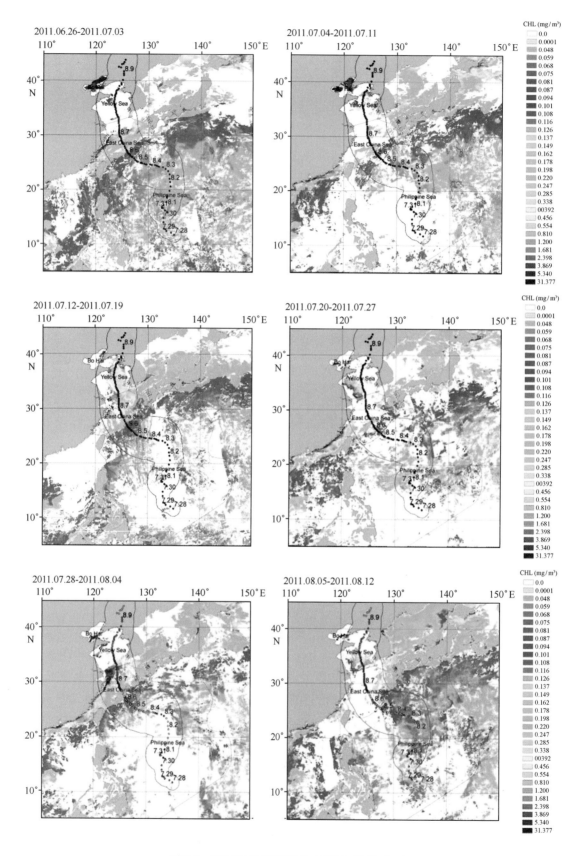

图 5.7　MODIS 叶绿素浓度（CHL）数据（一）

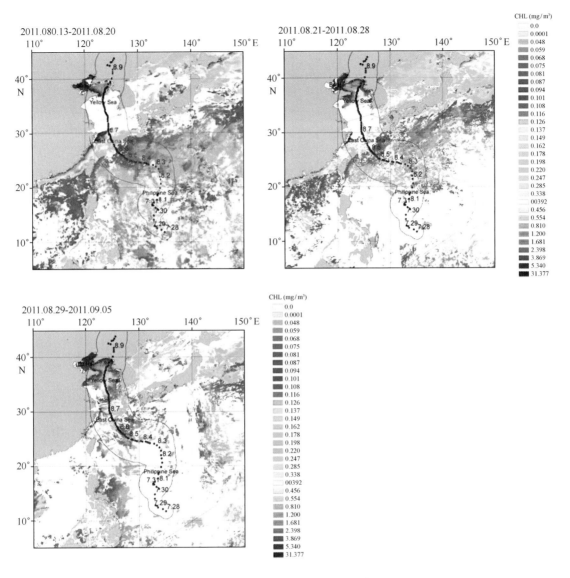

图 5.7　MODIS 叶绿素浓度（CHL）数据（二）

5.1.6　台风期间海洋卫星参数的时空变化

台风会对过境海域物理和生物过程造成一定的影响（Chen，2012）。我们将台风过境的海域按菲律宾海、东海和黄海分为三个部分，在没有台风的情况下，统计 AMSER 在该海域的最大风速，在台风过境时，采用台风数据中的最大风速，如图 5.8 展示了在 2011 年 7 月 1 日到 2011 年 8 月 30 日，这三个海区的台风 7 级风圈范围以内的最大风速的变化情况。从图 5.8 中可以看出随着台风的推移，菲律宾海、东海、黄海先后达到最大风速，依次间隔两天左右。菲律宾海与东海最大风速可达到 55 m/s，黄海最大风速稍低，可达到 45 m/s。从图 5.5 Ascat 风场数据（2011 年 7 月 28 日至 8 月 8 日）也可以看出台风期间，随着台风的推移，各个研究海域的风力大小及方向在空间和时间上的变化情况，还可以很清楚、形象地看出台风的影响范围和区域。

从图 5.6 可以看出，台风过境时由于大风和降雨会使过境海域的海表温度有一个降温的

361

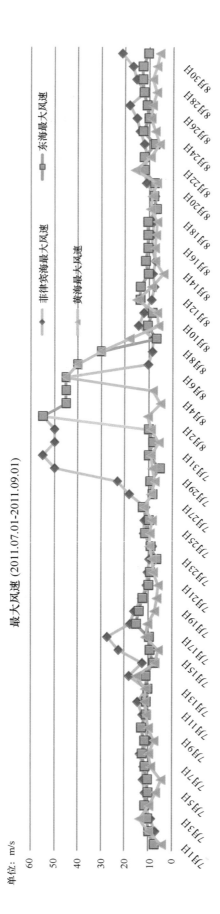

图5.8 台风"梅花"过境海域每日最大风速

过程。我们把沿台风路径两边 50 km 范围的区域按照台风过境的日期划分为 A ~ M 共 13 个小的区域，统计这些区域上从 2011 年 7 月 1 日至 2011 年 8 月 30 日的温度变化，如图 5.9 所示，可以看出在大部分海区海表降温的最大幅度大约出现在台风过后一周以后。降温最大的区域 F 到 I 位于东海和菲律宾海交接处，台风过境的时间分别是 2011 年 8 月 2 号到 8 月 6 号，降温幅度近 4℃，如表 5.3 所示。另外，从表 5.3 中可以看到在黄海海域降温幅度最大，最大达到 9℃ 以上，但是这个结果并一定可信，因为在近岸地区，微波的温度数据具有较大的误差。

表 5.2　台风在不同海区的叶绿素浓度变化的统计结果（单位：mg/m³）

	菲律宾海	东海	黄海
min	0.045 30	0.230 75	0.770 62
max	0.058 40	0.919 15	2.904 06
mean	0.049 95	0.527 09	1.759 06
max − min	0.013 10	0.688 40	2.133 44
max − mean	0.008 37	0.382 02	1.162 87

表 5.3　台风在不同海区的最大风速的统计结果

	菲律宾海（m/s）	东海（m/s）	黄海（m/s）
Mean（7 月 27 日 – 8 月 9 日）	17.74	14.39	10.89
max	55.00	55.00	45.00
min（7 月 27 日 – 8 月 9 日）	7.15	5.31	3.91

表 5.4　台风在不同海区的温度变化的统计结果（单位：℃）

	A	B	C	D	E	F	G	H	I	J	K	L
max	29.90	29.94	29.81	29.69	29.64	29.95	29.31	29.32	29.70	29.82	28.33	25.43
min	28.42	28.71	27.99	27.30	26.22	25.63	25.89	25.67	26.35	25.51	19.33	17.12
mean	29.30	29.25	29.16	29.02	28.79	28.55	28.25	28.30	28.43	28.19	24.77	21.66
max − min	1.48	1.23	1.82	2.39	3.42	4.32	3.41	3.66	3.35	4.32	9.01	8.30
max − mean	0.60	0.69	0.64	0.65	0.86	1.43	1.06	1.02	1.28	1.57	3.41	3.68

台风还会影响过境海域的叶绿素浓度的变化，图 5.6 是 MODIS 叶绿素浓度（CHL）数据，从图中我们可以看出在台风过后的一周以后，在某些海域，尤其是在沿台风路径右侧的菲律宾海与东海交接处叶绿素浓度有明显的升高。从图 5.10 台风"梅花"过境海域每日平均叶绿素浓度（2011 年 7 月 1 日至 8 月 30 日）的变化来看，东海、黄海因为靠近近岸，叶绿素浓度总体上是偏高的。但是在台风过后，该海域的叶绿素浓度仍有一个升高的过程。黄海的 8 天平均叶绿素浓度的平均值在 2011 年 8 月 13 日达到最高值，大约是 2.9 mg/m³，比在此海域 2011 年 7 月、8 月两月内最小值 0.77 mg/m³、平均值 1.76 mg/m³ 分别高了 2.13 mg/m³、1.16 mg/m³。东海的 8 天平均叶绿素浓度的平均值在 2011 年 8 月 5 日达到最高值，大约是 0.058 mg/m³，比在此海域 2011 年 7 月、8 月两月内最小值 0.045 mg/m³、平均值 0.049

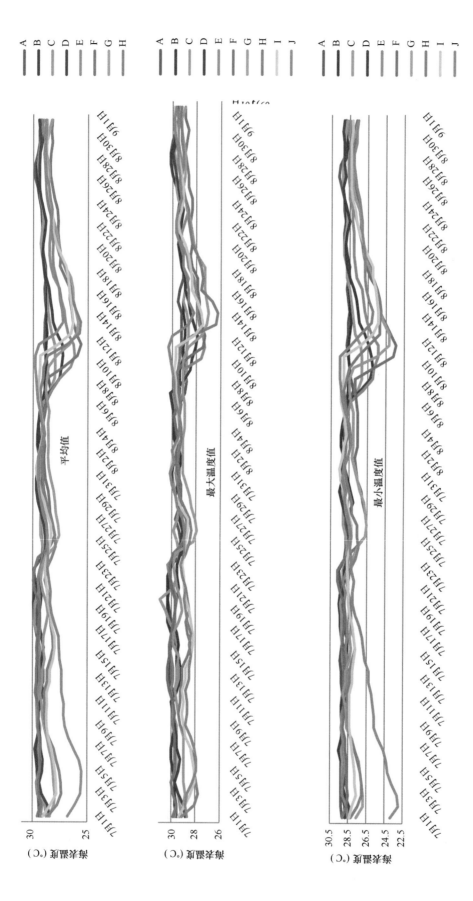

图5.9 台风"梅花"过境海域每日温度

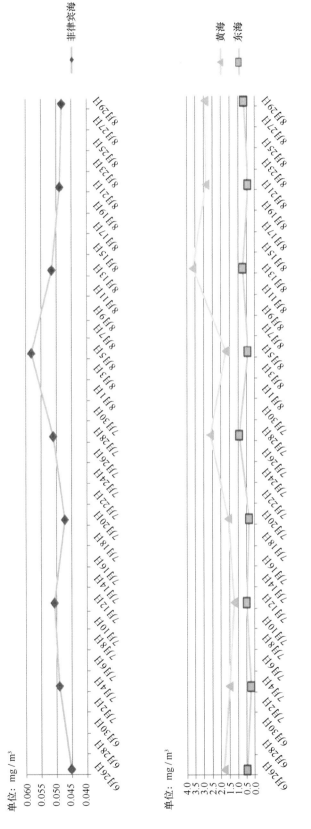

图5.10 台风"梅花"过境海域每日平均叶绿素浓度

mg/m^3 分别高了 0.013 mg/m^3、0.008 mg/m^3。各个海区尤其是东海由于数据缺失严重，统计的结果可能有所偏差。我们将 2011 年 6 月 26 日至 7 月 3 日和 2011 年 8 月 13 日—20 日两组数据进行对比，前者是台风前的数据，后者是大概台风过后一周时间的数据。在台风前菲律宾海、东海、黄海的平均叶绿素浓度分别是 0.045 mg/m^3、0.43 mg/m^3、1.4 mg/m^3，在台风过境后一周这三个海区的平均叶绿素浓度为 0.052 mg/m^3、0.72 mg/m^3、2.9 mg/m^3，都有大幅度的升高。

从以上的分析可以看出，台风不仅会给过境的区域带来大风天气，而且会引起降温及叶绿素浓度的升高。

5.2 全球大河冲淡水面积的提取及其在碳通量计算中的应用

5.2.1 河流冲淡水

根据 GRDC 2009 年的报告，全球每年从河流流入大海的淡水总量约为 36 109 km^3 (Koblenz, 2009)，而世界上流量排名前 10 的河流每年输入到海洋的淡水及颗粒物占海洋总的淡水及颗粒物总收入的 40% (Dagga et al., 2004；Chen et al., 2008)。世界上大的河流（如，亚马逊河、长江等）拥有巨量的径流，携带着大量陆源物质注入海洋，与河口附近的海水混合形成冲淡水。冲淡水会在河流入海口区域形成离岸的、低盐的、富含营养物质的以及富含高悬浮物和溶解有机物的，浮在底层海水上面的一层特殊水团，在河口外形成不同于其他海水的羽状体（Higgins et al., 2006；Kouame et al., 2009）。河流冲淡水在发展变化过程中会影响冲淡水区域海域海水的化学、生物和物理特性（Smith and Demaster, 1996；Shipe et al., 2006），而且可能会扩散到比较远的海域。

大河冲淡水将陆源物质带到了海洋，因此研究河流冲淡水对研究近海的物质输运、沉降、营养盐及碳循环的生物地球化学活动等相关方面有着重要的作用。此外，河流冲淡水可能使其附近海域的海水富营养化，进一步导致该海域缺氧，甚至会导致海岸带区域出现海洋死亡区。综合研究全球海洋过程，需要确定河流冲淡水的区域，而对世界上主要大河冲淡水面积的统计结果可以为海岸带地区海域的各类物质通量（如 CO_2 通量）的计算提供基础数据。在以往的研究中，河流冲淡水区域由于强烈的生物过程作用而成为大气 CO_2 的强汇，但是在这些海域 CO_2 通量随着季节有着显著的变化（Cai, 2003；Tan et al., 2004；Green, 2006；Cooley et al., 2007）。由于河流冲淡水海域是河 – 海 – 陆交互影响的区域，碳循环过程复杂，在如此高动态的环境中对碳的收支进行估计具有很大的不确定性（Ducklow and McCallister, 2004；Borges et al., 2005；Cai et al., 2006），因此对河流冲淡水区域面积的提取及其面积的估算对于准确估算此区域 CO_2 通量和对全球海洋碳的收支的估算都有着重要的意义。然而到目前为止，除了在少数的研究中给出了几条河流的冲淡水的面积以外，世界上大多数河流的冲淡水面积仍然是个未知数。因此，本实例利用本文开发的海洋卫星数据服务系统 OSDSS 对全球大河的冲淡水区域进行提取和面积统计，并在此基础上研究全球大河冲淡水海域的 CO_2 通量。

5.2.2 河流冲淡水区域提取方法的研究进展

由于河流冲淡水的高动态性和空间区域特点，单凭某单一航次的观测很难给出河流冲淡

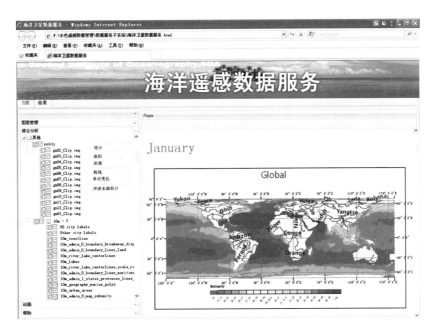

图 5.11　海洋卫星数据分析服务应用界面

水的范围。周峰等（2009）利用 ROMS（Region Ocean Modelling System）数值模式分析了径流量、风场和黑潮对长江冲淡水扩散的影响，同时给出了长江冲淡水区域盐度的分布，但是研究中并没有明确给出长江冲淡水的范围。

在已有的文献中有一些方法来研究大河冲淡水随季节在空间上的变化特征，也给出了在某一时期的冲淡水的范围甚至是面积值。这些研究方法大多是利用河流冲淡水本身在水色、浊度、水温和盐度异于周围水体的特点来识别的，也可以利用海洋卫星资料来对河流冲淡水区域进行识别（Klemas，2012）。在某些大河的冲淡水区域，海表盐度（SSS）与溶解有机质以及碎屑的吸收系数之间有很好的关系，一些学者利用这两者之间的关系来确定某些河流的冲淡水区域，有些也利用卫星资料对河流冲淡水的时空变化做了一些分析（Binding and Bowers，2003；D'Sa and Miller，2003；Hu et al.，2004；Vecchio and Subramaniam，2004；Chen et al.，2007）。另一些学者利用卫星的叶绿素浓度产品和漫衰减系数产品来确定河流冲淡水的区域。Piola 等（2008）利用 SeaWiFS 卫星的水色产品 – 海表叶绿素浓度与盐度的关系并结合其他数据分析了拉普拉塔河冲淡水的时空分布变化。Dzwonkowski 和 Yan（2005）利用多源海洋卫星 SeaWiFS 和 AQUA/MODIS 的水色数据叶绿素浓度对流入切萨皮克湾（Chesapeake Bay）的河流的外冲淡水区域进行了跟踪监测。Jo 等（2005）、Cooley 等（2007）和 Molleri 等（2010）利用海洋水色数据来研究了世界上径流量最大的亚马逊河冲淡水的时空变化。Thomas 和 Weatherbee（2006）利用 SeaWiFS 的多光谱数据，对其 5 个波段的离水辐亮度进行监督分类，研究了哥伦比亚河冲淡水在 1998 年到 2003 年 6 年中的时空变化分布，还进一步分析了与河流径流量和风场的关系。Lihan 等（2008）也是利用 SeaWiFS 的多光谱数据，通过监督最大似然分类的方法来研究 Tokachi 河冲淡水在 1998—2002 年间的时空变化。此外，Walker（1996）利用 1989 年到 1993 年 NOAA 无云覆盖的 AVHRR（Advanced Very High Resolution Radiometer）影像数据来研究密西西比河冲淡水的变化规律，并探讨了密西西比河冲淡水的成因，预测了其变化趋势。

367

然而，在不同的地区上不同河流及其冲淡水具有不同的水色、生物地球化学特性以及其他特性，卫星的遥感反演结果差异较大，所以这些利用卫星遥感来研究河流冲淡水的方法，往往只是适用于特定的河流，很难简单地推广应用到世界上所有的河流冲淡水的研究中。目前，SMOS（Soil Moisture and Ocean Salinity）卫星和 NOAA 的 Aquarius 卫星能够提供海洋表层盐度数据，然而这些数据的空间分辨率接近 100 km，对于河流冲淡水区域的研究而言空间分辨率太低。

5.2.3 数据和方法

本实例采用了 NOAA World Ocean Atlas 2009 – NOAA WOA09（Antonov et al.，2010）数据集中由实测的数据经过再处理得到的盐度数据集，以及中国东海、南海海洋图集的盐度等值线专题图中的盐度数据，结合 GIS 技术得到了全球 19 条主要大河冲淡水面积的月平均数据。因为 GIS 最早就是为了解决地学计算问题而发展起来的一门应用技术，所以相比于其他方法，利用 GIS 的空间分析和统计技术来计算冲淡水的面积具有更好的精度和可靠性。

5.2.3.1 基础地理数据

本实例用到的基础地理数据包括全球的河流、陆地、等深线数据、海洋等基础地理数据，来源于全球公开且免费的 Nature Earth 数据集，可以直接从其官方网站上免费下载，其网址是 http：//www. naturalearthdata. com/。Nature Earth 的官方网站提供 1:100 000 00、1:500 000 00 和 1:110 000 000 三种比例尺的数据，用户可以根据自己的需要选择下载不同比例尺的数据。我们使用的是 1:100 000 00 比例尺的数据，该比例尺的数据以 10m 作为数据集名的开始，例如 10m_ land、10m_ ocean、10m_ river_ lake_ centerlines、10m_ bathymetry 等，它们可以直接在 ArcGIS 软件中投影转换成具有 World_ Cylindrical_ Equal_ Are 地理坐标投影的数据。这些基础地理数据对于海区的划分及河流冲淡水区域的确定具有重要的作用。

5.2.3.2 盐度数据

本实例所用的 WOA09 盐度数据来自 NOAA 的 WOAselect 网站，网址是 http：//www. nodc. noaa. gov/OC5/SELECT/woaselect/ woaselect. html，如图 5.12 所示。WOAselect 是 NOAA 开发的一个交互式网络工具，可以提供多种数据的选择。可以选择不同的区域和范围，不同的网格及不同分辨率（目前有 1°和 0.25°两种选择）的数据；还可以选择数据类型，目前可供选择的类型包括：气候态平均（Climatological mean）、统计平均（Statistical mean）、数据分布（Data distribution）、标准偏差（Standard deviation）、平均标准误差（Standard error of the mean）等数据类型，我们用的是气候态平均数据；可以按月、季、年等不同尺度选择数据的时间，我们选择 1 月到 12 月的数据；可以选择不同的水深数据，提供有从表层到 5 500 m 的 33 层数据，我们选择每个月的表层数据。按照给定条件选好数据后，点击"show figure"就可以看到数据结果，在这个结果界面上点击"ArcGIS"就可以进行下载，它是 ArcGIS 的数据格式 shp 文件。这些盐度数据在 ArcGIS 中首先经过转换变为栅格数据，然后经过投影变换成为具有 World_ Cylindrical_ Equal_ Are 地理坐标投影的栅格数据，其坐标参考与 Nature Earth 的基础地理数据一致。全球海洋表面盐度的气候态月平均分布如图 5.13 所示。

为了弥补中国海区盐度数据的不足，在此收集了中国东海和南海海洋图集中的海洋水文

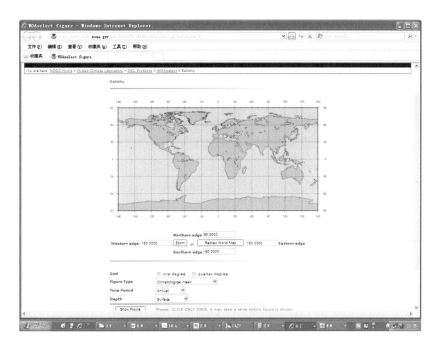

图 5.12　WOAselect 网站界面

分册中的盐度等值线专题图（陈达熙等，1992；Hon et al.，2006）作为确定长江、珠江冲淡水海域的数据来源。这些海洋图集数据是公开发行的纸质版资料，我们首先利用扫描仪将这些专题图扫描成数字栅格影像，然后利用 ArcGIS 软件进行后续处理，最终得到盐度数据。其步骤是：首先对栅格影像进行地理投影的变化，再根据格网坐标进行地理校正，然后利用矢量化工具对栅格影像进行矢量化。最终结果如图 5.14 所示。

5.2.3.3　河流数据

表 5.5 是全球前 25 条大河径流量的排名情况，其中的径流量数据来源于 McKee（2003）的文献。全球径流量排名前 25 的河流每年输入海洋的淡水通量为每年 17 440 km³，占全球河流输入海洋淡水总量的 48.3%。因为数据在其中 6 条河流冲淡水区域（湄公河、马格达莱纳河、普拉里河、印度河、赞比西河和多瑙河）的覆盖不够，本实例中，我们只能给出剩余 19 条河流冲淡水的面积值。这 19 条河流的年径流量大约是 15 910 km³，占全球从河流输入海洋淡水总量的 44.06%。

河流气候态的月平均数据来自 Global River Discharge Database 的网站，其网址为 http：//www. sage. wisc. edu/riverdata/。从这个网站上，用户可以根据自己的需要查询全球 3500 个水文观测站的河流径流量数据。

5.2.3.4　河流冲淡水区域的确定

将搜集到的盐度数据和基础地理数据转换到统一的地理坐标系统 World_ Cylindrical_ E-qual_ Area，然后利用海洋卫星数据服务的空间分析功能，以不同海域的冲淡水盐度阈值提取 19 条河流冲淡水区域并计算它们的面积。气候态月平均的冲淡水区域的面积值如表 5.6 所示，由于某些河流处于干季时冲淡水的区域非常小，数据的分辨率和覆盖率都比较低，所以

369

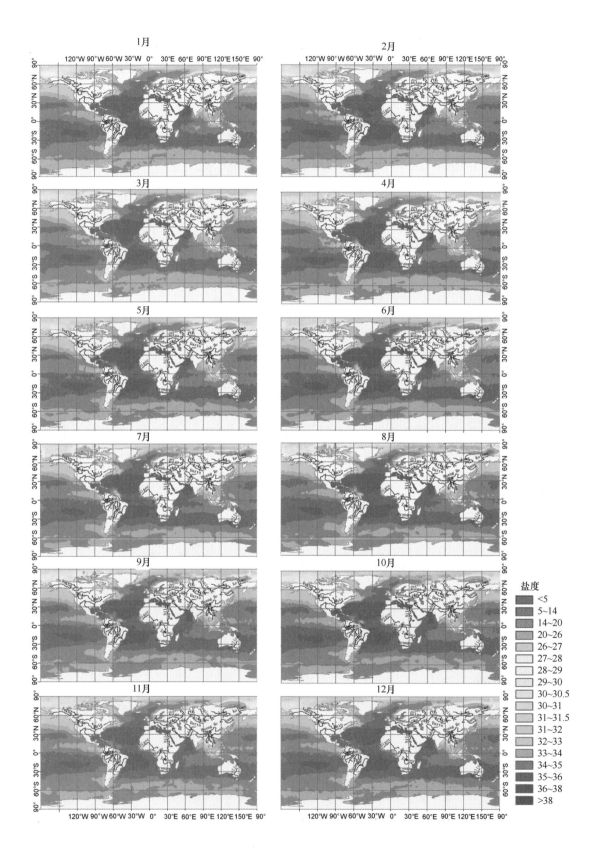

图 5.13　来自 WOA09 盐度数据集的全球月平均海表盐度分布

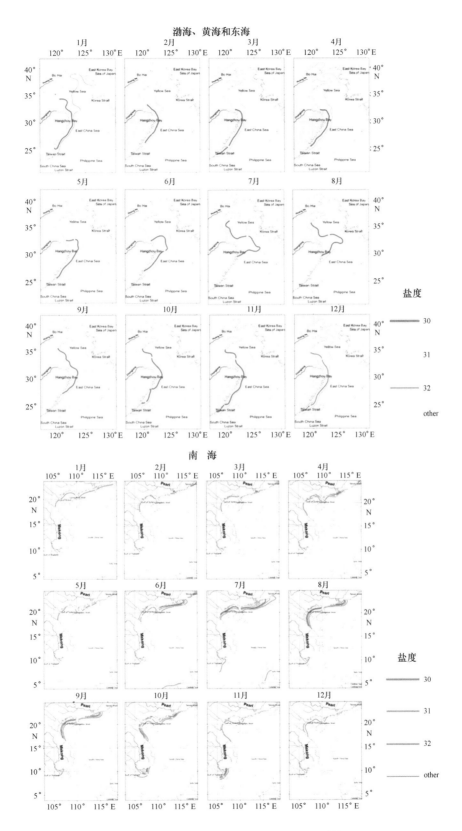

图 5.14　中国东部海区、南部海区盐度数据

会造成这些区域面积值的缺失，在表5.6中这些缺失的值标记为"Null"。

确定冲淡水区域的重要内容是盐度阈值的确定，我们根据不同海域盐度背景来确定河流冲淡水的盐度阈值。表5.7是全球5个大洋表层盐度数据月平均值，从表中我们可以看出太平洋、大西洋、印度洋、北冰洋的平均盐度值分别是34.51、34.98、34.77和30.00。大西洋表层的盐度值最高，其次是印度洋和太平洋，北冰洋表层盐度值全年较低，其原因有：①很多大河的注入带来大量的淡水；②北冰洋气温较低，降雪多而蒸发少，使得北冰洋的淡水增加；③季节性融冰的影响（Lique et al.，2011）。在此背景数据下，我们设定输入太平洋、大西洋、印度洋和北冰洋河流冲淡水盐度阈值分别为30、31、31、26，比每个大洋的盐度的平均值低大约4个单位。

表5.5　全球主要大河径流量排名

流入的大洋	河流	河流流量（×10⁹ m³/a）	排名	流量统计（×10⁹ m³/a）
大西洋	亚马逊	6 300	1	10 630
	刚果	1 250	2	
	奥里诺科河	1 200	3	
	密西西比	530	7	
	巴拉那河	470	10	
	圣劳伦斯河	450	11	
	马格达莱纳河	240	20	
	尼日尔河	190	24	
太平洋	长江	900	5	2 590
	湄公河	470	9	
	阿穆尔	325	14	
	珠江	300	16	
	哥伦比亚河	250	18	
	育空河	195	23	
	普拉里河	150	25	
印度洋	恒河和布拉马普特拉河	970	4	2 160
	伊洛瓦底江	430	12	
	萨尔温江	300	17	
	印度河	240	19	
	赞比西河	220	21	
北冰洋	叶尼塞河	630	6	1 850
	勒拿河	510	8	
	鄂毕河	400	13	
	马更些河	310	15	
黑海	多瑙河	210	22	210
总流量（×10⁹ m³/a）		15 910*		17 440

表 5.6　全球主要大河冲淡水的面积值（单位：$\times 10^3 \ km^2$）

月 / 河流	主要大河冲淡水的面积												流量排名
	1	2	3	4	5	6	7	8	9	10	11	12	
亚马逊河（S^*<31）	157.2	194.2	216.1	254.2	301.3	236.1	237	203.2	125.7	88	98.7	123.1	1
刚果河（S<31）	34.8	44.6	49.7	32.4	15.9	7.2	6.6	6.6	5.5	10.1	19.4	26.3	2
奥里诺科河（S<31）	Null	Null	Null	4	Null	Null	26	53.4	58.7	41.8	32.7	28.1	3
密西西比河（S<31）	24.2	31.2	42.2	48.4	82.7	98.6	106.2	74.2	21.6	10.4	13.8	18.4	7
巴拉那河（S<31）	102.6	87.7	86	97	66.3	47.1	68.9	106.6	120	94	84.5	96	10
圣劳伦斯河（S<31）	99.1	75.3	72.5	111.4	157.5	267.9	290.4	322.4	316.5	240.8	173	135.7	11
尼日尔河（S<31）	163.5	82.4	108.3	112.4	55.6	12.2	44.4	40.2	7	51.3	179	176.8	24
长江（S<30）	70.9	73.3	73.2	69.8	87.6	107.9	134	126.7	102.4	107.4	95.9	94.6	5
阿穆尔河（S<30）	20.2	38.5	Null	Null	57.8	81.1	114.6	61.4	61.5	63.1	42.7	5.3	14
珠江（S<30）	Null	1.2	1.4	5.5	Null	26	48.6	10.8	10.8	7.4	Null	Null	16
哥伦比亚河（S<30）	5.2	7.7	3.9	7.3	14.7	19.8	10.4	Null	Null	Null	Null	1	18
育空河（S<30）	15.9	17.6	7.4	Null	17.8	54.5	63.9	68.4	67.9	66.4	46.6	16.1	23
恒河、布拉马普特拉河、伊洛瓦底江和萨尔温江（S<31）**	358.8	125.2	59.6	77.3	76.6	78.6	167.3	590.5	753.5	787.7	618.4	541.3	4，12，17
叶尼塞河和鄂毕河（S<26）	208.2	278.8	223.6	37.1	Null	120.1	265.3	324.9	286.8	167.2	144.4	162.1	6，13
勒拿河和科雷马河（S<26）	855.1	869.2	840.8	460.8	23	1462.1	1538.4	1271.2	883.8	1033	1095.2	906.8	8
马更些河（S<26）	64	58.5	57.9	1.3	Null	234.1	437.9	364.6	96	79.7	127.6	108.2	15
总计	2 179.8	1 985.3	1 842.5	1 318.9	956.7	2 853.3	3 559.4	3 625	2 917.6	2 848.4	2 772	2 439.8	

＊ S 代表盐度；＊＊ 流入印度洋的这四条河流由于地理位置靠近，其冲淡水常常混在一起，所以在此合并统计。

表 5.7　WOA09 盐度数据得出的 5 个大洋海洋表面盐度平均值
（括号中是各个统计数据集中的最小值与最大值）

月	太平洋	大西洋	印度洋	北冰洋
1	34.52 （20.7~36.52）	35.05 （5~39.23）	34.76 （23.05~41.58）	30.34 （22.98~34.17）
2	34.54 （22.54~36.59）	35.08 （5~39.53）	34.74 （24.9~41.42）	30.25 （7.17~34.47）
3	34.54 （19.17~36.6）	35.08 （5~39.2）	34.74 （27.29~41.73）	30.44 （7.8~34.67）
4	34.54 （22.4~36.55）	35.06 （4.99~41.69）	34.72 （26.27~41.51）	30.86 （17.8~34.44）
5	34.53 （22.63~36.71）	35.01 （4.99~40.2）	34.74 （26.5~40.72）	30.53 （16.83~34.56）
6	34.52 （15.64~36.67）	34.93 （5~41.39）	34.79 （29.22~40.7）	29.65 （13.15~34.76）

续表 5.2

月	太平洋	大西洋	印度洋	北冰洋
7	34.49 (17.27 ~ 36.51)	34.84 (5 ~ 39.7)	34.82 (25.18 ~ 41.08)	28.70 (5.6 ~ 34.28)
8	34.47 (17.51 ~ 36.54)	34.84 (5 ~ 39.81)	34.78 (18.72 ~ 41.53)	29.05 (5 ~ 33.72)
9	34.48 (20.83 ~ 36.62)	34.93 (5 ~ 41.11)	34.77 (26.34 ~ 42)	29.85 (12.73 ~ 33.87)
10	34.48 (18.59 ~ 36.61)	34.98 (5 ~ 40.98)	34.79 (20.33 ~ 41.82)	29.93 (17.53 ~ 34.37)
11	34.49 (21.3 ~ 36.57)	34.99 (4.99 ~ 39.63)	34.81 (19.9 ~ 41.46)	30.02 (16.07 ~ 35.24)
12	34.50 (18.23 ~ 36.53)	35.01 (5 ~ 40.47)	34.79 (22.36 ~ 41.64)	30.40 (21.83 ~ 34.69)
平均值	34.51	34.98	34.77	30.00

5.2.4　结果与讨论

5.2.4.1　与前人研究的比较

首先，利用 ArcGIS 软件与 Nature Earth 基础地理信息数据，计算得到全球海洋的表面积为 365.051×10^6 km²，与冯士筰等（2004）的计算结果 361.059×10^6 km² 相比，略偏大。计算的全球陆架海的表面积为 26.15×10^6 km²（如表 5.8 所示），比 Laruelle 等（2010）利用像素值与像元数的乘积得到的结果 -24.7×10^6 km² 略大，但是比 Chen 等（2009）的结果偏低。本实例计算结果与以往的文献中的结果略有差异主要是因为所用的数据源及计算面积所用的方法不同，但是从比较的结果来看，我们的结果介于历史研究的最大值与最小值之间，所以利用我们的方法来计算面积是可信的。而且 GIS 最早就是为解决地学计算问题而发展起来的，所以相信利用 GIS 技术来计算面积值相比于其他方法具有更高的准确性。

Molleri 等（2010）利用海表盐度与 SeaWiFS 的水色产品溶解有机物和碎屑颗粒物的吸收系数（adg）之间的关系确定了亚马逊河流冲淡水的范围，并给出了 6 月到 8 月盐度小于 34 的最大的冲淡水区域的面积是 $1\,506 \times 10^3$ km²。利用本文方法与 WOA09 盐度数据计算亚马逊河口外盐度小于 34 的海域的面积，从 6 月到 8 月期间亚马逊河流冲淡水的气候态月平均值分别是 6 月为 $1\,941.9 \times 10^3$ km²，7 月为 $1\,409.2 \times 10^3$ km²，8 月为 $1\,020.9 \times 10^3$ km²，这三个月的平均值为 $1\,457.4 \times 10^3$ km²，与 Molleri 等的结果相近。Gupta 和 Krishnan（1994）研究了南亚和东南亚地区的含沙量较高的河流的冲淡水的区域范围，并给出恒河－布拉马普特拉河和伊洛瓦底江－萨尔温江的河流冲淡水的面积分别是 $40.444\,3 \times 10^3$ km²、40.645×10^3 km²，两者的总和为 $81.089\,3 \times 10^3$ km²。从表 5.9 可以看出，我们得到的结果是，这 4 条河冲淡水的总面积最大值出现在 10 月，为 787.7×10^3 km²，最小值出现在 3 月，为 59.6×10^3 km²。相对应地这个结果也在我们给出的结果的范围之内。所以利用 NOAA 最新的 WOA09 数据集和本文的方法计算得到的河流冲淡水的面积值为研究全球 19 条大河的冲淡水提供了一个新的数据基础。

表 5.8　全球陆架海的面积及海 - 气 CO_2 通量

参考文献	面积（$\times10^6$ km^2）	平均海 - 气 CO_2 通量（molC/（m^{2}a）	总海气 CO_2 通量（PgC/a）
Tsunogai et al.（1999）	27	—	-1.0
Thomas et al.（2004）	25.2	—	-0.4
Borges et al.（2005）	23.03	-1.62	-0.45
Cai et al.（2006）	25.83	-0.71	-0.22
Chen et al.（2009）	30.16	-0.90	-0.33
Laruelle et al.（2010）	24.724	-0.7 ± 1.2	-0.211 ± 0.364
本文	26.15	~ -0.8	~ -0.251

注：负值表示是 CO_2 的汇，而正值表示是 CO_2 的源。

5.2.4.2　河流冲淡水的面积

表 5.9 给出了世界 19 条大河冲淡水的面积的月平均值，经计算，这 19 条河流冲淡水面积的平均值为 2.44×10^6 km^2，占全球总的陆架海面积（26.15×10^6 km^2）的 9.3%。然后对这些面积数据按世界大洋划分进行综合。给出世界除南大洋以外的 4 个大洋的河流冲淡水的气候态的月平均面积值，再对这些数据按纬度带进行综合与统计，给出不同纬度带（0°—30°、30°—60°、60°—90°）上河流冲淡水的面积，如表 5.10 所示。

表 5.9　全球 19 条大河冲淡水的面积按大洋统计的结果

大洋	各个大洋的河流冲淡水的面积（$\times10^3$ km^2）												径流量（$\times10^9$ m^3/a）	阈值
	1 月	2 月	3 月	4 月	5 月	6 月	7 月	8 月	9 月	10 月	11 月	12 月		
大西洋	581.4	515.3	574.8	659.7	679.3	669.1	779	806.6	654.9	536.5	601.1	604.4	10 390	31
太平洋	112.3	138.3	85.8	82.6	177.9	289.3	371.5	267.2	242.5	244.3	185.1	117	1 970	30
印度洋	358.8	125.2	59.6	77.3	76.6	78.6	167.3	590.5	753.5	787.7	618.4	541.3	1 700	31
北冰洋	1 127.3	1 206.6	1 122.3	499.3	23	1 816.3	2 241.6	1 960.7	1 266.6	1 279.9	1 367.3	1 177.1	1 850	26
总计	2 179.8	1 985.3	1 842.5	1318.9	956.7	2 853.3	3 559.4	3 625	2 917.6	2 848.4	2 771.9	2 439.8	15 910	

表 5.10　全球 19 条大河冲淡水面积按纬度带统计的结果

纬度带	各个维度带上河流冲淡水的面积（$\times10^3$ km^2）											
	1 月	2 月	3 月	4 月	5 月	6 月	7 月	8 月	9 月	10 月	11 月	12 月
60°-90°（寒带）	1 127.3	1 206.6	1 122.3	499.3	23	1 816.3	2 241.6	1 960.7	1 266.6	1 279.9	1 367.3	1 177.1
30°-60°（温带）	338.2	331.1	285.2	333.9	484.5	676.9	788.3	759.6	689.8	582.1	456.4	367.2
0°-30°（热带）	714.3	447.6	435.1	485.7	449.3	360.1	529.6	904.6	961.1	986.4	948.2	895.5
总计	2 179.8	1 985.3	1 842.5	1 318.9	956.7	2 853.3	3 559.4	3 625	2 917.6	2 848.4	2 771.9	2 439.8

流入大西洋的河流中，亚马逊河的流量是排名第一。亚马逊河常年都有较大的径流量，相应地，它的冲淡水的面积在全年都比较大。圣劳伦斯河夏季的冲淡水面积比较大，但是它的径流量并不是很大，主要原因是由于圣劳伦斯河的冲淡水正好处于世界上最大的海湾之一圣劳伦斯湾，而圣劳伦斯湾半封闭的地理环境阻碍了河流带来的淡水的迅速扩散，在海湾中

形成大面积的淡水区域使得其冲淡水的面积比较大。长江是注入太平洋的河流中径流量最大的一条河流，也是太平洋中河流冲淡水面积最大的河流，尤其是在湿季。从图 5.14 中可以看出，夏季（也就是长江流域的湿季）长江冲淡水向东北方向扩散，最远可以扩散到距离河口450 km 外的济州岛海域，冬季沿海岸线向南扩散，长江冲淡水的这些时空特性在以往的研究中也有阐述（Isobe et al., 2002；Chang et al., 2003；Moon et al., 2009；Moon et al., 2010；Wu et al., 2011）。

将全球 19 条大河的冲淡水面积按三个纬度带进行综合与统计，这三个纬度带分别是热带海域（0°~30°）、温带海域（30°~60°）和寒带海域（60°~90°）。统计的 19 条大河中有 7条河流流入热带海域，该海域的河流冲淡水的面积比温带海域河流冲淡水的面积要大。这里需要说明的是在寒带海域，主要是在北冰洋海域，河流冲淡水的面积是比较大的，8 月其值为 1960.7×10^3 km^2，占到 19 条大河冲淡水面积（$3\,625 \times 10^3$ km^2）的 54.09%。但是，输入到北冰洋地区的河流的年径流量为 $1\,850 \times 10^9$ km^3，只占到 19 条大河总的径流量（$15\,910 \times 10^9$ km^3）的 11.6%，所以该海域的冲淡水的面积可能被高估了。高估的原因主要是北冰洋海域的海表盐度值是比较小的，以 26 作为冲淡水区域的盐度阈值，有可能偏大了，尤其是在夏季融冰现象时节，而寒带的河流主要都流入北冰洋，所以其冲淡水的面积可能被高估了。

5.2.5 河流冲淡水的面积在海气 CO_2 通量估算中的应用

5.2.5.1 陆架海海域海气 CO_2 通量

根据以往的研究，海洋每年从大气中大约吸收 -1.4PgC 到 -2.2PgC 的 CO_2（Gruber et al., 2009；Takahashi et al., 2009），然而仅占海洋总面积 7% 的陆架海每年从大气中吸收的 CO_2 的量大约是 0.3PgC（Thomas et al., 2004；Borges et al., 2005；Cai et al., 2006；Chen et al., 2009；Laruelle et al., 2010）。除了陆架海域碳循环过程复杂外，面积统计的不同也会给在该海域的海气 CO_2 通量的估算带来不确定性。在此，我们利用收集到的数据和本文的方法计算的陆架海的表面积为 26.15×10^6 km^2（水深小于 200 m），这个结果介于最小值 25.83×10^6 km^2（Cai，2006）和最大值 30.0×10^6 km^2（Chen and Borges，2009）之间。对于陆架海海域单位面积上的 CO_2 通量，我们综合前人的文献取 -0.8molC/（m^2·a），该值是大洋海域 -0.35 molC/（m^2·a）（Takahashi et al., 2009）的两倍多。最终计算出全球陆架海海域海 - 气 CO_2 通量大约为 -0.251 PgC/a，与前人的研究结果对比见表 5.8。

5.2.5.2 全球主要大河河流冲淡水海域海 - 气 CO_2 通量估算

已有的研究发现，某些河流的冲淡水海域是大气 CO_2 的源，例如斯凯尔特河 1.9 molC/（m^2·a）（Borges and Frankignoulle，2002）、卢瓦尔河 10.5 molC/（m^2·a）（de la Paz et al., 2010）和肯纳贝克河 0.9 molC/（m^2·a）（Salisbury et al., 2009）。而世界上大多数大河的冲淡水海域都是大气 CO_2 的汇，例如亚马逊河 -0.5molC/（m^2·a）（Körtzinger，2003）和长江 -1.9molC/（m^2·a）（Chen et al., 2008；Zhai and Dai，2009）。但是即使是这些作为大气 CO_2 汇的大河冲淡水海域，在其内河口也仍然可能是 CO_2 的源（Chen and Borges，2009；Lohrenz et al., 2010）。由于没有充足有效的河流冲淡水区域提取与面积计算，又缺乏海气 CO_2

通量计算的相关数据，估算全球河流冲淡水海域海气 CO_2 通量有很大的不确定性。

尽管能够获得的数据非常有限，但是已经有学者基于实测数据对一些大河冲淡水海域的海气 CO_2 通量进行了研究。在亚马逊河冲淡水海域，夏季的海气 CO_2 通量大约是 -0.5 molC/$(m^2 \cdot a)$（Ternon et al.，2000；Kortzinger，2003），秋季大约是 $-4 \sim -7$ mmol（$m^2 \cdot d$）（Cooley et al.，2007）。长江冲淡水海域的海气 CO_2 通量大约是 $-3.4 \sim -8.0$ mmol/（$m^2 \cdot d$）（Tsunogai et al.，1999；Wang et al.，2000）。密西西比河冲淡水海域在 2004 年 8 月和 2006 年 4 月的海气 CO_2 通量大约 $-1.39 \sim -2.96$ mmol/（$m^2 \cdot d$）（Lohrenz et al.，2010）。我们取文献中的河流冲淡水海域的 CO_2 通量中间值 -2 mmol/（$m^2 \cdot d$）作为全球 19 条大河冲淡水海域的单位 CO_2 通量的值，再乘以统计计算得到的全球 19 条大河冲淡水海域面积平均值 2.44×10^6 km^2，得出这 19 条大河每年从大气中吸收的 CO_2 约为 -0.0214 Pg C（这里一年按 365 天算）。这个值约占到整个陆架海从大气中吸收 CO_2 总量（-0.251 Pg C）的 8.5%。

5.3 本章小结

本章主要介绍了海洋卫星数据服务系统 OSDSS 在台风事件及大河冲淡水面积计算中的应用。使用中，首先对各类数据进行预处理，然后将处理好的数据输入到 OSDSS 的数据库服务系统中，再利用 OSDSS 提供的各类数据服务对数据进行进一步加工整理，得到我们所需要的结果。

第一个实例以 2011 年 7—8 月的台风"梅花"为例，具体描述了 OSDSS 在台风事件中的应用。首先利用 OSDSS 提供的数据服务功能对收集到的海洋卫星数据（包括 AScat 的风场数据、MODIS 的叶绿素浓度数据以及 AMSR-E 的温度数据）及其他数据进行处理和可视化，然后分析和探讨了台风过境前后，过境海域的温度、风速以及叶绿素浓度的时空变化。OSDSS 处理各类海洋卫星数据在台风过境前后的时空变化是非常快速方便的，而且直观形象，节省了大量的数据处理的时间，在分析海洋上层环境对台风的响应中具有重要应用。

第二个实例是河流冲淡水区域的提取和面积计算，以及在碳通量计算中的应用，这对海洋综合研究具有重要的意义。首先利用 OSDSS 对海洋表层的盐度数据和基础地理信息数据进行处理；其次输入到 OSDSS 的数据库中，利用 OSDSS 的数据可视化服务功能对盐度数据进行可视化处理，使我们更加直观地了解数据的大体情况；再次利用数据分析服务功能对盐度数据与基础地理信息数据进行综合分析，得到全球 19 条大河的冲淡水的面积进行统计计算，给出了 19 条大河冲淡水的气候态月平均的区域和具体的面积值；最后结合文献资料进一步估算了陆架海海域和全球主要大河河流冲淡水海域的 CO_2 通量。

6 总结和展望

本章总结论文的研究内容与成果，阐述论文的创新点，分析研究中存在的一些问题和不足，并提出了进一步研究方向。

6.1 主要研究内容总结

（1）建立了海洋卫星数据空间数据模型，并利用 GIS 技术设计了统一的数据访问接口，开发了多源海洋卫星数据库管理系统和海洋卫星数据元数据服务系统

海洋卫星数据库管理系统将过去以文件形式管理的数据，用数据库进行更有效的管理。首先对多源卫星数据进行了详细的分析，包括数据的物理意义、数据来源、数据格式、数据的使用情况等，并按照数据的时空特性将数据重新组织，建立合理的海洋卫星数据结构。然后利用 ArcGIS Engine 和 ArcSDE 技术建立了基于 SQLServer 2005 的海洋卫星数据库管理系统。海洋卫星数据库管理系统实现了包括 L3 级及 L4 级海洋水色水温数据产品在内多种海洋卫星数据产品，以及 ARGO、船测等其他的相关海洋环境数据的管理。

为了使海洋遥感数据能更广泛更有效率地被科研人员及大众使用，设计开发了海洋卫星元数据服务系统。在了解各种元数据标准和比较各种与海洋有关的元数据的基础上，参照《海洋信息元数据标准》（ISO 19115 专用标准），结合海洋卫星遥感数据自身的特点，建立起适合海洋卫星数据的元数据参考标准体系，设计出具有高效的可扩充与互操作特点的海洋卫星元数据的 XML 结构，最后在此基础上开发了海洋卫星数据的元数据管理系统。

（2）研究开发了基于网络的海洋卫星数据的三维可视化与分析平台

研究开发了基于 Google Earth API 技术和 KML 语言规范的海洋卫星数据的可视化服务系统，目前可以对海洋水色水温数据、海洋表面风场数据以及部分实测数据进行可视化，并且实现了海洋卫星数据及其他数据在 Google Earth 上的可视化技术，能够直接在海洋卫星数据服务的网页上在线观看可视化的结果。这种数据可视化服务在多源海洋卫星数据综合显示时，具有良好的效果，例如在台风"莫拉克"期间，各个卫星所观测到的海洋参数的动态显示形象地再现了海洋各个物理量的时空变化情况，为理解海洋现象提供了一个直观的认识。

（3）开展了典型的海洋卫星数据可视化和分析服务应用

研究了基于 Web 的数据综合分析与空间统计分析服务技术，并以台风过境前后海表温度、海面风场、海表叶绿素浓度的时空变化以及全球大河冲淡水区域的提取及面积统计为实例来说明海洋卫星数据服务系统 OSDSS 服务功能，尤其是 OSDSS 的空间分析与统计分析功能。在台风过境海洋卫星数据的时空变化分析中，可以按照台风 7 级风圈的范围或沿台风路径 50 km 的范围做缓冲区分析，分析在此范围内的风速、海温以及叶绿素浓度的时空变化。在大河冲淡水面积的统计中，可以按照不同的盐度阈值对处于不同海区的河流冲淡水区域进行提取，并对提取的大河冲淡水的面积进行计算与统计，给出统计结果。

6.2 研究的创新点

本文针对目前海洋卫星数据多源、海量、高动态的特点，建立了一套有效的数据管理与共享的海洋卫星数据服务系统原型，能够支持具有模糊边界的高动态海洋过程的可视化和海洋多要素场的关联分析，为面向海洋环境的科研分析与决策服务提供技术支撑。论文的创新点如下。

（1）建立了包括我国自主海洋卫星数据的空间数据模型，并设计了统一的数据访问接口，开发了海洋卫星数据库管理系统和海洋卫星数据元数据服务系统原型。海洋卫星数据的多源性给海洋卫星数据的管理与综合应用带来了困难。本文在充分了解和分析多源数据时空特性的基础上，建立了海洋卫星数据空间数据结构，并利用 GIS 技术设计统一的数据访问接口，对多源海洋卫星数据进行综合管理，开发建立了海洋数据库管理系统和海洋卫星数据元数据服务系统。

（2）根据海洋数据点、线、面、高动态多时相的特点，开发基于网络的海洋三维可视化及分析平台。海洋卫星数据的多源性，给海洋卫星数据的空间综合显示，尤其是基于网络的综合显示应用带来了困难。本文利用 Google Earth API 和 KML 技术，开发了基于网络的三维综合显示平台，并在此基础实现了基于网络的在线可分析服务功能。

（3）利用本文的海洋卫星数据服务系统 OSDSS 的综合分析服务功能，首次给出了全球 19 条大河冲淡水面积的季节变化。利用海洋卫星数据服务系统 OSDSS 的综合分析服务功能，利用 NOAA 的全球气候态月平均盐度数据，统计分析了全球盐度在大河冲淡水区域的分布及面积值，并将这些面积值应用于冲淡水区域的 CO_2 通量估算中。OSDSS 的综合分析功能为全球 19 条典型大河冲淡水面积的季节变化及碳通量的研究提供了重要的研究平台，已在研究中发挥了作用。

6.3 存在的不足与研究展望

本文存在的不足：

（1）目前，海洋卫星数据服务系统 OSDSS 能够在线提供基本的数据服务及可视化与分析服务，但是能够服务的卫星数据尚不能覆盖所有常用的卫星数据，仍然需要继续研究其他卫星数据的特点，不断增加和完善 OSDSS 的数据服务种类和功能。

（2）海洋卫星数据具有多源的特点，对于多尺度、异构分布的特点本论文还没有进行充分的研究，基于多尺度、异构分布式海洋卫星数据可视化与分析服务的功能有待于进一步的研究。

研究展望：

（1）继续分析研究其他常用的海洋卫星数据的特点，增加和完善海洋卫星数据服务的种类和功能。

（2）扩展加入高空间分辨率的海洋卫星遥感资料，开展基于网络的多尺度海洋虚拟环境可视化技术研究。

（3）进行网络数据安全、数据传输方面的深化研究，开展异构、分布式海洋遥感信息分析服务。

参 考 文 献

蔡海尼,何盼,文俊浩,等.2009.面向服务架构的数据服务在数据访问中的应用〔J〕.重庆大学学报,32
　　(10):1208-1213.

车志胜.2009.我国海洋水色卫星发展概述〔J〕.广西科学院学报,25(01):76-80.

陈达熙,孙湘平,浦泳修,等.1992.渤海、黄海、东海海洋图集——水文〔M〕.北京:海洋出版社.

陈喆民,王晓锋.2007.海洋核心元数据标准初探〔J〕.现代计算机,06:120-123.

戴伟.2009.基于ArcGIS+Server平台的WebGIS台风预报系统应用研究〔D〕.武汉:武汉理工大学.

邓世军,孟令奎,吴沉寒,等.2005.基于SOAP的海量空间数据服务〔J〕.地理空间信息,3(5):31-34.

杜云艳,冯文娟,何亚文,等.2010.网络环境下的地理信息服务集成研究〔J〕.武汉大学学报(信息科学
　　版),35(3):347-349.

冯浩鉴,方爱平,于福江,等.1999.已进入可运行状态的风暴潮灾害预估系统〔J〕.测绘科技动态,37
　　(2):46-48+45.

冯浩鉴.1996.GIS支持下的风暴潮灾害预估系统〔J〕.测绘科技动态,(4):38-41,43.

冯浩鉴,于福江,方爱平,等.1997.GIS支持下风暴潮漫滩计算与减灾防灾〔J〕.海洋测绘,03:9-20.

冯士筰,李凤岐,李少菁.2004.海洋科学导论〔M〕.北京:高等教育出版社,83-102.

付东洋,丁又专,雷惠,等.2009."百合"台风对海表温度及水色环境影响的遥感分析〔J〕.海洋学研究,
　　27(2):64-70.

管建平,邓勇伟.2010.房产地理信息系统建设实践探索〔J〕.中国房地产,(4):30-33.

郭忠文,尚传进,管恩花.2006.面向服务构架的海洋数据集成系统的设计与实现〔J〕.计算机应用研究,
　　(2):151-154.

何珍祥,董逸生.2008.面向服务架构(SOA)的由来与发展〔J〕.福建电脑,(8):7-9.

何亚文,杜云燕,苏奋振.2009.基于Web Services的Argo数据应用服务框架与实现〔J〕.海洋通报,31
　　(4):126-131.

贺明霞,贺双颜,王云飞,等.2011.中国卫星海洋观测系统及其传感器(1988—2025)〔J〕.中国海洋大学
　　学报,41(12):91-103.

何贤强.2010.海洋水色卫星遥感数据的接收和处理〔Z〕.海洋遥感技术与应用培训教材.杭州:国家海洋
　　局第二海洋研究所.

侯文峰.1999.中国"数字海洋"发展的基本构想〔J〕.海洋通报,18(6):1-10.

黄艳菊,张杰林.2007.基于GIS房产信息分类与编码〔J〕.北京测绘,(4):21-24.

季民,靳奉祥,李婷,等.2009.海洋多维数据仓库构建研究〔J〕.海洋学报(中文版),31(6):48-53.

江春发,王仁谦.2003.用GIS技术建立台风跟踪预警系统〔J〕.华侨大学学报(自然科学版),24(1):
　　60-63.

蒋军.2007.面向数据集成的数据服务开发工具〔D〕.天津:天津大学.

金昆.2009.基于SOA的数据服务方法研究与应用〔D〕.北京:北方工业大学.

李琦,黄晓斌.2002.基于GeoAgent的地理信息服务〔J〕.测绘通报,(6):44-47.

李安虎,周玉斌,刘海行,等.2004.基于WebGIS的海洋科学数据共享平台的分析与设计〔J〕.海洋科学进
　　展,22(1):85-90.

李德仁,黄俊华,邵振峰.2008.面向服务的数字城市共享平台框架的设计与实现〔J〕.武汉大学学报(信
　　息科学版),33(9):881-885.

李博霏,李欣,李艳明.2011.基于浏览器的地理信息服务客户端技术研究〔J〕.计算机工程与设计,(9):

3031 - 3035.

李慧青，朱光文，李燕，等．2011．欧洲国家的海洋观测系统及其对我国的启示 [J]．海洋开发与管理，(1)：1 - 5.

李四海，刘百桥．1996．海洋遥感特征及其发展趋势 [J]．遥感技术与应用，(2)：68 - 72.

李学荣，李莎．2007．海洋水色遥感元数据及其系统设计 [J]．热带海洋学报，26 (1)：81 - 86.

李岩松．2005．基于 Web 的 OCR 数据服务 [D]．天津：天津大学.

李帅，王永丽，杨宝祝．2010．基于 SOA 的数据服务中间件的研究与实现 [J]．成都信息工程学院学报，25 (5)：457 - 461.

梁晓松，游雄，王珂珂．2009．面向服务的 ArcGIS Service 架构研究 [J]．测绘科学，34 (3)：89 - 91.

凌晓东．2007．SOA 综述 [J]．计算机应用于软件，24 (10)：122 - 124.

刘峰．2007．基于网格服务的地理空间信息共享平台关键技术研究 [D]．济南：山东科技大学.

刘伟．2010．基于地理本体的空间数据服务发现与集成 [D]．徐州：中国矿业大学.

刘文亮，苏奋振，杜云艳．2009．海洋标量场时空过程远程动态可视化服务研究 [J]．地球信息科学学报，11 (4)：513 - 519.

刘超．2009．数据服务管理组件与多源查询引擎设计与实现 [D]．天津：天津大学.

刘贤三，张新，梁碧苗，等．2010．海洋 GIS 时空数据模型与应用 [J]．测绘科学，35 (6)：143 - 144.

陆锋，周大良，郭朝珍，等．2002．面向网络海量空间信息的 GIS 平台体系结构 [J]．地球信息科学，(3)：26 - 34.

陆冬云，贾红阳，温浩，等．2001．基于 Internet 的直接网络数据服务的基本概念与技术框架 [J]．计算机与应用化学，18 (5)：466 - 472.

卢娟，李沛川．2005．浅析电力 GIS 系统的发展及其主要功能 [J]．测绘通报，(2)：55 - 58.

吕晶晶．2008．利用 OPeNDAP 构建卫星数据共享平台 [J]．科技创新导报，(13)：20.

罗向欣，王远飞，邵德民．2007．基于 ArcIMS 的台风信息发布系统的设计与实现 [J]．中国科技论文在线，2 (6)：420 - 423.

毛新生．2007．SOA 原理、方法、实践 [M]．北京：电子工业出版社，27 - 68.

潘德炉，白雁．2008．我国海洋水色遥感应用工程技术的新进展 [J]．中国工程科学，10 (9)：14 - 46.

潘德炉，王迪峰．2004．我国海洋光学遥感应用科学研究的新进展 [J]．地球科学进展，19 (4)：506 - 512.

沙一鸣，尤晋元．1997．基于 Internet 的动态数据服务技术研究 [J]．上海交通大学学报，31 (8)：16 - 19.

邵全琴．2001．海洋 GIS 时空数据表达研究 [D]．北京：中国科学院地理科学与资源研究所.

沈惠璋，赵继娣，QIU Robin．2010．基于 SOA 的分布式服务供应链信息共享平台研究与实践 [J]．计算机应用研究，(2)：606 - 610.

孙庆辉，王家耀，钟大伟，等．2009．空间信息服务模式研究 [J]．武汉大学学报：信息科学版，34 (3)：344 - 347.

宋琦．2009．基于数据服务的数据集成开发工具的优化与实现 [D]．天津：天津大学.

苏奋振，杜云艳，裴相斌，等．2006．中国数字海洋构建基准与关键技术 [J]．地球海洋科学，(1)：12 - 20.

唐秀良．2009．SOA 发展探索与研究 [J]．中国电子科学研究院学报，4 (5)：473 - 479.

滕龙妹，刘仁义，刘南．2008．海洋遥感数据一体化管理方法 [J]．上海交通大学学报，42 (10)：1674 - 1677.

田梦．2007．数据管理走向数据服务 [J]．计算机世界，(17)：1.

王景来．1994．遥感地理信息系统与减灾 [J]．中国减灾，4 (3)：66.

王远飞，陆涛，朱海燕，等．2008．基于 GIS 的热带气旋相似路径检索系统研究 [J]．测绘科学，31 (5)：124 - 125.

王军，许世远，石纯，等．2008．基于多源遥感影像的台风灾情动态评估——研究进展 [J]．自然灾害学报，

17（3）：22 – 27.

王方雄，边馥苓．2004．从 GISysetm 到 GISevice：GISysetm 发展的必然趋势［J］．华中师范大学学报（自然科学版），38（4）：528 – 532.

王成远．2002．分布式空间信息服务及其在数字城市中的应用［D］．北京：北京大学．

王玉海．2008．地理信息服务中数据传输的策略研究［D］．郑州：解放军信息工程大学．

王建涛．2005．基于 Web 的地理信息服务的研究与实践［D］．郑州：解放军信息工程大学．

王燕．2008．地球科学数据分析处理和可视化系统 GIOVANNI［J］．应用气象学报，19（1）：125 – 127.

王显玲，秦勃，刘培顺．2009．基于网格技术的 Argo 数据共享系统［J］．计算机工程与设计，30（15）：3634 – 3637.

王振占，李芸．2009．利用星载微波辐射计 AMSR – E 数据反演海洋地球物理参数［J］．遥感学报，13（3）：363 – 370.

温彦，刘晨，韩燕波．2012．iViewer：利用数据服务即时生成跨域数据视图［J］．计算机科学与探索，6（3）：221 – 236.

翁颖钧，朱仲英．2003．地理信息系统技术在电力系统自动化中的应用［J］．电力系统自动化，27（18）：74 – 78.

吴培中．1993．卫星海洋遥感及其在我国的应用和发展目标［J］．国土资源遥感，（1）：1 – 7.

谢兴生，庄镇泉．2009．一种基于数据服务匹配的数据集成方法研究［J］．中国科学技术大学学报，39（5）：504 – 509.

谢兴生．2007．基于数据服务匹配的数据集成方法研究与实现［D］．合肥：中国科学技术大学．

许欢．2009．面向服务的土地资源空间信息多级语义网格研究［D］．杭州：浙江大学．

徐超，李莎，米浦春．2010．南海物理海洋数据的 OPeNDAP 服务实现［J］．热带海洋学报，29（4）：174 – 180.

薛慧芬．2004．国际上几种海洋元数据内容剖析［J］．海洋信息，（3）：25 – 28.

薛存金．2008．海洋 GIS 时空过程数据模型研究［D］．北京：中国科学院地理科学与资源研究所．

杨峰，杜云艳，苏奋振，等．2008．基于 Web 服务的海洋矢量场远程可视化研究［J］．地球信息科学，10（6）：749 – 756.

姚棣荣，刘孝麟．2001．浙江省热带气旋灾情的评估［J］．浙江大学学报（理学版），28（3）：344 – 348.

尹毅，王静，毛庆文，等．2008．基于 GIS + 的南海台风风浪预报系统［J］．海洋通报，27（6）：76 – 81.

于海龙，邬伦，刘瑜，等．2006．基于 Web Services 的 GIS 与应用模型集成研究［J］．测绘学报，35（2）：153 – 159.

赵艳玲，何贤强，王迪峰，等．2005．基于 Web 海洋卫星遥感产品的查询系统［J］．东海海洋，23（1）：32 – 39.

张光宇，Y C Lee．1990．地理信息系统的回顾与展望（上）［J］．测绘通报，（4）：31 – 36.

张珊．2011．REST 式 GIS 服务聚合研究及软件开发［D］．上海：华东师范大学．

张峰，李四海，王伟．2009a．基于元数据的渤海海洋信息资源目录服务系统［J］．环境保护与循环经济，（10）：31 – 34.

张峰，石绥祥，殷汝广，等．2009b．数字海洋中数据体系结构研究［J］．海洋通报，（4）：1 – 8.

张毅，蒋兴伟，林明森，等．2009．星载微波散射计的研究现状及发展趋势［J］．遥感信息，（6）：87 – 94.

张兵建．2008．基于 XML 的海洋信息元数据标准的研究与实现［D］．青岛：中国海洋大学．

张延松，张宇，李德有．2008．数据服务网格（DataserviceGrid）中的数据服务中间件研究［J］．哈尔滨金融高等专科学校学报，（2）：46 – 47.

张胜，杨柳．2011．基于 SOA 的数据服务平台设计［J］．软件导刊，10（6）：166 – 167.

郑卫江，吴焕萍，罗兵，等．2010．GIS 技术在台风预报服务产品制作系统中的应用［J］．应用气象学报，21（2）：250－255．

周峰，宣基亮，倪晓波，等．2009．1999 年与 2006 年间夏季长江冲淡水变化动力因素的初步分析［J］．海洋学报，31（4）：1－12．

朱振杰．2006．SOA 的关键技术的研究与应用实现［D］．成都：电子科技大学．

诸云强，孙九林，廖顺宝，等．2010．地球系统科学数据共享研究与实践［J］．地球信息科学学报，12（1）：1－8．

Acker J G and Leptoukh G. 2007. Online analysis enhances use of NASA Earth science data［J］, Eos Trans. AGU, 2：14.

Alonso G, Casati F, Kuno H, et al. 2010. Web Services：Concepts, Architectures and Applications［M］. Springer, 256－279.

Antonov J I, Seidov D, Boyer T P, et al. 2010. World Ocean Atlas 2009［Z］, 02：184

Babin S M, Carton J A, Dickey T D, et al. 2004. Satellite evidence of hurricane－induced phytoplankton blooms in an oceanic desert［J］. J. Geophys. Res, 109：C03043.

Berrick S W, et al. 2009. Giovanni：A Web Service Workflow－Based Data Visualization and Analysis System［J］. IEEE Transactions On Geoscience And Remote Sensing, 01：106－113.

Binding C E and Bowers D G. 2003. Measuring the salinity of the Clyde Sea from remotely sensed ocean colour［J］. Estuarine, Coastal and Shelf Science, 04：605－611.

Borges A V and Frankignoulle M. 2002. Distribution and air water exchange of carbon dioxide in the Scheldt plume off the Belgian coast［J］. Biogeochemistry, 59（1－2）：41－67.

Borges A V, Delille B and Frankignoulle M. 2005. Budgeting sinks and sources of CO_2 in the coastal ocean：Diversity of ecosystems counts［J］. Geophysical Research Letters, 32：L14601.

Butler D. 2006. The web－wide world［J］. Nature, 439（7078）：776－778.

Carey M. 2006. Data delivery in a service－oriented world：the BEA aquaLogic data services platform［C/OL］. // In Proceedings of the 2006 ACM SIGMOD international conference on Management of data（SIGMOD'06）. ACM, New York, NY, USA, 695－705. http：//doi. acm. org/10. 1145/1142473. 1142551.

Cai W J. 2003. Riverine inorganic carbon flux and rate of biological uptake in the Mississippi River plume［J］. Geophysical Research Letters, 30（2）：1032.

Cai W J, Dai M and Wang Y. 2006. Air－sea exchange of carbon dioxide in ocean margins：a province－based sysnthesis［J］. Geophysical Research Letters, 33：L12603

Cauldwell P, Chawla R, Chopra V, et al. 2001. Professional XML Web Services［M］. Birmingham. UK, Wrox Press Ltd.

Chang P H and Isobe A. 2003. A numerical study on the Changjiang diluted water in the Yellow and East China Seas［J］. Journal of Geophysical Research, 108（C9）：3299.

Chen X, Pan D, He X, Bai Y and Wang D. 2012. Upper ocean responses to category 5 typhoon Megi in the western north Pacific［J］. Acta Oceanologica Sinica, 31（1）：51－58

Chen A, Leptoukh G, Kempler S, Lynnes C, Savtchenko A, Nadeau D, Farley J. 2009. Visualization of A－Train vertical profiles using Google Earth［J］. Computers and Geosciences, 35（8）：419－427.

Chen A, Leptoukh G, Kempler S. 2009. Visualization of NASA campaign mission vertical profiles using Google Earth［C］. The 17th International Conference on Geoinformatics, Geoinformatics, Fairfax, United States. IEEE Computer Society.

Chen A, Leptoukh G, Kempler S. 2010. Using KML and virtual globes to access and visualize heterogeneous datasets

383

and explore their relationships along the A – Train track ［J］. IEEE Journal of Selected Topics in Applied Earth Observations and Remote Sensing, 3 (3): 352 – 358.

Chen A, et al. 2008. Visualization of NASA Earth Science Data in Google Earth ［C］. Proceedings of the SPIE, Volume 7143. Geoinformatics 2008 and Joint Conference on GIS and Built Environment: Geo – Simulation and Virtual GIS Environments.

Chen C T A, Zhai W and Dai M. 2008. Riverine input and air - sea CO_2 exchanges near the Changjiang (Yangtze River) Estuary: Status quo and implication on possible future changes in metabolic status ［J］. Continental Shelf Research, 28: 1476 – 1482.

Chen C T A and Borges A V. 2009. Reconciling opposing views on carbon cycling in the coastal ocean: continental shelves as sinks and near - shore ecosystems as sources of atmospheric CO_2 ［J］. Deep Sea Research Part II, 56 (8 – 10): 578 – 590.

Chen C T A, Huang T H, Fu Y H, Bai Y and He X. 2012. Strong source of CO_2 in upper estuaries become sinks of CO_2 in large river plumes ［J］. Current Opinion in Environmental Sustainability, in press.

Chen D X. 1992. Marine Atlas South China Sea—Hydrology ［M］. China Ocean press, Beijing, 100.

Chen Z and Wu L. 2011. Dynamics of the seasonal variation of the North Equatorial Current bifurcation ［J］. Journal of Geophysical Research, 116: C02018.

Chen Z, Hu C, Conmy R N, et al. 2007. Colored dissolved organic matter in Tampa Bay, Florida ［J］. Marine Chemistry, 104 (1 – 2): 98 – 109.

Cooley S R, Coles V J, Subramaniam A et al. 2007. Seasonal variations in the Amazon plume – related atmospheric carbon sink ［J］. Global Biogeochemical cycles, 21 (GB3014).

Dawn J. Wright etc. 2007. Arc Marine GIS for a Blue Planet ［M］. California: ESRI PRESS.

Dagg M, Benner R, Lohrenz S and Lawrence D. 2004. Transformation of dissolved and particulate materials on continental shelves influenced by large rivers: Plume processes ［J］. Continental Shelf Research, 24: 833 – 858.

de la Paz, Padín M, X. A, et al. 2010. Surface fCO_2 variability in the Loire plume and adjacent shelf waters: High spatiotemporal resolution study using ships of opportunity ［J］. Mar Chem, 118: 108 – 118.

D'Sa E J and Miller R L. 2003. Bio – optical properties in waters influenced by the Mississippi River during low flow conditions ［J］. Remote Sensing of Environment, 84 (4): 538 – 549.

Duncan A C. 2009. Upside – down Quakes: Displaying 3D Seismicity with Google Earth ［J］. Seismological Research Letters. 80 (3): 499 – 506

Ducklow H W and McCallister S L. 2004. The biogeochemistry of carbon dioxide in the coastal oceans ［M］. The Sea, 13, The Global Coastal Ocean—Multiscale Interdisciplinary Processes, edited by A. R. Robinson and K. Brink, Chapter 9, 269 – 315.

Dzwonkowski B and Yan X H. 2005. Tracking of a Chesapeake Bay estuarine outflow plume with satellite – based ocean color data ［J］. Continental Shelf Research, 25 (16), 1942 – 1958.

Erl T. 2005. Service – Oriented Architecture: Concepts, Technology, and Design ［M］. USA NJ: Prentice Hall PTR.

Figa – Saldana J, Wilson J J W, Attema E, et al. 2002. The Advanced Scatterometer (ASCAT) on the Meteorological Operational (MetOp) Platform: A Follow on for European Wind Scatterometers ［J］. Canadian Journal of Remote Sensing, 28 (3): 404 – 412.

Greenberg J. 2005. Understanding Metadata and Metadata Schemes ［J］. Catalog & Classification Quarterly, 40 (3 – 4): 17 – 36.

Green R E, Bianchi T S, Dagg M J, et al. 2006. An organic carbon budget for the Mississippi River turbidity plume and plume contributions to air – sea CO_2 fluxes and bottom water hypoxia ［J］. Estuaries Coasts, 29：579 – 597

Gruber N, Gloor M, Mikaloff F SE, et al. 2009. Oceanic sources, sinks, and transport of atmospheric CO_2 ［J］. Global Biogeochem. Cycles, 23 (2009)：GB1005.

Gupta A and Krishnan P. 1994. Spatial distribution of sediment discharge to the coastal waters of South and Southeast Asia ［M］. In, Olive L J. and Kesby J A (Eds.) Variability in Stream Erosion and Sediment Transport. IAHS Publication 224, Wallingford, 457 – 463.

Guo X H, Cai W J, Huang W J, et al. 2012. Carbon dynamics and community production in the Mississippi River plume ［J］. Advancing the science of Limnology and Oceanography, 57 (1)：1 – 17.

Hsu M H, Chen A S, Chen L C, Lee C S, Lin F T, et al. 2011. A GIS – based Decision Support System for Typhoon Emergency Response ［J］. Geotechnical and Geological Engineering, 29 (1)：7 – 12.

Higgins H W, Mackey D J and Clementson L. 2006. Phytoplankton distribution in the Bismarch Sea North of Papua New Guinea：The effect of the Sepik River outflow ［J］. Deep Sea Research Part I, 53 (11)：1845 – 1863.

Hu C, Montgomery E T, Schmitt R W, et al. 2004. The dispersal of the Amazon and Orinoco River water in the tropical Atlantic and Caribbean Sea：observation from space and S – PALACE floats ［J］. Deep Sea Research Part II, 51 (10 – 11)：1151 – 1171.

Hon W F. 2006. Marine Atlas of the North China Sea—Hydrology ［Z］. China Ocean press, Beijing, 97.

Isobe A, Ando M, Watanabe T, et al. 2002. Freshwater and temperature transport through the Tsushima – Korea Straits ［J］. Journal of Geophysical Research, 107 (C7)：3065.

ISO 19119：2005. ［EB/OL］. http：//www. iso. org/iso/home/store/catalogue_ tc/catalogue_ detail. htm? Csnu – mber = 39890.

Jo Y H, Yan X H, Dzwonkowski B, et al. 2005. A study of the freshwater discharge from the Amazon River into the tropical Atlantic using multi – sensor data ［J］. Geophysical Research Letters, 32：L02605.

Klemas V. 2012. Remote Sensing of Coastal Plumes and Ocean Fronts：Overview and Case Study ［J］. Journal of Coastal Research, 28 (1A)：1 – 7.

Körtzinger A. 2003. A significant CO_2 sink in the tropical Atlantic Ocean associated with the Amazon River plume ［J］. Geophysical Research Letters, 30 (24), 2287.

Kouame K V, Yapo O B, Mambo V, et al. 2009. Physicochemical characterization of the waters of the coastal rivers and the lagoonal system of cote d'Ivoire ［J］. Journal of Applied Sciences, 9 (8)：1517 – 1523.

Kenchington E, Cogswell A, Lirette E and Rice J. 2010. A Geographic Information System (GIS) Simulation Model for Estimating Commercial Sponge By – catch and Evaluating the Impact of Management Decisions ［J］. Research Document, 2010 (40)：46.

Koblenz. 2009. Global Runoff Data Centre (2009)：Surface Freshwater Fluxes into the World Oceans / GRDC ［Z］. Federal Institute of Hydrology (BfG)

Kang Y, Pan D, He X, et al. 2010. Metadata Research and Design of Ocean Color Remote Sensing Data Based on Web Service ［C］. Proceedings of SPIE.

Kang Y and He X. 2009. The Integrated Management System of Ocean Color Remote Sensing Data ［C］. Proceedings of SPIE.

Kang Y, P D, et al. 2011. A oceanic satellite data service system based on web ［C］. Proceedings of SPIE.

Kang Y, Pan D, et al. 2012. Visualization of oceanic satellite data using google earth ［J］. Geo – Spatial Information Science, in Press.

Lin I, Liu W, Wu C, et al. 2003. New evidence for enhanced ocean primary production triggered by tropical cyclone ［J］. Geophys. Res. Lett, 30 (13)：1718.

Laruelle G G, Dürr H H, Slomp C P and Borges A V. 2010. Evaluation of sinks and sources of CO_2 in the global coastal ocean using a spatially - explicit typology of estuaries and continental shelves [J]. Geophysical Research Letters, 37: L15607.

Lique C, Garric G, Treguier A M, et al. 2011. Evolution of the arctic ocean salinity, 2007 – 2008: contrast between the canadian and the eurasian basins [J]. Journal of Climate, 24 (6): 1705 – 1717.

Lihan T, Saitoh S I, Iida T, et al. 2008. Satellite – measured temporal and spatial variability of the Tokachi River plume [J]. Estuarine, Coastal and Shelf Science, 78 (2): 237 – 249.

Lohrenz S E, Lohrenz S E, Cai W J, et al. 2010. Seasonal variability in air – sea fluxes of CO_2 in a river – influenced coastal margin [J]. Journal of Geophysical Research – Oceans, 115 (C10): C10034.

Manu M R. 2005. Information Integration Using the AquaLogic Data Services Platform [EB/OL]. http://www. oracle. com/technetwork/articles/entarch/integration – data – services – 102047. html

Molleri G S F, Novo E M L de M and Kampel M. 2010. Space – time variability of the Amazon River plume based on satellite ocean color [J]. Continental Shelf Research, 30 (3 – 4): 342 – 352.

Moon J H, Pang I C and Yong J H. 2009. Response of the Changjiang diluted water around Jeju Island to external forcings: A modeling study of 2002 and 2006 [J]. Continental Shelf Research, 29: 1549 – 1564.

Moon J H, Hirose N, Yoon J H and Pang I C. 2010. Offshore detachment process of the low – salinity water around Changjiang bank in the East Chinese Sea [J]. Journal of Physical Oceanography, 40, 1035 – 1053.

McKee B A. 2003. RiOMar: The Transport, Transformation and Fate of Carbon in River – dominated Ocean Margins. Report of the RiOMar Workshop [R]. Report of the RiOMar Workshop Tulane University, New Orleans.

OGC. 2010. 06 – 121r9. OGC Web Services Common Standard [EB/OL]. Version2. 0. 0. Open Geospatial Consortium. http://www. opengeospatial. org/standards/common.

OGC. 2008. 07 – 07 – 067r5. Web Coverage Service (WCS) Implementation Standard [EB/OL]. Version 1. 1. 2. Open Geospatial Consortium. http://www. opengeospatial. org/standards/wcs.

OGC. 2007. 07 – 006r1. OpenGIS? Catalogue Services Specification [EB/OL]. Version 2. 0. 2. Open Geospatial Consortium. http://www. opengeospatial. org/standards/requests/35.

OSF. 2010 OpenGIS Web Service Framework [EB/OL]. http://en. wikipedia. org/wiki/Open_ Software_ Foundation.

OWS, OpenGIS Web Service [EB/OL]. http://www. opengeospatial. org/projects/initiatives/ows – 2.

Padm A S, Kunti K, Chawla M, et al. 2006. An approach to automating transaction management in a data services platform [C]. Proc. of the International Conference on Next Generation Web Services Practices. South Korea: IEEE, 49 – 55.

Price J F. 1981. Upper ocean response to a hurricane [J]. Journal of Physical Oceanography, 11 (2): 153 – 175.

Piola A R, Romero S I and Zajaczkovski U, 2008. Space – time variability of the Plata plume inferred from ocean color [J]. Continental Shelf Research, 28 (13), 1556 – 1567.

Prados A, Lynnes C, Johnson J, Rui H, Chen A, Husar R. 2010. Access, visualization, and interoperability of air quality remote sensing data sets via the Giovanni online tool [J]. IEEE Journal of Selected Topics in Applied Earth Observations and Remote Sensing, 3 (3): 359 – 370.

Qu T, Gao S and Fukumori I. 2011. What governs the North Atlantic salinity maximum in a global GCM? [J]. Geophysical Research Letters, 38: L07602.

Reveliotis P, Carey M. 2006. Your enterprise on xquery and XML schema: XML – based data and metadata integration [C]. Proceedings of the 22nd International Conference on Data Engineering Workshops (ICDEW' 06), IEEE Computer Society, 80 – 90.

Richard M. 2007. Data in SOA, Part I: Transforming Data into Information [EB/OL]. http://www.dev2dev.co.kr/pub/a/2005/06/data_ integration. jsp.

Roy W S. Yefim V and Natis. 1996. Service Oriemed Archictures [EB/OL]. http://www.gartner.com/DisplayDocument? id=302868

Robb C K, Bodtker K M, Wright K and Lash J. 2011. Commercial fisheries closures in marine protected areas on Canada's Pacific coast: The exception, not the rule [J]. Marine Policy, 35 (3): 17 - 30.

Siswanto E, Ishizaka J, Morimoto A, et al. 2008. Ocean physical and biogeochemical responses to the passage of Typhoon Meari in the East China Sea observed from Argo float and multiplatform satellites [J]. Geophys. Res. Lett, 35 (15): L15604.

Siswanto E, Morimoto A, Kojima S. 2009. Enhancement of phytoplankton primary productivity in the southern East China Sea following episodic typhoon passage [J]. Geophys. Res. Lett, 36 (11): L11603.

Shi W, Meng L. 2006. Integration and interoperability of multiple theme data on the basis of Google [C]. 14th International Conference on Earth Geoinformatics Wuhan, China.

Salisbury J, Vandemark D, Hunt C, Campbell J, et al. 2009. Episodic riverine influence on surface DIC in the coastal Gulf of Maine [J]. Estuarine Coastal Shelf Science. 82: 108 - 118.

Schettini C A F, Kuroshima K N, Pereira F J, et al. 1998. Oceanographic and ecological aspects of the Itajaí - açu river plume during a high discharge period [J]. Anais Acad. Bras. Ciênc, 70 (2): 335 - 351.

Shipe R F, Curtaz J, Subramaniam A, et al. 2006. Diatom biomass and productivity in oceanic and plume - influenced waters of the western tropical Atlantic ocean [J]. Deep Sea Research Part I, 53: 1320 - 1334.

Smith J W O and Demaster D J. 1996. Phytoplankton biomass and productivity in the Amazon River plume: Correlation with seasonal river discharge [J]. Continental Shelf Research, 16: 291 - 319.

Terry J P, Feng C C. 2010. On quantifying the sinuosity of typhoon tracks in the western North Pacific basin [J]. Applied Geography, 30 (4): 678 - 686.

Shi W and Meng L. 2006. Integration and interoperability of multiple theme data on the basis of Google [C]. 14th International Conference on Earth Geoinformatics Wuhan, China

Tan Y, Zhang L J, Wang F and Hu D X. 2004. Summer Surface Water pCO_2 Flux at Air - sea Interface in Western Part of the East China Sea [J]. Oceanologia and limnologia sinica, 35 (3): 239 - 245.

Ternon J F, Oudot C, Dessier A and Diverres D. 2000. A seasonal tropical sink for atmospheric CO_2 in the Atlantic Ocean: the role of the Amazon River discharge [J]. Marine Chemistry, 68: 183 - 201.

Thomas H, Bozec Y, Elkalay K and Hein J W B. 2004. Enhanced open ocean storage of CO_2 from shelf sea pumping [J]. Science, 304: 1005 - 1008.

Tsunogai S, Watanabe S and Sato T. 1999. Is there a "continental shelf pump" for the absorption of atmospheric CO_2? [J]. Tellus, 51 (3), 701 - 712.

Takahashi T, Sutherland S C, Wanninkhof R, et al. 2009. Climatological mean and decadal changes in surface ocean pCO_2, and net sea - air CO_2 flux over the global oceans [J]. Deep Sea Research Part II, 56 (8 - 10): 554 - 577.

Thomas A C and Weatherbee R A. 2006. Satellite - measured temporal variability of the Columbia River plume [J]. Remote Sensing of Environment, 100 (2): 167 - 178.

Van Westen C J. 2002. Remote Sensing and Geographic Information Systems for Natural Disaster Management [M]. In Skidmore A (Ed.), Environmental Modelling with GIS and Remote Sensing. London: Taylor & Francis, 200 - 226.

Vecchio R D and Subramaniam A. 2004. Influence of the Amazon River on the surface optical properties of the western tropical North Atlantic Ocean ［J］. Journal of Geophysical Research, 109（C11001）: 1 – 13.

Verspeek J, Portabella M, Stoffelen Ad, et al. 2008. Calibration and Validation of ASCAT Winds ［EB/OL］. http: //www. knmi. nl/scatterometer/publications/pdf/ASCAT_ calibration. pdf

Vetter L, Jonas M, Schröder W and Pesch R. 2012. Marine Geographic Information Systems ［M］. Springer Berlin Heidelberg, 439 – 460.

Wang S L, Chen C T A, Hong G H and Chung C S. 2000. Carbon dioxide and related parameters in the East China Sea ［J］. Continental Shelf Research, 20: 525 – 544.

Walker N D. 1996. Satellite assessment of Mississippi River plume variability: causes and predictability ［J］. Remote Sensing of Environment, 58 (1), 21 – 35.

Wu H, Zhu J, Shen J and Wang H. 2011. Tidal modulation on the Changjiang River plume in summer ［J］. Journal of Geophysical Research, 116: C08017.

Yin X, Wang Z, Liu Y, et al. Ocean response to Typhoon Ketsana traveling over the northwest Pacific and a numerical model approach ［J］. Geophys. Res. Lett, 2007, 34 (21): L21606.

Zhang F, Li H, Liu J and Li S. 2011. Research and realization of visual digital ocean ［J］. Marine Science Bulletin, 13 (1): 87 – 96.

Zhao H, Tang D, Wang D. 2009. Phytoplankton blooms near the Pearl River Estuary induced by Typhoon Nuri ［J］. J. Geophys. Res, 114 (C12): C12027.

Zhu F, Turner M, Kotsiopoulos L, et al. 2004. Dynamic data integration using Web services ［C］. Proceedings of the 2004 IEEE International Conference on Web Services (ICWS ' 04), San Diego, California, USA. Washington, DC, USA: IEEE Computer Society, 2004: 262 – 269.

Zhu J, Li Y and Shen H. 1997. Numerical simulation of the wind field's impact on the expansion of the Changjiang River diluted water in summer ［J］. Oceanolocia and Limnologia Sinica, 28 (1): 72 – 79.

Zhai W and Dai M. 2009. On the seasonal variation of air – sea CO_2 fluxes in the outer Changjiang (Yangtze River) Estuary, East China Sea ［J］. Marine Chemistry. , 117 (1 – 4): 2 – 10.

论文五：利用海洋水色水温遥感数据反演海洋初级生产力的研究

作　　者：官文江
指导教师：潘德炉　毛志华

作者简介：官文江，男，1974 年 9 月出生，江西余干人，博士，1997 年毕业于华东师范大学地理系地理专业，获理学学士学位；2003 年毕业于国家海洋局第二海洋研究所，获物理海洋学硕士学位；2008 年毕业于华东师范大学，获地图学与地理信息系统专业的博士学位；2003 年至今工作于上海海洋大学海洋科学学院，主要从事渔业遥感与渔业资源评估教学、研究。

摘　要：海洋初级生产力是研究全球碳循环、气候变化的一个重要参量，也是估算海洋生物资源、反映海洋生态环境特征和质量的一个重要参量。然而要快速、大尺度地获取海洋初级生产力的资料，目前唯一的手段便是利用卫星遥感技术。

要利用遥感数据反演海洋初级生产力就必须理解海洋中的生物过程、海洋中的物理化学过程以及遥感等技术过程。基于此，我们把本论文分为以下三个部分。

第一部分为海洋初级生产力形成的生化过程。该部分对海洋生物进行初级生产的生态、生理过程及其影响因子（主要是光合作用的基本过程及其影响因子）进行了论述，其将为海洋初级生产力的遥感估算算法以及算法的讨论、分析提供理论依据。

第二部分为影响遥感海洋初级生产力反演的因子分析。这部分内容侧重于对生物环境因子的分析、理解，主要围绕光的传播与分布对初级生产力估算的影响进行了分析与讨论。

第三部分是基于上述两部分的分析、讨论并结合实测数据，提出了我国海区初级生产力的遥感模型，并以此模型对我国海区的初级生产力的空间分布和时间变化进行了估算与分析，指出了模型可能存在的问题、提出了未来提高模型估算精度的设想。

关键词：浮游植物；海洋水色；海表水温；海洋初级生产力；遥感

Abstract：The oceanic primary production is a very important parameter for understanding the cycling of carbon on a global scale and predicting future trends in the climate of the earth, estimating the oceanic biogenic resource, evaluating the marine environment quality. At present, the satellites provide the only avenue by which oceanic primary production can be studied at large scale and estimated quickly.

To derive marine primary production by satellite remote sensing, in addition to remote sensing, it is necessary to understanding marine living organisms, marine physical changes and marine chemic changes. This thesis is focused on above processes and contents following three parts：

In the first part, the biochemical processes of oceanic primary production coming into being is introduced. We play our attention to photosynthesis of phytoplankton, factors – light, nutrients, temperature, carbon dioxide and so on – which will work on phytoplanktonic photosynthesis and the ways in which the phytoplankton is adapted to the variability of its surroundings. This part will offer us some theory to analyse and construct the algorithms for prodecting primary production.

In the second part, the physical factors of influencing estimating the oceanic primary production are analysed. Besides some knowledge about hydrology, we mainly discuss factors – the angular distribution of underwater light, the spectral distribution of underwater irradiantce and the biomass distribution – which will limit our model's ability to compute marine primary production exactly without taking them into account. we will modify our models according to the results from the discussion.

In the last part, a primary production model by using remote sensing data for China sea is derived and tested with historic in – situ data. Then, the model has been applied in China sea. The results show a good synoptic view of the temporal – spatial distribution of ocean primary production and are discussed. Finally some suggestions are given to improve our model.

Key words：Phytoplankton；Ocean Color；SST；Oceanic Primary Production；Remote sensing

1 绪论

1.1 海洋初级生产力的概念

海洋初级生产力是指浮游植物、底栖植物以及自养细菌等生产者通过光合作用或化学合成制造有机物和固定能量的能力。而对于通常意义上的海洋初级生产力主要是指对浮游植物，在单位面积、在真光层内（下限通常取海洋次表面光强衰减至其值1%的水层深度）、单位时间内（通常是天或年）制造有机物的能力（即把 CO_2 和水同化为碳水化合物），即光合作用速率，单位为 mg/（$m^2 \cdot d$）以碳计或 g/（$m^2 \cdot a$）以碳计。它是最基本的生物生产力，是海洋生产有机物或经济产品的基础，也是估计海域生产力和渔业资源潜力大小的重要指标。初级生产力包括：总初级生产力和净初级生产力，总初级生产力是指植物所固定的能量或合成的有机碳量；净初级生产力则是总初级生产量中减去植物呼吸所消耗的能量。

海洋初级生产力的结构包括：①粒级结构：微微型（pico）、微型（Nano）、小型（Micro）产量等；②光合产品结构：颗粒有机碳产量（POC）和溶解有机碳产量（DOC）；③功能结构：新生产量和再生产量。1967 年 Dugdale 和 Goering 提出了"新生产量"的概念，他们将总初级产量划分成新生和再生两部分。真光层中再循环过程中产生的氮称为再生氮（其来自真光层中生物的代谢产物如：氨氮、尿素、氨基酸等，主要是 $NH_4^+ - N$）。由真光层之外提供的氮为新生氮（其来自大气沉降或降水，陆源，上升流或梯度扩散，氮气的生物固定等，主要是 $NO_3^- - N$）。由再生氮源支持的那部分初级产量称为再生生产量，由新生氮来支持的那部分初级产量称为新生生产量。新生和再生这两部分生产力中只有新生初级生产力才向高层次营养级净输出，新生生产力的水平在很大程度上代表了海洋净固碳能力，新生生产力反映了海洋对大气中 CO_2 的吸收能力和对全球气候变化的调节能力。描述生物量的术语有以下两个：①现存量（Standing stock）：指取样时刻内单位面积或单位体积海水内生物数量；②生物量（Biomass）：指一定面积或体积内所有生物总重量（个体总数×平均重量）。

1.2 对海洋初级生产力研究的意义

对海洋初级生产力的研究有如下科学意义。

（1）光合作用是地球上最重要的反应，光合作用使太阳能转变成化学能同时伴随着其相应的物质形式的变化：将二氧化碳转变成碳水化合物进入食物链，因而浮游植物的光合作用在全球碳通量的变化中占有重要的地位。大气与海洋碳交换可通过物理过程、化学过程和生物过程进行，但人们关心的是海-气界面碳的净通量，对此作贡献的主要是生物光化学作用，使无机碳通过光合作用及食物链转化为大颗粒碳，最后沉降至深海，并在一定时期内不再参与循环。因此对海洋初级生产力研究有助于了解全球碳循环以及气候变化。

（2）浮游植物是海洋中的生产者，由浮游植物的光合作用所形成的海洋初级生产力是最基本的生物生产力，浮游植物也是海洋食物链的源头，对海洋初级生产力的研究对理解海洋生态系统、估计海洋生物资源的潜在产量有重要的意义，也有助于了解海洋生命，可以为海洋资源的合理开发、利用与保护提供决策依据。如费尊乐等（1991）采用有机碳与生物量（鲜重）之比值1∶20，生产效率15%和营养阶层转换级数为3，估算了渤海的鱼类产量和最大持续渔获量（50%）等。

（3）海洋初级生产力是海洋生态系统及其环境特征的重要参数。对其研究有助于了解海洋生态环境特征、环境质量如富营养化、赤潮等。

1.3　遥感方法对估算海洋初级生产力的必要性及历史和发展

由于卫星遥感能快速、大尺度地获取海洋生态环境的特征信息，并且有足够的空间分辨率和精确度，是对海洋观测获取海洋信息不可缺少的手段。传统常规的船测方法对测站的取样难以准确刻画其时空变化，而进行大尺度海洋初级生产力的调查研究要求快速、动态反映其发展变化，必须借助于遥感手段，水色卫星遥感最根本的目的是获取海洋初级生产力信息。

卫星遥感能较精确地获取叶绿素浓度（能描述生物存量）、海表温度、光合作用有效辐照度、透明度等海洋生态环境场数据，且获取数据的周期短。如何利用这些参数来反演海洋初级生产力，人们进行了如下卓有成效的探索。

Ryther 和 Yentch（1957）描述了在光饱和条件下浮游植物光合作用速率与叶绿素浓度之间的关系式，这是第一个根据藻类生物量计算初级生产力的关系式，并广泛应用于海洋初级生产力的调查研究中。

Lorenzen（1970）利用表层叶绿素与初级生产力相关性提出了一个应用于海洋初级生产力遥感研究目的经验关系。Tanguchi（1972）、Smith 和 Baker（1978）、Smith（1982）等相继提出了利用叶绿素浓度反演初级生产力的遥感算法。Eppley 等（1985）利用叶绿素浓度、温度及日长建立经验关系式来计算初级生产力。经验算法在一定区域和时间内应用于区域海洋初级生产力的估测具有相当的精度，但是这种算法缺少生理学意义的解释。这种关系也不稳定，尤其是仅采用表层叶绿素浓度计算初级生产量的模型更易引起错误。

随着人们对浮游植物的生理学知识的积累，以及对这些生理变量和环境变量之间的响应关系的认识，研究者在设计算法时加入这种生理意义的解释，便形成了所谓的解析算法，但是这些生理参数的获得还往往是基于经验的。

Platt（1986）提出了一个基于光强和叶绿素浓度的解析算法。Platt（1988，1991）、Morel（1991）等提出了更为复杂的光 – 生物模型（Bio – Optical Models），但 Balch 等（1992）对 P_M^b/K 遥感算法进行了测试，指出这些简单算法对海洋初级生产力的估测具有相当的精度，甚至优于这些与时间、波长、深度相关的复杂算法。由于实际上生物的很多特点我们还不清楚，如生物的适应性以及生物物种多样性的影响等，这往往使我们用静态条件下的假定难以对此进行表达，同时参数复杂，而对这些量的求取有时也是很不准确的，这反而会引起更大的误差。

1997 年 Behrenfeld 和 Falkowski 提出了 VGPM 模型，并应用于海洋初级生产力的遥感估算中，MODIS 已采用了该算法。

利用荧光信息来反演海洋初级生产力已有许多模式，但应用于卫星遥感数据反演海洋初级生产力的相关算法还在进行探索，如 MODIS 增加了对荧光的探测，但目前还不能以此来估算量子产量以及初级生产量。

遥感在估计新生产量中也有一定的应用。Eppley 等（1979）采用 f 来表示新生产量在总产量中的比重，Sathyendranath（1991）等指出 SST 与表层 NO_3^- 的浓度存在相关性，并且指出 NO_3^- 和 f 有较好的相关性。Elsksens 等（1999）进一步证实了这种关系的存在，并采用模型来提高对 f 率的估计。Dugdale 等（1997）用 SST 来推求表层 NO_3^- 的分布，进而估算了新生生产量。

国内对海洋初级生产力的研究主要集中在船测调查研究方面如：宁修仁（1985，2000）、刘子琳（1997，1998）、费尊乐（1991）、李文权（1999）、陈其焕（1996）、洪华生（1997）等人对我国河口、近岸水域、海湾、四大海区以及热带西太平洋、南极长城湾、南大洋的初级生产力均有研究，但遥感获取我国海区的海洋初级生产力信息的算法和相关研究从所见的文献来看较少，往往是对国外有关算法的简单的介绍，如吴培中（2000）、李国胜（1998）、费尊乐（1997）、商少凌（2001）等，或通过船测数据回归来获得简单经验算法，也没有应用于遥感的估算中。

目前遥感估算初级生产力的研究主要表现在以下几个方面。

（1）进一步提高叶绿素浓度、光合作用有效辐照度、海表温度等参量的遥感估算精度，并开展了这些参数垂直分布结构的研究。

（2）开展对生理参数 PmB、aB、a^*、Φ_{max} 等的生态生理研究，为这些参数值的确定和遥感提取提供依据，以直接利用遥感数据来估算浮游植物的参量。吸收系数及区分物种方面已有进展，MODIS 产品利用对荧光的探测来估算叶绿素浓度及荧光产量，通过对荧光产量的估算有利于进一步获得光合量子产量，浮游植物的荧光是理解浮游植物生理状态与变化的桥梁。

（3）进行"生物－地理动力学"和"生物－光学区域"研究，以找出足以描述海洋生产力特征各参量的较为恒定的值及相互关系的海区，从而能提供区域性、季节性参数来辅助遥感数据的反演，提高精度。

（4）从海域总初级生产力的遥感观测到初级生产力的结构研究如新生产量遥感估算等。

（5）建立海洋生态动力学系统模型，同化遥感数据，通过各种具体过程的模型方程来描述海洋生态系统的动态过程，从而获得对海洋初级生产过程的认识和理解。

（6）加强对空间数据的管理，建立遥感数据的管理、分析平台挖掘遥感信息和扩展信息的应用，通过利用多种信息源（多年历史遥感资料）和方法来获得对初级生产力分布与变化的较全面的认识。

由于卫星遥感探测的信息往往集中在表层一个光层深度，一个光层深度以下的信息没有，而初级生产力的计算是在真光层内，同时影响初级生产力因素又有很多，如：光强、透明度、营养盐、海流、盐度、pH 值和生物因素等，且光合作用能力是海洋生态系统综合作用的结果，所有这些因素限制了遥感估算初级生产力的能力。但是随着遥感技术的发展（高光谱遥感技术的发展和应用），以及植物生理学、分子生物学、生态学的发展和多学科的综合，将会不断提高模型的估算能力。遥感不能代替船测方法，从目前的遥感估算能力看，如何将实测方法和遥感方法更好地结合，并将实测数据更好地用于遥感数据的反演，以及更好地利用遥感数据来提取区域性、种群性特征等，将有助于提高遥感数据反演初级生产量的精度。同时遥感应加强同海洋动力过程、海洋生态生理过程研究的结合，这有助于对遥感信息的拓展如三维结构的获得等，通过对生命过程的了解有助于我们对遥感信息的理解、分析与分类。技术上，通过海洋地理信息系统和遥感的有力结合，并利用其对实测和遥感等方法获得空间数据进行有力分析和管理，将更有助于遥感信息的挖掘和扩展信息的应用。

要利用遥感数据反演海洋初级生产力就必须理解海洋中的生物过程、海洋中的物理化学过程以及遥感等技术过程。海洋生物过程是海洋生物生理、生态及其对环境的反应过程，是我们分析和计算海洋初级生产力的理论基础。海洋中的物理化学过程是海洋生物生态环境的物理化学变化的过程，通过对此的分析、研究来获取海洋生物的环境状态。遥感等技术过程是对生物过程和物理过程的综合，通过技术手段来获取相关数据和提供相应的系统支撑的过程，以此来实现对现实生物生产力的估算、描述其分布变化，并刻画其演化规律和对人类的意义。基于此，我们把本论文分为三个部分：第一部分为初级生产力形成的生化过程。该部分着重于对生物进行初级生产的生理生态过程的分析与理解，其将为海洋初级生产力的遥感估算算法以及算法的讨论、分析提供理论依据；第二部分为影响遥感反演初级生产力的因子分析，这部分侧重于对生物环境因子的分析、理解，主要围绕光的传播与分布对初级生产力估算的影响进行分析与讨论；第三部分是基于上述两部分的分析、讨论并结合实测数据，提出了我国海区初级生产力的遥感模型，并用此模型对我国海区的初级生产力的空间分布和时间变化进行了估算与分析，并指出了模型可能存在的问题，提出了未来提高模型精度的设想。

2　初级生产力形成的生化过程

在这一章，将对海洋生物进行初级生产的生态、生理过程及其影响因子（主要是光合作用的基本过程及其影响因子）进行论述，其将为海洋初级生产力的遥感估算算法以及算法的讨论、分析提供理论依据。

2.1　光合作用中的太阳能吸收

光合作用的捕光色素主要有三种类型：叶绿素类、类胡萝卜素和藻胆素类。叶绿素已发现的有：叶绿素 a，叶绿素 b，叶绿素 c，叶绿素 d 等，在叶绿体中主要有叶绿素 a 和叶绿素 b，叶绿素在叶绿体中均以叶绿素蛋白复合体的形式存在。类胡萝卜素在叶绿体中主要有：胡萝卜素、叶黄素、紫质黄和岩藻黄素。藻胆素类主要有：藻红蛋白、藻蓝蛋白和别藻蓝蛋白，其存在于红藻和蓝藻中。各种色素对光的吸收不同，色素对光吸收的分布及重叠程度会影响光能的传递方向和传递效率。

绝大部分叶绿素 a 和叶绿素 b 及全部其他色素仅起吸收光能的作用，由于它们没有光化学反应活性，故称之为天线色素，而具有光化学反应活性即能进行电荷分离的少部分叶绿素 a 称为反应中心叶绿素 a（一种特化的叶绿素 a 双分子体）。

光合色素在吸收一个光子时，会由基态转变为激发态，波长短的光子能使色素分子处于较高的激发态，但是较高的激发态并不稳定，通常以内转换（IC）的形式跃迁到最低激发态，因此一个光子如果其能启动光化学反应，其作用与能量的大小无关。光合色素通过退激发返回基态，退激发方式可能有：

（1）发射光子返回基态：$Chl^* ------ Chl + h v'$

由于内转换的存在，荧光光谱仅在红光区，而蓝光区无荧光（对于三重线态的激发态则通过发射磷光返回基态）。

（2）内转换：$Chl^* ----- Chl + 热能$

（3）能系间交叉（通过内转换途径到达三重线态的退激发方式）：

$Chl^* ---- Chl^T + 热能$　　$Chl^T ---- Chl + 磷光$

（4）能量的传递（Foster 共振传递，激子传递等）：$Chl^* + M ---- Chl + M^*$

（5）光化学反应（解离、异构、化合、电荷分离等，光合作用的原初反应主要是电荷分离）：$P^* A ----- P^+ A^-$

其中，$*$ 表示处于激发态；T 表示三重线态。

在光合作用里，能量传递和光化学反应是能量可被利用的退激发方式，而其他方式的能量没有被利用而损失了，光合色素吸收的能量以竞争方式返回基态。

天线色素吸收光能后，在色素间进行能量传递，各色素间能量传递的效率是不同的，如胡萝卜素传递到叶绿素 a 的能量效率为 $10\% \sim 50\%$，叶绿素 b 到叶绿素 a 的能量效率为

100%，最后传递到反应中心进行光化学反应，驱动电子的传递，同时合成 ATP（三磷酸核苷酸）和 $NADPH_2$（三磷酸吡啶核苷酸）。

2.2 光合作用过程中的电子传递

光合作用过程中的电子传递是由两个光反应步骤串联进行，其理论是基于 Emerson 发现光合作用中存在红降和双光增益效应的解释。在电子传递过程中通常认为有三种电子传递链。

2.2.1 非循环光合电子传递链

（1）光系统 II 复合体的电子传递

集光色素将激发能传递给反应中心，使反应中心叶绿素 a 受激发发生电荷分离，放出一个电子，经中间电子传递体去镁叶绿素（phoe）传递到单电子受体 Q_A（一种特殊结合状态的质醌，其中 Q_A 的氧化还原态反映反应中心的开与关的状态，Q_A 的氧化还原态可由荧光水平得以反映），其又把电子传递到双电子受体 Q_B（另一种特殊结合状态的质醌）并结合两个质子（类囊体膜外 $H_2O = H^+ + HO^-$）。氧化的 P680 被电子供体 Yz（D1 蛋白的酪氨酸残基）所还原。同时 Yz 从放氧复合体 M 获得电子。M 进行电荷积累。

（2）光系统 II 与光系统 I 电子的传递中间环节

PQ（质体醌）从 Q_B 中获得电子和质子，在氧化时向铁硫中心 FeS_R 传递电子，同时由于 PQ 具有脂溶性，能在膜的疏水区移动，从而使质子 H^+ 能跨膜移动转移到类囊体膜内。铁硫中心 FeS_R 将电子经细胞色素 f 最后传递到 PC（质蓝素）。

（3）光系统 I 复合体的电子传递

光系统 I 集光色素将激发能传递给反应中心 P700，并使之氧化，将电子快速传递到 A_0（叶绿素 a 单体分子体），同时从 PC 中获得电子被还原，电子经 A_1（可能是一种叶绿醌），Fx（铁硫蛋白）后传递到两个铁硫中心（F_A，F_B），这两个中心是如何获得电子目前还不清楚。

（4）类囊体膜内外的电子传递

在类囊体膜外 Fd（铁氧还原蛋白）从铁硫中心（F_A，F_B）获得电子，并在 FNR（铁氧化还原素 – NADP 还原酶）的催化下将电子传给 $NADP^+$ 完成非循环光合电子传递。在类囊体膜内，M 通过 S 态循环积累 4 个电荷后使水氧化放出质子（H^+）和氧。

2.2.2 循环光合电子传递链

循环光合电子传递链是 Fd 把电子给细胞色素 b_6 后再经 PQ 形成围绕 PSI 的循环电子传递。

2.2.3 假循环光合电子传递（Mehler 反应）

Fd 能将电子传递给分子氧，使叶绿体在照光下发生吸氧反应，氧最先被还原为超氧自由基，再经水合成反应生成 H_2O_2，这种从水到氧的电子传递是由两个光系统驱动的，称为假循环光合电子传递（Mehler 反应）。H_2O_2 可以通过抗坏血酸 – 过氧化物酶系统消除，SOD（超氧化物歧化酶）可清除活性氧，在光过剩时 SOD 的量会有所增加以加强有害物质的清除。

在电子的传递过程中，一方面在类囊体内的水氧化生成 H^+，同时在电子传递过程中，H_2O 解离生成 H^+ 由 PQ 转移到类囊体内，形成膜电位差和 PH 差，从而形成质子动力势。在耦联因子 $CF_0 - CF_1$ 的作用下形成 ATP（ATP = ADP + Pi）。跨膜质子梯度可以对 PSII 的电子传递起控制作用并调节光能过剩时的能量耗散反应，从而抵御强光对光合机构的破坏。

在光反应中，可形成 ATP 和 $NADPH_2$，这将在暗反应中作为还原 CO_2 的同化力。

2.3 光合碳循环（卡尔文循环）

CO_2 固定到糖水平这个过程可分为四个明显的阶段，如图 2.1 所示。

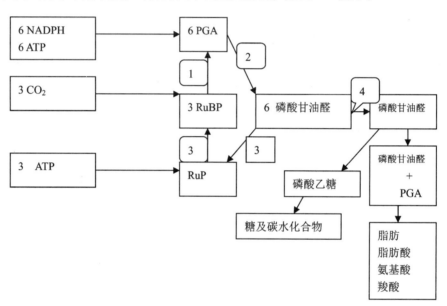

图 2.1 CO_2 固定循环图解（霍尔等，1984）

2.3.1 光合碳循环的四个明显阶段

（1）羧化阶段

$$CO_2 + RuBP（二磷酸核铜糖）+ H_2O \xrightarrow{\text{酶}} 2\,PGA（磷酸甘油酸）$$

在羧化阶段 Rubisco 是光合碳同化的一个关键酶，也常被称为光合作用的限速酶，光饱和的光合速率与该酶的活性之间存在良好的正相关性，该酶的不足常常是光合作用的一个重要的限制因素。在光合作用的饱和光强下，叶片光合速率对细胞间 CO_2 浓度增加的响应曲线可分为明显不同的两个阶段：一是在较低的 CO_2 浓度下，光合速率随 CO_2 浓度的增高而呈直线升高，这段直线的斜率称为羧化效率，羧化效率的大小是叶片中活化的 Rubisco 量多少的指标；二是在较高的 CO_2 浓度下，光合速率不再随或几乎不再随 CO_2 浓度的增加而增加，这时的光合速率常被称为叶片的光合能力，光合能力的大小依赖于 RuBP 再生能力的大小。一到二的过渡阶段是从 RuBP 羧化限制到受 RuBP 再生限制的转变。

（2）还原阶段

反应可分为两步，首先是磷酸化，然后是 $NADPH_2$ 的还原，简化如下：

$$PGA + ATP + NADPH_2 \xrightarrow{\text{酶}} \text{磷酸甘油醛} + ADP + Pi + NADP + H_2O$$

加 CO_2 到 RuBP 而产生的 PGA 实质上是一种有机酸，为了把 PGA 转变为三碳糖（如磷酸甘油醛）还必须使用 $NADPH_2$ 和 ATP 的同化力中的能量，CO_2 被还原到三碳糖（如磷酸甘油醛）的水平，光合作用的贮能部分便算完成。

（3）再生阶段

一系列复杂的包括磷酸 3 −，4 −，5 −，6 −，7 −碳糖在内的反应把 RuBP 再生出来，使 CO_2 固定反应得以继续。RuBP 的再生往往受同化力（ATP 和 $NADPH_2$）供应的制约，因此它的合成需要光。而同化力的形成又依赖于光合电子传递和其偶联的光合磷酸化，所以 RuBP 再生限制在某种程度上也可以反映光合电子传递和其偶联的光合磷酸化及其前面的光化学反应的状况，而其状况和 PSII 的光化学效率密切相关，所以光合机构形成的同化力完全用于光合碳同化而不用于氮、硫同化等其他代谢过程时，光合碳同化的量子效率与 PSII 光化学效率之间存在良好的直线关系。

（4）产物的合成阶段

不同的光强、CO_2 和 O_2 浓度下形成不同的产物如图 2.2 所示。

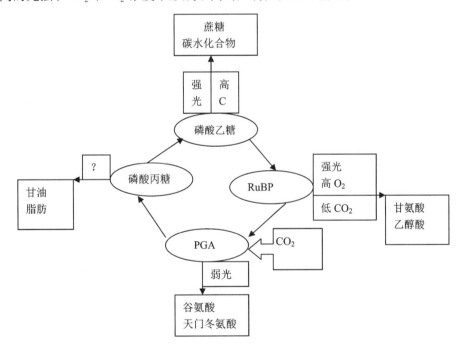

图 2.2　有利于形成光合作用次生产物的条件（霍尔等，1984）

2.3.2　相关概念

（1）光呼吸作用

由于 Rubisco 是双功能酶，CO_2 和 O_2 在同样的酶上争夺 RuBP

$$2\,RuBP + 3\,O_2 + ATP \xrightarrow{\text{酶}} 3\,PGA + CO_2 + H_2O + ADP + Pi$$

CO_2 和 O_2 浓度高低会影响光呼吸的进行。光呼吸作用会消耗大量的能量，同时加速磷的循环利用，从而有利于保护光合机构免于强光的破坏。

（2）荧光产量

光合色素吸收的能量主要是用于光合作用，但是也有一部分以热的形式散失和荧光的形式发射出来。所以光合作用、热耗散和荧光发射是三个不同过程对能量进行相互的竞争，光合作用和热耗散的变化会引起荧光产量的相应的变化。荧光产量的变化也用来反映光合作用和热耗散的状况，如光系统 II 的光化学效率常常以叶绿素荧光为参数：可变荧光与最大荧光的比值表示 F_v/F_m。F_v：可变荧光，$F_v = F_m - F_o$；F_o：初始荧光，是 PSII 反应中心全部开放即 Q_A 全部氧化时的荧光水平，PSII 反应中心的破坏或可逆失活引起 F_0 的增加。F_m：最大荧光，是 PSII 反应中心全部关闭即 Q_A 全部还原时的荧光水平。

（3）量子产量

通常认为一个光子只能提供一个电子，由于双光反应的存在，放出一个 O_2 需要 4 个电子，至少需要 8～10 个光子，因此光子产量的最大值是 0.125 mol C/Ein；但是由于存在其他损失光子的过程如发射荧光、热耗散、其他产物合成等，其值取法较多，例如 0.1 mol C/Ein，或 0.06 mol C/Ein 等，据 Babin M. A 等（1996）的研究，量子产量的最大值可有 12 倍的变化范围（0.005～0.063）。量子产量是生物其内在和外在综合环境的表现，但在量化时通常把光照度和温度作为主要因子，表现为随光照度的减小而增加，进而趋于最大值。温度的作用比较复杂，区域性很强，其关系有单调升高的，也有先升后降的，温度常常作为限制性因子来对最大量子产量进行修正。同时营养盐的浓度对量子产量也有影响。量子产量和光照度以及温度、营养盐的关系可通过实验来绘制 P vs E 曲线（初级生产力与光照度关系的曲线）来体现，并可通过函数来拟合各相应的参数，来达到对各参数的估算。

M. A. Babin 认为量子产量值受以下几个因素的影响：①色素所吸收的能量及其传递给叶绿素 a 天线的能量。②反应中心的数量及其开放的数量。③电子还原 CO_2 的效率。

以上三过程可量化为：

$$fai = A \times f \times (sigma_{psII} \times fai_e \times n_{ps2}/a^*) \times R^{-1} \qquad (2.1)$$

其中，A 为开放反应中心的数量百分比；f 为活动的反应中心的数量百分比；$sigma_{psII}$ 是 PSII 的断面有效吸收系数；fai_e 是常量 0.25 mol O_2/mol electron；n_{ps2} 是反应中心的总数；a^* 是平均（波段）吸收系数；R 是光合作用熵（mol O_2/molCO$_2$，取值为 1.0～1.4），其中：

$A = \exp(-PAR/Ek)$；若 $A=1$，fai 是最大量子产量。

$f = f(PAR) \times f(NO_3)$，$f$ 受照度和营养盐（N，Fe）的影响。

If $(PAR \leqslant E_T) f(PAR) = 1$；If $(PAR > E_T) f(PAR) = \exp(-B \times (PAR - E_T))$；

$B = 0.0012$ uEin/（m$^2 \cdot$ s），$E_T = 600$ uEin/（m$^2 \cdot$ s），可供参考。

$sigma_{psII} \times fai_e \times n_{ps2}/(a^*)$ 量受非光合色素（NPP）的影响，例如 (a^*) 和非光合色素有正相关关系。

2.4　光反应与暗反应

浮游植物是通过光合作用将捕获的太阳能转化为化学能，这种化学能起初被贮存在光合作用光反应产物 ATP 和 $NADPH_2$ 中，然后通过卡尔文循环将 CO_2 还原，经过进一步转化而储存于多聚糖分子中。通常将直接发生在光合膜上（如类囊体膜）的、依赖于光的反应称为光反应。不依赖于光的，一般由酶催化的反应称为暗反应（在间质中）。

光反应通常是把 H_2O 分解并放出 O_2 和生成下一反应中所需的 ATP 和有强还原能力的产物 $NADPH_2$，在这反应中主要是光、营养盐起作用，具有一个低的或零温度系数，因此直接受温度的影响较小。

暗反应（酶促反应、非光反应）利用光反应中所合成的产物（ATP，$NADPH_2$）来合成碳水化合物。一般情况下，这一反应进行较慢，在低光照时不会对光合作用形成制约（上一反应中所合成的产物能顺利通过这一反应所消化）。但随着光强的增强，其表现出制约性。上一反应中所合成的产物不能顺利通过这一反应所消化而积累（如使 Pi 不能正常循环），进而损伤光合机构，从而使得生物进行调整，非光合色素、电子传递体增加、羧化能力加强，同时将光能以热能的形式散发来制约光反应的进行。由于这反应有酶反应特性，温度往往能起到加速这一反应进程的作用，从而提高对前一反应产物的消化，提高量子产量。

光合过程如图 2.3 所示。

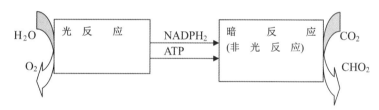

图 2.3　光合作用的光反应与暗反应的主要产物（霍尔等，1984）

2.5　光合作用的影响因素

植物光合作用常常受到外界环境因素和植物自身生理因素的影响，浮游植物外界环境因素主要是光照、温度和矿质营养等，如图 2.4 所示，本节主要介绍外界环境因素影响植物自身生理因素进而影响光合作用。我们也是从外界因子来推测其可能的生理状态的。

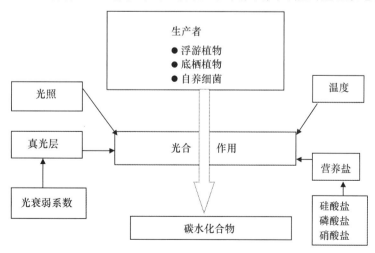

图 2.4　初级生产力的物化过程

2.5.1 光照

光照对光合作用主要有以下三方面的作用：①同化力形成所需要的能量；②活化光合作用的关键酶；③调节光合机构的发育。

如光弱时会使光合作用中的电子传递和光合作用关键酶的含量都明显降低，羧化能力减弱，从而降低了饱和光合速率，尽管其在弱光下的光合量子效率并没有发生明显的变化。

光能不足可以成为光合作用的限制因素，光能过剩也会对光合作用产生不利的影响，发生光抑制。一般认为光抑制主要发生在光系统 II，光抑制可能是光合机构被破坏和能量耗散过程加强运转的共同结果。

按其发生的原初部位不同可分类如下。

- 受体侧光抑制：其起始于还原型 Q_A 的积累，Q_A 的积累会促使三线态的 P680 的形成，三线态的 P680 可以和氧作用形成单线态氧。

- 供体侧光抑制：其起始于水氧化受阻。由于放氧复合体不能很快地把电子传递给反应中心，延长了氧化型 P680 的存在时间。

单线态氧和氧化型 P680 都是强氧化剂，如不及时消除，它们都可以氧化破坏附近的胡萝卜素、叶绿素和 D1 蛋白等。

按光抑制条件去除后光合功能恢复时间的长短可分为：

- 慢恢复：主要和光合机构的破坏相关。
- 快恢复：主要和热耗散相关。

热耗散可能有多种途径：

- 依赖于跨类囊体膜质子梯度的热耗散，它可能涉及 PSII 捕光色素蛋白复合体的聚集，从而促进天线色素的热耗散。

- 依赖于叶黄素循环的热耗散。当光能过剩跨膜质子梯度增加，具有双环氧的堇菜黄素（violaxanthin）在去环氧酶的催化下，经过单氧环的花药黄素（antheroxanthin）转化成无环氧的玉米黄素（zeaxanthin）（这个反应在暗中或光不过剩时在玉米黄素环氧化酶的催化下可逆）。玉米黄素可能直接和单线激发态的叶绿素相作用，也可能通过降低膜的流动性促使 PSII 的 LHC（捕光色素蛋白复合体）的聚集，从而进行热耗散。

- PSII 反应中心可逆失活的热耗散。光能过剩时，一部分 PSII 反应中心可逆失活，这些失活的 PSII 反应中心将激发能以热的形式散失。

- 依赖 PSII 循环电子流的热耗散。P680 氧化将电子传递给细胞色素 b559 等后又回到 P680，通过这一无效循环把过剩的激发能以热散失。

光合机构的破坏，一般认为其主要部位是 PSII 反应中心复合体中的一个组成部分 D1 蛋白的破坏相关。Aro 等提出了一个 PSII 失活、破坏、修复的复杂循环，大致如下：光能过剩，反应中心失活→D1 蛋白的破坏→失活的反应中心复合体从基粒片层迁移到间质片层→蛋白酶的作用→破坏的 D1 蛋白去除→新合成的 D1 蛋白插入复合体→回迁到基粒片层→恢复作用（余叔文等，1999）。

表 2.1 说明了这些参数的变化性［参数为 Platt（1980）模式中的参数］，Platt 将北大西洋海域分为 12 个分区，分季节设定相应的参数值，以在遥感估算中采用。

表 2.1 浅水混合水域初级生产力模式主要参数

时间参数	7：00	9：00	11：00	13：00	15：00	17：00
(1991，1) Ps	5.92	6.21	6.50	6.79	5.95	5.10
α	2.20	2.65	3.10	3.54	3.92	4.32
β	1.78	1.65	1.51	1.37	0.97	0.56
(1991，3) Ps	2.92	2.55	2.19	1.83	1.14	0.45
α	1.99	1.82	1.66	1.50	1.09	0.69
β	0.96	0.95	0.94	0.94	1.58	2.22
(1991，5) Ps	5.11	6.25	7.40	8.54	6.34	4.14
α	4.50	4.09	3.69	3.29	3.07	2.85
β	1.26	2.74	4.22	5.71	3.47	1.22
(1991，11) Ps	9.91	8.22	6.52	4.83	6.50	8.18
α	1.11	1.24	1.37	1.51	1.50	1.49
β	4.09	3.29	2.48	1.67	1.67	1.67

资料来源：朱明远等，1993.

α 为光合作用光强曲线初始部分的斜率，单位为 g (g·h)$^{-1}$ (μmol·m^{-2}s^{-1})$^{-1}$/100，β 为标志光抑制程度的参数，单位为 g (g·h)$^{-1}$ (μmol·m^{-2}s^{-1})$^{-1}$/1 000，Ps 为没有光抑制时光合作用最大速率，单位为 g (g·h)$^{-1}$ (以碳计)。

2.5.2 叶绿素

浮游植物通常都含叶绿素 a，叶绿素 a 在一定程度上是生物量的反映，且在光合作用过程中起主要作用（各色素吸收的光能都是最后传递到叶绿素 a 的，反应中心也是特化双叶绿素 a 分子），并在一定程度上反映初级产量，但叶绿素 a 并不等于初级产量（Platt，1991）。叶绿素 a 一方面作为水环境中物质和悬浮泥沙、黄色物质一起计算光学参量（吸收、散射系数等）；另一方面作为生态生理参量来反映生物量和对光能的吸收能力以及量的多少。叶绿素浓度也能在一定程度上反映水域营养盐的状况，但也有高营养浓度低叶绿素浓度的情况（HNLC）。

2.5.3 温度

光合作用包括光促反应和酶促反应，而酶促反应和温度密切相关，在植物生命活动正常进行的温度范围内，温度每升高 10℃，酶促反应速率几乎增加一倍。温度变化不仅仅影响生物化学过程，而且影响植物体内的物质扩散等过程。在低温环境中，酶促反应缓慢，淀粉和蔗糖合成速率低，磷的再生速率低，对磷酸丙糖的需求也低，从而使得叶绿体的磷酸丙糖输出和无机磷输入速率也低，叶绿体中磷不足会限制光合作用的高速进行，低温也能加剧光抑制和光氧化等。高温下会引起 CO_2 的浓度、Rubisco 对 CO_2 的亲和力以及光合机构关键成分的热稳定性降低等，同样会造成光合速率的降低。温度也能提高呼吸作用，减少净光合产量。但是不同的藻类对温度的要求是不一样的，而且同一种藻类，在不同海区由于适应性而表现出不同温度要求，如表 2.2 所示。

表 2.2　我国海区几种常见的赤潮生物的适温范围　　　　　　　　　　单位：℃

藻种	渤海	东海	南海	数据来源
褐胞藻	13～25.8			楼绣林硕士论文
夜光藻	16～18（渤海湾）			同上
	12～27（黄河口）			
中肋骨条藻	8～32			同上
微型原甲藻	10～35			同上
尖刺菱形藻	25～32	21～29	27～35	同上
海洋原甲藻		18～25		同上

同时温度和营养盐有负相关关系，这也会在温度升高时降低光合产量。因此温度与生产率之间的关系会受到营养盐、藻类的种类等因素的影响而复杂化。

2.5.4　矿质营养（氮、磷、铁、钙、锰等）

氮是氨基酸、蛋白质、核酸、核苷酸和辅助酶以及光合色素叶绿素的组成元素，氮不足会引起 RuBP 羧化酶的活性下降，Eppley（1969）等研究铵氮和硝酸盐与浮游植物增殖速度之间的关系时指出，浮游植物增殖速度随氮浓度的增加而增大。

磷是核酸、核苷酸、磷脂、糖磷脂和辅酶等的组成元素，而且在所有涉及 ATP 的反应中起关键作用，ATP 会影响 PGA 的还原和 RuBP 的再生，PGA 的积累会使叶绿体间质 PH 值降低，低 PH 又会使 Rubisco 和磷酸核酮糖激酶等多种参与光合卡尔文循环酶的活性降低。磷不足会引起 PSII 天线色素向反应中心传递的激发能减少和激发的热耗散增加。Riley 指出海水中磷酸盐含量与同化数之间关系密切，随磷酸盐的增加而增大。李文权（1999）等指出厦门港海水无机氮含量较高而低磷，从而使磷成为该海域的初级生产量的限制因子。

铁不足会引起光合速率的降低和叶绿素含量的减少，减少单位面积计的光合单位数（光合单位：在绿色植物中，200～300 叶绿素分子与一个反应中心相对应，这些光合色素连同反应中心一起称为光合单位）。最近研究表明，铁不足会引起有功能的 PSII 反应中心数减少，天线色素向反应中心传递的激发能减少和 PSII 光化学效率的降低。例如在赤道地区、北太平洋、南大洋等海域的表层水中有丰富的硝酸盐、磷酸盐，但是生物量却很低，法国海洋化学家 Martin（1991）指出其主要原因是铁的限制，国际上在 1992 年和 1995 年曾经进行了 IronExI 和 IronExII 的实验，证实在大面积海域中添加微量铁盐可以大大提高藻类的增殖速度并称之为"铁施肥"。钙也同光合作用有密切的关系，它参与了光合放氧过程。矿质营养也会影响修复系统的正常运转。Curl 和 Small 研究指出，在控制浮游植物自然群落光合作用能力方面，营养盐的作用比温度更重要，同化数与营养盐含量之间有着密切的关系。

但是由于有些浮游植物具有运动的能力，其通过上浮下沉机制能够获取较深层的营养物质，这会使营养物质与光合作用的关系变得复杂。Steel 和 Menzel（1962）提出了一个考虑了营养盐浓度的计算模式：

$$p_r = \frac{\alpha I_o C}{2k} \left[\exp(-2e^{-kz}) - e^{-2} - \frac{Rkz}{p_m e D f(N)} \right] \quad (2.2)$$

其中，p_r 是单位叶绿素的净生产量，g/（m^2·d）；α 为单位叶绿素在单位光照度下的光合生产量，取值为 0.48；I_o 为海面季度平均照度；z 为真光层深度；C 为真光层内的叶绿素平均浓度；k 为光的漫衰减系数；R 为最大吸收量，在 20℃ 下为 $0.07 g \cdot m^2/h$；p_m 是最大光合作用速率，取值为 0.066（$g \cdot m^2/h$）；D 为日长；$f(N)$ 为营养盐对光合作用的限制系数。在营养盐的强迫下可表示如下：

$$P = P_m \times [NO_2] / (K_m [NO_2] + [NO_2]) \tag{2.3}$$

2.5.5　水体的环流运动

浮游植物并不是静止于某个水层，由于风等动力作用或自身提供动力而在水体中运动，浮游植物能适应运动的某一水层的光照条件（平均光照、最小光照还是最大光照的适应可能和物种有关），由于运动，浮游植物所受光照的条件是不一样，其上下运动的距离越大，其所受的平均光照水平越低，其光合产量可能较低。Braarud 和 Klem 指出：存在一个临界深度，当浮游植物的运动深度超过该深度，其净固碳量为零，即光合产量和呼吸作用相抵消，冬季的低产量可能与冬季水体的强混合有部分关系。

因此浮游植物的运动一方面使其避免于强光的抑制，同时又会使其可能由于光强较低而使光合作用受到限制。对于临界深度（Kirk，1994）可表示为：

$$Zc = N/(24k_d \times \rho) \times \ln[\overline{E_d}(0^-)/(0.5E_k)] \tag{2.4}$$

其中，N 为日长；ρ 是呼吸率和饱和光合率的比；$\overline{E_d}(0^-)$ 为日平均辐照度；E_k 即为 I_k。

2.5.6　水体的光学属性

水体的光学属性影响生物的环境光场，因此也将影响其初级产量。这些我们将在第 3 章 3.3 节论述。

2.5.7　CO_2 和 O_2 浓度的影响

CO_2 浓度、O_2 浓度对光合作用的影响已在前面进行了介绍，在这里，我们仅就 CO_2 浓度的影响再做些介绍。按照 Michaelis – Menten 方程：

$$v = V \times s / (K_m + s) \tag{2.5}$$

其中，s 是酶作用物的浓度；K_m 是在酶作用率为其饱和条件下量的一半时的酶作用物的浓度；V 是在酶作用物的浓度饱和时的酶作用的最大速率；v 是 s 浓度下的酶作用率。所以可将 CO_2 浓度与光合作用速率的关系表示为：

$$P = P_m \times [CO_2] / (K_m [CO_2] + [CO_2]) \tag{2.6}$$

在通常大气条件下，$[CO_2]$ 为 12～14 μm，但是 $K_m [CO_2]$ 值在 4～185 μm 之间。因此在一般情况下，CO_2 浓度不足，反应将随 CO_2 浓度的升高而增加。当然，浮游植物（不是全部）也能利用 HCO_3^- 中碳，但对 CO_2 的亲和力更大，且吸收 HCO_3^- 需要耗能，但对于适应碱性环境的植物可能相当。目前将 CO_2 浓度的影响考虑进遥感算法中的模型少见。由于 CO_2 参与暗反应阶段的反应，在光限制区，CO_2 浓度并不影响光合速率，对光合作用的初始斜率无影响，但是会影响饱和光合速率。

2.5.8　动物的摄食压力

浮游植物被摄食，是一个很重要的生态现象，在一定程度上影响了其随时间的变化的形式和分布的空间结构。食物链结构的变化会影响浮游植物种群的量、分布和结构。在生态动力学模型中，它作为重要因子考虑，但在遥感模式中对其参数化的模式较少。

2.5.9　浮游植物的适应性（包括物种的变化的适应）

植物长期生长在某个环境中，会形成相应的适应特征，如低光时，细胞中的集光色素浓度会增加，羧化能力降低，电子传递减少等；而高光时，羧化能力升高，电子传递体增加，非集光色素浓度会增加以加强热耗散；同时在不同的色光条件下，集光色素的成分和浓度也将会有所不同，如红藻（其中的藻红蛋白、藻蓝蛋白在不同的光照条件下其量和比例会不同），从而形成相应的适应特征，因而其光合作用能力的表现是不一样的，如高光下生长的浮游植物 E_k 可能较大，高光对它的光抑制程度则较低，反之则可能较大。在适应的过程中，也可能会出现物种的更替等现象，由于很多模式是基于实验的认识，这往往是单个物种适应能力的表现，但是在自然中，可能等不到这些物种的充分适应便出现了新的物种。

2.5.10　浮游植物的种类与光合作用效率的关系

浮游植物是初级生产力的生产者，绝大多数属于低等植物，即藻类，藻类的种类很多，根据它们所含色素、形态结构和生活史的不同，分为 11 个门，如绿藻门、褐藻门、红藻门、硅藻等，不同门的藻类，即使在相同的照度下，初级生产力随藻类的不同也存在明显差别。Parson 等研究表明，浮游植物种类的不同引起同化数的变化为 0.1～6.0。自然环境中浮游植物种类随季节与地区而变化见表 2.3。由于生存环境的变化会引起浮游植物物种的相应变化，这也增加了估算初级生产量的难度，需要相当了解该海域及其参数的变化。

表 2.3　渤海浮游植物主要种类的季节变化

种类	1982 年 4 月		1982 年 6 月		1982 年 8 月		1982 年 10 月		1982 年 12 月	
	数量 $\times 10^4/m^3$	百分比（%）	数量 $\times 10^4/m^3$	百分比（%）	数量 $\times 10^4/m^3$	百分比（%）	数量 $\times 10^4/m^3$	百分比（%）	数量 $\times 10^4/m^3$	百分比（%）
中肋骨条藻	39.1	11.7	0.02	0.03	0.02	0.004	0.05	0.03	0.4	0.8
钩直链藻	24.9	7.4	2.2	2.8	1.1	0.2	1	0.6	6.8	13
尖菱形藻	5.2	1.6	1.0	1.3	0.06	0.01	1	0.6	2.3	4.4
日本星杆藻	44.2	13.2	0.04	0.05	0.5	0.1	1.3	0.7	1.9	3.6
角毛藻属	44.1	13.2	6.1	7.8	381.5	80.6	34.3	19.2	3.5	6.7
圆筛藻属	20.7	6.2	13.8	17.7	10.5	2.2	34.4	19.2	6.6	12.6

资料来源：费尊乐等，1997。

综上所述，影响初级生产力的因子有：光照、叶绿素浓度、温度、营养物质、浮游植物种类等，初级生产力是生态系统综合作用的结果。但对于目前的认识和遥感所能获得的信息，有些因子很难考虑或参数化，算法因子选择主要集中为光合作用有效辐照度、叶绿素浓度、吸收系数、海表温度、透明度等方面。我们的任务是在理解光合作用过程的基础上，通过遥感的方法来获取生物量和这些环境变量，并用它们来推求某些生理参数进而获得对海洋初级生产力的估算。

3　影响遥感初级生产力反演的因子分析

在研究遥感反演海洋初级生产力的过程中，有必要对海洋的物理环境和物化过程有所了解，因为这是浮游植物生存的基本环境，它影响着海洋生物初级生产的过程。在这里，我们仅就海洋表层的温度、盐度、水团、海流等性质作简单介绍，主要围绕光在水中的传播与分布对初级生产力估算的影响进行分析与讨论。为此，先介绍相关水光学方面的知识，然后在此基础上讨论叶绿素浓度的分布、光场角度的分布、光场光谱的分布对遥感模型估算初级生产力的影响，从而为分析、改进遥感估算初级生产力的模型提供依据。

3.1　海水的温度、盐度及海流

3.1.1　水温

大洋表层水温分布主要取决于太阳辐射的分布和大洋环流两个因子，同时也受结冰或融冰的影响，大洋表层水的温度变化在 $-2 \sim 30℃$ 之间，年平均值为 $17.4℃$。

从表层水温的分布上看，存在明显的纬向地带性，同时受到海流的作用而表现出差异，如在大洋西部向极地弯曲，大洋东部向赤道方向弯曲以及在寒、暖流交汇区等温线特别密集等。表层水温的日变化很小，变幅一般不超过 $0.3℃$，影响的主要因子是太阳辐射、内波以及近岸海域的潮流等。由于温度的日变化很小，其对初级生产量的影响也很小，许多调查数据反映了初级生产量在航次内与温度的无关性或相关很小。表层水温的年变化主要受制于太阳辐射年变化，同时也受海流、盛行风系的年变化和结冰或融冰等因素的影响。水温年变幅通常在赤道海域以及极地海域比较小，而在副热带海域变化幅度最大，这主要与太阳辐射与洋流的年际变化相关。温度年变化幅度可能决定模式中温度对初级生产量影响的大小，对年变化幅度很小的海域，由于浮游植物的长期适应性会形成其特有的生理特点，所以在低温时可能表现出较高的生产效率等，这需要在估算模型中注意。

在水温的垂直分布上，通常是随深度的增加而不均匀地递减，在不太厚的水层内水温迅速地递减，这样的层次称之为温跃层。温跃层有永久性的和季节性的之分。主温跃层通常较深，由于真光层深度很浅（通常小于 183 m），对季节性跃层我们更为关注。跃层的存在对海水的上下层能量与物质的交换有着阻碍的作用，它的形成使海水层化而稳定，一方面使浮游植物有一个相对稳定的环境会促使其生产，另一方面又阻碍营养盐的及时补充而限制了浮游植物的生长。跃层的存在与浮游植物的 DCM（Deep Chlorophyll Maximum）存在也有关系。在跃层的上层由于受动力及热力等因素的作用，会引起强烈的湍流混合而形成一个温度垂直梯度很小的、几近均匀的水层，这层称为上混合层（Upper Mixed Layer），其深度随海域与季节的不同而不同，春季、夏季水体混合趋于减弱，混合层较浅，分层较明显。在春季，由于营养盐较丰富，同时水体较稳定有利于提高其初级生产量；随着营养盐的减少，混合继续减弱夏季初级生产量，相对于春季常常有所下降。而秋冬季混合层较深，所以在秋冬季常可以认为水体是均匀的水层，秋冬季由于混合层较深也是其低产量的一个原因。

根据各种海洋生物对温度变化的耐受限度，可分为广温性、窄温性或暖水性、温水性、冷水性等不同的生态群落，它们都被水温局限在不同的海域内，充分反映了温度对海洋生物时空分布的无形阻隔，也形成了相应的生态特点。

3.1.2　盐度

根据海洋生物对盐度的适应，可以把海洋生物分为窄盐种（高盐种，主要分布在外海、近海潟湖）和广盐种（主要分布在近岸浅海、海湾及近河口等盐度变幅较大的海域内）两大类。盐度对海洋生物的主要作用在于影响渗透压，同时还提供生命所需的溶解盐。

海水中由 N、P、Si 等元素组成的某些盐类是海洋植物生长必需的营养盐，通常称为植物营养盐。此外海水中痕量 Fe、Mn、Cu、Zn、Mo、Co、B 等元素也与生命过程密切相关，称为痕量营养元素。

N 在海洋中有溶解氮、无机氮化合物、有机氮化合物等多种存在的形式，能被浮游植物直接利用的是溶解无机氮化合物，包括硝酸盐、亚硝酸盐和铵盐。在第 1 章介绍了新生与再生产量的概念，其相对量和氮的存在形态有关，因为新生产量和硝酸盐形态提供的氮量相对应；再生产量和铵盐形态提供的氮量相对应。据研究，无机氮化合物被同化为植物细胞中的氨基酸，要经历以下生物化学过程：

NO_3^-（海水）→（透性酶）NO_3^-（细胞内）→（硝酸还原酶）NO_2^- →（亚硝酸还原酶）NH_4^+ →（谷氨酸脱氢酶）氨基酸（冯士筰等，2000）。

NH_4^+ 无需改变氮的价态便可以在酶的作用下合成氨基酸，因此通常认为植物首先是吸收 NH_4^+，当海水中的 NH_4^+ 含量很小时才会大量吸收 NO_3^-。

海洋中的磷有无机和有机两种主要的存在形式，无机磷酸盐又有溶解态（Dissolved Inorganic Phosphorus，DIP）和颗粒态（Particle Inorganic Phosphorus，PIP）之分。约87%的 DIP 以 HPO_4^{2-} 形式存在，其次为 PO_4^{2-}（12%），H_3PO_4 和 $H_2PO_4^-$ 所占比例很低。同时 PO_4^{2-} 聚合成的多磷酸盐（Polyphosphate）也占总磷含量的一小部分。PIP 主要以磷酸盐矿物存在于海水悬浮物和海洋沉积物中。海洋中有机磷化物也有颗粒与溶解态之分，前者主要存于生物细胞原生质中（如 ATP、DNA、RNA 等）。

除生物所需的大量营养物质外，生物还需要微量营养物质，艾斯特对 10 种微量营养物质按其功能将其分为 3 类：①光合作用所需的 Mn、Fe、Cl、Zn、V；②氮代谢所需要的 Mn、B、Co、Fe；③其他代谢功能所需要的 Mn、B、Co、Cu、Si。

营养盐的分布受人类活动、生物活动、大陆径流、水文状况、沉积作用等因素的影响而产生水平分布和季节分布的变化。这些营养元素的作用是相对的，作为生态系统的综合环境，其中的某一成分的缺少都可能会影响生物的正常生长。

3.1.3　水团

对于温盐相对均匀一致的水体常常被看作为水团。水团是指源地和形成机制相近，具有相对均匀的物理、化学和生物特征及大体一致的变化趋势而与周围海水存在明显差异的宏大水体。由于水团有其相对均匀的物理、化学和生物特征的特点，从对海洋环境分区来看，其应是基本的单元。研究海洋生态过程，我们认为也应从这基本的单元开始，以建立生物－光学区域。不同性质的水团在水平方向的边界称为海洋锋，当然这是海洋锋狭义的说法，广义上其是水文变量的梯度达到极大值的地方。它包括水温锋、密度锋、盐度锋等，它是水团之间的一个过渡区域。海洋锋区因有不同水体所带来的营养盐，常有浮游植物大量繁殖，从而成了具有较高生产力的区域，为"海洋中的绿洲"。而这个区域由于其剖面结构复杂，往往是初级生产量估算模型发散较大的地方，因此如何对锋区判断并对这一区域进行相应处理是遥感估算中所需要的。

3.1.4　海流

水团内由于分子运动、湍流混合、对流混合而进行物质与能量的交换，但海流对海洋的物质与能量的交换、循环起着更为重要的作用。海流是指海水大规模相对稳定的流动。海流成因通常为两种：一种是风力驱动，形成风生海流；另一种是由于海水的温盐变化而引起密度的变化从而形成了密度流。通常在大洋的上层主要表现为风生环流，因而风速风向的变化对环流形势影响很大，进而会对海洋环境产生各种影响。在初级生产量的估算中应该注意这些环境特征，例如我国海域环境受东亚季风影响很强烈，冬季东北季风增强海水的混合、减少透明度、增加温度下降幅度；夏季盛行偏南风，对浙江沿岸的上升流起到加强作用等。

由于海洋是有界的，风场也是非均匀、非稳定的，风海流的体积输送必然引起在某些海域或岸边发生辐散或辐聚，从而形成了上升流或下降流。同时在大洋上空气旋与反气旋也能引起海水的上升或下降。上升流对生物的生产量的提高有特殊的意义。由于海洋环流，水团之间会进行能量与物质的交换，引起水团的变性，在水团之间会形成一些特定的结构（锋面等），它会影响温盐和生物的分布，进而影响初级生产量，如在东海海区常常会有双锋型叶绿素浓度剖面存在。在锋区初级生产量提高，而在估算中，这些区域常常有较大的偏差。

海洋中还存在各种扰动，这些随机过程如锋面涡，会引起初级生产过程变化的随机性，也会在一定程度上引起估算模型的发散。

由此可见应用遥感的方法对海洋初级生产力的研究，应结合海洋动力、生物、化学过程，从而更深刻地把握生态系统中的初级生产过程。

3.2　光在水中的传播

在这一节，将介绍在遥感估算初级生产力时需要用到的水光学中的几个参量及其变化规律，其中包括固有光学属性（IOP）吸收和散射系数，表观光学属性（AOP）透明度、垂直衰减系数、平均余弦、辐照度比、遥感反射比等。

3.2.1　海水的组成

对于海水中的物质，可以分为溶解物质和颗粒物质（大于 $0.45~\mu m$）两大类。颗粒物质又包括有机颗粒物质和无机颗粒物质。不同的水体，海水的组成是不一样的。一类水体中主要是纯海水、浮游植物及其相关产物（如黄色物质、碎屑等）所组成，其光学性质也主要由浮游生物所决定，对于一类水体光谱模型已基本成熟。对于二类水体，其成分相当复杂：有陆源的（黄色物质、矿物碎屑），人为排放的，海源的（浮游生物及其相关物质、再悬浮泥沙等）等多种物质源，其光学特性也相当复杂，其光谱模型还不成熟。

3.2.2 光的吸收：吸收系数 a（λ）

据 Preisenderfer（1961）研究结果，海水的固有光学性质是水体中存在不同的吸收体和散射体的单个系数的线性总和，所以有：

$$a(\lambda) = a_w(\lambda) + a_y(\lambda) + a_s(\lambda) + a_{ph}(\lambda) + a_{det}(\lambda) \tag{3.1}$$

式中，a_w 表示水体的吸收；a_y 表示黄色物质的吸收；a_s 为悬浮泥沙的吸收；a_{ph} 为浮游植物的吸收；a_{det} 为连带碎屑的吸收。通常把 a_s 与 a_{det} 的吸收称为无生命颗粒的吸收（tripton）。ph、det 及 s 称为颗粒吸收。

（1）水体（纯水或纯海水）吸收

溶解盐分对纯水的散射有较大的影响，能提高散射 30% 左右，但在可见光波段对吸收的影响较少，水体吸收 a_w（λ）在 PAR 波段（400～700 nm）范围内，在短波波段（蓝绿波段）吸收很弱，在 550 nm 以上其吸收随波长的增加而增加，在红光区其吸收变得相当重要，水体的吸收系数通常认为是已知的（Mobley，1994）。

（2）黄色物质（gilvin）的吸收

黄色物质的来源有陆源的（陆地植物降解产物等），也有海源的（浮游植物等的降解或分泌物等）。黄色物质在短波波段吸收很强烈（如蓝光和紫外），常呈黄或棕色。在近岸由于受径流的影响，黄色物质相当多，会造成蓝光波段的强烈吸收，而在大洋中由于其数量较少，相对于其他成分，黄色物质的吸收较少。黄色物质的吸收光谱曲线大致相同，呈指数形式向短波波段递增，由于 440 nm 近似对应浮游植物光合作用活动光谱的蓝光波段的吸收峰的中点，常采用 a_y（440）来表示其浓度（单位是按 440 nm 处光束的衰减量来决定），所以有：

$$a(\lambda) = a(\lambda_0) \times \exp[-s \times (\lambda - \lambda_0)] \quad 350 < \lambda < 700 \tag{3.2}$$

其中，$\lambda_0 = 440$，s 有一个较大的变化范围（0.01～0.027），常采用 $s = 0.014$。而在一类水体中，黄色物质的来源主要和浮游植物降解物及分泌物有关，因而黄色物质引起的吸收和叶绿素浓度相关，所以在一类水体中的吸收系数常表示如下：

$$a(\lambda) = [a_w(\lambda) + 0.06a'_c(\lambda) \times C^{0.65}] \times \{1 + 0.2\exp[-0.014(\lambda - 440)]\} \tag{3.3}$$

即在一定的波长上有一固定比例（20%）的吸收是由黄色物质引起的。但这也存有问题，如，Bricaud（1981）指出：即使在受径流的影响较少的大洋中，黄色物质浓度也不与叶绿素浓度相关。

（3）有机碎屑（detritus）的吸收

有机碎屑的吸收和黄色物质的吸收曲线相似，可表示为：

$$a_{det}(\lambda) = a_{det}(400) \times \exp[-s \times (\lambda - 400)] \tag{3.4}$$

式中，s 的变化范围在 0.006～0.014，常取 0.011。

因为碎屑和黄色物质的吸收特征极为相似，常被归为一类考虑。

（4）悬浮泥沙（Sediment）的吸收

通常在悬浮泥沙浓度较低时，其吸收较少而对散射增加较强。由于悬浮泥沙的矿物组成不同，其光谱吸收也有很大的差别，但吸收光谱曲线的形状也和黄色物质的相似，如 D. G. Brower 的计算方程，其中 $[mss]$ 为悬浮泥沙的浓度：

$$a_s = [mss] \times \{0.0205 + 0.038\exp[-0.0055(\lambda - 440)]\} \tag{3.5}$$

（5）浮游生物（phytoplankton）的吸收

浮游生物的吸收受到其总色素浓度和各种色素的相对含量（叶绿素、类胡萝卜素和藻胆素类），以及浮游植物所处的环境（光强、营养状况、光质）、生理状态、形状大小的影响，通常采用的计算公式为：

$$a_{ph}(\lambda) = a'_c \times 0.06 \times c^{0.65} \tag{3.6}$$

其中：

$$a'_c = a_c^*(\lambda)/a_c^*(440) \tag{3.7}$$

a'_c 常认为是常数，所以根据 $a_c^*(440)$ 的值便可以确定 $a_c^*(\lambda)$，$a_c^*(\lambda)$ 也可以通过式（3.8）计算，浮游植物的吸收系数受以下几个因素的影响：

$$a_c^*(\lambda) = A(\lambda)C^{B(\lambda)} \quad (\text{Bricaud, 1995}) \tag{3.8}$$

①由于光强和光质的不同，植物会产生相应的光适应，会改变其原有的色素构成。对于多种色素的影响可采用波谱重建：

$$a(\lambda) = \sum_{i=0}^{n} a_i^*(\lambda) \times C_i(z) \tag{3.9}$$

②由形状和大小形成的影响主要是合子效应（packaging effect），其表现为随叶绿素浓度的增加和细胞的增大，单位吸收系数减小。Duysens 是第一个对这种现象从理论和实验中进行研究的人（Kirk，1994）。对其解析如下：

对于一个细胞体，其吸收可表示为：

$$a_{sus} = \sum_{j=1}^{N} s_j \times A_j = N \times \bar{s}_j \times \bar{A}_j \tag{3.10}$$

其中，s_j 是断面面积；A_j 是吸收比（≤1）；N 是单位体积内的颗粒个数。

如果颗粒的平均体积为 $\bar{v}$（m³），色素浓度为 c（mg/m³），单位色素的吸收系数为 γ，则有均匀分布的色素吸收系数为：

$$a_{sol} = N \times c \times \bar{V} \times \gamma \tag{3.11}$$

定义合子效应（packaging effect）程度系数：

$$Q_a^*(\lambda) = \frac{a_{sus}^*(\lambda)}{a_{sol}^*(\lambda)} = \frac{3}{2}\left(\frac{A}{\gamma \times c \times d}\right) \tag{3.12}$$

其值从 1 到 0 表明合子效应（packaging effect）从无到强。

如果假定 $\bar{s}$ 以及 $\bar{V}$ 是常数，而 c 和 γ 可以通过提高色素浓度或具有更高吸收系数波长来提高 c 及 γ 从而增加 a_{sol} 的值，但是 A 的增加是有限度的，因为 A 不可能大于 1 $[A = (\varphi_a/\varphi_0)]$。从而 a_{sus} 和 a_{sol} 的值不能按比例地增加，使得 $a_{sus} < a_{sol}$，产生合子效应。如果单个颗粒吸收较弱（个体小或浓度低），A 比较小，A 还有增加的余地，因而其影响相对较小，如果 A 较大则其影响就较大。常用以下公式来分析该效应。假定球状细胞情形：

$$A = 1 - 2[1 - (1 + \gamma \times c \times d) \times \exp(-\gamma \times C \times d)]/(\gamma \times c \times d)^2 \tag{3.13}$$

由上述可知合子效应取决于细胞形状和大小、生理状态及色素组成等。

③光质的不同，会造成吸收系数的增加或减少。

$$\overline{a_p}(z) = \int_{400}^{700} a_p(\lambda)E_0(\lambda,z)\mathrm{d}\lambda \bigg/ \int_{400}^{700} E_0(\lambda,z)\mathrm{d}\lambda \tag{3.14}$$

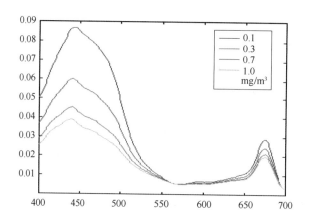

图 3.1　叶绿素 a 单位吸收系数 $[m^{-1}/(mg/m^3)]$ 的
波谱（nm）分布随叶绿素浓度（mg/m^3）的变化

3.2.3　光的散射：散射系数 $b(\lambda)$

$$b = b_w + b_s + b_c \tag{3.15}$$

对于遥感而言，后向散射更为重要：

$$b_b(\lambda) = b_{bw}(\lambda) + b_{bc}(\lambda) + b_{bs}(\lambda) \tag{3.16}$$

其中：

$$b_{bi}(\lambda) = \overline{b_{bi}} \times b_i \tag{3.17}$$

式中，$\overline{b_{bi}}$ 是后向散射比例。

散射通常有两类：一类是由密度波动引起的散射，受压强、温度、盐度的影响；另一类是由粒子引起的散射，受其形状、大小及性质的影响。前者在对大角度散射特别是后向散射有比较大的影响，但其在总散射中所占的比重较小，和波长呈较强的负相关。后者对波长不太敏感，但其前向散射特别明显（主要和衍射有关，大角度散射主要和反射及折射相关）。

（1）纯海水的散射

海水的散射是密度波动引起的，由于海水中存在多种离子，会引起更大的折射指数，从而使散射更强。海水散射随波长的增加而强烈减少，有如下关系：

$$b_w(\lambda) = 16.06(\lambda_0/\lambda)^{4.32} \times \beta_w(90; \lambda_0) \tag{3.18}$$

据 Haltrin & Kattawar（1991）有：

$$b_w(\lambda) = 5.826 \times 10^{-3}(400/\lambda)^{4.32} \tag{3.19}$$

海水散射的角度分布比较均匀，关于 90° 对称。由于颗粒粒子的存在能强烈影响水体的散射，海水散射所占的比重很少，但在后向散射中，海水的散射还是比较重要的，特别是比较清的水区，$\overline{b_{bw}} = 0.5$。

（2）颗粒散射

其包括浮游植物和悬浮泥沙等颗粒散射。这些散射受到其浓度、折射指数以及体积大小及分布的影响。颗粒散射的体散射函数是基于 Petzold（1972）对 California 海区三种不同水体的测量。由于这些曲线有相似的形状，所以在此基础上定义了一个典型的颗粒散射相函数（Mobley，1993）。其相关的近似曲线有：

HG 模型：

$$\overline{\beta(g,\psi)} = (1 - g^2)/((1 + g^2 - 2g \times \cos\theta)^{3/2}4\pi) \qquad (\text{Henyey Greenstein，1941})$$
$$(3.20)$$

TTHG 模型：

$$\overline{\beta_{TTHG}(\alpha,g1,g2,\psi)} = \alpha \times \overline{\beta_{HG}(g1,\psi)} + (1 - \alpha) \times \overline{\beta_{HG}(g2,\psi)} \qquad (3.21)$$

此外还有 Brardsley 和 Zaneveld（1969）的模型：

$$\overline{\beta_{BZ}(\lambda)} = 1/((1 - \varepsilon_f\cos\psi)^4 \times ((1 + \varepsilon_b\cos\psi)^4 \qquad (3.22)$$

（3）颗粒性质对散射的影响

粒级的大小及其和波长的关系影响散射随波长的分布。如：

$$\beta(\psi,\lambda) = \beta_w(\psi,\lambda) + v_s \times \beta_s^*(\psi) \times (550/\lambda)^{1.7} + v_l \times \beta_l^*(\psi) \times (550/\lambda)^{0.3}$$
$$(\text{Kopelevich，1983}) \quad (3.23)$$

$$b_b(\lambda) = 0.5b_w(\psi,\lambda) + 0.039 \times 1.1513(400/\lambda)^{1.7} \times Ps + 0.00064$$
$$\times 0.3411(400/\lambda)^{0.3} \times Pl \qquad (3.24)$$

上式是 Haltrin 和 Kattawar（1991）的结果，其表明粒级越小，波长影响越强，在短波分布越多，相反则影响较少（上述内容引自 Mobley，1994）。

在角度分布上，粒级越小角度分布则越均匀。折射指数越大，越有利于大角度的散射。由于衍射占 b 的主要部分，所以颗粒的组成对 b 的影响较小，但是对折射等，物质的性质、组成是重要的影响因素。

（4）浮游植物的散射

$$b_c(550) = 0.12c^{0.65} \qquad (3.25)$$
$$b_c(\lambda) = b_c(550) \times (a_c(550)/a_c(\lambda)) \qquad (3.26)$$

后向散射系数是 0.005。

对于一类水体，散射主要和浮游生物有关（有机碎屑的量和叶绿素浓度相关，其散射和吸收包含在叶绿素浓度相关的关系式中），其散射系数可表示为：

$$b(\lambda) = (550/\lambda) \times 0.30 \times c^{0.62} \qquad (3.27)$$

后向散射可表示为：

$$b_b(\lambda) = 0.5b_w(\lambda) + \{0.002 + 0.02[0.5 - 0.25\lg(C)](550/\lambda)\} \qquad (3.28)$$
$$\times [0.30C^{0.62} - b_w(550)]$$

但仅有叶绿素浓度不足以形成参数化散射：因为一方面散射不仅仅与叶绿素浓度有关，而且和折射指数、颗粒大小等因素有关；另一方面叶绿素浓度还受其他因素的影响，不一定与散射同步。

（5）无机颗粒的散射

$$b_x(\lambda1)/b_x(\lambda2) = (\lambda1/\lambda2)^{-n} \qquad (3.29)$$

n 的值随水体的不同而在 0～2 之间变化。如：

对于近岸二类水体，$n=0$，后向散射系数在 0.01～0.033 之间变化；

对于高叶绿素浓度的一类水体，$n=1$ 或 2，后向散射系数小于 0.005；

对于贫瘠一类水体，$n=2$，后向散射系数在 0.01～0.025 之间变化。

另据 D G Brower（1998）：

$$b_x = [mss] \times [0.28 - 0.000167(\lambda - 400)] \tag{3.30}$$

由于后向散射系数为 0.019，所以：

$$b_{bp}(\lambda) = 0.019[mss] \times [0.28 - 0.000167(\lambda - 400)] \tag{3.31}$$

3.2.4 赛克盘深度

在海洋调查中，经常采用赛克盘深度（Secchi depth）来推算垂直衰减系数、真光层深度等。如：

$$K_d = 1.7/SD \tag{3.32}$$

对于真光层深度可为：

$$Z_{eu} = 4.6/K_d$$

Tyler（Kirk，1994）认为 SD 不仅仅与 K_d 相关，而是与 $(c + K_d)$ 倒数相关：$(c + K_d) = 8.69/SD$（其系数还有 9.42、9.0 等）。

由于 K_d 或 c 变化可能是由于其中某个成分的变化引起，c 和 K_d 共同随之变化，从而使得 SD 与 K_d 存在倒数关系，如果仅增加散射而使 c 大于 K_d 的变化，则采用这种关系不一定正确。

3.2.5 垂直漫衰减系数（K_d）、光深（ξ）、衰减长度（τ）

K_d 定义为：

$$K_d = -dEd/(Ed \times dz) \tag{3.33}$$

深度平均为：

$$\overline{K_d(z,\lambda)} = \frac{1}{z}\int_0^z K_d(z,\lambda)\,d\lambda \tag{3.34}$$

平均 PAR 漫衰减系数：

$$K_d(PAR,Z) = \int_{400}^{700} K_d(Z,\lambda) \times E_0(Z,\lambda)\,d\lambda / \int_{400}^{700} E_0(Z,\lambda)\,d\lambda \tag{3.35}$$

K_d 受太阳高度角、散射相函数以及吸收、散射系数的影响。如 Kirk（1994）：

$$G(u_0) = g_1 \times u_0 - g_2 \tag{3.36}$$

G 表示散射对垂直衰减的相对贡献，贡献越小，则 G 越小。

$$K_d = 1/u_0 \times [a^2 + G(u_0) \times a \times b]^{1/2} \text{（用于较浊水体）} \tag{3.37}$$

$$u_0 = (Esky \times u_{sky} + u_{sun} \times Esun)/Etot \tag{3.38}$$

其中，$g1$，$g2$ 依赖于散射相函数。若采用 San Diego phase function 对于 PAR 波段上的平均 Kd，则有 $g1 = 0.425$；$g2 = 0.19$。

Gordon（1989）给出一个比较简单的关系式：

$$K_d = (a(\lambda) + b_b(\lambda))/(\cos(\theta_{sw})) \text{（用于较清的水区）} \tag{3.39}$$

Gordon 采用：

$$D_0 = f/\cos(\theta_{0w}) + 1.197(1 - f) \tag{3.40}$$

对 K_d 归一化，从而消除大气、海况的大部分影响，使 K_d 成为固有光学性质，其中 f 为直射光在总辐照度中所占的比例。

对于一类水体，Morel（1988）给出一个生物光模式：

$$K_d(\lambda) = K_d w(\lambda) + A(\lambda) C^{B(\lambda)} \tag{3.41}$$

$$\overline{K_{PAR}}(0;Zeu) = 0.121 C^{0.428} \tag{3.42}$$

在上层由于容易被吸收的光被吸收了，而下层是相对较难吸收的光，这样会造成 K_d 随深度增加而减小。

同时还有一个相反过程：随着深度的增加，向下辐照度是越来越漫射，相应地会增加其垂直漫衰减系数，从而对上述过程是个补偿，使得 K_d 在垂直上比较少变，或可分为上下两段，上段 K_d 通常小些，下段大些。

当然由于吸收和散射性质的影响，K_d 随深度的变化是随具体情况而定。总之，若不考虑 Remen 散射，K_d 可由如下关系表示：

$$K_d(Z) = a_d(z) + b_{bd}(z) - b_{bu}(z) \times R(z) \tag{3.43}$$

其中，$a_d(z)$ 为吸收引起的衰减；$b_{bd}(z)$ 是由后向散射引起的衰减；$b_{bu}(z) \times R(z)$ 是后向散射的再次后向散射引起的光的增量。

光深可表示为：

$$\xi = k_d \times Z \tag{3.44}$$

衰减长度可表示为：

$$\tau = c \times r \tag{3.45}$$

其中，$c = a + b$；r 为长度。

3.2.6 描述光场分布的几个简单的参量 $(\overline{u_d}, \overline{u_u}, \overline{u}, R, Rrs)$

（1）平均余弦

平均余弦是用来描述光场分布的一个简单参量。向下平均余弦定义为：

$$\overline{u_d} = Ed/E_{0d} = \int_{2\pi} L(\theta,\varphi)\cos(\theta)\,d\omega \Big/ \int_{2\pi} L(\theta,\varphi)\,d\omega \tag{3.46}$$

$\overline{u_u}$，$\overline{u}$ 等的定义是类似的。其值受太阳高度角、散射相函数、吸收和散射性质的影响。随着深度的增加其值渐近某个值：

$$\overline{u_\infty} = a/k \tag{3.47}$$

$$K/c = [\rho \times (1-w)]^{0.5w} \text{ 或 } K/a = (1+r)\{\rho \times [1/(1+r)]\}^{0.5r/(1+r)} \tag{3.48}$$

式中，$w = b/(b+a)$，$r = b/a$；ρ 的值取决于角度散射函数。

其随深度的变化（$\overline{u_d}$，$\overline{u}$ 通常随深度增加而减少，但是受光场角度分布、漫射、直射成分以及海况等影响而改变）以及和吸收、散射系数、散射函数之间的关系的具体讨论参见 Bannister（1992）、Kirk（1994）、Berwald（1998）等研究者的文献。

（2）照度反射比

$$R = E_u/E_d \tag{3.49}$$

对大多数水体通常都有：

$$R = f\frac{b_b}{b_b + a} \tag{3.50}$$

f 受太阳高度、漫射、直射成分的影响，随 $u_0 = \cos\theta$ 的减少而增大，如：

$$f(u_0) = M \times (1 - u_0) + f(1.0) \tag{3.51}$$

其中，M 是受散射相函数所影响的参数（Kirk，1994）。

但是它随波段变化不大，且变化趋势也比较平缓，通常 $f \approx 0.33$。

Eyvind Aas（1987）通过对双流方程：

$$\frac{dE_d}{dz} = -c_d \times E_d + b_u \times E_u \tag{3.52}$$

$$-\frac{dE_u}{dz} = -c_u \times E_u + b_d \times E_d \tag{3.53}$$

及边界条件：

$$E_d(z) = E_d(0) \times \exp(-K_d \times Z) \tag{3.54}$$

推导出一般式：

$$k = \left[\left(\frac{c_d + c_u}{2}\right)^2 - b_d \times b_u \right]^{1/2} - \frac{c_d - c_u}{2} \tag{3.55}$$

$$R = \frac{c_d - k}{b_u} = \frac{c_u + c_d}{2b_u} - \left[\left(\frac{c_u + c_d}{2b_u}\right)^2 - \frac{b_d}{b_u} \right]^{1/2} \tag{3.56}$$

并讨论了在 $\frac{b_b}{a} \ll 1$ 且 $r_d \approx 1$ 时的情况和上述表达式一致。但对于其他情况该一般式还需要讨论。

（3）遥感反射比

在实际的应用中，由于 L_w 较 E_u 容易获得，遥感反射比的应用也日益多起来。其定义为：

$$Rrs = Lw/Ed \ (0^+)$$

由于：

$$L_w = \frac{t}{n^2} \times L_u(0^-) \tag{3.57}$$

$$E_u(0^-) = L_u(0^-) \times Q \ \text{和} \ E_d(0^-) = (1 - \rho) \times E_d(0^+) \tag{3.58}$$

$\frac{t(1 - \rho)}{n^2}$ 常为 0.544，t 为水次表面向水面的辐射透过率，ρ 为水面反射率，所以有：

$$R_{rs} = \frac{(1 - \rho) \times t \times R}{n^2 \times Q} \tag{3.59}$$

$$Rrs = L_{wn}/\bar{F} \tag{3.60}$$

L_{wn} 是归一化离水辐射率，是 L2 产品。$\bar{F}$ 是太阳平均距离常量。

3.3 水下光场和叶绿素剖面对初级产量估算的影响

本节在上一节概念介绍的基础上，主要讨论光场环境和生物量分布可能造成对初级生产力估算的影响。

在遥感估算初级生产力中，我们经常会以向下辐照度（E_d）作为能量的输入，并常常会忽略光场角度、光场光谱分布的影响，在某一假定的叶绿素浓度剖面分布的条件下进行初级生产量的计算。而忽略上述因素的影响又往往会产生较大的偏差，为对上述各因素的影响有所了解，我们进行了下述模拟分析。

3.3.1 所选择的模式

初级生产力的计算模式往往是基于 P vs E 曲线，模式通常有两类，一种是不带光抑制的模式（Platt，1988），另一种是带光抑制的模式（Morel，1991）。在此主要采用如下计算方法：

$$P = 12\varphi m \times a_{\max}^* \times chla \times kpur \times [1 - \exp(PUR/kpur)] \exp[-\beta \times PUR/(kpur)]$$

$$\text{(3.61)}$$

$$PUR = \int a_c^*(\lambda) \times PAR(\lambda)/a_{\max}^* \mathrm{d}\lambda \qquad \text{（Morel，1991）} \qquad \text{(3.62)}$$

a_c^* 采用 Prieur 和 Sathyendranath 的结果。$\varphi m = 0.06$（mol C/Ein）；$\beta = 0.01$；$a_{\max}^* = 45\mathrm{m}^2/$（gChl）；$\rho(z) = \dfrac{Chla}{Chla + Phoea}$，由于只有叶绿素浓度数据，所以认为 $\rho(z) = 1.0$；$PUR_{1/2} = 40 \times 10^{-6}\mathrm{Ein}/$（$\mathrm{m}^2$ s）（20℃）；$\mathrm{x}_{1/2} = 1.552$，$kpur = PUR_{1/2}/\mathrm{x}_{1/2}$。假定水面粗糙对光直漫射成分无影响，温度为上下相同，这可能会提高下层浮游植物的生产效率。

3.3.2 辐照度的计算

由于遥感所得的辐照度忽略了光谱信息，因此我们采用 Watson W Gregg 等（1990）的计算模式以获得相应的直射和漫射辐照度的量及光谱分布信息。相应的参数为：$AM = 1$；$Vis = 23$ km；$Wv = 2$ cm；$p = 1013.25$；$RH = 80\%$；$O_3 = 350\mathrm{DU}$；风速为 4 m/s；天空光的反射率取 5.5%。

对云的修正忽略其对光谱分布的影响，仅对其量进行如下计算：

$$R = \frac{(1 - \sum_i A_{ci} \times F_i) \times [1 - \overline{m} - A_a \times (1 - F)]}{[1 - \overline{m} - A_a]} \qquad \text{（Paltrydge and Platt，1976）}$$

$$\text{(3.63)}$$

其中，A_{ci} 是在 i 层的云反照率；F_i 是该层云覆盖百分数；$\overline{m}$ 是水气吸收；A_a 是晴空的大气反照率；其中，A_{ci} 和云的类型有关取值范围在 0.35~0.60，由于缺少云类型信息，常取值为 0.5；$\overline{m}$ 取值为 0.18；$A_a = 0.28/(1 + 6.43\cos\theta)$；$F = \sum F_i$ 是总云量覆盖百分数。

$$R_d = (1 - F) \qquad \text{(3.64)}$$

$$E_s = E_{tot}^{clear} \times R - E_d^{clear} \times R_d \qquad \text{(3.65)}$$

$$R_s = E_s/E_d^{clear} \qquad \text{(3.66)}$$

对 $E_d^{clear}(\lambda)$ 及 $E_s^{clear}(\lambda)$ 分别采用 R_d 和 R_s 相乘进行调整，以修正云的影响（主要是对辐射总量以及漫射、直射成分比例的影响）。

由于浮游植物对光的吸收无方向性，因此光合作用有效辐射（PAR）不应是 E_d，而应是标量辐射（E_0），在常用的模式中往往忽略了这一因素而直接用入射太阳辐照度 E_d。其中 E_0/E_d 是 $u_0(\cos\theta_{sw})$、水体吸收系数（a）、水体的散射系数（b）以及散射相函数 $\beta(\theta)$ 的函数。Kirk（1994）的模拟结果表明，在较清的海水中，平均 b/a 较小时，E_0/E_d 的值大约为 1.2；当 b/a 为 4~10 时，E_0/E_d 的值为 1.4~1.8；当 b/a 为 20~30 时，E_0/E_d 的值为 2.0~2.5。

另据 Bannister（1992）有：

$$E_0(0) = E_i\exp(F) \qquad \text{(3.67)}$$

其中，F 随天顶角及 b/a 值的增大而增大；当天顶角接近 90°，b/a 接近 20 时，F 接近于 1 即

$E_0/E_d = \mathrm{e}$，因此当用 E_d 代替 E_0 时会低估 PAR 的量，从而影响初级生产力的估算。

Bannister 等（1990，1992）通过 Monte Carlo 方法，对垂向均匀水体采用两种散射相函数进行了模拟，给出了一个计算标量辐照度的方法：

$$E_0(0) = E_i \exp(F)$$

$$E_0(z) = E_0(0) \times [u(0)/(u(z)] \times \exp\{-\int_0^z [a(z)/u(z)]\mathrm{d}z\} \tag{3.68}$$

F，u（0），u（z）通过 Monte Carlo 方法得到。

也可采用公式：

$$a \times E_0 = K_d \times E_d \times (1 - R \times (K_u/K_d) \tag{3.69}$$

进行计算。同时由于 K_u 和 K_d 的差别不大，R 的值又较少，所以可以近似为：$a \times E_0 = K_d \times E_d$，其中 K_d 可由下式获得：

$$K_d(PAR) = (a/u_0) \times [1 + (0.425u_0 - 0.190) \times (b/a)]^{0.5} \qquad (\text{Kirk}, 1994)$$

$$u_0 = [u_{sun} \times E_{sun} + u_{sky} \times E_{sky}]/E_{tot}$$

其中，u_{sun} 为水次表面的太阳天顶角余弦；u_{sky} 取 0.83。

所以可采用以下函数定义标量辐照度与矢量辐照度的差异：

$$g(\lambda, chl, t) = E_o/E_d = K_d/a \tag{3.70}$$

E_o 随深度分布为：

$$E_o(z) = E_0(0)\exp(-K_o z) \tag{3.71}$$

Kirk（1994）经过 Monte Carlo 模拟发现 b/a 在 0.3~30 之间变化，而 K_d/K_o 仅仅在 1.01~1.06 之间变化，因此可以采用 K_d 代替 K_0。在计算中，我们采用 $g(\lambda, chl, t)$ 对 E_d 的值进行修正即 $E_0 = E_d \times g(\lambda, chl, t)$。

$g(\lambda, chl, t)$ 随叶绿素浓度的升高而增加（如图 3.2 和图 3.3），在波段的表现上，500~600 nm 最大，600~700 nm 较小，同时，在太阳天顶角较小时，$g(\lambda, chl, t)$ 值较小。如果采用量子数为单位（Ein/d/m²），$g(\lambda, chl, t)$ 的变化相同。$g(\lambda, chl, t)$ 值随波段的不同而不同，且值在 1.1 以上，如果不加以考虑，对 PAR 的估计将会有较大的影响。

漫衰减系数 $k_d(Z, \lambda)$ 和 $E_t(Z, \lambda)$ 的计算可以通过下述方法进行。

$$k_d(Z, \lambda) = k_w(\lambda) + x(\lambda)\, chl(Z)^{e(\lambda)} \qquad (\text{Morel}, 1988) \tag{3.72}$$

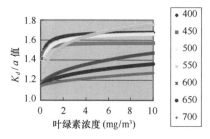

图 3.2　K_d/a 随叶绿素浓度的变化

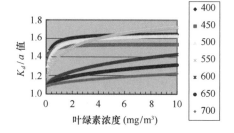

图 3.3　K_d/a 随叶绿素浓度的变化（量子）

由于式（3.72）没有带角度信息，为固有光学性质；我们现采用另一计算方法：

$$k_d(Z, \lambda) = \frac{[a(Z, \lambda) + b_b(Z, \lambda)]}{\cos\theta} \tag{3.73}$$

$$k_s(Z,\lambda) = \frac{[a(Z,\lambda) + b_b(Z,\lambda)]}{\cos\theta_s} \qquad (3.74)$$

首先上式假定光的角度分布随深度不变，这不太合实际，但在较清洁水体中，其变化是相当小的（据 Sathyendranath，1989，小于 10%），同时由于忽略了多次散射以及不同角度对散射分布的影响，在混浊的水体中，散射强于吸收会导致对 K 的低估，并且这种误差将随着深度的增加而增加，同时受太阳天顶角的影响，天顶角的增大误差也会增大。对于一类水体，b/a 的值随叶绿素浓度的增高而增大，但是在叶绿素浓度小于或等于 10 mg/m^3 时，除了在 $500 \sim 600$ nm 波段该比率会出现在 $2 \sim 3.5$ 之间变化外，在其他波段，该比率会小于 2，据 Sathyendranath（1989）估计在天顶角为 $90°$，叶绿素浓度为 10.0 mg/m^3，在 440 nm 时 K 的误差为 3.8%，在 550 nm 时为 9.3%。据 Sathyendranath（1988）的模拟，在叶绿素浓度为 10.0 mg/m^3 时，在 $Z_m = 0.5 Z_{eu}$ 深度在绿光波段对 K 的低估约为 25%，同时又由于 b/a 在 $500 \sim 600$ nm 波段的值虽然较大，但浮游植物在此波段吸收又较少，因此采用这种计算方法，误差不会很大。由于除了进行数值模拟外（如 Monte Carlo 方法），还没有较精确的计算方法，所以向下辐照度采用如下计算：

$$E_t(Z,\lambda) = E_d(Z,\lambda) + E_s(Z,\lambda) \qquad (3.75)$$

$$E_d(Z,\lambda) = E_d(Z - \Delta Z,\lambda)e^{-k_d(z,\lambda)*\Delta Z} \qquad (3.76)$$

$$E_s(Z,\lambda) = E_s(Z - \Delta Z,\lambda)e^{-k_s(z,\lambda)*\Delta Z} \qquad (3.77)$$

3.3.3 光场的角度分布对估算初级生产力的影响

光在水中的传播过程中，由于吸收和散射作用的影响，会使光场的角度分布改变，并且最终趋于一个渐近的辐亮度分布（asymptotic radiance distribution），其渐近平均余弦为：

$$\overline{u_\infty} = a/k$$

$K/c = [\rho \times (1 - w)]^{0.5w}$ （$w = b/(a + b)$，$c = a + b$，ρ 依赖于角度散射函数）

或 $\qquad K/a = (1 + r)\{\rho \times [1/(1 + r)]\}^{0.5r/(1+r)}$ （$r = b/a$）

由于要计算不同层次的光场相当复杂，得到光场的角度分布随深度变化也是相当难的。由于在 b/a 较小时，据理论和实际观察，光场的角度分布随深度变化较小（通常少于 10%），因此假定其随深度不变化较合理，但对 b/a 较大，水体较混浊时，可能就不成立。在此我们仅就角度分布对浮游植物吸收光的影响进行一些简单的讨论。由于在 Δz 的变化中，浮游植物所吸收的能量和其路径有关，为：

$$dI_a = E_0(z,\lambda,\theta) \times a_c^*(\lambda) \times Chla(z) \times \sec\theta dz \qquad (3.78)$$

在 b/a 较小的情况下，$E(z,\lambda,\theta) \times \sec\theta$ 可分为两项：$E(z,\lambda,\theta_d) \times \sec\theta_d$ 和 $E(z,\lambda,\theta_s) \times \sec\theta_s$，其中，$\theta_d$ 为天顶角在水体中的折射角，θ_s 为天空光在水体中的折射角，由于

$$< \cos\theta_s > = \frac{\int L(\theta_s,\varphi_s) \times \cos\theta_s \mathrm{d}\Omega}{\int L(\theta_s,\varphi_s)\mathrm{d}\Omega} \qquad (3.79)$$

因为：

$$L(\theta_s,\varphi_s) = n^2 \times L(\theta'_s,\varphi'_s) \qquad (3.80)$$

θ'_s 是大气中的角度，上式忽略了水面反射的影响，所以有：

$$< \cos\theta_s > = \frac{\int_0^{\pi/2} L(\theta') \times \cos\theta' \mathrm{d}\theta'}{n \int_0^{\pi/2} L(\theta') \times \sin\theta' \times \cos\theta' \times (n^2 - \sin^2\theta')^{-1/2} \mathrm{d}\theta'} \tag{3.81}$$

若假定天空光为等向分布，即 L 独立于角度分布，则有：

$$< \cos\theta_s > = \frac{\int_0^{\pi/2} \cos\theta' \mathrm{d}\theta'}{n \int_0^{\pi/2} \sin\theta' \times \cos\theta' \times (n^2 - \sin^2\theta')^{-1/2} \mathrm{d}\theta'} = 0.83 \tag{3.82}$$

若假定天空光为心形分布，即 $L(\theta') \propto (1 + 2\cos\theta')$，则有：

$$< \cos\theta_s > = \frac{\int_0^{\pi/2} (1 + 2\cos\theta') \times \cos\theta' \mathrm{d}\theta'}{n \int_0^{\pi/2} (1 + 2\cos\theta') \times \sin\theta' \times \cos\theta' \times (n^2 - \sin^2\theta')^{-1/2} \mathrm{d}\theta'} = 0.85$$

$$\tag{3.83}$$

所以我们把式（3.61）写成：

$$p(z,t) = \int_\lambda Chla(z,t) E_s(z,\lambda,t) g(\lambda,chla,t) a^* \sec\theta_s \varphi(z,t) \mathrm{d}\lambda +$$

$$\int_\lambda Chla(z,t) E_d(z,\lambda,t) g(\lambda,chla,t) a^* \sec\theta_d \varphi(z,t) \mathrm{d}\lambda \tag{3.84}$$

令：

$$\varphi(z,t) = 12\varphi_m \times [1 - \exp(PUR/kpur)] \times \exp(-\beta \times PUR/kpur) \times kpur/PUR$$

$$PUR = \int_{400}^{700} PUR(\lambda,z,t) \mathrm{d}\lambda$$

$$PUR(\lambda,z,t) = (E_d(\lambda,z,t) + E_s(\lambda,z,t)) \times g(\lambda,chl,t) \times a^*(\lambda)/a_{max}^*$$

我们采用如下剖面：

$$Chla(z) = \overline{Chla_{eu}}\Big(Chla_b + (Chla\mathrm{max} - Chla_b)\exp\Big(-\Big(\frac{z - z_{\max}}{2\sigma^2}\Big)^2\Big)\Big)$$

参数的计算方法参见第 4 章 4.1 节。

以下是计算结果，在图 3.4、图 3.5 中，A 是指采用式（3.73）、式（3.74）、式（3.78）所计算结果的随时间变化的曲线，B 是采用式（3.73）、式（3.74）和式（3.78）但忽略其角度的

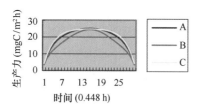

图 3.4　水柱积分初级生产力随时间的变化

A 为考虑角度的影响；B 为不考虑角度的影响；
C 为采用 Morel 模型计算 K_d 不考虑角度的影响

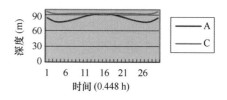

图 3.5　真光层深度随时间的变化

A 为由式（3.73）、式（3.74）所计算的真光层深度；C 为由式（3.72）所计算的真光层深度

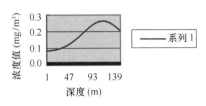

图 3.6　叶绿素浓度剖面

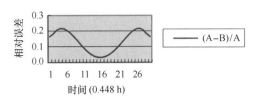

图 3.7　初级产量误差随时间的变化

A，B 见图 3.4

影响［即 $\sec\theta_d$ 和 $\sec\theta_s$ 等于 1.0］所计算结果的曲线变化，C 是采用式（3.72）所计算的结果。从 A、B 的计算结果来看，A 为对有效光的实际吸收，而 B 为对有效光忽略其角度的影响的吸收，其值明显比 A 低，所计算的初级生产力 A 也大于 B。图 3.6 是所采用的叶绿素剖面。图 3.7 是相对误差随时间（A－B）/A 的变化曲线，即近正午时，太阳天顶角小，漫射光也小，相对误差最少，早晨或傍晚该图出现的锋值现象是由于漫射光和太阳高度角的影响相当重要所形成的。A 和 C 的计算结果很接近，由于 C 没有考虑角度的影响，且将 K_d 看成是固有光学性质，这样所计算的 K_d 偏小，真光层深度较大（图 3.5）两者相抵消，所以结果很接近。同时我们可看到，真光层深度 1% PUR（0）是随太阳天顶角变化的，即使 K_d 为固有光学性质，真光层深度 1% PUR（0）也是随太阳天顶角变化的，这是因为太阳天顶角变化不仅改变了光场的角度分布，而且改变了其光谱分布（注：图中的开始时间为 5：30，日长为 13.44 h，以下同）。

　　图 3.8、图 3.9 是在叶绿素剖面为图 3.10 情况下计算的结果。真光层深度是随太阳天顶角变化的，但是和图 3.5 有所不同，即 A 在近正午时大于 C，这主要是由于两叶绿素的分布剖面不同，在近正午时，太阳天顶角较小，漫射光成分相对也减小，而直射光所对应的 K_d 较小，由于漫射光的角度分布被认为是 0.83，所以 K_s 相对较大，同时由式（3.72）所计算的 K_d 又大于式（3.73）所对应的 K_d。因此，太阳天顶角较大或漫射成分相对较大时，由式（3.73）、式（3.74）所计算的真光层深度相对要小，但随着天顶角减小，以及漫射成分在上层的衰减而相对减少，从而使得其计算出的真光层深度相对要大。从图 3.8 来看 A 依然大于 B，但是和图 3.4 不同，A 也大于 C，这除了上面所分析的和真光层深度有关，也和光抑制有关，因为上层易受光抑制的影响，对于 C 上层 PUR 相对 A 和 B 较大，所以初级产量反而低，下层 C 的 PUR 相对 A 和 B 较小，初级产量也低，因而形成如图 3.8 所示的变化。若 K_d 计算中已考虑其角度分布的影响，吸收过程应采用式（3.78）即考虑角度的影响。若 K_d 没有考虑角度的影响，对不同的剖面和光抑制程度，其所形成的误差大小和性质是不同的。

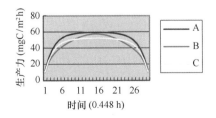

图 3.8　初级生产力随时间的变化

A 为考虑角度的影响；B 为不考虑角度的影响；

C 为采用 Morel 模型计算 K_d 不考虑角度的影响

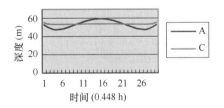

图 3.9　真光层深度随时间的变化

A 为由式（3.73）、式（3.74）所计算的真光层深度；C 为由式（3.72）所计算的真光层深度以上计算采用的 PAR 是标量辐照度，因此角度分布的影响在计算过程中均有所考虑，这里主要是对光的吸收进行些讨论。由于真光层深度、漫衰减系数是随太阳天顶角变化的，是非固有光学属性，且不同光能的深度分配对光抑制模式的计算结果来讲是不同的，因此在计算中应考虑其角度分布的影响，否则会低估初级产量（忽略云、水面粗糙等影响，这种低估可为 23% ~3%，如图 3.11）。对 C 而言，由于 K_d 由式（3.72）与式（3.73）、式（3.74）的计算对叶绿素浓度的响应并不完全同步，其结果不好完全用来区分是否和角度分布的影响有关。我们采用 Gordon. H. R 对 K_d 的归一化形式 $K_d' = K_d/D_0 = 1.0395(a + b_b)$［该式同式（3.73）、式（3.74）有同源性］，使其和光场分布无关。虽然其结果误差小于 ±5%，但这也和上下层生产效率、叶绿素剖面分布以及光能的深度分配有关。图 3.12、图 3.13、图

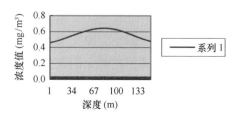

图 3.10 叶绿素浓度剖面

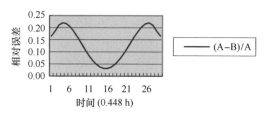

图 3.11 初级生产力误差随时间的变化

A、B 见图 3.8

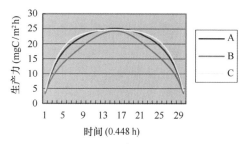
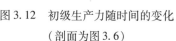

图 3.12 初级生产力随时间的变化

（剖面为图 3.6）

A 为考虑角度的影响；B 为不考虑角度的影响；C 为采用 Gordon 归一化 K_d 计算，不考虑角度的影响

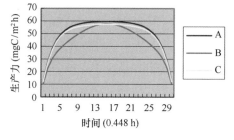

图 3.13 初级生产力随时间的变化

（剖面为图 3.10）

A 为考虑角度的影响；B 为不考虑角度的影响；C 为采用 Gordon 归一化 K_d 计算，不考虑角度的影响

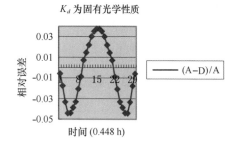

图 3.14 初级生产力误差随时间的变化

A、D 见图 3.12

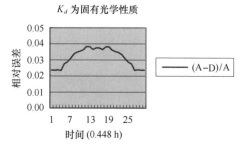

图 3.15 初级生产力误差随时间的变化

A、D 见图 3.13

3.14、图 3.15 分别是以上两个例子的计算结果 [D 是采用 $K_d = 1.0395 (a + b_b)$ 计算的，即将入射光场几何分布的大部分影响去掉了]。这还说明同样把 K_d 看成固有性质（C 和 D），不同的经验计算，所得的结果是不同的。

3.4　生物量剖面分布对初级生产力估算的影响

由于遥感所能获得的数据是海表加权平均量，而不能直接反映其垂直分布情况，对生物量的剖面分布通常假设如下。

（1）以遥感叶绿素浓度或加权后的浓度作为真光层平均浓度，且将此真光层认为是均匀分布的。

（2）采用 Morel（1989）或 Platt（1991）等的方法推导出正态分布的 4 个参量或代入已有的区域参量来确定叶绿素的剖面分布。

Morel 的方法是基于统计分析的结果，有很大的误差，尤其是水动力条件非常复杂的区域，Platt 等（1991）的方法需要对区域水动力、生态分布结构有相当的了解及其关系也应较稳定，它也不能反映现实情况。不同的剖面分布对初级生产力的估算有相当大的影响。在这一小节里，我们以一些假设的数据来看剖面分布对初级生产力的估算可能的影响。

图 3.16 是采用 $b_0 = 0.1$；$\sigma = 5$ m；$Z_{max} = 42.5$ m；$h = 8.0$ 所计算的剖面。图 3.17 是采用纬度 23.5°N，6 月 21 日，无云条件下，对上述叶绿素 a 剖面进行初级产量计算所得的初级产量随深度和时间的变化。

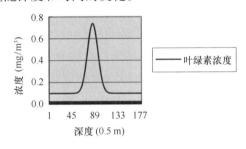

图 3.16　叶绿素浓度的分布剖面

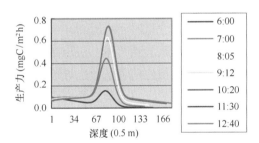

图 3.17　初级生产力随时间的剖面分布

从图 3.17 可以看到，真光层深度是随太阳高度角变大而变深的，在表层由于光抑制作用初级产量变化不大，并稍有减少，但是，随着光照增强，叶绿素浓度的峰值的作用逐渐增强，深层叶绿素的贡献也增大了，这从图 3.17 上看得很明显，这是由于在高光强低浓度的情况下，有相当的光能透射到水体的深层，而此处往往是由于光线而影响了其光合作用，所以在这一条件下能形成生产率的锋区，而在光强较弱时，这一锋区的影响作用有限。高光强低浓度的情况在低纬的贫营养海区会经常遇到，如台湾以东海区，如果没有估计好这一峰值，将会严重低估初级产量，如图 3.18（均匀分布，叶绿素浓度为 0.1 mg/m³）、图 3.19 所示（均匀分布，浓度 0.176 mg/m³；0.176 mg/m³ 是根据 Morel 的方法以表层浓度为 0.1 mg/m³ 时求出的真光层的平均浓度）。上述结果在低纬度区会比高纬度区的误差来得大。这一剖面分布的峰区大小、位置及其宽窄都影响估算的相对误差。

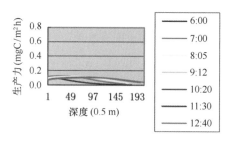

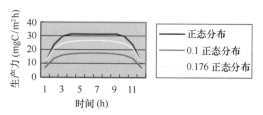

图 3.19　不同叶绿素浓度剖面下对应初级
生产力分布

图 3.18　初级生产力随时间的剖面分布

　　以下几幅图是根据 Platt（1988）对实测叶绿素浓度剖面拟合的曲线和根据 Morel 方法（1989）进行计算得出的剖面曲线，以及其相应的初级产量的计算结果。Cpd 为深度为 Z = Zeu/4.6 的平均浓度，并认为水柱浓度是均匀分布的；Czeum 为根据 Morel 方法计算的真光层的平均浓度，Czeu 是根据 Platt 的剖面计算得出的结果，认为实际的真光层平均浓度。Morel 的剖面拟合方法主要是根据表层叶绿素浓度的高低来进行的，浓度越低水体越贫营养，水体的分层现象强，DCM 幅度越大且深，而浓度高水体营养足，DCM 没有或振幅小且深度浅，这具有一定的合理性，但是表层叶绿素浓度受多种因素的影响尤其是水动力条件非常复杂的区域。表层叶绿素浓度难以真正反映其营养状态及水体的结构，下层所受的扰动不一定能反映到表层。如何将遥感数据同化到物理海洋过程、生物过程中，以获得叶绿素剖面分布，是今后需要努力的方向。

　　从计算的初级产量来看，采用假定表层浓度均匀分布（Cpd），会高估或低估初级产量：在表层叶绿素浓度低时，采用 Cpd 会低估初级产量，并随着光强的增强低估会更严重，因此在低纬度贫营养区会更严重。表层浓度高会造成高估并随着光强的增强，高估会更加严重，但是其相对误差要比前者小，这与光抑制、光合效率上下差异以及高叶绿素浓度区叶绿素分布也常较均匀有关。只有混合强，上下分布较均匀的海区差异较小，如图 3.20（剖面）和图 3.21。

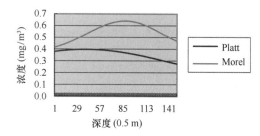

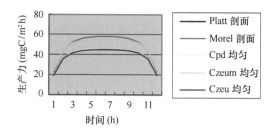

图 3.20　叶绿素浓度的分布剖面

图 3.21　不同剖面所计算的初级生产量
随时间的变化

　　由 Morel 的方法求真光层平均叶绿素浓度（采用 Platt 的方法求真光层平均叶绿素浓度，分析结果相同）（图 3.22 至图 3.27），对于表层叶绿素浓度大于 1.8 mg/m³，而 Platt 的为 0.95 mg/m³ 时，所求的真光层平均叶绿素浓度则小于这个值，而对于小于 1.8 的 mg/m³，则估算的真光层平均叶绿素浓度会大于这个值，对于叶绿素分布非均匀的水体，尤其是存在

DCM 的区域，其估算精度要好于 C_{pd} 为均匀分布的情况，如图 3.19、图 3.23、图 3.25，但是对于水体较均匀的情况，则会产生低估（大于 1.8 mg/m³ 时）或高估（小于 1.8 mg/m³ 时，如图 3.21），而此时采用 C_{pd} 的结果要好。由于不知道叶绿素的剖面分布，通常，我们对秋冬季，采用以 C_{pd} 为均匀分布的剖面，而对于春夏季则采用 Morel 或 platt 的方法进行近似。Morel 剖面能在一定程度上反应叶绿素剖面的分布趋势如图 3.22、图 3.26，但是较难反映叶绿素浓度剖面的真实状况，其估算精度和 Morel 求真光层平均叶绿素浓度的方法相似。

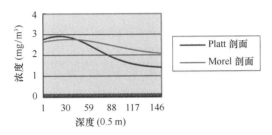

图 3.22　叶绿素浓度的分布剖面

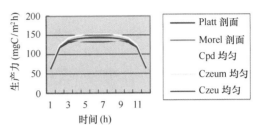

图 3.23　不同剖面所计算的初级生产力
随时间的变化

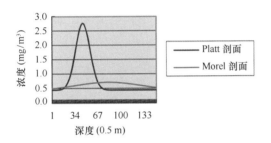

图 3.24　叶绿素浓度的分布剖面

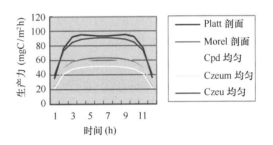

图 3.25　不同剖面所计算的初级生产力
随时间的变化

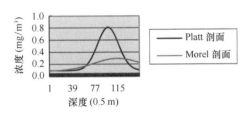

图 3.26　叶绿素浓度的分布剖面

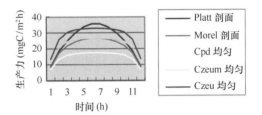

图 3.27　不同剖面所计算的初级生产力
随时间变化

采用真实的真光层平均叶绿素浓度作为均匀剖面分布浓度的计算结果性质取决于光强光质、叶绿素剖面分布、环境中其他物质的吸收强弱等，如图 3.28 和图 3.29。从图 3.28 中可以看到，当 Z_{max} 为 11 m 时，均匀分布的剖面为低估，且随光强增大，低估减弱，而对于 Z_{max} 为 100 m 时，均匀分布的剖面为高估，且随光强增大而增大，因此 Z_{max} 的位置对其是高估还是低估以及和光强的关系影响很大。图 3.29 是 b_0 为 0.5，其他参数同图 3.28，即背景浓度升高了的情况，可以看到随着背景浓度的增加峰值相对减小，相对误差也减少了，但是如果是增加黄色物质等其他成分的吸收则通常会增加其相对误差的范围。

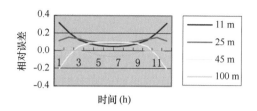

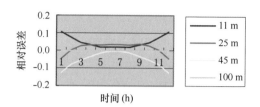

图 3.28　相对误差随时间的变化

改变 Z_{max} 的值，即锋区的位置，改变光强光质即时间变化所计算的用真光层平均叶绿素浓度作为均匀剖面分布后所产生的差异 $(P_n - P_u)/P_n$，P_n 为非均匀情况，P_u 为均匀分布的情况

图 3.29　相对误差随时间的变化（$b_0 = 0.5$）

改变 Z_{max} 的值，即锋区的位置，改变光强光质即时间变化所计算的用真光层平均叶绿素浓度作为均匀剖面分布后所产生的差异 $(P_n - P_u)/P_n$，P_n 为非均匀情况，P_u 为均匀分布的情况，剖面参数 $Bo = 0.5$，其他同图 3.28

由上述计算可以看到，如果剖面不是均匀分布的，采用均匀分布的方法进行初级生产力的估算，均会引入误差，对于采用何种量更好（Cpd，Czeu，Czeum et al.），这取决于光强光质、叶绿素剖面分布状况、环境中其他物质的吸收强弱等。因此，采用真实的真光层叶绿素浓度作为均匀剖面分布浓度的情况也不一定能提高估算的精度或好于其他情况，如图 3.23，其精度就不如 Czeum 的情况。

3.5　光谱分布对初级生产力估算的影响

光在水中的传播过程中，不仅有光的角度分布、数量上的变化，而且还有光质的变化（图 3.30 至图 3.33），即随波长的能量分布也改变了，如图 3.30、图 3.32、图 3.33 分别是在次表层、0.5 个真光层深度、真光层深度上，以各种浓度为均匀分布的光谱分布曲线。从浮游植物吸收的吸收光谱曲线（图 3.31）可以看到，浮游植物吸收是差异性的，在绿光波段的吸收比较弱，在兰红光波段的吸收比较强。因此相同数量的光能不同的光谱分布实际上能被浮游植物所能利用的量是不同，所得出的相应产量、效率也是不同的。在初级产量的计算中，应考虑这种光谱分布变化的影响。当然由于浮游植物的适应性，其色素的组成可能会产生相应的变化以达到最佳适应环境的目的，但是在目前还是仅仅考虑叶绿素的光谱吸收，至少这是主要的方面。在这一小节中，我们将对带光谱和不考虑光谱计算模式进行比较，以揭示其在初级生产力的估算中可能的影响，以便在今后的应用中加以考虑。

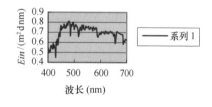

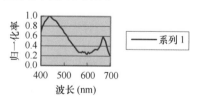

图 3.30　水次表面的辐照度的光谱分布

图 3.31　浮游植物归一化单位吸收率
内插获得

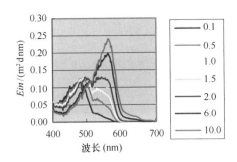

图 3.32 Zeu/2 深度不同叶绿素浓度下的光谱
分布 ［mgC/m³，Ein/ （m²d · nm）］

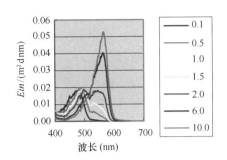

图 3.33 Zeu 深度不同叶绿素浓度下的光谱
分布 ［mgC/m³，Ein/ （m²d · nm）］

3.5.1 对真光层深度估算的影响

由于真光层深度的定义是对辐照度的总量而言的 ［常为 1% PAR （0⁻） 的深度，我们采用 1% PUR （0⁻） 的深度］，不同波段光的衰减速度是不同的，如图 3.34 和图 3.35，如果忽略光谱的影响，认为衰减是同速的，将会影响对真光层深度的估算。

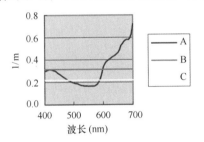

图 3.34 K_d 随光谱的分布

（叶绿素浓度为 4 mg/m³）

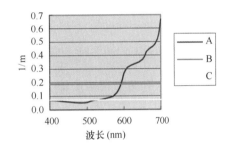

图 3.35 K_d 随光谱的分布

（叶绿素浓度为 0.3 mg/m³）

我们前面看到，即使采用式 $K（\lambda）= k_w（\lambda）+ A（\lambda）C^{-e(\lambda)}$ 计算，真光层深度也有日变化，这是因为漫射和直射光成分的比例及其光谱分布是变化的，而对于光谱模型不同的波段有不同的 K_d，因此随着能量的光谱分布的不同，Zeu 会有所变化。如果忽略光谱的影响，将看不到这种变化，因为：$Zeu = 4.6/\overline{K_d}$，$\overline{K_d} = \overline{k_w} + \overline{k_c}C + \overline{k_x}$。在比较这两种情况的计算差异时，可采用 Morel （1988） 的两模式进行 （这两模型有同源性，可以用于比较）。

$$K_{par}（0，Zeu）= 0.121 pow（c，0.428）$$

$$K（\lambda）= k_w（\lambda）+ A（\lambda）C^{-e(\lambda)} \qquad （C > 0.1 \text{ mg/m}^3）$$

计算结果和 Sathyendranath （1989） 的有所不同，其光谱模型计算的 Zeu 通常小于非光谱模型。这可能与他使用的计算模型和选择的参数有关，他假定 K_d 和 C 为线性关系也不尽合理。在上述计算中，光谱模型计算的 Zeu 和非光谱模型计算的 Zeu 之间的关系与叶绿素浓度的大小、太阳高度有关。低浓度时，非光谱模型计算 Zeu 相对较小，高浓度时 （如 $C = 4$ mg/m³ 时），非光谱模型计算 Zeu 相对较大且在日出初时两者差异最大。形成这种情况的原因很大程度上是我们定义了真光层深度为 1% PUR （0⁻） 的深度有关，这是光谱与非光谱模型所生产的差异。如果比较图 3.34、图 3.35A 与 B 所计算的真光层深度，会发现用 B 将对真光层深度严重低估，这也许更能说明光谱与非光谱模型的差异。因为对于 K_d，在上层易吸收的光都被衰减了，而难吸收的光留在下层，K_d 相对上层减少了（不考虑角度发散），K_d 减少只有在光谱模型上有反映，而直接平均值是不变的。

3.5.2 对光能吸收的影响

对带光谱的吸收系数定义为：

$$\overline{a_c^*} = \frac{\int a_c^* E(\lambda) \, d\lambda}{\int E(\lambda) \, d\lambda} \tag{3.85}$$

对单位吸收系数进行平均以去除波谱的影响为：

$$\overline{a_c^*} = \frac{\int a_c^* \, d\lambda}{\int d\lambda} \tag{3.86}$$

浮游植物的平均吸收系数将随着光谱的分布的不同而不同，对于偏蓝光场其吸收系数增大，偏绿光场其吸收系数减小，而不带光谱信息的吸收系数为常数。这样会使其在相同的能量的光照但谱分布不同的条件下所吸收的能量是有差异的。

在计算中常有两种辐照度即 PAR 和 PUR $\left[PUR(z) = \int_{400}^{700} E_0(z,\lambda) \frac{a_p(\lambda,z)}{a_{p\max}} d\lambda \right]$ 作为变量，我们认为取 PUR 较合适，光合机构更主要的是对已吸收的光量作出相应的调节反应或产生破坏的，PAR 作为环境光的总量而 PUR 是作为对环境光在吸收光谱曲线下的加权量，因此光谱的重新分配会影响 PUR 的量，光合量子产量（ϕ）通常与光辐照度有反相关的关系，从而会改变光合量子效率。

3.5.3 对初级生产力估算的影响

上面所述的，仅仅考虑到光谱模型和非光谱模型在光能吸收方面所形成的差异及对真光层深度计算的影响，实际上还会造成对标量辐照度计算的影响等，综合作用会随叶绿素浓度不同而形成不同性质的影响。

由图 3.32、图 3.33 可知，随着叶绿素浓度的升高，波锋位置从蓝光转向绿光波段，对蓝光波段浮游植物有较高的吸收能力，而对绿光波段则吸收较低，因此由式（3.85）所得的值在叶绿素浓度较低时要大于式（3.86）所计算的值，而在叶绿素浓度较高时则相反，同时叶绿素浓度的升高，波锋由蓝光转向绿光波段，将会增加水体等成分的吸收，从而降低了浮游植物的光利用效率，这些将会在光谱模型中有所反映。图 3.36、图 3.37 是采用光谱与非光谱方式计算的结果。

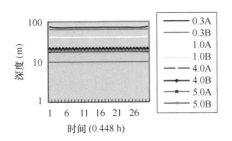

图 3.36　在不同叶绿素浓度下计算的
真光层深度随时间的变化

A 是光谱模型；B 是非光谱模型

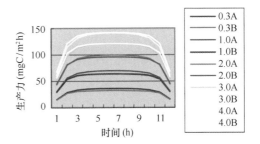

图 3.37　在不同叶绿素浓度下计算的
初级生产量随时间的变化

A 是光谱模型；B 是非光谱模型

图 3.38、图 3.39 表明在低叶绿素浓度时，非光谱模型会造成对初级生产力的低估，低估量少于 9%，和 Sathyendranath（1989）的计算结果有所不同（少于 6%），这和其所选的计算模型不同有关。我们考虑了光抑制，低叶绿素浓度时非光谱模型更易受光抑制的影响，同时与计算的真光层深度不同（见上述）也有关。

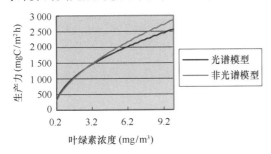

图 3.38　初级生产量随叶绿素浓度的变化

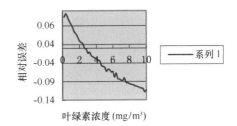

图 3.39　相对误差（图 3.38 中非光谱模型计算
值减去光谱模型的值再除以光谱模型的值）
随叶绿素浓度的变化

在高叶绿素浓度时（大于 2.5 mg/m³）非光谱模型会造成对初级生产力的高估，并随叶绿素浓度的升高而变大，在 10 mg/m³ 时可为 12%，与 Sathyendranath（1989）的计算结果相比（约 25%）偏低，造成这种差异的原因同样是模型考虑了光抑制，同时与计算的真光层深度不同有关，但变化趋势是相一致的。光谱与非光谱模型估算的相对差异的变化见图 3.40 和图 3.41。

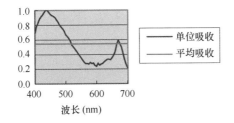

图 3.40　浮游植物的单位吸收系数随光谱的分布
（对 440 波长归一化了），红线为式（3.86）所
计算的结果（单位吸收）

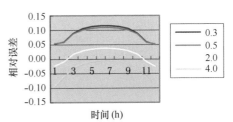

图 3.41　相对误差（非光谱模型计算值减去
光谱模型的值再除以光谱模型的值）
随叶绿素浓度的不同在不同时间的分布

经过上述计算可以看到，非光谱模型和光谱模型的估算差异是存在的，其造成的误差是多少还需要结合环境的差异和所使用的模式进行进一步的分析，同时必须注意到这种静态的计算是没有考虑植物的光谱适应性和光强适应性而得到的，它与真实情况也许会有所不同。

通过以上的一些简单模拟计算，可了解光场角度、光场光谱分布和叶绿素浓度的剖面分布对初级生产力估算的影响，尽管以上是在假设条件下作出的分析，且为一类水体、没有考虑其他因素的影响如温度以及不同的评价模型，所得出的数量也有一定的差异等，但其规律还是基本一致的，这将为今后研究遥感估算初级生产力的算法及其参数化方法提供分析、评价的依据。

4 遥感初级生产力的模型及应用

在本章先对有关参量的遥感反演方法进行了介绍，对大气校正、叶绿素浓度的提取、温度的提取模式本文不作详细讨论，具体可参见何贤强（2002）等的论文；同时对遥感估算初级生产力的国内外模型（经验算法和解析算法）进行了介绍。最后提出了我国海区初级生产力的遥感模式，并利用卫星遥感资料对我国海区初级生产力的遥感估算、提取我国海区的初级生产力的时空分布信息进行了尝试，指出了该模型尚存在的问题和可能的改进方法。

4.1 有关参量的遥感计算方法

4.1.1 参量的定义

由于海洋物质的垂向结构分布对表面信息有不同的贡献，遥感所获得的参量是这剖面数据的加权量，通常认为是对一个光深（大约是 36% 表面光强深度）进行加权，其贡献占水面后向散射辐照度的 90% 左右，计算公式如下：

$$Chla_{sat} = \frac{\int_0^{z_{90}} Chla(z)f(z)\,dz}{\int_0^{z_{90}} f(z)\,dz} \tag{4.1}$$

其中：

$$f(z) = e^{-2\int_0^z k(z')\,dz'} \tag{4.2}$$

$$Z_{90}(\lambda) = 1/K(\lambda) \quad (\text{Gordon \& Clark, 1980}) \tag{4.3}$$

与之相对应的表层叶绿素浓度的定义有：

$$\overline{Chla_{pd}} = \frac{\int_0^{z_{pd}} Chla(z)\,dz}{z_{pd}} \quad (\text{Morel, 1989}) \tag{4.4}$$

$$z_{pd} \approx z_{eu}/4.6 \quad (\text{Morel, 1989}) \tag{4.5}$$

其中，$Chla(z)$ 是 Z 深度上的叶绿素 a 浓度；K 为漫衰减系数。加下标 pd 代表是船测的与遥感得到的相当数据。由于船测剖面数据是离散的，我们采用三次样条方法进行插值，对部分站点采用线性内插。

4.1.2 有关参量的遥感反演计算方法

由于水体各种成分的吸收与散射特性会影响到离水辐亮度的光谱分布，卫星可以探测到这种离水辐亮度，因此如果知道水体成分的吸收与散射特性，便可以建立各成分浓度与卫星

431

探测的辐射值之间的关系。

反演叶绿素浓度，目前有两种算法。

一是经验的，如：

$$\mathrm{lgProduct} = A(\lg X)^3 + B(\lg X)^2 + C(\lg X) + D + E \tag{4.6}$$

其中：

$$X = \frac{Lwn(\mathrm{band9,443\ nm}) \times e + f \times Lwn(\mathrm{band10,490\ nm}) + g \times Lwn(\mathrm{band11,530\ nm})}{Lwn(\mathrm{band12,550\ nm})}$$

系数见表4.1。

表4.1　各系数的值

产品	A	B	C	D	E	F	G
lg（Pigment）CZCS	0	0	−1.27	0.5	1	0	0
lg（Pigment）SeaWiFS	−0.63	4.43	−11.2	8.73	1	1	1
lg（Chl a）	0	0	−1.40	0.07	1	0	0
lg（DiÆuse Attn.）	−0.15	1.44	−4.53	3.56	1	1	1

二是分析或半分析的，如：

$$Rrs(\lambda) = g_0 u(\lambda) + g_1 [u(\lambda)]^2 \tag{4.7}$$

其中，$g_0 = 0.0949$，$g_1 = 0.0734$，R_{rs}是遥感反射率，由遥感获得：$Rrs(\lambda) = Lwn(\lambda)/Es(\lambda)$，$Lwn$为归一化离水辐亮度，$Es$为表层辐照度。$u(\lambda) = \frac{b_b(\lambda)}{b_b(\lambda) + a(\lambda)}$，$b_b$是后向散射系数，$b_b(\lambda) = b_{bw}(\lambda) + b_{bp}(\lambda)$，$b_{bw}(\lambda)$为海水后向散射系数为已知量，$b_{bp}$为颗粒后向散射系数，可由下式计算：

$$b_{bp}(\lambda) = X\left(\frac{551}{\lambda}\right)^Y \tag{4.8}$$

其中，X、Y可由遥感获得：

$$X = X0 + X1Rrs(551)$$

$$Y = Y0 + Y1\frac{Rrs(443)}{Rrs(488)}$$

其中，$X0$、$X1$、$Y1$、$Y0$为回归系数。

a为吸收系数：$a(\lambda) = a_w(\lambda) + a_p(\lambda) + a_d(\lambda) + a_g(\lambda)$，$w$、$p$、$d$、$g$分别为海水、浮游植物、碎屑、黄色物质的吸收系数。由于碎屑、黄色物质的吸收系数曲线相似，可以合并。同时建立$a_g(440)$与$a_g(\lambda)$，及$a_p(675)$与$a_p(\lambda)$的关系，求解方程便可获得浮游植物的吸收系数，则叶绿素浓度可求出：

$$Chla = p_0 a_p(675)^{P_1} \tag{4.9}$$

p_0与p_1为回归系数。以上两算法的具体内容请参见 MODIS 的技术文档（atbd_ mod18. pdf、atbd_ mod19_ case2. pdf）。

因此表层浮游植物生物量可以通过叶绿素浓度遥感产品来获得。

叶绿素的垂直分布往往是不均的，通常用正态分布来描述，造成这一分布的原因可能有：第一，水体动力环境（水体的运动、水体的密度等）可影响上下混合的强弱和分层情况；第二，植物的生理适应性，如低光照水平会引起单个细胞叶绿素浓度的增加而产生光适应，高光照会引起叶绿素浓度降低；第三，营养盐及浮游动物的分布等，营养状况是支持和维持高叶绿素浓度的物质基础。Morel（1988）根据对大量的剖面分布研究发现，从富营养海区到贫营养海区次表层的极大值分布有加深加强的趋势，并且归纳成一个由表层叶绿素浓度推求其剖面分布的模式。Morel 采用表层叶绿素浓度来划分海区，并归纳其剖面分布值得借鉴，其为遥感方法来探求叶绿素浓度的垂直分布提供了线索。叶绿素浓度的剖面分布及真光层的平均量的估算可表示为：

$$Chla(\xi) = \overline{Chla_{zeu}}\left\{Chla_b + (Chla_{max} - Chla_b) \times \exp\left[-\left(\frac{\xi - \xi_{max}}{\Delta\xi}\right)^2\right]\right\} \qquad (4.10)$$

与以下式子相对应（注：Morel 的原方程为色素的浓度，由于没有去镁叶绿素的数据，为了能计算，所以将 ρ 设为 1，上述写法也可见于 D. A. Siegel, 2001）：

$$B(z) = B_0 + \frac{h}{\sigma(2\pi)^{1/2}}\exp\left[-\frac{(z - z_m)^2}{2\sigma^2}\right] \qquad (4.11)$$

$$\overline{Chla_{ze}} = 0.955\ \overline{Chla_{pd}}^{0.788} \qquad （Platt，1978） \qquad (4.12)$$

$$\overline{C_{zeu}} = 1.12\ \overline{C_{pd\,pd}}^{0.803} \qquad （C 为色素的浓度） \qquad （Morel，1989） \qquad (4.13)$$

其中，$Chla_b$ 为背景叶绿素浓度，$Chla_{max}$ 为剖面最大叶绿素浓度，其对应的深度为 Z_{max}。$\Delta\xi$ 是叶绿素峰宽度，$\overline{Chla_{pd}}$ 为叶绿素表层浓度，可以用遥感所得叶绿素浓度所替代。$\overline{Chla_{zeu}}$ 为真光层平均浓度，可由式（4.12）或式（4.13）获得，我们采用式（4.14）计算。

通常采用表层叶绿素浓度计算真光层的平均叶绿素浓度有较大的相关性，分析我们的数据，我们得出同式（4.12）相似的关系：

$$\overline{Chla_{eu}} = 0.9899\ \overline{Chla_{pd}}^{0.734} \qquad (4.14)$$

式（4.12）和式（4.14）相关系数相同（$R = 0.91$，$N = 242$）只是后者的均方根误差（RRMS）较大，式（4.14）的均方根误差为 0.273 6，式（4.12）的均方根误差为 0.337 2，见图 4.1。

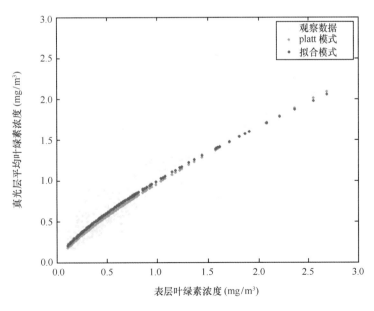

图 4.1　表层叶绿素浓度与真光层平均叶绿素浓度的关系

其他参数的获得见表4.2。

表 4.2 式（4.10）各参数的计算方法

参数	估计函数
$Chla_b$	
BBOP	$-0.096chla + 0.306$
MB89	$0.768 + 0.087\lg(chla) - 0.179\lg(chla)\lg(chla) - 0.025(\lg(chla))^3$
$Chla_{max}$	
BBOP	$-2.186chla - 0.440$
MB89	$-0.299 - 0.289\lg(chla) + 0.579\lg(chla)^2$
Z_{max}	
BBOP	$-0.459chla + 0.414$
MB89	$0.600 - 0.640\lg(chla) + 0.021\lg(chla)^2 + 0.115\lg(chla)^3$
$\Delta\xi$	
BBOP	$-0.044chla + 0.251 \qquad chla <\, = 0.1$
	$1.740chla + 2.200 \qquad chla > 0.1$
MB89	$0.710 + 0.159\lg(chla) + 0.021\lg(chla)^2$
备注	MB89：Morel 和 Berthon（1989）模式
	BBOP：Bermuda BioOptics Project（D. A. Siegel，2001）模式

我们对所收集的叶绿素剖面数据的分布形态进行了分析，发现叶绿素浓度的剖面大部分还是可以用正态分布（即为单峰的）来拟合，如图4.2a、图4.2b、图4.2c所示。

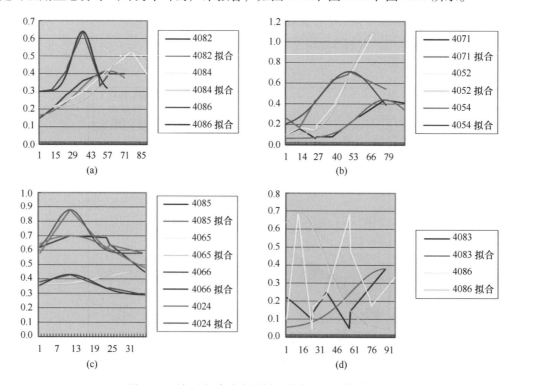

图 4.2 现场叶绿素浓度的剖面分布与正态曲线拟合

也有较小量的双峰型叶绿素浓度的剖面分布，这些剖面常处于水团边界区域，这些剖面用式（4.10）不能拟合，如图4.2d。

但是在调查区域，仅用一个表层叶绿素浓度数据较难推测出正态分布的4个参数，其中背景叶绿素浓度（$B0$）、最大深度（Z_m）、在背景叶绿素浓度以上的生物总量（h）和表层叶绿素浓度的相关性稍大，标准偏差（σ）和表层叶绿素浓度几乎不相关。表4.3是采用Morel算法计算结果所得出的相关系数：

表4.3　用 Morel（1989）模型对各参数估算与实际值的相关性

相关系数	h	σ	$B0$	Z_m	N
1 月	0.29	− 0.15	0.39	0.30	54
5 月	0.42	0.25	0.28	0.36	59
8 月	0.75	0.23	0.62	0.59	60
11 月	0.15	0.14	0.12	0.22	50
全年	0.59	0.14	0.45	0.38	223

我们采用 Morel 的方法重新对数据进行回归所得的结果稍有提高，但也是不很明显，见表4.4。

表4.4　各参数估算与实际值的相关性

时间	h	σ	$B0$	Z_m	N
1 月	0.33	0.17	0.54	0.42	54
5 月	0.43	0.29	0.41	0.43	59
8 月	0.75	0.27	0.64	0.63	60
11 月	0.26	0.15	0.40	0.23	50
全年	0.63	0.16	0.50	0.38	223

对上述4个参数取对数后进行回归所得的结果：在8月各参数与表层叶绿素浓度的相关性以及其他月的背景叶绿素浓度与表层叶绿素浓度的相关性有所提高外，其他参数的估算仍然很低，结果见表4.5。

表4.5　各参数估算与实际值的相关性

相关系数/样本数	σ	h	$B0$	Z_m	N
8 月	0.71	0.54	0.97	0.78	62
5 月	0.37	0.26	0.72	0.34	60
11 月	0.06	0.16	0.93	0.32	52
2 月	0.14	0.23	0.88	0.49	59
全年	0.12	0.19	0.86	0.40	233

调查区域受到黑潮流系、长江冲淡水、沿岸流系影响，这里是它们交汇区域，这一比较复杂的水文过程可能是造成这一结果的原因。

其次可能与剖面水样的提取有关，该调查数据是按 0，10 m，35 m，50 m，75 m，100 m 这样的间距进行的，这会使曲线拟合存在较大的误差，4 个参数的确定不准确，我们采用不同的算法进行的插值结果是变化的。

其中 8 月的 4 个参数与表层叶绿素浓度的相关关系为：

$$\ln h = 1.760524 - 1.002876\ln chla_s - 0.235746\ \ln chla_s^2$$

$$\ln \sigma = 1.546860 - 0.668664\ln chla_s - 0.043574\ \ln chla_s^2$$

$$\ln B0 = -0.183598 + 0.9388571\ln chla_s - 0.071235\ \ln chla_s^2$$

$$\ln Zm = -0.1097506 - 7.580413\ln chla_s - 2.616048\ \ln chla_s^2$$

也有人用具有代表性的站点调查数据剖面作为该区域、该时段的剖面分布参数用以对遥感的叶绿素数据进行加权来得到剖面的叶绿素浓度分布。

通过表层的生物量，也可参考费尊乐（1990）、梅文骧（1998）等的经验算法来确定真光层内的生物量，在我们数据中，我们得出其线性关系为：

$$Chla_{tot} = 17.001\ Chla_{sur} + 7.9815\ (R^2 = 0.3698 \quad N = 242)$$

但是按 Morel（1989）采用指数形式来拟合，其相关性只有 0.003 7。

表层叶绿素浓度与真光层积分浓度可能不相关，这可能与其相关性有块状分布的特点、叶绿素次表层极大值（SCM）的强度和深度分布有关，同时也受水体组成成分的影响。

通过表层信息来推求其剖面特征是有相当难度的，尤其是水动力过程复杂、水体组成成分多样的区域。有人用不同波段获得的数据与事先假定某一分布的对应关系来得到其剖面特征，但也有相当局限性和小范围性。现在有人将遥感数据与水动力过程模式相结合以探求其可能的三维结构。

基于上述分析，由于叶绿素浓度的剖面信息较难得到，而真光层平均叶绿素浓度和表层叶绿素浓度有较高相关性，目前我们只能使用真光层平均叶绿素浓度这个量［即采用式（4.14）所估算的量］进行计算，并认为水体是均匀的。今后我们将会对遥感叶绿素浓度与叶绿素剖面分布的关系进行更细致的研究，这有利于初级生产量估算精度的提高。

4.1.3　海面悬浮泥沙反演

$$S = aR_{2,5}^b \qquad \text{（林寿仁等，1998）（4.15）}$$

式中，R 是反射率；S 是泥沙浓度；2、5 是 SeaWIFS 第二、第五通道。$a = 3.260\ 2$；$b = -3.932\ 2$。

悬浮泥沙的剖面分布也可表示为：

$$C_s(z) = C_0 \exp\left(-\left\{\left(\frac{z - z_{max}}{2\sigma}\right)^2\right\}\right) \text{（Nanu \& Robertson，1993）} \qquad (4.16)$$

4.1.4　黄色物质浓度反演

$$Yel = \exp\ (a_0 - a_1 \times R) \ (Yel\ \text{为} a440\ \text{处的吸收系数}) \qquad (4.17)$$

其中，$R = \lg\ (R3)$；$R1 = (R_{rs}1 / R_{rs}3)$；$a_0 = -5.0$；$a_1 = 0.9$。

黄色物质反演的解析模式在叶绿素浓度反演算法中已介绍。常常认为黄色物质是均匀分布的。

通过遥感反演的叶绿素、悬浮泥沙和黄色物质的浓度代入相关式子便可得相应的固有光学性质，以此来计算透明度，具体讨论请参见何贤强（2002）的文章。

4.1.5 温度的遥感反演

地球的温度较低，其对外进行辐射的峰区在长波部分，因此通过红外通道可以探测海表温度。通常卫星上所获得的辐射值为：

$$Ltoa(\lambda,\theta) = (\varepsilon(\lambda,\theta)Ls(\lambda, SST) + (1 - \varepsilon(\lambda,\theta))L\downarrow(\lambda,\theta))\tau(\lambda,\theta) + L\uparrow(\lambda,\theta)$$

(4.18)

其中，$\varepsilon(\lambda, \theta)$ 是发射率；$\tau(\lambda, \theta)$ 是大气透过率；$Ls(\lambda, SST)$ 是海表辐射值。$L\downarrow(\lambda, \theta)$ 是大气向下辐射值，$L\uparrow(\lambda, \theta)$ 是大气向上辐射值。

卫星红外辐射可以利用分裂窗（多通道）技术，对大气中的水汽带吸收进行直接的订正，并考虑卫星高度角的影响有如下计算模式：

$$sst = a0 + a1T1 + a2(T1 - T2) + a3(\sec\theta - 1)(T1 - T2)$$ (4.19)

$a0$、$a1$、$a2$、$a3$ 是回归常数。$T1$、$T2$ 是两通道的亮温度（如 NOAA 的 4、5 通道，MODIS 的 31 和 32 通道），其计算可以通过下式：

$$T = C2 \times V \times \ln(1 + (C1 \times V^3/E))^{-1}$$ (4.20)

或

$$T = C4 \times \lambda^{-1}\ln(C3/(\lambda^5 L) + 1.0)^{-1}$$ (4.21)

上式是针对不同的辐射单位。$C1$、$C2$、$C3$、$C4$ 为常数，分别为：

$$C3 = C1 = 1.1910659 \times 10^{-5} \text{ mw m}^{-2}\text{ cm}^4 = 1.1910659 \times 10^8 \text{ W m}^{-2}\text{ um}^4$$

$$C4 = C2 = 1.43879 \times 10^4 \text{ um } K = 1.43879 \text{ cm K}$$

V 为波数，λ 为波长；E 单位为 mW m^{-2} Sr^{-1} cm；L 单位为 W m^{-2} um^{-1} Sr^{-1}。

4.1.6 PAR 的遥感获取模型

$$E_d = E_o T_d T_g \cos\theta(1 - A - a)(1 - A_s)^{-1}(1 - S_a A)^{-1}$$ (4.22)

其中，E_0 为大气外层太阳照度（400～700 nm），T_d 和 T_g 分别为晴空漫射透过率和吸收气体的透过率。θ 是太阳天顶角；A 是云面系统反照率；S_a 是球面反照率；a 是云层吸收率；A_s 是海面反照率；E_d 是光合作用有效辐照度。SeaDAS 提供了该算法程序。

算法讨论请参见 Robert Frouin（2000）的文章。单位 W（J/s/nm）可采用与单个光子能量 $\varepsilon = (1988/\lambda) \times 10^{-19}$ J 的关系换算成每秒光子数（Ein/s，1 个 Ein = 6.023 × 10^{23} 个光量子），也可近似采用 $w = 1.5 \times 10^{-2}$ Ein/h 进行换算（Platt，1986）。由于浮游植物对光的吸收无方向性，因此光合作用有效辐射（PAR）不应是 Ed，而应是标量辐射（E_0）。

4.1.7 计算吸收和后向散射系数

$$a = a_w + a_c + a_s + a_y$$ (4.23)

$$b_b = b_{bw} + b_{bc} + b_{bs}（式中的波长省略）$$ (4.24)

对一类水体：

$$a(\lambda) = (a_w(\lambda) + 0.06A(\lambda) chl^{0.65})[1 + 0.2\exp(-0.014(\lambda - 440))]$$ (4.25)

$a_w(\lambda)$ 和 $A(\lambda)$ 的值可参考 Prieur 和 Sathyendranath（1981）的结果（见 Mobley，1994），其中浮游植物的吸收也可采用 Annick Bricaud（1995）的参数进行计算，其中，$a(\lambda)$ 中包括了 a_w、a_c 和 a_y，下式 b_b 为 b_{bw} 与 b_{bc} 之和。

$$b_b(\lambda) = 0.5 b_b(\lambda) + (0.3\ chl^{0.62} - b_w(550))\{0.002 + 0.02[0.5 - 0.25\lg(chl)](550/\lambda)\}$$

$$(4.26)$$

对二类水体，由于相关理论还不成熟，我们简单地计算悬浮泥沙的吸收系数与后向散射系数后加在上述结果中，据 D. G. Browers（1998），悬浮泥沙的吸收系数与后向散射系数有：

$$a_s = mss \times \{0.0205 + 0.038\exp[-0.0055(\lambda - 440)]\} \qquad (4.27)$$

$$b_{bs} = 0.019 mss \times [0.28 - 0.000167(\lambda - 400)] \qquad (4.28)$$

在 MODIS_ L2 产品中已有吸收系数和后向散射系数的产品。

4.1.8 计算漫衰减系数

$$a(550) = 0.03 + 0.027 mss + 0.019 chla + 0.005 yel \qquad (4.29)$$

$$K(550) = (1/u_0)\ a(550) \qquad (4.30)$$

$$K(PAR) = 0.01 + 1.11 K(550) \qquad (4.31)$$

$$u_0 = 0.69 \qquad (\text{D. G. Browers}, 1998) \quad (4.32)$$

或：

$$K(PAR) = (a/u_0)[1 + (0.425 u_0 - 0.190)(b/a)]^{1/2} \quad (\text{kirk}, 1994) \qquad (4.33)$$

$$u_0 = (u_{sun}Esun + u_{sky}Esky)/Etot \qquad (4.34)$$

或：

$$K_d = (a + b_b)/u_d \ \text{和} \ Ks = (a + b_b)/u_s \qquad (4.35)$$

其中，mss 为悬浮泥沙浓度；yel 为黄色物质浓度；$chla$ 为叶绿素浓度；K 为漫衰减系数；a 为吸收系数；550 为波长，单位为 nm；$K(PAR)$ 为在 $400 \sim 700$ 的平均漫衰减系数。u_s，u_d 分别指漫散射和直射平均余弦，$u_s = 0.83$（0.85）；u_d 和太阳高度有关。由于有透明度数据，我们是用透明度数据来求：

$$k = 1.82/SD \qquad (k = 4.6/Zeu) \qquad (4.36)$$

4.2 对国内外现有模型分析

海洋初级生产力的遥感估算算法通常分为经验算法和解析算法。经验算法往往采用海洋环境要素直接和实测初级生产量建立相关关系。如 Eppley 等利用叶绿素浓度、温度及日长建立经验关系式来计算初级生产力。经验算法在一定区域和时间内应用于区域海洋初级生产力的估算具有相当的精度，但是这种算法缺少生理意义的解释，这种关系也不稳定，尤其是仅采用表层叶绿素浓度计算初级生产量的经验模型更易引起错误。

随着人们对浮游植物生理知识的积累，以及对这些生理变量和环境变量之间的响应关系的认识，研究者在设计算法时加入了生理意义的解释，便形成了所谓的解析算法，但是这些生理参数的获得还往往是基于经验的，或通过对海洋分区来获得以往的实验结果。在此我们将对经验和解析算法进行简单的介绍。

4.2.1 经验算法

由于 CZCS、SeaWiFS 等传感器能获得叶绿素浓度，同时叶绿素浓度能在一定程度上反映初级生产量的高低，因此较多的经验算法往往是采用叶绿素浓度和船测初级产量建立关系而获得的如：

Smith（1982）的算法（Balch et al.，1989）：

$$Pt = 0.210chla + 0.383 \tag{4.37}$$

Brown（1985）的算法（Balch et al.，1989）：

$$Pt = pow（10，1.25 + 0.73\lg（chla）） \tag{4.38}$$

Eppley（1985）的算法：

$$\lg（Pt）= 0.5\lg（chla）+ 3 \tag{4.39}$$

SCBS（Southern California Bight Study）（Balch et al.，1989）：

$$\lg（Pt）= 0.48（\lg（chla））- 0.29 \tag{4.40}$$

Behrenfeld（1998）算法：

$$\lg（Pt）= 0.559\lg（chla）+ 2.793 \tag{4.41}$$

Eppley（1985）建立了叶绿素浓度、温度及日长和初级产量的关系：

$$\ln Pt = 3.06 + 0.5\ln chla + 0.25DL - 0.24PTA \tag{4.42}$$

这个经验算法在估算海洋初级生产力的应用中取得了较好的效果，但是，由于计算中 PTA（Temperature anomaly at the Scripps Institution Pier）难以获得而限制了它的使用。

通过回归技术或因子分析方法可以建立更为复杂的模式，如：海表温度、日长、太阳辐照度、营养物浓度、混合层深度、光衰减系数等都可以用来反演海洋初级生产力，但这种纯经验关系可能有时间和空间的局限性和不稳定性，同时其缺少生理意义的解释。

4.2.2 分析算法或半分析算法

最早的分析算法可以追溯到 1957 年 Ryther 和 Yentsch 的关系式：

$$P_A = Rs（Psatu/K_d） \tag{4.43}$$

Rs 是决定于海面光强的相对光合作用率，这是一个描述在光饱和条件下光合作用速率与叶绿素浓度之间的相关关系式，它采用了 $Psatu$ 这个反映生理状态的参量：饱和光条件下的光合作用速率（其中 $Psatu = B \times P^B m$，B 为叶绿素 a 的浓度）。

Talling（1957）也提出了相似的算法（Balch et al.，1992）：

$$P_A =（B \times P^B m/Kd）\ln（E（0）/（0.5E_K）） \tag{4.44}$$

及计算日总量的关系：

$$P_A =（B \times P^B m/Kd）\times 0.9DL \times \ln（E（0）/（0.5E_K）） \tag{4.45}$$

这种 $P^B m/Kd$ 算法还可以见于：

Bannister（1974）（Balch et al.，1992）：

$$P/Ck = 2.3P^B m/Kd \tag{4.46}$$

Lewis（1987）（Balch et al.，1992）：

$$P/Ck =［E（0）/E_K］P^B m/Kd \tag{4.47}$$

Banse 和 Yong（1990）（Balch et al.，1992）：

$$P/Ck = 2.3 P_{opt}/Chl_{opt}Kd \tag{4.48}$$

这些算法中都带有反映生物特点的参数，Balch 等（1992）对 P_M^b/K 遥感算法进行了测试，指出这些简单算法对海洋初级生产力的估测具有相当的精度，其优于一些纯经验算法，甚至好于一些与时间、波长、深度相关的更为复杂的遥感估算初级生产力的光–生物模式。

Platt（1986）提出：

$$P_A = S\eta \tag{4.49}$$

其中，S 是光合色素每单位面积、单位时间所吸收的能量；η 是能量的转化效率。

$$S = \int_0^\infty Q(Z)\mathrm{d}z \tag{4.50}$$

$$Q(Z) = Kc \times B(z) \times E(z) \tag{4.51}$$

$$E(z) = E(0)\exp(-kdz) \tag{4.52}$$

根据 $\Lambda = P_A/\int B(z)\mathrm{d}z$ 与 $E(0)$ 的关系有：

$$\psi = k \times \eta/(Zeu \times K_d) \tag{4.53}$$

$$\eta = \partial p/(k \times B\partial E)|_{E->0} = \alpha^\beta/k \tag{4.54}$$

$$\psi = \alpha^B/4.6 \tag{4.55}$$

因此得出了：

$$P_A = \psi \times E(0) \times IC \tag{4.56}$$

或：

$$P_A = \alpha \times E(0)/K_d \tag{4.57}$$

这显然对应的是 PvsE 曲线的线性部分的关系。对于这种关系 Platt 还进行了误差分析。

Campbell J. W. 等（1988）指出 ψ 值变化相当大，并在假定 Kc 为常量的基础上拟合出：

$$<\varphi>/\varphi_{max} = 1.1 - 0.46\lg E(0) \tag{4.58}$$

其中，η 和 $<\varphi>$ 是同一个概念。

相似的算法还有 Morel 等（1989）：

$$PSR = PAR(0+) <chl> tot\,\psi* \tag{4.59}$$

（注：ψ^* 和以上符号由于单位不同在数值上有些不同）

Platt（1988）等提出了一个基于 PvsE（初级生产力与光照关系的曲线）曲线的算法（不考虑光抑制），并加入了光谱和角度的信息：

$$P(z) = \prod(z)\{1 + [\prod(z)Pm(z)]^2\}^{-1/2} \tag{4.60}$$

$$\prod(z) = B(z)[\sec\theta_d\int\alpha^\beta(z,\lambda)I_d(z,\lambda)\mathrm{d}\lambda + \cos\theta^{-1}\int\alpha^\beta(z,\lambda)I_s(z,\lambda)\mathrm{d}\lambda] \tag{4.61}$$

且用 $B(z) = B_0 + h/\sigma(2\pi)^{1/2}\exp[-(z-z_m)^2/(2\sigma^2)]$ 来拟合叶绿素浓度随深度变化的曲线。Platt（1991）根据 12 个分区并按不同的季节所确定的参数，代入以上方程进行初级生产量的计算。

Balch（1989a，1989b）提出 PT 和 PTL 算法，其利用实测数据，建立一个已知的剖面曲线用来估算浮游植物的垂直分布：

$$PT = \sum_{z=0}^{z=zeu} Pm_{(t,z)}^B C(z)F(I,Z) \tag{4.62}$$

其中，$C(z)$ 由调查的平均叶绿素剖面来获得，或采用校准站点来获得；$F(I,Z)$ 是光照的函数，是光合作用速率与光照的相应关系。

$$P_m^B = 10^{(0.060T+0.308)} \tag{4.63}$$

又如其采用某一个典型实测站点作为"校准站点"，通过该站点的拟合曲线求得参数，用以对整个区域进行计算，如果没有校准站点则采用平均值：

$$\lg\psi' = (\lg\psi'_m)(K_{lt}/(K_{lt} + E)) - c \tag{4.64}$$

式中，K_{lt} 是 ψ' 为 ψ'_m 的 1/2 时的光强，c 是常数。

$$P_{od} = \psi' C_{oc} E \tag{4.65}$$

$$p_m^{b'} = 16.74T - 172.42 \tag{4.66}$$

式（4.66）是用来控制 P_{od} 值的，即当 P_{od} 的值大于 $p_m^{b'}$ 便采用 $p_m^{b'}$ 的值，因为 $p_m^{b'}$ 的值认为是最大初级生产率。

有许多算法建立在不考虑光抑制条件下 P vs E 曲线所表现的关系上，但是在自然界中，很多情况下光强都会引起光抑制，因此也有相当多的算法建立在这样一种关系上，如 Behrenfeld 等（1997）：

$$P(z,t) = P_{opt}^B Cz[1 - \exp(-Ez/E\max)]\exp(-\beta dEz)/[1 - \exp(-Eopt/E\max)]\exp(-\beta dEopt) \tag{4.67}$$

Behrenfeld 等以上述方法为基础推出一个简单算法：

$$PP = 0.661P_{opt}^*(PAR(0_+)/(PAR(0_+) + 4.1)Z_{1\%PAR}C_{opt}D_{irr} \tag{4.68}$$

这种关系和 Platt（1980）及 McBride（1992）的方程有些差异，他们的方程为：

$$P = P\max[1 - \exp(E/Ek)]\exp(-\beta E/P\max) \tag{4.69}$$

实际上 Behrenfeld 等用式（4.67）来描述光合作用速率的剖面过程。

此外还有 Ichio Asanuma（2002）的算法：

$$pb(z, PAR(z,t), T) = 24[1 - \exp\{-0.006a \times PAR\%(z,t)\}] \times \exp\{-0.005b \times PAR\%(z,t)\} \tag{4.70}$$

$a = 0.1s \times PAR(0) + I$；$s = -0.00012 \times T^3 + 0.0039T^2 - 0.0007T + 0.2557$；

$I = 0.00023T^3 - 0.0108T^2 + 0.0868T - 0.1042$；$b = 0.00048T^3 - 0.0196T^2 + 0.1134T + 3.1214$；

$$\lg(PAR\%(z, C_{sat})) = (aC_{sat} + b)z + 2$$

由于

$$\alpha = \partial p/\partial I|I -> 0 \tag{4.71}$$

$$\varphi m = a_c^* B \partial p/\partial I|I -> 0 \tag{4.72}$$

且 $P_{max} = aE_K$，所以：

$$a = \varphi m a_c^* B \tag{4.73}$$

$$P_{max} = \varphi m a_c^* BEk \tag{4.74}$$

$$P = 12\varphi m a_c^* BEk[1 - \exp(E/Ek)]\exp(-\beta E/(aEk)) \tag{4.75}$$

光具有波粒二相性，一个光子对应着一个电子激发传递，四个电子通常还原一个二氧化碳分子，放出一个氧分子，能起动光化学反应的光子的作用是等效的。引进量子产量有利于分析和理解光合作用过程。

将上式做些变动便有 Morel（1991）的模式：

$$P = 12\varphi ma_{\max}^* B \times Kpur[1 - \exp(PUR/kpur)]\exp(-\beta PUR/kpur) \tag{4.76}$$

$$PUR = \overline{a_c^*}PAR/a_{\max}^* \tag{4.77}$$

$$kpur = \overline{a_c^*}E_k/a_{\max}^* \tag{4.78}$$

关于 φc (z) 的估算方法如下 (参见 Sorensen, 2001)。

$$\varphi_c(z) = \varphi_{\max}e^{-\alpha PAR(z)} \tag{4.79}$$

$$\varphi_c(z) = \varphi_{\max}K_\varphi/(K_\varphi + PAR(z)) \tag{4.80}$$

$$\varphi_c(z) = \varphi_{\max}I_k/PAR(z)\tanh(PAR(z)/I_k) \tag{4.81}$$

由第 2 章介绍的受激发电子的退激发方式之间是相互竞争的，量子产量与荧光产量往往是此消彼长的关系。量子产量通常与辐照度呈反相关关系，而荧光产量则和辐照度有正相关关系，且不同的海区关系会有所不同。

$$Fc = \varphi_c Ia^* C \tag{4.82}$$

$$Ff = \varphi_f Ia^* C \tag{4.83}$$

式中，Fc 和 Ff 分别是光合产量速率、荧光产量速率，φ_f 为荧光量子产量

所以有：

$$Fc/Ff = \varphi_c/\varphi_f \tag{4.84}$$

由 Chamberlin (1990, 1992) 有：

$$\varphi c/\varphi f = (\varphi_c/\varphi_f)_{\max}K_E/(K_E + Eo(PAR)) \tag{4.85}$$

其中，$Eo(PAR)$ 为光合作用有效标量辐照度；K_E 是一个经验常数 [半饱和常数单位同 $Eo(PAR)$，范围常在 $116 \sim 215$ μmol photons $m^{-2}s^{-1}$]。

$$F_c(t,z) = (\varphi_c/\varphi_f)_{\max}K_E/(K_E + Eo(PAR))F_{f(t,z)}(K_T T + C) \tag{4.86}$$

从而从探测的荧光水平来计算初级产量。

或由于：

$$F_o = K_f \times a^* \times I/(K_f + K_h + Ks + Kp[Q_A]) \tag{4.87}$$

$$F_m = K_f \times a^* \times I/(K_f + K_h + K_s) \tag{4.88}$$

$$F_v = F_m - F_o \quad (参数含义见第 2 章 2.3 节) \tag{4.89}$$

$$\varphi_{II} = F_V/F_m \tag{4.90}$$

φ_{II} 和 φ_m 有相关关系，从而可获得量子产量 (Geider et al. , 1993)。

式中，$K = 1/\tau$，τ 是荧光等的寿命；K 是速率常数，其中 f、p、h、s 分别是指荧光、光化学、热扩散、向光系统 I 的溢出；φ_{II} 为光系统 II 的量子产量。

利用荧光来反演海洋初级生产力目前可能会受到荧光法本身价值的限制，因为探测的叶绿素浓度的范围是要大于 1 mg/m^3，这仅占世界大洋面积的 0.20%，初级生产力的 8% 左右。其次利用荧光法所能探测的深度也受到限制，因为荧光峰在 685 nm 左右，这是水体的较强吸收的波段。MODIS 的荧光法反演叶绿素浓度也在探索之中。当然由荧光产量来求得光合量子产量也需要进一步的研究。

新生产量的遥感估测主要是利用表层温度与硝酸盐浓度之间的关系，以及硝酸盐浓度和 f 率之间的关系来进行的，如 Sathyendranath 等 (1991)：

$$N = 21.1 - 2.08sst + 0.0505\,sst^2 \tag{4.91}$$

$$f = 0.731[1 - \exp(-1.25N)] \tag{4.92}$$

$$P_n = fP_t \tag{4.93}$$

但是 Elskens 等（1999）认为：f 和［NO_3］的关系受［NH^+］的影响，并认为有如下关系：

$$f = f^*_{(NO_3, \alpha 1)} I_{(NH_4, \beta 1)} + \varepsilon(r) \tag{4.94}$$

$$I = 1 - \frac{NH_4^+}{\beta_1 + \beta_2 [NH_4]} \tag{4.95}$$

$$f^* = 1 - \exp(-[NO_3^-]^{\alpha 1}) \tag{4.96}$$

或

$$f^* = [1 + \exp(-\alpha 1([NO_3^-] - \alpha 2))]^{-1} \tag{4.97}$$

因此仅用单要素来反演海洋新生初级生产量，会带来很大的发散，且 SST 和硝酸盐浓度之间的关系也是不稳定的。Dugdale 等（1989，1997）对上升流区新生产量遥感估算模型进行了较多的讨论。

初级生产力的遥感算法可以从微观和宏观两个层次来理解：从微观上，通过获取外部因子（生态环境描述）来推出其内在的生理过程和反应，从而获得初级产量，这是真正意义上的解析算法。宏观上是从统计的角度来探索其内在响应关系，统计关系建立会忽略随机过程，这在经验算法精度解释上要求要有一定的时间和空间尺度。

以上经验算法便是基于对数据的统计分析，获得统计关系的，因此数据的范围和质量会影响算法的提取质量，并由于忽略了随机过程，其算法的精度要求在一定尺度内才能正确理解。

从目前来看，解析算法的基本框架在于 PvsE（光合作用速率与光照关系的曲线）曲线，然后利用遥感所提供的数据来估算 PvsE 曲线所对应的生理参量，由于对植物的生理过程的理解本身还不是很明确，同时有些参量（环境或生理方面的）遥感的方式又不能得到，依赖环境参量对生理参量的估算也只能是经验的，如果这些生理参数能较合理地给出，这些算法还是有一定精度。这也许说明这种参数化形式是成功的，但是对生理参量的估算限制了算法的能力，模型也成了半经验的。另外，从以上算法的简单介绍可以看到，这些解析算法也是以浮游植物在稳定状况下的平衡生长条件为基础的，而在实际情况中，这种状态可能是不能维持的，同时海洋中也存在各种扰动（这些参数也不能完备地给出且同化到算法中），物种存在多样性的适应等过程会造成算法发散。这也许是众多算法低精度原因的一个方面。

由于遥感通常能提供光合作用有效辐照度（PAR）、海表温度（SST）、海表层叶绿素浓度（Chla）、悬浮泥沙浓度（Sediment）、黄色物质浓度（yellow substance）及 MODIS 的荧光高度、浮游植物的吸收系数等数据，利用遥感对初级生产力的估算主要依赖这些数据，同时会辅助一些实测数据（如：有关剖面数据、一些生理参量）（Platt et al.，1991）和一些经验常数（如：$\Phi_{max} = 0.06$）（Morel，1991）。

叶绿素 a 一方面作为水环境中物质和悬浮泥沙浓度及黄色物质浓度一起计算光学参量（Z_{eu}，K_d，a，b 等）；另一方面作为生态生理参量来反映生物量和对光能的吸收能力和量的多少。实际上其他色素也吸收光能，吸收系数不能仅仅依赖于叶绿素 a（Sorensen et al.，2001），但应用中由于其他色素遥感较难获得，限制了这方面的能力。

PAR 是光合作用的能量源头，在模式中，其作用有二：一是和叶绿素浓度一起计算浮游植物所能利用的能量；二是作为对光合作用过程和机构的调节因子，参与生理参量的估计。

温度的作用往往是作为第二位的因子，通常认为温度的作用可能与暗反应密切相关，温度也和营养物水平相联系（如 NO_3^- 浓度），以及影响呼吸、物种的更替等。温度通常用来对 P_m^B（或 E_K，φ_{max}，通常认为其对光合作用的初始斜率无影响）的估算，但与之关系可能多种多样：

- 关联不大（Campbell et al.，1988）；
- 负关系（Balch，1992）；
- 指数关系（Morel，1991）；
- 先升后降关系（Behrenfeld，1997）。

这可能和不同的实测数据集的分布以及不同水域特性生物适应性不同等因素有关。

其他参量如营养盐等直接用于计算还较少，但实际上各因子本身就不独立，如温度、叶绿素浓度就都会反映该海域营养盐水平。由于这种相关关系的存在，且引入变量的同时会带入相应的误差，因此对这些变量的引入必须经充分考虑。

此外还有通过海洋生态动力学系统模型来研究海洋初级生产过程的，如高会旺（1999）、王海黎（1995）等。海洋生态动力学系统模型是对海洋生态系统过程的模拟，将物理和生物过程相耦合，通过对各种因子具体过程的模型方程的应用来描述海洋生态系统的动态过程，从而获得对海洋初级生产力定性或定量的认识和理解，如 Franks（2001）的 NPZ（营养盐、浮游植物、浮游动物）生态模式：

$$dp/dt = \frac{V_m N}{K_s + N} f(I_o, z) P - ZR_m(1 - e^{-\lambda p}) - \varepsilon p \tag{4.98}$$

$$dZ/dt = \gamma ZR_m(1 - e^{-\lambda P}) - gZ \tag{4.99}$$

$$\frac{dN}{dt} = -\frac{V_m N}{k_s + N} f(I_0, z) P - ZR_m(1 - e^{-\lambda p}) + \varepsilon p + gZ \tag{4.100}$$

$$\partial p/\partial t + u\frac{\partial p}{\partial x} + v\frac{\partial p}{\partial x} + w_s\frac{\partial p}{\partial z} = \frac{\partial}{\partial x}(k_x\frac{\partial p}{\partial x}) + \frac{\partial}{\partial y}(k_y\frac{\partial p}{\partial y}) + \frac{\partial}{\partial z}(k_z\frac{\partial p}{\partial z}) +$$
$$\frac{V_m N}{K_s + N} f(I_o, z) P - ZR_m(1 - e^{-\lambda p}) - \varepsilon p \tag{4.101}$$

$$\frac{\partial N}{\partial t} + u\frac{\partial N}{\partial x} + v\frac{\partial N}{\partial y} + w_s\frac{\partial N}{\partial z} = \frac{\partial}{\partial x}(k_x\frac{\partial N}{\partial x}) + \frac{\partial}{\partial y}(k_y\frac{\partial N}{\partial y}) + \frac{\partial}{\partial z}(k_z\frac{\partial N}{\partial z}) -$$
$$\frac{V_m N}{k_s + N} f(I_0, z) P - ZR_m(1 - e^{-\lambda p}) + \varepsilon p + gZ \tag{4.102}$$

$$\frac{\partial Z}{\partial t} + u\frac{\partial Z}{\partial x} + v\frac{\partial Z}{\partial y} + w_s\frac{\partial Z}{\partial z} = \frac{\partial}{\partial x}(k_x\frac{\partial Z}{\partial x}) + \frac{\partial}{\partial y}(k_y\frac{\partial Z}{\partial y}) + \frac{\partial}{\partial z}(k_z\frac{\partial Z}{\partial z}) +$$
$$\gamma ZR_m(1 - e^{-\lambda P}) - gZ \tag{4.103}$$

其中，V_m 是浮游植物最大营养盐吸收率；K_s 是营养盐吸收半饱和常数；R_m 是浮游动物最大摄食率；λ 是摄食效率；ε 和 g 分别指浮游植物和浮游动物的死亡率；γ 是被浮游动物吸收的营养盐比率；$f(I_0, z) = I_0 \times \exp(-Kd \times z)$；$z$ 是水深；U，V，W 是水平和垂向水流扩散速度；k_x，k_y，k_z 分别是涡度扩散率。

4.3 我国海区初级生产力的计算模型

基于上述模型的介绍，以及在实际的遥感估算应用中，很难采用时间、波长、深度进行积分计算，且有些参数如叶绿素浓度剖面数据本身也难以获得，作为近似，采用平均量作为变量。反演初级生产力的模型以光合作用过程中电子传递论说以及光合碳循环理论（见第 2 章），可以归纳为下式表示：

$$Opp(z) = PAR(z) \times a(z)^* \times Chla(z) \times \varphi(z) \times 12000 \qquad (4.104)$$

PAR 是光合作用的有效辐射，单位为 $Ein/(m^2 \cdot d)$。由于浮游植物对光的吸收无方向性，PAR 应是指标量辐射，对这个量同时进行了角度的修正（见第 3 章 3.3 节）。a^* 为单位吸收系数，单位为 $m^{-1}/(mg \cdot m^{-3})$，$PAR \times a^* \times Chla$ 所得到的是浮游植物获得总光子个数。φ 为光子利用效率，即每摩尔光子所合成的摩尔碳量（molC/Ein），12 000 是用于将 molC 换算成 mgC，Opp 为初级生产量单位为 $mgC/(m^3 \cdot d)$。

4.3.1　数据与方法

首先确定南黄海、东海海区、台湾以东海区为主要研究海区（18.29°—34°N，120.4°—129.0°E，在这贫营养和富营养海区均有分布）。我们收集的数据为 1984 年 8 月、11 月和 1985 年 2 月、5 月黄海南部和东海北部（28°—34°N，127°E 以西）海域的初级生产力及环境要素调查数据，详细的数据采集与方法说明见宁修仁等（1995）1986 年到 1991 年秋部分东海的调查数据、1986 年中法长江口合作调查、1990 年的浙江海岛调查的部分数据；以及部分文献数据：洪华生等（1997）台湾海峡，陈兴群等（2000）台湾以东的调查数据，费尊乐等（1991）渤海的调查数据，黄良民等（1989）的南海调查数据，中日副热带环流调查的海域数据（18.29°—29.5°N，120.4°—129.0°E），对没有温度记录的采用多年平均数据。对没有辐照度记录的采用理论计算并结合有关气象条件的纪录进行修正（0.2～0.9）。表层叶绿素浓度的计算我们采用式（4.4）。

对数据的统计，先确定使用方程的数学形式，其中参数的求取采用非线性最小二乘拟合的计算方法进行确定，其目标是求出相关系数最大时所对应的模式系数，从而能获得计算方程。

采用日平均量子产量如下式计算：

$$\overline{\varphi} = \frac{\int P\mathrm{d}z}{\iiint a^*(\lambda)C(z)PAR(\lambda,Z)\mathrm{d}z\mathrm{d}\lambda\mathrm{d}t} \qquad (4.105)$$

相对均方根误差（RRMS）为：

$$RRMS = \sqrt{\frac{1}{N-2}\sum_{k=1}^{N_{test}}\left(\frac{(C_m^k)-(C_s^k)}{(C_s^k)}\right)^2} \qquad (4.106)$$

4.3.2　模型获取

在这一计算中关键是得到光子的利用效率即量子产量。量子产量的理论值通常认为一个光子只能提供一个电子，由于双光反应的存在，放出一个 O_2 需要 4 个电子，所以至少需要 8～10 个光子，因此光子产量的最大值是 0.125 mol C/Ein；但是由于存在其他产物的合成（如磷化物）也要损失光子，其值取法较多，例如 0.1 mol C/Ein，或 0.06 mol C/Ein 等，据 Babin 等（1996）的研究，量子产量的最大值有 12 倍的变化范围［0.005～0.063（molC/

Ein）〕。另据吕瑞华等（1999）对桑沟湾水域浮游植物的光量子产值的研究，该水域光量子产值范围为 0.001 89 ~ 0.060 19（molC/Ein），有 31 倍多的变化。量子产量是生物其内在和外在综合环境的表现，但在量化时通常采用光照度、温度和营养盐作为主要因子，表现为随光照度的减小而增加，进而趋于最大值，因此我们认为光照度和量子产量的关系是减函数的关系。温度的作用比较复杂，区域性很强，其关系有单调升高的，也有先升后降的，温度主要是对最大量子产量产生影响。就此采用两种函数形式：一种是多项式，另一种是指数形式用于计算。由于量子产量受营养盐的影响，加入叶绿素浓度作为一个影响因子，并认为营养盐的作用仅对较低叶绿素浓度区域作用较大，而高叶绿素浓度区域不受营养盐的影响或较小。因此以下式作为待求方程：

$$\bar{\varphi} = (A - B\lg(PAR)) \times Fx \times \frac{Chla_{sat}}{Chla_{sat} + C} \tag{4.107}$$

$$Fx = D \times sst^E \tag{4.108}$$

或：

$$Fx = D + E \times sst + F \times sst^2 + G \times sst^3 \tag{4.109}$$

其中，A、B、C、D、E、F、G 为待求参数，按式（4.104）和式（4.105）、式（4.107）、式（4.108）、式（4.109）以及邢书珍等（1995）的方法，经过对研究区域的数据分析，得出如下关系（使相关系数最大时的系数）：

$$\bar{\varphi} = (0.11 - 0.037\log(PAR)) \times Fx \times \frac{Chla_{sat}}{Chla_{sat} + X} \tag{4.110}$$

$$Fx = 0.0183 \times sst^{1.3773} \quad (5 < sst < 29) \tag{4.111}$$

式中，当叶绿素浓度小于 1.5 mg/m^3 时 X 为 0.3；当叶绿素浓度大于 10.0 mg/m^3 时 X 为 2.5；中间数据以此进行内插。由于：

$$Opp = \bar{\varphi} \times \overline{PAR} \times Zeu/4.6 \times DL \times \overline{chla_{eu}} \times \overline{a^*} \times 12000 \tag{4.112}$$

$$Zeu = 2.53 \times sd \tag{4.113}$$

$\overline{a^*}$ 取 0.016，得到以下计算模式：

$$Opp = (0.11 - 0.037\lg(\overline{PAR})) \times Fx \times \overline{Chla_{eu}} \times sd \times \overline{PAR} \times DL \times coe \times \frac{Chla_{sat}}{Chla_{sat} + X}$$

$$\tag{4.114}$$

式中，$\overline{PAR}$ 为日平均量由遥感模式计算出并修正为标量辐照度；DL 为日长。sd 是遥感所得的透明度；$\overline{Chla_{eu}}$ 是利用遥感模式所得的叶绿素浓度通过式（4.14）计算所得的结果，$Chla_{sat}$ 为遥感所得叶绿素浓度，其中 coe 等于 76.694 6 为使 RRMS 最小时的值。

4.3.3 结果分析及讨论

由遥感反演初级生产力的模式可见，初级生产力由太阳光照（$\overline{PAR}$）、透明度（sd）、海表水温（sst）和 表层叶绿素浓度（$Chla_{sur}$）等参量所决定。为验证模式的可信度，由于没有卫星同步数据，其中太阳光照、透明度和温度只能采用调查数据或用平均的气候数据，鉴于叶绿素浓度在遥感模式中是个关键参数，第一步用真光层内船测平均叶绿素浓度代入式（4.114）计算得到图 4.3a，横坐标是船测初级生产量数据，纵坐标是模式计算的初级产量数据，两者经过对数变换，数据点较紧凑地分布在蓝线附近（蓝线为 $y = x$ 的直线），结果较好

（$R = 0.95$，$RRMS = 0.35$，$n = 242$）。但是由于遥感得到的是海表面的叶绿素浓度，为了验证以海表面的叶绿素浓度转换到满足上式的真光层内平均叶绿素浓度后上式的可信度，第二步，选用船测海面叶绿素浓度，通过式（4.14）转换成真光层内的平均叶绿素浓度值再代入式（4.114）计算得到图4.3b，图4.3b相对于图4.3a较发散，但结果也较好（$R = 0.92$，$RRMS = 0.45$，$n = 242$），由以上两步验证得图4.3a与4.3b，结果表明模式（4.114）有一定的可信度。

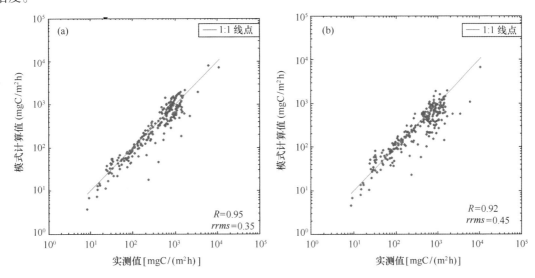

图4.3　模型计算（1）和（2）与实测结果的比较

首先，由于观测数据以及对应的遥感数据的限制，不能对上述模式进行较全面的验证，其值是实测的或是由其来推导出的，而实际上的遥感数据可能存在许多不确定性，因此其高相关性还值得进一步探究。

其次，由于卫星所测量的叶绿素的浓度限于表层，而实际上，叶绿素浓度空间分布是非均匀性的，其空间分布很难用遥感数据加以确定，如东海，由于多水团的相互作用，锋面的存在，常常在20 m层左右的深度形成极大值。如测站：4044站（8月）表层浓度为0.48，20 m层浓度为11.07；4128站（5月）表层浓度为0.91，35 m层浓度为7.73；4055站（5月）表层浓度为0.35，20 m层浓度为1.88；4047站（5月）表层浓度为0.25，20 m层浓度为1.21等。相应采用表层叶绿素浓度计算的初级产量也严重低于实测数据，如4044站：遥感获取的初级产量为1183.08，实测数据为6132.57；4128站：遥感获取的初级产量为890，实测数据为3506；4055站：遥感获取的初级产量为310，实测数据为1470；4047站：遥感获取的初级产量为212.4，实测数据为943.83。

上述情况在5月、8月占多数，造成低估的原因，一方面是该时期水层稳定会使生物量的剖面分布不均匀，而表层叶绿素浓度值常常很低，生物量的剖面分布峰值得不到反映，造成对生物量的低估，另一方面该时期光照强、真光层深、下层浮游植物的初级生产量贡献加大，从而使得这一低估得到加强。

由于采用式（4.14）计算，会使得用小于0.95的表层叶绿素浓度估算真光层平均浓度时，真光层平均浓度会大于表层浓度，大于0.95的会小于表层叶绿素浓度值。在秋冬季，由于叶绿素浓度分布比较均匀，对于表层叶绿素浓度值小于0.95的站点常常会被高估真光层平均浓度,从而高估了初级生产量,所以在秋冬季不宜采用式(4.14)计算,可直接采用表层叶绿素浓度作为真光层平均叶绿素浓度进行计算。

就是采用真实的真光层平均浓度计算也会引起错误,如3092站(5月),其叶绿素浓度的剖面分布为:0 m 0.46、10 m 0.34、20 m 0.69、35 m 1.59、50 m 0.69,真光层深度为46 m、真光层平均浓度为0.87,估算为975.57,实测为478.3。上层光合效率高但叶绿素浓度低,下层的光合效率低但叶绿素浓度高,而采用平均浓度会使估算偏高。表层叶绿素浓度高、平均浓度相比较低的,会产生低估,如4128站(1月),弱光照会加剧这种误差。

在第3章,文中就叶绿素浓度剖面分布对初级生产力估算的影响进行了讨论,相应的情况在数据的处理中都有所表现,这里不一一列举,有关具体情况请参见第3章3.3节〔注:以上叶绿素浓度单位为 mg/m^3,初级生产力的单位是 $mgC/(m^2 \cdot d)$〕。

第三,温度曲线的拟合相关性并不高($R^2 = 0.409\,4$),如图4.4所示。如果 $Fx = 0.75$,相关性下降并不多(与图4.3b相比较),如图4.5。Rs 决定于海面光强的相对光合作用率,但是在实际的应用中,发现模型中加入温度这个参数进行估算更符合实际。这可能和我国海区温度变化较大、有明显的季节性特点,且受黑潮、沿岸流、径流影响大,而温度能反映这些特点(而对于辐照度,海洋的反应相对滞后)有关。温度距平大小也许是反映温度作用大小的指标。

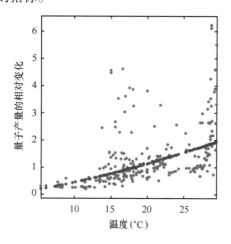

图4.4 量子产量的相对变化与温度的关系

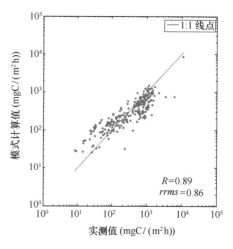

图4.5 模型计算与实测结果的比较

同时正如在第2章和第4章中所介绍的,温度对初级生产量估算的影响和数据所覆盖的范围有较大的关系,其关系的确定可能更具有区域性的特点。对温度函数,在加入部分台湾东南海区、福建沿海、渤海的部分数据或文献资料后进行了部分调整以适合处理这些区域的数据,主要是对高温(大于25℃的)、低温(小于7℃的)部分取25℃或7℃时的值,并进行了归一化。

4.3.4 和其他模型的比较

为了进一步了解模式,从 http://seawifs.gsfc.nasa.gov/ 网站下载了 VGPM 模式所用到的数据(去除部分缺辐照度数据的站点,所用站点数为 $N = 1422$),以此来进行模式间的一些简单的比较,数据仅采用表层遥感能得到数据代入模式进行计算。图4.6是对本模式〔a 温度函数采用式（4.41）；b 采用 VGPM 温度参数化形式〕以及 Campbell 等（1988）的模式（c 见 4.2 节第 2 点）、Behrenfeld 等（1997）的 VGPM 模式（d 见 4.2 节第 2 点）采用上述数据计算后所得结果的比较，纵坐标是船测数据，横坐标是模式计算结果，数据进行了对数变换，蓝线是 $y = x$ 的直线。

图 4.6a 和图 4.6c 估算能力较低，图 4.6b 和图 4.6d 估算能力较强，这也说明估算算法区域性强的特点，算法的估算能力取决于收集的数据及其应用范围。

对全球的初级产量的估算而言，采用一套参数的分析模型或回归模型来达到较好的估算全球初级产量是有相当难度的，而需要参数的区域化，我们可将估算模式标准化，而各个生理参数的估算代入区域算法能提高算法的精度，如图 4.6b 所示。

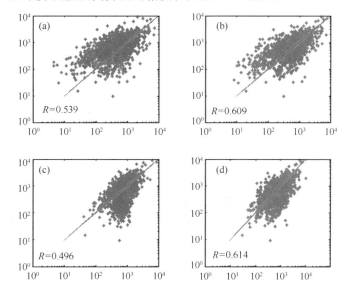

图 4.6　各模型计算结果的比较

4.4　模型的应用

上述模式在加入部分其他数据，进行了温度函数的调整后，利用遥感资料得到式（4.114）所需要的参数，我们对中国海区的初级生产量的分布进行了估算。

中国海区初级生产量分布图（图 4.7）是采用 SeaWIFS 资料（2000 年 1 月到 2000 年 12 月）提取的叶绿素浓度数据、辐照度数据、透明度数据（透明度数据由何贤强提供）和 NO-AA 水温数据（NOAA 2000，1 ~ 2 000，12 由毛志华提供）所估算的初级产量。

从遥感图像和图 4.8 来看，大洋区的初级生产率的年变化相对较少，变化范围在 40 ~ 500 mg/（m² · d）之间，集中在 50 ~ 250 mg/（m² · d）。5 月、6 月、7 月所得的叶绿素数据在大洋区噪声较大，尤其是图像边缘，所以初级生产力分布图的噪声也较大。从 4 个月的大体分布上来看初级生产量以 5 月较高（但是该图噪声较大其值可能有问题），其次为 8 月、11 月最低（在一年变化中 10 月比 11 月还要低，在台湾东南相同海区 11 月份均值为 62 mgC/（m² · d），10 月份为 88 mgC/（m² · d）。

对于渤海海区，初级生产量最低月份为 2 月，3、4 月开始升高，5 月达到最大，这是全年的第一个次高值，随后6月有所下降，七八月份又开始升高并达到全年最高值，九十月份开始回落，但11月略有所回升。这种分布和有关文献资料描述相近（费尊乐等，1991），见图4.8。

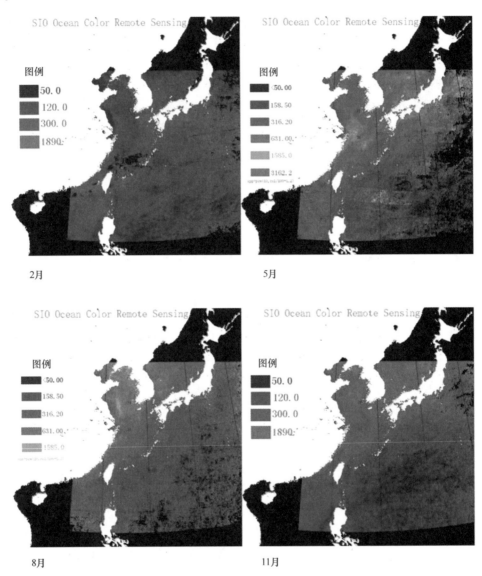

图4.7　2000年中国海区初级生产量分布

从黄、渤海初级生产量分布图以及图4.8来看：冬季（2月）普遍较低，且基本上不出现高值区，主要影响因子为温度和海水的透明度，这时期水温低，透明度也较小。春季（5月）初级生产力高值分布区仅见于南黄海和东海北部部分海区，而北黄海不出现，这与北方春季水温仍较低有关，在春季东海北部初级生产力达到全年最高值。夏季黄海初级生产量整体提高，并达到全年最高值，东海北部相对5月有所下降，为全年次高值，从8月、9月、10月的图像和图4.8看，黄海和东海北部海区初级产量依次有所下降。秋季（11月）总体上比夏季降低，但是相对于10月有所回升，局部区域出现次高值，高值分布区明显向东南移和分布趋势大体上随水深度的增加而增加，这可能和近岸的沿岸流（水温较低）及透明度的变

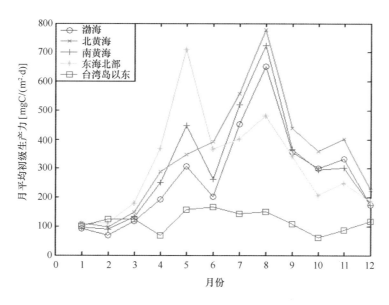

图 4.8　2000 年各海区月平均初级生产力随月份的变化

渤海以渤海海峡为界，北黄海为 34°N 以北，南黄海为长江口区到济州岛连线以北，长
江口区到济州岛连线以南、30°N 以北、126.52°E 以西为东海北部，台湾岛以东区为点
（122°E，24°N）、（122°E，18.10°N）、（128.42°E，18.10°N）、（128.26°E，24°N）所构
成的海域，陆地除外

化有关，该图在长江口区由于叶绿素估算偏高，有一相对较高值区不太合理［平均初级生产
力为 305 mgC／（m² · d）］。在渤海、黄海、东海沿岸初级产量值全年普遍较低，这与水体悬
浮泥沙含量高（受河流的输送、再悬浮泥沙的影响）、水体的透明度低有关，也受沿岸流水
温较低的影响。通过与渤、黄、东海初级生产力的分布等值线图（宁修仁等，1995）；朱明
运等，1993）的对比分析发现：采用以上模式计算获得的相应海区、月份的初级生产力的分
布能在一定程度上反映初级生产力的时空分布与变化。但是春、夏季在东海北部海区与南黄
海海区低估可能较严重，主要原因可能与下层高叶绿素浓度区卫星不能探测到有关，这在上
面的模式分析中进行了讨论，尽管这样，变化的基本趋势还是能反映出来。

图像所得出的信息能反映出我国海区的初级生产力受大陆径流（高营养、高悬浮泥沙、
低温）、沿岸流（低温、低盐、高营养）以及黑潮（高温、高盐、低营养）等洋流相互作用
的影响。不同水团的范围和性质以及水团的产生、发展、消亡受沿岸流、黑潮等洋流以及季
风的影响，并形成相应的初级生产力的时空变化特点，反映在初级生产量的高值分布上有春、
夏向西北进，秋、冬向东南退的特点；近岸水体初级生产力较低（受透明度等的影响），离
岸较远处较高，大洋海区（营养盐等的影响）又较低的特点。

我们也采用了"海洋 1 号"卫星资料对辐照度和海洋初级生产力进行了估算（见图
4.9），HY－1A 的 COCTS 有和 SeaWIFS 基本相同的可见光通道用以提取水色要素，同时增设
了两个热红外通道用以提取海表温度数据，因此对初级生产量的估算更为方便，遗憾的是我
们对这数据的处理并不多。同时我们也采用了 MODIS 遥感资料进行了初级生产量的估算（见
图 4.10），也和其他模式进行了对比，模式均能较好地反映初级生产量的时空分布情况。

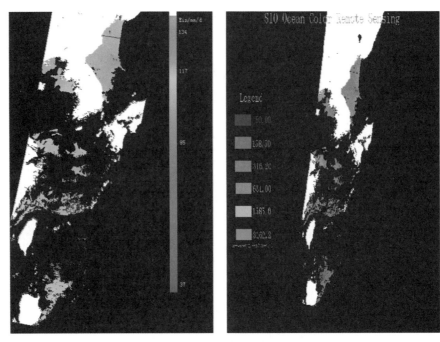

HY-1 6 月 2 日的辐照度 HY-1 6 月 2 日的初级产量分布

图 4.9 "海洋 1 号"卫星资料估算的辐照度和初级产量

图 4.10 MODIS（2001 年 8 月 24 日）资料估算的初级产量分布（图像左旋转 90°）

4.5 结语

由于所用实测数据及其分布区域、时间的限制，以及没有同步数据，对本模式不能给出更深入的讨论，对其结果还要经过进一步的检验。同时由于我国海区大部分是二类水体，水光学特性比较复杂，叶绿素浓度等遥感产品的精度有待进一步的提高，由于叶绿素浓度估算不准，对整个模式的精度影响很大。水文相当复杂的特点也增加了反演初级生产力的难度，造成模式的发散。我们也发现浮游植物对环境因子的响应存在相当的差异性，如温度季节变化较小的区域，低温或高温所得出的效率可能会比模式所计算的要高等，因而参数具有区域性。我们正在收集更多相关数据，以建立基础数据库及其动态更新机制，通过提供动态参数和数据控制来提高估算的精度，同时我们将努力进行利用遥感数据获取海洋区域性结构、特点方面的研究，这将为参数的区域化提供依据。

据于目前的算法、数据和人们对光合作用的认识水平，必须加强遥感数据和实测数据结合，建立实测数据对遥感数据进行调节、控制机制和实测数据动态更新机制，来辅助对遥感数据的分类和有关参数的提取，以及更好地利用遥感数据特性来提取区域性特征进而来分类参数化或设置合理的初级生产力的估算模型等。我们发现按叶绿素浓度的不同分类参数化有助于模式估算能力的提高。加强遥感与海洋动力过程研究、生态生理过程研究的结合，以加深对水团的特性及生物过程的理解和提高利用遥感手段获取这些信息、同化这些信息的能力。在技术上，通过海洋地理信息系统和遥感的有力结合，并利用各种实测和多种遥感平台获得的空间数据在 GIS 这个技术平台上进行有力管理、分析和综合，将更有助于遥感信息的挖掘和扩展信息的应用，提高初级生产力的估算精度。

5　展望

为了在更深层次上研究海洋初级生产力过程，必须对遥感数据和现有相关的各种数据源进行融合，并为此构筑海洋初级生产力信息处理的技术平台。尽管有些工作目前还没有做或结果还不成熟，对某些问题的认识还不清楚，但在这里提出，就是希望今后能在这方面展开研究。

5.1　遥感估算海洋初级生产力模型的区域化

在以上的研究中，我们注意到海洋水色要素的提取、海洋初级生产力的反演等算法具有相当大的区域性和时间性，因为不同悬浮物的结构、不同的物质组成等会影响海水的光学特性，水体的吸收与散射特性的不同会影响海洋水色要素与卫星所探测到的能量之间的关系。海洋初级生产过程由于生物种类的不同、在不同环境下的适应性不同，更是具有区域与时间性的特点。如有些物种在低温时能维持较高的生产能力，有些物种能适应高温环境，有些分布在水层较深的物种可以在绿光波段有较强的吸收能力等。因此初级生产力的估算模型必须要有反映这种特点的参数化形式，才能较好地提取初级生产力的信息。

而通常在海洋中，某一水域、时段能维持较为稳定的或相似的物理过程和生态生理过程，各环境参量与初级生产量之间有较恒定的相关关系。这样就促使我们要探索一种分类的机制，能应用遥感所提供的数据以及相关的辅助数据来达到分类的目的，并能提取这些区域、时间性的参量用于反演计算。这需要遥感数据与多种其他相关数据结合，因为调查数据、图形资料是静态的，而海洋是动态的、变化的，要反映这种动态的、变化的特点就需要遥感数据。但是仅仅依赖于遥感数据有一定的难度，也难于获得相应区域的属性特征，如果我们能从遥感产品中找到海洋分区的方法，结合海洋有关调查数据，我们就能提取此类海区的相关生物光学数据，进而为算法提供区域化的参数，也能使海洋调查有的放矢。

在对海洋生物 – 光学分区研究中、Platt 等（1988，1991）按照经纬度和水体的深度将北大西洋分成 12 个海域，并分别给出相应的生物剖面分布和生物状态等参数，以提高估算的精度。利用遥感数据来提取区域性特征的研究也正在深入中，主要进展如下。

（1）应用海表温度对锋面等特征的提取。海洋锋是海洋中的不连续面，是不同水团边界的标志，通过锋面的提取，我们能够得到一定水团的分布，由于水团的物理、生物等过程具有相对的一致性和稳定性，这有利于对生物的区域结构和生态特点的分析。通过锋面也可获得上升流区、锋面涡的有关信息。

（2）应用叶绿素浓度、透明度等水色数据对海洋区域性结构特点信息的提取。叶绿素浓度是生物量的反映，它在一定程度上反映了该海域区域性特点，如：叶绿素浓度的高低在一定程度上反映了该海域营养盐水平及其相应水动力条件等。Morel 等（1989）按照不同的叶绿素浓度和水体混合的特点对海区进行划分，以提供不同的叶绿素浓度下的剖面结构信息及相关的参量。Modis 初级生产力的算法中采用对叶绿素浓度一年的平均数据和方差来对海洋进行动态的划分，以分类提供初级生产力的计算方法，Modis 在叶绿素浓度的计算上也采用类似的方法以区分合子效应的影响，并提供不同的反演叶绿素浓度的方法。

（3）高光谱数据的应用。随着传感器向高光谱方向发展，图谱合一的遥感数据将为海洋的区划提供更为合理的依据。

近年来，应用遥感数据能在一定程度上对某些物种进行区分，而这些物种能反映区域性特点，Modis 在这方面也进行了尝试，这为一些算法参数的合理选择提供了依据。

我们也对水团的遥感分析上做了些工作，但是所得的结果还不够理想。

5.2 构建遥感反演海洋初级生产力的 GIS 平台

随着海洋调查研究的开展，更值得注意的是遥感技术的应用，时间序列、多传感器、高光谱、多视角技术所获得的遥感数据将急剧增加，面对这大量的海洋数据，如何能更好地挖掘信息和拓展这些数据的应用，也是当前亟须做的。

我们分三个层面来理解初级生产过程：一是生物的生态生理过程；二是海洋中的物理化学过程；三是技术的反演过程。在海洋初级生产力的反演过程中，由于参数具有很强的区域性和时域性，我们希望能动态地获得部分参数及相关信息，而这需要遥感数据、实测数据、海洋环境、气候、地形等空间数据的支持，因此我们需要对遥感数据、实测数据以及各种辅助数据进行管理、提取、分析，也需要对反演的结果进行表现和进一步综合的平台，以将初级生产力时空分布信息应用于海洋资源的合理开发、管理之中，为决策提供依据。

遥感是获得海洋生态环境数据的重要手段，地理信息系统是对空间数据进行管理、提取、分析、表现、输出的一个强有力的工具。1990 年 Menfred Ehelere（王红梅等，1999）指出一个海洋地理信息系统（MGIS）是一个为遥感数据、GIS 数据库和数字模型提供协调的坐标、存储和集成信息的系统结构，同时也提供了一个分析数据、可视化变量之间关系和模型的工具。因此遥感与 GIS 的结合能使我们从更深层次上理解、提取和挖掘这些数据中所蕴含的信息，以便更好地实现初级生产过程的研究和信息产品的应用。

20 世纪 80 年代以来，国内外学者已开始尝试将 GIS 应用于海洋研究领域，并建立了一些海洋地理信息系统，如在海岸带的管理、海洋油气开发、海洋渔业等方面。李国胜等对海洋初级生产力遥感与 GIS 评估模型进行了研究，但是海洋地理信息系统有别于陆地地理信息系统，落后于陆地地理信息系统，这是海洋环境和海洋研究的特殊性所造成的，首先是海洋环境数据获取的难度大；包括技术上和经济上都有很多困难；其次是海洋数据的动态变化性和边界的模糊性，对这类数据的时态关系、存储结构和表现形式是当前地理信息系统研究的难点；最后是缺少软件平台。当前 GIS 软件主要是为陆地 GIS 服务的。同时海洋过程的相对复杂性也阻碍了空间模型的研究与发展。

在这个系统中要实现空间数据的集成统一，从而使我们可以将 GIS 数据集成到 RS 数据的分析中。

（1）可利用各种生物、气候、地形、水团等图形、实测资料来辅助遥感数据的分区，定位、确定可能的区域范围及相关的区域属性信息。

（2）通过实测数据以及相关的水文数据来拓展遥感数据，如遥感数据仅是反映表层的信息，而其垂直结构很难获得，这就需要同化实测等资料才能给出一个较为合理的推测机制。

（3）可用 GIS 数据对 RS 数据进行控制与评价。

同样，RS 数据也可以作为 GIS 数据的一个数据源，通过对 RS 数据的分析、提取可以动态地更新 GIS 数据。

在系统中，采用基于地理信息系统的模型库系统，通过该系统来存储与管理遥感反演有关参数以及初级生产力的应用模型，其包括用于解决半结构和非结构化问题的空间分析模型和解决结构化问题的应用数学模型。

模型库系统是对模型进行分类和维护、支持模型的生成、存储、查询、运行和分析应用的软件系统，并能通过空间数据库为初级生产力的估算模型的建立、评价、应用提供数据支持，在数据更新的同时，能自动对已有模型进行评价和相关系数的更新，为模型的选择提供依据。它主要由模型库、模型库管理系统、应用程序和模型库管理员 4 个部分组成（宫辉力等，2000），其结构如图 5.1 所示。

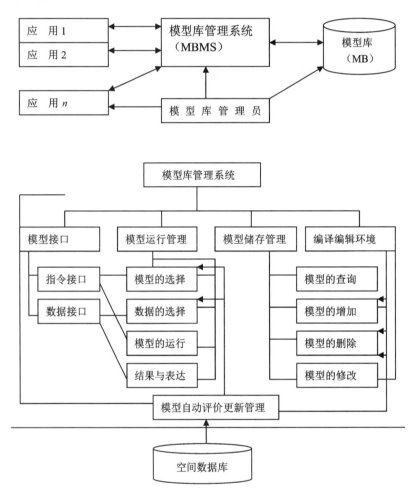

图 5.1　模型库管理系统的组成

由于遥感数据是基于栅格的，而等值线、点等数据是矢量的，不能直接进行计算，我们通过栅格化，使其转化为具有相同栅格大小、统一坐标系统、相互几何配准的栅格数据，同时对遥感等数据按深度的不同进行分层内插，在此基础上进行分层计算，得出每个栅格的海洋初级生产力的大小，对同一位置不同层的栅格进行积分便可以获得该位置上，该栅格面积水体的初级生产量。所获得的初级生产量信息，输入到空间数据库中，为其他应用分析模型提供数据支持，或在制图与可视化系统中生成所需要的产品进行输出，如图5.2所示。

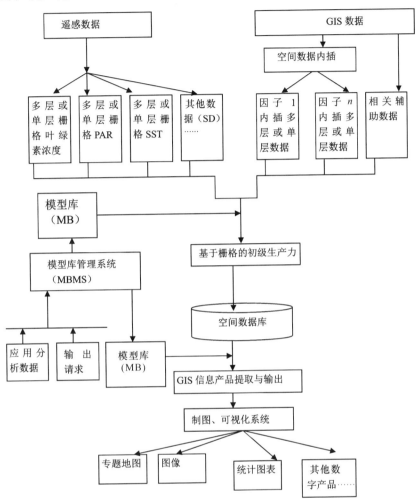

图5.2　基于 GIS 的海洋初级生产力信息提取技术路线

　　遥感是数据的重要获取手段，但其获得的信息却需要不同领域的学者来进行进一步的解析、挖掘，且需要多种辅助数据来配合，这必然要有一相互协调的坐标、存储和集成信息的系统结构，才能有效进行各种综合分析，得到比较全面的认识。

　　由于海洋初级生产过程是海洋各种过程的综合表现，随着多学科相互配合、多种知识的结合、多种信息源的融合并通过 RS 与 MGIS 技术来支撑，我们对海洋初级生产过程的认识将更加深化，我们对初级产量的计算将会更精确，也有利于我们从区域或全球的角度来理解其生态意义。

参 考 文 献

陈戈，等 . 2002. 遥感和 GIS 技术在全球海面风速分析中的应用 . 遥感学报，6（2）：123 - 128.

陈其焕，等 . 1996. 福建沿岸叶绿素 a 及初级生产力的分布特征 . 海洋学报，18（6）：99 - 105.

陈兴群，等 . 1989. 南海中部叶绿素 a 分布和光合作用及其与环境因子的关系 . 海洋学报，11（3）：349 - 435.

陈兴群，等 . 2000. 副热带环流区叶绿素 a 分布和理化过程的变异 . 海洋文集，（12）：144 - 149.

陈兴群，等 . 2002. 热带太平洋西部及赤道暖水区的初级生产力 . 海洋学报，24（1）：86 - 95.

费尊乐，等 . 1990. 叶绿素与初级生产力之间的相关关系 . 青岛海洋大学学报，20（1）：73 - 80.

费尊乐，等 . 1991. 渤海生产力研究 . 海洋水产研究，（12）：55 - 69.

费尊乐，等 . 1997. 利用叶绿素资料计算初级生产力 . 黄渤海海洋，15（1）：35 - 46.

冯士筰，等 . 2000. 海洋科学导论（第一版）. 北京：高等教育出版社 .

高会旺，等 . 1999. 水层生态系统动力学模式参数的敏感性分析 . 青岛海洋大学学报，29（3）：398 - 404.

高会旺，等 . 2001. 渤海初级生产力的若干理化影响因子初步分析 . 青岛海洋大学学报，（4）：487 - 494.

宫辉力，等 . 2000. 地理信息系统的模型库研究 . 地学前缘，8（7）（增刊）：17 - 22.

何贤强 . 2002. 利用海洋水色遥感反演海水透明度的研究 . 硕士论文 . 杭州：国家海洋局第二海洋研究所 .

洪华生，等 . 1997. 台湾海峡初级生产力及其调控机制研究 . 海洋文集，（7）：1 - 15.

黄良民，等 . 1989. 巴林塘海峡东部海区夏季叶绿素 a 的分布和初级生产力估算 . 海洋学报，11（1）：94 - 101.

黄良民，等 . 1992. 海洋叶绿素和初级生产力的研究概况 . 南海研究与开发，（2）.

李宝华，等 . 1999. 南黄海浮游植物与水色透明度之间相关关系的研究 . 黄渤海海洋，（3）：73 - 78.

李国胜 . 海洋初级生产力遥感与 GIS 评估模型研究 . http//xiexelin. edu. chinaren. com/article/giswz41. htm.

李文权，等 . 1999. 厦门海沧沿岸水域初级生产力及其与环境的关系 . 热带海洋，18（3）：51 - 57.

李文权，等 . 1989. 光照强度及环境要素对海洋初级生产力的影响 . 厦门大学学报（自然科学版），28（4）：423 - 426.

林寿仁，等 . 1998. 用 SeaWIFS 资料对悬浮泥沙信息的提取及应用 . // SeaWIFS 海洋水色卫星遥感应用技术研究最终研究技术报告专集 .

刘子琳，等 . 1997. 浙江海岛邻近海域叶绿素 a 和初级生产力的分布 . 东海海洋，15（3）：21 - 28.

刘子琳，等 . 1998. 北部湾浮游植物粒径分级叶绿素 a 和初级生产力的分布特征 . 海洋学报，20（1）：50 - 57.

陆赛英 . 1998. 东海北部叶绿素 a 极大值的分布规律 . 海洋学报，（3）：65 - 75.

吕瑞华，等 . 1999. 桑沟湾水域浮游植物的光量子产值 . 海洋与湖沼，30（1）：52 - 57.

梅文骧，等 . 1998. SeaWIFS 资料在估算海洋初级生产力和海洋渔业中的应用 . // SeaWIFS 海洋水色卫星遥感应用技术研究最终研究技术报告专集 .

宁修仁，等 . 1985. 浙江沿岸上升流区叶绿素 a 和初级生产力 . 海洋学报，7（6）：751 - 762.

宁修仁，等 . 1995. 渤、黄、东海初级生产力和潜在渔业生产量的评估 . 海洋学报，17（3）：72 - 84.

宁修仁，等 . 2000. 我国海洋初级生产力研究二十年 . 东海海洋，18（3）：14 - 18.

潘德炉，等 . 1998. 海洋叶绿素浓度反演模式和产品制作的研究 . // SeaWIFS 海洋水色卫星遥感应用技术研究最终研究技术报告专集 .

钱宏林，等 . 1992. 1996 年 11—12 月热带西太平洋初级生产力的估算 . 暨南大学学报（自然科学版），13

（3）．

商少凌，等．2001. 海洋初级生产力模式与遥感应用研究进展．厦门大学学报（自然科学版），40（3）：
647－652.

王海黎，等．1995. 海洋生态动力学模式．海洋科学，16－18.

王红梅，等．1999. 海洋地理信息系统国内外研究进展．遥感技术与应用，9（3）：49－55.

王宪，等．1994. 湄洲湾夏季的初级生产力．台湾海峡，13（1）：8－13.

吴成业，等．2001. 南沙群岛珊瑚礁潟湖及附近海区春季初级生产力．热带海洋学报，（3）：59－66.

吴培中．2000. 海洋初级生产力的卫星探测．国土资源遥感，45（3）：7－15.

邢书珍，等．1995. 非线性最小二乘拟合的计算方法．中国铁道科学，16（3）：64－71.

严国光，周佩珍，等．1987. 光合作用原初过程．北京：科学出版社．

余叔文，汤章城．1999. 植物生理与分子生物学（第二版）．北京：科学出版社．

朱明远，等．1993. 黄海海区的叶绿素 a 和初级生产力．黄渤海海洋，11（3）：38－50.

Babin M. A. , et al. 1996. Nitrogen and irradiance dependent variations of the maximum quantum yield of carbon fixa-
tion in eutrophic, mesotrophic, and oligotrophic marine systems. Deep Sea Research, Part II, 1241－1272.

Babin M. A. 1996. Remote Sensing of sea surface sun－induced chlorophyll fluorescence: consequence of variations in
the optical characteristic of phytoplankton and the quantum yield of chlorophyll a fluorescence. Int J. R. S. , 2417.

Balch W. M. , et al. 1994. Factors affecting the estimate of primary production from space. Joural of Geophysical Re-
search, 99（C4）：7555－7570.

Balch W. M. , et al. 1989. Remote sensing of primary production – I. A comparison of empirical and semi－analytical
algorithms. Deep Sea Res. , 36：281－295.

Balch W. M. , et al. 1992. The remote sensing of ocean primary productivity: Use of a new compilation to test satellite
algorithms. J. G. R. , 97：2279－2293.

Balch W. M. , et al. 1989. Remote sensing of primary production－ll A semi－analytical algorithm based on pigments,
temperature and light. Deep Sea Res. , 36：1201－1217.

Bannister T. T. 1990. Empirical equations relating scalar irradiance to a, b/a, and solar zenith
angle. Limnol. Oceanogr. , 173－177.

Bannister T. T. 1992. Model of the mean cosine of underwater radiance and estimation of underwater scalar irradiance.
Limnol. Oceanogr. , 37：773－780.

Behrenfeld M. J. Falkowski P. G. 1997. Photosynthetic rates derived from satellite－based chlorophyll concentration.
Limnol. Oceanogr. , 42（1）：1－20.

Bowers D. G. , et al. 1998. The distribution of fine Suspend sediments in the surface waters of the Sea and its relation
to tidal stirring. Int J. R. S, 2789－2803.

Bowers D. G. , et al. 1996a. Inherent optical properties of the Irish sea determined from under water irradance messu-
erments. Estu Coas and shelf Science, 433.

Bowers D. G. , et al. 1996b. Absorption spectra of inorganic particles in the Irish Sea and their relevance to remote
sensing of chlorophyll. Int J. Remote Sensing, 17（12）：2449－2460.

Bricaud A. , et al. 1981. Absorption by dissolved organic matter of the sea（yellow substance）in the UV and visible
domains. Limnol. Oceanogr. , 26：43－53.

Bricaud A. , et al. 1995. Variability in the chlorochll－specific absorption coefficients of natural phytoplankton: anal-
ysis and parameterization. J. G. R, 13321－13332.

Campbell J. W. et al. 1988. Role of satellites in estimating primary productivity on the northwest atlantic continental
shelf. Continental Shelf Res. , 179－204.

Chamberlin Sean. 1991. Estimation of photosynthetic rate from measurements of natural fluorescence : analysis of the effects of light and temperature. Deep Sea Research, 16 – 95.

Dugdale R. C. , et al. 1997. Assessment of new production at the upwelling center at Point Conception, California, using nitrate estimated from remotely sensed sea surface temperature. J. G. R. , 102: 8573 – 8585.

Dugdale R. C. et al. 1989. New production in the upwelling center at Point Conception, California : temporal and spatiall patterns. Deep Sea Research, 36 (7): 985 – 1007.

D. O 霍尔, K. K. 拉奥. 1984. 光合作用（第二版）: 北京: 科学出版社.

Elskens M. , et al. 1999. Improved estimation of f – ratio in natural phytoplankton assemblages. Deep Sea Reasearch, I (46), 1793 – 1808.

Eppley R. W. , et al. 1969. Halfsaturation constants for uptake of nitrate and ammonlum by marine phytoplankton. Limnol. Oceanogr. , (14): 912 – 920.

Eppley R. W. , et al. 1979. Particulate organic matter flux and planktonic new production in the deep ocean. Nature, 282, 677 – 680.

Eppley R. W. , et al. 1985. Estimating ocean primary production from satellite chlorophyll Introduction to regional differences and statistic for the Southern California Bight. J. Plankton Res, (7): 57 – 70.

Eyvind Aas. 1987. Two – stream irradiance model for deep waters. Applied Optics, 26: 2095 – 2101.

Franks P. J. S. , et al. Behavior of a simple plankton model with food – level acclimation by herbivores. Marine Biology, 91: 121 – 129.

Frouin R. 2000 : http: // orca. gsfc. gov/seawifs/par/doc/seawifs_ par_ wfigs. pdf.

Geider R. J. , et al. 1993. Fluorescence assessment of the maximum quantum efficiency of photosynthesis in the western North Atlantic. Deep Sea Research, 1205.

Gordon H. R. 1989. Can the Lambert – Beer Law be applied to the diffuse attenuation coefficient of ocean water? Limnol. Oceanogr. , 34 (8): 389 – 1409.

Gordon H. R. , Clark D. K. , Mueller J. L. et al. 1980. Phytoplankton pigments from the Nimbus – 7 Coastal Zone Scanner: comparison with surface measurements. Science, 210: 197 – 211.

Gregg W. W. , and Carder K. L. . 1990. A simple spectral solar irradiance model for cloudless maritime atmospheres. Limnol. Oceanogr. , 35: 1657 – 1674.

Gwo – Ching Gong. 1999. Estimation of annual primary production in the Kuroshio waters northeast of TaiWan using a photosynthesis – irradiance model. Deep Sea Research, (46): 83 – 108.

Ian Joint, et al. 2000. Estimation of phytoplankton production from space: Current status and future potential of satellite remote sensing. Joural of Experimental Marine Biolory and Ecology, 250: 233 – 255.

Ichio Asanuma. 2002. Primary Productivity Model for Turbid Water.

Kirk Johnt. O. 1994. Light and photosynthesis in aquatic ecosystems. Cambridge University Press.

Lorenzen C. J. 1970. Surface chlorophyll as an index of the depth, chlorophyll content and primary productivity of the euphotic layer. Limnol. Oceanogr. , 27: 226 – 235.

Martin J. H. , Gordon R. M. , Fitzwater S. E. 1991. The case for iron. Limnol. Oceanogr. (36): 1793 – 1802.

Mobley C. D. 1994. Light and Water Radiative Transfer in Natureal Waters. Academic Press.

Morel A. 1988. Optical Modeling of the Upper Ocean in Relation to Its Biogenous Matter Content (Case 1 Waters). Journal of Geophysical Research, No. C9, 10749 – 10768.

Morel A. 1991. Light and marine photosynthesis: a spectral model with geochemical and climatological implications. Prog. Oceanog, 263.

Morel A. , et al. 1989. Surface pigments, algal biomass profiles and potential production of the euphotic layer: relationships reinvestigated in view of remote – sensing applications. Limnol. Oceanogr. (34): 1545 – 1562.

Paltridge G. W. and Platt C. M. R. 1976. Radiative. Processes in Meteorology and Climatology, Elsevier Scientific. New York, 318.

Platt T, et al. Oceanic Primary Production and available light: further algorithms for remote sensing. Deep – Sea Research, 855 – 879.

Platt T., et al. 1988. Oceanic Primary Production: Estimation by Remote Sensing at Local and Regional Scales. Science, 241: 1613 – 1620.

Platt T. 1986. Primary production of the ocean water column as a function of surface light intensity: algorithms for remote sensing. Deep Sea Res, 33: 149 – 163.

Platt T., et al. 1991. Basin – scale estimates of Oceanic Primary Production by Remote Sensing: The north atlantic. J. G. R, 96: 15147 – 15159.

Platt T., et al. 1980. Photoinhibition of photosynthesis in natureal assemblages of marine phytoplankton. Joural of Marine Research, 687 – 701.

Ryther J. H and Yentsch C. S. 1957. The estimation of phytoplankton production in the ocean from chlorophyll and light data. Limnol Oceanog, (2): 281 – 286.

Sathyendranath Shubha, et al. 1988. The Spectral Irradiance Field at the Surface and in the Interior of the Ocean: A Model for Applications in Oceanography and Remote sensing. Journal of Geophysical Research, No. C8, 9270 – 9280.

Sathyendranath Shubha, et al. 1989. Remote sensing of oceanic primary production: computations using a spectral model. Deep Sea Research, 431 – 453.

Sathyendranath Shubha, et al. 1991. Estimation of new production in the ocean by compound remote sensing. Nature, 353: 129 – 133.

Sathyendranath Shubha. 1989. Computation of aquatic primary production: Extended formalism to includee effect of angular and spectral distrution of light. Limnol. Oceanogr. (34): 188 – 198.

Siegel D. A, et al. 2001. Bio – optical modeling of primary production on regional scales: the Bermuda BioOptics project. Deep Sea Research, PII (48): 1865 – 1896.

Smith R., K. Baker. 1978. The bio – optic state of ocean waters and remote sensing. Limnol. Oceanogr, 23: 247 – 259.

Smith R. C., Eppley R. W., K. S. Baker. 1982. Correlation of primary production as measured aboard ship in Southern California coastal waters and as estimated from satellite chlorophyll images. Marine Biology, 66: 281 – 288.

Sorensen Jens C., et al. 2001. Variability of the effective quantum yield for carbon assimilation in the Sargasso. Sea Deep – Sea Research, II (48): 2005 – 2035.

Tanguchi A. 1972. Geographical variation of primary production in the Western Pacific Ocean and adjacent seas with reference to the interrelations between various parameters of primary production. Menoirs of the Faculty of Fisheries, Hokkaido University, 19: 1 – 34.